土体工程地质宏观控制论的理论与实践

——中国工程勘察大师范士凯先生从事工程地质工作60周年纪念文集

范士凯 著

图书在版编目(CIP)数据

土体工程地质宏观控制论的理论与实践——中国工程勘察大师范士凯先生从事工程地质工作60周年纪念文集/范士凯著. —武汉:中国地质大学出版社,2017.5

ISBN 978-7-5625-4042-7

Ⅰ.①土…
Ⅱ.①范…
Ⅲ.①土体-工程地质-研究
Ⅳ.①TU43

中国版本图书馆CIP数据核字(2017)第104492号

土体工程地质宏观控制论的理论与实践
——中国工程勘察大师范士凯先生从事工程地质工作60周年纪念文集

范士凯 著

责任编辑:张旻玥 舒立霞　　选题策划:张瑞生　　责任校对:徐蕾蕾

出版发行:中国地质大学出版社(武汉市洪山区鲁磨路388号)　　邮政编码:430074
电　话:(027)67883511　　传真:67883580　　E-mail:cbb@cug.edu.cn
经　销:全国新华书店　　http://www.cugp.cug.edu.cn

开本:880毫米×1230毫米 1/16　　字数:753千字　印张:23.5　插页:1
版次:2017年5月第1版　　印次:2017年5月第1次印刷
印刷:武汉市籍缘印刷厂　　印数:1—2000册

ISBN 978-7-5625-4042-7　　定价:358.00元

中国工程勘察大师范士凯个人资料

1. 履历

1936 年 9 月 7 日出生于黑龙江省克山县

1956 年 9 月齐齐哈尔实验中学高中毕业

1956 年 9 月至 1960 年 11 月长春地质学院水文地质及工程地质专业本科学习

1960 年 11 月至 1962 年 11 月南开大学地质地理系任助教

1962 年 11 月至 1975 年 1 月铁道部第三设计院地路处技术员

1975 年 1 月至今煤炭部武汉设计研究院技术员、工程师、高级工程师、教授级高级工程师

1992 年获国务院政府津贴

1994 年 4 月获武汉市劳动模范荣誉称号

1994 年 10 月获“中国工程勘察大师”荣誉称号

榮譽証書

授予 范士凯 同志

中国工程勘察大师称号

中华人民共和国建设部

证　书

范士凯 同志：

为了表彰您为发展我国 工程技术 事业做出的突出贡献，特决定从一九九二年十月起发给政府特殊津贴并颁发证书。

国务院

政府特殊津贴第 92516666 号　　一九九二年十月一日

THE INTERNATIONAL BIOGRAPHICAL CENTRE
CAMBRIDGE · ENGLAND

DECREE of MERIT

In recognition of meritorious achievements now made known to all people in all countries of the world the International Biographical Centre of Cambridge, England hereby awards this exclusive

DECREE OF MERIT

to

Fan Shi Kai

who has made an outstanding contribution to

The State Council

The International Biographical Centre known and respected throughout the field of biographical reference, has caused the publication of the

DICTIONARY OF INTERNATIONAL BIOGRAPHY
TWENTY THIRD EDITION

to be made, this including the above-named Decree recipient

Given under the hand and seal of the International Biographical Centre

Authorised Officer, Cambridge · England　　Authorised Officer, Dated June 1996

武汉市人民政府

授予 范士凯 同志

劳动模范称号。

第 9071 号

武汉市人民政府颁发

一九九四年四月二十八日

2. 主要业绩

(1)负责铁路、煤炭矿山、冶金矿山各类滑坡勘察及防治40余处。

(2)创立“地震砂土液化工程地质判别法”,以地质因素——地貌单元、地层时代、地震烈度三要素进行砂土液化判别。其中 Q_3 及其以前砂层为非液化砂层被纳入国家抗震规范。以地质因素进行砂土液化判别的理论和方法为国内外首创。论文《地震砂土液化的工程地质判别法》在1986年阿根廷“国际工程地质大会”上受到关注和好评。

(3)创立“地震小区划的工程地质——地震工程准则”,即以地貌单元、地层时代和地层组合为基本区划要素,以地震反应分析和地震反应谱为具体单元的定量标准的地震小区划准则。论文在1986年意大利巴里“地震工程地质国际学术会议”上受到关注和好评。

(4)以湖北省松宜矿区陈家河煤矿跑马岭山体稳定评价研究为基础,总结出“采空区上边坡稳定评价体系”,即以地质调查、测绘为基础,通过岩体结构面统计分析、结构面组合判据、极限平衡验算和工程地质比拟判断采空区上边坡稳定。同时以地面、地下(采空区)对照进行数值模拟,首次划分出拉张应力下沉区、挤压应力下沉区和采空区外侧鼓胀应力区组成的采空区上山体、边坡的应力分区。指导并解决了陕西韩城电厂鼓胀变形破坏的定性和治理、山西平朔安太堡露天边坡下采煤对边坡稳定性影响的评价体系和方法等处的难题。这种评价方法和体系,在煤矿“三下采煤”之外增加了边坡下——第四下采煤研究的理论和方法。

(5)20世纪90年代,以“深基坑工程”和“桩基工程”为突破口,把中煤科工集团武汉设计研究院的勘察队伍带入岩土工程领域,实现了“工程地质向岩土工程延伸”,形成了工程地质勘察一岩土工程设计一岩土工程施工的业务扩展和转型,培养了一批工程地质和岩土工程兼备的人才,使武汉院勘察处获得“全国勘察先进单位”称号。

(6)在深基坑支护设计和地下水控制理念上,提出以地貌单元、地层时代和地层组合作为地质条件划分的基本要素,以基本地质条件划分来区别不同的基坑变形破坏机制类型并选择支护对策。对深基坑地下水控制,提出了以地质条件为基础、按照地下水类型和开挖深度选择地下水控制方案的概念设计原则,强调深基坑地下水控制“以降疏为主、封堵为辅”设计理念,这些原则、方法、理念在武汉及湖北其他地区得到广泛运用。

(7)20世纪90年代初,在担任“三峡地质灾害防治指挥部”顾问专家期间,对链子崖危岩体和黄腊石滑坡防治方案证论时,所提出的防治原则被采纳,特别是对黄腊石滑坡滑床深度判定的论证,被认为起到“一锤定音”的作用。在三峡工程论证阶段,被列入国家科委表扬名单中。

(8)对“岩溶地面塌陷”这一重要的地质灾害现象,在国内外首次提出“不同地质条件下有不同机理和类型”,打破了以往普遍认为的一种“潜蚀机理”的说法。提出了三种地质条件下的三种机理——“渗流破坏、流土漏失机理”“潜蚀土洞冒落机理”和“真空吸蚀机理”,三种机理有三种塌陷类型。三种机理、类型的宏观分布规律取决于地貌单元、地层时代和地层组合关系。防治对策则根据地质条件、机理、类型的不同有所不同。这些论述,使“岩溶地面塌陷”这一地质灾害现象形成了系统、完整的理论体系,是对工程地质学理论的丰富和发展。近二十年中,运用这些理论,主持或参与处理武汉、深圳、湖北其他地区等数十处岩溶地面塌陷灾害,均获得了成功,解决了地方政府的难题，也使上述理论在地质和工程界得到了广泛接受。

(9)近十年参与武汉地铁工程建设过程中，首先指出"武汉地区存在三个地貌第四纪地质单元，由于各个地貌单元的地层时代不同，地层岩性组合关系不同，则工程地质、水文地质条件有显著差别。地铁各类工程的设计方案和施工方法应当根据地貌单元的不同有明显的差别。这种指导原则被地铁建设集团贯彻到勘察、设计、施工和事故处理过程中，发挥了重要的指导作用。例如，在隧道施工方法的选择上，长江一级阶地和二级阶地地貌单元上的砂土层中采用盾构法（越江隧道采用"泥水平衡盾构"，岸上隧道采用"土压平衡盾构"），长江三级阶地在地貌单元上的老粘土中采用矿山法或盾构法均可，地铁车站深基坑的围护结构，在长江一、二级阶地上采用地下连续墙，三级阶地则采用排桩支护；在深基坑地下水控制中，极力主张采用"悬挂式地连墙＋深井降水"，仅在一座车站就节省7400万元的投资；在地铁线路穿越石灰岩岩溶带时，指出并划分了塌陷危险区和塌陷类型，提出了不同类型塌陷区的预处理方案、措施，有效预防了施工、运营期间塌陷的发生。基于上述工作，他成为武汉地铁工程勘察、设计、施工中的指导、把关不可或缺的专家。

(10)创立了"土体工地质的宏观控制论"。工程地质学和岩土工程技术所研究的对象就是两大类介质——岩体和土体。对于岩体，早在20世纪70年代就形成了较为完整的理论体系——"结构控制论"，即岩体的工程性质主要由岩体结构（结构面和结构体）的性质所决定。这种理论已被工程地质学界和岩石力学界所接受，并得到广泛关注及应用。对于土体，则一直没有形成一种完整的理论体系。为此，在1979年第一届全国工程地质大会上，我国著名的工程地质学家刘国昌教授在会上提出："岩体工程地质有了结构控制论，那土体工程地质要一个什么控制论?"自那时起，在涉及土体的各类工程中，把土体"控制论"当作前辈导师交给的任务，潜心研究、不断总结，历经三十余年，终于在我国工程地质学界首次提出"土体工程地质的宏观控制论"。即以土体所在的地貌单元、地层时代和地层岩性组合特点这三大宏观要素作为控制土体工程地质特性的基本因素，对土体进行宏观定性，进而对各类工程地质对象进行定量评价。实践证明，无论是地基、边坡、基坑、隧道或地铁工程，还是地质灾害、地震效应等方面的基本规律都受到地貌单元、地层时代和地层岩性组合三大要素的控制。以此为基本指导思想，形成了较完整的工作程序和工作方法体系，概括为"土体工程地质的宏观控制论"。这一理论的提出，丰富了工程地质学的基本理论内容，并且在实际应用中发挥了越来越大的指导作用。

3. 担任的社会职务

(1)曾任中国地质学会工程地质专业委员会两届副主任委员，现任名誉委员。

(2)中国科协滑坡防治专家组成员。

(3)建设部工程建设专家委员会成员。

(4)湖北省工程建设专家委员会顾问。

(5)武汉市建设科学技术委员会副主任委员、顾问。

(6)中国地质大学（武汉）、吉林大学地学部、长安大学兼职教授。

1966年太行山驿马岭地质测绘野外生活

1986年湖北松宜矿区陈家河煤矿采空塌陷区调查

黄石马鞍山煤矿矸石滑坡现场

黄石马鞍山煤矿矸石滑坡现场

深基坑现场指导

参加博士生导师晏同珍教授的博士生论文答辩

湖北省水工环学术会议期间与刘广润院士、侯石涛及邸作述教授在一起

参加焦作—鹤壁矿区地震工程地质评价成果鉴定会

1966年太行山驿马岭地质测绘野外生活

1986年湖北松宜矿区陈家河煤矿采空塌陷区调查

黄石马鞍山煤矿矸石滑坡现场

黄石马鞍山煤矿矸石滑坡现场

参加焦作—鹤壁矿区地震工程地质评价成果鉴定会

参加焦作—鹤壁矿区地震工程地质评价成果鉴定会

1993年与张咸恭教授等参加福建省潘洛铁矿排土场滑坡及泥石流防治咨询会

1993年与张咸恭教授等参加福建省潘洛铁矿排土场滑坡及泥石流防治咨询会

与晏同珍教授等在鄂西某水电站现场

与卞昭庆大师等参加南水北调中线工程专题研究成果鉴定会

参加南水北调中线工程专题研究成果鉴定会

参加南水北调中线工程专题研究成果鉴定会

与王步云大师等同事在一起

与刘祖德、何克农、李受祉、魏章和教授在一起

与刘祖德、何克农、魏章和、李受祉教授等在一起

与刘祖德教授等在深基坑工地

与程良奎、何克农、李受祉总工参加基坑学术交流会

与葛修润院士、张希黔总工在中建三局指导工作

参加南水北调中线工程专题研究成果鉴定会

参加南水北调中线工程专题研究成果鉴定会

在钻探现场查看岩芯

2000年考察美国大峡谷

与刘祖德教授合影

湖北省地质年会与刘广润院士等合影

武汉绿地中心(606)受聘仪式、会议报告

在武汉地铁11号线现场与徐光黎教授察看边坡岩体

中国南车系列大会汇报

地铁沿线勘察现场踏勘

专家咨询会议发言

2011年考察恩施大峡谷、腾龙洞

2014年10月第八届全国基坑工程大会作报告

2015年8月佳木斯日遗华生化武器松花江河道现场咨询（与袁内镇教授、徐光黎教授）

2016年10月成都全国工程地质大会作报告

2016年11月武汉地铁地下水控制培训讲座

2016年出差途中在列车上查阅资料

序一

——为 2006 年范大师文集所作

中国工程勘察大师范士凯先生是我国知名的工程地质与岩土工程专家，在从事工程地质与岩土工程技术工作的几十年中，先后服务于高等教育、铁路、矿山等行业，参与了水利、电力、交通、城建等行业的许多重大工程项目。在解决各类工程难题的同时，潜心研究和总结，在诸如滑坡与崩塌、地震工程、采空塌陷与边坡稳定、岩溶地面塌陷以及深基坑变形破坏等方面取得了宝贵的工程经验和丰富的理论成果。

要特别指出的是，《土体工程地质的宏观控制论》一文所提出的“地貌单元、地层时代和地层组合”三大要素控制土体工程地质特性的论述，列举了七种工程类型的实际应用，具有很强的说服力。这不禁引起我们深思一个值得进一步讨论的话题：当今盛行的不管是什么工程地质课题，很多是在缺乏深入透彻的地质分析的情况下，都刻意追求数学化、模型化、公式化表达的做法，是否有利于工程地质学的长远发展？传统的、经典的地质学理论与方法还有多大的用处？范士凯大师的七篇论文作了有力的回答——在充分掌握地质条件的宏观规律的基础上进行数学、力学的计算、分析、评价，这才是工程地质与岩土工程技术应该遵循的正确技术路线。

范士凯大师的工作成就中，值得特别肯定的还有两个方面：地震工程地质课题中的“砂土液化判别”与“地震小区划”和“采空区上的边坡稳定问题”。其中关于“上更新世（Q_3）及其以前的饱和砂层为非液化砂层”及以相关的地质因素分析进行砂土液化判别的论断，是在我国乃至世界首次提出并被普遍认可，早已被纳入我国的建筑抗震设计规范。可以说这一结论是地震砂土液化研究领域的重大发现，其理论、技术和经济意义可想而知。“地震小区划的工程地质-地震工程准则”的提出，则是工程地质学和地震工程学有机结合的范例。提到“采空区上的边坡稳定问题”，笔者更有一番感触。那是在 1986 年年底，对范大师主持编写的《湖北省松宜矿务局陈家河煤矿跑马岭山体稳定性工程地质评价报告》进行评审，笔者担任评审专家组组长。在跑马岭山体已严重开裂，省内外部分专家曾认为山体有发生大规模滑崩的可能性而使矿山面临停产的情况下，范大师的研究报告在山体构造、岩体结构和煤矿采空区塌陷变形规律研究的基础上，通过对山体应力的数值分析、软弱层极限平衡验算与结构面组合判据以及工程地质比拟等综合研究，得出“山体开裂系采空塌陷变形的结果，山体变形已处在残余变形阶段，既不会产生滑坡，也不会发生岩崩”的结论。这个结论至今已经过整整二十年的考验，证明完全正确。而后，又经过对此课题多年的工程实践和理论研究，完成了《采空区上边坡稳定问题》论文。这是迄今所见关于这类课题的最系统、全面的论述，值得业界借鉴。范大师那种深入求实的科学态度和敢于大胆负责的精神令人钦佩，至今传为佳话。

笔者还曾在任三峡“链黄地质灾害防治指挥部”技术副指挥长期间聘请范大师担任顾问专家。在对黄腊石滑坡和链子崖危岩体进行分析论证过程中，范大师曾提出过许多建设性意见，在两处地质灾害的定性及防治方案确定中起到了重要作用。近年来在参与武汉岩溶地面塌陷灾害防治及深基坑支护的技术论证过程中也曾有幸与范大师多次合作，进一步见证了范大师的博学和卓识。

范大师在各种地质灾害和岩土工程课题的分析论证过程中，始终坚持以基本地质条件分析为基础，尤其在第四纪地层分布区以地貌单元、地层时代、地层组合及地下水埋藏特点为基本要素，概括出宏观规律，在此基础上进行岩、土、水的定量计算，从而得出工程结论的科学工作方法。在分析论证过程中他那深入细致地调查研究，掌握充分论据的基础上，思路清晰、逻辑严谨、结论明确的风格特点受到业界同仁的普遍赞誉。这都应当成为中青年工程地质与岩土工程工作者学习的榜样。这本专辑所刊载的论文可说是上述各方面的精华之所在，其中一些理论和方法很有独到之处，是一本具有重大指导意义的综合、系统性论著。这部文集的出版应当引起工程地质与岩土工程界的重视，并作为宝贵的学习资料。文集中的其他文章，都是在范大师指导下完成的，也具有重要的参考价值。

中国工程院院士 刘广润

2006年8月11日

序二

大师80华诞，业界、行界及学界友人一致建议大师出版一部文集，把近60年的工作总结一下。吾闻之甚喜！倒不是为大师"树碑立传"，他并不在乎这，主要是为工程地质界留下一笔财富，为后辈留下一本教科书。数月前，几位倡议者和出版社的同志在讨论文集出版事宜，当谈及邀请谁来写序时，大师突然提出要我来写。我当即拒绝，但大师却一再坚持，一时间争执不下，我勉强答应考虑一下。

大师是我敬仰和崇拜的大专家，之所以不愿意承担作序的任务，实在是因为无论从哪方面讲，我都没有这个资格。首先，大师是我国工程地质界知名学者，为工程勘察做出了很大贡献。我只是一个教书匠，虽也混了个教授的头衔，在大师面前也就是个学生。二是专业不同，大师学的是工程地质学，从事的专业是工程地质与岩土工程，我学的是地质力学，从事的专业是地貌与第四纪地质。三是，我与大师相识的时间并不长，应该说是很短。从认识大师至今也不过10年出头。因此，从作序的基本资质来看，我没有一条是满足的。然而，当我再一次系统地、认真地拜读大师的文集之后发现，大师不单单是工程勘察方面的大师，更是多学科综合运用的大师。当今地学界正在提倡的多学科交叉，原来大师早在几十年前就这样做了。如早在20世纪60年代，大师将李四光的地质力学理论与工程地质相结合，成功解决了大量工程地质勘察中的实际问题；又如大师提出的土体工程地质"宏观控制论"就是将地貌学、第四纪地质学与工程地质学有机结合的典范。如此说来我与大师的并不存在专业的差别。虽然我的学术水平与大师相差甚远，没有资格对大师的学术和贡献做出评述。那么就来一个"创新"，从一个学习者的角度"作序"吧。所以当前不久大师再一次要我作序时，我就答应了下来。

因此，我的这个"序"实际上是一份学习心得。我在系统学习文集之后，心得颇多，感触颇深！现就基于我的职业(教师)和专业谈以下两点。

一是先生大量成果和贡献背后的那种事业的情怀——"研究型工程师"。大师曾说过："我的成长过程就是一个'研究型工程师'的成长过程。"这是多么朴实而崇高，"研究型工程师"就是科学研究和工程实践的统一，就是"工匠"与专家的"一体"，这正是中华复兴的所需人才之标准。什么是"研究型工程师"？怎样才能成为一名"研究型工程师"？从文集中我得到了以下体会。

(1)"研究型工程师"首先是一位爱学习的工程师。范大师常说，学习是他能够成长为一位勘察大师的不二法宝。青年时代他刻苦自学，常常把与工程勘察有关的教科书带到工地，白天在野外调查，晚上在帐篷里点上煤油灯读书，把野外现象和书本上的理论对号比较。凡遇到复杂难题或自己啃不动的新理论、新方法，就采取登门求教或请名师亲临现场指教。几十年中曾多次请刘国昌教授和谷德振教授及其团队到现场传授地质力学理论、方法和在工程地质方面的应用。也曾请著名的滑坡专家徐邦栋先生长时间在现场亲自指导滑坡勘察、分析和防治方案设计工作。还有卢肇均院士、王乃梁教授等都曾被请到现场指导工作。

(2)“研究型工程师”是一位知识丰富的工程师。大师不但工程地质学专业的功底十分扎实，而与之相关的区域地质学、地质力学、构造地质学、地貌学、第四纪地质学、岩石学、土质学和土力学等知识也相当的厚实。

(3)“研究型工程师”是一位技术全面的工程师。范大师不仅是工程地质勘察专家，对岩土工程设计、施工，甚至施工管理等都十分在行。他曾举例说：一个合格的滑坡治理工程师，既要懂得滑坡形成与发生、发展的规律，又要具备滑坡工程地质勘察、滑坡防治工程设计和滑坡防治工程施工等技能。

(4)“研究型工程师”是一个善于把理论与实践有机结合的工程师，是一个把工程项目作为科研项目做的工程师。只有通过科研才能使你成为一名“研究型工程师”，只有成为一名“研究型工程师”才可以称作“有本事的工程师”。

(5)“研究型工程师”是一位具有科学的思维和工作程序的工程师。大师认为工程地质勘察应该始终遵循“宏观与微观的结合，区域与场地的结合，先定性后定量”的思维模式，“由表及里、由浅入深”的工作思路，“由面、到线、到点，再由点、到线、到面”的工作程序。只有加强全方位的综合调查和研究，才能避免那种“盲人摸象”或“只见树木，不见森林”的弊端。

(6)“研究型工程师”应该具备从个别案例总结出普遍规律的触类旁通的能力。

二是与我所从事的专业相关的“土体工程地质的宏观控制论”。大师积50多年在第四系分布区从事工程地质工作的体验，把“地貌学与第四纪地质学”作为土体工程地质工作的理论基础，从不同地区的大量工程实例提炼出“地貌单元、地层时代和地层岩性组合”是控制各类土体工程性质的三大要素。由于土体(第四纪松散层)岩性复杂、成因多样、岩性岩相变化大等特点，其工程地质性质的复杂性和易变性远大于岩体。早在20世纪70年代，著名工程地质学家刘国昌教授和谷德振教授就指出：“作为地质体的岩体有了岩体结构控制论，另一类地质体的土体应该有一个什么控制论?”因此，大师的“宏观控制论”即是对工程地质研究的重大贡献。该理论在诸如地基基础及深基坑、边坡与滑坡、隧道与地铁、地震工程地质与地震小区划以及岩溶地面塌陷等各类土体重大工程地质问题的研究和实践中均取得令人折服的成果。有些论文在国际会议上受到关注和肯定，有的成果结论被纳入我国相关规范。该理论在国内外独树一帜，不但是工程地质基本理论的丰富和发展，更为地貌学和第四纪地质学的应用研究开了一条新河，可以说具有里程碑意义。

这部文集是大师60年从事地质工作的总结，也是他人生成长的记录。该文集有学习和应用体会，又有理论和经验概括；有收获与贡献，也有教训与反思；既有大量个案问题的解决对策，又有普遍问题的解决模式（如土体工程地质的“宏观控制论”“地震砂土液化的工程地质判别法”“采空区上边坡稳定性的评价体系”）。它既是一本学术著作，也是一部教科书，既对工程地质勘察和地质灾害防治有重要的指导意义，又对青年地质工作者的成长具有重要的示范意义，值得从事工程地质勘察以及广大的地质工作者品读与学习！

今年适逢范大师八十华诞，这本书的出版也是对他生日的最好的祝贺。作为晚辈和自喻为大师的学生，我衷心祝福先生健康长寿！并期待着先生继续为我国工程地质事业的发展做出更大的贡献！

李长安

2016年9月于武汉

大师的智慧（代序）

大凡“大家”，不仅能高屋建瓴，更能从细微之处抓住问题的本质，走向理论与实践的有机结合……范士凯大师是我国勘察行业著名的专家之一，他涉猎工程地质与岩土工程领域六十年，解决了无数工程难题，且著述丰富。收入到这本文集的论文涉及工程地质的基本理论、软土、黄土、岩溶、矿山工程地质、边坡、滑坡、基坑工程等方方面面，特别是其60年的工作体会：“以传统的、经典的地质学理论与方法”解决基本问题，“由宏观到微观、由区域到场地、由定性到定量”的思维模式和技术路线，“由面、到线、到点”和“由表及里、由浅入深”的工作程序，读后使人受益匪浅、永生难忘。

工程地质学，作为地质学的分支学科，自从20世纪初成为一门学科以来，已经走过了近100年的历史。百年来，工程地质从起初简单地满足人类生产、生活活动对良好场地地质条件的需求，到重视、协调和解决人类工程活动与地质环境的相互关系、相互作用，工程地质条件成因演化论和岩体结构面控制论作为工程地质学的两大法宝为我们研究岩体工程问题、边坡斜坡稳定、区域工程地质稳定等提供了重要的理论基础。土体作为地球陆地上普遍存在的第四纪沉积物，也是城市工程建设的主要作用对象、受力和授力的载体，目前除了半经验性的计算方法（如地基沉降的分层总和法和边坡稳定的滑弧分析法），或者借鉴其他传统力学领域的相关理论（如Biot固结理论和Socolovski散体静力学）外，真正由岩土力学专家创建的理论屈指可数（如Terzaghi固结理论、英国剑桥帽盖屈服面模型等），而且没有一个完整的理论体系指导我们从宏观上去研究土体地基基础、变形、基坑工程和水文地质问题。范士凯大师运用地貌学和第四纪地质学的基本原理，总结出了“以地貌单元、地层时代和地层组合决定土体工程性质”的“土体工程地质的宏观控制论”和解决土体基坑边坡、地基工程、隧道及地铁工程、地震效应、岩溶地面塌陷等问题的方法与理论体系，“纲举目张”，此乃大师的智慧之一。

初知范大师，是我刚到中国科学院武汉岩土力学研究所求学的时候，听我的恩师郭见扬先生讲，傅家坡的煤炭部武汉设计院有一位长春地质学院毕业的同门师长，人称“范大胆”，好生了得。后来得知，范大师力压当时学术界的权威和政府官员，硬是让就要大动干戈整体搬迁的湖北松宜陈家河煤矿恢复了生产，避免了社会恐慌和国家巨大资金浪费。他的大胆正是建立在对煤矿采空区采空塌陷变形和稳定性长期观察研究及大量滑坡处理经验的基础上，通过甄别、分析跑马岭山体采空区变形和一般滑坡变形的本质区别，避免了误判，这一事件也是他一贯提倡“责任与担当”精神的集中体现。“大胆推测，小心求证”，这是大师的智慧之二。

我毕业后，受范大师之邀，加盟到范大师门下，开始了我近30年的学习、工作生涯。在他身边，我不仅学习到了许多工程地质、岩土工程知识和工程经验，更重要的是宏观地把握、处理工程问题的方法和技术路线。记得我刚工作不久，范大师让我整理、分析当时他主持完成的焦作—鹤壁矿区区域稳定性及地震小区划、陈家河煤矿山体稳定性分析、地震反应谱分析计算等方面的资料，我当时很是惊叹和佩服其涉及领域之广泛、研究之深入。“研究型工程师”，这是范大师谦逊地给自己的称号，他时常告诫我们年轻人要在工程实践中善于总结、积累和提高，研究和勘察设计可以做到相辅相成、共同促进与发展。做“研究型工程师”，这便是大师的智慧之三。

20世纪90年代初，我国正开始逐步建立和推广岩土工程体制，作为当时国内为数不多的岩土力学和岩土工程专业的研究生，范大师鼓励我，勇挑重担，将所学到的岩土工程专业知识应用到工程实践中。我先后主持设计了原煤炭部重点工程山西古交机电修配中心（处理面积近20万m^2）、河南古汉山煤矿大型筒仓（地基承载力设计值达400kPa）地基处理、海南鹿回头半岛水文地质调查等大型项目，在国内较早地开展了黄土湿陷性地基处理和饱和软土强夯碎石柱工法的研究。再后来，随着城市高层建筑的兴起，深基坑工程越来越多地成为工程建设中的难点问题，范大师敏锐地抓住了市场的热点和武汉长江一级阶地上深厚软土、高承压水头带来的深基坑支护难题，带领我们在武汉市率先开展了基坑工程的设计和研究工作，使得“中汉岩土”成为武汉市基坑工程领域中一个响当当的名牌。根据范大师的有关理论和技术方法，我们先后承担完成了国家重点工程山西西山官地矿滑坡、平朔安太堡矿等边坡下采煤及露井联采边坡稳定性评价及研究、神华包头煤制烯烃项目超深基坑工程、三峡库区地质灾害治理等重大项目，取得了一系列的科研成果及巨大的社会与经济效益。正是在不断的工程实践中锻炼成长，在范大师的指导下，我也正努力成为一名“研究型的工程师”。

范士凯大师在他长期的勘察生涯中始终谦逊恳挚、提携后进、待人谦和，在学术上身体力行、求真务实、勇于创新、敢于担当。这部《土体工程地质的宏观控制论的理论与实践》文集，是范大师从事工程地质工作60年的工作总结和学术积累，从范大师的论文、著述中，我深刻体会到了“工程实践”和“学术总结”的重要性，我相信范大师文集的出版将为我们留下宝贵的知识财富，对青年工程地质工作者的成长具有重要的指导意义，值得品读与学习！

由于本人才疏学浅，难以完全领会、总结范士凯大师的学术思想和精髓。拙作本不敢以为序，谨以此文标题——“大师的智慧”表达我对范士凯大师的崇敬之情，并祝福范大师健康长寿！

中国工程勘察大师 徐杨青

2017年02月于武汉

目　录

第一篇　自述

第二篇　土体工程地质宏观控制论的主要学术论著

第三篇 土体工程地质宏观控制论的应用实践

第一篇

自述

(基本理念与原则、回顾与反思)

基本理念与原则

工程地质学是地质学的一个独立分支。就其学科属性而言，它应属于自然科学范畴。同时，它又是一门与土木工程技术相结合的边缘学科。这并不影响它的基本学科属性，因为它深深扎根于广义的地质学之中。

岩土工程必须以工程地质为基础。它是在工程地质勘察、研究的基础上，应用土木工程的相关理论、方法和技术标准，解决具体工程的技术课题。因此，它的学科属性应属于工程技术范畴。

工程地质与岩土工程相互依存，但不能互相取代。

工程地质的工作程序和技术路线应遵循：由区域到场地、由宏观到微观、由定性到定量的原则。不应“只见树木，不见森林”。

岩体工程地质应遵循以"岩体工程地质力学"为基础的"岩体结构控制论"，即岩体结构决定岩体的工程性质。这就需要应用地质力学、构造地质学、矿物学、岩石学、区域地质学乃至大地构造学等广泛的地质学知识，同时应用岩石力学和土力学乃至材料力学、结构力学等方面的知识，才能解决好岩体工程地质课题。

土体工程地质应遵循以地貌单元、地层时代、和地层岩性组合这三种要素决定土体工程基本性质的"宏观控制"原则。这就要应用地貌学及第四纪地质学、区域地质学、沉积学等地质学的理论，从土体的成因、历史演化及土体作为地质体的地层岩性组合特点去研究土体的宏观特征，再应用土力学、土质学、土动力学等方面的知识，才能解决好土体工程地质课题。

鉴于岩、土体的复杂性和多变性，在解决岩土

体的定量问题时，应在充分进行地质研究的基础上，采取以下方针：

理论导向，经验判断。
定量计算，定性使用。
精确测试，合理反算。

岩土体的突出特点是非均质、各向异性。要想得到接近实际的模拟分析、计算结果，就应当在区分地域性特点的基础上，从地质体的成因、演化历史（时代、年令）、地层岩性组合及其相变等地质特征入手，建立真实的非均质、各向异性的地质模型，再建立相应的数学模型，进而作模拟分析计算；那种抛开地质体的基本特征，企图以均质化或模糊化的数学模型进行"定量"分析的做法，其结果必然失真。

要把地质体放在区域的背景中，从宏观的空间分布、成因及其历史演化的角度去分析问题，也就是从时空概念上去分析地质体，才能得到客观合理的结论。

当今工程地质界要纠正三种倾向：一是“重岩轻土”——重视山区工程岩体研究，轻视平原区城市工程土体研究。这明显不符合我国城市化的需要；二是只顾具体工程项目研究，忽视工程地质基本理论研究，结果使工程地质研究碎片化和工程地质学被边缘化；三是逃避野外工作，热衷于室内“分析”，甚至在计算机上搞地质。这三种倾向若不纠正，工程地质学的发展堪忧！

“责任与担当”是工程技术人员应有的品质。尤其是从事工程建设的勘察、设计人员，在提

供设计参数和评价结论及建议或制定设计方案时，要意识到我们的每一个数据和方案都饱含大量金钱。有一位老革命家在1973年视察山西太焦铁路时说过：“农民花钱是一分一分地花，我们是一万一万地花。”如今，农民花钱可以一块一块的花了，我们却是一百万一百万地花了。所以，我们应当坚定地树立“既要安全可靠，又要经济合理”的设计理念。那种“只要安全可靠，不管是否经济合理”的做法应当纠正。说到底，这还是一个责任与担当问题。

范士凯 书于2016年10月[1]

①为了尊重作者，手稿保留了不规范字。

回顾与反思

——我的工程故事(观点、理念、方法)

0 引 言

自从1956年我考入长春地质学院水文地质及地质工程地质系,至今已整整60年了。若从1960年毕业后算起,我从事水文地质及工程地质实际工作也有56年的时间了。在五六十年中,我从学生、助教、技术员、工程师、高级工程师、教授级高级工程师直至1994年被评为中国工程勘察大师,概括来讲,我的这种成长过程可以定位为是一个工程师或者是一个"研究型工程师"的成长过程。之所以这样定位,是因为我离开南开大学地质地理系的助教岗位后的54年中一直在勘测设计单位工作。做一名合格的地质工程师就是符合实际的定位,做一名"研究型工程师"则是更高的要求。为了达到这个目标,我采取的工作路线是:

(1)熟练掌握、深刻理解专业基础理论和专业工作方法,练好基本功。工作初期,我把普通地质学、区域地质学、岩石学、构造地质学、工程地质学、水文地质学、地貌第四纪地质学和土质学、土力学等教科书带到工地。白天在野外调查,晚上在帐篷里点上煤油灯翻书,把野外现象和书本上的理论对上号。几年时间把在学校所学的主要专业基础理论在实际工作中"咀嚼"一遍,即解决了疑难问题,又练好了基本功。这期间有两点深刻体会:一是仅在学校听了课不算真学到,只有在实践中对上号才算真正学到手;二是基础理论最重要,熟练掌握基础理论、练好基本功可以受用终身。

(2)拜师学艺,增强本领。多年中,凡遇到复杂难题或自己啃不动的新理论、新方法,就采取登门求教或请名师亲临现场指教。几十年中曾多次请刘国昌教授和谷德振教授及其团队到现场传授地质力学理论、方法和在工程地质方面的应用,也曾请著名的滑坡专家徐邦栋先生长时间在现场亲自指导滑坡勘察、分析和防治方案设计工作,还有卢肇均院士、王乃梁教授等都曾被请到现场指导工作。这些著名学者的言传身教,每每都使我的学识和本领得到显著提升。

(3)在生产中,利用工程项目搞科研。在勘察设计部门搞科研也有独特的优越条件,就是有各类工程项目作为依托,有实际工作队伍和工作手段,更有大量的数据支撑等。虽然不易取得巨大成果,但依托工程项目的科研成果不但可以解决工程难题,还会在研究过程中提高理论水平和解决难题的能力,尤其是采取产、学、研相结合的科研组合就更是如此。我的经验证明,只有通过科研才能使你成为一名"研究型工程师",只有成为一名"研究型工程师"才可以称作"有本事的工程师"。

(4)参加或主持岩土工程设计和施工,也就是既要从事工程地质勘察、研究,又要从事岩土工程设计和施工管理的全过程,才能真正认识自然和改造自然。例如针对一个滑坡防治工程,既进行滑坡勘察,又进行滑坡防治工程设计,还应参加或主持防治工程施工,才能对滑坡这类地质灾害有真正的认识和理解。

(5)在解决各类工程地质问题的过程中,始终遵循"由宏观到微观、由区域到场地、由定性到定

量"的思维模式和工作程序。具体方法上按照"由面、到线、到点"和"由表及里、由浅入深"的顺序去工作,避免那种"盲人摸象"或"只见树木,不见森林"的工作方法。多年的经验证明,按照这套程序和方法去工作,不但会使心中有数,还会达到事半功倍的效果。

以上五条就是我作为一名工程师所采取的基本"工作路线",也可以说是基本经验。下面就分几个方面讲一些我所经历的工程故事。

1　地质力学和岩体工程地质力学的学习和应用

20 世纪 60 年代,工程地质界开始应用李四光的地质力学解决工程地质中的区域稳定性和岩体的地质构造、岩体结构及其含水性等问题,取得了很好的效果。我在学校没学过地质力学,是在现场跟随刘国昌教授及其研究生刘玉海教授实地学习,受益匪浅。有几个实例,至今记忆犹新。

1. 区域性结构面(构造线)的测绘中"断层擦痕"的指示作用

1966 年为京原铁路驿马岭隧道进行大面积地质测绘,在追踪区域性主断层(压性冲断层)时,断层线突然中断了,却发现是被斜穿的平推断层所截断。为追索断层的行踪,就是根据断层擦痕指向查明了三条断层的先后切割关系(图 1),进而搞清了局部构造应力场,为鉴别各类结构面的力学性质打下了基础。

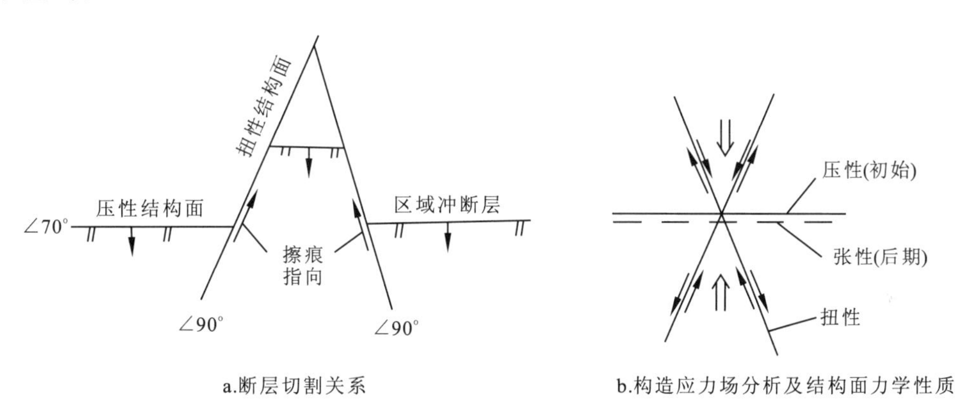

图 1　驿马岭断层及其构造应力场

2. 隧道围岩分类的参与过程及收获——岩体"结构控制论"的确立

1966—1967 年间,配合中国科学院地质所谷德振教授及其团队的隧道围岩分类研究进行现场调查,先后对京原线在隧道和丰沙 2 号线停工待建隧道进行调查。其间,先是学习、掌握各类结构面的宏观特征和力学属性(压、胀、扭)及其野外鉴别方法,进而与区域构造发展历史及其对应的构造应力场相联系(图 2、图 3)。在结构面的力学属性鉴别分析和区域构造应力场分析的基础上,进行围岩分类——块状结构、层状结构、层状碎裂结构、碎裂结构、镶嵌结构等类型。其后在 20 世纪 70 年代末,谷德振教授的专著《岩体工程地质力学基础》问世,奠定了岩体结构控制论的理论和实践基础。与此同时,刘国昌教授的《地质力学在水文地质及工程地质方面的应用》和有关"区域稳定性"的论著也相继面世。两位先辈的理论和实践,他们的言传身教使我这个旁听和跟班终生受益。

3. 区域稳定性研究中地质力学的应用

1982—1983 年间,我请当时在西安地质学院的刘国昌教授、刘玉海教授和李汉杰教授共同承担"焦作—鹤壁矿区区域稳定性及地震小区划研究"工作,期间跟随刘国昌教授实地考察几条区域性大断裂——东西向的凤凰山断裂和朱村断裂,南北向的汤西断裂和汤东断裂及其间的汤阴地堑(图 4)。

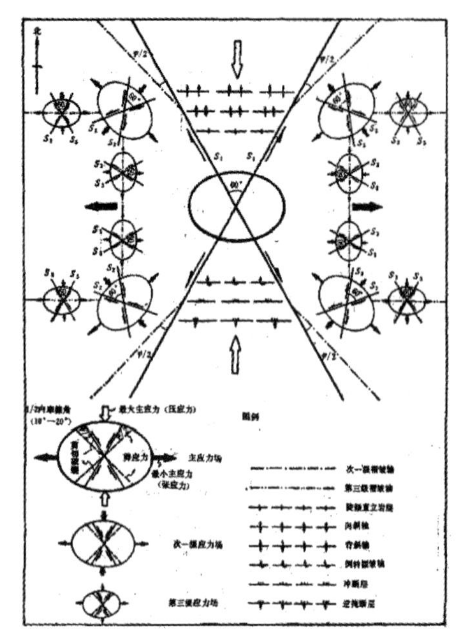

图 2　一次构造运动的应力场

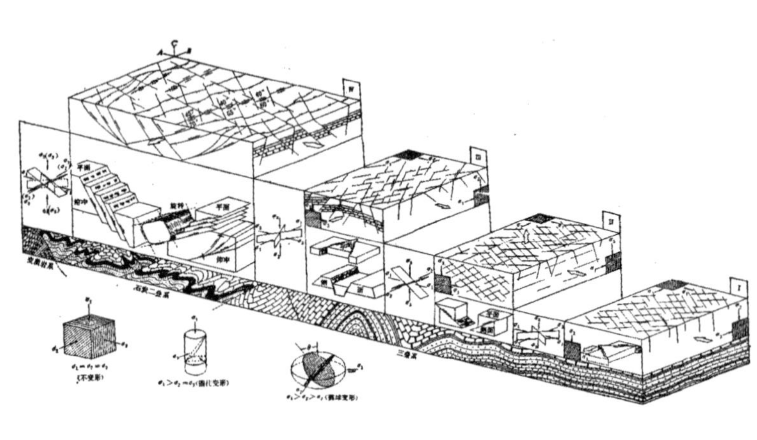

图 3　褶皱断裂地质力学分析示意图

根据以下证据表明区稳构造活动性：

(1)钻探取芯常有“饼状岩芯”，有时套管被挤扁，说明区域地应力很高。

(2)朱村断裂两盘落差很大，南盘(下降盘)第四系 Q_2—Q_3 地层埋深＞100m，北盘(上升盘)Q_2—Q_3 地层埋深仅有 10～20m。探槽发现 Q_2—Q_3 土层有明显错断。

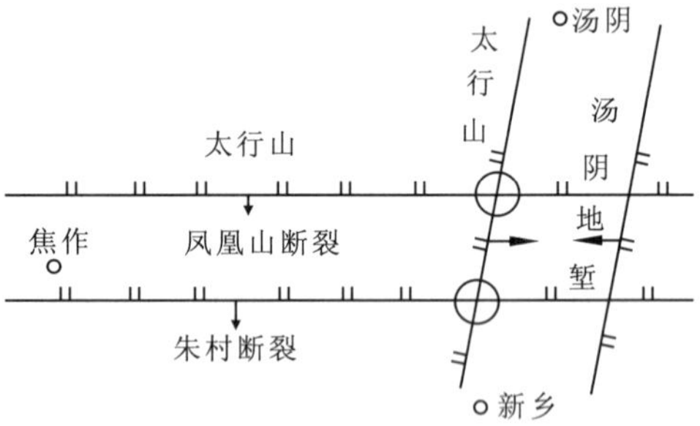

汤阴
太行山
太行山
汤阴地堑
焦作
凤凰山断裂
朱村断裂
新乡

图 4　焦作汤阴活动断裂分布示意图

(3)凤凰山断层面擦痕显示该断层有三次不同方向的错动——最早为“逆冲”(压性)，其后为“下错”(张性)，最后为斜向“平推”(张扭)。各期擦痕前后次序明显，即先期被后期覆盖。最后一次斜向平推擦痕与挽近期构造应力场吻合。小小的断层擦痕确切地反映了各期构造应力场的格局，后期擦痕与现代应力场吻合。

(4)汤阴地堑中有新近系石灰岩分布，其上的第四系地层与地堑外侧第四系地层不连续，表明第三纪(古近纪＋新近纪)至今汤东、汤西断裂仍在活动。

(5)综合分析结果认为，东西向断裂与南北向断裂的交汇段为可能发震地段。再根据该区域历史地震(震中及震级)分布进行统计分析，最后预测：未来在新乡附近可能发生震级 6 级左右的地震。

【注】近年在焦作九里山发现一条约 1000m 长的新生地裂缝，与基岩中的 NE 向九里山断裂上下对应。探槽展示，地裂缝下部 Q_3 黄土及卵石均有错断，这更加表明焦作地区的断裂仍在活动。

回顾以上经历，引起如下反思：

(1)李四光先生创立的地质力学曾经为我国地质学的发展起到良好的推动作用，尤其是在水文地质学、工程地质和区域稳定等方面的应用曾取得丰富的理论和实践成果。这些成果至今仍有很大应用价值。非常遗憾的是，随着李四光先生和刘国昌、谷德振等老一代地质学家的相继离世，地质力学这门具有完整科学体系和独道工作方法并且在国际地学界独树一帜的学科实际上已被埋没甚至取消了。这种埋没和取消不是经过理论的碰撞和实践验证，而是人为因素主导，这在我国地质学发展史上不能不说是一大错误。我坚定地相信，地质力学总有一天还会在地质学领域占有重要

的一席之地。

(2)当今在大地构造理论界,“板块构造”理论已占据统治地位。基于洋脊断裂、火山喷发、海底扩张、大陆漂移的巨型板块的存在是无可争议的。但是,对于大陆内部(板内)曾经存在基于垂直运动为主、水平运动为辅的地槽、地台、地凹等学说和基于水平运动为主、垂直运动为辅的地质力学理论和方法,这些学说和理论不应被全盘否定。其实,地槽、地台学说是研究“建造”的,地质力学是研究“构造形迹的”,应该说各有所长。为什么不能采取互相包容,取长补短,各自采取去伪存真,取其精华,去其糟粕共同发展,而非要一统天下呢?

(3)地质力学及其衍生的岩体工程地质力学在水文地质、工程地质方面是非常有用的,也是非常管用的,尤其是在评价岩体工程性质工作中是行之有效、无可替代的。水文、工程地质工作者们应当坚持用下去,并且在应用中丰富和发展地质力学的理论和方法。

2 滑坡勘察与防治工作的体验与收获

1972—1973年间,我们在太焦铁路勘测中遇到各类滑坡30余处。由于缺乏滑坡理论和经验,勘查和防治工作几乎陷入“一筹莫展”。无奈之下向铁道部求援,从当年的“牛棚”中请出了著名的滑坡专家徐邦栋先生。三个多月中,徐先生在现场亲自指导滑坡调查、测绘、勘探钻孔分析、取样试验、推力计算和防治工程方案设计等全套工作。回顾当年跟随徐先生学习各类滑坡勘察、分析和防治过程,如下的一些体会使我终生铭记:

(1)充分认识滑坡分类的意义。在各种分类诸如以滑坡物质组成分类、滑体厚度(滑床深度)分类、滑坡动力特性等分类方法中,最重要的应该是以滑坡物质组成分类。其中最符合实际的是“黄土滑坡”“粘土滑坡”“堆积层滑坡”和“岩层滑坡”四类。这种分类最能体现滑坡结构特点、影响因素乃至防治措施的特点,所以说是基本分类,其他分类都是次一级分类。

(2)应当把滑坡与崩塌(倾倒、溃屈、崩射等)、堆坍、错(座)落、塌陷、泥石流等变形破坏类型区别开。典型的滑坡具有以下主要特点:

①由某种(些)物质成分组成的、相对完整的滑体和滑体下稳定不动的滑床,滑体和滑床之间存在软弱土(岩)层组成的滑带(面)。

②向临空面倾斜的滑带(面)连续分布,按其倾角形态可分为:后缘(陡倾)间引段、中段(平缓)主滑段和前缘(反翘)抗滑段。

③滑坡具有特殊的地貌、微地貌形态:后缘圈椅状陡坎(壁)或弧形裂缝,前缘有鼓丘或鼓胀裂缝,中段有时存在台阶或醉树,两侧往往存在纵向沟槽(谷),滑体上有羽状裂缝,沟槽中有纵向擦痕。总体上,滑坡体比周围地形低洼。在滑坡勘察中,这些地表形态要素往往成为辨识滑坡的主要证据。

④滑坡的位移是水平运动为主,垂直运动为辅,崩塌、堆坍、错落则以垂直运动为主(指整体运动而非滚石运动)。

(3)形成滑坡的基本条件和影响滑体稳定性的基本因素是:

①临空面——沟谷、开挖边坡或相对低洼地段。

②软弱层——滑体与滑床之间存在一定厚度软弱土层或极软岩层,可以形成连续的滑带。

③地下水——长期浸泡、软化滑带土(岩),使其强度降低,或因滑体中地下水位升高,降低滑带(面)的有效应力(增大上浮力),从而降低抗滑阻力,促使滑体活动。

以上三要素是形成滑坡或已成滑坡进一步活动的基本条件。在勘查中辨认滑坡或滑坡活动性就要抓住这三要素，滑坡防治也要针对这三个方面进行“综合”整治。

(4)辨认一些坡地、坡体是否或可能滑坡，主要就是从以上三个方面入手。试想，一个坡体如果不具备足以容纳滑体物质的临空面(空间)，也不存在软弱层(滑带)，也无足够丰富的地下水，这种坡体怎么会滑坡？辨认某一坡体是不是滑坡，还有一个重要方面，就是滑坡的地貌形态要素，即后缘圈椅状陡壁(坎)、前缘舌部或鼓丘、两侧纵向沟槽和槽侧纵向擦痕、滑体两侧羽状裂缝以及坡体上存在若干台阶(陡坎)和是否有泉水溢出或坎上有歪树、醉林等。如果坡体范围既不具备各种滑体形态要素，也不具备滑体结构要素(滑带、滑体、滑床)和地下水，就可判断不是滑坡。常有人不认真调查滑坡形态要素，也不采用有效手段查明滑坡结构要素，特别是滑带是否存在和地下水特点，而仅仅根据坡体物质是松散堆积体就判定为滑坡。须知，崩积体、崩坡积体或座(错)落体在不具备滑体结构要素、又不具备滑坡形态要素的情况下是不应该轻易判定为滑坡的。

(5)各类滑坡的滑动面(带)多数是现已存在的结构面——沉积结构面(层面或不整合面)或构造结构面(断层面或大型节理面、层理面)，另一个特点是滑面(带)多处于相对富水层或含水层的顶、底板中。例如：

①黄土滑坡，马兰黄土(Q_3)与离石黄土(Q_2)或午城黄土(Q_1)之间的界面常常作为滑动面形成大型滑坡。马兰黄土下部的钙质结核层富水，其下的离石黄土(粉质粘土、粘土)或午城黄土(粘土)中形成滑带；有时在马兰黄土中的古土壤层中形成滑带，产生小型滑坡。

②粘土滑坡。成层粘土中，在互层土中存在砂土或粉土夹层含水，常沿含水层顶板或底板的粘土中形成滑面(带)产生顺层滑坡。如太焦铁路红崖地区的新近系(N)的成层粘土中产生大型顺层滑坡，滑体长达 1000m。

③堆积层滑坡。堆积体(碎、块石夹土)与其底床(基岩)之间的界面上往往有残坡积粘性土，堆积土中的地下水泡软了粘性土形成滑带，产生滑坡。此类滑坡底床的古地形成凹槽状，地表呈“双沟同源”。长江三峡的新滩滑坡和黄腊石滑坡均属此类，前者在基岩底床上有一层棕红色粘土形成滑带，后者在基岩底床之上有一层灰绿色粘土形成滑带。

④岩层滑坡。大多在互层岩体中沿软化的泥岩面形成顺层滑坡，或沿大型节理面或断层面形成切层滑坡；或在负变质岩中沿片理面形成顺层滑坡。

(6)大型滑坡区常有多个滑坡组成滑坡群，堆积层滑坡更是如此。其分布常有“横向分条、纵向分级”的特点。如湖北松宜打磨山滑坡，在纵向 500m、横向 400m 范围内分布五个滑坡体，纵向分三级且各级剪出口与下级后缘相重叠(图 5)。

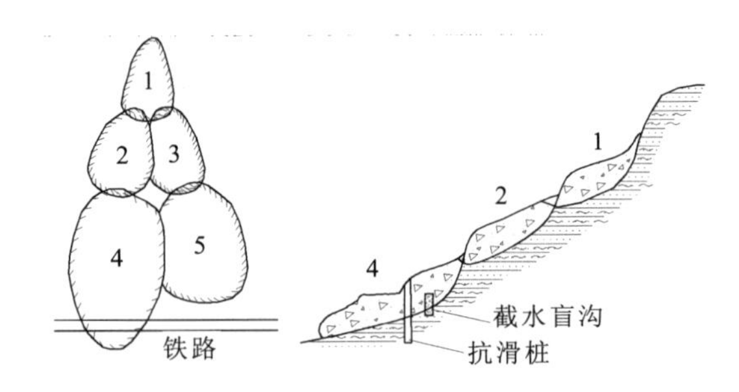

图 5　湖北松宜铁路打磨山滑坡概化图

(7)在滑坡勘探和稳定性分析计算中，滑动面倾角(α)的准确度至关重要。试算可知，其他条件不变的情况下，滑面倾角相差 1°时下滑力相差 0.173 倍，滑体越厚则相差越大。在抗滑计算中，滑面倾角(α)的作用同样重要。如果勘探资料的滑面倾角误差过大，所有计算分析都不可信，所以在勘探中应采取各种手段保证滑面倾角的精度。

(8)在滑坡勘察和稳定性分析中，滑体中的地下水位及其动态变化同样重要。因为地下水对滑坡的不良作用绝不仅仅限于水对滑带土的软化作用(试验证明滑带土的残余强度与含水量无关)，而滑体中的地下水位埋深(即滑床以上的水柱高度)是滑带以上有效应力“减量”(浮力)的主要因素。武汉地铁机场线与城际铁路明挖隧道之间发生“水推式”滑动就是有力证明。图 6 中三条明挖

隧道基底在同一标高的平面上(∂=0°)。地铁左右线先施工,城际线后开挖。地铁左右洞及城际线间的"肥槽"回填土不密实,大雨后形成水柱。城际线开挖时,地铁左洞及城际线侧墙发生水平滑动,左线已完成的洞体向左移动2.0余米,城际线侧墙倾斜、基地隆起,形成典型的"水推式"滑动。这一实例充分证明地下水对滑移的推动作用之大。

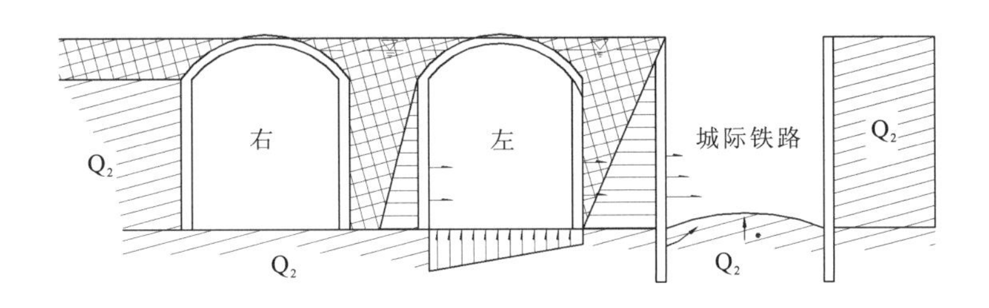

图6　武汉地铁机场线水推式滑动示意图

(9)滑坡防治。要坚持综合防治的指导思想、避免以抗滑桩(墙)为唯一手段的防治原则。所谓"综合防治",是根据滑坡的地貌地质条件,综合采取抗滑桩(墙)、土方平衡(清方减载或填沟反压)、地表防水及地下排水等治理措施。其中采用盲沟或盲洞措施截、排或减压滑体、滑带中的地下水是不可或缺的重要措施。灵活运用防(截)排地下水措施,非但可以增加抗滑力以减小抗滑结构的工程量达到事半功倍的效果,有时还可以作为综合防治的主导工程,例如太焦铁路红崖大型滑坡、湖北松宜打磨山滑坡和长江三峡黄腊石大滑坡的是以地下排水(盲洞、盲沟)作为主导工程,即节省了大量投资,又取得了良好的防治效果。

以上九点认识,是我在几十年中承担40余座各类滑坡勘察与防治工作的突出体会,也是我向我国著名滑坡专家徐邦栋先生学习的心得。可以毫不隐讳的说,上述体会都是当年徐先生在太焦铁路一点一滴教我的。我的经验是,要把先生的教导认真地在实践中消化,才能成为自己的真知。令人欣慰的是,徐先生已逾九十六岁高龄依然健在,我衷心祝福他健康长寿!

3　采空区上边坡稳定性评价研究的收获与贡献

1986年4月湖北省松宜矿区陈家河煤矿跑马岭山体发现山体开裂,沿山脊线出现两条长约350m的大裂缝。两条平行裂缝相距35m,其间下陷形成沟槽。开裂山体下方有7个高25～40余米的陡壁,山脚下为运输大巷峒口、铁路专用线及装车煤仓和大量工业民用建筑群。发现裂缝后,矿方立即报告专区政府直至省政府。时任副省长徐鹏航批示:迅速组织专家调查、论证,不惜代价进行抢险。省经委速派湖北省岩崩调查处的专家组赴现场调查。专家组的初步结论是:山体破坏的蠕动阶段已经过去,进入急剧变形阶段,一触即发,将会产生数十万方的岩崩或滑坡。建议矿山迅速组织搬迁……一时间跑马岭山体开裂被认为省内重大地质灾害险情,矿山面临停产、部分居民及办公人员已撤离。

受湖北省煤炭厅邀请,武汉煤矿设计院派遣我和栗怡然赴现场复查。根据矿方提供的山体地质资料、山体下采空区及煤柱分布和分布在煤层露头线上的民间小煤窑的采掘活动等背景资料,结合现场调查,得出与专家组完全相反的结论和建议,其根据是:

(1)山体地质构造的基本格局是地层倾向明显向山内倾,倾角普遍大于20°,坡脚地段软岩(二叠系下统马鞍组页岩及煤)没有任何挤压或剪切迹象,岩层完好无损。表明山体不可能发生顺层滑坡。这种地层明显内倾的山体是能否发生顺层滑坡的关键性控制要素;岩石陡壁的结构面组合也是不具备崩塌条件的。

(2)煤矿开采活动的地面地下对照图表明，山体的主要开裂变形(上部拉张裂缝及下部挤压、剪切、鼓胀)全都发生在煤层底板以上的已有采空区之上。煤层底板(露头线)以下、(采空区以外)地层均无变形破坏现象，加之山体裂缝分布及形态特征，综合分析后初步判断：整个山体开裂变形属于地下采空引起的以垂直下沉为主的“采空区塌陷变形”。

(3)访问得知，之前的1985年冬季，山体即已发生骤烈塌陷。数日内听到隆隆响声、老鼠乱跑、蛇出洞，过后山上出现两条大裂缝，山体下部岩石陡壁发生局部坍塌……这一过程表明，山体的采空区塌陷过程已基本完成，也就是说“山体的蠕动和急剧变形阶段均已过去，进入残余变形阶段”。

之后在省政府、专区安全管理部门和煤炭厅领导参加的研讨会上，我汇报、分析后郑重宣布：“跑马岭山体开裂属于采空区塌陷类型，既不会发生滑坡也不会发生大规模岩崩，山体塌陷变形已基本完成，进入残余变形阶段。因此矿山不必停产更不必搬迁。目前可建立巡查制度和防范预案，以防局部滚石。”这一结论暂时缓解了各方的紧张情绪。

在主动承担“跑马岭山体稳定性评价”任务后，我们开展了全面、系统、深入的勘察和研究工作，并初步建立了“采空区上边坡稳定性的评价体系”。这一评价体系的基本内容和工作程序包括：

(1)收集区域和矿区地质资料、矿井开采历史及开采计划资料、采煤方法及采空区和煤柱分布等。

(2)进行较大面积(含全部采空区及外围)、大比例尺地质——工程地质测绘，编制工程地质平面图(1：1000)；进行代表性断面的实地测绘，编制实测工程地质剖面图(1：200～1：500)。

(3)对采空区内外的7处岩体陡壁进行结构面(节理裂隙、层面)实测并作赤平投影图，并与临空面结合进行“结构面组合判断”，评价各处陡壁的稳定性。

(4)对煤层顶板以上的岩体中所有软弱岩层(泥岩、泥灰岩)取样进行岩石力学试验，取得饱和条件下的层面抗剪断强度和层面摩擦强度指标。

(5)对各条实测地质剖面的各软弱地层进行极限平衡验算，得出各剖面的滑动稳定性评价结论。

(6)选取代表性剖面进行数值分析。根据两类资料——地层、构造和采空区、煤桩分布设定边界条件和单元划分(图7)。

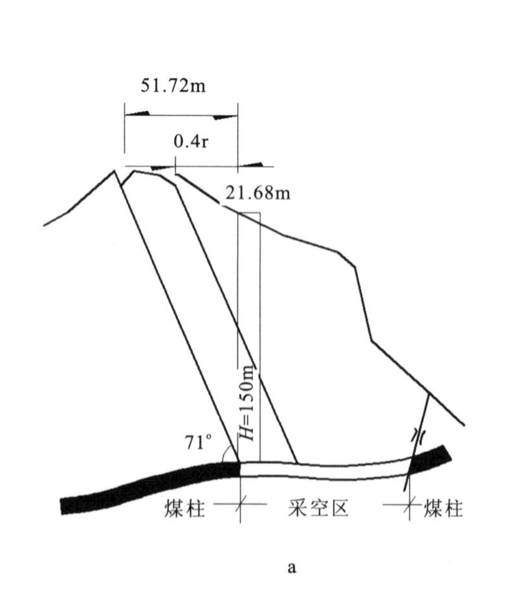

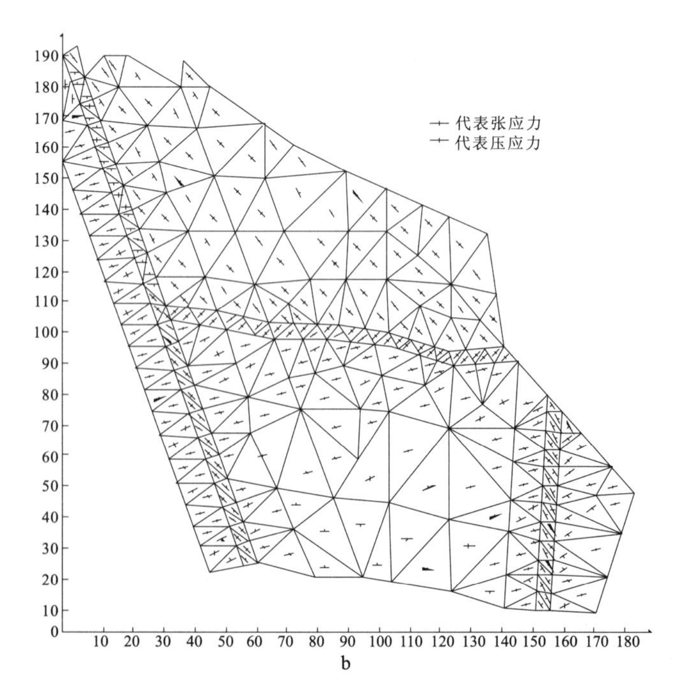

图7　跑马岭3号陡壁有限单元分析

图7中,a图为边界条件设定,b图为单元划分及数值分析结果中的应力矢量轨迹。图8为山体应力分布及变形分区。其中:A区为拉张应力、下沉变形区;B区为挤压应力、下沉变形区;C区为剪切应力、鼓胀变形区。经过现场调查核实,这三个变形区上的地表变形现象特征完全符合数值分析的应力及变形性质。例如,拉张应力区(A区)的两条裂缝显现典型的拉张特征,缝宽2~5m,两裂缝之间下沉成沟槽;采空区上方(B区)整体下陷,并显挤压特征;山体下部,采空区边界上方的陡壁下,出现闭合状剪切裂缝;剪切裂缝外侧煤柱上方(C区),显现"鼓胀、隆起"特征,即沿层面张开(层张)。以上的三个应力分布及变形区,代表了"斜坡山体下采矿—采空区上边坡"的塌陷变形特征。后来对类似矿山的研究证实了三个变形区普遍存在。

数值分析的结果也证实了跑马岭山体开裂变形属于"采空区塌陷"类型,而不属于滑坡类型。这里采用的是"反证法"思路,即数值分析的边界条件设定是采空区塌陷模式——采空区上方岩体可以三维移动,煤柱上方岩体不能下沉但可以水平移动。数值分析的结果,其应力分布及其变形区特征与现场的变形现象完全吻合。客观地证实了山体变形是由采空区塌陷造成的,而不是滑坡引起的。

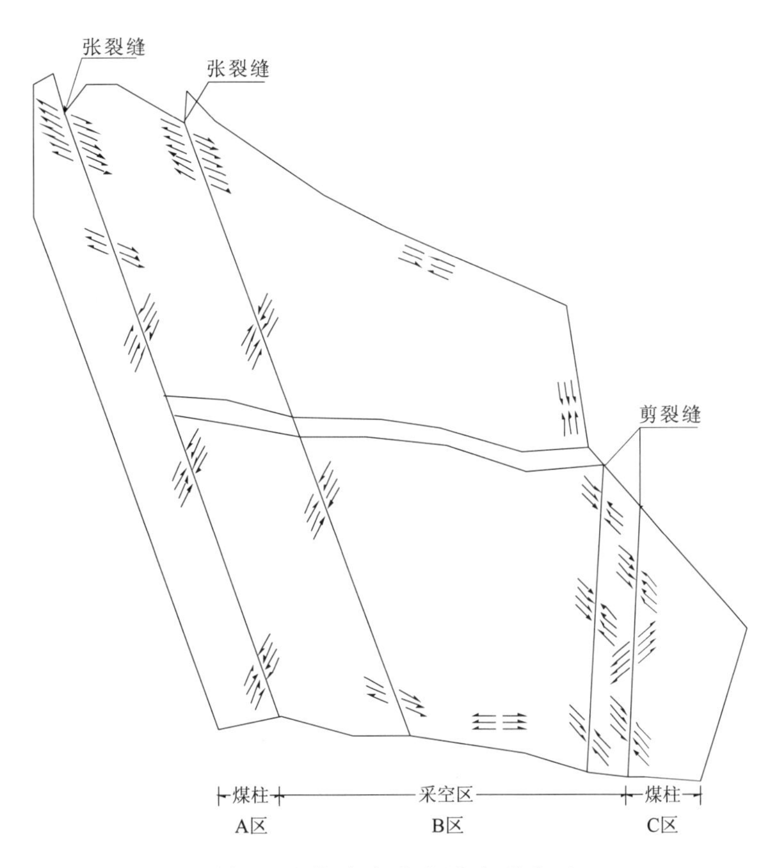

图8　山体应力分布及变形分区

(7)工程地质类比法的应用。跑马岭山体稳定评价过程中,还对湖北省远安县盐池河磷矿大型岩崩、三峡库区链子崖危岩体等采矿引起的边坡变形区进行了调查、分析、对比。结果证实,三峡链子崖危岩体与跑马岭山体的地质构造和采空区边界条件相似,山体开裂历经400余年依然稳定;盐池河磷矿采空区上山体与跑马岭山体地质构造截然不同——地层外倾、陡壁主裂隙陡立内倾,呈倾倒、滑移态式,结果造成大规模崩滑。通过工程地质类比,更增强了跑马岭山体稳定性评价结论的可靠性。

若对陈家河煤矿跑马岭山体稳定性评价研究进行总结,主要收获及贡献是:

(1)边坡(斜坡山体)下采矿引起的山体变形破坏与山体滑坡引起变形破坏有本质上的区别,它属于采空区上岩体的塌陷变形为主的“采空区上边坡稳定”问题。这类边坡稳定性分析、评价,不能简单地按照一般滑坡(或崩塌)的理论和方法进行,必须把地下采矿形成的采空区及矿柱的空间分布作为重要的边界条件和变形控制条件,结合山体构造和岩体结构进行综合分析、评价。

(2)边坡下采矿也不同于远离边坡或平缓地面下采矿引起的“地表塌陷(移动)盆地”,而是在斜坡山体上下形成三个应力及变形区——上部拉引应力、下沉变形区,中部采空区上方挤压应力、下沉变形区和下部挤压、剪切裂缝边界外侧的鼓胀应力、隆起变形区。这三种应力及变形区的发现和证实,奠定了采空区上边坡稳定性分析、评价的理论基础,继跑马岭山体稳定研究之后的其他矿区“采空区上边坡稳定”研究和边坡下采矿研究证明这是一个开创性成果,具有重要的理论意义和实用价值。

(3)初步建立了“采空区上边坡稳定性研究”的方法和评价体系(图9)。

图9中所列的方法都是人们常用的方法,但这些方法是针对斜坡山体下采空区分布的特定边界条件,按照既定的步骤形成完整的工作体系——采空区上边坡稳定性的评价体系。近30年的实践证明,这套评价体系是行之有效的。它也是将工程地质方法与采矿工程相结合的成功范例。

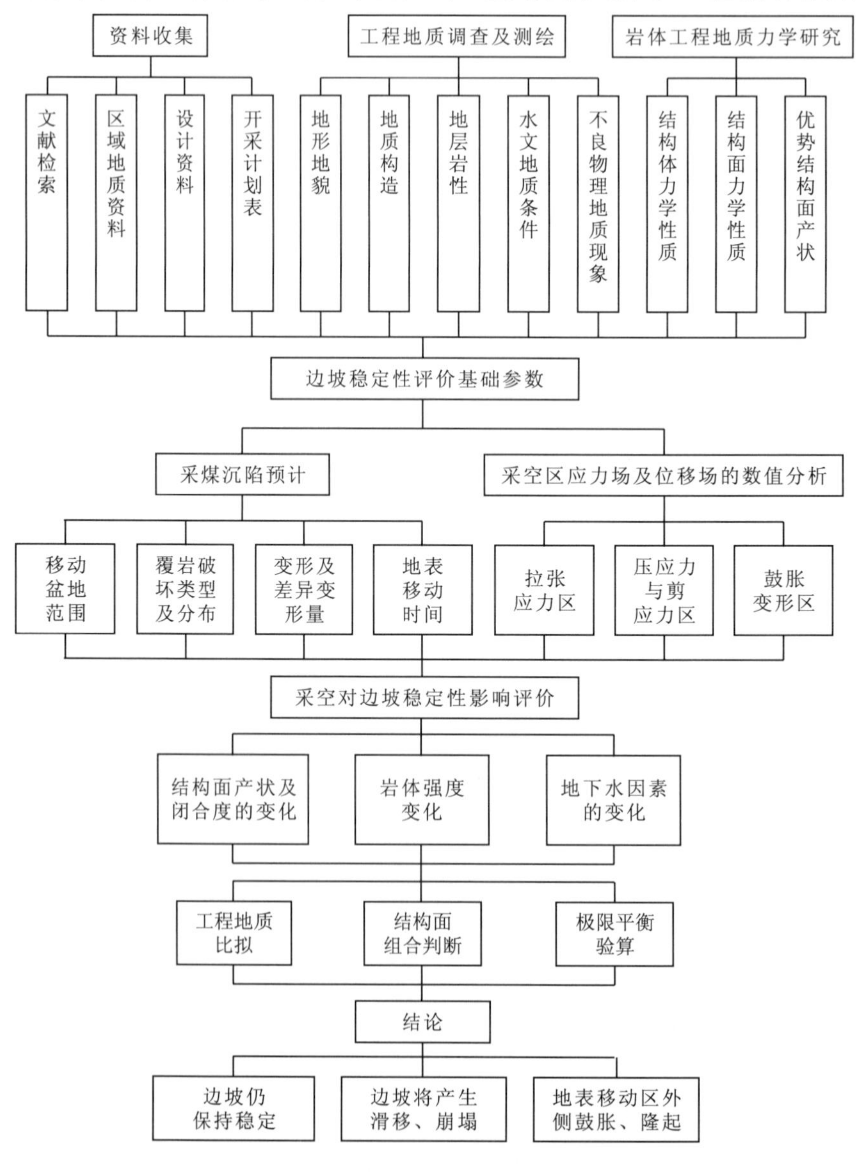

图9 采空区上边坡稳定性研究方法和评价体系

(4)采空区上边边坡稳定性可能有三种评价结论:一是虽有采空区存在,但其上边坡仍可长期稳定(如跑马岭和三峡链子崖);二是采空区上边坡可能发生崩塌或滑坡(如远安盐池河磷矿);三是采空塌陷区外侧发生鼓胀、隆起(如陕西韩城电厂)。有了这三种可能性,人们就不会仅仅考虑只有崩塌、滑坡一种可能性而被塌陷裂缝所吓倒。

(5)继"跑马岭山体稳定性评价"之后,在仅仅局限于"采空区上边坡稳定性研究"的基础上,进一步发展成边坡下采矿的理论和方法,并有专著《采动边坡稳定性评价理论及工程实践》(徐杨青,吴西臣,2016)出版。在此之前,我国煤炭行业只有"三下"采煤(建筑物下、水体下、铁路下采煤)研究的大量成果及相应的"规程",边坡下采煤应可称为"第四下"采煤。这无疑是对采矿和边坡稳定研究理论的丰富和发展。

自 1986 年对湖北省陈家河煤矿跑马岭山体稳定性评价研究至今已 30 余年了,回顾当年的情景,这项研究成果不但解决了矿山的燃眉之急,避免了矿山停产、搬迁的巨大损失(山体边坡至今安然无恙),还在采空区上边坡稳定性评价理论乃至边坡下采煤的理论和实践上取得了一定成果,并协助解决一些类似工程。这一切都令我感到慰藉。

回顾这段历史,值得反思的是:

(1)当年的第一个专家组为什么会得出"山体的蠕动阶段已经过去,进入急剧变形阶段,一触即发,建议搬迁"的结论?后来在对我们的《湖北陈家河煤矿跑马岭山体稳定性评价报告》进行成果鉴定时,由全国知名专家组成的鉴定委员会在三个月中历经两次鉴定会才勉强同意我们的评价结论,而山体边坡至今仍安然无恙。其中的关键就是没有把山体边坡变形破坏现象与地下采空区的分布联系起来,而"采空区塌陷和地表移动规律"早已形成完整的理论和实用体系,单纯以工程地质学的边坡理论和方法是得不到可信结论的。

(2)采空区塌陷是垂直位移为主,滑坡或崩塌是以水平位移为主,抓住这两类现象的变形、位移特征的区别,制定调查、研究的技术路线,才能获得符合实际的结论。辨别这两类变形的特征并不困难,主要是抓住下部斜坡段和坡脚岩体完整性尤其是软弱岩层的完整性特征——倾向山内还是山外,以及有无挤压和剪切变形。如果岩层倾向山内,坡脚软岩又无任何压裂或剪切变形,尽管山体上方有宽大裂缝,也不能轻易断定为滑坡类型。此时就应该根据采空区分布的"地面地下对照图"进行分析,如果地下采空区和煤柱的分布正好对应地表出现的拉张应力区、挤压应力下沉区和外侧鼓胀隆起区,就可迅速判断为采空区上以垂直下沉为主的塌陷变形类型,用不着作复杂的计算。剩下的问题就是进一步分析塌陷变形是否会引起局部崩塌或小型滑坡。

(3)多年调查、研究的结果证明,采空区上山体、边坡的稳定性有三种类型——地层构造、结构面组合及采空区分布有利组合的条件下,山体边坡可以长期保持稳定;以上三方面因素不利组合则可能发生崩塌或小型滑坡;采空区外侧普遍存在鼓胀、隆起区。这三种稳定性类型的判定、区分,是要经过全面、深入地调查、分析才能解决的,不可轻易定论。

4 "土体工程地质的宏观控制论"的建立和应用

我在从事工程地质工作的 50 多年中,用心关注的另一重大课题就是土体工程地质问题。工程地质学研究的两大对象就是岩体和土体。在半个多世纪中,岩体的工程地质研究一直受到广泛关注。在解决岩体的各类工程问题过程中,几乎调动了地质学中的所有基础学科,把地质学、工程地质学和工程力学有机结合,在许多领域都形成了系统、完整的岩体工程地质理论和方法。具有代表性的有"岩体工程地质力学",其核心是岩体的"结构控制论"。而长期以来,在解决土体中的各类工

程地质问题时，地质学的基础理论应用则相对较少，而是基本上在土的分类及其物理、力学性质研究的基础上，主要是应用土力学理论来解决各类工程问题。实质上土体的工程地质问题并非这样单纯，它同样需要地质学基础理论的有力支撑，其中最主要的就是“地貌学及第四纪地质学”。基于这种认识，我在解决土体工程问题时有意识的以“地貌学及第四纪地质学”为基础进行宏观分析，从成因、历史、地域角度看待土体，进而解决土体的各类工程地质和岩土工程问题。在土体工程中，对诸如隧道、边坡、地基和地质灾害等各类土体工程地质课题，都是运用地貌学及第四纪地质学的理论和方法，依据已掌握的宏观规律，或在具体工程中找到宏观规律，并逐渐认识到：地貌单元、地层时代和地层岩性组合是控制土体工程性质的基本要素。在几十年大量实践的基础上，终于在21世纪初正式提出“土体工程地质的宏观控制论”的核心要点、理论体系框架、工作方法程序和多方面的实际应用。回顾这一漫长过程，以典型事例作扼要介绍。

1.个别工程的启发

(1)1966年在京原铁路补充勘测中，对北京房山县十渡附近的平峪隧道进行补勘。前期地勘报告中，将隧道出口近200m的土层分布段定为“岩堆”—— 由碎石、块石组成的崩塌堆积体，松散、富水(图10a)。由于有丰沙2线曾将岩堆误判为基岩而导致事故的教训，针对“岩堆”作了特殊设计，铁道兵成立了应对“岩堆”的攻关施工队。我在补勘中，沿拒马河岸进行调查测绘发现隧道出口段土体不是崩塌堆积物，而是拒马河Ⅲ级阶地。后经钻探证实，该段土体具典型的二元结构——上层为Q_2粘性土，下层为冲积卵石、漂砾夹粘性砂土(图10b)，因是高阶地无地下水。结果采用普通矿山法施工并顺利完成。这个事例启示我们，地貌成因类型和地层时代的判定具有重要的工程意义。

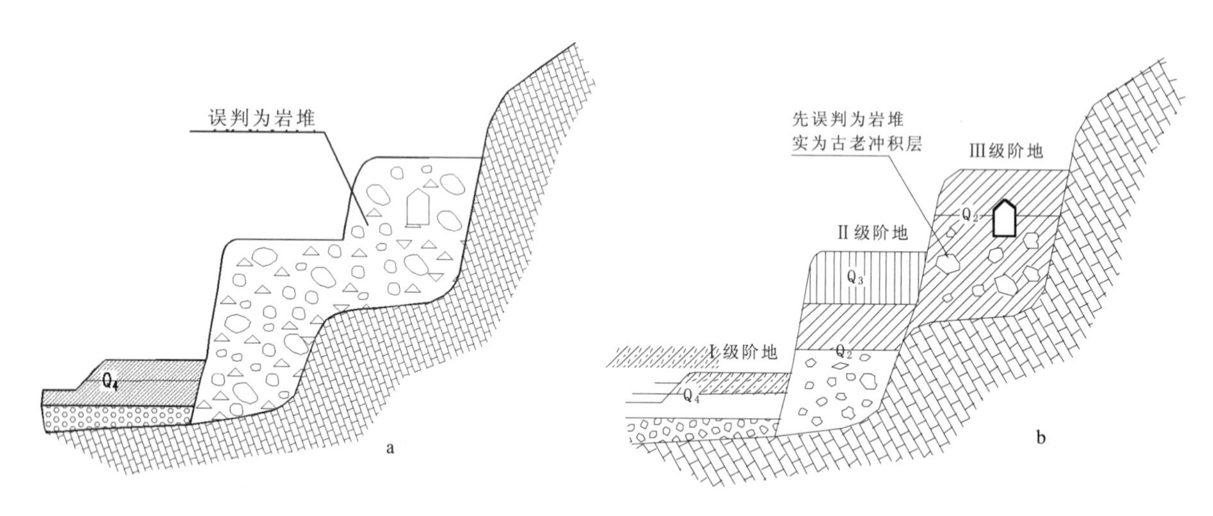

图10　京原铁路平峪隧道出口剖面示意图

(2)京原铁路灵丘盆地大西河大桥勘探中发现，一个桥墩墩位恰巧处在两级阶地的界线上。加孔钻探证实，墩位一半在Ⅰ级阶地淤泥质土和亚粘土上(Q_4—新、Q_4)，地基承载力和压缩模量低，另一半在Ⅱ级阶地的黄土状亚粘土和棕色粘土上(Q_3、Q_2)，地基承载力和压缩模量较大。后将墩位改至Ⅱ级阶地的老粘性土上采用扩大基础，即避免了不均匀沉降，又省去了桩基(图11)。这一个小小的事例却给了我们很大的启示：在河谷中进行桥梁勘探要注意地貌单元、地

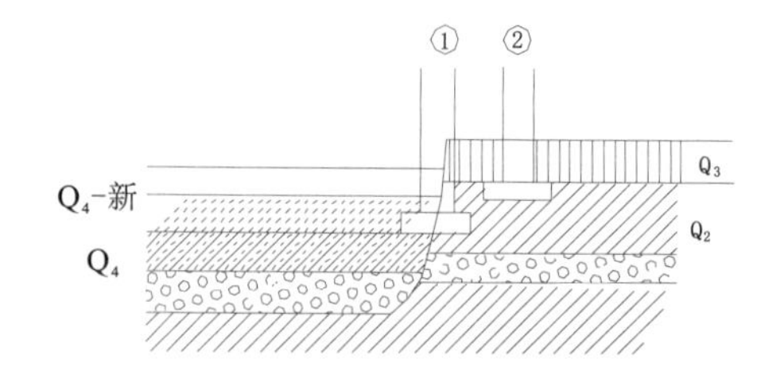

图11　山西某铁路大桥地质断面

①原定墩位；②改移墩位

层时代和地层岩性组合的划分，一座大桥可能穿越河漫滩、超漫滩一级阶地和二级以上阶地，它们的地层时代和岩性组合不同，其工程性质有明显差别。至今仍常见一些大桥的地质剖面图中对河谷地貌单元不加区分，而是把不同时代的同类土层连为一层，或以地层尖灭或以透镜体表示。其实，阶地之间是有明确界线的。

2. 先辈的希望和嘱托

1979年第一次全国工程地质大会期间，我国工程地质学的奠基人刘国昌教授和谷德振教授在会上正式提出了土体工程地质的研究方向问题。那是在大会普遍确认岩体结构控制岩体工程性质的“岩体结构控制论”之后，两位教授提出：岩体有了“岩体结构控制论”，土体要有一个什么控制论？由于当时工程地质界普遍存在“重岩轻土”(即重视岩体研究，轻视土体研究)的倾向，会上只有我一个人简要介绍了我的体会，即应用地貌学及第四纪地质学理论，以地貌单元、地层时代、地层岩性组合作为控制因素进行土体工程地质研究的思路，却没有得到任何响应。这也并不奇怪，因为至今工程地质界仍然存在“重岩轻土”的倾向。

那次大会后，我们把刘国昌、谷德振两位教授提出的问题当作前辈的希望和嘱托，把土体工程地质的“控制论”研究当作我后半生的主要任务。其后的多年中，凡在第四系土层分布区工作，不论何种工程都潜心分析、提炼、总结控制土体工程特性的基本要素，陆续在地质灾害、地基、边坡、地下工程等各方面取得具有一定理论和实用价值的成果。

3. 土体工程地质“宏观控制论”理论框架及工作方法、程序的建立

自20世纪70年代末开始，在一些重要课题研究和各类工程的实践中进行系统分析、总结，逐渐形成了“宏观控制论”的理论框架和工作方法、程序。这些课题中，最具代表性的是，地震砂土液化判别、地震小区划、岩溶地面塌陷和深基坑地下水控制。在这些课题研究中，不单是提炼出决定土体工程性质的宏观控制要素，更重要的是促进了这些课题的类型区分、机理及分布规律的研究。对于这些课题的具体内容，都有专文详述。下面通过对这四种课题研究过程要点来介绍“宏观控制论”的形成。

(1)“地震砂土液化的工程地质判别法”的建立。1976年唐山大地震之后，在参加唐山矿区工业项目场地勘察过程中发现，凡是陡河二级阶地上的晚更新世(Q_3)砂土层即使在地震烈度为9°～11°区也没发生液化。为证实这一结果的可靠性和代表性，做了以下几方面的工作。

①在唐山地震区进行了较大范围的现场调查，核对喷砂、冒水现象的分布与地貌单元、地层时代的关系。发现凡是发生喷砂、冒水的地段均处在河流的一级阶地(Q_4)及河漫滩(Q_4一新)上，而在河流的二级以上阶地中均没发现喷砂、冒水现象。后将震区航拍照片显示的震后喷砂带与河北平原地貌第四系地质图相对照，证明上述规律基本吻合。

②收集邢台、海城地震区砂土液化资料和黄河河套平原(银川)古液化及淮北平原资料，并对淮北平原进行现场调查、核对，证实这些地震区近代砂土液化都发生在低阶地的全新世(Q_4)砂土层中，而二级以上阶地在近代地震时均没液化，在银川黄河二级阶地(Q_3)砂层中发现古液化(晚更新世)遗迹。更加证实砂土液化与地貌单元和地层时代的密切关系。

③以太沙基有效应力理论为基础，对Q_3砂土层不液化的机理进行理论分析，从更新世砂土层因年代久远造成的超固结，风化作用导致砂土中的粘土矿物颗粒(长石、云母等)风化成粘土，历史地震作用使砂土结构更加稳定等方面论证了古老砂土层在强震作用下也不会发生液化的道理。同时有以大量的现场原位测试(标贯、静探)和室内试验数据进行经验公式判别的结果作为佐证。确立了Q_3及其以前的砂土层在6°～9°烈度区为“非液化砂土层”的结论。

这项成果作为四部委九个单位的“唐山地震砂土液化判别研究报告”的组成部分，在 1983 年的科研成果鉴定会上，受到以科学院学部委员汪闻韶为首的专家组的特殊肯定，又在 1986 年的阿根廷“国际工程地质大会”上受到特别关注。之后，“Q_3（及其以前）的砂层为非液化砂层”的结论被纳入国家抗震规范，至今仍在广泛采用。

④作为“砂土液化的工程地质判别法”的重要组成部分，提出了以地貌单元（成因类型）、地层时代和地震烈度作为判别要素的简化判别表（表 1），使“砂土液化的工程地质判别法”形成一个较完整体系。通过地震砂土液化判别研究，更加深刻地认识到地貌单元、地层时代要素对土体工程性质（包括动力特性）的宏观控制作用，这也是第一次全面深入运用地貌学及第四纪地质学进行工程地质研究的重要收获。

表 1　砂土液化简化判别表

地质条件 \ 烈度	7°	8°	9°	10°
山前冲洪积平原或洪积冲积平原（Q_3）	非液化	非液化	非液化	非液化
洪积冲积平原（Q_4）	〃	〃	液化	液化
冲积平原（Q_4）	〃	液化	〃	〃
一级阶地（Q_4）	〃	〃	〃	〃
冲积海积平原（Q_4—新）	液化	〃	〃	〃
一级阶地（Q_4—新）	〃	〃	〃	〃
古河道、河漫滩、湖沼洼地（Q_4—新）	〃	〃	〃	〃

（2）在地貌、第四纪地质研究的基础上进行地震小区划。

1983 年在西安地质学院刘国昌教授亲自带领下开展了“焦作—鹤壁矿区区域稳定性及地震小区划”研究。我与刘国昌教授、刘玉海教授及研究生李汉杰一道，在区域地质构造、活动断裂、区域构造应力场、历史地震综合分析的基础上，运用地质力学方法作出了“焦作—鹤壁矿区区域稳定性评价”，并在此基础上进一步开展了地震小区划研究。先后做了以下几方面的工作：

①以焦作矿务局编制的“太行山南麓地貌、第四纪地质图”为蓝本，进行了大范围的地貌、第四纪地质调查。

②收集、利用大量的煤田地质勘探钻孔，结合“地貌、第四纪地质图”，按照地层时代和岩性组合进行小区划分。

③利用进口的信号增强地震仪和自制激振装置及接收探头，选择代表性地段在钻孔中对不同时代、不同岩性地层进行剪切波速（V_S）测试，得到各类土层的 V_S 平均值（这在当时国内并不多见）。

④采用武汉煤矿设计院（林炎山）自编程序进行“地震反应分析”并制作各代表性小区的“地震反应谱”，以此作为各小区的“定量标准”编制出“焦作—鹤壁矿区地震小区划图”。

以上这套思路、原则、方法和步骤是迄今国内外不多见的。国内的地震小区划，从烈度小区划过渡到地震效应小区划一直是以一定间距的钻孔网格进行分析后，用等值线划分小区，而不是以地貌、地质体作为单元进行分析后划分小区。我们这套方法则是以地质条件（地貌单元、地层时代、地层组合）为基础建立地质模型，然后进行地震反应分析。小区的边界是地质体的边界，而不是等值线“边界”。这样做的理论根据是：地震反应分析的基本原理，地震波从基岩传入覆盖土层后直至地

面的反应过程中，因土层的组成、岩性不同而波阻抗（PV_S^2）不同，导致地面反应不同。也就是说，地层岩性及其组合类型不同，则地面反应（反应谱）也必然不同（图 12）。因此，以地质条件（地貌单元、地层时代、地层组合）为基础进行地震小区划就“天然合理”。

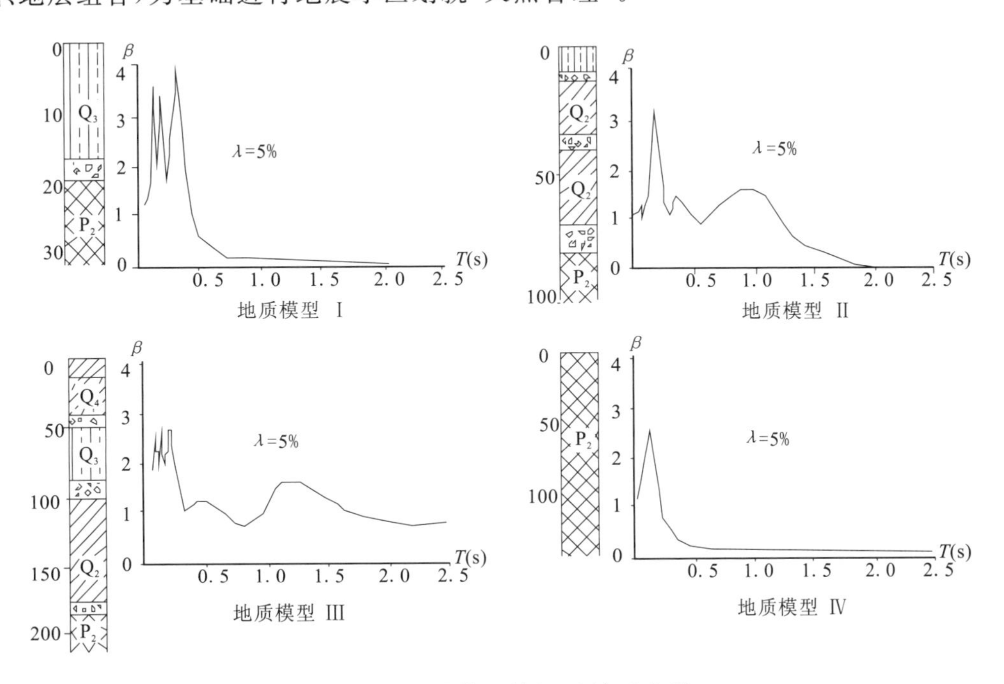

图 12　地质模型特征及其反应谱

上述工作完成后，撰写了《地震小区划的工程地质-地震工程准则及实例分析》一文。这篇论文在 1986 年意大利（巴里）地震工程地质国际会议上受到关注和好评。但由于种种原因，该文直至 2006 年才在国内刊物《资源环境与工程》上发表。所以，这套“准则”至今也未被地震部门注意，但我确信这是一套正确的“准则”。

通过地震小区划研究、把地貌、第四纪地质学的应用又向前推进一步，即除了地貌单元、地层时代作为宏观控制要素之外，“地层岩性组合”也作为重要的控制要素得到了证明，图 12 就是典型实例。

(3)宏观控制要素在“岩溶地面塌陷”研究中的关键作用。

在第二次全国工程地质大会上（1982 年西安），曾对“岩溶地面塌陷”机理展开热烈讨论。当时辩论的焦点是“潜蚀机理”和“真空吸蚀机理”之争。在那之前，国内外一直流行“潜蚀机理”，许卫国（煤科院西安所）以煤矿区大量实践总结出“真空吸蚀机理”。这场辩论引起我对“岩溶地面塌陷”这一重大地质灾害课题的重视。从 1982 年至今，我在参与武汉、湖北其他地区、深圳等地的岩溶地面塌陷灾害处理过程中，逐渐发现并得出以下认识。

①岩溶地面塌陷基本上是指可溶岩之上的第四系覆盖层塌陷，而非指可溶岩溶洞顶板塌陷。

②既然是第四系覆盖层塌陷，则覆盖层的性质就是塌陷类型、形态、规模及其分布规律的主导因素，可溶岩岩溶的发育程度只决定塌陷的先决条件和严重程度。因此，研究地面塌陷的重点是搞清覆盖层性质（地貌成因单元、地层时代、地层岩性组合类型）。

③多年的大量调查、研究结果证明，岩溶地面塌陷基本上只有三种类型，即“砂漏型”“土洞冒落型”和“真空吸蚀型”。这三种类型的塌陷形态、规模及其危害程度有很大差别。究其原因，是地质条件不同，即地貌单元、地层时代、地层岩性组合的类型不同所决定的。

④塌陷类型不同，地质条件不同，其所对应的塌陷机理也不同。以这种基本认识为出发点，总结出三种塌陷类型对应三种塌陷机理，即：可溶岩之上为饱和砂土类时，其塌陷为“渗流液化流土

漏失”塌陷机理，简称“砂漏型”塌陷；可溶岩之上为粘性土层时，其塌陷为“潜蚀土洞冒落”塌陷机理，简称“土洞型”塌陷；主要是由于人为因素（集中大量抽水、矿井或隧道排水）造成岩溶水位急剧大幅度下降。形成负压至真空，导致覆盖土层塌陷，其塌陷机理为“真空吸蚀”机理，简称“真空吸蚀型”塌陷。以上三种类型及其塌陷机理基本上概括了岩溶地面塌陷的类型和机理，并将其与地质条件统一起来。

⑤由于地质条件决定塌陷类型和机理，则不同类型塌陷的分析规律必然受地貌单元、地层时代和地层组合三要素的控制。如湖北、武汉地区，长江一级阶地的二元结构冲积层中多次发生“砂漏型”塌陷；剥蚀堆积垄岗（三级阶地）老粘性土区则偶发土洞型塌陷，长江二级阶地的二元结构冲积层中，因砂层为 Q_3 老砂土粘粒含量超过 20%，则不会发生“渗流液化流土漏失型”塌陷；湖北的铜矿、煤矿区和温泉供水水源地曾数次发生“真空吸蚀型”塌陷。

⑥由于塌陷类型、机理及其分布规律不同。则防治对策也不同。如“砂漏型”塌陷以截断岩溶水渗流为主；“土洞型”塌陷以填充土洞为主，“真空吸蚀型”塌陷以帷幕截断岩溶水补给区与排水区的水力联系为主等。

前述的岩溶地面塌陷研究过程，是又一次系统运用“宏观控制论”的实践过程。这个实践和理论研究过程，也充分体现了“土体工程地质宏观控制论”的理论意义和实用价值。

（4）深基坑地下水控制研究中，宏观控制论的应用。自 1994 年至今的 20 多年中，亲自主持几十座基坑及审查几百座深基坑地下水控制设计与施工过程，当中运用“宏观控制论”的理论和方法解决深基坑地下水控制，主要体现在以下几个方面。

①深基坑地下水控制的两类方法（隔渗与降水）的选择首先要考虑地下水类型。如上层滞水或隔水底板较浅的潜水含水层多采用“竖向隔渗帷幕＋坑内疏干降（排）水”；对厚层潜水或厚层承压水含水层多采用“悬挂式帷幕＋管井降水”；对互层土中的沉间弱承压含水层多采用“竖向全隔渗（落底）＋管井疏干降水”等。深基坑地下水控制的主要目的是防止渗流破坏（管涌、突涌、流砂）和控制坑外地面沉降。

②不同地貌单元、不同时代的不同类型含水层的渗透性、承压性以及与江、河、湖、海的水力联系有很大差别，深基坑降水设计参数（K、R）和水文地质边界条件的确定及计算方法的选择都有区别。

③深基坑降水对周边环境的影响大小与地貌成因类型、地层时代及地层岩性组合的关系最为密切。最主要的控制因素是含水层及其相邻地层的时代新老。降水疏干或减压产生的有效应力增量导致含水层及其相邻土层的固结、沉降与地层原来的固结程度（欠固结、正常固结、超固结）状态直接相关。地层时代对应的固结状态普遍规律则是，Q_4 一新欠固结，Q_4 欠固结至正常固结，Q_3 及 Q_2、Q_1 超固结，对应于降水引起地层沉降则必然是 Q_4 一新最大，Q_4 较大，Q_3 很小，Q_2 以前极小。这种规律已被大量降水实践所证实。其次是土层性质，即砂类土沉降小，粉土及互层土沉降较大，淤泥质软土沉降最大。渗流破坏（管涌、突涌、流砂）也与地层时代、地貌单元密切相关，即 Q_4 一新和 Q_4 砂土及粉土极易发生且后果严重，Q_3 较少发生且后果不严重，Q_2 则很少发生，这些规律也被大量实践所证实。

以上三方面的规律扩展到空间地质体的宏观规律，自然就集中反映到地貌单元及其固有的地层时代、地层岩性组合类型上。仅就降水引起的面沉降而言，滨海平原和三角洲沉降最大，冲积平原相对较小，冲积平原中，河流一级阶地沉降较大，阶地上的漫滩沼泽、牛轭湖相沉降最大，二级阶地沉降很小，三级阶地沉降极小。与这些规律相对应，各种不同单元上的地下水控制方法（隔渗与降水）组合形式也不尽相同。

总之，运用“宏观控制论”进行深基坑地下水控制，会收到良好效果，更重要的是在制定地下水

控制方案时会更有预见性和可靠性。

(5)其他方面的应用。上述四个方面的全面、系统应用之外,“宏观控制论”在地基基础、边坡与滑坡、隧道与地铁等类工程中应用也同样获得了良好效果。尤其是近年在城市地铁工程中,地貌单元、地层时代、地层岩性组合三大要素在地铁车站基坑支护和地下水控制、区间隧道的工法选择和设计参数确定以及不良地质和地质灾害治理等方面的宏观控制作用逐渐被勘察、设计、施工人员所认识和应用,日益收到良好效果。

综上所述,从20世纪60年代受个别工程的启发,到80年代以后在诸如地震砂土液化判别、地震效应小区化、岩溶地面塌陷、深基坑地下水控制的系统性研究,到地基基础工程、边坡与滑坡工程、隧道与地铁工程等方面的应用,直到2006年正式提出了“土体工程地质的宏观控制论”,前后历经50余年。可见“宏观控制论”的建立并非是从简单、抽象的概念出发硬套到各类现象中去的,而是自始至终以地貌第四纪地质学为基础,从上述各类课题的调查、研究的实践过程中逐渐分析、提炼、总结的结果。也是我从事工程地质与岩土工程50多年的最重要收获。

5 回顾后的反思

上面用较大篇幅回顾了从事工程地质与岩土工程工作的50多年中,在岩体工程地质力学的应用、滑坡勘察与防治、地震砂土液化判别、地震效应小区划、采空区上边坡稳定性分析与评价、岩溶地面塌陷、深基坑地下水控制等方面的研究过程与成果,特别是“土体工程地质宏观控制论”的建立过程及其在各类工程中的应用。之所以用较大篇幅作过程回顾,是想通过对成果“来龙去脉”的叙述,让人理解某些理论的重要性和思路方法、经验。同时,也想通过这样的回顾和反思,最起码得到以下三点认识。

①专业基础理论和专业基本功最重要。经验证明:“基本理论可以解决基本问题。”我在几十年的工作中,多次解决所遇到的重大课题,基本上靠的是专业基础理论和长期练就的基本功。所以要告诫年轻人,要在工作实践中不断深入理解、掌握基础理论和练就基本功。所谓“创新”也是在基础之上的创新,不掌握好基础理论,不具备熟练的基本功的“创新”将是“无源之水、无本之木”。前述的一些重要课题及其创新,全都是依据基本理论。

②不论何种地质工作,都应遵循“由区域到场地或由场地到区域,由宏观到微观,先定性后定量”的原则,否则可能会“只见树木,不见森林”,得不到正确的结论。这些原则应当作为信条铭记在心,并作为思想方法和工作习惯,渗透到工作当中。长此下去,定会提高解决各种地质课题的能力和水平。

③地质科学是一座博大精深的宝库。作为工程地质和岩土工程工作者,应当牢牢地站在广博的地质学基础之上,去解决各种工程地质与岩土工程问题。比如,要解决重大工程场地的稳定性问题需要区域地质乃至大地构造和新构造运动的理论知识。要解决大型岩体工程稳定性问题要有区域地质、构造地质、地质力学乃至矿物学及岩石学的知识。要解决土体工程地质问题就要充分运用地貌学及第四纪地质学的理论、方法,从土体的成因和历史乃至江、河、湖、海的变迁史角度研究土体的工程性质和物理地质现象,再结合土质学、土力学理论去解决土体工程地质和岩土工程课题。学海无涯、学无止境。冀望年轻一代学子们能参考我的这些认识去规划自己的技术人生。

从我进入长春地质学院水文工程地质专业学习算起,至今已整整60年。通过上述工程故事的讲述和思考,既作为工程实践的体会也权当几十年工作的总结。倘能使读者有一点收益,也是我最大的愿望。

土体工程地质宏观控制论的主要学术论著

土体工程地质的宏观控制论

范士凯

摘　要：工程地质学研究的两大基本对象——岩体和土体。对于岩体，早在20世纪80年代以前我国就已形成“岩体结构决定岩体工程性质”的理论体系，人们简称为“结构控制论”；对于土体，什么是控制土体工程性质的基本因素，应该有一个什么控制论？一直没有形成一个完整的理论体系和工作方法程序。本文提出以地貌单元、地层时代和地层组合决定土体工程性质的“土体工程地质的宏观控制论”。文中从理论基础、基本要素及工作方法程序和6个方面的实际应用（地基基础工程、基坑工程、边坡工程、隧道工程、地震效应和岩溶地面塌陷），全面系统地阐述了宏观控制论的理论体系和实际应用。这对我国工程地质学理论和实践将会起到丰富和发展的作用。

关键词：宏观控制要素——地貌单元；地层时代；地层组合；工程特性

0　引　言

1979年在苏州召开的第一届全国工程地质大会上，与会代表在集中讨论“工程地质学的基本课题”时，岩体结构对岩体工程性质的控制作用——“岩体结构控制论”得到了公认。同时，《岩体工程地质力学》的理论体系受到普遍赞誉，而土体问题并未受到普遍关注。为此，著名工程地质学家刘国昌教授和谷德振教授在会上提出：“作为地质体的岩体有了岩体结构控制论，另一类地质体的土体应该有一个什么控制论？”那次大会至今已整整37年，笔者衷心崇敬的导师刘国昌教授已经作古，但我把他提出的这个问题当作任务和嘱托铭记在心。至2006年，笔者首次发表《土体工程地质的宏观控制论》，即以地貌学及第四纪地质学为基础（杜恒俭等，1981），提出以“地貌单元、地层时代和地层组合控制土体工程性质”为指导思想和工作体系的“土体工程地质的宏观控制论”（以下简称“宏观控制论”）。

《土体工程地质的宏观控制论》发表至今又是10年过去了。此间，业界同仁赞同笔者的观点者不少，但多是停留在观点上，真正把它作为工作的指导思想和工作体系付诸应用的并不多。令笔者欣慰的是安徽省交通规划设计院研究院的王辉、刘慧明同志2009年发表的《土体“宏观控制论”在铜南宣高速公路勘察中应用》，把宏观控制论的基本原理作为完整的工作体系，从宏观到微观，从定性到定量很好地解决了膨胀土、砂土液化和岩溶地面塌陷的勘察问题，收到了事半功倍的效果。更令笔者鼓舞的是，著名第四纪地质学者李长安教授不但赞同宏观控制论的观点，还一再督促笔者进一步深入研究总结，形成一套从理论基础、工作体系和工作方法，到各方面实际应用的、完整的宏观控制论。按照他的建议，本文将在2006年文章的基础上，从工程地质和岩土工程的需要出发，按照理论基础、工作体系和方法、各方面实际应用等内容续写《土体工程地质的宏观控制论》。

1　宏观控制论的理论基础

工程地质学的理论基础主要有地质学、力学和工程技术三大部分。作为工程地质学“二分之一”的土体工程地质同样植根于地质学、力学和工程技术当中。涉及到土体，其地质学部分主要应以地貌学及第四纪地质学为基础。

作为土体工程地质的宏观控制论的理论基础之一，地貌学及第四纪地质学是最为重要的基础，可以说是“基础的基础”。地貌和第四纪地层是密不可分的，因为任何一种外力地质作用在塑造地貌形态的同时也形成第四纪堆积物。因此，在研究地貌的同时，必须研究有关的第四纪堆积物。所以，地貌学、第四纪地质学常从不同角度去研究同一对象，或研究同一作用的两个方面。许多情况下，它们研究的结果互相补充、互相验证。此外，只有通过深入研究第四纪历史，才能阐明地貌形成发展历史的一些重大问题(杜恒俭等，1981)。世界上绝大多数城镇中的大多数建(构)筑物都处在第四纪堆积物上。不研究地貌、第四纪，不可能解决地基、边坡、地下工程和不良地质及地质灾害课题。因此，必须把地貌学及第四纪地质学当作土体工程地质宏观控制论理论基础的基础。

1.1 地貌单元的含义

地貌有相对等级，如巨型地貌、大型地貌、中型地貌、小型地貌和微地貌。对工程而言，基本上只涉及中型地貌(如冲积平原、黄土高原、三角洲等)和小型地貌(如洪积扇、阶地等)及微地貌(如垄岗、牛轭湖等)。所谓地貌单元，我们赋予它以下3种含义。

(1)地表，具有一定的形态特征和高程，与相邻单元之间有明确的边界。

(2)地下，由一定成因类型(单一的或复合的)的地层组成的地质体，与相邻单元之间存在确定的界限。

(3)地质体中的地层属于一定的地质时代和绝对年龄。地层时代均按国际第四纪划分表划分(表1)。

表1 国际第四纪划分表

<table>
<tr><th></th><th colspan="2">生物地层学划分</th><th>绝对年龄(万年)</th><th colspan="2">古气候学划分</th></tr>
<tr><td rowspan="5">第四纪(系)</td><td colspan="2">全新世(统)(Q_4)</td><td>1.2</td><td colspan="2">冰后期</td></tr>
<tr><td rowspan="4">更新世(统)</td><td>晚(上)更新世(统)(Q_3)</td><td>13</td><td>玉木冰期(W)</td><td>里斯-玉木间冰期</td></tr>
<tr><td>中更新世(统)(Q_2)</td><td>78</td><td>里斯冰期(R)</td><td>民德-里斯间冰期</td></tr>
<tr><td rowspan="2">早(下)更新世(统)(Q_1)</td><td rowspan="2">258</td><td>民德冰期(M)</td><td rowspan="2">民德-恭兹间冰期</td></tr>
<tr><td>恭兹冰期(G)</td></tr>
</table>

有了以上3种含义，对“地貌单元”的理解就不仅只停留在多数勘察报告中关于“地形地貌”的简单描述上，而是将地貌单元理解为空间地质体。这种地质体，地表有一定形态、高程和边界，地下由特定成因类型的地层组成(岩性、层序及韵律、相变)并且有确切的界限，同时归属于沉积历史所决定的地质时代。这才是宏观控制论中所指的地貌单元。

1.2 地貌单元的特点及其工程意义

1.地表形态与高程

不同类型的地貌单元具有不同的地表形态，往往可以根据地表形态初步鉴别地貌单元的类型；地面高程也可以结合相邻水体(江、河、湖、海)之间的高差初步判断地下水位的深浅。所以，这种地表特征对工程场地而言具有重大工程意义。

2. 地貌及其沉积层的成因类型

地貌及其沉积层的成因类型有着丰富的内涵，具有非常重要的工程意义。不同的地貌成因类型决定了地貌单元内地质体的组合特征（地层岩性、层序、韵律、相变、地下水等），诸如洪积扇、河谷阶地、湖积盆地、三角洲、冲积海积平原等地貌单元所包含的地质体都有其特有的组合特征，仅举洪积扇和河流阶地加以说明（杜恒俭等，1981）。

1.3 洪积扇

洪积扇——由山口向山前呈倾斜状态的半圆扇形堆积体。洪积扇沿山麓常连成一片，构成山前倾斜平原（图 1）。其面积在数十平方千米至数千平方千米不等。

形态特征：扇顶部坡度 5°～10°，远离山口多为 2°～6°，扇顶与边缘高差可达数十米至数百米。横向起伏明显，由洪积扇、扇间洼地与出山河谷构成波状起伏形态。

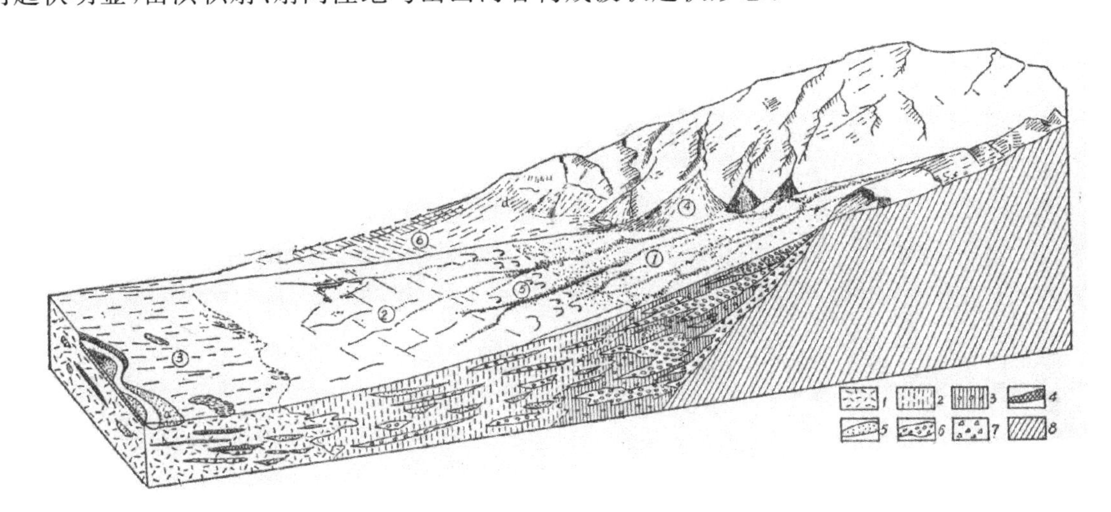

图 1 洪积扇岩相分带结构图

1. 粘土及亚粘土；2. 亚粘土；3. 含砾石粘土、砂土（泥流型洪积物）；4. 泥炭及沼泽物；5. 砂透镜体；6. 砾石透镜体；7. 坡积碎石；8. 基岩；①锥顶相；②扇形相；③滞水相；④加叠冲出锥；⑤风力吹扬堆积；⑥扇间洼地

1. 洪积扇岩相

（1）锥顶相——又称内部相或粗砾相。以泥流型洪积物与水流型洪积物交替出现为特征，具有大致平行的透镜状层理的巨砾、砾石层，在角砾的空隙中充填砂及粘性土混杂。水流型的沉积中常见砂的透镜体。透镜体与地面倾斜一致。

（2）中间相——又称扇形相，组成洪积扇的中部。以粘性土为主，夹砾石、砂透镜体，砾石呈倾向上游的叠瓦状及交错层理，砾石的磨圆度较上游好。

（3）边缘相——又称滞水相，是洪积扇边缘地下水溢出带，形成自流（上升泉、地表滞水及沼泽）。沉积物以粘性土为主，偶夹砂及细砾石透镜体，具有近平行的透镜体及波状层理。由于沼泽化常形成盐渍土及泥炭层。

（4）成因类型及地层时代。洪积扇主体部分在山洪期形成的沉积物属于洪积成因，山口河流在平水期的沉积物属于冲积成因，大型洪积扇群或山前倾斜平原则属于冲积洪积混合成因类型。

大型洪积扇及山前倾斜平原都有悠久的沉积历史，其地层时代除表层有全新世（Q_4）风积物外多为更新世沉积，且从晚更新世（Q_3）向下依次为中更新世（Q_2）或早更新世（Q_1）沉积层叠加，但非连续沉积，其间均有沉积间断。山口河谷及扇间洼地则多为全新世（Q_4）冲积层。

2. 洪积扇的工程意义

(1)工程地质分区、分段。洪积扇及山前倾斜平原作为一个完整的地貌单元,在大范围工程地质区划中与其相邻的同等级地貌单元如冲积平原之间存在确切的平、剖面界限;山前倾斜平原中,洪积扇、扇间洼地、扇间河谷均为相对独立的工程地质、水文地质区;洪积扇的锥顶相、中间相、边缘相则作为亚区或分段的基本单元。

(2)成因类型及其相应的岩相特征、地层组合、岩性特点的工程意义就更加具体了。如锥顶相(粗砾相)以粗粒、巨砾为主,中间相以粘性土为主夹砾石、砂透镜体,两者的工程特性和地下水类型特点显著不同。前者地基承载力远远高于后者,前者地下水类型为潜水,含水丰富、渗透性强;后者多为承压水,含水性与渗透性弱于前者。

扇间河谷沉积属冲积洪积(上游)或冲积成因(中下游),其地层岩性及分布的规律性和均匀性都比洪积扇主体要强,则工程与水文地质特征也有明显区别。

(3)地层时代。洪积扇及山前倾斜平原的各分区、分段的地层时代各不相同,不同沉积相因其形成时代不同则地层的物理力学性质有显著差别。如全新世砾石层呈松散至稍密状态,更新世 Q_3 砾石层为密实状态,Q_2—Q_1 砾石层则呈半胶结至胶结状态。这些密实度和胶结程度的差别就导致各种工程性质的差别。另如粘性土的时代不同也必然导致各种物理力学性质的显著差别。因此,对各沉积相及其包含土层的地层时代的确认至关重要。

1.4 河流阶地

冲积平原往往由几级阶地及其上的牛轭湖相、沼泽相的沉积层组成。不同级别的阶地形成于不同时代,其中的地层岩性和组合特征也不相同,因而其工程性质也有显著差别。因此,研究冲积平原必定要研究河流阶地。

1. 河流阶地的类型

地貌学及第四纪地质学中对河流阶地划分为:侵蚀阶地、基座阶地、嵌入阶地、内叠阶地、上叠阶地、掩埋阶地和坡下阶地 7 种类型(图2)。其中,侵蚀阶地、基座阶地、嵌入阶地和坡下阶地常见于山区河流。平原区河流则多为内叠阶地、上叠阶地和掩埋阶地(图 2)。

从阶地类型、形态及其结构可知其形成历史(时代)和地层组合分布及岩性特点,从而区分其工程特性并进行工程地质、水文地质分区、分段或进行不同等级的单元划分。因此,了解和掌握各种类型阶地的定义和结构特征应该是从事工程地质、水文地质和岩土工程工作人员必备的基本功。同时,在进行工程地质各级单元划分时,也应从阶地研究入手。

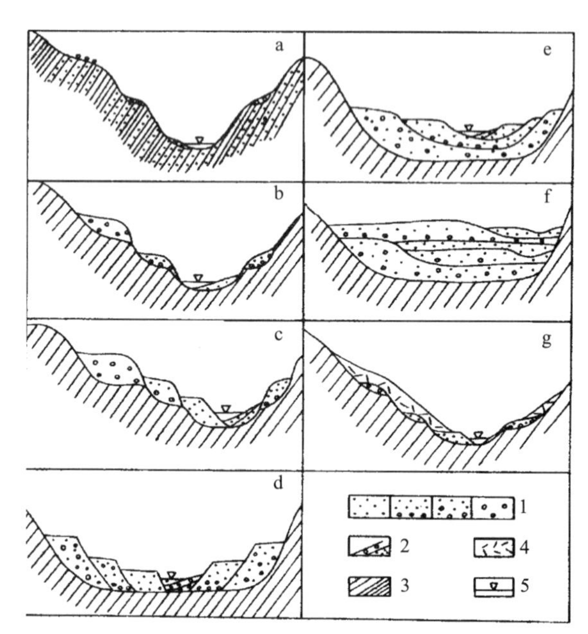

图 2 阶地的类型(杜恒俭等,1981)

1. 不同时代冲积层;2. 现代河漫滩;3. 基岩;4. 坡积物;5. 河水位;a. 侵蚀阶地;b. 基座阶地;c. 嵌入阶地;d. 内叠阶地;e. 上叠阶地;f. 掩埋阶地;g. 坡下阶地

2. 阶地的工程意义

河流阶地如下特点具有直接或间接的工程意义。

(1)不同类型的阶地或同一类型不同级别的阶地具有不同的沉积韵律、地层岩性和地层组合。同时,两种(级)阶地间有确定的界限(图2)。

任何工程场地的首要问题是地层岩性、分布及其组合关系。有了阶地概念,有助于准确划分地层分布及其组合关系,比如不至于将分属于两级阶地的同名地层划为同一层。这其中的工程意义不言自明。

(2)任何类型阶地中的不同级别的阶地,分别形成于不同的地质时代或时期。因为,任何一级阶地的形成都要经历两个过程——下切、冲蚀(上一级阶地)过程和堆积(本级阶地)过程,两级阶地形成之间相隔一个地质时期(世或期)是一般规律。不同阶地冲积物的年龄差别是以万年为单位的。两级阶地的冲积物形成的时代相差万年、几万年甚至几十万年,其地层的物理力学性质及其所有的工程特性必然具有很显著的差别。树立这一概念是非常重要的。

表1中所列的第四纪各世、期的划分是国际统一标准。其中绝对年龄只是各世底界年龄。我国各大地貌单元地层时代划分和绝对年龄确定都不同程度地反映在各类区域地层表中。随着地层测年学的发展,地层绝对年龄的测定成果越来越丰富、精确。使用者可以根据区域地质资料,加上地貌发展历史分析和经验对比,必要时进行地层绝对年龄测定,确定地层时代并非难事。

3. 阶地的水文地质特征

阶地的水文地质特征主要反映在以下3个方面。

(1)地下水类型。具有完整沉积韵律的阶地冲积层,往往包含3种类型的地下水。即完整的二元结构地层中的"上层滞水"或"潜水"(上元),和相对隔水层(粘土或粉质粘土)之下的砂、卵砾石层中的承压水(图3a),以及不具完整二元结构冲积层的"潜水"(图3b)。

(2)不同类型、级别的阶地,由于地表水体所处位置不同而决定的地下水的补给、径流、排泄所构成的水文地质条件不同。

①临水阶地(多为低级阶地,局部有高阶地),与地表水体有直接水力联系并且互为补给、排泄源;

②非临水阶地(多为高一级阶地),与地表水体无直接水力联系,或通过相邻的低阶地发生间接水力联系。

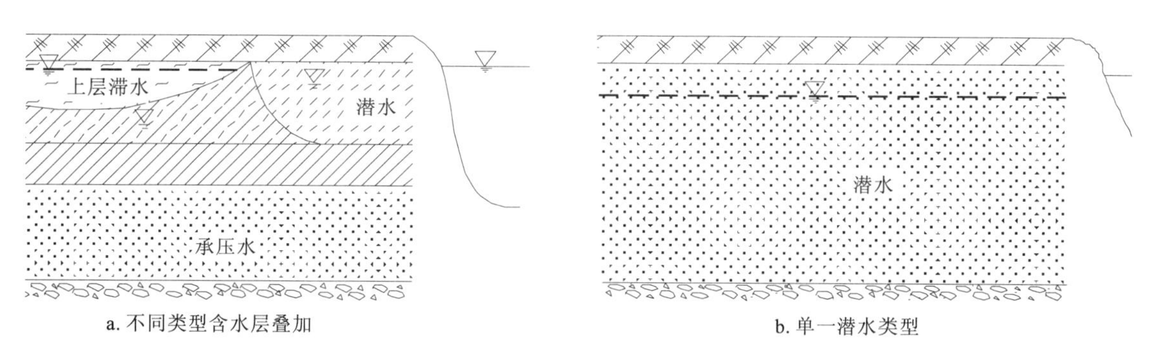

图3　地下水类型示意图

(3)阶地的级别、时代不同,其所固有的水文地质特征参数(K、R)差别显著。

①阶地的级别不同,其冲积层形成时的水力条件、侵蚀深度、历时长短均不相同,则决定了沉积韵律、相变的差别。岩性及其组合也不相同,因而水文地质特征参数有显著差异。

②含水层的"年龄"差别大,其渗透性差别也很大。同样是细砂,Q_4的细砂由于其"年龄"只有1.0万年,其渗透系数K值可能是15～20m/d,而Q_2的细砂,因其"年龄"已超过13万年,其中的长

石砂粒和云母颗粒已风化成粘土颗粒，成为粘性砂，可钻出柱状岩芯，其渗透系数 $K<2\text{m/d}$(表 2)。

表 2　武汉长江阶地、古河道砂层水文地质参数

地貌单元	时代	地下水类型	K		R
			m/d	cm/s	
一级阶地	Q_4	承压水	10～30	$1.2\times10^{-2}\sim3.5\times10^{-2}$	200～500
二级阶地	Q_3	承压水	1～5	$1.0\times10^{-3}\sim5\times10^{-3}$	50～100
长江古河道	Q_2	承压水	<2		<100

以上仅举洪积扇和河流阶地两种地貌概述其工程意义。其他地貌类型如滨海平原、三角洲或黄土高原等都可以按同样的原理研究其工程意义。关键是抓住成因、沉积相和地质年龄 3 个要素。

1.5　地貌、第四纪与土力学的关系

由于所处的地貌单元和绝对年龄的差别，地层的工程性质有显著差别。仅以江汉平原各阶地粘性土和山西黄土的主要工程指标为例(表 3、表 4)。

表 3　江汉平原各时代粘性土工程指标

地貌单元		地层时代	土层名称	f_{ak}(kPa)	E_s(MPa)	c(kPa)	Φ(°)
一级阶地	湖沼	Q_4	淤泥质土	50～85	3～4	10～16	4～8
	冲积	Q_4	一般粘性土	90～160	5～9	17～28	10～13
二级阶地		Q_3	棕色粘性土	200～250	12～14	30～35	13～15
三级阶地		Q_2	网纹粘土	300～500	>15	40～80	16～20

表 4　山西各时代黄土工程指标

名称	时代	f_{ak}(kPa)	E_s(MPa)
马兰黄土	Q_3	130～170	10～13
离石黄土	Q_2	250～300	13～15
午城黄土	Q_1	350～500	>15

除了各表中所列的各主要指标外，不同地貌单元、各时代土层的其他物理指标如容重(r)、天然孔隙比(e)、液限(W_L)等都有明显差别。由于成土年龄的差别，也集中反映在前期固结压力(P_c)上。

土力学在研究粘性土、砂类土和粗粒土(碎石、卵砾石)时，其普遍性指标中的密度、孔隙比、压缩性(压缩系数、压缩模量)和抗剪强度(c、φ)与第四纪地质的关系是非常明确的。土的特殊性如膨胀性、振动特性(波速及波阻抗和抗液化特性)同样与地层的成因、时代有着密切关系。我国的工程勘察规范和地基基础规范曾经有过一般粘性土、老粘性土和新近沉积粘性土之分，这本来是将第四纪地质学与土力学紧密结合的科学划分。可惜后来被以和国际接轨为名给取消了。为什么非要取消这种既符合地质科学概念又符合地球实际的划分去和国际接轨，而不能坚持这种科学、合理划

分，去争取有朝一日让国际和我国接轨呢？本文在以下的各章节中将具体体现地貌、第四纪与土力学的关系，这也是宏观控制论的精髓。

2 土体工程地质宏观控制的基本要素及工作方法程序

2.1 宏观控制的基本要素

如前所述，地貌单元、地层组合和地层时代是控制土体工程地质宏观特性的三大要素。其理由是显而易见的。

(1)地貌单元首先是代表着它所包含的土体的外部形态和单元内部的分带或分阶特点。而它与相邻的不同单元的分界限则是土体单元的宏观周界，这种周界应该与土体工程地质单元相吻合。

(2)不同的地貌单元代表着不同的成因类型。而成因不同则决定着沉积物的物质组成和成层、分布特点。如洪积扇与冲积平原或河流阶地的沉积物必然存在明显的区别。

(3)不同地貌单元或同一单元的不同部分呈现不同的地层组合特点。如洪积扇的山前部分(锥顶相)以粗粒沉积为主，而冲积平原普遍具有上细下粗的二元结构特征。

(4)不同的地貌单元或同一单元的不同部分的地层一般都属于不同地质时代。如河流的一级阶地通常属于第四纪全新世(Q_4)，二级阶地则属于第四纪晚更新世(Q_3)，而三级阶地则属于第四纪中更新世(Q_2)或中上更新世叠加(Q_2—Q_3)。须知，不同时代的土层，其固结程度(密实度)、强度有显著差别，时代-地层组合构成时代-土力学单元。

(5)不同地貌单元的地下水埋藏、分布和补给、径流、排泄条件也各不相同。如洪积扇的山前锥顶相富含潜水，中间相及边缘相则往往存在层间承压水或有自流泉水出露。河流阶地或冲积平原则因地层的二元结构特点而埋藏有承压水。

上述5个方面的特点就使宏观控制的三大要素被赋予了具体内容。也就是说，在研究土体工程地质宏观特性时，实质上要从这5个方面入手。

2.2 工作方法和工作程序

在进行常规的工程勘察或为某种专门的研究课题对土体进行基本调查时，要有目的地针对上述5个方面的因素展开工作。所谓有目的是指要建立地貌单元、地层时代、地层组合决定土体宏观特性为指导思想，有意识地针对上述5个方面的因素进行研究，而不是盲目地作一般性调查。其具体工作步骤、内容如下。

2.2.1 收集区域地貌及第四纪地质资料

首先是各地区第四纪地层资料，在各地区的区域地层表中都有具体划分和描述，在各种前人的地质报告中也有反映。而地貌单元的划分往往是反映在各地区的区域工程地质或水文地质图件中。中国已有1∶20万全国工程地质图、水文地质图可供使用。近年一些大城市正在开展城市地质调查工作，会有更大比例尺的地貌、第四纪地质图或工程地质分区图出版。卫星遥感或航空遥感资料在铁路、公路和城市地质调查中的应用也越来越广泛。

2.2.2 区域性宏观调查

将研究对象地区及其以外一定范围作为宏观调查区。往往是垂直河流、湖泊或由河流海口溯源等方向，或者由平原向山前方向布置宏观调查路线，对各级地貌单元和典型第四纪地层剖面进行观察、分析。目的是以相对概念划清区域较大地貌单元、次一级地貌单元和微地貌单元的分布和地层、岩性特征。同时确定研究对象区的相对位置及归属。

2.2.3 研究对象区的工程地质测绘

第四系分布区的工程地质测绘的主要任务是地貌单元的划分和各级地貌单元及其所含的时代地层组合的空间界限(平面与剖面)的界定,并在此基础上进行工程地质分区。地貌单元的等级,则应以研究区的规模和所对应的地貌单元等级来确定。多数情况下,所涉及的属中型地貌及其以下的等级,如冲积平原、山前洪积扇群(冲洪积平原)、滨海平原和三角洲等。其下一级为小型地貌如河流阶地、湖沼洼地等。一座城市、一条公路或铁路往往会包括中型以下的各类地貌单元。

应当强调的是,各级地貌的界限不仅仅根据地表形态、高程变化来定,更重要的是地貌所包含的时代地层组合之间的界限。为此,仅靠地面调查很难解决,必须辅以收集资料和必要的勘探手段才能完成。通过测绘,准确地将各类地貌单元的界限反映在相应的图件中,如各级阶地的界限、洪积扇范围及其各带界限、三角洲分带界限等。

2.2.4 勘探与测试中划清地貌单元(包括微地貌单元)的剖面界线

如内叠阶地两级间的竖向界线、掩埋阶地中被掩埋部分的各级界线以及最新覆盖层与被掩埋阶地的水平界线;冲积平原中的河床相与漫滩相或牛轭湖相的剖面中界线等。应当指出的是,这些界线的确定,首先要勘探者头脑中有这些地貌单元及微地貌的空间形态概念,而且有些界线是需要特意布置勘探或测试点才能确定的。令人遗憾的是,勘探者忽略地貌单元或微地貌界线,而在制作剖面时将不属于同一单元的同名土层连成一体的事例屡见不鲜。须知不同单元的同名土层往往属于不同地质时代而力学性质有明显差别。

2.2.5 地层时代的确定

宏观控制要素中,地层或地层组合的地质时代或绝对年龄至关重要。地质时代即第四纪各世代确认采用宏观调查、分析、对比方法。绝对年龄则需采用相对应的测年方法。宏观调研、分析、对比方法包括以下几种。

(1)依据"区域地层表"或收集区域地质资料、第四纪专题研究文献等前人研究成果,很容易划分工作区第四纪地层的时代归属。这是主要方法。

(2)地貌、地层岩性类比法。根据同类地貌单元的典型地质剖面,对土的类别、岩性的宏观特征(颜色、结构、矿物成分等)、基本物理力学指标以及地层的沉积韵律和剥蚀面(土层风化壳)或所含铁、锰、钙质结核等特征进行类比。

(3)地貌发展的历史分析法。不同类型的地貌,分析方法不同。

①冲积平原中的河流阶地。河流阶地的形成,是由地壳升降及河口海平面升降,河流发展阶段(青、壮、老年期)所控制,每一级阶地的形成都经历侵蚀下切和按韵律堆积两个阶段,加上河道变迁(摆动),便形成了各级阶地(图4)。高阶地先形成,低阶地后形成,即由高至低,其时代从老至新,且每一级阶地中的同一个沉积韵律的沉积物属于同一时代。一般情况下,河流的一级阶地地层时代为全新世(Q_4),二级阶地为晚更新世(Q_3),三级阶地为中更新世(Q_2),而早更新世(Q_1)地层则零星分布于更高阶地或深埋于低阶地自身沉积的整套韵律地层之下,其地层岩性多为卵砾石层并呈半胶结状态。至于不同期阶地地层之间的接触关系,在于阶地类型的区别。如内叠阶地、上叠阶地、掩埋阶地,地层接触关系明显不同。

要强调指出的是,一般的河流阶地冲积层都具有二元结构特征和清晰的沉积韵律。所谓二元结构,即上部为粘性土,下部为砂土及卵砾石层。一套完整的沉积韵律,由下至上顺序为:卵、砾

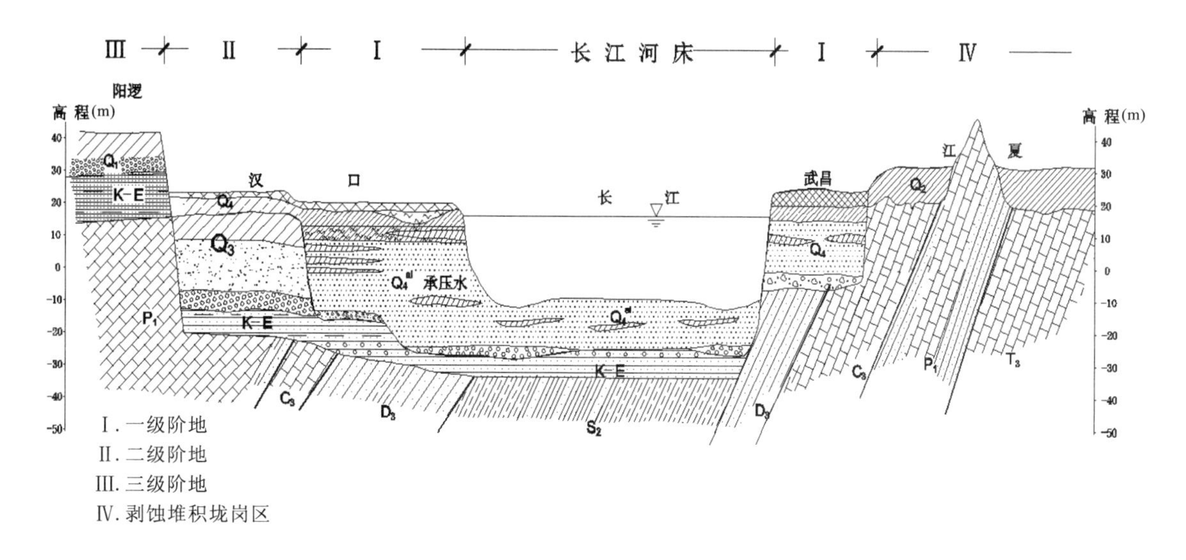

图 4　江汉平原武汉地区概化地质剖面示意图

石—圆砾或角砾—粗砂—中砂—细砂—粉砂—粉砂、粉土、粘性土互层—粉质粘土、粘土、淤泥质土。这种规律是由河流发展历史所决定的，所以普遍存在。所谓阶地中“同一时代”地层就是包括同一韵律中的所有地层，而其上的新地层则属于新一级阶地超覆，其下的老地层则属于老一级阶地残留。懂得这些规律，冲积平原中的地层时代就不难确定。

②洪积扇、山前倾斜平原。洪积扇及山前倾斜平原与冲积平原中的阶地不同，它的形成和发展历史是，平面上是由山麓向外逐渐扩展，剖面上是由下至上逐渐叠覆。因此，地层时代的新老关系呈现出平面上由锥顶至扇缘的地层时代是从老至新，剖面上由下至上是从老至新。山前倾斜平原中的扇间洼地的地层时代则往往是较新的地层。其原因是，洼地多由现代出山河流冲积而成。有了平、剖面地层的新老关系的概念，具体的世代划分仍需要以岩性特征、地层组合(韵律)、相变顺序与接触关系等宏观特征加以综合判定。

③滨海平原、三角洲。与河流阶地不同，滨海平原、三角洲的地层时代分布总体上是近海时代新，远海时代老。剖面上则是由上至下的时代由新到老，且不同时代顺序叠覆。滨海平原、三角洲地层岩性的最大特点是海陆交互相，主要由海平面升降造成。每次海侵(形成海相层)、海退(形成陆相层)都与地球气候变化(冰期、间冰期、冰后期)相对应(表 1 中的更新世 4 次冰期)。第四纪早、中、晚更新世及全新世的海相层的分布、次序和时代、绝对年龄的鉴定就成为滨海平原和三角洲地层时代划分的重要手段。海相层的时代、年龄确定之后，便可区分其上、下地层组合的时代、年龄。通常可根据区域已有的研究成果，否则需要用生物地层学或测年方法确定。

(4)其他方法。前述的各种方法总体上是宏观的、经验的定性方法，是可以通过调查、分析解决问题的一般方法。若要精确、定量地解决第四纪地层时代、年龄问题，还需要使用专门、精细的手段。这些手段包括：①古生物、古气候、古人类考古法；②同位素测定法(^{14}C 法、钾氩法、铀系法等)；③石英热释光(TL)和光释光(OSL)法；④古地磁测年法等。这些方法分别适用于不同岩性、不同年龄段，合理选择，才能取得可信结果。

2.2.6　工程地质平面分区、分带(段)和剖面分组、分层原则

第四系分布区传统的工程地质分区原则，即以地貌单元及其第四纪地层组合作为工程地质分区、分带(段)基础的原则，既符合科学又符合客观实际，有很好的实用价值。至今仍应坚持，不需打破。

传统的工程地质分区原则有如下几个要点。

(1)无论是几级分区,都要坚持以地貌单元(大、中、小)、地层时代(Q_4、Q_3、Q_2、Q_1)和地层组合(同一时代所含的单韵律地层或同一剖面中不同时代的多韵律地层组合)为基本要素的分区指导思想。

(2)第四系分布区的一级分区,宜按地貌的成因类型作为基本单元。如华北平原可按太行山前冲洪积(扇群)倾斜平原、黄淮海冲积平原、冲积海积平原及黄河三角洲等进行划分。

(3)二级分区,是指一级分区中的某一个大单元的进一步划分。如长江中游江汉冲积平原,应以长江一、二、三级阶地作为分区的基本单元。

(4)三级分区(段),则是在二级单元内按照沉积相变进一步划分出相对独立的地层组合单元。如在阶地中划分出滨河漫滩相、河床相、漫滩沼泽相或牛轭湖相,在高阶地中划分出因地壳沉降生成的近代湖相;另如在三角洲中划出河口相、河网冲积相、海陆交互相等。总之,是在同一个二级单元中,按沉积相进行更细的分段(带)。

(5)工程地质分区图应以地貌、第四纪地质图为基础进行编制。工程地质分区图应附有代表性的地貌地质剖面。

(6)编制工程地质分区说明表,是一项与工程地质分区图同样重要的工作。因为,以不同目的和功能编制的工程地质分区图,其目的和功能主要由分区说明表来体现。如各区、段、带的地基特性、地下水类型及水文地质参数、地震效应、地质灾害类型等,均可在分区说明表中得到反映,且能一目了然。

2.2.7 地质模型的建立

由于目的和用途不同,二维(平面的)或三维(立体的)地质模型可分为两类。

一类是为展示地层分布、相变和接触关系等特征的可视化地质模型。这类模型应当对基本地质剖面按照地层时代、地层组合、不同单元之间的接触关系进行概化,突出宏观规律,使人通过模型展示的内容,不但了解地层的空间分布特征,还能对地区的地貌、第四纪地质发展历史形成宏观的时空概念,从而确定宏观控制的方法和原则。

另一类模型是为作数值分析所做的地质—力学模型或地质—水文地质模型。前者要充分展示地层分布的非均质特征和准确的力学参数,后者则需要展示地下水的埋藏特点(含水层和隔水层分布)和补给、径流、排泄条件。这类地质模型的关键是边界条件(地层分布和接触关系)和参数(力学的或水文地质的)不能失真。

总之,地质模型的建立要以地貌单元、地层时代和地层组合为基础,突出边界条件和相应参数的精度要求,否则只能满足可视化的要求。

3 宏观控制论的应用

土体工程地质课题中所涉及的各类工程,诸如地基基础、边坡、地下洞室或不良地质及地质灾害防治,无一不受地貌单元、地层时代和地层组合的控制。所以,在工程规划、环境评估、工程勘察、设计与施工或制定地质灾害防治方案过程中,都要把地貌单元、地层时代、地层组合三大要素贯穿到各类工程问题的分析和判断中。这样做既能把握宏观规律,又能找到具体工程措施的尺度,从而收到事半功倍的效果。下面从8个方面概述宏观控制论的实际应用。

3.1 地基基础工程

对于工业及民用建(构)筑物的地基与基础工程，基本课题就是持力层的地基承载力(f_{ak})、持力层及下卧层的压缩性(E_s)和地基土层分布的均匀性。这三者与地貌单元、地层时代、地层组合有密切关系。以汉江平原为例(表5)阐述一般规律。

3.1.1 浅基础天然地基

根据地区建筑经验，以表5为基本参数，将汉江平原各地貌单元、不同时代土层作为天然地基对多层或高层建筑物的适宜性综合列表如下(表5)。

表5中所列是指地层均匀分布的一般情况，具体设计时还要考虑地层组合特点，如厚度变化和持力层的下卧层厚度及压缩性指标，即地基变形的均匀性。江汉平原的建筑经验充分表明地貌单元、地层时代和地层组合对浅基础天然地基的控制作用。

表5　江汉平原第四系粘性土工程参数及其建筑经验表

地貌单元		地层时代	土层名称	f_{ak}(kPa)	E_s(MPa)	建筑经验
一级阶地	湖沼相	Q_4	淤泥质土	50～85	3.0～4.0	不经地基加固，不宜做天然地基
	冲积相	Q_4	一般粘性土	90～160	5.0～9.0	可作为8层以下多层建筑天然地基
二级阶地	冲积相	Q_3	下蜀粘土	200～250	12～14	可作为13～15层小高层天然地基
三级阶地	垄岗	Q_2	网纹粘土	300～500	>15	可作为30层以下高层建筑天然地基

3.1.2 不同地貌单元或地层相变对基础工程的控制

采用浅基础天然地基的建(构)筑物的不均匀沉降，往往发生在两个地貌单元的分界线上，或在同一地貌单元上微地貌及其地层的相变地段上。最常见的是不同阶地交界带或河漫滩相与沼泽相交界带的地基之间的截然不均匀性。这类实例很多，仅举两例。

(1)山西灵丘某铁路大桥桥墩横跨两级阶地。该桥在已确定了各墩台定位后进行详勘时发现，某桥墩恰恰位于河流两级阶地的交界线上。一半在河漫滩一级阶地上，其地基土层为新近沉积软土(淤泥质、粉质粘土)及其下的一般粘性土和下部砂卵石层(Q_4－新及Q_4)上，一半在二级阶地的黄土状粉质粘土及棕色硬粘土(Q_3—Q_2)上(图5)。这两个地貌单元的两种不同时代的地层之间，其地基承载力和压缩模量差别非常大。如果不改移桥墩位置，后果可想而知。若将墩位移至一级阶地上，则需采用桩基。后来确定将墩位移至二级阶地上，采用扩大基础顺利通过。

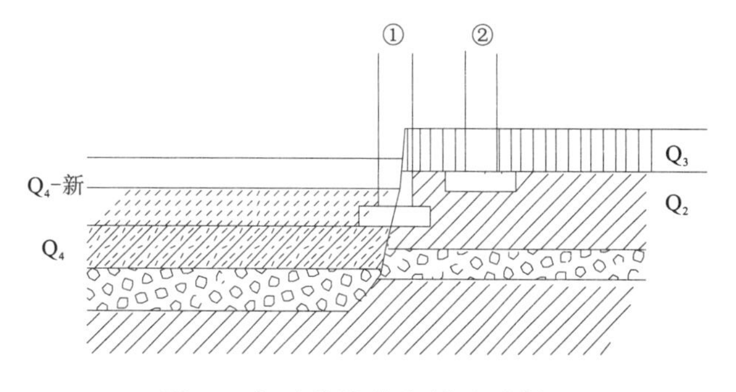

图5　山西某铁路大桥地质断面

①原定墩位；②改移墩位

(2)武汉市青山区某多层住宅楼横跨漫滩相一般粘性土层与沼泽相淤泥质软土交界处产生严重的不均匀沉降。该住宅楼一部分处在河漫滩相一般粘性土、粉质粘土及其下的粉砂层(Q_4)上，一部分处在河漫滩沼泽相淤泥质粉质粘土(Q_4－新)上。加上相邻很近的另一栋楼相邻基础影响而发生了严重的不均匀沉降，房屋多处开裂(图6)。后经注浆加固处理，控制了变形发展。

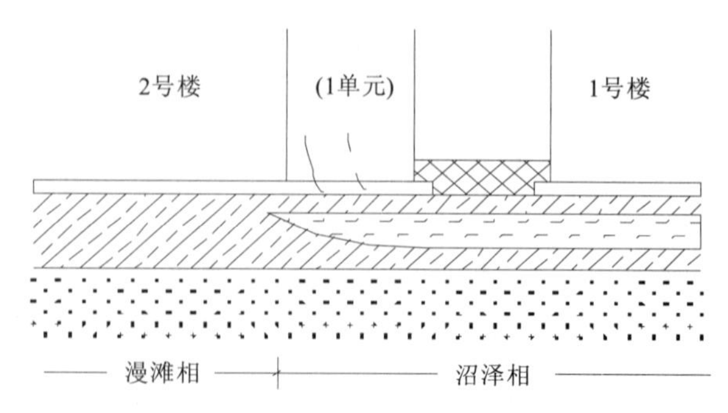

图6　地层相变及相邻基础影响

3.2　深基坑工程

深基坑工程有两大类岩土工程课题，一是土体的变形破坏类型及其相应的支护、开挖方式。二是地下水类型、特点和相应的地下水控制方法及其对环境的影响。这两类课题同样与地貌单元、地层时代、地层组合密切相关。

3.2.1　不同地貌地质条件下的深基坑变形破坏模式

1.一般粘性土基坑

处于近代冲积平原(江河一级阶地)、冲积湖积平原(盆地)、滨海平原或三角洲中，其地层时代为全新世(Q_4)。其变形破坏模式如下。

在通常的开挖深度内，绝大多数情况下是涉及到以粘性土为主的地层内。在无支护条件下，其变形破坏形式为边坡土体呈渐进式堆坍，其破坏区范围一般限定在与开挖深度相近的范围内(图7)；在有支护条件下，则土压力服从朗肯土压力模式。

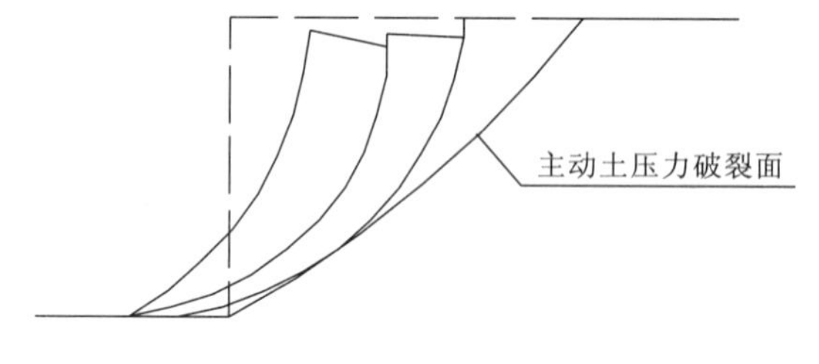

图7　一般粘性土基坑破坏模式

在其下的砂类土含水层埋藏较浅，基坑开挖深度接近或进入含水层时会产生另一种破坏——渗流破坏(管涌、突涌、流砂)。

2.软土(淤泥或淤泥质土)基坑

处于近代湖积洼地、河漫滩沼泽或滨海平原、三角洲中，其地层时代为全新世新近期(Q_4一新)。其变形破坏模式因埋藏条件、软土厚度和基坑深度不同，大体呈现3种类型。

(1)半坡滑动型(图8a)：由于厚度不大的软土分布在半坡上，将可能产生沿软土层底板以上滑动破坏，其形式为小型滑坡，范围将超过主动土压力破裂面以外。

(2)坡脚滑动型(图8b)：软土层底板在坑底附近，即使软土层很薄，也可能产生以坡脚为剪出口的滑动破坏，其形式为牵引式小型滑坡，范围将远超主动土压力破裂面。

(3)基底隆起深层滑动型(图8c)：这是危害最大的一种类型。由于软土层顶板在坑底以上或坑底或其下很浅部位，而底板很深(即深厚软土层)，即使开挖深度很浅，也可能产生大变形破坏，即形成近似圆弧形滑动面的典型滑坡。其破坏过程是，先出现基底隆起(底鼓)，进而发展成滑坡。其影响范围，在坑外可拉动十几米至数十米，坑内及坑底以下数米至十几米均将被推动，往往将已施工

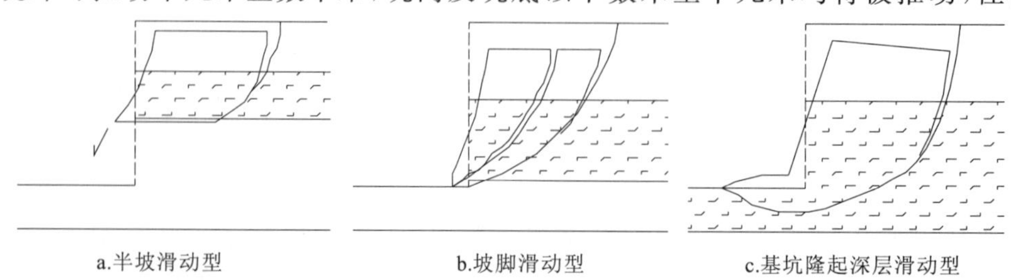

图8　河湖相软土基坑破坏模式

的基础桩推歪或折断。其破坏模型服从瑞典法或毕肖普圆形破坏表达式。

3. 老粘性土基坑

南方普遍分布的老粘性土主要是指更新世(Q_2—Q_3)的棕色粉质粘土、下蜀粘土(Q_3)和棕红色网纹红土(Q_2)。而具有高塑性的碳酸盐岩区红粘土不属此类。

老粘性土一般都具一定膨胀性和微裂隙性,在非饱和状态下具有较高的抗剪强度,尤其是凝聚力高。在基坑开挖过程中,如无外水浸入则土压力较低,其土压力呈太沙基-佩克包络线分布,一般不出现朗肯土压力破裂面,裸露边坡因干裂出现剥落或堆坍,土压力小于朗肯理论计算值;如果土体受外水浸入而部分饱和,其凝聚力显著降低,此时土压力会增大,往往大于朗肯理论计算值,进一步发展会出现楔形滑裂面,并渐进式发展成为滑坡。

可见老粘性土基坑边坡的变形破坏存在两种截然不同的状况。一种是非饱和情况下呈现较低的土压力或剥落、堆坍式破坏;一种是在饱水情况下出现较大土压力或产生楔形滑裂至滑坡。

老粘性土中的深基坑,除上述的老粘性土自身不良特性外,最不利的情况是存在以下几种地层组合时产生接合面滑坡。

(1)老粘性土层之上存在一般粘性土或新近沉积软土层,当开挖至老土顶面以下时,而产生以老土为滑床的小型滑坡(图 9a)。

(2)老粘性土地层的下部往往存在以碎石为主的碎石夹土层,此层在饱水情况下其顶(底)面往往作为滑动面形成滑坡(图 9b)。

(3)当老粘性土之下的基岩为泥岩或砂页岩互层的不透水岩层时,泥岩的残积层是遇水软化的典型软弱层。当开挖至基岩顶面附近时,则产生滑坡(图 9c)。

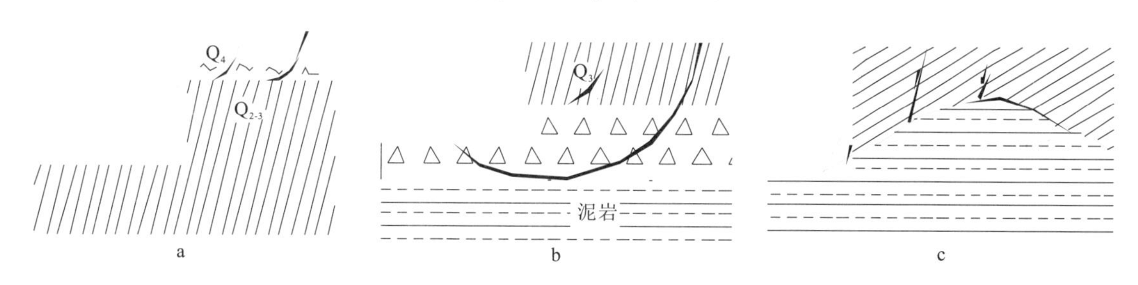

图 9　接合面滑动类型

(4)基岩为石灰岩,其上有饱和红粘土分布,在红粘土之上有老粘性土存在时,易产生以红粘土为滑床的滑坡。

要强调指出的是,这里提出“滑坡”的概念是为了区分一般粘性土中的“堆坍”和软土中的“圆弧”滑动形式的。这两种破坏一般都与深度对应而适于土压力计算,而滑坡则受软弱层分布控制,土压力理论不适用。

4. 黄土基坑

广义的黄土就其时代和土性而言,主要有马兰黄土(Q_3)、离石黄土(Q_2)和午城黄土(Q_1)。对基坑工程具有特性影响的主要是马兰黄土(Q_3)和新近黄土(Q_4),此处只针对这两种黄土来谈基坑工程的变形破坏类型。

(1)由于黄土状土和黄土垂直节理发育,故土坡具直立性。在非饱和情况下,土体破坏一般为倾倒或堆坍形式。其破坏面呈上陡、下缓形状,近似对数螺旋面或矩形包络线形式的土压力分布。支护结构的侧土压力一般较小。

(2)非饱和黄土状土和黄土在受水饱和后，除湿陷性黄土产生湿陷下沉外，饱和后抗剪强度一般要降低 20%～30%。这时土体的变形破坏将不再服从对数螺旋形，而可能产生近似圆柱体的圆弧形滑动——滑坡，其力学模型为滑坡模式。

(3)在垂直剖面上有时存在新黄土(Q_3)和老黄土(Q_2)，或新黄土中有倾斜的古土壤层存在。此种剖面如已含水或外水下渗至底部老黄土或古土壤层之上，则基坑开挖深度恰好使土体能产生剪出口，就可能出现较均质饱和黄土圆弧滑动大得多的滑坡。其滑面形状随老黄土面变化而定。目前比较接近实际的力学表达形式是萨尔玛法，或用折线法计算下滑力(图 10)。

上述(2)、(3)两种滑坡剪出口多数不在坡趾，而在坡趾以下一定深度(一般为 2～3m 以下)。

(4)新近堆积的粉土质黄土，往往作为潜水含水层。在开挖临空或施工扰动情况下可能会产生管涌或流砂。坡脚或坑底的粉土瞬间液化，将会使边坡土体下沉并伴随水平移动，土体变形破坏类似滑坡形态。

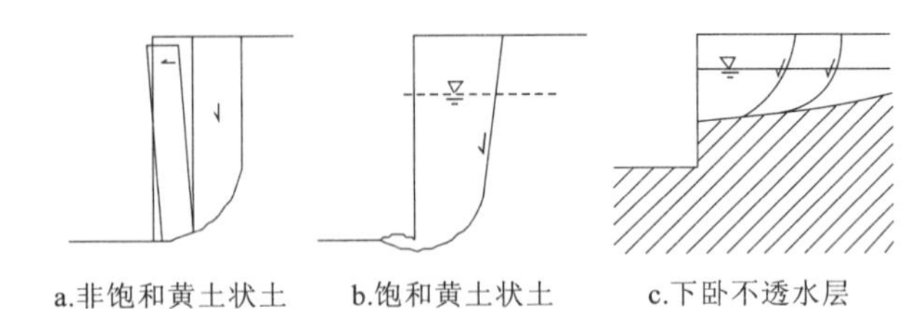

图 10 黄土状土破坏模式

基坑工程的设计与施工的重要条件，除了变形破坏类型还有土体强度特性，已在表 3、表 4 中表明。两者结合，更可见地貌单元、地层时代和地层组合之要素对基坑工程的重要意义。

3.2.2 不同地貌地质条件下的基坑工程地下水控制

地下水控制是基坑工程的另一类重大课题。由于笔者另有专文谈基坑工程地下水控制，故本文只对此作纲要式叙述。

(1)基坑工程地下水控制方法分为两大类，即帷幕隔渗和降水(减压或疏干)。这两类方法有时单独使用，多数情况下联合使用。究竟如何使用，取决于基坑的地质条件和基坑工况。

(2)基坑工程地下水控制方法的选择，首先要区分地下水类型。地下水的基本类型分为上层滞水、潜水(孔隙或裂隙)、承压水(孔隙或裂隙)3 类。碳酸盐类岩体中的岩溶水分为溶隙水流、脉管水流和管道水流(有压或无压)。大多数情况下，基坑要应对孔隙水(涌水、管涌、突涌、流砂)。不同类型的孔隙水，常用的控制方法有以下几种。

①上层滞水：属于不连续、不均匀、欠固结的含水层，为防止失水后引起浅表不均匀沉降，通常采取竖向帷幕隔渗。

②潜水：视其含水层厚度(底板埋深)及其透水性等条件，分别采取竖向隔渗帷幕或降水疏干措施。即当含水层厚度小、隔水底板埋藏浅时，采用竖向帷幕封闭；当含水层很厚、隔水底板埋藏较深时，采用侧向悬挂式帷幕加深井降水。

③承压水：视其顶、底板埋深、含水层厚度和基坑工况，分别采用管井降水加竖向帷幕(悬挂式或落底式)进行减压或疏干降水。

(3)地貌单元、地层时代、地层组合对基坑工程的水文地质条件、地下水控制方法及其环境影响宏观控制作用，具体反映在以下 3 个方面。

①不同地貌单元因其成因类型、空间分布和地层沉积相变不同而决定了地下水类型及其埋藏特点不同，因而水文地质条件有显著差别。水文地质条件不同，则地下水对基坑工程的影响性质、类型与相应的地下水控制方法都会有明显区别。

②由地貌单元所决定的地下水类型及其埋藏条件，尤其是含水层的地层时代不同，则地下水位(头)、渗透系数(K)、影响半径(R)、含水层厚度及其与相邻水体的关系都有较大差别。这些水文地

质参数对基坑工程地下水控制方法的选择至关重要。如表 2 所列，不同地貌单元中含水层的主要参数因时代不同而显著不同，有时相差 1～2 个量级。

③含水层及其上下相邻地层的时代不同，降水条件下的地层固结沉降及其对环境的影响显著不同。大体规律如下。

A. 含水层及其上地层为欠固结的新近沉积层（Q4－新）——在降水疏干后会发生较大的不均匀沉降。

B. 含水层及其上地层为正常固结的沉积层（Q_4）——在降水疏干或减压后，会发生有限的地表沉降，且沉降较均匀（地面沉降差一般小于 1‰）。

C. 含水层及其上地层为超固结的老地层（Q_3、Q_2、Q_1）——在降水疏干或减压后，地表沉降很小，可不考虑环境影响。

D. 在砂类土或粉土含水层中进行疏干降水或为防止承压水突涌而进行减压降水，水位或水头未降至安全深度而仍在水下开挖时，将会发生管涌、突涌或流砂（渗流破坏），对环境造成破坏性影响。这种破坏与固结沉降有本质区别，它不是降水造成的，而是降水不到位造成的。

E. 在砂类土或粉土含水层中采用全封闭式（落底或竖向加水平）帷幕和坑内降水疏干时，坑内、外有较大的水头差，一旦出现帷幕渗漏，将发生管涌或突涌（渗流破坏），会对工程自身及环境造成灾难性影响。相比降水引起固结沉降而言，渗流破坏的后果要严重得多。所以，全封闭帷幕是一把双刃剑。

F. 不同地貌单元上，地下水控制的理念、原则和方法有明显区别。如冲积平原中的武汉市，对二元结构冲积层下部与长江直接联系的高水头承压水，多采用悬挂式帷幕＋深井降水，基本理念是以降疏为主，封堵为辅；另如长江三角洲中的的上海市，对互层土中的弱透水、微承压的多层层间水，多采用全封闭竖向帷幕＋管井降水，基本理念是以封堵为主，降疏为辅。

3.3 边坡及滑坡工程

土体边坡（自然边坡、人工边坡）的稳定性或变形破坏类型较多，诸如浅表溜坍、局部堆坍、崩塌和滑坡等。对于岩体而言，崩塌和滑坡危害最大。对土体而言，崩塌较少，滑坡危害最大。在进行滑坡分析时，必须抓住形成滑坡的基本因素——临空面、软弱层（或软弱结构面）和地下水这 3 个基本条件。在针对土体滑坡的基本类型——黄土滑坡、堆积土滑坡和粘性土（含膨胀土）滑坡进行分析时，地貌形态和成因、地层时代划分和地层组合关系更突显其重要的控制作用。以上 3 类土体滑坡的特点简述如下。

3.3.1 黄土滑坡

黄土滑坡受地貌单元、地层时代、地层组合控制最明显。可概括为两大类，一类是不受沉积界面控制的相对均质的黄土或黄土状土体滑坡，另一类是受沉积界面控制的黄土滑坡。

1. 不受沉积界面控制的相对均质的黄土滑坡

此类滑坡常见以下两种类型。

(1)全新世（Q_4）或新近沉积（Q_4－新）冲积成因的黄土状土体，在浸水饱和后发生小型滑坡。由于土质相对均质且饱水后强度较低，在开挖或冲蚀条件下，易产生近似圆弧形滑动的小型滑坡（图 11）。

(2)晚更新世（Q_3）风成堆积马兰黄土滑坡或崩塌。一般高陡边坡浸水饱和后可能发生小型滑坡，土质相对均质且饱水后强度降低，易产生近似圆弧形滑动的小型滑坡（图 12a）；有古土壤层相对隔水形成滞水时，可能形成局部顺层滑坡（图12b）；深切沟谷或开挖高陡边坡可能形成崩塌或崩塌式滑坡（图12c）。

2. 受沉积界面控制的黄土滑坡

自然界的大多数滑坡都是受各种结构面（沉积界面、不整合面、层面、断层面等）控制的滑坡。大型黄土滑坡或滑坡群多数受沉积界面或不整合面控制。

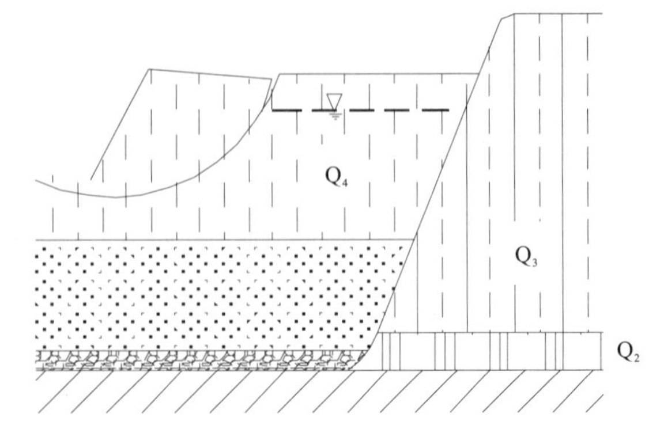

图11　全新世（Q_4）均质黄土状土圆弧形滑动

(1)新老黄土接合面滑坡。新黄土（Q_3马

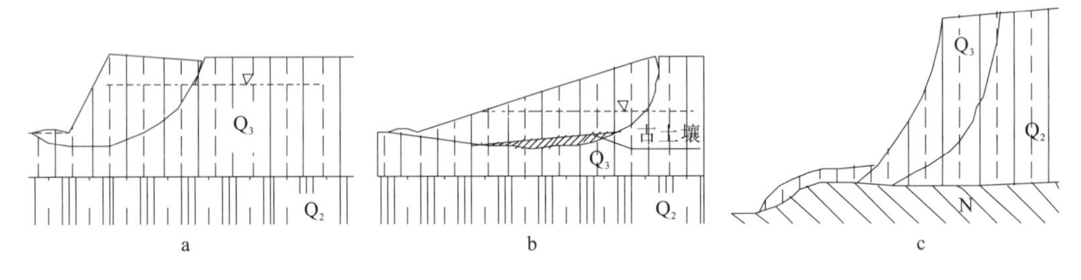

图12　晚更新世（Q_3）马兰黄土之中滑坡、崩塌

兰黄土）多为粉土质粘性土，粉质含量较高，垂直节理发育，透水性好。其下的老黄土（Q_2离石黄土或Q_1午城黄土）多为粘塑性较高的亚粘土或粘土，弱透水或不透水。新黄土底部，尤其是老黄土顶部多有钙质结核层，可作为含水层。新老黄土的接合面常为不规则的不整合面。当钙质结核层饱和含水后，不整合面倾向临空面时，易产生接合面黄土滑坡（图13）。

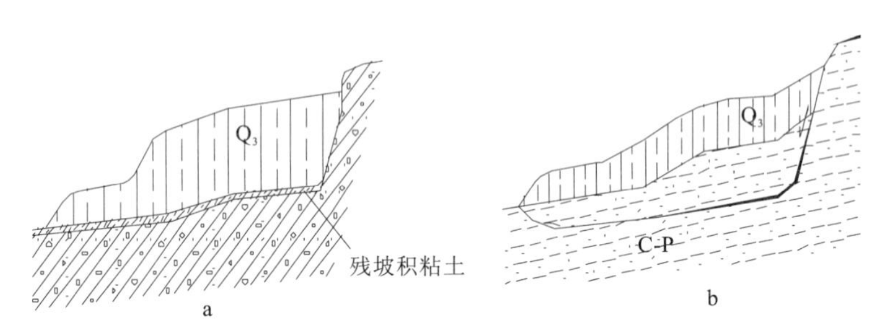

图13　黄土滑坡(a)与基岩顺层滑坡(b)

(2)新黄土与早更新世粘土不整合面滑坡。新黄土（Q_3）与其下伏的早更新世（Q_1）粘土之间的不整合面最易成为滑动面。新黄土透水性强，Q_1粘土不透水且多具膨胀性，饱水后形成滑带，进而形成滑坡。此类滑坡规模较大，多为滑坡群。

(3)黄土与下伏基岩界面的滑坡。黄土与下伏基岩界面的滑坡，多发生在新黄土与基岩为泥岩之间的结合面上。滑带往往是以泥岩为主的基岩残坡积粘土层，实际上是基岩坡面上后生的风化和坡积物，它和基岩产状无关。滑带（滑床）的产状受基岩坡面古地形控制。对此类滑坡进行勘探分析时，要注意滑带土并非基岩母体岩层，滑动面也不是基岩层面。否则，就不属于黄土滑坡，而是基岩顺层滑坡（图13）。

3.3.2　堆积层滑坡

这类滑坡是高山峡谷地区最常见的也是规模最大的一类滑坡。它的生成条件首先是堆积土层

形成之前的古地貌形态，即基岩山坡已存在凹槽地形，提供了堆积土层（坡积、洪积和崩积物）堆积的空间。再就是滑床岩体为粘土质泥岩（页岩或砂页岩互层），且在基岩坡面形成连续的残坡积粘土层（滑带）。广阔的汇水面积和堆积土层的强透水性和滑床基岩的隔水性，使堆积土层中积存丰富的地下水。这些条件在高山峡谷和河谷地区是很容易存在的，因而大规模堆积土层滑坡是最常见的一类滑坡。

需要强调指出的是，仅仅因为堆积土层下伏基岩是粘土质岩为主的岩层还不足以形成滑坡，往往是在第四纪早期的风化、剥蚀过程中，在基岩坡面上形成一定厚度的残坡积粘土层（它与基岩产状无关）作为滑带土，这种土层是第四纪的产物。笼统地称“滑床是××时代的页岩或砂页岩”的说法是不确切的。如长江三峡黄腊石滑坡，其滑床基岩虽为三叠系巴东组泥岩，但滑带为棕色粘土层，时代应为第四纪更新世（Q_2）。又如新滩滑坡，滑床也是紫色页岩为主，但滑带土却是灰绿色粘土，时代应为第四纪更新世（Q_1 或 Q_2）。这也说明该滑坡是古滑坡。

堆积土层滑坡还因受古地貌形态的控制而具有多级和多条性特点，即纵向基岩古地形的起伏造成滑体纵向分级，横向基岩古地形起伏造成横向多条滑体并排存在（滑坡群）。纵向的分级往往和河流的阶地或夷平面相对应，再结合滑带土的形成时代，就可确定各级滑体的形成时代和相互关系。可见地貌形态和地层时代对堆积土层滑坡的形成和发展同样具有明显的控制作用。

3.3.3 粘性土滑坡

粘性土滑坡可分为 3 种，一是一般成层粘性土滑坡，二是膨胀土滑坡，三是红粘土滑坡。这 3 种滑坡同样受地貌单元、地层时代和地层组合控制。

1. 成层粘性土滑坡

此种滑坡多发生在新近系（N）和早、中更新世（Q_1、Q_2）的成层和互层的河湖相粘性土或粘性土与砂土、砾卵石、碎石土互层的粘性土中。因其成层性和互层性（砂土及亚粘土或碎石土夹于其中），特别是老地层受构造变动使地层倾斜，易发生大型顺层滑坡。

太焦铁路红崖地区的成层杂色粘土（N_2 及 Q_1—Q_2）滑坡最为典型。杂色粘土有棕红色粘土（Q_1）、灰绿色灰白色页理状粘土（N_2），其间夹砂土层（含微承压水）。地层因新构造运动而倾斜（向临空面，坡度一般 6°～7°，大者 10°以上）形成数百米甚至 1000m 以上的滑坡数十处。如太焦线红崖 4065 滑坡，地层为新近系晚期（N_2）的成层杂色粘土，含砂土微承压含水层，构造倾斜（倾角 6°～10°），前缘大冲沟作为临空面。滑坡区由 3 个滑体组成，中间主滑体总长近 1000m，宽 400 余米。分为 3 组，有 3 层滑带，最深者达 15m。总方量 600 余万方（1 方＝1 立方米）。

2. 膨胀土滑坡

膨胀土滑坡的发生机理、类型、分布规律、控制因素和防治对策一直是世界性难题，我国南水北调中线工程，总长 1196.5km 的渠线中有 387km 为膨胀土地基。长江勘测规划设计研究院有限责任公司在中线工程的勘测、设计、施工过程中，进行了长期、全面、深入的膨胀土研究工作，取得了世界领先水平的研究成果（蔡耀军等，2014）。其成果中具有重要突破性认识的有以下三方面特点。

（1）地貌单元（成因类型）、地层时代、地层岩性组合是膨胀土鉴别、膨胀性等级及其分布规律的宏观控制要素。

例如，中线工程陶岔至沙河南渠段，膨胀土岩分布在垄岗（Q_1、Q_2）、山前丘陵（N_2）和河流二级阶地（Q_3）上。其中，二级阶地（Q_3）中，粉质粘土多属弱膨胀土，粘土一般具中等膨胀性；垄岗（Q_1、Q_2）中，Q_2 粉质粘土一般具中等膨胀性，Q_2 粘土一般具强膨胀性，Q_1 粉质粘土一般具中等膨胀性，Q_1 粘土一般具强膨胀性；山前丘陵（N_2）中，粘土岩，砂质粘土岩一般具中等膨胀性。

(2)膨胀土滑坡的形成、滑体结构和滑体规模受结构面(胀缩裂隙和沉积界面)控制,而非随机性圆弧形破坏。也就是说,膨胀土滑坡的各部分界面(后缘张拉面、滑床滑带等)都是已经存在的各种结构面,是确定性的、非随机性的。控制性结构面方面,沉积界面由沉积年代决定(如 N_2 和 Q_1 之间,Q_1、Q_2、Q_3 之间),膨胀裂隙的发育程度(密度、深度)则与土的膨胀性等级密切相关。所以,膨胀土滑坡显然受地貌(成因)单元、地层时代、地层岩性组合控制。

(3)膨胀土滑坡的防治措施基本分为两类:一类是弱膨胀土边坡或浅表蠕变带采用改性土"包裹"封闭;另一类是中强膨胀土滑坡,根据已查明的滑体结构和下滑力大小,采用预埋抗滑桩加坡面改性土"包裹"封闭等措施。总之,既然已知由确定性结构面构成的滑坡,就按常规抗滑措施加坡面改性土封闭进行防治。

(4)红粘土滑坡。红粘土普遍分布在碳酸盐类基岩之上,老粘性土(Q_3、Q_2)之下。其沉积界面多呈倾斜状,当红粘土呈软塑至流塑状态时,开挖临空后易形成以软至流塑红粘土为滑带及滑床的红粘土滑坡。此类滑坡一般规模很小。

3.3.4 滑坡发生、发展历史与滑坡稳定性

滑坡按其发生的历史时期可分为:古滑坡(晚更新世 Q_3 及以前),近代老滑坡(全新世早期 Q_4^{1-2})和现代新滑坡(全新世晚期 Q_4^3 至今)(孙建中等,2013)。一般情况下,在滑坡体现状不被改变的状态下,古滑坡是稳定的,近代老滑坡也是基本稳定的,现代新滑坡则多处于相对稳定(极限平衡)状态或周期性活动状态。大量实践证明,鉴别、划分滑坡形成时期及其后期变化历史,对滑坡稳定性判断和防治方案的选定具有重要的实际意义。

图 14 和图 15 很清晰地展示了不同时期滑坡之间和后期冲积物掩埋对滑坡稳定性的作用(孙建中等,2013)。

关于滑坡形成时代的鉴别和划分,基本上分为:滑体地层时代确定、滑带土时代年龄鉴定和滑体上下其他类型堆积物时代年龄确定 3 个方面。时代、年龄的确定则可采用地貌地层类比、古生物或考古、第四纪测年各类方法等,本文不加赘述。

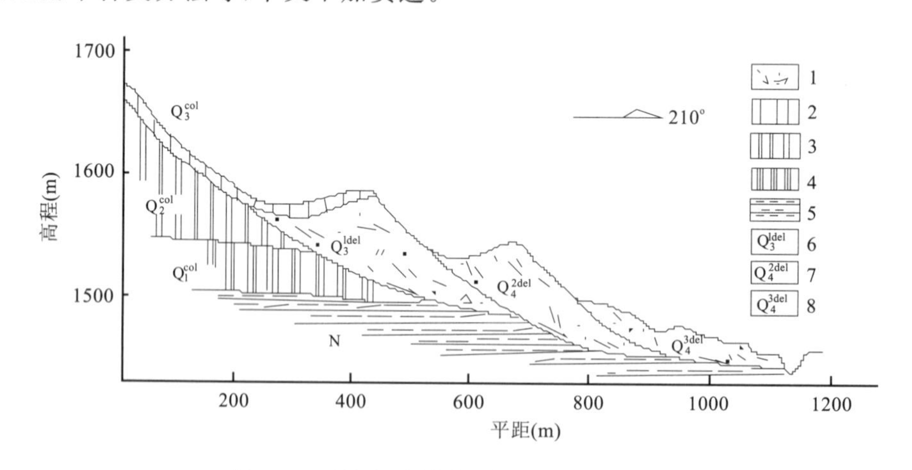

图 14 环县殷家城古、老、新滑坡剖面图

1. 滑坡体;2. 马兰黄土;3. 离石黄土;4. 午城黄土;5. 泥岩;6. 古滑坡;7. 老滑坡;8. 新滑坡

3.4 隧道及地铁工程

在第四纪土层中穿越的隧道工程和地铁工程的施工方法选择和洞身稳定性及其相应的支护、衬砌类型等均与地貌单元、地层时代和地层岩性组合有非常密切的关系。下面按隧道工程和地铁

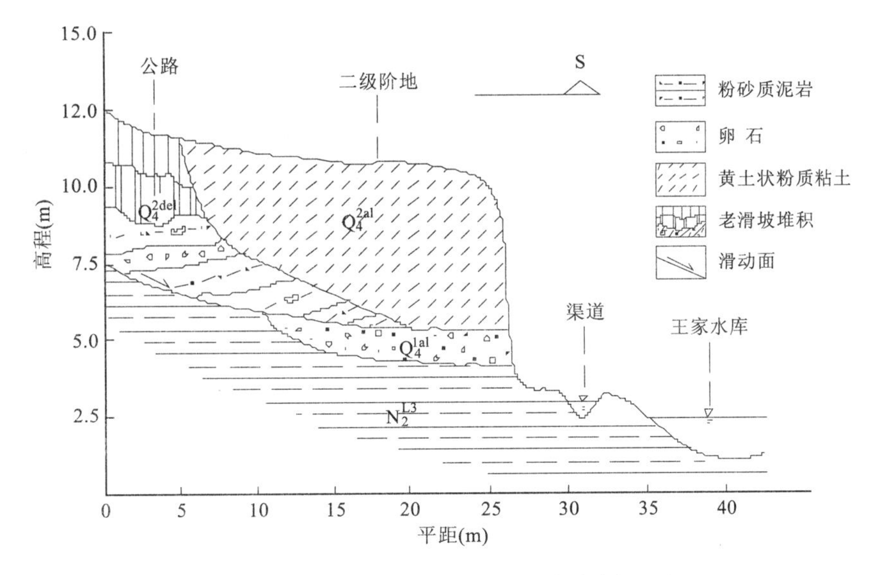

图 15 东乡县王家山老滑坡前缘剖面图

工程分别进行简述。

隧道(洞室)工程泛指平原或沟谷地面以上,即区域侵蚀基准面以上的隧道(洞室)工程。

3.4.1 黄土隧道

(1)马兰黄土(Q_3)隧道(洞室)一般为风成黄土或高阶地黄土状土。在无地下水条件下采用矿山法掘进,洞体可长期稳定。民间窑洞多在此层中。

(2)隧道处马兰黄土(Q_3)和离石黄土(Q_2)界限上或马兰黄土(Q_3)与午城黄土(Q_1)界限上,往往有地下水的不良作用,在矿山法掘进时易发生塌方或下沉。需采取疏干或加固措施,以保证施工顺利进行和洞体稳定。

(3)隧道处于全新世(Q_4)新近黄土状土中,多为河流一级阶地的饱和黄土状土。基本不适宜采用矿山法施工,而宜采用盾构法或在降水疏干条件下采用特殊矿山法施工。

3.4.2 老粘性土隧道

老粘性土泛指更新世(Q_1—Q_3)粘性土。老粘性土普遍具膨胀性,其中对隧道工程影响较大的是具有中等以上膨胀性的膨胀土。膨胀土裂隙发育,遇水软化膨胀,对隧道开挖断面的稳定性影响较大,也会对衬砌稳定造成影响。红粘土中的软塑、流塑土体会造成断面大变形。老粘性土普遍可采用矿山法施工,也适合盾构法施工。

3.4.3 碎(卵)石土隧道

不同成因、不同时代的碎(卵)石土在隧道施工中的稳定性有很大区别。主要成因类型如冲积高阶地、洪积扇和崩堆岩堆的碎(块)石层隧道的一般特点如下。

1. 冲积卵石层

冲积成因的卵石层一般都分布在河流的漫滩和各级阶地中。不同级别的阶地对隧道及其工法的适宜性不同。

(1)河漫滩、一级阶地的卵石层(Q_4),结构松散且饱水。不适宜矿山法隧道,盾构隧道又受卵石粒径限制而不太适宜。

(2)二级以上高阶地的卵石层(Q_2—Q_3),其结构密实且其中的砂粒中的粘土矿物颗粒因年代久远而风化成粘土，常具粘结性。在地下水位以上适宜矿山法隧道施工。

2. 崩积或崩坡积层隧道

崩积体多为"岩堆"，崩坡积体为崩塌块体与坡积物混合体。隧道进出口段有时穿越此类堆积层。由于堆积体中块体大小相间，块体间少有填充物，有时含水，造成隧道施工很困难，洞体稳定性差。

此类堆积层一般不适宜盾构法施工。采用矿山法施工时需用超前管棚法加注浆法施工。

3.4.4 地铁隧道施工

地铁隧道工程多处在侵蚀基准面或平原面以下，它与一般铁路、公路、越岭隧道的施工、排水条件有很大区别。两者相比，地貌单元、地层时代、地层岩性组合对地铁工程的宏观控制作用更加明显。主要体现在工法选择、洞身稳定和环境影响等方面。以武汉地铁工程为例，有如下特点。

1. 长江一级阶地

地层时代为全新世(Q_4)，地层岩性组合为典型的二元结构冲积层——上部为粘性土，下部为粉细砂层及底部卵砾石层(含孔隙承压水，且与长江水体有直接水力联系)。其中漫滩沼泽、牛轭湖相有深厚欠固结软土。粉细砂一般为稍密状态。

隧道工法选择，盾构法最适宜，矿山法不适宜。长江下越江隧道采用泥水平衡盾构。岸上平原下采用土压平衡盾构。隧道间联络通道采用冷冻法施工。车站处盾构(始发、接收)端头采用高喷注浆或搅拌水泥土加固加管井降水。实践证明，上述工法在长江一级阶地中是成熟可靠并被普遍采用的一套工法。

洞体稳定性，盾构隧道底板以下存在新近沉积(Q_4一新)软土或淤泥质粘性土与粉土、粉砂互层土时，存在洞体长期下沉问题，需向洞底注浆加固。

环境影响，盾构隧道通过软土层，为防止地表超量下沉危及地面建(构)筑物，需在盾构推进过程中采取特殊工艺措施。

2. 长江二级阶地

地层时代为晚更新世(Q_3)，地层岩性组合为二元结构冲积层。与一级阶地不同的是，上部粘性土为 Q_3 老粘性土，其强度比一级阶地高。下部砂土密实度较高，且砂中普遍含粘粒，为粘质砂。含承压水，但渗透系数小且与长江无直接水力联系。

隧道工法选择，宜采用土压平衡盾构，不需用泥水平衡盾构。矿山法不太适宜，浅埋段在老粘性土中可采用明挖法。隧道间联络通道，在老粘性土中可采用矿山法施工，在粘性砂中可采用冷冻法施工。车站处盾构(始发、接收)端头，在老粘性土中不需加固和降水，在粘质砂土中仍需加固(旋喷)加管井降水。

在二级阶地中，因土层时代较老，基本上不存在洞体稳定和地面环境影响的问题。

3. 长江三级阶地(垄岗地貌)

地层时代为中更新世(Q_2)至晚更新世(Q_3)。地层岩性不具有冲积层二元结构特点，即在基岩之上基本上由老粘性土组成，土层强度高。无连续含水层存在。

隧道工法选择矿山法、盾构法、明挖法均适宜。当隧道在土岩接合面上下通过或基岩面凸起且基岩为坚硬岩层时，宜分段采用盾构或矿山法、明挖法交替施工。隧道间联络通道均可采用矿山法施工。车站处盾构(始发、接收)端头均不需加固和降水。

长江三级阶地(垄岗)中基本不存在洞体稳定性和地面环境影响问题。

综上，武汉地区的3个地貌单元、3个地层时代和3种地层岩性组合所各自具有的工程地质、水文地质特点，决定了地铁隧道的工法选择、洞身稳定性及地面环境影响。更可体现“地貌单元、地层时代和地层岩性组合”的宏观控制要素的重要性。这种理念、原则和方法已被武汉地铁集团、地铁勘察、设计和施工单位普遍接受和遵循，可作为典型范例。

3.5 地震效应

3.5.1 对地震砂土液化的控制作用

在20世纪60年代至80年代间笔者曾参与邢台、海城、唐山大地震的科学考察。1976年7月28日唐山大地震后，曾参加四部委9个单位联合科研组对唐山地震砂土液化判别研究工作。在研究成果中，首次提出“晚更新世(Q_3)及其以前的饱和砂层为非液化砂层”的论断，并提出以地质因素进行砂土液初步判别的原则。这些论断和原则被纳入我国的《建筑抗震设计规范》(GB 5001—2001)中，成为国际上同类规范的一大特色。

笔者在唐山地震区进行调查和勘探中发现，因地震砂土液化而保留的喷砂、冒水遗迹仅仅分布在近代河漫滩和一级阶地的Q_4或Q_4一新地层中。而河流的二级阶地的Q_3地层中，即使在极震区(11°烈度)也没发现任何砂土液化痕迹。之后将河北平原第四纪地质图和地貌图与地震后的唐山地震区航空照片的喷砂带影像对照后，证明上述地貌与地层时代的控制规律完全吻合。又将邢台、海城地震区的砂土液化分布资料再分析，结论与唐山震区完全一致。此外，还将山西汾河二级阶地和银川黄河阶地的古液化分布资料相对照，证明上述结论完全符合实际。

在进一步从砂土液化机理分析和古代历次地震的振密作用，以及唐山震区中液化区和非液化区场地的大量标准贯入和砂土相对密度试验资料进行综合分析后，更加证实这种“地貌单元、地层时代控制砂土液化分布”的结论完全正确。笔者据此提出《砂土液化的工程地质判别法》(范士凯等，2006)被国内同行普遍接受，并在1986年阿根廷国际工程地质大会上受到大会主持人的充分肯定。

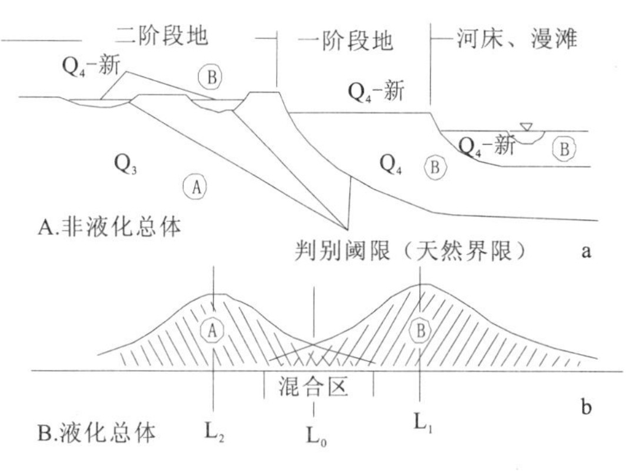

a与按各种观测值的统计判别法b的比较

图16 工程地质判别法

《砂土液化的工程地质判别法》集中反映在图16和表6中。从中可以理解到，地貌单元、地层时代对土体工程地质的控制作用是多么明显和重要！试想，仅仅根据地层时代属于Q_3，就确切判断砂土为非液化，可见其在土体工程地质性质控制因素中起多大的作用。

从这种意义上讲，Q_3及其以前的砂层为非液化砂层可以说是地震工程领域的一大发现。

3.5.2 对地震振动效应的控制作用

众所周知，地震发生后可能产生5种主要地震效应。即地面运动(地振动)、砂土液化、震陷、地裂和地震断层。这5种地震效应中，除了地震断层与地质构造相关，其他4种效应无不受地貌单元、地层时代、地层组合的控制。对砂土液化的控制已如上述。震陷多发生在滨海平原的沼泽相和冲积平原的河漫滩沼泽相软土区(Q_4—新)。地裂则多发生在砂土液化区和河岸一带的漫滩区或沼泽软土震陷区。在界定这几种地震效应的分布范围时，很容易发现它们与相应的地貌单元和地层时代的密切关系。

表 6 砂土液化简化判别表

地质条件 \ 烈度	7°	8°	9°	10°
山前冲洪积平原或洪积冲积平原(Q_3)	非液化	非液化	非液化	非液化
洪积冲积平原(Q_4)	〃	〃	液化	液化
冲积平原(Q_4)	〃	液化	〃	〃
一级阶地(Q_4)	〃	〃	〃	〃
冲积海积平原(Q_4一新)	液化	〃	〃	〃
一级阶地(Q_4一新)	〃	〃	〃	〃
古河道、河漫滩、湖沼洼地(Q_4一新)	〃	〃	〃	〃

地震地面运动——地振动效应是地震时最普遍的、无处不存在的地震效应。而地震区某处地面运动的波动特性(该点地面振动加速度、速度或振幅的时程变化)和不同自振周期对地面运动的放大作用之间的关系曲线——地震反应谱则与该处基岩之上第四纪覆盖土层总厚度和各分层的振动特性(即坡阻抗 $\rho \cdot V_s^2$)密切相关。也就是说,有什么样的覆盖土层,就会有其特有的地震反应谱。这样就很自然地和地貌单元、地层时代、地层组合联系在一起,因为决定土层振动特性的重要指标 V_S(剪切坡速)在不同地质年代的地层中的差别非常明显。如 Q_3 老粘性土和坚硬黄土的 V_S 在 250m/s 至 500m/s 之间,Q_4 的一般粘性土 V_S 在 140m/s 至 250m/s 之间,而新近沉积的粘性土(Q_4一新)的 V_S 则小于 140m/s,加之不同地貌单元上不同地层组合及土层总厚度差别,就决定了地面运动特性的显著差别。图 17 中的几种不同时代地层组合的地震反应谱(即不同自振周期 T 的结构物对地面加速度放大系数 β 的关系曲线)是很不相同的。

笔者曾于 20 世纪 80 年代初对河南省焦作煤矿区进行地震工程地质小区划(范士凯,2006)。该矿区处于太行山前的大型洪积扇群至黄河冲积平原之间。这些洪积扇,从山前的锥顶相(粗粒

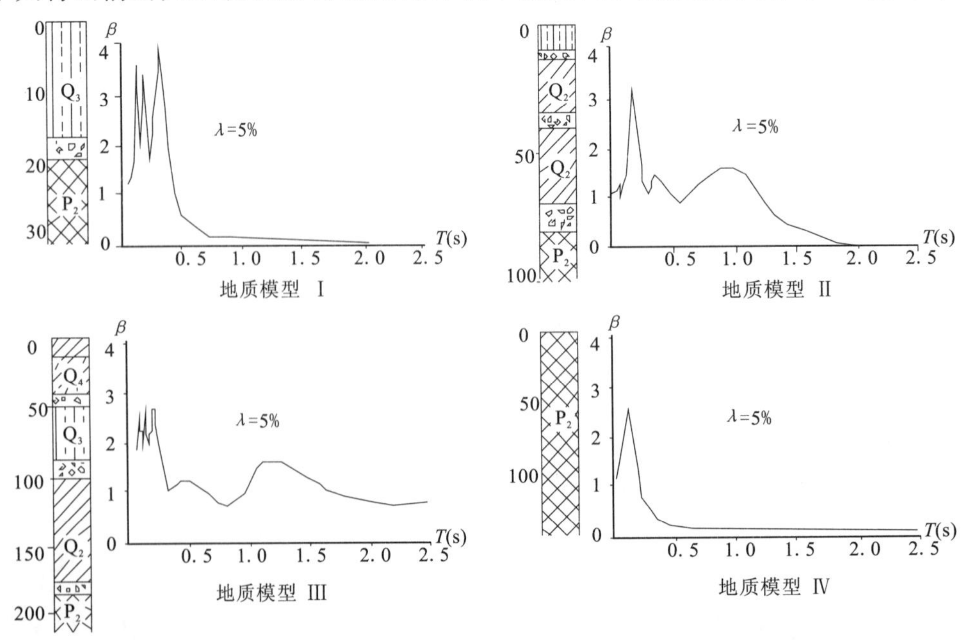

图 17 地质模型特征及其反应谱

相)的基岩浅埋区,经中间相(土层总厚度>80m),至边缘相(土层厚度>150m),地貌及地层组合呈规律性过渡,地层时代和岩性也层次分明。在现场实测各类土层的剪切坡速 V_S 和相应的土层动力特性指标后,进行各分带的地震反应分析所得到的地震反应谱呈现出截然不同的谱曲线特征(图18)。说明在地震时,洪积扇各分带上的地震反应(各种不同自振周期的结构物对当地地面运动加速度的放大系数)明显不同。由此可以确定各种不同自振周期的结构物在抗震设计时地震力的取值。

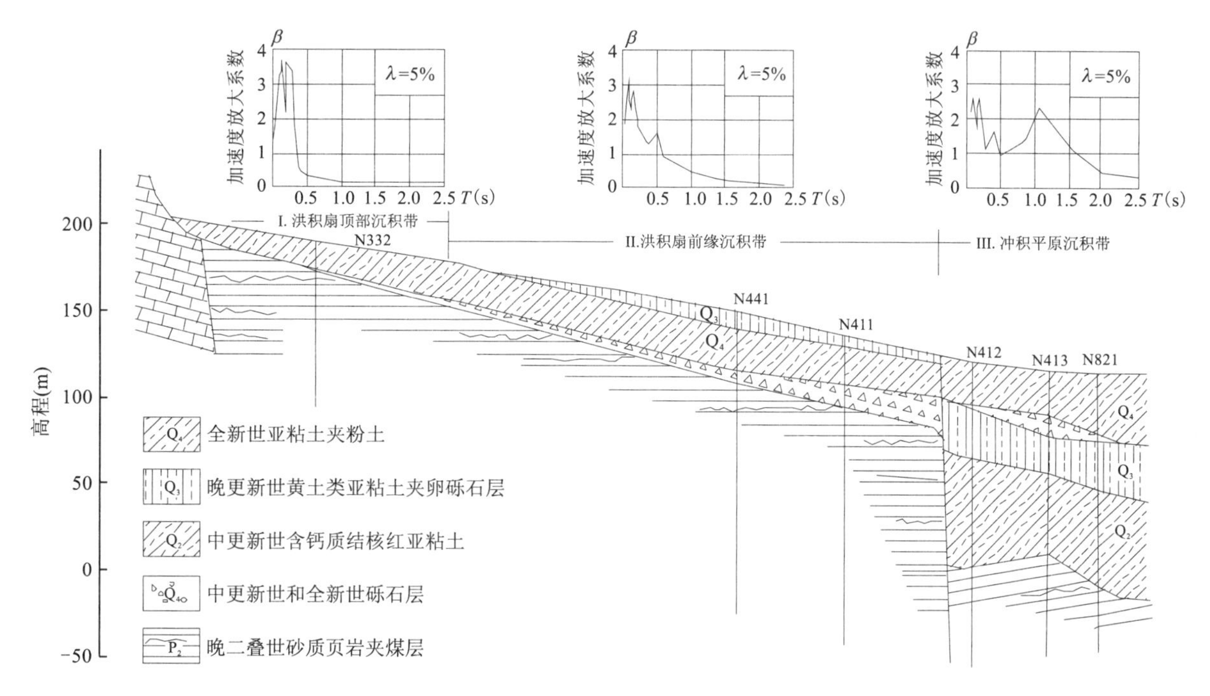

图 18　焦作矿山西部地形地质剖面图和地震效应特征

依照这种规律,在进行焦作矿区地震工程地质小区划时,就以各分带的地貌单元类型、地层时代和地层组合之间客观实际存在的分界线作为不同分区的界限进行了小区划。避免了那种仅以地震反应谱中的放大系数指标等值线进行人为划分的做法。这种做法不能反映地层组合的反应特性,也很难确定准确的分区界限。而焦作的做法,则创立了一套新的、工程地质的小区划准则(范士凯,2013)。

3.6　岩溶地面塌陷

岩溶地面塌陷现象是指,碳酸盐类岩体之上的第四系覆盖土层因地下水渗流导致流土进入岩溶空洞,引起地面塌陷的一种地质灾害。所谓"塌陷",是指覆盖土层塌陷。岩溶地面塌陷的机理、类型和分布规律取决于覆盖层性质、岩溶发育特点和地下水(覆盖层孔隙水和岩溶水)渗流规律等三方面因素(范士凯,2013)。其中,覆盖层性质和地下水渗流规律与地貌单元、地层时代、地层岩性组合的关系非常密切。对此,笔者另有专文论述(见《岩溶地面塌陷类型及其发生、分布规律与防治对策》),现将要点概述如下。

根据不同地质条件下塌陷机理的不同,概括出 3 类地质条件对应的 3 种机理。

3.6.1　渗流破坏流土漏失机理(或称渗流液化流土漏失)

地质条件:碳酸盐类基岩之上直接覆盖饱和砂类土层(一般为二元结构冲积层),基岩中溶洞与砂土层之间有联系通道,岩溶水与盖层孔隙水有水力联系。

塌陷机理:饱和砂类土中孔隙水向下渗流,与岩溶水直接联系形成统一的渗流场。当孔隙水下降漏斗超过流土的临界水力坡度时(陈仲颐等,1994),发生流土进入岩溶空洞并沿岩溶通道流失,导致地面塌陷。此类塌陷类型俗称砂漏型。

分布规律:多在河流的二元结构冲积阶地上,或冲击海积平原(三角洲)中。地层时代以全新世(Q_4)(一级阶地)最易发生,且塌陷规模大、灾害严重。更新世 Q_3(二级以上阶地)较少发生。

3.6.2 潜蚀土洞塌陷机理

地质条件:碳酸盐类基岩之上直接覆盖粘性土(多为 Q_3 及以前的老粘性土),基岩面上溶沟、溶槽发育且在沟、槽底有开口溶洞。有时在沟槽下部埋存软—流塑状红粘土。

塌陷机理:在老粘性覆盖层与基岩面之间,由于地下水在溶沟、溶槽中渗流、潜蚀形成土洞,或因软—流塑红粘土漏失形成土洞。当土洞顶板冒落,导致地面塌陷,概称潜蚀土洞塌陷机理。

分布规律:多分布在基岩之上直接覆盖有老粘性土的垄岗或山间洼地或山前坡地上。其地层时代多为 Q_3 或 Q_2。河流冲积阶地下或老粘性土下基岩面无起伏、无土洞时很少发生塌陷。此类塌陷一般规模不大,常为孤立的陷坑或陷穴。

3.6.3 真空吸蚀机理

地质条件:无论何种覆盖层,主要地质条件是基岩中岩溶强烈发育,岩溶水渗流通道畅通,覆盖封闭条件好。

塌陷机理:主要由于人为活动(水源地大量抽水或地下巷道、隧道大量突水)引起岩溶水位大幅度急剧下降,形成负压,导致各类覆盖土层被吸蚀到岩溶空洞中,造成地面塌陷,概称真空吸蚀机理。此类塌陷若发生在二元结构冲积层中一般规模很大,老粘土区规模相对较小。

分布规律:岩溶强烈发育区,岩溶水丰富且渗流通畅。覆盖封闭条件好。人工抽水井附近,或隧道、矿山巷道大量涌水地段上方地面。

综上,岩溶地面塌陷现象基本上有3类地质条件所决定的3种机理对应的3种类型。这是笔者近20年调查、分析、分类和防治的经验总结(见《武汉地区岩溶地面塌陷类型及其发生、分布规律和防治对策》)(范士凯,2013)。在影响岩溶地面塌陷的诸因素中,覆盖层性质和地下水活动特点最为重要。这就自然会受到地貌单元、地层时代、地层岩性组合三大要素的控制。武汉地区的规律最为典型。

(1)长江一级阶地、二元结构冲积层、地层时代 Q_4 岩溶发育地段,饱和粉细砂层直接覆盖在岩溶强烈发育的石灰岩地段,常发生渗流破坏流土漏失型(砂漏型)地面塌陷。《武昌县志》记载1931年在丁公庙发生塌陷,塌破长江堤防,形成"倒口湖"。1978年以来,先后在汉阳、武昌、汉南、江夏区的长江一级阶地上发生近50次塌陷。最严重的两次是2000年武昌烽火村塌陷和2014年江夏法泗镇塌陷。前者有22个陷坑,3栋小楼塌入坑内,49栋农舍遭到损毁;后者有19个陷坑,陷入土方近11.5万立方米,2栋农舍陷入坑内,1栋教学楼严重歪斜。最近一次2014年8月在汉阳锦绣长江片区出现一个陷坑(1800m^3),有2人陷入坑内不幸遇难。可见砂漏型塌陷在长江一级阶地上发生频率高、规模大、后果严重。

(2)长江三级阶地(垄岗)或山前坡地、山间盆地,老粘性土(Q_3、Q_2)直接覆盖在石灰岩之上。土岩接合面上有潜蚀土洞存在或在溶沟、溶槽中有软—流塑红粘土,自2000年起先后在大冶老土桥村、乌龙泉、江夏文化大道等处发生多次潜蚀土洞型塌陷。这些塌陷一般规模不大、数量不多,但正处在陷坑(穴)附近的建筑物会受到严重破坏。

(3)长江二级阶地、二元结构冲积层(地层时代 Q_3)。基岩同样岩溶发育、Q_3 饱和砂层直接盖在可溶岩之上。但因砂层粘粒含量>20%,不会液化。冲积阶地下的基岩表面平坦,不存在深槽,无土洞。故二级冲积阶地发生塌陷可能性较小。

(4)真空吸蚀型塌陷在湖北省也多次发生。如松宜煤矿区猴子洞煤矿、黄石大广山铁矿、阳新铜矿,均因矿井突水引起岩溶水位急剧下降形成负压,造成临近地面出现大量陷坑。孝感汤池温泉,因过度抽取大理岩中热水,使岩溶水位迅速下降,导致地面出现多处陷坑,使灌溉水塘干涸。

以上所举的武汉地区实例,几乎包括了岩溶地面塌陷的所有类型。这些类型分别处在不同地貌单元、不同地质时代的不同地层岩性组合的地区中。这些规律不但使我们找到了岩溶地面塌陷的宏观控制要素,更重要的是反过来使我们根据这些宏观要素预测、划分岩溶地面塌陷的潜在危险区及其类型和规模。

4 结 语

本文从理论基础、基本要素及工作方法和实际应用3个部分内容概括地描述了"土体工程地质的宏观控制论"的基本框架和内涵。这是笔者从事工程地质工作近60年中在第四系各类土层分布区工作的体会和总结,也是对我国工程地质界的先辈刘国昌教授和谷得振教授于1979提出的"工程地质学的岩体部分有了'结构控制论',土体部分应当是什么控制论?"的初步回答。"土体工程地质的宏观控制论"实质上是地质学尤其是地貌学及第四纪地质学在土体工程地质中的应用,属于工程地质学的理论基础部分。2015年8月,在全国工程地质学年会上,王思敬院士在"工程地质学的理论基础与实践发展"的报告中也呼吁"加强工程地质学的基础理论研究",防止工程地质学的"碎片化"和"边缘化"。因此笔者对"土体工程地质的宏观控制论"加以提炼,借鉴王思敬院士的呼吁并结合当今我国工程地质界的现状,总结出如下几点认识。

(1)工程地质学就其科学属性而言,总体属于地质学范畴。也就是说,工程地质学首先是地质学的一个分支,它深深地扎根于地质学的各个基础学科中。同时,由于工程地质学是为各类工程建设服务的,也将某些力学学科作为它的理论基础部分。

其实,传统的工程地质学早已形成了较为完整的理论体系。只是由于近30年来岩土工程技术和地质工程技术的兴起干扰了工程地质学的发展和现代工程地质学理论的提升,出现了工程地质学被异化、碎片化,甚至边缘化的趋势。应当明确指出,工程地质学的理论方法与岩土工程技术或地质工程技术不是同一个学科。我们坚定认为:工程地质学应该在传统理论体系的基础上进一步发展、提升,形成完整的现代工程地质学体系;岩土工程或地质工程不能取代工程地质,且必须以工程地质为基础。

(2)土体的工程地质特征,是由土体的成因、历史和地域条件决定的。因此,地貌单元(成因、地域)、地层时代(历史)和地层岩性组合(地层结构)这三大要素就必然成为控制各类工程土体性质的基本要素。本文所列举的地基基础工程、基坑工程、边坡及滑坡工程、隧道及地铁工程、地震效应、岩溶地面塌陷6个方面无一不受三大要素的控制。所以,在解决各类土体工程问题时,必须从控制土体特征的三大基本要素入手。

(3)地貌学及第四纪地质学是土体工程地质的重要基础学科。对土体工程地质而言,它比其他地质学基础学科和工程力学基础学科都更加重要。可以说,深入理解、全面掌握地貌、第四纪地质学的基本理论、方法是工程地质人员的重要基本功。地貌、第四纪地质学的应用,不是简单地在地质报告中作"地形地貌"描述,或在地层描述之前冠以时代、成因符号,而是深刻理解和体现它的内涵。这就要求将地貌、第四纪地质的应用作为一种理念,形成习惯,按照它的工作方法、程序进行工作。

(4)在某一特定的地区，地貌单元的含义本来就综合反映了成因类型、时代和地层组合特点。所以“单元”的划定最为重要。在各级地貌单元划分时，Ⅲ级以下单元(如阶地、洪积扇、三角洲等)至微地貌单元及其包含的沉积相变更加重要。在进行各类统计中，统计指标或判别因子超越单元界限的采集和分析结论肯定是不符合实际的。如能做到单元的准确划定，某些特殊土(如膨胀土)的判别就能做到“确定性”判别，根本不需要“模糊评判”画蛇添足。在进行各种数值模拟时，如不能做到微地貌、地层单元的精确划分以真实反映土体的各向异性，则模拟结果再理想也是不可信的。

(5)加强第四纪地质研究至关重要。不少城市和绝大多数建(构)筑物都处在第四系土层中，不研究第四纪地质就不能很好解决各类土体工程问题。第四纪地质学研究已经取得丰硕成果(如黄土学和第四纪测年学等)，应收集、学习、借鉴第四纪地质研究成果，使土体工程地质研究更进一步，使“土体工程地质的宏观控制论”建立在更扎实可靠的基础上。

笔者于2006年正式提出“土体工程地质的宏观控制论”，至今已整整10年了。本文在原文的基础上进一步从理论基础、基本要素及工作方法程序和实际应用(6类工程)等3个方面加以论述，致力于描绘出宏观控制论的总体框架。诚然，与岩体工程地质的结构控制论相比，无论是在理论基础、基本要素及工作方法程序，还是在实际应用方面都相差甚远，可以说还算不上什么论。但作为一种理念、一种指导思想和一种工作方法和工作习惯，肯定是有意义的。也许有人会说，关于地貌单元、地层时代、地层组合我们都在地勘报告中用上了啊。但我肯定会说，你并没有把这些要素渗透到具体分析和结论中。有些人甚至连河流阶地的类型都说不出来。也有的在作大城市的工程地质分区时，以一般粘性土区、老粘性土区和软土区进行划分，而不是以地貌单元、地层时代和地层岩性组合进行分区。因此笔者希望，从事土体工程地质工作的同仁用心借鉴本文的理念和方法。更希望志同道合者共同努力，把“土体工程地质的宏观控制论”不断发展、深化、完善起来，使其成为完整的理论、方法体系。

参考文献

蔡耀军，等．南水北调中线工程膨胀土高填方渠道建设关键技术研究及示范[R]．武汉：长江勘测技术研究所，2014.

陈仲颐，周景星，王洪瑾．土力学[M]．北京：清华大学出版社，1994.

杜恒俭，陈华慧，曹伯勋．地貌学第四纪地质学[M]．北京：地质出版社，1981.

范士凯，栗怡然．砂土液化的工程地质判别法[J]．资源环境与工程，2006，20(s1)：595－600.

范士凯．地震小区划的工程地质——地震工程准则及实例分析[J]．资源环境与工程，2006，20(s1)：601－607.

范士凯．岩溶地面塌陷机理、类型及其发生、分布规律[C]//《地质会刊》湖北省地质学会，2013.

孙建中，等．黄土学(中篇黄土岩土工程学)[M]．西安：西安地图出版社，2013.

地震工程地质学的重要课题

——地震效应的工程地质分析

范士凯

摘　要：在地震发生过程中常常产生5种地震效应——地震地面运动(地振动或波动)、地震砂土液化、地震断层及地裂缝、沉陷及塌陷、崩塌及滑坡。地质工作者通常注意后4种地震效应的调查研究，而认为地震地面运动属于地震工程研究的任务。其实，地震地面运动和场地地质条件密切相关且广泛存在。因此本文以地震地面作为重点加以介绍：从地震波传播过程的4种作用(折射作用、垂直引出作用、滤波作用和放大作用)到地震反应分析和地震反应谱作了概括叙述。基于地质条件与地面运动特征的密切关系提出地震小区划的工程地质——地震工程准则，即以地貌单元、地层时代和地层组合作为控制要素的基本原则。对地震砂土液化等其他4种地震效应只作简要介绍，不作为本文的重点。

关键词：地震效应；地震地面运动；地震反应谱；地震效应与地质条件密切相关

邢台、海城、唐山地震发生后，我国工程地质界曾在三大地震区进行了大量的工程地质研究工作，取得了丰富的成果。一门新兴的边缘学科——地震工程地质学诞生并形成了相对完整的体系。至20世纪末，先后出现了《地震工程地质导论》(王钟琦等，1983)、《工程地震学概论》(蒋溥等，1993)和《地震工程地质学》(刘玉海等，1998)等专著，对我国地震工程地质研究起到了很大的推动作用，并在这个领域处于世界领先水平。

地震工程地质学是工程地质学与地震工程学相结合的边缘学科，以解决与地震相关的工程地质问题为目的，其宗旨是为抗震设计和防灾减灾服务。它充分利用了一些相关学科，如地震学、地震地质学、地震工程学、地貌学、第四纪地质学、新构造学、工程地质学、岩土力学及岩土动力学的理论和方法，形成了一套工作体系，具有代表性的体系是刘玉海教授等(1998)在《地震工程地质学》中提出的(图1)。

从图1所列的内容可知，地震工程地质学的内容是很广泛、很丰富的。本文不准备全面介绍它的各部分内容，只着重介绍与场地地震工程地质评价和地基抗震工程地质评价有关的一些问题。与这两方面问题相关的核心问题是地震产生的破坏效应——地震效应。本文将重点论述地震效应的工程地质研究内容，因为各类地震效应都与工程地质条件密切相关。

众所周知，地震产生的破坏效应——地震效应主要表现在6个方面，即所谓六大地震效应：

(1)地震地面运动(地振动或波动)。

(2)地震砂土液化。

(3)沉陷及塌陷。

(4)地震断层及地裂缝。

(5)崩塌及滑坡。

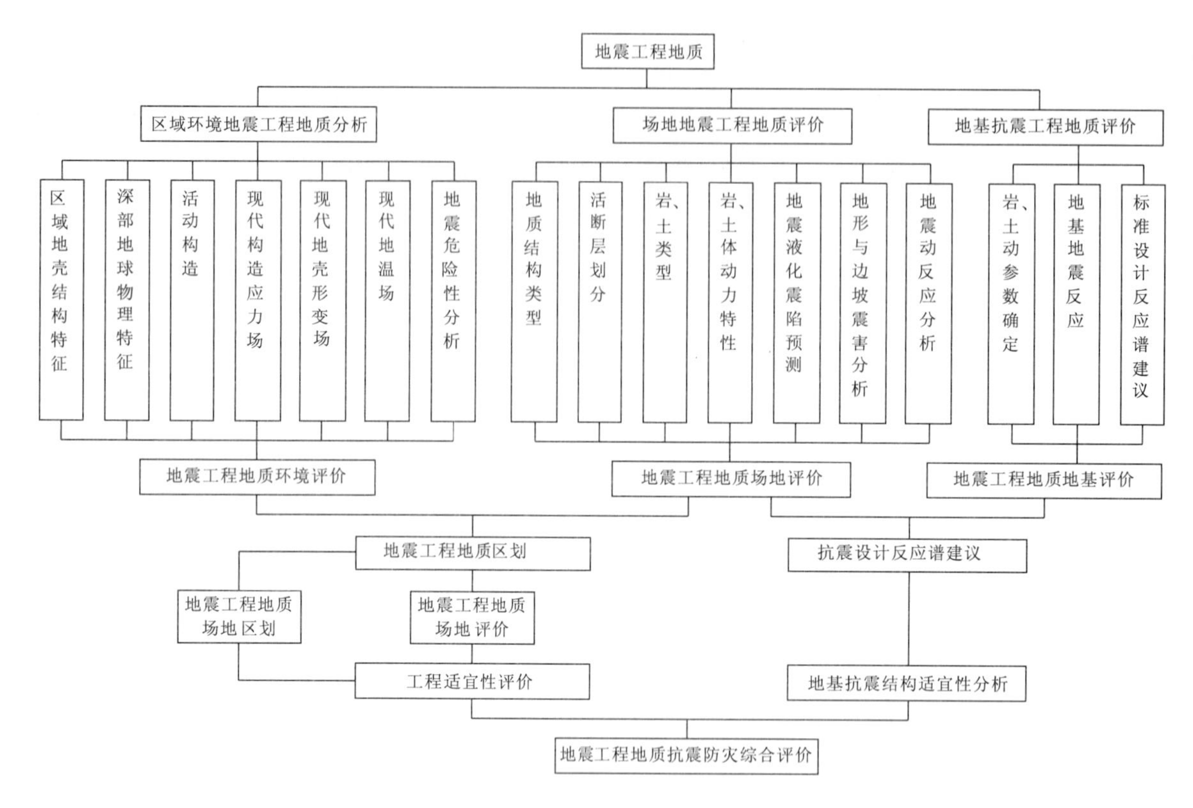

图 1　地震工程地质研究内容框图

(6)地震小区划。

以上 6 类是主要的直接地震效应，间接的次生效应如泥石流、地震堰塞湖、涌浪冲击等不属于主要效应。下面分 5 个方面概括论述这六大效应及其与地质条件的关系。

1　地震地面运动(地振动或波动)

1.1　地震波类型

体波：纵波(P 波或称压缩波、疏密波)；横波(S 波或称剪切波)。

面波：瑞雷波(R 波)；洛夫波(Q 波)。

1.2　描述波动特性的几种参数

T——周期

N——频率

v_p——纵波速

v_s——横波速(剪切波速)，$v_s = \sqrt{G/\rho}$

ρ——质量密度(密度除以 g)

E——弹性模量，$E = \rho(3v_p^2 - 4v_s^2)/(v_p^2/v_s^2 - 1)$

G——剪切模量(波阻抗或刚度)，$G = \rho \cdot v_s^2$

ν——泊松比，$\nu = \left(\frac{v_p^2}{2v_s^2} - 1\right) \Big/ \left(\frac{v_p^2}{v_s^2} - 1\right)$

从中可知 v_p、v_s、ρ 可用来计算 E、G、ν，而这 3 种参数均可通过试验测得。可以说 v_p、v_s、ρ 是土动力特性的基本参数。

1.3 地震力的实质

地震力(地振动作用力)实质是一种惯性力，它符合牛顿第二定律，即 $F=ma$，也就是说地震力等于物体(结构物)的质量与加速度的乘积。为简便起见，引入地震系数 $K=\frac{a}{g}$(是几倍的重力加速度，实质还是加速度)。因此，工程界普遍采用加速度 a 或地震系数作为抗震设计的基本参数，如我国抗震规范。

1.4 地震波传播过程中所经历的 4 种作用过程

(1)折射作用——基岩与覆盖层介质差异造成在分界面折射。

(2)垂直引出作用——基岩与覆盖层的刚度差异巨大，使折射角远大于入射角，折射以近于 90°向上传播，即在松散覆盖层中垂直"引出"。

(3)滤波作用——覆盖土层的厚度、层次和各层的刚度(密度与剪切波速 $\rho\cdot v_s^2$)不同，使地震波在向上传播过程中发生多重反射，某些频率成分的波被地层过滤掉。

(4)放大作用——不同土层的自振周期不同，地震波的某些成分(频率与周期)与某种地层的自振周期吻合时发生共振，此种波被放大，至地面表现为放大振动。

上述 4 种作用显然取决于两方面因素，即地震波的特征和地层的分层波动特性。前者可以模拟，后者可以试验和监测(ρ、v_s、λ)，而传播过程中的滤波和放大作用都可以进行数学模拟，计算机的发展使这种计算得以实现——地震反应分析(时程分析和反应谱计算)。

1.5 地震作用和地震反应谱

地震动是一个时间过程。在整个振动过程中，不同频率成分的振动幅值(位移、速度、加速度)的大小是不同的(图 2)。作用在某种结构物上的地震力不能简单的用一个振动参数来衡量，而是对一个作用过程进行分析得出，因此称为地震作用。

抗震设计中普遍采用地面最大加速度值来计算地震荷载，而地震荷载所对应的最大加速度值又与结构的自振(固有)周期相对应。也就是具有某一自振周期的结构物对应一个加速度最大值。为了表示某一特定场地上，一个地震作用过程对不同自振(固有)周期的各种结构物的反应，做出一类坐标曲线图——地震反应谱(图 3)。

图 3 表示了同一场地上不同阻尼系数和不同固有周期的结构物的地震反应。横坐标为固有周期(T)，纵坐标为最大加速度(a 或 g)，这是地震反应谱的一般形式。为了表达不同的含义，反应谱有多种形式，如纵坐标为最大速度(V)时称为速度谱等。

结构物的固有周期可以粗略地估算，即建筑物的层数除以 10 即是它的固有周期。比如 5 层楼房的固有周期为 0.5s，10 层楼为 1.0s……则横坐标就代表了不同层数的结构物。那么这种座标曲线(反应谱)就表达了同一场地上各种不同层数的结构物所具有的最大加速度值。如 5 层楼(T=0.5s，阻尼系数 0.05)，最大加速度为 1.0g，可见反应谱的含义。地震地面运动对不同结构体系的综合影响，可以很方便地用反应谱来表示。因此，反应谱直接揭示了工程人员最关心的地震时地面运动的特点。将反应谱作对比，不仅能指出不同地点(不同地质条件)地面运动时程的差别，更重要的是，还为计算结构物所产生的水平地震荷载提供了方便的手段。如已知结构物基本周期后，最大加

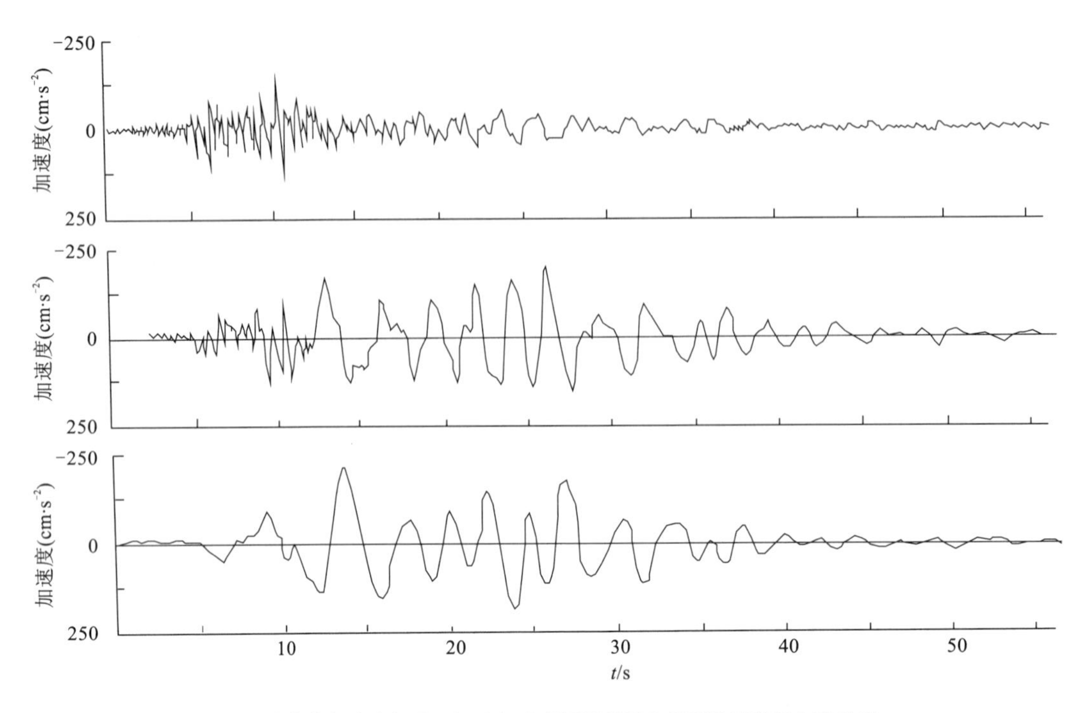

(a)3 个方向加速度记录;(b)由加速度记录经积分得到的速度和位移时程

图 2　典型强震记录(据《地震工程和土动力问题译文集》,1986)

速度和最大惯性力可直接从加速度反应谱求出。由此可见,在地震工程中反应谱理论占有重要地位,特别是加速度反应谱已得到广泛应用。

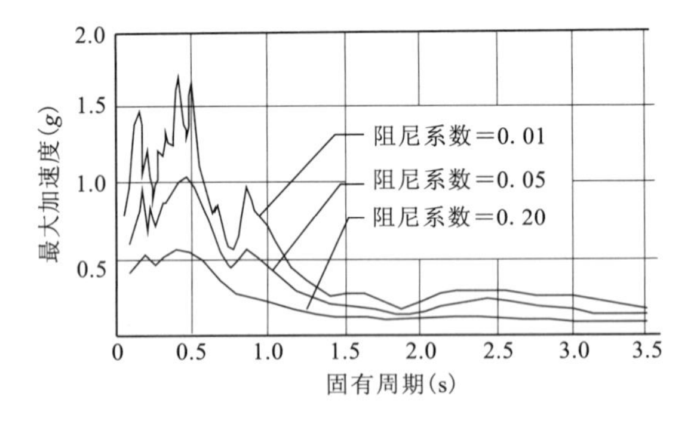

图 3　地震反应谱曲线

1.6　地面运动的计算

研究地震地面运动特征的方法基本是两种:一种是实地观测,即在地震危险区建立长期观测站和流动台阵,特别是加速度仪台网,获取大震或强余震时地面运动加速度记录;另一种是采用分析计算方法,即地震反应分析。

地震反应分析的基本步骤是给定下卧基岩的运动(标准的地震加速度记录或人工合成的加速度时程曲线),然后假定地震波垂直向上传播,通过计算就能获得在给定地质条件下土层地面运动时程或反应谱。

计算方法有两种。

(1)波动方法。这种方法中,假定每一土层具均匀粘弹性,同时把下卧基岩的运动分解为一系列不同频率的简谐运动,即傅里叶谱(简称傅氏谱),计算土层的传递谱,并与基岩的傅氏谱相乘,就得到由给定基岩运动造成的某场地的地面运动。

(2)集中质量法。把实际多层土层离散成多质点系,即把土层分成若干段,每层的质量分两半各集中在其顶部和底部。该质点系在刚性地基(基岩)加速度作用下的运动方程为:

$$[M]\{\ddot{X}\}+[C]\{\dot{X}\}+[K]\{X\}=\{R\}$$

式中:$[M]$——质量矩阵;

$[C]$——阻尼矩阵;

$[K]$——刚度矩阵；

$\{R\}$——地震荷载向量；

$\{X\}$、$\{\dot{X}\}$、$\{\ddot{X}\}$——分别为质点位移、速度、加速度向量。

该方程可用逐步积分、傅氏变换和振型叠加等方法求解。当地层层理倾斜或分布不规则时，用有限元求解。

(3)反应谱计算。在得到土层地面运动加速度时程曲线之后，以其为输入波，对不同自振周期的结构进行反应分析计算就得出反应谱。近年已普遍采用数值分析，如逐步计算法(解单质点运动方程)。

图 4 全面表示了地震反应分析计算的全过程和结果。从中可以理解很多问题。

(1)特定的地质条件(图左侧地层柱状及其力学参数，图下侧的基岩运动特征)。

(2)基岩运动(输入地震)通过所有土层传播至地面后产生的地面运动(加速度时程)，已将基岩运动滤波和放大，形成新的运动特征(图的上方)。

(3)地面运动(输入地震)对不同自振周期的反应谱特征代表特定地质条件下的反应特征(地震作用)。计算的反应谱与记录的实际反应谱很接近。说明反应分析计算可以用于实地。

(4)加速度反应谱曲线特征表明，在这套 100 英尺(30m 左右，1 英尺＝0.3048m)厚的以粘土为

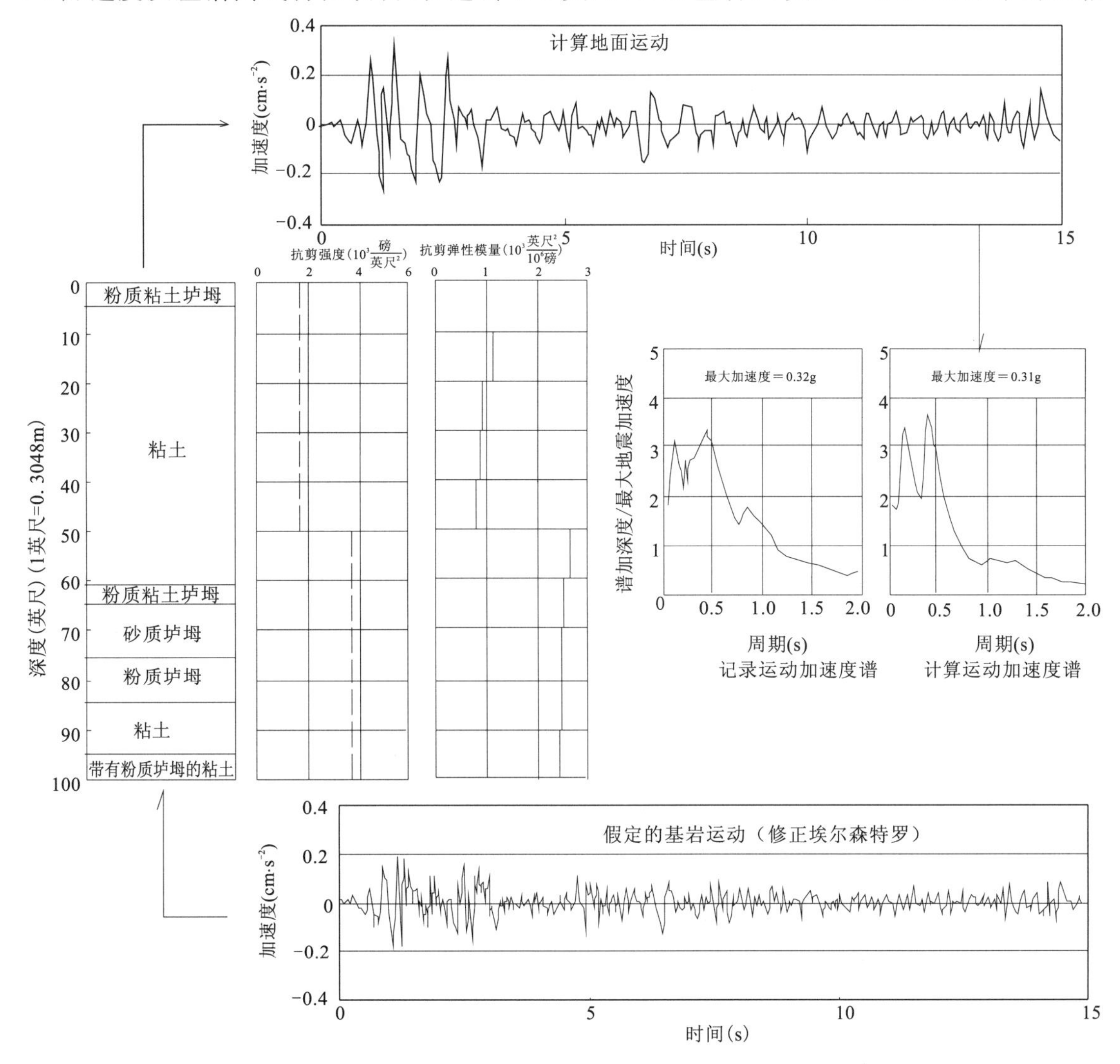

图 4　埃尔森特罗的地面运动分析

主，间夹粉质粘土的土层之上的结构，以自振周期为0.2～0.7s（相当于2层～7层楼）的地震反应加速度较大，其中以0.5s周期（五层楼）的反应加速度最大，而0.7～2.0s周期（7层以上）的反应加速度很小。两者相差了3倍以上，前者达0.31g，后者小于0.1g。若以此特征预测震害，则2层～7层楼震害最大，高层反而不大。

总之，地震地面运动是可以通过计算取得的，计算的结果可以做到与实地记录很接近。因此，计算成果可以用于设计。

1.7 地面运动与地质条件的关系

从上节的图4所表达的计算条件、过程和结果可以看出，地震地面运动特征和地质条件的关系是非常密切的。基于地震反应分析计算所用的地层土动力学参数，即每一土层的密度ρ（或容重r）及其厚度（集中质量），土层的刚度（即剪切模量$G=\rho \cdot v_s^2$），以及弹性模量（E）、泊松比（ν）、阻尼比（λ）等，无一不与土层的基本性质相关。这就很自然地把地面运动的计算和地质条件挂上钩。因为这些参数的取得必须通过地质勘察、原位测试和实验室的相关试验。

在地震反应分析计算中，v_s、ρ、G以及每一土层的厚度和各层总厚度及分布特征最为重要。从工程地质原理出发，这些参数的特征及其分布规律，则与地层所处的地貌单元、地层时代和地层组合密切相关。下面以焦作为例，图5是不同时代土层的v_s特征。图6是不同地质模型的反应谱特征。

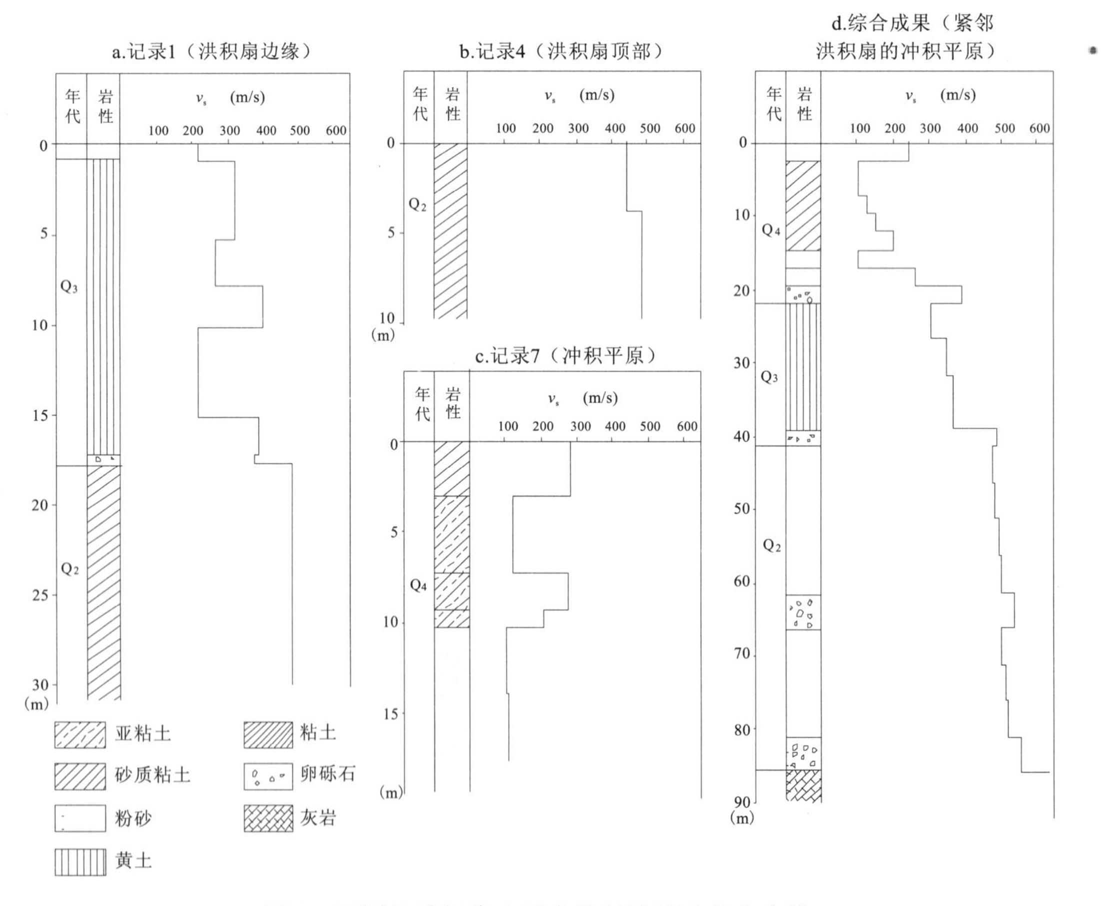

图5 不同地质年代土层中剪切波波速变化曲线

图7是焦作西部一个典型地质剖面的地震反应分析结果。

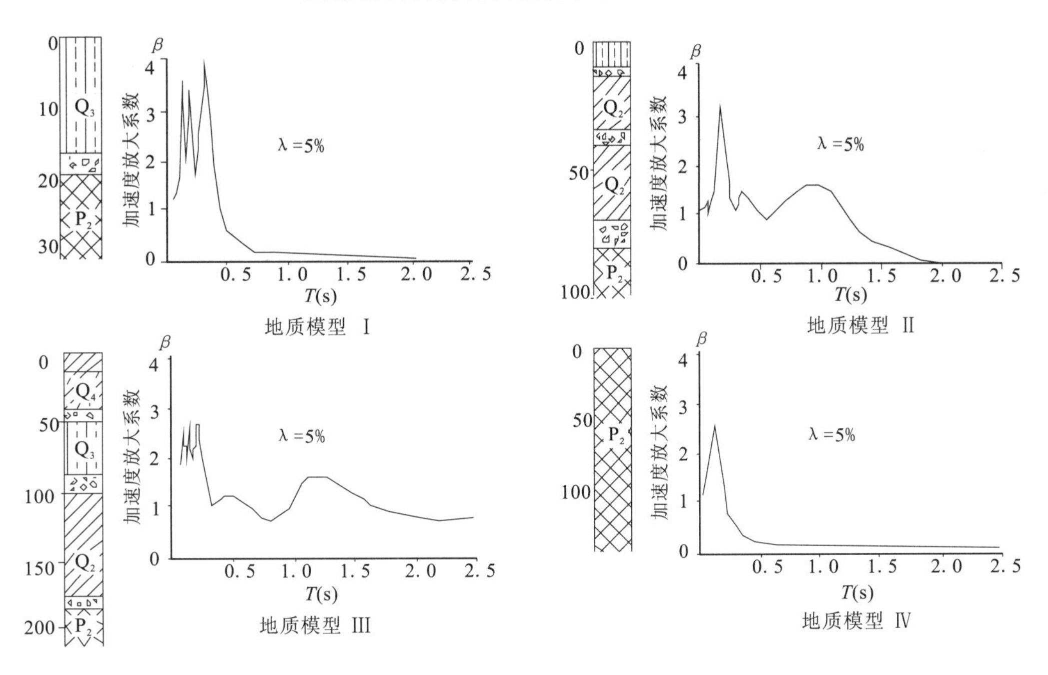

图 6 地质模型特征及其反应谱

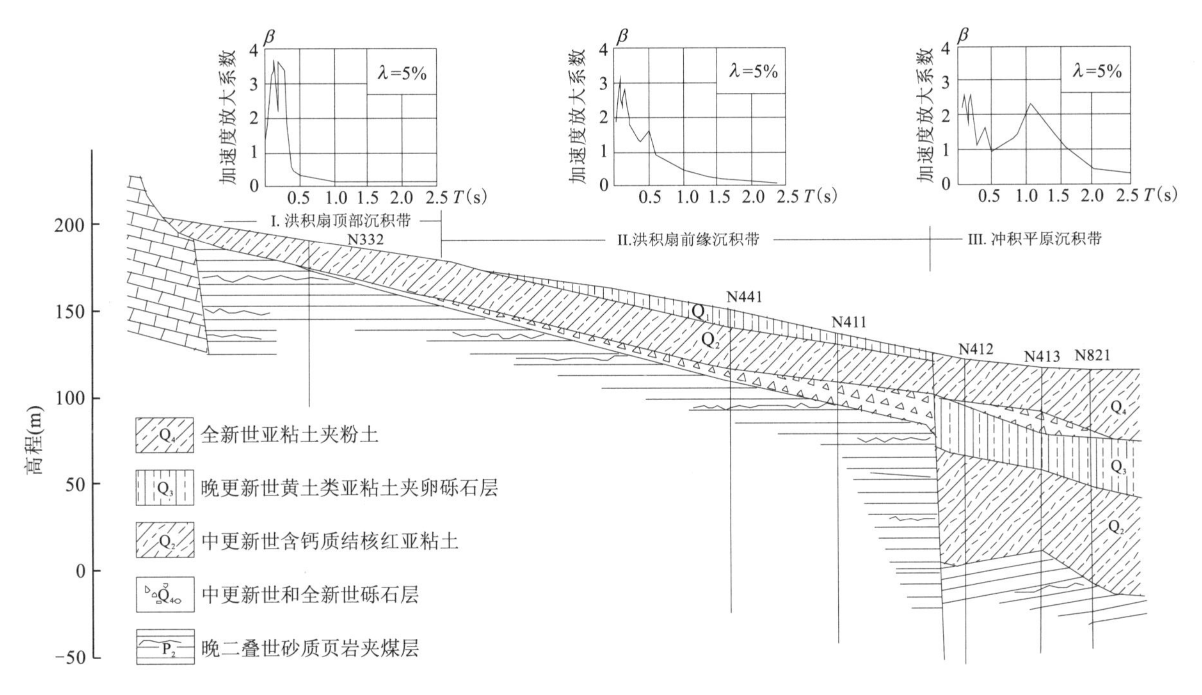

图 7 焦作矿山西部地形地质剖面图和地震效应特征

图 8 是 1957 年旧金山地震中实地记录的地面运动与地质条件的关系，其最主要特征是覆盖土层厚度（基岩埋深）的变化。

1.8 设计反应谱

由于我国的抗震设计是以地震烈度（基本烈度或设防烈度）为基础的，而不同烈度下的地面运动最大加速度是以重力加速度 g 为单位的，因此引入地震系数 $K=a/g$。实际上 K 即是以重力加速度为单位的地面运动最大加速度。

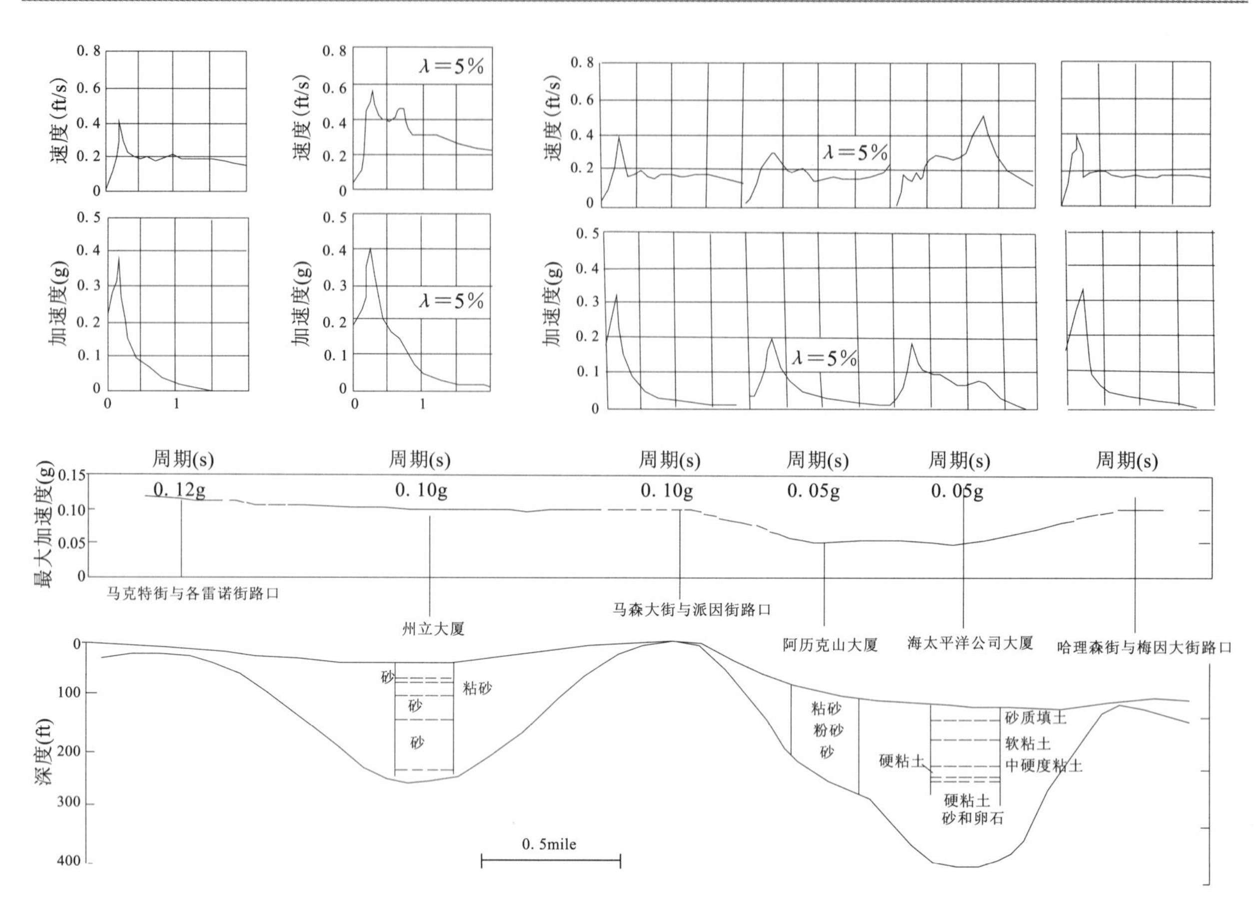

图 8　1957 年旧金山地震中记录的地面运动特征与土质条件关系图

已经知道地震时土层地面运动加速度是对基岩运动放大的结果，因此引入动力系数 β(即放大系数)。那么，地震作用的大小就可以用 K 与 β 的乘积来表示，这就是地震影响的实际数值，称为地震影响系数(α)，取最大值时：

$$\alpha_{max} = K \cdot \beta_{max}$$

这样就使地面运动数值与地震烈度挂上钩，因为基本烈度也是给出以 g 为单位的峰值加速度。

由此，单质点所受的地震荷载可写为：

$$F = K \cdot \beta \cdot W \quad 或 \quad F = \alpha \cdot W$$

式中：W——结构总重量。

除对特别重要结构直接通过时程分析外，一般情况下都用简化的设计反应谱进行抗震设计。图 9 表示了设计反应谱的一般形状。它由 3 段线组成：高频(短周期)($< T_1$)为斜线，中频(中等周期)(T_1—T_g)为水平线，低频(长周期)($> T_g$)为指数衰减曲线，T_1、T_g、T_e 拐点为特征周期。

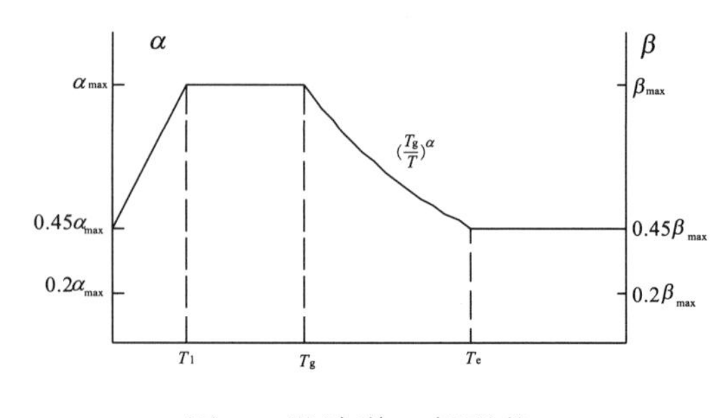

图 9　设计谱一般形状

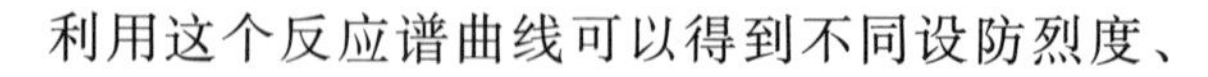

利用这个反应谱曲线可以得到不同设防烈度、不同场地类别条件下不同自振周期结构物抗震设计参数(地面最大加速度)。抗震规范中对不同基本烈度(6°、7°、8°、9°)的最大加速度和不同类别场地的特征周期(T_1、T_g、T_e)以及地震影响系数 α_{max} 都有明确的规定(表 1、表 2)。

表 2 为 GB 50011—2001 规范规定值。

表 3 为 GBJ11—89、SDJ10—78 规范规定值。

表 1　抗震设防烈度和设计基本地震加速度值的对应关系

抗震设防烈度	6°	7°	8°	9°
设计基本地震加速度值	0.05g	0.10(0.15)g	0.20(0.30)g	0.40g

注：g 为重力加速度。

表 2　大震、中震、小震 α_{max} 值

烈度	6°	7°	8°	9°
小震	0.04	0.08	0.16	0.32
中震(基本烈度)	0.12	0.23	0.45	0.90
大震		0.50	0.90	1.40

注：根据建设部抗震办公室，1990。

表 3　反应谱特征参数规定值

规范	T_1(s)	T_g(s)		T_e(s)($0.2\beta_{max}$)	s
GBJ11—89	0.1	Ⅰ	0.20(0.25)	3.0	0.9
		Ⅱ	0.30(0.40)		
		Ⅲ	0.40(0.55)		
		Ⅳ	0.65(0.85)		
SDJ10—78		1	0.2	1.5	1.0
		2	0.3		
		3	0.7		

注：Ⅰ、Ⅱ、Ⅲ、Ⅳ表示 4 类场地类别，括号内为远源；1. 基岩；2. 一般非岩石地基；3. 软弱地基。

有了图 9 和表 1、表 2、表 3 就可以得到不同基本烈度、不同场地条件下，各种自振周期结构物的抗震设计参数值。利用图 8 的反应谱曲线和表 1、表 2、表 3 是为了方便，我国 1964 规范曾按 4 类场地给出 4 条反应谱曲线(图 10)，可以更直观地理解场地条件的重要影响。

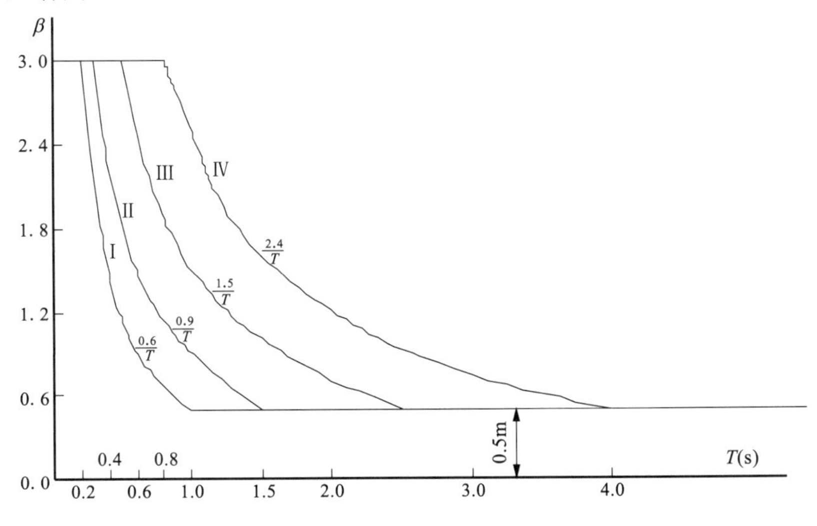

图 10　四类场地反应谱曲线图

各种规范给出的设计反应谱都是高度平均、简化了的，实际上各地区、各种场地的情况是千变万化、非常复杂的。要想更接近实际地解决抗震设计问题，有两个更好的途径，就是针对重要的具体建筑和具体场地进行时程分析，或对较大地区或城市进行地震小区划（范士凯，2006）。

综上所述，地震产生的各类效应中，地面运动效应是最为普通、无处不有的，而且是各类建筑物产生破坏的主要因素，同时也是其他地震效应的动因。地震地面运动特征，除了地震台网实地观测外，还可以通过地震反应分析进行模拟计算，并通过时程曲线和反应谱曲线全面表达地面运动特征和各种参数。特别重要的是，这一切都与地质条件相关，这就决定了地质条件研究的重要作用，也就为地震工程地质学提供了重要的研究领域，如同场不同层或同层不同场。

2 地震砂土液化

饱和砂土不含黄土的液化，基本上有两类：一类是渗流液化，另一类则是振动液化，地震砂土液化属于后一种。两类液化产生的原因和现象也不相同，这里仅仅讲一些地震砂土液化的有关问题。

2.1 地震砂土液化的成因

最基本的解释是用一维固结理论公式。

$$\tau=(\sigma-u)\tan\varphi+c \quad \text{或} \quad \tau=(\sigma-u)\tan\varphi$$

式中：τ——有效抗剪强度；

σ——法向总应力；

u——孔隙水压力；

φ——有效内摩擦角；

c——凝聚力。

饱和砂土（或粉土）在地震波动的往复循环荷载作用下，孔隙水压力逐渐增高，当 $u=\sigma$ 时，$\tau\approx 0$，此时砂土呈现流动的液体状态，即所谓的液化。液化时砂土强度丧失，且因孔隙水压力升高而使流动状态的砂土向上运动以至喷出地面，俗称喷水冒砂。这一过程历时数十秒后基本停止，也有数十小时还在冒水，即孔压消散过程。地基强度丧失和喷水冒砂，导致地面和建筑物基础下沉或堤防开裂、滑坡。

其实砂土液化的机理和影响因素是很复杂的，至今也不能说完全搞清楚了。利用上面的公式，只能是定性地、概括地解释了砂土液化现象。至于如何判别某地在未来地震时饱和砂土是否液化，更是一个复杂问题。各国在解决砂土液化判别时，基本上是采用有经验的统计方法或简化模拟试验方法。

2.2 砂土液化判别时应深入考虑的一些重要问题

这里不想讲解具体的判别方法，而重点讲些从影响液化的基本因素出发，判别时应该考虑的一些重要问题和思路。

（1）深入分析、理解影响砂土液化的地质因素，这是判断液化的思想基础。笔者在深入研究邢台、海城、唐山地震砂土液化之后，基于砂土有效抗剪强度与地质条件的关系进行了系统分析，见图11、图12。

在深入理解砂土有效抗剪强度与地质条件关系的基础上，才能合理选择判别方法并得出正确的判别结论。

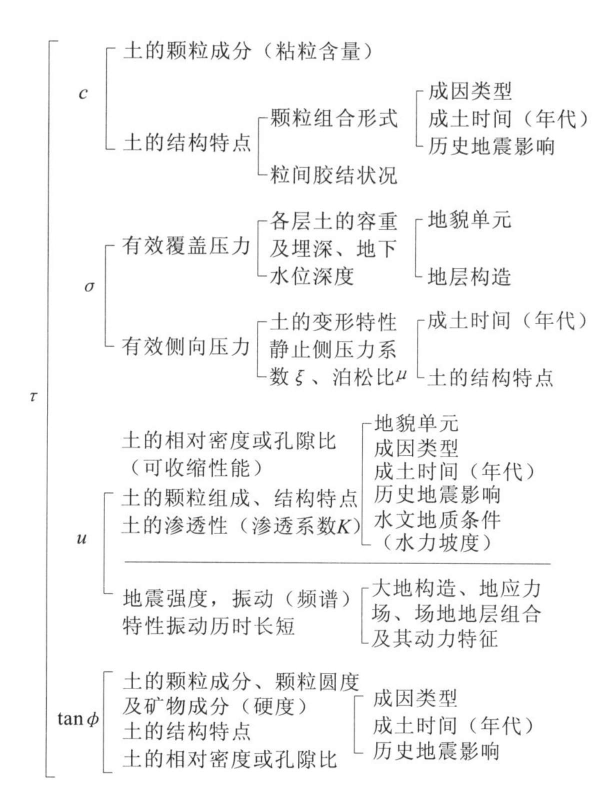

图 11　砂土有效抗剪强度的参数与土质特征、地质条件的关系

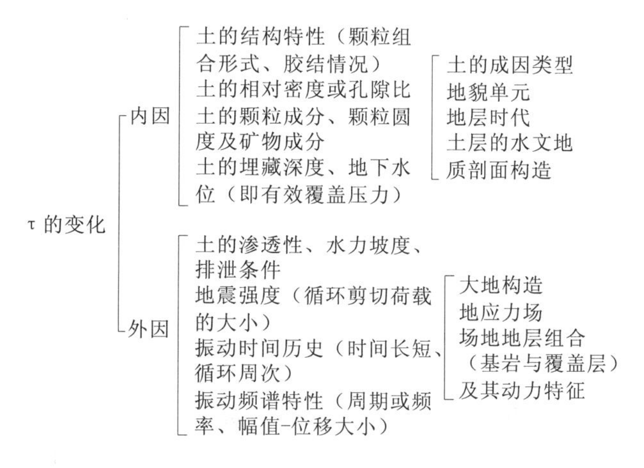

图 12　砂土的有效抗剪强度变化内外在制约关系

(2)要认识到，目前国内外所有的判别方法都是基于间接参数(如 $N_{63.5}$)、经验的、统计的方法或基于液化机理而给出的判别方法(如剪应力比较法)都是近似的方法，因而其结论也不应该是绝对的。当采用这些方法进行判别时，必须进行综合分析，尤其要充分考虑地质条件的影响。

(3)唐山地震后，我国工程地质界的重大发现是地质因素对砂土液化的控制作用。具体成果表现在 3 个方面。

一是地层时代(含地貌单元、成因类型、地层组合)的控制作用，肯定了 Q_3 及其以前的砂层属非液化砂层。

二是上覆非液化土厚度和地下水位深度的控制作用。根据邢台、海城、唐山三大地震区大量的现场调查与勘探资料统计分析，得出如下规律：当上覆非液化土层厚度 H_0、地下水位 d_w(常年最高水位)位于或超过图13界限时,对基础埋深较浅的天然地基可不考虑液化影响。

三是粉土的粘粒含量对液化的控制作用。对于7°、8°、9°区粉土的粘粒(粒径小于0.005mm)不小于10%、13%、16%时,可判为不液化。

以上3条重要规律,是通过对三大地震区大量现场资料分析统计的结果,也可以说是大地震对三大震区的实验结果,因而是可信、可靠的天然标准。由此,我国抗震规范明确提出两步判别的原则和标准,这在国际上是首创和领先的,具有重要的理论和实用价值。

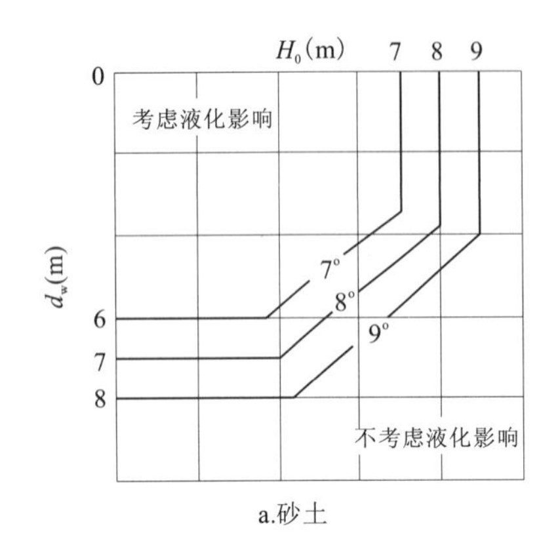

a.砂土

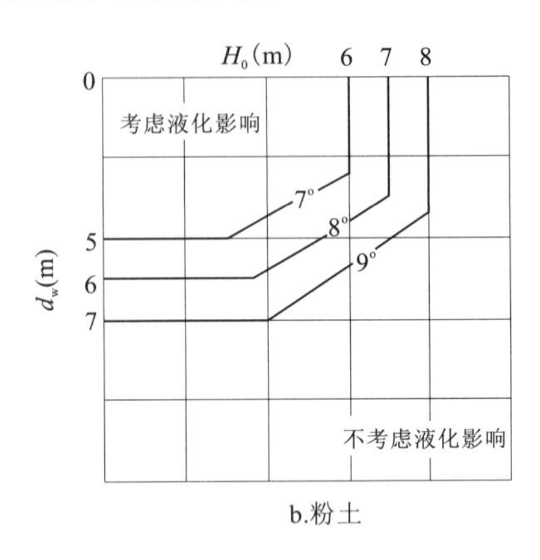

b.粉土

图13　土层液化初判图(据董津成,1987)

现在普遍存在的问题是,很多勘察单位并不重视地质条件对液化现象的客观控制作用,而是习惯于仅仅用现场测试数据进行判别。就武汉市位于长江一级阶地上的绝大多数场地来看,由于普遍存在"二元结构"的冲积层,即地表以下8~10m内为非液化粘性土层,饱和砂层在8~10m以下,地下水也在粘性土底板以下。上层滞水水位或下部砂层的承压水头并不代表下部砂土层的真正水位。这种情况下,以图13的标准或用GB 50011—2001规范,均可在初判时就定为不液化。总体上从宏观地质条件来看,武汉长江一级阶地的绝大多数场地并不存在7°地震时液化的可能性。但是有些勘察人员还在那里进一步判别。其实武汉地区的长江一级阶地上,只有临近长江边的有些地段,浅部有几米厚的粉土层(属新近冲积层)倒是需要认真进行判别,其中重要指标是粘粒含量。如果粘粒含量小于10%,7°地震时应进一步详判。

(4)液化现象的衡量标志是地面喷水冒砂,需要考虑的液化深度为15~20m。

无论是采用何种方法判别砂土液化,其原始依据都首先应在已确定的液化场地或非液化场地上进行研究、测试、试验。根据什么标志确定场地是否发生液化?只有根据是否有喷水冒砂现象发生。因此,判断砂土是否液化也就是判断喷水冒砂现象能否发生。

至于液化影响深度15m(浅基础)或20m(桩基)的确定,则是根据液化场地的实地检验和大量的判别结果进行统计,并考虑建筑物基础类型而定的。同时,从液化机理出发,砂土的有效抗剪强度随深度增加,有效覆盖压力也随之增加,地震剪应力随深度增加而衰减。在一定深度下孔隙水压(u)是不可能等于总应力(σ)的。所谓液化影响深度15m或20m就是考虑这些因素确定下来的。

(5)应当牢固树立砂土液化宏观分布规律的基本认识,这是进行场地液化判别的思想基础。

唐山地震后,我国工程地质与岩土工程界对砂土液化展开了空前规模的研究。广泛收集了邢台、海城、唐山三大震区的砂土液化的大量资料,其中对砂土液化的宏观分布规律进行了深入的研究。通过这些研究,总结、划分了三大地震区产生砂土液化的第四纪地质条件(表4),并在此基础上,以地貌单元、地层时代和地震烈度三大要素,统计、划分了"液化区"与"非液化区"的宏观规律(表5)。在认识和判别砂土液化问题时,这些条件和规律是非常重要的,在进行任何一个场地的砂

土液化判别时，对区域的、宏观的地质条件和分布规律进行调查、研究、分析，是承担这项工作的工程地质和岩土工程人员必做的基础工作。

表4　我国3次大地震砂土液化地质条件

震区名称	液化区的地质条件		喷水冒砂分布特点
	地貌、成因类型	地层时代	
邢　台	河流的河床及漫滩 近代的湖沼洼地 古河道	Q_4—新或Q_4	条带状分布 成片分布 条带状分布
海　城	河流的一级阶地及漫滩 牛轭湖沙坝、湖沼洼地 近代冲积海积平原	Q_4—新或Q_4	条带状分布 条带状分布 成片分布
唐　山	河流的一级阶地及漫滩 古河道 湖沼洼地、冲积海积平原	Q_4—新或Q_4	条带状分布 条带状分布 成片分布

表5　砂土液化简化判别表

地质条件＼烈度	7°	8°	9°	10°
山前冲洪积平原或洪积冲积平原(Q_3)	非液化	非液化	非液化	非液化
洪积冲积平原(Q_4)	″	″	液化	液化
冲积平原(Q_4)	″	液化	″	″
一级阶地(Q_4)	″	″	″	″
冲积海积平原(Q_4—新)	液化	″	″	″
一级阶地(Q_4—新)	″	″	″	″
古河道、河漫滩、湖沼洼地(Q_4—新)	″	″	″	″

3　地震断层及地裂缝

地震断层与地裂缝同属地表破裂效应，但其成因、规模及震害影响差别很大。

3.1　地震断层

地震断层直接受发震断裂控制，属震源构造的表层破裂段，具有三维位错和形变。与震源机制直接相关，伴随巨大应变能释放而发生。地表出现几千米至几百千米的形变带，水平与垂直位错达数米至十几米，水平拉张宽度几十厘米至数米。如汶川地震，自映秀至北川均出现NNE向地震断层，垂直位错达5～6m。这种地震断层上任何建筑物都会发生严重破坏，只有避让。

3.2　地裂缝

地裂缝分为地震构造裂缝和震动效应裂缝。前者与地震断层有成生联系，属同一应力场产物，方向性很强，出现在极震区及其外围7度以上区域，其长度几米至几十米，三维位错不显著；后者为震动效应（如液化、沉陷、滑移等）形成的地裂缝，其长度几米至几十米不等。

以上两种地表破裂，以地震断层破坏性大，地裂缝相对较小。但前者尚可预测其分布范围，因其与发震断裂带中的活断层相对应，避让尺度可以它为基点；后者难以预测其分布，只有加强建筑物基础刚度和结构整体性来抵抗。

4 沉陷及塌陷

沉陷主要由砂土液化时大量喷水冒砂引起地面下沉或由于深厚软土（淤泥、淤泥质土、泥炭）震动触变或震密效应造成。以喷水冒砂引起沉陷居多，有时形成积水洼地；塌陷则是因地下已存在空穴（岩溶洞穴或矿山采空区）在强烈震动时产生塌陷。

沉陷和塌陷是可以预测的，也就应当能预防。因为，砂土液化和软土震陷可以在勘察时加以判断；塌陷条件也应在勘察阶段查明。尤其是这两种效应的产生与其所处的地貌单元、地层时代和地层组合密切相关。如软土震陷往往发生在新近沉积的湖沼洼地或近代海退之地；岩溶塌陷则往往出现在江河一级阶地二元结构冲积层上（如2006年江西瑞昌地震）。

5 崩塌及滑坡

崩塌、滑坡均属斜坡反应。崩塌发生在高山峡谷区，陡峭山体在强烈震动作用下失稳，巨大块体翻滚、崩落、冲击，坠入谷底形成巨型岩堆，掩埋道路、房屋，阻断河流形成堰塞湖。汶川大地震过程中，崩塌及其岩堆造成了巨大灾害；滑坡则往往发生在较平缓的山坡、河流或沟谷岸边、填筑的路堤等原已处于极限平衡的斜坡地带，它与崩塌的主要区别在于存在软弱滑动带，地震时斜坡体沿滑带整体滑移。

汶川大地震再次提醒我们，强烈地震下的高山峡谷区要高度重视崩塌灾害的预测评价，平缓山坡、河谷岸坡、路堤要重视滑坡的预测、评价。这其中的重点是考虑地震力的巨大作用。以往我们经常遇到在评价某些古滑坡或山体稳定性时，如果不考虑地震力，坡体很稳定。只有加上地震力，坡体才可能失稳。地震力的巨大作用还能从典型的堰塞湖的坝体物质组成上体会到，如新疆天山的天池和鄂西的小南海，两者都是典型的地震堰塞湖。从坝体物质清晰可见，特别巨大的块体杂乱地倒在一起，若不是地震力，无论如何也不可理解两岸山体会倒在那里。

在分析山体或坡体稳定性时，在超过7度（含7度）区，按相应烈度区的最大加速度值（7度0.1g，8度0.2g，9度0.4g……）代入计算，情况将大不一样。

对于高陡山体，可能还有另外一种途径：将山体当作高层建筑进行地震反应分析，计算出不同高度上的位移量和加速度值，进而分析、评价特定岩体结构状态下的山体稳定性。

6 地震小区划

综上所述，所有的5种地震效应无不与地质条件有着直接关系。其中如砂土液化、震陷及塌陷、地震断层及地裂缝、崩塌及滑坡4种效应自不必说，就是地面运动及反应谱也和地质条件有密切关系（图5、图6、图7、图8）。由此可以认为，地震小区划也应当以地质条件（地貌单元、地层时代、地层组合地下水特点等）为基础进行区划。具体思路、原则和方法是：首先进行区域内的地貌及

地质单元划分，进一步按地层时代及岩性组合划分单元地质体，再细化出代表性地质模型。在此基础上，将单元地质体实测的地震动参数（v_s、P、G 等）代入代表性地质模型进行地震反应分析、计算。最终得出抗震设计参数和反应谱。小区划的分区界线仍是地貌及地质单元界线和最小地质体边界，其中的地震动参数则是测试、试验和地震反应分析的结果。这一套小区划的原则和方法与现行的小区划原则和方法的区别是先以地质条件划分单元及其界限，而不是平均分布点，以界值线划分区段。图 14 是笔者进行焦作矿区地震小区划的成果。

分带符号	I			II						III
	Ia	Ib	IIa	II_b^{1-1}	II_b^{1-2}	II_b^{2-1}	II_b^{2-2}	II_b^{3-1}	II_b^{3-2}	III
动力系数	$\beta_1<2.5$	$\beta_1<2.5$	$\beta_1<4.5$	$\beta_1<4.0$	$3<\beta_1<6.5$	$\beta_1<3$ $\beta_2<2$	$2<\beta_1<6.8$ $\beta_2<2.4$	$\beta_1<3.5$ $\beta_2<2.6$	$2<\beta_1<5.5$ $\beta_2<2.4$	$\beta_1<3.3$ $\beta_2<3.3$
反应谱峰值时期（s）	0.12~0.18	0.12~0.18	0.1~0.3	0.1~0.15	0.1~0.2	0.1~0.15 0.9~1.1	0.15~0.2 0.9~1.1	0.15~0.18 0.9~1.1	0.15~0.2 0.8~1.3	0.1~0.22 1.1~1.3
地面最大加速度（m/s²）	0.46~0.75	0.7~0.71	0.79~1.25	0.6~0.79	0.9~1.22	0.5~0.82	0.87~1.42	0.51~0.96	0.9~1.6	0.5~1.14
基岩埋深（m）	0	0	<30	30~50	30~50	50~100	50~100	>100	>100	>100
典型反应谱										

图 14　焦作矿区地震小区划示意图

7 汶川大地震后，对一些地震与抗震问题的思考

7.1 关于各地“抗震设防烈度”问题

国家地震局发布的烈度区划（第三代）是建设部建筑抗震设计规范的基本依据。但近40多年来我国发生的多次大地震结果证明，多数震区（极震区和临近区）的实际烈度与原区划严重不符。如1975年海城地震，极震区实震9度，而原区划为6度；1976年唐山地震，极震区实震10～11度，而原区划为6度；2008年汶川地震，极震区实震10～11度，临近的都江堰9度以上，而原区划为7度。众所周知，烈度增加1度，加速度增加1倍，地震力加1倍。原区划7度（0.1～0.25g），实为9度时加速度增大4倍（0.4g）。即使是严格按抗震规范设计、施工的建筑物，如何能承受4倍乃至8倍以上的地震力？汶川地震的主要教训应该在这里。

为什么会屡屡发生划定烈度与实震烈度严重不符？根源主要为两个方面。

其一是区划的方法主要是建立在历史地震记录的概率统计分析的基础上（即所谓50年、100年超越概率），而不是建立在大地构造、区域稳定、活动断裂、发震断裂与现今区域构造应力场的关系等重要条件充分研究的基础上。比如汶川地震区，映秀—汶川—北川就处在人所共知的龙门山断裂带上，已知该断裂为活动大断裂，为何把映秀、汶川、北川都划为7度？显然是没有充分研究龙门山断裂的影响。再者，以历史地震为基础的概率分析还有一个重大缺陷，就是有仪器记录的地震历史不过100多年，再远者都是以县志文字记载的估算，古代不发达地区根本无记载。因此，可以说这种方法是不全面、不准确的。

其二是烈度区划工作的分工和运行机制的重大缺陷是以国家地震局一家独揽。烈度区划是一项涉及全国各地13亿人民生命财产安全的重大课题，其研究内容涉及地壳构造、区域地质构造、新构造运动、现今构造应力活动状况、深大断裂活动历史及现状、区域地震活动历史、第四纪地质等许多复杂课题，需要区域地质、地球物理、工程地震和工程地质各专业、有关部门协同作战，分工合作才能较好地完成。应该是专业部门主持，生产、教学、科研部门参加，以省区为单位组织进行。不应该人为地以行政垄断方式进行。

7.2 关于场地地震环境评价和环境抗震设防问题

汶川大地震中，陡峭山体发生崩塌、滑坡灾害非常普遍。除建筑场地外，公路、铁路遭遇崩塌、滑坡破坏非常严重，对抗震救灾造成巨大障碍。对于道路边坡而言，山体在地震作用下的稳定性研究应是重大课题；对建筑场地而言，不应仅仅把注意力集中在每一个单体建筑物上，而场地稳定性与周围环境的稳定性也同样重要。因此，应当提出“环境抗震设防”课题，列入工程勘察的重要内容。

7.3 关于地震预报问题

地震能否预报？李四光在邢台地震后就指出，地震可以预报，应当开展地震预报。他还明确指出，地应力的测量研究是预报的重要手段。邢台地震后，按李四光的指示在隆尧进行过地应力测量。从本质上讲，地震活动是地壳应力积累、释放过程，地电场、地磁场、地热场以及地下水位及其成分，地形变都会出现异常，这些异常在震前统称为前兆现象。1975年海城地震就是针对这些前兆现象，采取群测、群防与专业队伍相结合的方式成功预报了海城大地震。其实唐山震前也有很多

明显的前兆现象，只是由于种种原因没能预报。其后一些年，我国也成功预报了一些中小型地震。有人统计，我国预报成功率达到26%。这都说明，地震是可以预报的。应当承认，地震预报非常困难，但是预报的理论基础已具备，内容方法也不少，只是方法手段需要不断创新、改进，总有一天可以达到相对接近实际的预报。

当前的问题是预报的指导理论和方法需要大大改进，预报工作的运行机制需要调整。首先应当改变以测震记录分析和地球物理研究为主要手段的预报指导思想和方法，改以大地构造、新构造运动、现代构造应力场研究为基础，以活动断裂、发震断裂为主要监控对象，进行地应力、地形变的常时监测、分析，建立地震前兆现象（地磁、地电、地温及水温、地下水位及成分等）监测网站进行监测，并不断总结、建立各种预报模型；在预报管理体制和运行机制上做重大调整，改变由地震局系统一家独揽的局面，形成使地质系统、科研院所、高等院校共同参与的运行机制。同时，在重点监控地区，建立群测、群防系统进行前兆监测工作。只有这样，才能期望在几十年内实现预报地震的梦想。

7.4 地震到底能不能预报

汶川地震后，国家地震局领导和某些专家，通过各种媒体散布“地震现象非常复杂，地震预报非常难，需要几代人、十几代人甚至几十代人才能实现预报……”等言论，一时间，地震不能预报的观点误导了广大群众。

地震真的不能预报吗？事实做了否定的回答。

（1）1966年3月8日邢台地震后，周恩来总理指示“要进行地震预报”，李四光先生说“地震可以预报”，并指出“地震预报的重点是研究地应力”。因为发震断裂的活动根源是地应力积累和释放。随着地应力的变化，地电、地磁、地下水（水温、水位、微量元素）、地形变都有变化。邢台地震后，在上述思想指导下，成功预报了1975年2月4日海城7.3级大地震，全世界都赞扬。此后至2009年的30余年间，我国地质、地震工作者成功预报了30次大小地震（表6）。这充分表明地震是可以预报的。

（2）令人万分遗憾的是，本该准确预报出的唐山大地震，却成了预测到了却没有预报的大地震。半年前至3个月、22天、21天、14天、12天、6天、2天17小时、11小时直至9小时前都有唐山地区的部门和个人相继向国家地震局紧急报告，要求预报。但是，地震局领导和专家就是不预报。结果，1976年7月28日发生了7.8级大地震，造成24.2万人死亡的惨祸。

（3）国家地震局的主要工作是为抗震服务。烈度区划、地震动参数分区、地震危险性评估等都是为抗震设计服务的。所谓地震预报，也是沿袭西方国家的地震波预报地震。周总理指示成立国家地震局的初衷，主要是预报地震。他们早已偏离了这个方向。

（4）正确的地震预报研究方向应当如下。

①以地质力学理论为基础，以活动构造体系及其活动断裂为重点，结合历史地震，圈定重点地区，进行中长期地震预测。

②对所有可能在中期、近期发震的活动断裂进行地应力监测，建立地应力监测网站，以现今区域构造应力场分析确定应力集中地段、部位，结合大地形变、地电、地磁和小震群分布，进行近期预测。

③以地应力监测为主，结合地形变、地磁、地电、地下水位及其水温和微量元素变化、动物异常反应等前兆现象，并结合地震台网的震群分析，进行临震预报。

总而言之，地震是可以预报的。问题在于国家地震局必须从根本上改变地震预报的指导思想，改变地震局一家独揽的局面，调动整个地质学界广泛参与，恢复群众预报网站进行群测、群防。相信地震预报将首先在中国实现。

表6　1975年至2001年之间26次地震预报实例

序号	名称	发震时间	震级	预测依据	预测预报情况
1	辽宁海城	1975.2.4	7.3	前震、变形、流体	准确预测、发布预报,减轻损失
2	河北唐山	1976.7.28	7.8	地磁、地电、地应力、井水位、水氡	准确预测、未发预报,损失惨重
3	云南龙陵	1976.5.26	7.3,7.4	前震、流体、地应力、地形变、地磁	准确预测、发布预报,减轻损失
4	四川松潘平武	1976.5.26	7.2	前震、宏观、流体、形变、地磁	准确预测、发布预报,减轻损失
5	四川盐源	1976.11.7	6.7	前震、流体、形变、宏观、重力	准确预测、发布预报,减轻损失
6	四川甘孜	1982.6.12	6.0	前震、电磁、流体	准确预测、发布预报,减少损失
7	新疆乌恰	1985.5.13	6.8		
8	四川巴塘	1989.5.13	5.4,6.4,6.3		
9	北京昌平	1990.9.20	4.0	前震、流体、形变、地磁	准确预测,为稳定社会起了重要作用
10	青海共和	1994.2.16	5.8	前震、流体、地磁、地温、应力	准确预测、政府通报,取得一定社会、经济效益
11	云南孟连	1995.7.10、7.12	6.2,7.3	前震、流体、形变、地磁	
12	四川白玉巴塘	1996.12.21	5.5	水温、(N_2),CO_2、压容应力、地磁、地电、地倾斜	准确预报,受到国家地震局通报表彰
13	云南景洪、江城	1997.1.25,1997.1.30	5.1,5.5	前震、地震窗、波速比、水氡、水温、水位	准确预测,向省政府报告
14	新疆伽师	1997.2.21、4.6,1997.4.13、4.16	5.0、6.3,6.4,5.5,6.3	地震序列参数(h、b值)、地倾斜、应变、地磁、加卸载响应比	准确预测,政府预报,受到国家地震局和自治区人民政府的表彰和奖励
15	河北宣化张家口	1997.5.2	4.2	前震、水氡、水位、水汞、形变、地磁辐地电、体应变	较好预测,向中办和国办反映情况
16	福建连城永安	1997.5.31	5.2	前兆震群	3个星期前向当地政府报告
17	西藏巴宿	1997.8.9	5.2	前兆震群	1个月前向自治区和地区政府报告
18	西藏申扎谢通门	1998.8.25	6.0	地质构造、地震序列	1月前作出短期预测,通报当地政府,取得减灾实效
19	云南宁蒗	1998.10.2	5.3	地震序列、地下水、地温、形变、地磁	半个月前预测,向政府通报取得显著减灾实效
20	辽宁岫岩-海城	1999.11.29	5.4	地震序列	震前2日向省政府通报,减灾实效显著,受到国家地震局和省政府的表彰
21	云南姚安	2000.1.15	6.5	地震活动、宏观、形变、电磁	3个月前预测并向政府报告
22	云南丘北-弥勒	2000.10.7	5.5	地震序列、水位、水氡、电磁	震前提出准确预测
23	甘肃景泰-白银	2000.6.6	5.6	形变、重力、地震活动	2个月前提出预测
24	青海兴海-玛多	2000.9.12	6.6	地震活动、形变、电磁	震前向当地政府通报中短期预测意见
25	云南施甸	2001.4.10,2001.4.12	5.2,5.9	地震活动、序列、流体	准确预测、政府及时预报,取得重大社会效益
26	云南永胜	2001.10.27	6.0	地震活动、序列、流体	准确预测、政府安排,减少损失
27	新疆巴楚—伽师	2003	6.8		
28	云南大姚	2003	6.1		
29	甘肃山丹—民乐	2003	6.1		
30	云南宁洱	2007	6.4		

注:引自长安大学孙建中教授。

7.5 预报是长期的战略任务,抗震才是根本措施

纵观世界上近年发生的7级以上大地震,美国和日本的人员伤亡仅以几十、几百人计,而在我国则以万计。为什么?很简单的道理——我们的房子不抗震。我国地震灾害损失远比发达国家严重的根本原因是房屋的抗震性能太差。我们的问题并不在是否预报成功,那是要经过几代人才能解决的战略任务,当务之急是做好抗震设防。

要做好抗震设防工作,需要理论界作深入的震害地质研究和地震工程研究,更需要工程勘察和工程设计人员密切配合,在深入、全面的地震工程地质工作的基础上,做好环境抗震和结构抗震设计,真正做到:大震不倒,中震可修,小震不坏。

参考文献

范士凯,栗怡然.砂土液化的工程地质判别法[J].资源环境与工程,2006,20(s1):595-600.

范士凯.地震小区划的工程地质—地震工程准则及实例分析[J].资源环境与工程,2006,20(s1):601-607.

蒋溥,戴丽思.工程地震学概论[M].北京:地震出版社,1993.

刘玉海,陈志新,倪万魁.地震工程地质学[M].北京:地震出版社,1998.

王钟琦,谢君斐,石兆吉,等.地震工程地质导论[M].北京:地震出版社,1983.

砂土液化的工程地质判别法

范士凯　栗怡然

摘　要：本文以唐山地震区砂土液化的实际分布为依据，找出砂土液化分布与“地貌单元、地层时代和地层组合”的密切联系，在深入分析这些地质因素与液化机理之间的关系的基础上，提出了以地貌单元、地层时代和地震烈度相对应的砂土液化与非液化的“工程地质判别法”，进而指出“更新世 Q_3 及以前的饱和砂层为非液化砂层”的重要结论。这个结论已被认作是普遍规律而纳入我国建筑抗震规范。本文曾在1986年阿根廷国际工程地质大会上受到好评。

关键词：地貌单元；地层时代；地震烈度；控制砂土液化分布；Q_3 及以前的饱和砂层为非液化砂层

0　引　言

饱和砂土在地震作用下的液化问题，近十几年国内外发表了大量有关液化机理和判别方法等研究成果，说明这一问题的研究已比较广泛和深入。目前，国内外评价砂土液化可能性的方法，基本上可分为2大类：①剪应力比较法，即将计算的场地地震剪应力与室内测定的砂土抗液化剪应力对比的方法（包括地震反应分析法和西特的简化法等），属于直接模拟或简化模拟动力条件和砂土动力特性的方法；②经验法，是根据已受地震后的液化砂层和非液化砂层，某些与液化影响因素直接或间接有关的指标，进行统计分析，取得某些临界指标或判别式，用于判别未知区的方法（如古本喜一判别式和我国建筑抗震设计规范的公式等都属此类）。第1类方法，虽然较能反映液化机理，但由于试样的取得或制备有较大的人为因素，很难符合天然条件，因而也就很难求得符合实际的抗液化剪应力；另外场地地震剪应力也很难求得，所以难于应用。第2类方法中，也存在着某些试验观测值（如 $N_{63.5}$）精度差、离散性大的问题，在判别式中又选用了一些难以确定的因子（如古本喜一法中的震中距、地面震动历时等），都影响判别精度。

上述2类方法共同存在三方面缺陷：①没有重视和充分利用区域地貌及第四纪地质特征同砂土液化的区域规律相对照，不能根据地质条件对统计母体作严格的划分和对各种参数及原始数据进行地质-数学的筛选，结果造成判别精度不高；②为了符合综合判别的原则，在判别式中，引入某些很难确定的参数（这类参数有时在公式中又显得很重要），或引入与液化机理无联系和对液化没有控制作用的因子，结果反而降低了判别的精度；③两类方法（实质上都是土工学方法）都必须进行勘探原位测试和室内试验后才能应用，因而在区域规划、选场或初勘阶段难以迅速作出结论，而在详勘阶段又因带有较大的盲目性而导致勘探、测试、试验工作量加大，往往还是事倍功半。

大量的震害地质调查证实，饱和砂土地震液化的空间分布明显受地貌单元（包括成因类型），尤其是地层时代的控制。它充分表明了地质条件与砂土液化的关系非常密切。为此，本文根据唐山地震区并参照邢台、海城地震区的勘察资料，着重分析了地质条件与砂土液化的关系，尤其是液化

区与非液化区分布的地貌-地质规律以及这些条件与液化机理的直接或间接联系。在此基础上建立了"工程地质判别法"，其中包括运用数学地质的多元统计分析方法，以定性的地质因素为变量的二态变量判别式。同时，根据邢台、海城、唐山等震后砂土液化的实际规律和分析，提出了晚更新世(Q_3)及其以前的砂层为非液化层的论断。工程地质判别法强调首先运用已有的区域地貌及第四纪地质研究成果，进行必要的现场地质调查分析或少量勘探工程即可判别。这种方法，在进行区域规划、选场或初勘时可作为主要方法。如果再附加某些局部的控制性地质因素(如地下水位深度界线值或覆盖土层界值等)并与定量指标的判别方法配合使用，进行 2 步判别，即可大量节省勘探试验工作量，又能提高判别精度。恰当地使用此法，将会收到较大的技术经济效益。

1　地质条件与砂土液化的关系

1.1　我国近年来几次大地震的砂土液化区域分布规律

我们根据邢台、海城和唐山地震后关于砂土液化的文献资料和对邢台、唐山震区实地考察的认识，并对照地质和地理研究部门有关上述震区的区域地貌及第四纪地质资料，发现砂土液化的区域分布规律明显受地层时代、地貌单元(包括成因类型)的控制，充分表明了砂土液化与地质条件的关系非常密切(表 1)。

表 1　我国三次大地震砂土液化地质条件

震区名称	液化区的地质条件		喷水冒砂分布特点
	地貌、成因类型	地层时代	
邢　台	河流的河床及漫滩 近代的湖沼洼地 古河道	Q_4一新 或 Q_4	条带状分布 成片分布 条带状分布
海城※	河流的一级阶地及漫滩 牛轭湖沙坝、湖沼洼地 近代冲积海积平原	Q_4一新 或 Q_4	条带状分布 成片分布 条带状分布
唐　山	河流的一级阶地及漫滩 古河道 湖沼洼地、冲积海积平原	Q_4一新 或 Q_4	条带状分布 成片分布 条带状分布

注：※液化严重区为近一万年海退之地，盘锦的绝对年龄为 5240±125 年。

特别要指出的是，在对邢台、唐山震区通过实地调查，并对海城震区进行分析以后，可以得到一条重要结论：即迄今所发现的液化砂层都属于第四纪全新世(Q_4)地层，尤其是其中的新近沉积层(Q_4一新)。而晚更新世(Q_3)及以前的砂层没有发现液化层。以唐山震区为例，据大量勘探测试和震区调查表明，在更新世地层分布区(大部分都在 9°～11°区)，即使在烈度为 11°的极震区、地下水位很浅、覆盖土层很薄的情况下，晚更新世(Q_3)砂层也没发生液化。邢台及海城震区的情况也类似。当然，在大片的更新世地层分布区域上也出现了局部的液化点，但进行实际调查和分析 结果证实，这些液化点的砂层都不属于更新世地层本身，而是自然的或人工的"后生作用"的产物。如古河道、后成河谷中的漫滩和一级阶地；或局部因地壳沉降而形成的近代湖沼洼地；或者是人工取砂坑回填部分、采空区塌陷积水坑周围被松动部分;等等。把这些实际存在的规律经过下述的影响砂土液化的各种因素分析之后,就可以从实际规律上升到理论,而得出晚更新世(Q_3)及其以前的古老砂层为非液化砂层的结论。

1.2 影响砂土液化的各种因素分析

为了从理论上解释砂土液化与地质条件的关系,我们试从液化的基本原理出发,把砂层的地质条件、土质学特征与力学性质的关系以及影响液化的外因等综合分析如下。

目前国内外用来解决砂土液化现象的基本公式:

$$\tau=(\sigma-u)\cdot\tan\varphi \quad 或 \quad \tau=c+(\sigma-u)\cdot\tan\varphi$$

式中:τ——有效抗剪强度;

σ——法向总应力;

u——孔隙水压力;

φ——有效内摩擦角;

c——凝聚力。

我们认为应当采用后一公式比较能够概括砂层的特性(特别是结构特性)。砂土液化是个复杂的非线性问题,而此式是个线性表达式,但也可以直接地解决砂土液化的基本原理和各种因素之间的关系,试将该式列成2个分析图式(图1、图2)。

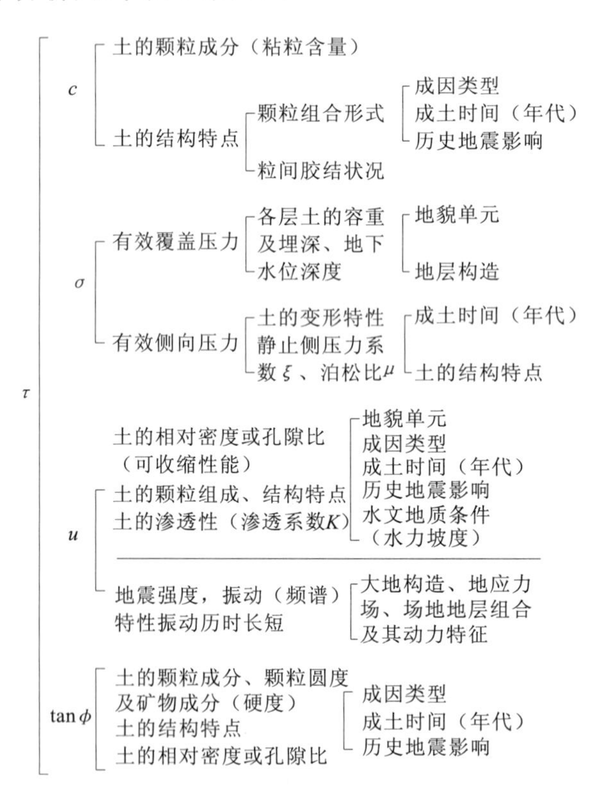

图1 砂土有效抗剪强度的参数与土质特征、地质条件的关系

从图1、图2中可见,影响砂土液化势(即有效抗剪强度的大小)的因素是错综复杂的。但也不难看出,砂土的力学特性虽由多种土质特性因素所决定,但都可归结为比较简单的地质条件因素。尤其是在一定的外因条件下,砂土的相对密度 Dr 或孔隙比 e、砂土的结构特征(特别是胶结情况)以及历史地震作用是诸因素中的重要因素,其他因素作用的大小则受它们的变化限制。而这几个

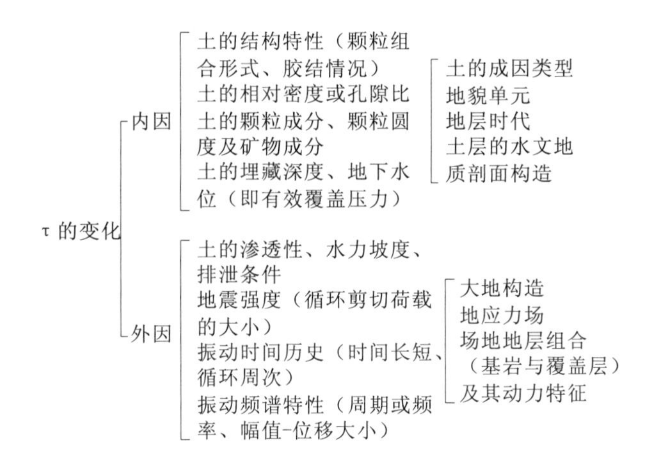

图2　砂土的有效抗剪强度变化内外在制约关系

因素则与地质条件(地貌单元、成因类型、成土时代等)有着良好的对应性。因而,我们就有可能根据地质条件的差别和它的时空界线找出砂土液化(与非液化)的阈限。从表1也可证明这个时空阈限是客观存在的。

1.3　地貌、第四纪地质条件对砂土液化空间分布的影响

从砂土液化的影响因素分析,我们进一步用以下2个原则来解决砂土液化的空间分布规律。

1)地层时代的影响

众所周知,地层时代对各类土层来说,意味着成土作用的历史,因而也就决定着土的固结程度、密度、结构特征(胶结情况)等物理特性和相应的力学性质。同一时代的同类土层往往具有相似的物理力学特性,这已被大量资料所证实;另一方面,不同的地层时代之间又包含着沉积间断期的复杂作用,如风化壳的形成、化学沉积和胶结作用以及历史地震活动(主要是主震前后的很多次小震,以万年计的地质时期中往往发生过几十次大地震)等,这些成岩作用往往造成不同时代的地层之间存在着物理、力学性质的显著差别,其中尤以力学性质显著,其相差的数量级常以倍数计。对砂土来说,主要表现在相对密度和结构特性的差别显著,因而抗液化性能也必然有显著差别。也就是说,地层时代愈老愈难液化,而不同时代之间的界线(间断)又使抗液化性能有显著变化,甚至成为液化不可逾越的阈限。如晚更新世(Q_3)砂层之所以能在11°强震区内都不液化,显然是由于成土年代久远,如华北地区Q_3地层绝对年龄一般为2万年至37万年以上,而Q_4则在1.2万年以内,其间又可能经历上百次或几百次强震。因而Q_2砂土的相对密度和结构强度及结构稳定性都远远大于Q_4砂土,所以Q_3砂层在地震剪应力作用下孔隙水压力(u)的上长虹是有限的,同时由于c值较大,所以残余抗剪强度不可能变为零,也就无法产生液化。这就是晚更新世(Q_3)及以前的砂层为非液化砂层的根本原因。

根据这一原理,可以确切地解释唐山或海城震区砂土液化空间分布的某些反常现象。如唐山震区,大片的液化区都分布在7°～9°区,10°区很零星,11°区则极少。对照区域第四纪地质图并经勘察核实证明,7°～9°区正是大片的全新世(Q_4或Q_4一新)地层分布区,而10°～11°区大部分属晚更新世(Q_3)地层;另外,唐山震区液化深度也出现9°区小于7°或8°区的现象,通过钻孔资料分析对比,发现7°或8°区非液化的Q_3砂层埋藏深度很大,而9°区则埋藏很浅。可见,从地质条件来分析,这些并非反常现象。

2)地貌单元的影响

地貌单元不但明确反映了地层的成因类型，同时在某一特定区域内也对应着一定的地质时代。因而一般来说，地貌单元加上地层时代就可以概括地反映某种土层的基本相似的物理力学特征的一般规律。也就是说：相同地貌单元上同一时代的土层，往往具有相似的物理、力学特征；而不同地貌单元上的不同时代的土层之间，其物理、力学特征则往往有着显著差别。这个原理也完全可以应用于砂土液化的判别。

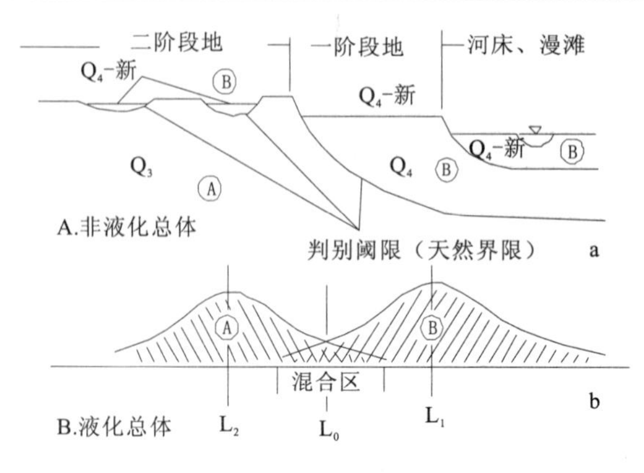

a与按各种观测值的统计判别法b的比较

图3　工程地质判别法

另一方面，不同的地貌单元（包括微地貌）之间，在平面上和剖面上都存在着确定的界线（面）的。如冲积平原和洪积扇之间或河流的各阶地之间的界线（面）是内送式接触或上叠式接触，这就把界线（面）两边（上下）分成2个有显著差别的单元体，往往也是2个不同时代的单元体。对于砂土液化而言，有可能就是液化与非液化的两个不同的总体，而其间的界线（面）便是液化层的阈限（图3）。

通过上述分析，可见地质因素对液化是起决定性作用的，而地震烈度作为外因是通过地质因素才能起作用的。我们以上述认识为基本原则，以唐山震区的实际材料为基本依据，建立了砂土液化的工程地质判别法。

2　砂土液化的工程地质判别法要点

如前所述，所谓工程地质判别法，就是从地质条件控制砂土液化区域分布规律的观点出发，按工程地质工作的程序，在准确查明饱和砂土层所处的地貌单元（包括成因类型）、所属的地层时代等地质条件和地震烈度区的基础上，运用数学地质的多元统计分析，以定性的地质因素为变量的二态变量判别式（或图表）来预测液化、非液化或可能液化的定性方法（图4）。具体可概括为如下要点。

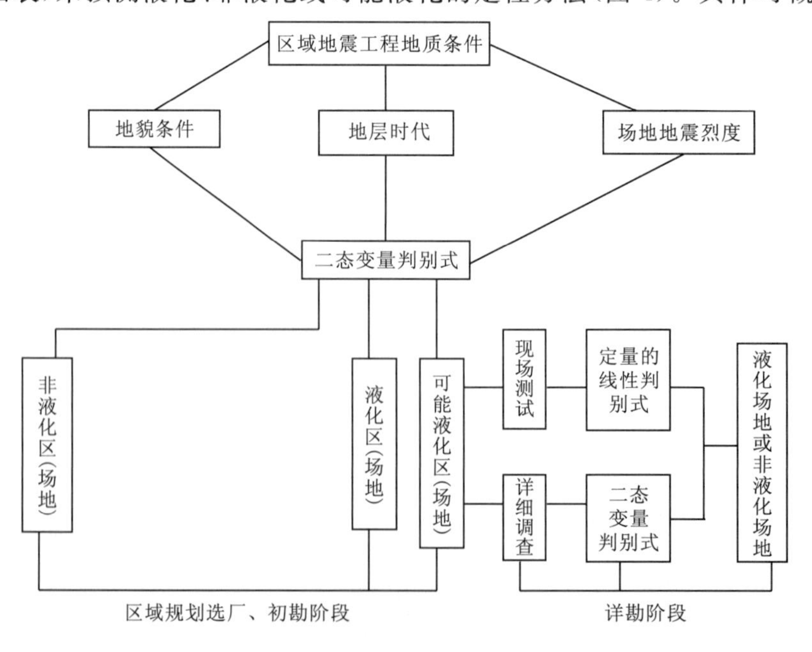

图4　砂土地液化的工程地质判别法原理及程序方框图

2.1 遵循工程地质工作程序

在工作阶段上对应于区域规划、选场或初勘和详勘阶段采取2步判别步骤(图4);在具体工作时遵循由区域到场(由面到点)和由定性到定量的原则。也就是随着勘察程度的深入,逐步解决较大范围乃至场地的定性到定量的判别问题。

2.2 对区域地震工程地质条件进行调查

首先是尽量收集已有的区域性资料,在此基础上进行现场踏勘、调查,查明地貌单元(及成因类型)的分布情况、地层时代(系指相对的地质时代划分)和烈度区划以及该区历史地震的震害资料。这一步工作是工程地质法的基础和判别准确与否的前提。一般情况下,我国各大平原区都有大量的第四纪地质研究或区测资料,因此,在不花费大量时间和人力的情况下,达到这方面要求是不困难的。

2.3 用二态变量判别式判别

在很多情况下,地质对象是可以用二态变量来描述的。所谓二态,就是指2种状态 ,如某种地质因素的有或无、是或非,某种地质现象发生或不发生;等等。在数学地质的多元统计分析中,为了进行判别(分类),往往将一些定性的地质因素用二态描述其变化,通常用0与1表示(即0表示无,1表示有)并作为变量来进行判别分析。这种判别分析法也采用线性判别函数式:

$$R_i = \lambda_1 X_1 + \lambda_2 X_2 + \cdots + \lambda_P X_P$$
$$= \sum_{i=1}^{P} \lambda_i X_i \qquad (i = 1,2,3,\cdots,P)$$

式中:R_i——判别函数值;

X_i——地质变量;

λ_i——变量系数。

所不同的是,这种方法是用迭代法求得各变量的系数,并且以$R_c=0$为判别临界值。具体应用到砂土液化判别上,就是研究已知区分类(如规定非液化属A类,液化属B类)的基础上,区分出"非液化"(A类)与"液化(B类)两总体。在选定了控制砂土液化的定性的地质因素作为二态变量后,按各变量在两总体中的反应情况,分别取得若干有代表性的子样。这样,就由2类(A类或B类)对各变量有不同反应(0或1)组合的若干子样按一定顺序排列成数表(原始矩阵),然后用迭代法求解待定系数λ_i,便建立二态变量判别函数式。

按照上述原理,我们根据唐山震区砂土液化资料与地貌、第四纪地质为选取变量而经过多种方案对比,最后选用地貌单元(包括成因类型)、地层时代和地震烈度这三大项因素的13个变量,以唐山震区的实际材料为已知区选取子样进行二态变量判别分析。经过对原始矩阵采用训练迭代法和首次采用松弛法2种迭代方法求解出各个变量的系数值λ_i(表2)。

应用判别函数式进行判别时,只要把场地或区域的地貌单元及成因类型确定后,对照判别式中的各变量,属于某一变量者反应为1,不属于者反应为0,将各变量的系数λ_i和变量X_i代入线性判别函数式,然后得出函数值R_{io}所得R_i值大于0时为非液化,小于0时为液化。例如:某场地所在地貌单元及成因类型为山前冲洪积平原(X_i),地层时代为Q_3(X_7),地震烈度为10°(X_{13})。这几个变量,连同伪变量(X_{14})在判别函数式中反应均为1,其余各变量反应均为0,将线性判别函数式中$\lambda_i X_i=0$的项舍去,于是采用训练迭代法求解:

$$R_i = \lambda_1 X_1 + \lambda_7 X_7 + \lambda_{13} X_{13} + \lambda_{14} X_{14}$$
$$= 3\times1+5\times1-4\times1-1\times1$$
$$=3$$

即 $$R_i = 3 > R_c = 0$$

∴为非液化场地

采用松弛法求解：

$$R_i = \lambda_1 X_1 + \lambda_7 X_7 + \lambda_{13} X_{13} + \lambda_{14} X_{14}$$
$$= 1.5\times1+2.375\times1-0.086\times1-1.120\times1$$
$$=2.669$$

即 $$R_i = 2.669 > R_c = 0$$

∴为非液化场地

两个判别函数式的判别结果是一样的。

但是训练迭代法与松弛法相比，后者不但在建立判别函数式求解变量系数 λ_i 时容易收敛，迅速求得理想的判别函数式，而且由于各变量系数是小数解，判别时所计算的函数值 R_i 与临界值 R_c 相比较易看出 R_i 距 R_c 之差值大小，分辨出判别结果的可靠程度。一般地说，如果所得的 R_i 值很接近 R_c 值（如＜0.1），就不宜仅据此公式立即下结论，可初定为“可能液化的场地”，通过进一步勘察，结合其他方法来综合判断。

表2　二态变量判别式变量的含义及系数

变量 X	变量的系数 λ_i 值		项目	地质因素名称	
	训练迭代法	松弛法			
X_1	3	1.5000	地貌成因单元类型	山前冲积平原Ⅰ	①
X_2	3	0.885		洪积冲积平原Ⅱ	②
X_3	−1	0.607		冲积平原（三角洲）Ⅲ	③
X_4	−2	0.487		冲积海积平原Ⅳ	④
X_5	−2	0.212		河流一级阶地	⑤
X_6	−2	0.189		古河道、河漫滩、湖沼洼地	⑥
X_7	5	2.375	地层时代	晚更新世（Q_3）及其以前	
X_8	−1	−0.225		全新世（Q_4）	⑦
X_9	−5	−1.271		全新世新近沉积（Q_4—新）	⑧
X_{10}	5	1.156	地震烈度	7°区	
X_{11}	1	0.561		8°区	
X_{12}	−3	0.249		9°区	
X_{13}	−4	−0.086		10°区	
X_{14}	−1	−1.120	伪变量	无地质意义	⑨

为了使用更加简便，根据最常见的各类因素组合的一般情况，用二态变量判别式验算得砂土液化判别简化图表（表3）。当所判对象的各因素（变量）组合完全符合表中的某种组合时，便可直接

按表3查对来判别。而当所判对象的各因素组合没有包含在表3中，则仍须用判别函数式进行验算来判别。

表3 砂土液化简化判别表

地质条件＼烈度	7°	8°	9°	10°
山前冲洪积平原或洪积冲积平原(Q_3)	非液化	非液化	非液化	非液化
洪积冲积平原(Q_4)	〃	〃	液化	液化
冲积平原(Q_4)	〃	液化	〃	〃
一级阶地(Q_4)	〃	〃	〃	〃
冲积海积平原(Q_4—新)	液化	〃	〃	〃
一级阶地(Q_4—新)	〃	〃	〃	〃
古河道、河漫滩、湖沼洼地(Q_4—新)	〃	〃	〃	〃

以上便是工程地质判别法的要点。显然，此法的关键在于对地质条件因素的深入调查和准确鉴定，同时要坚持阶段性（两步判别）和综合性（辅以其他方法）的原则。这一点解决得好，就可以达到较高的判别精度。当然，此点也正好成为这种方法的缺陷，因为一个场地的地貌、地质年代的准确划分并不容易，但是随着我国区域地貌和第四纪地质工作的不断深入，资料会愈加丰富，精度也将日益提高，此法的应用效果也将愈来愈好。

3 工程地质判别法与一般线性判别的比较

虽然工程地质判别法中的二态变量判别式也是线性函数式，但此法的思路和原理与一般线性函数式判别法相比，有着明显区别。图3可概括表示这些区别：①一般线性判别式是用某些点（土中的微观单元体）的特性指标进行判别（分类），其结果仍是对点（微单元体）作出判断，也就是以一定数量的点综合来判别；而工程地质判别法则是用控制液化的地质因素组合对空间地质体进行判别（分类）。两者同是定性，但判别对象一是微单元体，一是空间地质体，而且步骤方法明显不同。②一般线性判别的临界值是通过概率统计求得的，而工程地质法的临界值是以天然阈限为依据确定的。前者是数学处理的结果，后者则以实际情况来确定。前者在概率统计过程中液化总体与非液化总体两者之间存在着混合区，即在临界线两侧仍有两总体的过渡，而后者的临界值所代表的是客观存在的天然界面（侵蚀—堆积结构面或堆积结构面），它不需用数学处理而用实际勘察即能找到。

正像线性判别法往往由于数据的精度和离散性的影响，而只能达到一定的判别成功率一样，工程地质法也不可能把一切影响液化的因素都包含在内，而会出现例外。比如，在用二态变量判别式定为“液化”的 Q_4^{al} 或 $Q_{4-新}^{al}$ 地质体中有以下几种情况是不液化的：①地下水位超过一定深度；②非液化粘性土覆盖层厚度大于一定数值；③饱和砂土与粘性土互层频繁且砂层过薄等情况。这些数据都需要进一步调查、分析统计。这是在应用工程地质法时要特别注意的。也说明此法有进一步探讨的必要性。如果对此类局部性地质因素的影响规律取得明确的结论，工程地质法就不仅可以解决规划选场和初勘的问题，而且可以在详勘中应用。

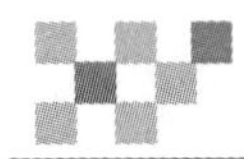

4 工程地质判别法的实际应用检验

我们把唐山地震砂土液化现场勘察资料汇编中的除 11°区外的 113 个点的资料用训练迭代法或松弛法进行判别，结果有 108 个点的判别结论与实际情况一致，成功率达 95%以上。再对照邢台和海城震区的已有资料，也得到类似结果。说明此法适用于广大的冲积平原区。也对照了宁夏银川市区砂土液化的有关资料，发现也有极相似的规律，说明此法也适用于类似黄河河套平原那样较小的平原区。

为了扩展此法的应有范围，也对淮北平原的童亭、临涣、海孜及朱仙庄矿区一带进行了调查分析。据合肥工业大学刘嘉龙的研究资料，淮北平原（洪积冲积平原）普遍有一层埋深在 7～8m 以下的饱和粉细砂，砂层中曾发现古灵齿象化石和大量丽蚌化石，其时代定为晚更新世（Q_3）。另据现场调查，发现砂层的上覆粘性土层除表层外普遍含有铁锰结核和钙质结核层，颜色呈棕黄色，且土的孔隙比较小，强度较高，压缩性较低，从这些特征也说明属于老粘性土（Q_3 以前）。为此，根据工程地质判别法可将淮北平原属于此类的砂层（近淮河两岸的一级阶地除外）定为非液化砂层。从童亭、临涣煤矿工程地质勘察资料中的标准贯入和静力触探资料（$N_{63.5}$ 值多大于 20，P_S 值大多在 150～250kg/cm^2 之间）均可证明场地砂层为非液化砂层。可见此法同样可用于淮北平原。证明了地质因素控制液化的普遍性。

5 结　语

工程地质判别法虽已初步用于上述几个平原区，但因时间尚短，未经更广泛的验证，还不是很成熟，有待进一步证验、发展和完善。但它与现行的其他方法相比，首先是具有可用于规划选场或初勘的阶段，不但可以大量节省勘探工作，更能符合基建程序的要求。

参考文献

杜恒俭，陈华慧，曹伯勋. 地貌学及第四纪地质学[M]. 北京：地质出版社，1981.

地震小区划的工程地质-地震工程准则及实例分析

范士凯

摘　要：本文以工程地质研究为主线，在区域稳定性评价的前提下，以地质条件的基本要素——地貌单元、地层时代和地层岩相组合为基础，建立地层岩相及其波速特征概化的地质模型，并进行工程地质区段划分，进而作地震反应分析并得出地面运动特征和地地震反应谱，同时以地貌-地层岩相组合判断砂土液化及其他地震效应的分布。这套工作程序和方法就是地震小区划的"工程地质-地震工程准则"。文中还以"焦作—鹤壁矿区地震工程地质研究及小区划"为例，具体说明了这一准则的可行性。本文曾在1986年意大利(巴里)地震工程地质国际会议上受到好评。

关键词：区域稳定；地貌；年代；岩相和波速特征；地质-波速模型；地震反应谱

0　引　言

多年来，在进行地震区划研究时人们将注意力集中在地质环境和地震效应的相关性研究方面。越来越多的工程地质学家和工程师致力于地震反应和地震小区划的调查研究，并得出工程地质和地震工程间存在着密切联系及相互作用的新观点，因此一个新的学科分支——地震工程地质学随之诞生。本文提出了地震区划的简易地震工程地质学区划准则，并给出一些解释。

1　地震小区划的区域稳定性评价

工程地质学中区域稳定性评价服务于工程建设。其主要任务是评价地壳的区域稳定性，特别是地震活动性，及预测工程使用年限内(通常为100年)的地表沉降、倾斜及地震活动的规律性。

为了确保各种工程建筑物在未来地震及可能的震中位置能抵抗地震破坏，需要制订一个抗震规划，给出在未来100年内可能发生的震动和最大震级，而不是预测地震发生时间。

因为区域稳定性研究的目的是预测地震活动性，因此历史地震活动情况和地震构造情况的研究理论和方法也要应用于区域稳定性的研究中。

笔者强调两个方面：一方面为基本分析，包括区域地震的基本特征(时间、距离、震级、烈度、频率)和地震地质背景(地壳构造、新构造运动、地球物理场、新构造应力场)分析；另一方面为定量计算，包括运用有限元数值模拟方法计算新应力场。

这两方面的结果能为地震预报提供潜在震中、震级和烈度场，并通过综合分析确定未来100年内潜在发生地震的参数，并用于地震反应分析。

2　地质条件是地震反应的一个重要控制因素

地质条件是指受地质单元及地层年代确定的岩相组合特征。地貌、地层年代和岩性组合3个方面将反映出任一区域的规律性，因此工程地质学家们强调运用它们来划分地质单元的重要性，并视其为工程地质特征评价的基础。同样，也适用于地震特征研究，例如波阻抗、液化阻尼行为、地震断层和地裂等。大量结果为此提供许多证据。我们得出下列认识。

2.1 地貌-年代-岩相和波速特征

沉积环境依赖于地貌单元反映的沉积物组成特征、沉积规律、厚度和成层现象、相似性等。另一方面，沉积年代又决定了沉积物的固结度、密度和结构特征。两者联合决定了波速特征和波阻抗。

为避免现场波速测试，人们在各类波速的系统统计方面作了大量研究，例如研究动力触探锤击数 N 或其他物理力学参数与波速间、波速与深度间的相互关系。然而，迄今为止仍然没有得到一个具有广泛代表性的统计结果，其重要原因在于忽视了地层年代和相应的地质体间的控制关系。

笔者认为当波穿过地表到达基岩面时速度随深度的增加而并非呈线性关系，且波速也并非呈指数函数形式变化，而这些仅在相同地层年代的岩相组合中才是正确的。在不同地质年代的交界面处波速急剧增加是非常重要的(图 1)。值得指出的是波速随深度的变化主要出现在沉积年代较新的(如全新世)未固结或正常固结土层中，而在近地表这个趋势并不明显(图 1c、d)。如图 1 中 a、b 所示，在 20～30m 与 5～6m 深度处的 Q_2 红粘土中观测到相同的波速。

因此，在区划时当分析速度的变化而又缺少可利用的波速资料时，应将地貌单元、地层时代和岩相组合作为统计单元。

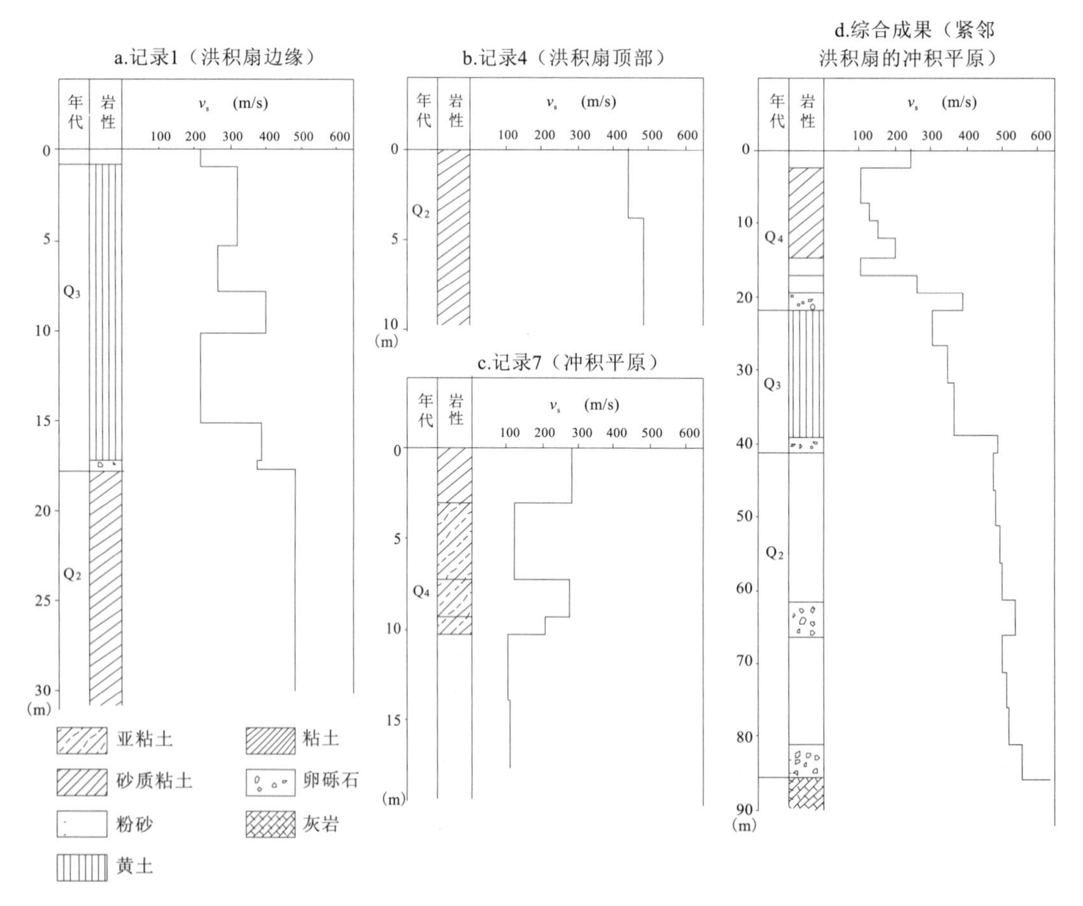

图 1 不同地质年代土层中剪切波波速变化曲线

2.2 地貌-年代-岩相和地表运动特征

地貌、年代和岩相不仅控制着波速的变化，同样也控制着不同地质体的组合关系、沉积规律及厚度特征。在不同地质单元中的波阻抗（$\rho \cdot v_s$）及其变化也是相异的。当然，地表运动特征、反应谱、最大加速度及位移、振动时间等也表现出相当大的差异。虽然这些特征依赖于震级、震中距和震源机制，但是通过对大量地震破坏和地震反应进行分析表明地表运动变化的主要控制因素仍然是不同单元的地质体特征。

在此以焦作矿区为对象进行分析。如图 2 所示，不同的地貌-地质部位间的加速度反应谱表现出很大的不同。

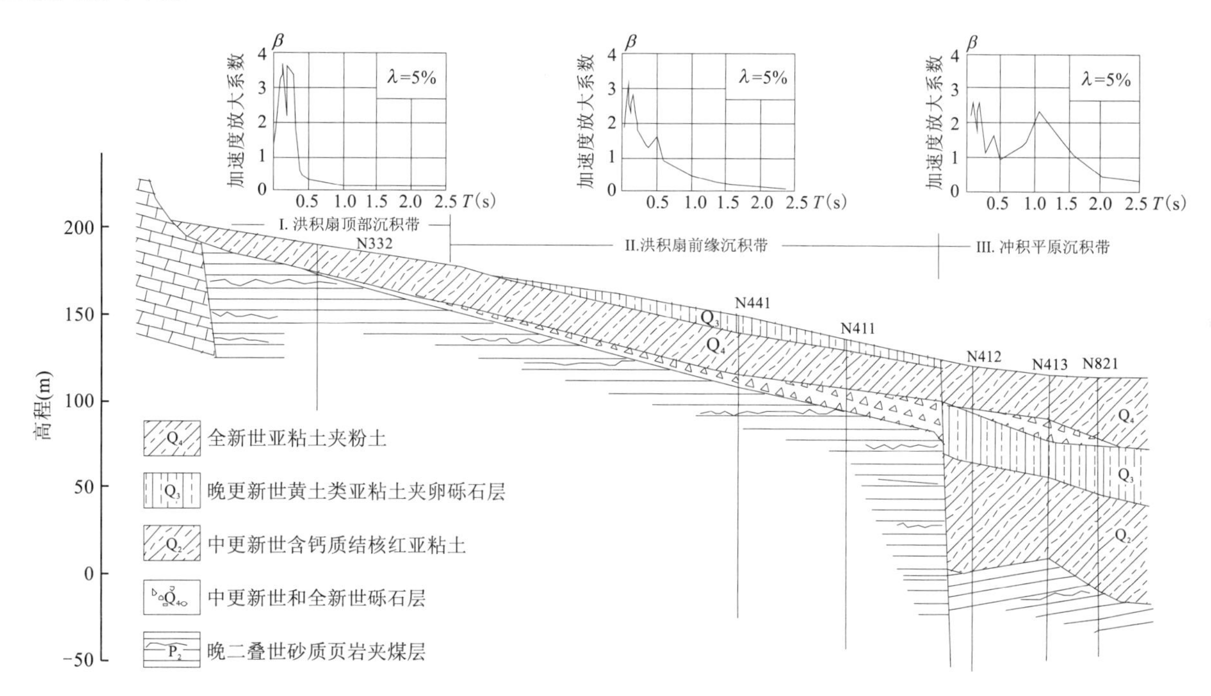

图 2 焦作矿山西部地形地质剖面图和地震效应特征

2.3 地貌-年代-岩相和砂土液化

通过分析唐山地震（1976）、邢台（1966）和海城（1975）地震中砂土液化的分布，可以发现其空间分布完全取决于地貌单元和地震烈度，特别是地层年代。迄今为止还没有在上更新世（Q_3）及更老年代的饱和砂层和唐山的高烈度（11°）区的饱和砂层中发现砂土液化现象。如表 1 所示，在高于 7°烈度沉积区的饱和砂层中存在砂土液化。其原因在于不同的岩相组合依赖于地貌成因，且不同年代砂层的固结、结构排列和粘性不同导致其剪切强度存在很大的差异。

为了进行场地分区和选址，我们建立了工程地质判据进行砂土液化判断。该方法给出了与地貌单元及其成因类型、地层年代和地震烈度等有关的 13 个定性地质变量。另外，还需将所讨论场地的 3 个因素有关的二态变量（液化和非液化）当作多元素统计分析样本，表达式如下。

$$R_i = \sum_{i=1}^{p} \lambda_i X_i \qquad (i = 1,2,3,\cdots,p)$$

式中：R_i——判别函数值；

X_i——地质变量；

λ_i——变量系数。

表 1 砂土液化分布

地质背景 \ 地震烈度	7°	8°	9°	10°
山前冲积或洪积平原(Q_3)	不液化	不液化	不液化	不液化
洪积或冲积平原(Q_4)	不液化	不液化	液化	液化
冲积平原(Q_4)	不液化	液化	液化	液化
一级阶地(Q_4)	不液化	液化	液化	液化
冲积海积平原(Q_4)	液化	液化	液化	液化
一级阶地上(Q_4)	液化	液化	液化	液化
老冲沟、河漫滩、湖泊沼泽地凹地(Q_4)	液化	液化	液化	液化

表 2 中列出了当判别函数的临界值 $R_c=0$ 时的一系列变量及其隐含式和变量系数值(可通过代入法求得)。

为了进行判别,应确定所选场地或区域的地貌单元、成因类型、地质年代和地震烈度。然后,令 $X_i=1$ 对照表 2 所建议的变量值,反之令 $X_i=0$。

最后,变量系数 λ_i 与 X_i 值(1 或 0)的对应值可能不符合评判函数的线性关系以得出 R_i 值。当 $R_i>0$ 时判别为非液化,而当 $R_i<0$ 时则液化。

当将上述方法中运用于唐山地震区时,其置信度达到 95%以上,邢台和海城地震区也得到了同样结果,即地貌、年代、地质体和砂土液化间存在一定的规律性,且其他相关反应,如地表沉陷、地面裂缝和滑坡现象也是如此。

表 2 二态变量判别标准

X	λ_i 值	项目	地质背景
X_1	1.500	地貌单元	山前冲积平原
X_2	0.885		洪积冲积平原
X_3	0.607		冲积平原(冲积扇)
X_4	0.487	成因类型	冲积海积平原(三角洲)
X_5	0.212		河流一级阶地
X_6	0.189		老冲沟、河漫滩、湖泊沼泽地凹地
X_7	2.375	地层年代	上更新世(Q_3)
X_8	−0.225		全新世(Q_4)
X_9	−1.271		近期沉积物(Q_4—新)
X_{10}	1.156	地震烈度	7°区
X_{11}	0.561		8°区
X_{12}	0.249		9°区
X_{13}	−0.086		10°区
X_{14}	−1.120	伪变量	无地质意义

3 地震小区划的程序、内容和方法

以往的地震小区划在细节上与区域地震反应并考虑的地震工程地质学原则的地震小区划判别标准方面存在很大的差异。

3.1 基本调查研究(工程地质)

本工作的目的是研究未来100年内可能发生地震的震级和强震的分布,和选择地震反应分析所需的输入地震,以及确定地震发生的介质条件和特征类型,以便为地震反应分析和区划提供可靠的基础资料。

3.1.1 区域稳定性评价

通过收集和整理大量资料、采取原位测试和科学分析获得有关结论是有必要的。一般而言,我们能够获得一些典型的区域地震活动性资料、地球物理场、区域地壳结构、地表变形和地应力资料。然而,我们还必须进行大量工作才能确定新构造运动、相关迹象和当前构造应力场,其中构造应力场和区域构造格局的确定对历史地震(时间、地点和震级)分析和有关地质模型的建立来说是最重要的。

区域稳定性评价原则如下。

(1)因为所选取的历史地震资料或地震地质背景、评价的界限值和某些参数并不能代表实际条件,所以必须采用不同因子进行综合分析。因此,为了进行历史和目前区域地震情况和地震地质背景等的综合分析,必须采用定量分析和定量计算。

(2)获取被深断层所界限的孤立地块的地壳/岩石圈结构特征是很容易的。这些断层会体现出一些地震迹象、近期火山现象、地层和地貌表现、地表变形和地球物理场等。在评价这些断层时,这些都应被认为是在当前应力场作用下产生的。

(3)在未来100年内可能发生的主要地震的区域稳定性结论应该包括震中分布和震级。因此,有必要确定任何地震发生断层的最大地震震级。这将为抗震设计和规划提供强有力的证据。

3.1.2 区域地貌和微地貌的划分

(1)并不是所有的地貌界线都是地形界线,面地貌界限一定是特定年代地质体和岩相组合的界线。

(2)地貌特征分析和地貌单元的划分要结合区域地质构造的历史背景,特别是新构造运动和第四纪地质运动,如剥蚀、侵蚀和堆积等都应考虑。因此,该类地图要同时体现出区域地貌和第四纪地质。

3.1.3 年代和岩相地质体的划分和地质模型的建立

年代-岩性地质体是指特定年代的地质体和岩相组合的划分,它是地震反应分析的基本单元,可通过区域地貌和第四纪地质的研究来获得,也可通过区域划分的地层对比确定。

为了进行地震反应分析,我们针对焦作矿区特点,建立了4种模型,即①基岩、覆盖层为同一时代、单一沉积韵律的岩相组合和厚度较小;①基岩、覆盖层为同一时代、不同沉积韵律的岩相组合和中等厚度(>50m);③基岩、覆盖层为不同时代、多个沉积韵律的岩相组合和较大厚度(>150m);④基岩、无覆盖层或覆盖层小于5m。

不同模型的优点在于他们具有反映覆盖层和基岩组合关系、波速及波阻抗和地层数量及岩性

特征的能力，后者同时影响着地震波传播和阻抗特性。各层的厚度表现了地层的数量而时代则确定了综合阻抗特性，同时综合阻抗特性也可用地震反应的数学分析证实。地质模型的划分应按地区自有的地层分布规律来确定，必须有代表性。

3.2 地震效应分析

地震效应分析包括典型的地表运动、砂土液化、地震沉陷、地表裂缝或断层、滑坡等。地震效应分析要点如下。

3.2.1 输入地震的选择

地震所引起的地表运动的预测必须根据区域稳定性的全面分析得到。评价时应提供基本的参数（震中、烈度、震中距），并根据这些参数收集加速度、速度、位移、地震波穿过基岩的传播周期和时间。从基岩中所收集的振动时程或人工合成的振动时程可作为输入地震。如果存在有几个震级的震中时，对于评价点有最大影响的地震必须被当作输入地震。

3.2.2 地震反应分析方法的选择

(1)地震反应：波的传播法和集总质量法可被用于在具有简单几何边界的地层地质体中。但是对于倾斜地层，应用有限元法才是最有效的。相对于地脉动法和平均剪切摸量法等其他方法而言，地震反应法在预测主要的地表运动参数（A_{max}、V_{max}、U_{max}、t）和反应谱参数及区划方面更具有优势。

(2)液化及其相关效应。砂土液化的工程地质判别标准非常适用于地震区划。该方法的优点在于它不需要大量原位测试及室内试验资料而仅仅需要基于工程地质信息就能得出液化或非液化的空间分布规律。要根据所讨论对象与微地貌、年代、岩相和工程地质比拟来确定砂土液化的相关效应。另外，在非液化土中所发生的滑坡、崩塌和断层应该根据当地的地貌-地质条件、地震烈度或地震能量及工程地质比拟等确定。

3.2.3 地震反应区划标准

本文给出了“三级”分区原则。

1)“Ⅰ级”分区（主区）

“Ⅰ级”分区（主区）是指被特定地质年代的大地貌单元所封闭的岩相组合分区。一般而言，它是相对于二级分区的地貌单元所提出的，如山前倾斜平原、冲积平原和沿海平原、湖积平原等。因为它们具有相同的成因、年代和岩相组合，且各区划单元也具有相同的反应谱和宏观效应。

对于不同大区域而言，区别地震反应间的差异非常重要。

2)“Ⅱ级”分区（亚区）

“Ⅱ级”分区（亚区）是指二级区域，如洪积扇，和微地貌单元，如被古河床或现代的湖泊沼泽沉积区所覆盖而岩相组合相同的区域。因为各单元间具有相似的地质模型，这些区域应表现出适当的反应谱和一些典型的地震效应，如液化或非液化。

3)“Ⅲ级”分区（小区）

“Ⅲ级”分区（小区）是指那些具有相同地质模型和厚度的小区域，其地震特征是具有基本相同的反应谱形态及数值，且特定区域内地表运动的主要参数基本相同。而那些异常的地方将可能发生沉陷、滑坡和崩塌或断层。

分区时有两个方面必须引起注意，其一，每个区域中应反映出地貌成因、地层年代、岩相组合和地震反应、边界等相同特征，它的边界是指地貌和地层实际空间限制的边界；其二，地震反应的特征参数等值线应在被不同级的亚区所限定的范围之内。

上述的不同分区对不同情况都是有效的：前两级可被用于预测区域地震破坏的不同及指导制订建设规划，而第三级能用于指导工程场址的选取和抗震建筑的设计。

3.2.4 小区划图的编辑

有两种小区划图：综合图和专用区划图。

1)综合图

它表明所研究的主要结论，给出了区划及各区典型的地震反应，如地表运动、液化及相关影响。这种图包含能影响区划的地震效应的不同地质背景，如预期的发震断层和对应震中、烈度、地貌和第四系边界等坐标。其适宜的比例尺为 1：25 000～1：200 000。

2)专用区划图

专用区划图可以是表现地表运动主要参数的等值线的图，也可以是表现其他微观效应的区划图，如液化效应或其相关局部影响图。一般采用的的比例尺为 1：20 000～1：25 000。这种图可用于指导重要建筑物选址和抗震设计。

4 实例分析

按照所讨论的原则，在刘国昌教授的指导下，笔者在太行山西侧的焦作鹤壁煤矿及其周边区域进行了面积约 500km² 的现场调查。

(1)区域稳定性研究的华北相对独立地块，面积 46 000km²，被主要、著名的深大断裂包围着。对那些对矿山有直接影响的主要活动断层、地貌和第四系进行实地勘察。

区域稳定性的综合研究表明矿区及邻近区域未来 100 年内可能处于华北地震区地震活动的第三阶段——地震静止期。可能存在有 8 处发震断层，可能地震震级为 6 级。将预期震中和对应震级作为各种地震反应分析的输入地震(图 3)。

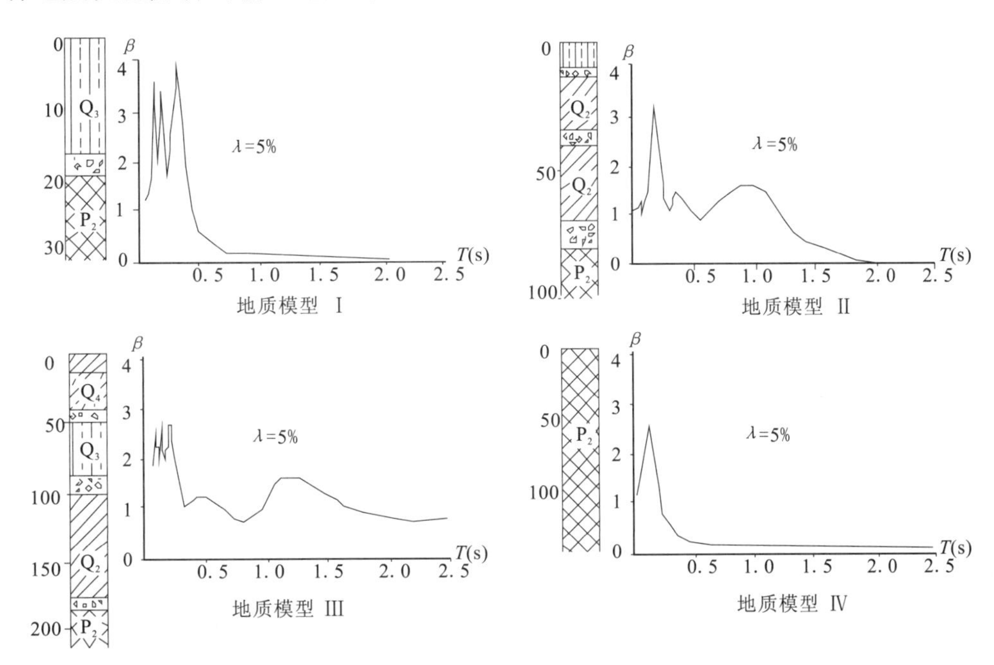

图 3 地质模型特征及其反应谱

(2)通过现场调查以核对所用的区域地貌图和第四系地质图(1：50 000～1：200 000)。

利用 100 个地质钻孔资料勾画出地貌单元、岩相组合和地层年代间的界线。同时，在不同的地貌单元处设置工程地质钻孔校对上述划分界线并获得了一些土层的物理力学指标。采用表面信号源方法确定剪切波速 v_s。采用扰动土样进行动力测试以获取动力学参数。然后将工程地质钻孔与煤矿钻孔进行比较以确定地层年代、岩相组合单元、剪切速度 v_s 及土层密度 ρ 等。

(3)采用砂土液化的工程地质判别标准确定矿区土层液化及其相关影响。

焦作矿区地震小区划成果见图 4。

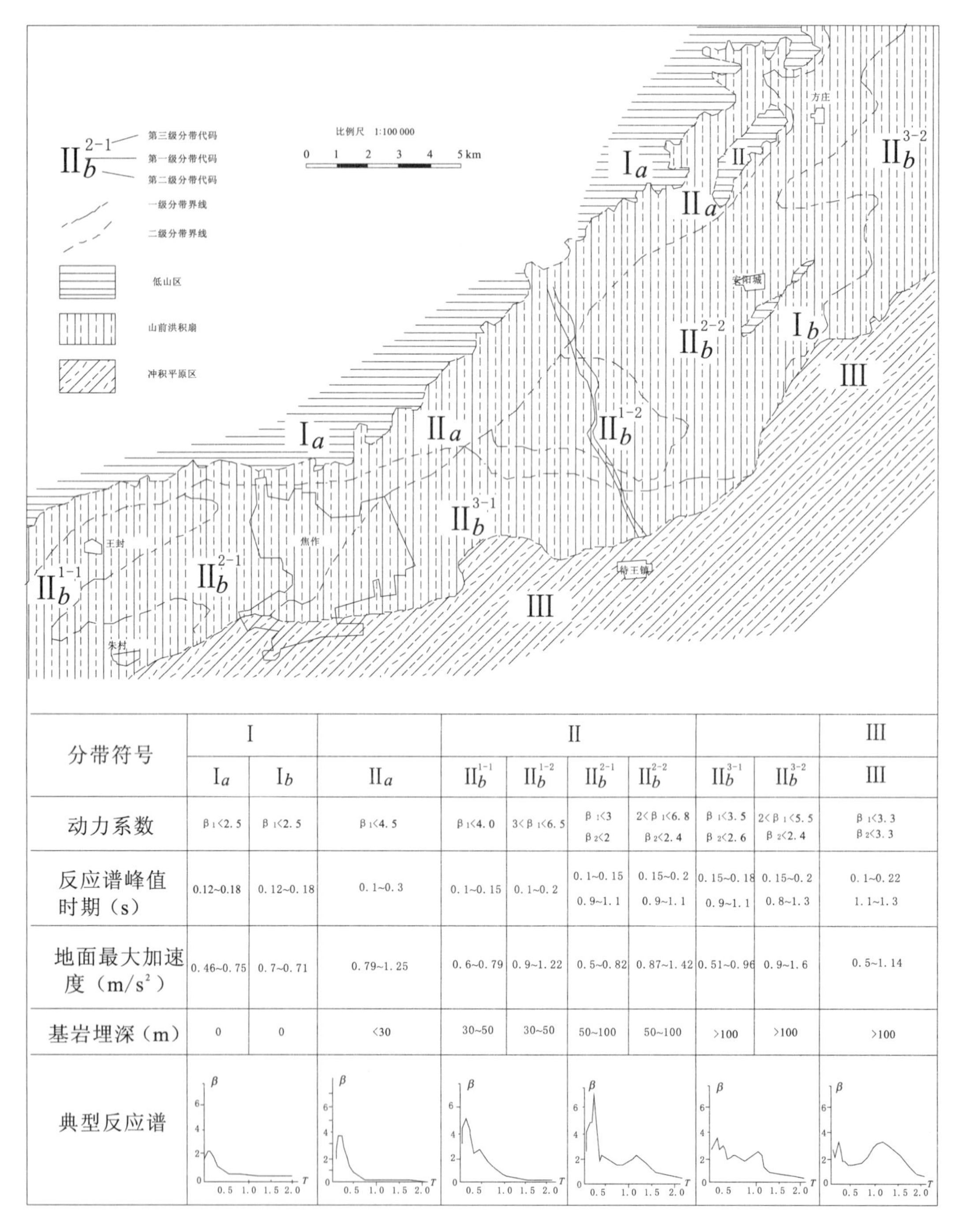

分带符号	Ⅰ			Ⅱ						Ⅲ
	Ⅰ$_a$	Ⅰ$_b$	Ⅱ$_a$	Ⅱ$_b^{1-1}$	Ⅱ$_b^{1-2}$	Ⅱ$_b^{2-1}$	Ⅱ$_b^{2-2}$	Ⅱ$_b^{3-1}$	Ⅱ$_b^{3-2}$	Ⅲ
动力系数	$\beta_1<2.5$	$\beta_1<2.5$	$\beta_1<4.5$	$\beta_1<4.0$	$3<\beta_1<6.5$	$\beta_1<3$ $\beta_2<2$	$2<\beta_1<6.8$ $\beta_2<2.4$	$\beta_1<3.5$ $\beta_2<2.6$	$2<\beta_1<5.5$ $\beta_2<2.4$	$\beta_1<3.3$ $\beta_2<3.3$
反应谱峰值时期(s)	0.12~0.18	0.12~0.18	0.1~0.3	0.1~0.15	0.1~0.2	0.1~0.15 0.9~1.1	0.15~0.2 0.9~1.1	0.15~0.18 0.9~1.1	0.15~0.2 0.8~1.3	0.1~0.22 1.1~1.3
地面最大加速度(m/s^2)	0.46~0.75	0.7~0.71	0.79~1.25	0.6~0.79	0.9~1.22	0.5~0.82	0.87~1.42	0.51~0.96	0.9~1.6	0.5~1.14
基岩埋深(m)	0	0	<30	30~50	30~50	50~100	50~100	>100	>100	>100
典型反应谱										

图 4　焦作矿区地震小区划示意图

5 结 语

地震小区划的工程地质-地震工程准则的精神实质就是充分运用工程地质学的基本理论和方法，进行区域稳定性评价，进行地质单元分区，进行地质体分类并建立相应的地质模型。在此基础上，合理选择地震工程学的科学计算方法(如地震反应分析和地震反应谱)，对地质体或地质模型进行计算分析，得出各类地质体的地震反应的定量参数(地面运动的最大加速度 A_{max}、最大速度 V_{max}、和最大位移 U_{max}或相对于不同自振周期的反应谱)。以这些基本要素编制的小区划图可以直接用于抗震规划设计。本文的另一个突出特点是，强调地貌单元、地层年代岩相组合在区域划分和地质体划分及地质模型建立乃至震动参数取值中的宏观控制作用。只有这样做，才能真正体现工程地质与地震工程理论及方法的有机结合。

最后，笔者不无遗憾地指出，近年各地很少再进行地震小区划工作，而是代之以对每个建筑场地或每栋高层建筑物地基进行地脉动和剪切波速测试，其数量成千上万，而且还在继续进行。这不能不说是一种人力物力的巨大浪费。试想，如果各大城市都能充分利用数量巨大勘探钻孔进行地貌、年代、地层组合单元的划分之后再利用大量的波速及地脉动测试数据作地震反应分析，两者结合进行小区划，最终建立城市数据库或地理信息系统，做到数据共享，必将产生巨大的技术、经济效益。笔者希望看到在不久的将来，人们不再重复进行波动测试，而是方便地利用“地震小区划数据库”进行抗震设计。

参考文献

地震工程概论编写组. 地震工程概论[M]. 北京：科学出版社，1997.

论不同地质条件下深基坑的变形破坏类型、主要岩土工程问题及其支护设计对策

范士凯

摘　要：本文以地貌单元、地层时代和地层组合为基本要素，根据我国广泛分布的地貌单元的时代-地层组合特点，将深基坑的地质条件划分成6种常见的、有代表性的组合类型。进而对这些不同类型地质条件下深基坑的变形破坏机制类型、其主要岩土工程问题和支护形式进行了概括。文中对与地下水渗透破坏有关的深基坑变形破坏机制和主要岩土工程问题作了专门论述。最后提出了深基坑工程设计的一些宏观控制概念。

关键词：地貌单元；地层时代；组合类型；变形破坏类型；地下水渗透破坏

0　引　言

随着我国房地产业的飞速发展和人防工程建设的要求越来越严格，高层建筑地下室和地下车库的数量和规模也与日俱增，与此相适应的深基坑工程也愈加复杂。可以毫不夸张地说，中国正在进行着人类建筑史上数量和规模空前的深基坑工程。十几年来，成千上万个深基坑工程在各种复杂的地质条件和工程环境条件下，应用了很多既安全可靠又经济合理的支护形式和地下水处理技术，积累了丰富的经验。为进一步总结深基坑工程的规律性认识，笔者试以宏观地质条件类型划分及其相应的变形破坏机制为基础来探索深基坑工程的宏观规律，以此理论上的认识，指导深基坑工程的实践。

1　深基坑工程概述

1.1　深基坑工程的基本内容

深基坑工程内容可分为以下两大类。

(1)支护工程：指抵抗土压力和防止边坡变形和破坏的防护工程。

(2)防水工程：指防止开挖过程中地下水涌出破坏边坡或底板稳定的防渗(帷幕)工程或疏干工程。

1.2　深基坑工程的防护目的

(1)防止因基坑开挖引起基坑周围的建(构)筑物、管线及道路的变形、破坏，统称为外环境的保护。

(2)防止基坑内的基础工程，特别是桩基的变形、破坏，统称为内环境的保护。

(3)防止因涌水、涌砂而影响地下工程的正常施工进程和周边地面下沉。

1.3 国内深基坑工程概况

1.3.1 规模与深度

一般基坑面积为数千平方米，一层地下室深度为5～6m。

大型及超大型基坑，其规模为一万至几万平方米，两层以上地下室，深度超过10m。

超深基坑，直径70～80m，深度40～50m(如江苏润阳长江大桥和武汉阳逻长江大桥锚锭深基坑)。

1.3.2 常用的支护形式

(1)放坡及坡面防护-坡率使坡体自稳，坡面采用各种适宜的防护措施。

(2)加固边坡土体。其主要形式有水泥土重力式挡墙、土钉墙、喷锚支护及复合式喷锚支护等。

(3)排桩支护。主要形式有悬臂式排桩、桩锚联合、门架式双排桩等。排桩常与防渗帷幕联合使用。

(4)排桩加内支撑。主要形式有排桩加钢管或型钢内支撑和排桩加钢筋混凝土内支撑。内支撑有单层和多层。

(5)地下连续墙支护。连续墙有多种工法形成，如抓斗式、SMW式和连锁桩式。主要支护形式有悬臂式、墙加锚(单层或多层)、墙加内支撑(钢管、型钢或钢筋混凝土，单层或多层)等。

(6)围筒式支护。各式连续墙构成围筒加多层环形钢筋混凝土附臂式内撑。

1.3.3 地下水治理方法

(1)明排或盲沟排水。

(2)轻型井点降水。

(3)管井(深井)降水。

(4)隔渗(帷幕)-连续墙、深层搅拌水泥土墙、高压旋喷水泥土墙、静压注浆(双液)。隔渗帷幕形式有竖向或水平(封底)，竖向分为悬挂式(半截)或落底式；竖向加水平(五面或箱式)。

1.4 深基坑的岩土工程勘察

1.4.1 存在问题

突出的问题是多数深基坑工程没有专门的岩土工程勘察。在进行基坑支护方案选择和支护与地下水治理设计时缺少必要的地质资料，因此需专门或补充勘探。

1.4.2 深基坑支护与防水设计

深基坑支护与防水设计中要事先取得的重要资料有如下几方面。

(1)开挖和支护设计所需了解的地层范围至少要大于2倍开挖深度。

(2)对基坑支护设计所涉及的(大于基坑深度2倍)深度内的各类、各层土，为取得设计所需的参数，须取得足够数量的原状土样进行土层的物理力学试验。在诸多的物理力学指标中，除了土的重度，基本承载力和压缩模量外，最为关键的重要指标是各层土的抗剪强度指标。一般情况下采用直接快剪(C、φ)或不固结不排水三轴剪(C_{uu}，φ_{uu})指标。当需采用水土分算土压力时，宜采用固结快剪指标。可见在勘探阶段必须有足够数量的土样做强度试验，一般要求每种指标(每层土)不少于6个试验。

(3)为了准确、详细划分土层分布和综合判定土层性质，除了必要的室内试验外，应做足够的原位试验,如静力触探和标准贯入试验。原位试验能使土层划分更准确,P_s 和 N 的指标也是土层强度重要参数。

(4)地下水的埋藏情况、类型和含水层的渗透性是影响基坑稳定的最重要因素。查明场地地下水类型(上层滞水、潜水和承压水),埋深和含水层厚度,水位(或承压水头高度)及含水层的渗透系数(K)是非常重要的。必须做专门的水文地质勘探和抽水试验工作。

(5)查明基坑外围的建(构)筑物类型、距离、基础形式和埋深,生命线工程如道路、上下水管线,煤气管线,供电或通讯线路的距离、埋深等外环境条件也是基坑设计必要的前提资料。

1.4.3 确定基坑开挖深度和支护计算深度

有关开挖深度和支护计算深度的确定和所需要的基础资料。

(1)基坑开挖深度和计算深度的确定:一般情况下,基坑的普挖深度是挖至地下室底板加垫层厚度,从自然地面起计算深度。而支护设计计算深度则视基础承台及连梁深度的分布和埋深情况来确定。如靠近基坑周边均为小型承台且间距较大时,则计算深度可取连梁底加垫层深度,如靠近基坑周边为大型承台或相邻承台间距很小时,则取承台加垫层深度,此时开挖深度亦相同。

(2)为上述所需,基坑设计前必须取得建筑总平面图、用地红线图及地下室基础平面图及基础结构图(含桩位图)等相关资料。

我国各地的大量工程实践证明,深基坑所处的环境工程地质条件不同,其变形破坏机制也不同。为防治深基坑失稳而作的支护设计,包括它的计算理论和方法、支护及隔渗方法的选用,特别是防治关键问题的确定及其对策的制定等一系列概念,显然是应由基坑所处的工程地质条件和工程环境相组合而可能呈现的变形破坏机制特点来确定。所谓基坑的工程地质条件主要是指岩、土、水三者的物理力学性质、分布、埋藏和组合特点,所谓工程环境则是指基坑的空间几何尺寸、坑内构筑物、坑外建(构)筑物、道路及管线工程等。这两方面加起来就构成了基坑的环境工程地质条件或确切称为基坑的环境岩土工程条件。大量的工程实践证明,环境工程地质条件所限定的变形破坏机制类型的划分是鉴别支护设计可靠性、合理性的关键。因此,研究和总结环境工程地质条件类型及其变形破坏机制,以此为基础进行支护的概念设计是有重要意义的。本文仅据掌握的各地典型资料和近几年在武汉地区的实践,在这方面作一些粗略的总结。

2 深基坑地质条件的几种基本类型

无论是对各类建筑物,还是对深基坑工程来说,其地质条件的基本组合都受地貌单元和地层时代的控制。除了山区基岩之外,第四纪地层和地下水基本受控于以下几类大的地貌单元,即近代冲积平原(全新世 Q_4,大江大河的一级阶地);北方江河的二、三级阶地或黄土高原(更新世 Q_{2-3});南方高阶地隆岗或山前丘陵(更新世 Q_{1-3});滨海平原或三角洲(全新世 Q_4 或 Q_{3-4})。这些大的地貌单元所限定的地层组合及地下水埋藏特征都有明显的区别,也就是说,其岩、土、水性质及组合关系都各有鲜明的特征。因而,对深基坑的影响也都显著不同。上述几个大的地貌单元中一般常见的地层组合、地层时代及地下水特点概括如下。

(1)近代冲积平原,大江大河的一级阶地,主要为全新世 Q_4 时期形成。一般分为两个大的组合类型。

二元结构地层组合的冲积层,其中上部以一般粘性土(粉质粘土、粘土)、粉土为主,含上层滞水或潜水。地表附近有少量饱和土。其余大部分为非饱和土。

下部以砂土为主夹薄层粘性土，底部为粗砾及卵石层。一般含承压水，如与江河水体联系，则具较高的承压水头。

河湖相软土分布在冲积平原的低洼地带或近代湖、沼地带。以淤泥或淤泥质粘性土为主，往往夹薄层粉土或粉砂。含上层滞水。

(2)北方江河的二、三级阶地或黄土高原，为更新世 Q_{2-3}时代。主要为黄土状土或黄土，下部为砂土或卵石层。地表以下相当深度内为非饱和土，下部有潜水或承压水埋藏。

(3)南方高阶地或隆岗、丘陵地带。为更新世 Q_{1-3}时代。以老粘性土为主，夹砂、卵石层或呈二元结构分布（上部为老粘性土，下部为砂层至卵砾石层）。地表下较大深度内非饱和土，具二元结构组合时，下部含承压水。

(4)滨海平原或三角洲。主要为全新世 Q_4，下部为更新世 Q_{2-3}时代，上部为较厚的海陆交互相软土，其下为一般粘性土、粉土、粉砂互层。含上层滞水和多层层间水（一般为微承压）。

要特别说明的是，以上 4 类地貌单元所包含的地层组合都不是绝对的。有时互相包容，有时还存在过渡类型，如滨海平原或三角洲中往往存在河流冲积层等。

从几个大的地貌单元所包括的各类土层及地下水特征就不难看出，沿江、沿海或高原，或隆岗、丘陵的城镇在开挖深基坑时，所遇到的岩土工程问题，不但是土的类别不同，更重要的是不同土层的组合特征和地下水的埋藏特征的影响更是显著不同。

为便于分析，不妨把这些地貌单元的地质条件组合简化为以下几种具代表性的类型：①二元结构的冲积平原一般粘性土与粉土、砂、砾土组合型；②河湖相软土型；③北方高阶地黄土状土或高原黄土型；④南方高阶地或隆岗、丘陵老粘性土型；⑤滨海平原或三角洲软土、一般粘性土、砂、粉土互层型；⑥其他类型（残积土、红粘土、坡积、崩积土等）。

3 深基坑变形破坏机制类型、主要岩土工程问题和支护形式

上述的几种地质条件组合类型，因其各自的地层特性和组合形式及地下水特点不同，则在深基坑开挖过程中的变形破坏机制也各自呈现不同形式。随着开挖深度的不同和基坑内、外环境的不同，则各自存在的主要的岩土工程问题也不相同。仅就前 5 种类型概述其变形破坏机制特点和主要岩土工程问题和支护形式。

3.1 二元结构冲积平原的一般粘性土与粉土、砂、砾土组合型

3.1.1 变形破坏机制

在通常的开挖深度内，绝大多数情况下是涉及到以粘性土为主的地层内。在不支护条件下，其变形破坏形式为边坡土体呈渐进式“堆坍”，其破坏区范围一般限定在与开挖深度相近的范围内（图1）；在有支护条件下，则土压力服从朗肯土压力模式。

3.1.2 主要岩土工程问题

(1)基坑外侧主动土压力及其相应的的侧向变形和坑底内侧底板的竖向及水平变形。

(2)一般情况下地下水埋藏很浅，如地表附近有粉土或粉砂含水层时，则基坑涌水尤其是“管涌”或“流砂”是重要问题。

(3)二元结构地质组合的下部砂性土及卵砾石土中的承压水会因顶板过薄或挖穿而产生“突涌”。

(4)如地下水埋藏较深，则非饱和粘性土在受地表水或地下管线漏水浸泡或冲蚀时会因强度降

低而增大土压力或产生破坏。应当强调指出，此类地质条件下，一般粘性土的变形及土压力属一般问题。而管线、流砂、突涌则可能造成坑内外大范围（有时达30～40m的土体下沉和平移，往往是灾难性的）的地面下沉和水平位移。

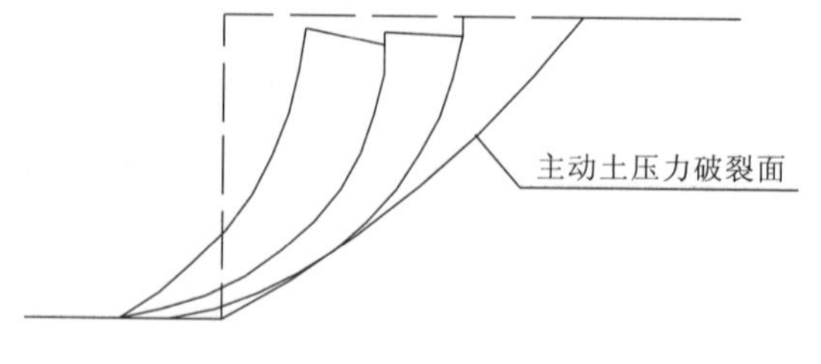

图1　一般粘性土基坑破坏模式

3.1.3　一般支护形式

（1）一层地下室（浅坑）——放坡护面、喷锚网或土钉墙。周边环境紧迫或因红线限制则需用桩（墙）撑或锚。

（2）两层地下室（深坑）——桩锚或桩（墙）加内支撑；环境宽松时亦可采用上部大平台放坡减载，下部喷锚或桩（墙）锚或撑。

（3）多层地下室（超深坑）——地下连续墙加锚或内支撑；条件允许时亦可采用桩加多层锚杆或多层内支撑，圆形坑可用扶壁式内衬。

3.2　河湖相软土型（淤泥或淤泥质土）

3.2.1　变形破坏机制

由于软土的厚度、埋深和在基坑中的位置不同，大致呈现3种破坏机制类型。

（1）半坡滑动型（图2a）：由于厚度不大的软土分布在半坡上，将可能产生沿软土层底板以上滑动破坏，其形式为小型滑坡，范围将超过主动土压力破裂面以外。

（2）坡脚滑动型（图2b）：软土层底板在坑底附近，即使软土层很薄，也可能产生以坡脚为剪出口的滑动破坏，其形式为牵引式小型滑坡，范围将远超主动土压力破裂面。

（3）基底隆起深层滑动型（图2c）：这是危害最大的一种类型。由于软土层顶板在坑底以上或坑底或其下很浅部位，而底板很深（即深厚软土层），即使开挖深度很浅，也可能产生大变形破坏，即形成近似圆弧形滑动面的典型滑坡。其破坏过程是，先出现基底隆起（底鼓），进而发展成滑坡。其影响范围，在坑外可拉动十几米至数十米，坑内及坑底以下数米至十几米均将被推动，往往将已施工的基础桩推歪或折断。其破坏模型服从瑞典法或毕肖普圆形破坏表达式。

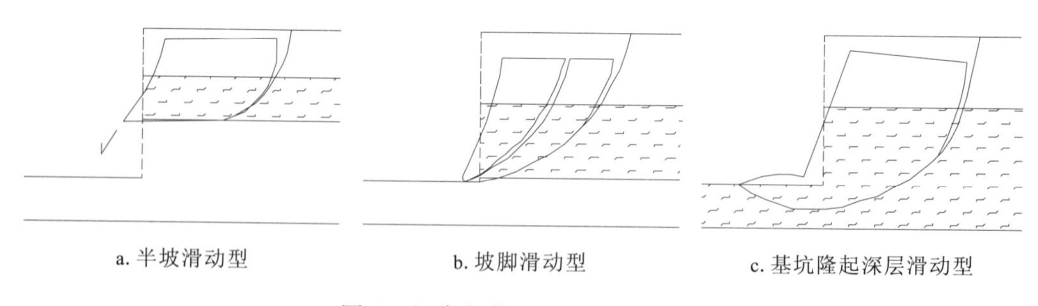

a. 半坡滑动型　　b. 坡脚滑动型　　c. 基坑隆起深层滑动型

图2　河湖相软土基坑破坏模式

3.2.2　主要岩土工程问题

（1）基坑开挖很浅时（有时只有2～3m），即可以产生大变形。而且随着开挖深度增加，坑内、外土体滑动破坏范围不断加大。这种滑动体的出现是软土基坑的首要问题。

（2）基坑外侧地面下沉且水平移动会造成的建筑物或地下管线的严重破坏。

（3）基坑内侧因土体移动会造成已完成的桩基础大量、大幅度偏斜或折断。

(4)如果使用大型挖土机械在软土上纵横行走开挖,则在开挖进程中就会不断造成桩基的偏斜或折断。

从上面情况不难看出,深厚软土中基坑失稳造成的环境影响,内环境要比外环境严重且更难处理。此外,在一些情况下,软土中还可能存在薄层粉土或粉砂、管涌或流砂又是另一种岩土工程问题。

3.2.3 一般支护形式

(1)减载——设置较宽的减载平台。

须知软土基坑边坡失稳的根本原因是软土的强度和承载力很低,不能承受开挖后上覆土层的重力而相继产生底鼓、侧挤和滑移。减小重力就会降低变形,因而减载(放大缓坡或设置较大的减载平台)就成为软土基坑的首选措施。也就是说,凡是有条件减载的要首先减载,然后考虑如何支护。

(2)减载——喷锚支护或复合式喷锚支护。

对于半坡型和坡脚滑动型软土基坑,可采用设置较宽大的减载平台,使上覆土重减至不会发生隆起或侧挤的情况下,采取喷锚或复合式喷锚形式(图3a或图3b)进行支护。

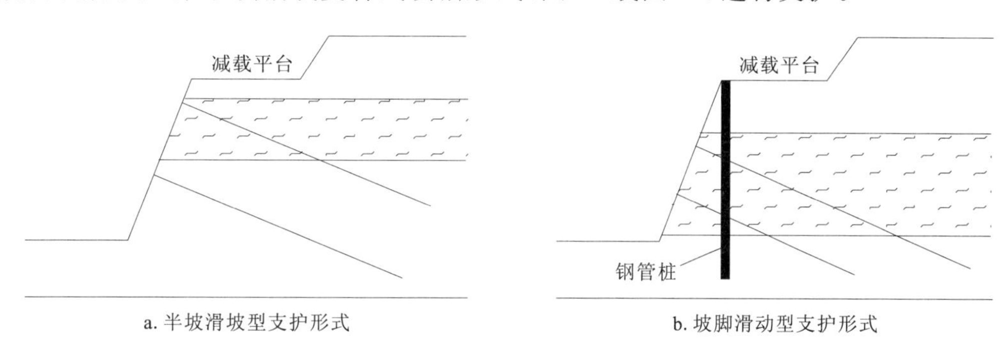

图3 半坡滑动型、坡脚滑动型支护形式

(3)深厚软土基坑的几种支护形式。

①坑底以下为软土,但在一定深度内有相对硬层存在,场地有条件设置减载平台时,可采用减载平台和水泥土挡墙的支护形式,墙底须深入硬土层中(图4a)。

②坑底以下为软土,在一定深度内有相对硬层,但场地狭窄,无放坡减载条件时,可采用刚性支护桩(墙)加内支撑的支护形式,桩(墙)底须深入硬土层中(图4b)。

③坑底以下为软土,在一定深度内有相对硬层存在,但场地狭窄,无放坡减载条件时,可采用重力式水泥土挡墙支护形式,墙底须深入硬土层中(图4c)。

④坑底以下为深厚软土,在一定深度内无相对硬土层存在,场地无大量减载条件,当采用刚性桩(墙)加内支撑支护时,须在桩内侧坑底下一定深度内做水泥土内附臂(亦称被动区加固),用以控制桩(墙)下部向坑内"踢脚"变形(图4d)。

(4)复合式喷锚支护。在软土厚度不大,开挖深度较小时,可采用水泥土桩或微型钢管(板)柱加喷锚联合支护形式(图5)。

(5)河湖相软土中有时存在粉土或粉砂夹层或互层,此时须设置隔渗帷幕(多为水泥土桩)。采用上述"复合式支护"则更为经济合理。

(6)对开挖深度大(如两层地下室),或深度虽不大,但周边环境严峻时,则只有选择刚性桩(墙)锚或内撑式支护体系。

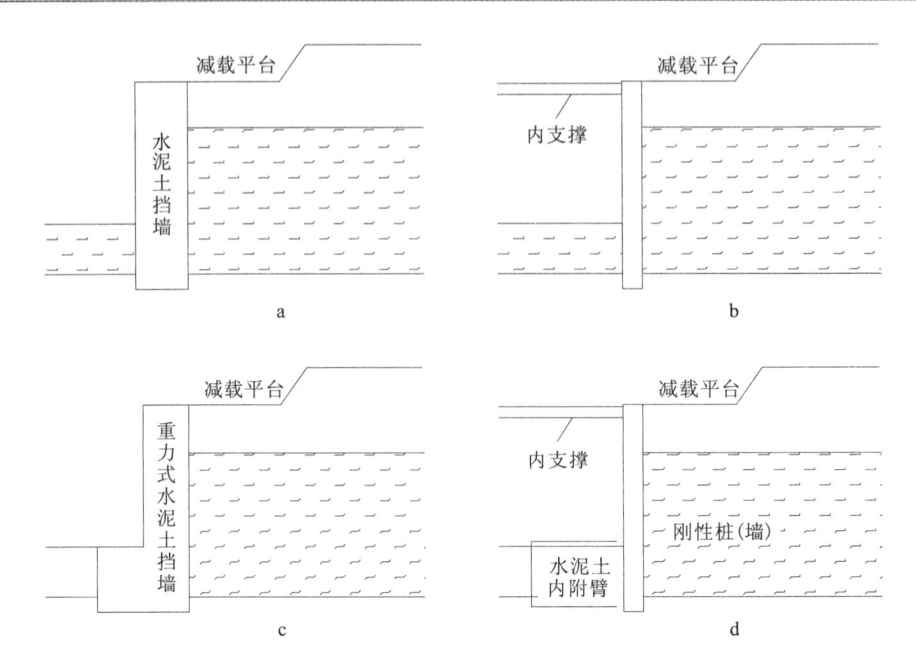

图 4　深厚软土基底隆起深层滑动型支护形式

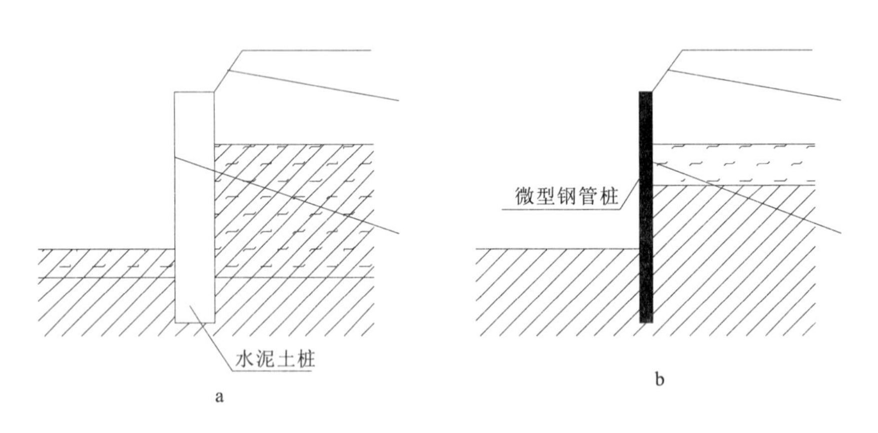

图 5　复合式支护

3.3　北方高阶地黄土状土或高原黄土型

3.3.1　变形破坏机制

(1)由于黄土状土和黄土垂直节理发育,故土坡具直立性。在非饱和情况下,土体破坏一般为“倾倒”或“堆坍”形式。其破坏面呈上陡、下缓形状,近似对数螺旋面或矩形包络线形式的土压力分布。支护结构的侧土压力一般较小。

(2)非饱和黄土状土和黄土在受水饱和后,除湿陷性黄土产生湿陷下沉外,饱和后抗剪强度一般要降低 20%～30%。这时土体的变形破坏将不再服从对数螺旋形,而可能产生近似圆柱体的圆弧形滑动——滑坡,其力学模型为滑坡模式。

(3)在垂直剖面上有时存在新黄土(Q_3)和老黄土(Q_2),或新黄土中有倾斜的古土壤层存在。此种剖面如已含水或外水下渗至底部老黄土或古土壤层之上,则基坑开挖深度恰好使土体能产生剪出口,就可能出现较均质饱和黄土圆弧滑动大得多的滑坡。其滑面形状随老黄土面变化而定。目前比较接近实际的力学表达形式是“萨尔玛法”,或用折线法计算下滑力(图 6)。

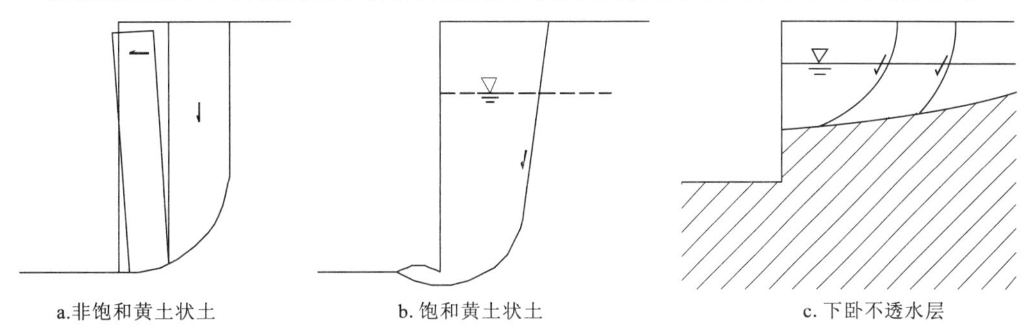

图 6 黄土状土破坏模式

上述(2)、(3)两种滑坡剪出口多数不在坡趾，而在坡趾以下一定深度(一般为 2～3m 以下)。

(4)新近堆积的粉土质黄土，往往作为潜水含水层。在开挖临空或施工扰动情况下可能会产生管涌或流砂。坡脚或坑底的粉土瞬间液化，将会使边坡土体下沉并伴随水平移动，土体变形破坏类似滑坡形态。

3.3.2 主要岩土工程问题

(1)对于一般黄土状土或黄土(Q_3)，最主要的岩土工程问题是受水饱和后抗剪强度大幅降低而产生圆弧滑动破坏问题。这种破坏形态严重，对周围的建(筑)筑物及道路、管线破坏性大；而坑内剪出口往往在坑底以下一定深度、因而可能造成桩基倾斜或折断，且折断的可能性要大些。

(2)多层黄土因层面倾斜而在饱和后产生的顺层滑坡，一般范围大于前者。因此其下滑力及影响坑内外的范围和危害程度也比前者大得多。

因为滑坡土体移动的水平位移量明显大于垂直位移量，所以无论哪种滑坡，其对内、外环境中各类工程的破坏都会造成大幅度水平位移，其严重性大于其他类型。

(3)新近饱和粉土质黄土状土或黄土，作为弱透水含水层，管涌或流砂问题是不同于一般黄土土体变形的另一类岩土工程问题。它的主要特点是地下水土流失掏空造成周边土体下沉及相应的水平移位，其内、外环境影响均与此相关。

3.3.3 一般支护形式

(1)非饱和黄土状土或黄土中的深基坑一般采用土钉墙或喷锚支护。其锚杆长度可按土压力法确定，也可按滑动面法确定(图 7)。

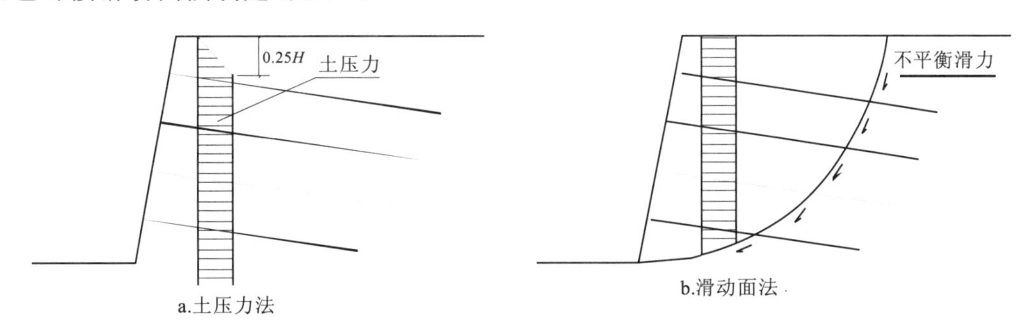

图 7 喷锚支护的锚杆长度确定方法

(2)饱和黄土或黄土状土中的深基坑，一般采用附壁式帷幕加喷锚(复合式)支护或在降水，疏干(轻型井点或真空泵抽水)条件下的桩(墙)锚支护形式。

(3)对可能产生滑坡的土层组合(图 6)则需采用滑坡治理的各种适宜的支护形式，如抗滑桩(墙)、桩锚等支护形式。此时土钉墙或喷锚均不适宜。

3.4 南方高阶地或隆岗、丘陵老粘土型

3.4.1 变形破坏机制

南方普遍分布的老粘性土主要是指更新世(Q_{2-3})的棕色粉质粘土、粘土(Q_3)和棕红色网纹粘土(Q_2)通常称“下蜀系”。而具有高塑性的碳酸盐岩区红粘土不属此类(因为红粘土地区的深基坑资料不多,故本文暂不论述)。

老粘性土一般都具一定膨胀性和微裂隙性,在非饱和状态下具有较高的抗剪强度,尤其是凝聚力高。在基坑开挖过程中,如无外水浸入则土压力较低,其土压力呈太沙基-佩克包络线分布,一般不出现朗肯土压力破裂面,裸露边坡因干裂出现剥落或堆坍,土压力小于朗肯理论计算值;如果土体受外水浸入而部分饱和,其凝聚力显著降低,此时土压力会增大,往往大于朗肯理论计算值。进一步发展会出现楔形滑裂面,并渐进式发展成为滑坡。

可见老粘性土基坑边坡的变形破坏存在两种截然不同的状况。一种是非饱和情况下呈现较低的土压力或剥落、堆坍式破坏;一种是在饱水情况下出现较大土压力或产生楔形滑裂至滑坡。

老粘性土中的深基坑,除上述的老粘性土自身不良特性外,最不利的情况是存在以下几种地层组合时产生接合面滑坡。

(1)老粘土层之上存在一般粘性土或新近沉积软土层,当开挖至老土顶面以下时,而产生以老土为滑床的小型滑坡(图8a)。

(2)老粘性土地层的下部往往存在以碎石为主的碎石夹土层,此层在饱水情况下其顶(底)面往往作为滑动面形成滑坡(图8b)。

(3)当老粘性土之下的基岩为泥岩或砂页岩互层的不透水岩层时,泥岩的残积层是遇水软化的典型软弱层。当开挖至基岩顶面附近时,则产生滑坡(图8c)。

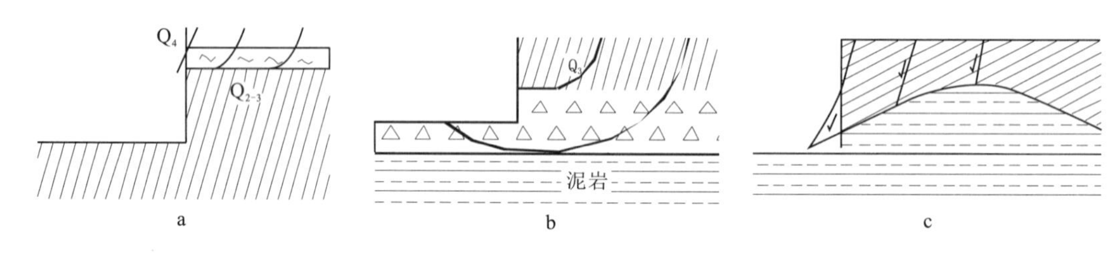

图8 接合面滑动类型

(4)基岩为石灰岩,其上有饱和红粘土分布,在红粘土之上有老粘性土存在时,易产生以红粘土为滑床的滑坡。

要强调指出的是,这里提出“滑坡”的概念是为了区分一般粘性土中的堆坍和软土中的圆弧滑动形式的。这两种破坏一般都与深度对应而适于土压力计算,而滑坡则受软弱层分布控制,土压力理论不适用。

3.4.2 主要岩土工程问题

(1)非饱和土边坡因暴露时间过长而发生剥落或片帮式堆坍,将危及紧靠边坡的建(构)筑物和管线。

(2)在不利的地层组合时,易发生接合面滑坡,将使较大范围的建(构)筑物和管线遭到严重破坏(较大的水平位移和下沉)。

(3)在老粘土层下面存在饱水砂、卵砾石含水层时,开挖深度达到底板附近时会有承压突涌,粘

性土在近含水层部分软化也可能出现坡脚垮坍。

3.4.3 一般支护形式

(1)全部在老粘性土中开挖的基坑,根据开挖深度的不同,可采用放坡护面、喷锚支护、桩或桩锚支护等各种形式。针对老粘土遇水易软化的特征,做好坡面封闭和地面硬化及排水是至关重要的。

(2)对可能产生接合面滑坡的深基坑,则一般不宜采用放坡护面或喷锚支护形式,而应采用抗滑支护结构。如抗滑桩或桩(墙)加抗滑锚索及地下水疏干等综合治理措施,须知此时任何一种土压力计算模式都不适用,而应采用适宜的滑坡推力计算作为抗滑结构的外力。

3.5 滨海平原或三角洲的软土、一般粘性土、粉土、砂土互层型

滨海平原和三角洲最突出的特点就是广泛分布着淤泥和淤泥质软土,同时软土中也夹有不同粒径的砂层。所不同的是,三角洲由于河流和海侵的交替作用而使淤泥与薄层砂及一般粘性土反复交互沉积,而滨海平原则由海相沉积与潟湖或溺谷相沉积而形成大片分布着软土夹有砂层的平原。

3.5.1 变形破坏机制

深厚软土层的存在,基坑开挖深度不大时,即会产生大变形——出现近似圆柱体的圆弧滑裂面。这种滑面往往深入坑底以下及坑内数米甚至10m以上。坑外破裂弧范围内地面下沉及平移,坑内底鼓及向坑中心挤动。这类破坏模式普遍以瑞典法为原型的毕肖普等极限平衡式表达。

3.5.2 主要岩土工程问题

(1)基坑开挖深度不大时即可产生土体的大变形,且随开挖深度增加而出现坑内外更大、更深滑弧,圆弧形滑动体的出现是软土基坑最严重的问题。

(2)滑动体使基坑外侧位居其内的建(构)筑物及管线向坑内位移和下沉遭到破坏问题。

(3)基坑内侧的支护结构失效,并随着土体的向坑内移动而使建筑物的基础遭到破坏——基础底板隆起,特别是工程桩被挤歪斜或折断等坑内环境破坏问题。

(4)大型机械在软土上行走挖土会造成工程桩歪斜或折断问题。

(5)在软土变形的同时,由于粘性土与砂土频繁交互造成的砂土管涌、流砂,会加剧软土变形程度并扩大软土变形破坏范围。

3.5.3 一般支护形式

(1)当软土的分布条件与河湖相软土相似时,支护形式与其类同。

(2)由于滨海软土往往与粉土、粉砂(含水层)互层。此时帷幕隔渗或分层降水、疏干等措施更加重要。

(3)对超深基坑,一般采用桩(墙)锚或内支撑等刚性支护结构。

以上内容概要阐述了不同地质条件下深基坑变形破坏基本类型、主要岩土工程问题及相应的支护形式。由于深基坑的开挖深度不同,地质条件和基坑内外环境千变万化,因而支护形式也是五花八门。为使读者对各种支护形式有较全面了解,特将湖北省《基坑工程技术规程》(DB42/T 159—2012)中基坑支护分类及适用条件表引入本文(表1),供大家参考。

表1　基坑支护分类及适用条件

类型	支护方式或结构	支挡构件或护坡方法	适用条件
放坡	自稳边坡	根据土质按一定坡率放坡(单一坡或分阶坡),土工膜覆盖坡面,抹水泥砂浆或喷混凝土(砂浆)保护坡面,袋装砂、土包反压坡脚、坡面	基坑周边开阔,相邻建(构)筑物距离较远,无地下管线或地下管线不重要,可以迁移改道;坑底土质软弱时,为防止坑底隆起破坏可通过分阶放坡卸载
坡体加固	加筋土重力式挡墙	土钉、螺旋锚、锚管灌(注)浆等加筋土挡墙	适用于除淤泥、淤泥质土外的多种土质,支护深度不宜超过6m;坑底没有软土
	水泥土重力式挡墙	注浆、旋喷、深层搅拌水泥土挡墙(壁式、格栅式、拱式、扶壁式)	适用于包括软弱土层在内的多种土质,支护深度不宜超过6m(加扶壁可加大支护深度),可兼作隔渗帷幕;墙底没有软土;基坑周边需有一定的施工场地
	喷锚支护	钢筋网喷射混凝土面层,锚杆	适用于填土、粘性土及岩质边坡,支护深度不宜超过6m(岩质边坡除外),坡底有软弱土层影响整体稳定时慎用;不适用于深厚淤泥、淤泥质土层、流塑状软粘土和地下水位以下的粉土、粉砂层
	复合喷锚支护	钢筋网喷射混凝土面层,锚杆,另加水泥土桩或其他支护桩,解决坑底隆起问题和深部整体滑动稳定问题	坑底以下有一定厚度的软弱土层,单纯喷锚支护不能满足要求时可考虑采用复合喷锚支护,可兼作隔渗帷幕;支护深度不宜超过6m,坑底软土厚度超过4m时慎用
排桩	悬臂式	钻孔灌注桩、人工挖孔桩、预制桩,板桩(钢板组合,异型钢组合,预制钢筋混凝土板组合);冠梁	悬臂高度不宜超过6m,对深度大于6m的基坑可结合冠梁顶以放坡卸载使用,坑底以下软土层厚度很大时不宜采用;嵌入岩层、密实卵砾石、碎石层中的刚度较大的悬臂桩的悬臂高度可以超过6m
	双排桩	两排钻孔灌注桩,顶部钢筋混凝土横梁联结,必要时对桩间土进行加隔处理	使用双排桩可在一定程度上弥补单排悬臂桩变形大、支护深度有限的缺点,适宜的开挖深度应视变形要求经计算确定;当设置锚杆和内支撑有困难时可考虑双排桩;坑底以下有厚层软土,不具备嵌固条件时不宜采用
	锚固式(单层或多层)	上列桩型加预应力或非预应力灌浆锚杆、螺旋锚或灌浆螺旋锚、锚定板(或桩);冠梁,围檩	可用于不同深度的基坑,支护体系不占用基坑范围内空间,但锚杆需伸入领地,有障碍时不能设置,也不宜锚入毗邻建筑物地基内;锚杆的锚固段不应设在灵敏度高的淤泥层内,在软土中也要慎用;在含承压水粉土、粉细砂层中应采用跟管钻进施工锚杆或一次性锚杆
排桩	内支撑式(单层或多层)	上列桩型加型钢或钢筋混凝土支撑,包括各种水平撑(对顶撑、角撑、桁架式支撑),竖向斜撑;能承受支撑点集中力的冠梁或围檩;能限制水平撑变位的立柱	可用于同一深度的基坑和不同土质条件,变形控制要求严格时宜选用;支护体系需占用基坑范围内空间,其布置应考虑后续施工的方便
地下连续墙	悬臂式或撑锚式	钢筋混凝土地下连续墙、林SMW工法,连锁灌注桩;需要时设内支撑或锚杆	可用于多层地下室的超深基坑,宜配合逆法方式使用,利用地下室梁板柱作为内支撑
围筒	圆形、椭圆形、拱形、复合形	上列各类连续墙,环形梁	基坑形状接近圆形或椭圆形,或局部有弧形拱段,或充分利用结构受力特点,径向位移小,筒臂弯矩小

4 与地下水渗透破坏有关的深基坑变形破坏机制和主要岩土工程问题

前面所说的5种主要地层组合中，无例外地都涉及地下水的问题。由于地貌单元和地层组合不同，其中地下水的类型、埋藏条件和水作用的特点也不尽相同。众所周知，第四纪地层的地下水，按其埋藏条件和动力特性有上层滞水、潜水和层间承压水3种类型。这3种类型的地下水在不同地貌单元、地层组合的深基坑中的表现也各有特点。最为典型的要属近代冲积平原。仅以江汉平原为例来说明这些特点。

江汉平原在长江一级阶地上为典型的二元结构地层组合，即上部以粘性土为主，下部以粉土、砂土为主，底部有卵砾石层，3种类型的地下水分别在这两部分中埋藏，一般分布如下。

(1)填土或淤泥透镜体中——上层滞水。

(2)填土下有成层的粉土或粉砂层，其下是粘土隔水底板——粉土与粉砂层中埋藏有潜水；

(3)在上部以粘性土为主的相对隔水顶板下和基岩以上的很厚的粉土和砂土及卵砾石中埋藏有层间承压水。这层承压水因其与长江水体有直接的水力联系而具有较高的承压水头(图9)。由沉积过程中的自然沉积规律所决定，承压含水层的上部普遍存在着不同厚度的薄层粘性土与粉土、粉砂互层，一般称过渡层。试验证明，这种过渡层与其下粉砂层连通，因而同样具有承压特点。上述不同深度上，不同含水层中的3类地下水，在不同深度的基坑开挖中，不同的支护条件下将会出现流砂、管涌和突涌这3种渗透破坏形式。

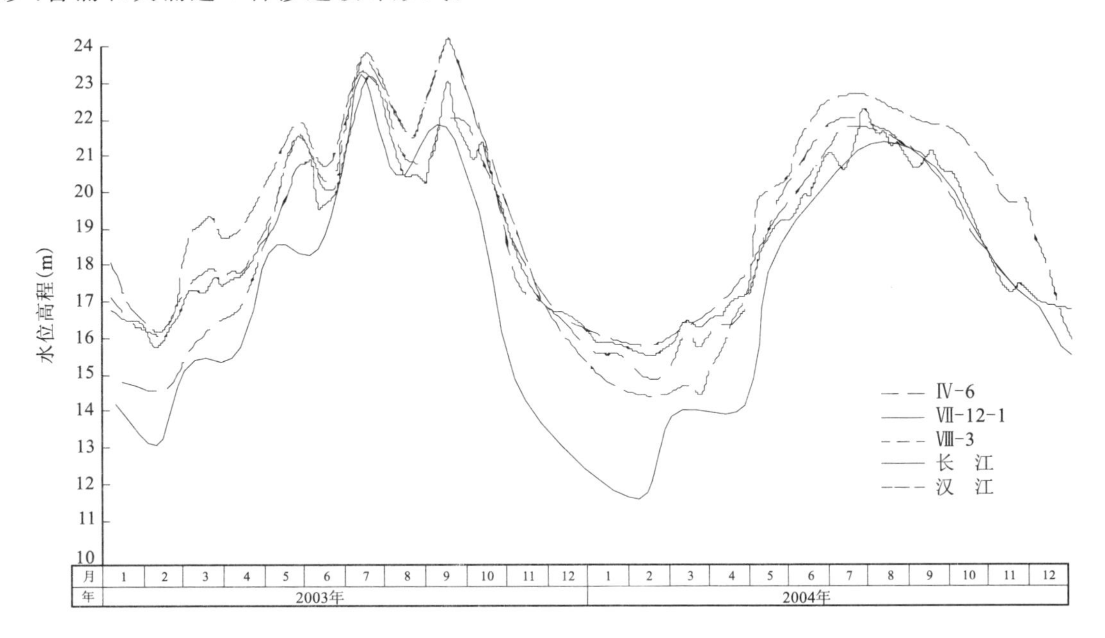

图9 一级阶地前缘全新统空隙承压水水位、长江、汉江水位历时曲线图

应当指出，流砂、管涌和突涌是有区别的3种不同的渗透破坏现象。简而言之，流砂是由于开挖所造成的水力梯度超过了临界水力梯度(与砂土的颗粒级配、密实度等有关)情况下产生的砂土流动现象，也称渗流液化，此时砂土的强度丧失而整体流动；管涌是在一定的水力梯度下，渗流加强时砂中的细颗粒被潜蚀带出的现象；突涌则是在承压水头作用下，承压渗流冲破隔水顶板而使粉土或砂土从较大突破口或管状、裂隙通道涌出的现象，它主要取决于隔水顶板厚度和承压水头的大小。这3种现象往往在涌出方式上区别不大，其关键的区别是水动力来源和流土的范围。这3种

渗透破坏在不同地层组合和不同深度的深基坑中各有其不同的表现形式。下面举出几种典型的情况。

(1)表层填土和粉质粘土下为数米厚的粉土和粉砂含水层,其下为粘土底板,即所谓潜水埋藏特点。

此种水土组合情况下,如基坑开挖不穿透粘土层底板,在对粉土或粉砂含水层不进行有效的隔渗或没进行降水疏干时,将会产生流砂,在有竖向帷幕但局部有漏洞时可能产生管涌。

(2)在表层填土下有粘性土为主,间夹薄层粉土、粉砂(呈互层或透镜体)时,如果竖向隔渗较差或施工锚杆孔时,将产生管涌。

(3)在下部砂砾土中的承压水被较深的基坑开挖至隔水顶板小于安全厚度或局部挖穿时,坑底或部分侧壁将会产生突涌——承压水上涌并携大量粉土、粉砂涌出。如果开挖将全部隔水顶板挖除,则具有高孔隙水压力的粉土、粉砂将大面积液化形成流砂。

以上几种情况,不论是管涌、突涌或流砂一旦发生,都将在坑底和边坡出现不同形式破坏。坑底因涌水或流土而被水土淹没,边坡因下部水土流失而使地面大范围下沉,下沉土体将逐渐产生少量水平位移而形成整个的弧形破坏。与一般滑坡不同的是破坏土体以垂直下沉为主,水平位移为辅,但其范围较大,一般在20~30m,大者可达40m以上,且随水土流失的增加而扩大。实践证明,地下水的渗透破坏所造成的基坑及周围环境的破坏比任何其他的破坏要更严重。从这个意义上讲,可以说深基坑工程的最大危害是水对粉土和砂土的渗透破坏所引起的基坑土体的变形破坏。

5　深基坑工程设计的一些宏观控制概念

综上所述,我们所列举的不同地貌单元上,不同的地层组合及地下水的类型、特点及其相应的变形破坏机制,其目的是形成对这些明显不同地域的岩、土、水组合特点的规律认识,以此为基础在进行各类深基坑工程设计时能以特有的岩土工程环境条件区分变形破坏特点并预测主要岩土工程问题,在设计方案的选择上建立一些合理可靠的宏观控制原则。总结近几年的体会,粗略地提出以下几方面。

5.1　基坑支护及防水设计的三大基本要素

在进行具体设计时,确定支护形式和防水措施时,特别是段落划分时,主要根据以下3个方面因素。

(1)开挖深度:周边各段因基础形式及埋深不同和地面标高的变化决定了各段开挖深度不同,则支护形式和防水措施可能有很大变化。

(2)地层组合特征和地下水埋藏特点:同一基坑的周边各段的地层组合特征和地下水可能存在明显差别,必须区别对待,加以划分。

(3)周边环境及坑内基础特点(即内、外环境):同一基坑的各边、各段,内外环境有的宽松,有的严峻,必须加以具体划分,区别对待,以不同的安全度要求,选择恰当的支护形式和防水措施。

5.2　支护结构的侧土压力计算方法选择

不同地貌单元上不同地层组合条件下,应按不同的变形破坏模式来选择支护结构的侧土压力计算方法。

(1)北方高阶地黄土状土或黄土,在非饱和条件下可按对数螺旋破裂面或包络线计算侧土压

力；饱和情况下应按滑坡潜在面计算或校核侧土压力和稳定性。

(2)冲积平原或三角洲中冲积层的一般粘性土组合条件下应按朗肯理论计算侧土压力，并按主动土压力破裂面分布来规范安全范围。

(3)在河湖相或滨海、三角洲相深厚软土为主的条件下，除按一般土压力理论和变形计算方法计算土压力及变形外，必须按圆弧破坏模式校核稳定性或计算锚固体的长度；在设置支护结构时，必须考虑基底隆起并在坑底下一定深度出现滑裂面以下来计算插入或锚固深度以保证稳定地控制变形。

(4)南方高阶地或隆岗、丘陵的非饱和老粘性土，计算支护结构侧土压力时，宜采用太沙基-佩克包络线法。但必须切记查明外水浸入的可能性，严密防水或估计可能产生各种接合面滑坡的可能性，以潜在滑裂面计算侧土压力(实为滑坡推力)和以此面限定锚固体长度。

5.3 粘性土分类

就所有各类粘性土而言，均可分为非饱和土和饱和土两大类。各类粘性土均有饱水后强度降低的特性。其中最敏感的是黄土状土或黄土，其次为具有弱膨胀性的老粘性土或膨胀土。这两类土饱水后强度会大幅度降低。在基坑工程设计中必须考虑外水浸入后土压力的增大和产生滑坡的可能性。严密的防水和确定饱水条件后的侧土压力计算以及锚固体长、深都要留有余地。

5.4 防范措施

对不同深度的基坑所涉及的不同类型含水层的地下水处理，最重要的是防止流砂、管涌和突涌的发生。这也是基坑所有事故中最重要的灾害。一般有以下几种情况。

(1)对于地表附近的填土中的上层滞水，应视其水量大小来确定防水措施。年代较久，密实度较好而含水量不大的填土，一般可不采取隔渗防水措施，只用基坑明排即可；对年代很近的松散而含水量大的填土，应采用一般隔渗措施或设集水井排水，尤其是填土层较厚时更应加强；还应注意填土中的上下水管线破漏后带压的集中水流的冲蚀作用。

(2)对浅部的粉土、粉砂潜水含水层，要注意防止流砂和管涌的发生。最有效、可靠的措施是预先进行降水疏干使含水层至开挖深度以下。常用的方法有轻型井点及多点浅井或带反滤层的大井降水。其次是各种有效的隔渗帷幕。帷幕的深度最好是插入相对隔水的粘性土底板中或插入坑底的深度足以保证接触管涌不会产生。

(3)对深部承压含水层有两种情况，一是开挖深度未能揭穿顶板隔水层，但隔水层厚度不足以抵抗承压水头压力。这种情况下可以采用人工注浆工艺加厚隔水层至安全厚度，但最好是采用深井进行减压降水。一种是开挖已揭穿隔水顶板至粉土或粉砂含水层中。这种情况下也可采用足够厚的封底形成水平帷幕(但必须与竖向帷幕紧密衔接)，也可以采用不够厚的水平帷幕加上一定数量的减压降水深井来共同分担，但在计算降水引起周边地面沉降允许的情况下，全部采用深井降水是最可靠也是最经济的办法。

要指出的是，无论是隔渗还是降水都各有其优点和局限性。隔渗若做得可靠，则对周围地面不会造成沉降影响，但由于施工质量难于控制，往往很难保证一处不漏，防渗帷幕的造价也远比降水昂贵；降水的最大问题是它将会引起周边地面沉降，虽然一般在水位降深不大且降水周期不长时沉降量很小，尤其是沉降差一般很小(一般均小于 15‰)。但周围建筑物承受能力差时，如果降深过大也会造成一定危害，因此，防水措施要因地、因时制宜加以选用。

6 结 语

综上所述，在我国这样地域广阔，地质条件千变万化和周边环境纷繁复杂的条件下，进行深基坑的设计与施工时，必须充分认识地质条件（岩、土、水）特点和周边环境特点，进行周密分析、科学地划分类型、预测其变形破坏机制、认真选择对策措施、合理组织施工，才能尽量避免失误，取得深基坑工程的成功。

参考文献

湖北省住房和城乡建设厅，湖北省质量技术监督局.基桩工程技术规程(DB42/T 159—2012)[S].湖北省住房与城乡建设厅，2013.

深基坑工程地下水控制综述

范士凯　陶宏亮

摘　要：本文针对深基坑工程中地下水控制这一重大课题，以土力学和水文地质学中相关的理论概念为基础，对地下水控制的主要问题——不同地貌及第四纪地质单元的水文地质特点及其相应的地下水控制方法对比、深基坑地下水控制的基本理念、基坑降水设计计算要点、地面沉降、渗透破坏、帷幕插入深度等方面的理论与经验作了较深入的阐述。文中对地貌单元、地层时代和地层组合特点对水文地质条件的控制作用及其相应的地下水控制理念和方法作了深入分析。对不同地下水类型及其水文地质条件下的帷幕插入深度作了对比，其中是插入深度对滨临江河的二元结构冲积层中的强透水、高水头、呈韵律分布的厚层承压水存在向上渗流为主的局部渗流场的影响。在这种渗流场中，帷幕插入深度变化对基坑内涌水量和坑外水位的影响不显著。

关键词：地貌单元；地层时代和地层组合；地下水类型；深基坑地下水控制；冲积平原、滨海平原和三角洲；上层滞水、潜水；互层土中弱透水、微承压层间水；二元结构冲积层中强透水、高水头承压水

1　概　述

在影响基坑稳定性的诸多因素中，地下水的作用占有突出位置。历数各地曾发生的基坑工程事故，多数都和地下水的作用有关。因此，妥善解决基坑工程的地下水控制问题就成为基坑工程勘察、设计、施工、监测的重大课题。地下水对基坑工程的危害，除了水土压力中水压力对支护结构的作用之外，更重要的是基坑涌水、渗流破坏（流砂、管涌、坑底突涌）引起地面沉陷和抽（排）水引起地层不均匀固结沉降。基坑工程地下水控制的目的，就是要根据场地的工程地质、水文地质及岩土工程特点，采取可靠措施防止因地下水的不良作用引起基坑失稳及其对周边环境的影响。基坑工程地下水控制的方法分为降（排）水和隔渗（帷幕）两大类，这两种方法各自又包括多种形式。根据地质条件、周边环境、开挖深度和支护形式等因素的组合，可分别采用不同方法或几种方法的合理组合，以达到有效控制地下水的目的。

充分掌握场地的水文地质特征，预测基坑施工中可能发生的地下水危害类型，如基坑涌水、渗流破坏（流砂、管涌、坑底突涌）或排水固结不均匀沉降，是选择正确、合理方法，实现有效控制地下水的前提和基础，其中，防止发生渗流破坏是地下水控制的首要目标。对基坑工程而言，水文地质特征主要是指场地存在的地下水类型（上层滞水、潜水、承压水）和含水层、隔水层的分布规律及主要水文地质参数（地下水位或承压水头深度、含水层渗透系数和影响半径等）。水文地质参数是需要通过专门的水文地质勘探、测试、试验来取得的。比如，不同含水层的地下水位或水头必须用分层止水、分层观测得到，而不能用混合水位代替。渗透系数和影响半径则必须进行现场抽水试验来确定。这些专门水文地质工作的方法和技术要求，在相关的规程、规范和手册中均有详尽的论述，本文不作详细列述。

大多数城市基坑工程处在第四纪土层中。由于我国地域广阔，第四纪沉积的地质条件复杂多

变，但是，第四纪地层的分布规律及其相应的水文地质、工程地质特点，是有宏观规律可循的。任一地区的第四纪地层的水文地质、工程地质特点，集中受控于地区所属的地貌单元、地层时代和地层组合这3个要素。也就是说，地貌单元不同则地层时代和地层组合不同，因而地层中地下水的类型和相关的水文地质特点也不相同，因此也就决定了基坑工程地下水控制的重点和方法。

总之，地质条件、开挖深度和周边环境是深基坑设计和施工的三大控制要素，地质条件是第一要素，而地下水的作用又是地质条件中的最重要因素。因此，可以说深基坑工程地下水控制是大多数基坑的课题。所谓的"岩土工程"实际是"岩、土、水"工程，也是从这个意义上讲的。

本文将从地下水埋藏的宏观规律入手，阐述基坑工程的地下水控制要点。

深基坑地下水控制方案的选择，历来存在"以封堵为主"还是"以降疏为主"的两种理念的分歧。在不同理念指导下的地下水控制方案，其工程造价、施工难度和环境影响的后果有很大区别。本文将在相关章节中专门讨论。

2　与地下水控制相关的一些理论概念

多年参与深基坑等地下工程地下水控制工程深感基础理论的重要。无论是从事地下水控制设计、施工，还是事故分析、处理都需要具备一定的基础理论知识。

深基坑工程地下水控制设计与施工主要涉及两个学科的理论，即水文地质学和土力学。简言之，深基坑工程要控制地下水位、涌水量和环境影响，就需要取得基本的水文地质参数和进行相关的水文地质计算。为此就应具备一定的水文地质学的理论知识；深基坑工程要把地下水的不良作用和环境影响降低到最小程度就需要具备一定的土力学相关理论知识。

基坑工程中地下水的不良作用——三大不良作用。

其一，强透水含水层的大量涌水。

其二，在含水层处于饱和状态下开挖或防渗帷幕失效，产生渗流破坏——发生流砂、管涌和基底突涌。大量"流土"，将产生灾难性后果。所以，防止渗流破坏是地下水控制的首要目标。

其三，地下水位下降、含水层疏干、地层固结沉降，导致周围地面沉降甚至区域性地面沉降。

深基坑地下水控制什么？就是控制这三样东西。为此，最低限度也要具备以下一些土力学和水文地质学的相关知识。

2.1　土力学中的相关概念

2.1.1　关于"固结沉降"

土体排水过程中固结沉降的原理，来源于太沙基(Karl Terzaghi)1923年提出的有效应力原理和渗流固结理论，这是土力学中最重要的原理，是土力学成为一门独立学科的重要标志。

在这里不具体列举各种计算公式，但需指出以下基本概念。

所谓固结理论是指"饱和土体渗流固结"，而渗流是根据达西定律($V=k\cdot i$)，也就是说，没有渗流就没有固结。

在应用固结理论分析地基沉降时，地基土是在建筑荷载作用下、地基土产生附加应力，即"被动"排水固结；而降水时是土中重力(自由)水自动渗出，造成负孔压进而增加有效应力，产生土层固结沉降。这两种固结沉降的条件和过程是不相同的，必须具体情况具体分析。

饱和土中水产生渗流运动的条件：一种是在附加应力作用下土的孔隙被挤压，孔隙水渗流排出；另一种是在自重作用下，孔隙中的自由(重力)水自动渗流排出。由于后者是“自动渗流”，这就需要土层具有一定的透水性。一般情况下，土的渗透系数 K 值小于 10^{-6} cm/s 就是不透水层。这类土层中的孔隙水在自重作用下不会发生渗流排出。

含水层及其上、下层为超固结土(Q_3 及其以前的砂砾层和老粘性土层)在减压或疏干后，只会产生微量沉降；各类岩层疏干后不会产生沉降。

目前大家引用“分层总和法”进行降水引起地面沉降量预估计算时，并不完全符合“在建筑物荷载作用下，地基土在附加应力作用下固结沉降的作用条件”而是“自重作用”条件下孔隙水自动渗流排出的自动固结沉降。这就要求在使用计算公式时作具体分析。试将湖北省《基坑工程技术规程》中的计算公式作具体分析：

$$\Delta_{SW} = M_s \cdot \sum_{i=1}^{n} \sigma_{wi} \frac{\Delta_{hi}}{E_{si}}$$

式中：Δ_{SW}——水位下降引起的地面沉降(cm)；

M_s——经验系数，$M_s = M_1 \cdot M_2$，对于一般粘性土可取 0.3～0.5，粉质粘土、粉土、粉砂互层 M_1 可取 0.5～0.7，淤泥、淤泥质土 M_1 可取 0.7～0.9，当降水维持时间 3 个月之内时 M_2 可取 0.5～0.7，当降水维持时间超过 3 个月时 M_2 可取 0.7～0.9；

σ_{wi}——水位下降引起的各计算分层有效应力增量(kPa)；

Δ_{hi}——受降水影响分层(自降水前的水位至含水层底板之间)的分层厚度(cm)；

n——计算分层数；

E_{si}——各分层的压缩模量(kPa)。

要强调指出的是，当存在两层以上含水层时，如上层为潜水或上层滞水，下层为承压水(图 1)，两层之间有隔水层而只降下层承压水时，就应作具体分析。

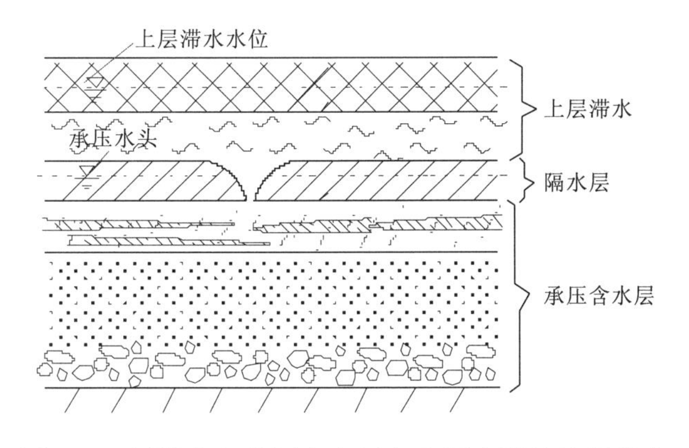

图 1　上层滞水与承压水之间存在隔水层的地层组合

①上、下两层水之间有隔水层(K 值≤10^{-6} cm/s)时，上层滞水含水层(杂填土、淤泥)一般不应算作压缩层，只有在上、下两层水之间的隔水层有缺口越流时才可算作压缩层(图 1)。

②主要的压缩层是承压含水层(粉质粘土、粉土、粉砂互层和粉细砂、粗砂、砾石层)。

③承压水头的位置只反映承压水压力高度，并不一定对应承压含水层，因而水位下降时不一定引起水位下降过程中所经过的所有土层产生有效应力增量。

④承压含水层顶板为不透水粘性土层(K 值≤10^{-6} cm/s)时，该层不能自动排水固结，故不能算作压缩层。

⑤承压含水层顶板直接为淤泥时，该淤泥层可作为压缩层。

⑥承压含水层顶板直接为淤泥质粉质粘土，且降水位已降至其下的承压含水层中时，该顶板层可视为部分压缩层；当降水位(头)仍在顶板以上时，顶板层可不视为压缩层，因为此时只反映承压含水层本身孔隙水压力变化，顶板层的孔隙水并没有压力变化。

倘若能如此细致分析、计算，对降水引起的沉降预估将更接近实际。否则将会得到预估沉降远大于实际沉降的结果。

在研究渗流固结问题时，透水性等级很重要(表 1)。强透水至弱透水土层中可以产生渗流运动，微透水至不透水土层中不能产生渗流运动。

表 1　岩土渗透性等级表

类别	单位	强透水	中等透水	弱透水	微透水	不透水
渗透系数 K 值	m/d	>10	1～10	0.01～1	0.001～0.01	<0.001
	cm/s	$>10^{-2}$	$10^{-3}\sim10^{-2}$	$10^{-5}\sim10^{-3}$	$10^{-6}\sim10^{-5}$	$<10^{-6}$

2.1.2　关于“渗透破坏”

在经典土力学中，渗透破坏亦称渗透变形。为理解渗透变形，首先要明确两个概念——渗透力 j 和临界水力坡降(梯度)i_{cr}。

(1)渗透力——由于水头差的存在，土中水产生渗流，同时产生向上的渗透力，即每单位土体内所受的渗透作用力，用 j 表示，其值为：

$$j = r_2 \cdot i$$

渗透力的大小和水力坡降 i 成正比，其方向与渗透方向一致。

(2)临界水力坡降。土中水的渗透水力坡降逐渐增大时，渗透力也随之增大。当水力坡降(水头差)增大到某一数值即临界水力坡降时，即向上的渗透力克服了向下的重力时，土体就会浮起或受到破坏，俗称流土。临界水力坡降用 i_{cr} 表示。其值为：

$$i_{cr} = \frac{r'}{r_w}$$

式中：i_{cr}——临界水力坡降；

r'——土的浮容重；

r_w——水的容重。

由于
$$r' = \frac{(G_s - 1)r_w}{1+e}$$

$$i_{cr} = \frac{G_s - 1}{1+e}$$

式中：G_s、e 分别为土的颗粒比重和土的空隙比。可见临界水力坡降是针对每一种土而言的。

土工建筑物及地基由于渗流作用而出现的变形或破坏称为渗透变形或渗透破坏，如土层剥落、地面隆起、细颗粒被水带出以及出现集中渗流通道等。单一土层的渗透变形主要是流土、管涌和突涌三种基本形式。

① 流土——在向上的渗透水流作用下，表层土局部范围内的土体或颗粒同时发生悬浮、移动的现象称为流土。任何类型的饱和土，只要水力坡降达到一定的大小(临界值)都会发生流土破坏。

发生流土时，地表将普遍出现小泉眼，冒气泡，继而土颗粒群向上鼓起，发生浮动、跳跃，俗称砂沸。基坑坑底“突涌”时就常出现这些现象。

在深基坑开挖中，最普遍发生的是流土，因为直立开挖中水力坡降很容易超过临界水力坡降，只要是开挖深度超过地下水位以下，坑内与坑外的水头差极易超过临界值。所以，只要是在地下水位以下开挖，极易发生流土。

② 管涌——在渗透水流作用下，土中的细颗粒在粗颗粒形成的孔隙中移动，以致流失；随着孔隙的不断扩大，渗透流速不断增加，较粗的颗粒也相继被水流逐渐带走，最终导致土体内形成贯通

的渗流通道，造成土体塌陷，这种现象称为管涌。管涌发生在一定级配的无粘性土中，发生的部位可以在渗流溢出处，也可以在土体内部，故有人也称之为渗流的潜蚀现象。

渗透破坏的判别：

流土——若 $i<i_{cr}$，土体处于稳定状态；

$i>i_{cr}$，土体发生流土破坏；

$i=i_{cr}$，土体处于临界状态。

管涌——主要取决于两种条件（限于无粘性土）：其一是土的颗粒级配特点，级配均匀（$C_u<10$）的不易发生管涌，不均匀（$C_u>10$）的则易发生。

其二是水力条件，即达到管涌水力坡降时发生。管涌水力坡降可由试验得出。

③ 突涌——指承压水对基坑底作用的渗流破坏。基坑开挖减小了承压水顶板不透水层厚度，当剩余厚度不足时，承压水顶穿基坑底板，便发生突涌（冒砂或砂沸），如图 2 所示。

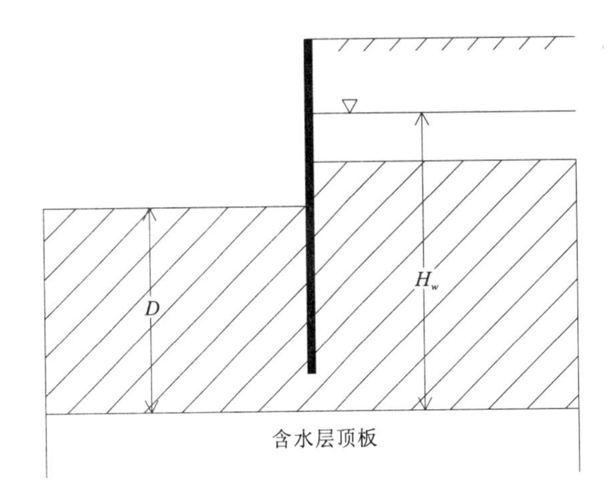

图 2　坑底突涌验算

判别式：　　$F \cdot r_w H_w \geqslant r_m D$

式中：F——抗坑底突涌安全系数，一般取 1.05～1.20；

r_m——承压含水层顶板至基坑底板剩余土层的平均重度（KN/m^3）；

D——承压含水层顶板至基坑底剩余土层的厚度（m）；

r_w——水的重度；

H_w——从承压含水层顶板算起的承压水头高度（m）。

2.2　水文地质学中的几个基本概念

由于基坑工程地下水控制是短时间的，不考虑时间因素，故采用稳定流理论公式。

2.2.1　渗流基本定律——达西定律(Darcy,1856)

水在含水介质中的渗流速度 v 与水力梯度 I 的一次方成正比，即：

$$v = K \cdot I \quad 或 \quad K \cdot I \cdot A$$

式中：K 为比例系数，称为渗流系数。对一个特定的含水层 K 是个常数，它代表含水层的渗透性，是研究地下水的重要指标。I 为水力梯度；A 为过水断面面积。

渗透系数 K 值的取得主要是通过现场抽水试验。室内渗透试验数据不能反映现场水文地质条件，只供参考。

2.2.2　水力梯度(水力坡度)I

水力梯度为沿渗流途径的水头(位)降低值与相应渗流长度的比值，即：

$$I = \frac{\Delta H}{\Delta L}$$

式中：ΔH——水头降低值；

ΔL——相应的渗流长度。

2.2.3　抽水井的裘布依半径——影响半径 R

裘布依假定是在稳定流状态下，将抽水影响范围内的含水层视为一个半径为 R 的圆柱体，在此圆柱体外周界保持一个常水头 H，构成在含水层中抽水时的一个边界条件，习惯上称 R 为影响半径。这个影响半径有以下两个特点。

①理论上在稳定流状态下，它是一个常数，不随抽水井的出水量及降深的变化而变化，实际上它与降深相对应。

②距降水井距离为 R 处降深为零，即不论出水量多大，水位下降多深，均不影响到影响半径之外。

关于影响半径的确定，最好是用带观测孔的抽水试验确定，也可由经验公式计算确定（$R=2S_w\sqrt{HK}$ 或 $R=10S_w\sqrt{K}$）。虽然用不同方法确定的 R 值不尽相同，单井抽水和群井抽水的影响半径也不相同，但有一个基本概念是肯定的，即在一定的降深、一定渗透系数和一定厚度的含水层中抽水的影响半径是有限的。

由此可引申出一个概念，即降水引起的地面沉降也必然是在影响半径的范围之内的，因为 R 周界之外的自然水位是不变的。

深基坑地下水控制中，不同类型含水层的地下水位埋深（或高程）、渗透系数（K）和影响半径（R）这 3 个参数是非常重要的。任何一个场地都应通过现场试验、观测和计算取得这些参数的精确数据。

此外，在需要进行渗流场分析时，流网（流线和等势线）的概念和制作方法也必须掌握。尤其是对不同水文地质条件下帷幕与降水联合使用时，流网的空间分布（渗流场）是判断防治措施合理性的重要依据。

2.2.4 抽水井和取水构筑物涌水量的计算

由于基坑工程是临时性工程，基坑降水的维持周期较短，降深不是很大，且对水文地质参数的精度要求不是太高。所以可以认为渗流场均处于稳定流状态，即渗流场不随时间变化。

稳定流状态下的抽水井和取水构筑物的涌水量计算，历来都是以裘布依假定为理论基础。基于地下水类型、渗流场边界条件、抽水井类型及其布置方式等具体因素，人们推导出数十种计算公式用于解决各种条件下的涌水量计算。常用的各种计算在相关的规范规程和手册中都能查到，本文不一一列举。有关深基坑降水的水文地质计算要点将在后面的章节中介绍。

2.3 地下水类型及含水层的地层组合特点

常用的地下水分类方法有两种，一种是按含水层的埋藏条件和水力特征分为上层滞水、潜水和承压水；一种是按含水介质特性分为孔隙水、裂隙水和岩溶水，或以某两种水的组合分为孔隙裂隙水（黄土中水）、裂隙孔隙水（半胶结砂砾岩）和岩溶裂隙与溶洞、管道水。通常是考虑上面所述的两种因素进行综合分类（表 2）。

地下水按其埋藏条件的水力特性划分的基本类型及其定义如下。

上层滞水——是指地层的包气带中局部的、不成为连续含水层的土层中的地下水，多为孔隙水、无压力水头。如人工填土、淤泥透镜体和多年冻土融冻层中的地下水。它与周围、上下的其他含水层无水力联系。

潜水——是指地表以下至第一个隔水层之上的含水层中的地下水，有孔隙水，也有裂隙水或浅部岩溶带中地下水，无压力水头。

承压水——是指上、下两个隔水层之间的含水层中的地下水，亦称层间水。有孔隙水，也有裂隙水（裂隙孔隙水）或岩溶发育带中地下水。因顶板倾斜、含水层厚度变化，特别是补给区水位高于本区隔水层顶板时，该含水层形成压力水头并高于顶板，故称承压水。当承压水头高出地面且当顶板被揭穿时，承压水即溢出地面，称为自流水（井、泉）。各类地下水类型见图 3。

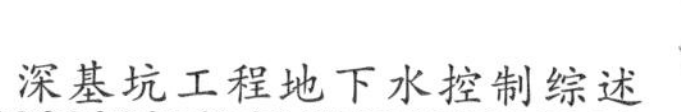

表 2　地下水综合分类表

类型		含水层性质	水力特点	分布区与补给区的关系	动态特征	含水层状态	含水层分布及水量特点	附注
上层滞水	孔隙水	人工填土、淤泥透镜体中水、多年冻土融冻层水	无压	一致	随季节变化	层状或透镜状	空间分布的连续性差，有时水量较大	基坑工程对此类水多采用竖向帷幕和坑内集水明排
潜水	孔隙水	第四系粉土、砂、卵砾石、黄土，第三系（古近系＋新近系）半胶结砂砾岩，冻土层中水，岩浆岩全、强风化带中水	无压	一致或临近地表水体补给	随季节变化	层状	含水层分布及含水特性受所属的地貌单元、地层时代、地层组合控制，宏观规律性强	基坑工程对此类水宜采用竖向帷幕，能落入隔水底板时采用封闭式降水，否则采用开放式降水。降水可采用大口集水井、轻型井点或管井
	裂隙水	各类岩体的卸荷、风化裂隙带中水，或构造裂隙、破碎带内水	无压、局部低压	一致或相邻富水区补给	随季节变化	层状、带状	分布及含水性受岩性和构造影响明显，总体上水量不大	基坑工程对此类水多采用集水明排
	岩溶水	可溶岩体的溶蚀裂隙和溶洞中水		一致或临近地表水体补给	随季节变化	层状、脉状	受岩溶发育规律控制，包气带岩溶季节性含水，其水量不大。饱水带一般水量不大，有时较大	基坑工程对此类浅部岩溶水可采用集水明排或管井降水
承压水	孔隙水	第四系层间粉土、砂、卵砾石、黄土，第三系（古近系＋新近系）半胶结砂砾岩层间含水层中水，或多年冻土层下部含水层中水	承压	不一致	随季节变化	层状	冲积平原、河流阶地、河间地块、古河道等均具有二元结构特征，承压水头较高，水量丰富；三角洲和滨海平原具有互层特性，多层层间水呈低压性，水量小于前者	基坑工程对二元结构冲积层承压水宜采用管井降水或竖向及封底帷幕加封闭式降水。临近江、河、湖、海并具有较高承压水头时，封底帷幕很少奏效，宜采用悬挂式帷幕加深井降水，或落底帷幕加封闭式降水
	裂隙水	基岩构造盆地、向斜、单斜、断层带中水			随季节变化不明显	层状、带状	分布受岩性、地质构造控制，一般水量不大	基坑工程很少涉及此类水，如有涉及可集水明排
	岩溶水	临近江、河、湖、海岩溶带中水或构造盆地、向斜、单斜构造中可溶岩层中岩溶水			有季节性变化或随季节变化不明显	层状、脉状	临近地表水体的可溶岩体岩溶发育带呈层状分布，河间地块或高山区河流有时成地下河。总体上含水丰富、水量大	一般基坑工程较少涉及此类水，超深基坑若涉及浅部岩溶承压水时，水量不大者可用管井降水或集水明排；水量很大且强排无效时，宜做帷幕堵塞岩溶通道后降水疏干

注：此表参照一些类似的分类表改编而成，为使基坑工程地下水控制更有针对性地使用此表，特另加附注。

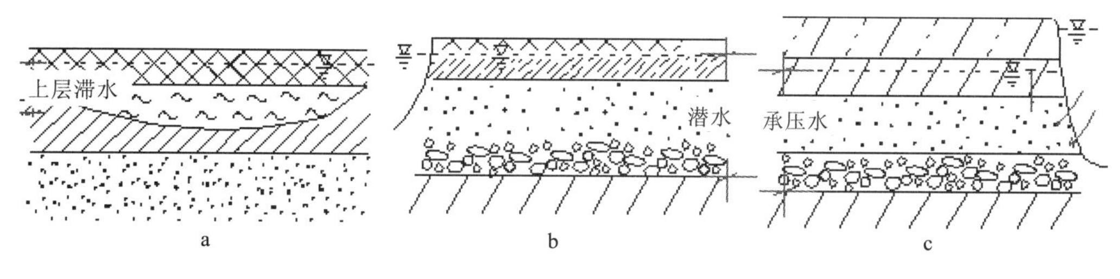

图 3　三种类型地下水

地下水的综合分类及相应的基坑工程地下水控制原则见表2。

3 不同地貌-第四纪地质单元的水文地质特点及其相应的地下水控制方法对比

在第四纪土层分布区，无论是工程地质条件还是水文地质条件都存在“地域性”的差别，这已是学术界和工程界的共识。如何认识和界定这些差别？笔者认为，只要抓住“地貌单元、地层时代和地层组合”3个要素，这个问题就迎刃而解。单就水文地质条件而言，地貌单元决定了宏观水文地质特征的地域性，地层时代决定了含水层的透水性和地层的固结程度，地层组合决定了地下水的类型、分布及其相互关系。按照这种概念并结合大量工程经验，针对基坑工程地下水控制的需要，将几种典型地貌单元的水文地质特点和地下水控制的基本概念和方法列表(表3)进行对比。

表3 典型地貌单元地下水特点及其控制方法对比表

地貌单元		地层时代年龄	地层组合	水文地质特点				基坑工程地下水控制方法	备注
				地下水类型	K (m/d)	R (cm)	单井 Q (T/h)		
冲积平原	长江一级阶地	全新世 Q_4 (1.2万年)	二元结构：上部以粘性土为主，间有软土、粉土；下部为粉细中粗砂、卵砾石层	上部含上层滞水或潜水		<50		竖向帷幕＋集水明排或轻型井点疏干降水	应防止坑外上层滞水流失，否则会引起浅表不均匀沉降
				下部含承压水(与长江有直接水力联系)	5～20 (10^{-2}～10^{-3})	100～250	50～100	竖向悬挂式帷幕＋深井降水(减压或疏干)；超深基坑可采用“落底”式竖向帷幕	采用落底或五面全封闭帷幕会造成内外大水头差，帷幕不严会发生管涌突涌
	长江二级阶地	晚更新世 Q_3(13万年至2万年)	二元结构：表层有几米至10余米 Q_4 超覆软土或粘质土、粉土、粉砂；上部为 Q_3 粘性土；下部为含粘粒密实粉细中粗砂卵砾石层	上部含 Q_4 上层滞水	0.1～1	<50	<10	竖向帷幕＋集水明排	应防止坑外上层滞水流失引起浅表不均匀沉降
				下部含 Q_3 承压水(与长江有间接水力联系)	1～5 (10^{-3})	50～100		竖向悬挂式帷幕＋深井降水(减压或疏干)	砂土粘粒含量>20%，卵砾石粘粒含量>10%，不易发生管涌。降水对地面沉降影响很小
	长江古河道	中更新世 Q_2(78万年至13万年)	二元结构：上部为 Q_2 网纹红土，下部为深厚粉、细、中、粗砂、卵砾石，均含粘粒	下部含承压水(与长江无直接水力联系)	<2 (10^{-3})	50～100	<10	竖向悬挂式帷幕＋深井降水(减压或疏干)，有时用真空泵抽水	冲积层厚度80～100m以上，砂、卵石密实，粘粒含量>20%，不易发生管涌，降水对地面影响极小
三角洲滨海平原	长江三角洲	河口区50m以上为全新世 Q_4 下部为晚更新世 Q_3	互层结构(以上海东部为例)：80m以上划分为⑨层。⑧层以上由粉质粘土、淤泥质粉质粘土、粘土、砂质粉土或粘质粉土组成；60～70m以下为⑨层粉细砂或中粗砂	上部含上层滞水、潜水				由于深基坑涉及深度内约50m以上普遍为粘性土与粉土互层，含水层以弱透水粉土为主，故适于采用竖向帷幕封闭式疏干降水；对超深基坑，宜采用深井对深部承压水进行减压降水	与江汉平原长江阶地二元结构冲积层中的强透水、高水头承压水显著不同，基坑地下水控制方法有较大区别
				中部⑤层和⑦层含微承压水	0.16～0.4 (10^{-4})	<100			
				深部⑦、⑨层含承压水	3.8～7.5 (10^{-3})	>100			

续表 3

地貌单元		地层时代年龄	地层组合	水文地质特点				基坑工程地下水控制方法	备注
				地下水类型	K（m/d）	R（cm）	单井 Q（T/h）		
三角洲滨海平原	滨海平原（杭州湾）	全新世 Q_4	互层结构（以钱塘江南岸为例）：上部 16m 为砂质粉土；中部为淤泥质，粉质粘土（厚 20 余米）及粉质粘土加粉砂；下部为细砂、圆砾（>15m）	上部为弱透水潜水	0.4～0.6（10^{-4}）	<100		竖向悬挂式帷幕或落底式帷幕＋坑内管井降水（浅井疏干上部潜水和中部层间水，深井对深部承压水减压）	滨海平原沉积特点为海陆交互相沉积物，带有较厚的海相淤泥质软土与陆相砂、砾土互层。隔渗和降水同样重要
				粉砂夹层中含微承压水	1.7～2.5（10^{-3}）	<100			
				下部含强透水承压水	210～300（10^{-1}）	>300			
山前冲洪积平原	太行山南麓洪积扇群（河南焦作地区）	全新世 Q_4、晚更新世 Q_3、中更新世 Q_2	分带的相变结构；山麓锥顶相-粗砾相：以泥流型砾石夹土为主，间有水流型黄土状土；中间相以黄土状土为主，夹砾石透镜体；边缘相：黄土状土为主夹细粒土	无稳定的地下水				基本上不存在地下水控制问题，但需防止降雨地表水浸泡黄土状土使之强度降低引起基坑失稳	
				20 世纪 60 年代曾有自流泉，今已干涸					
				局部有上层滞水					

从表 3 所列的江汉平原、滨海平原、三角洲和山前冲洪积平原的对比中，可集中反映出两大特点：一是地貌单元不同则水文地质条件有明显差别，因而地下水控制方法也不相同；二是不同地貌单元中的几种地下水类型的控制方法也有区别。其中最典型的是江汉平原（二元结构冲积层）与长江三角洲（多层粘性土与粉土、砂土互层）及滨海平原（粉土与淤泥质粉质粘土、砂土互层），即二元结构冲积层和海陆交互相互层两类地层组合（图 4、图 5、图 6）。前者以厚层承压水为主，承压水头

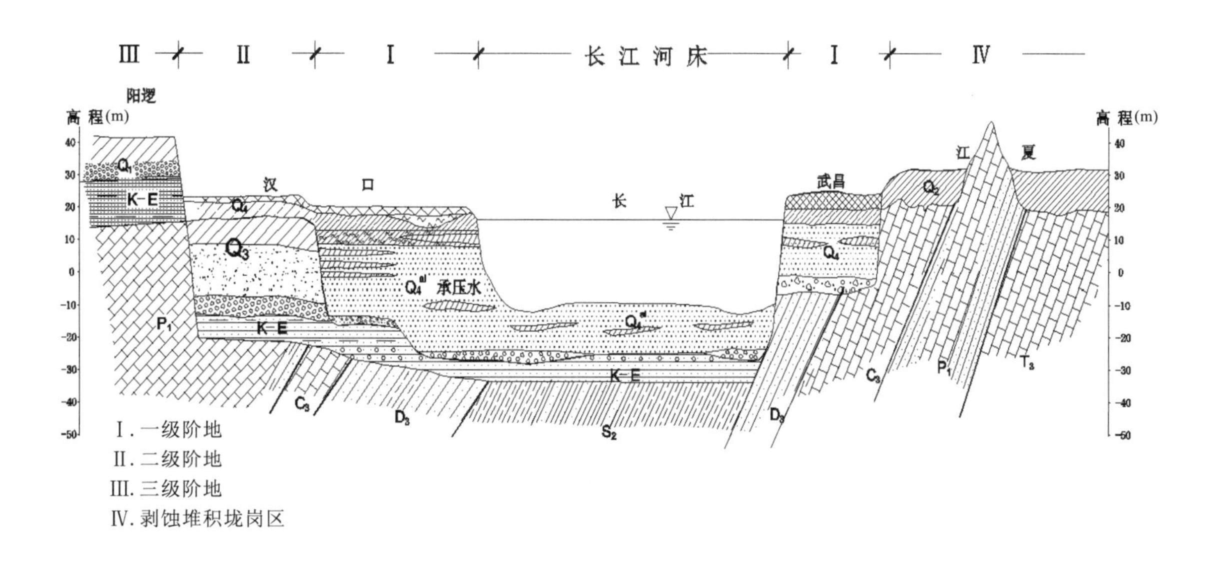

图 4　江汉平原武汉地区概化地质剖面示意图

高且与长江有直接水力联系，后者以层间弱承压水为主，且与现代河流无直接水力联系。两者的水文地质参数也有较大差别。因而地下水控制方法也有明显区别。山前冲洪积平原是由洪积扇群与出山河流冲积而成的扇间洼地组成的分带性明显的冲洪积层(粘性土与砾石层交叉分布)，地层时代以更新世(Q_3、Q_2)为主(图7)。水文地质最显著特点是地下水埋藏较深，一般不需要专门的地下水控制措施。

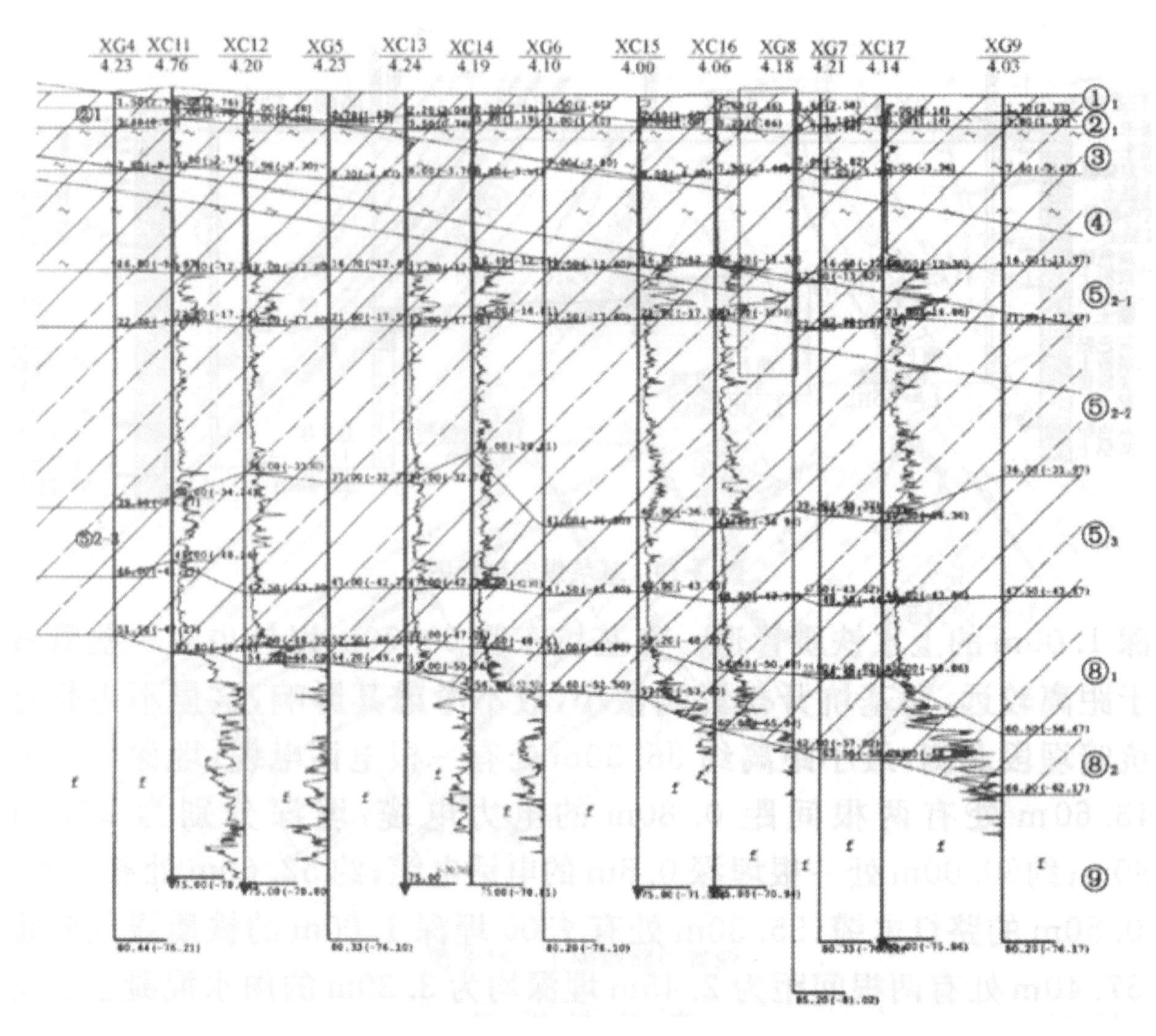

图5　上海耀华西支路越江隧道工程地质剖面图

从以上几种典型地貌-第四纪地质单元的水文地质条件及其相应的地下水控制方法的对比中，可以得到如下认识：在进行基坑工程地下水控制时，首先应从地貌-第四纪地质单元入手，在区分地层(含水层与隔水层)时代和地层组合及其水文地质特点的基础上，按照地下水类型分别或统一采取地下水控制措施。这是一条从宏观到微观，从定性到定量，充分考虑地域差别的技术路线，也是笔者从事基坑工程地下水控制20余年的基本经验。

4　深基坑地下水控制设计的基本概念

4.1　地下水控制的主要目的和要求

基坑工程地下水控制的主要目的是对各类含水层中的上层滞水、潜水、承压水进行控制，在保

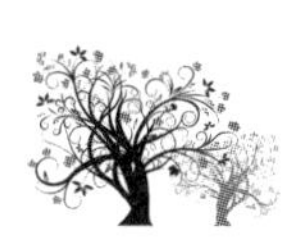

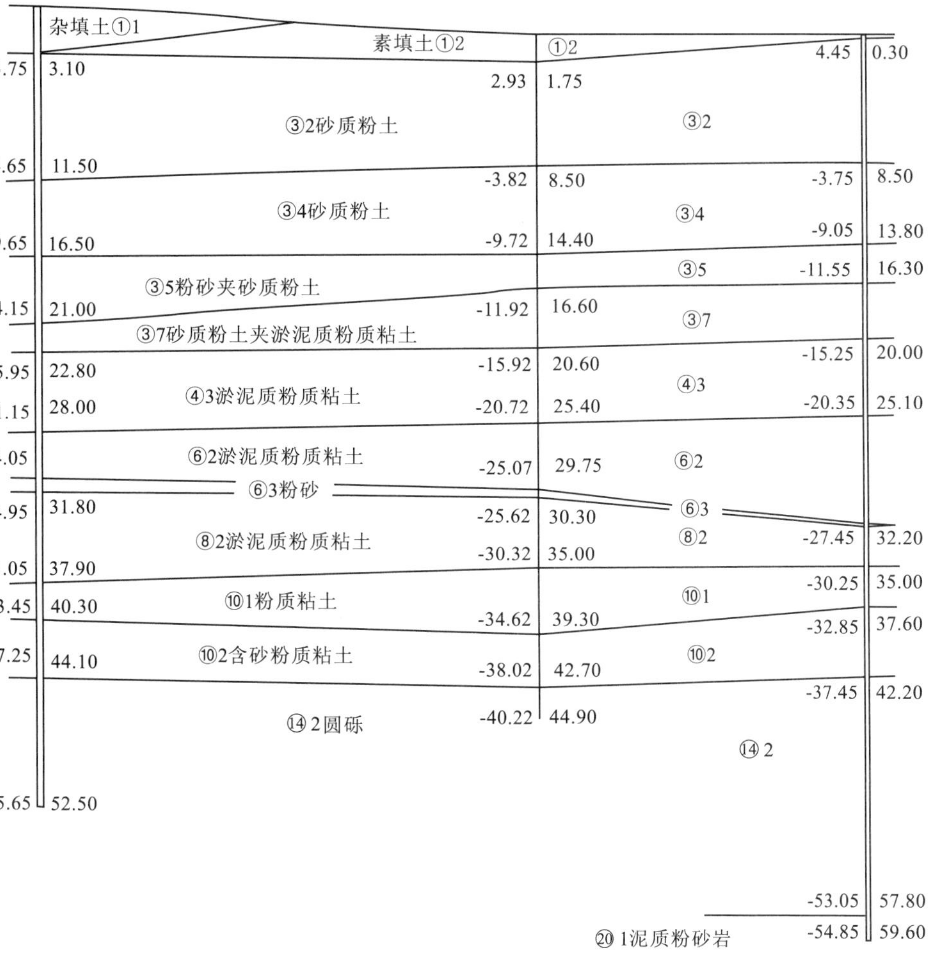

杂填土①1
素填土①2
①2
3.75
3.10
2.93
1.75
4.45
0.30
③2砂质粉土
③2
-4.65
11.50
-3.82
8.50
-3.75
8.50
③4砂质粉土
③4
-9.65
16.50
-9.72
14.40
-9.05
13.80
③5粉砂夹砂质粉土
③5
-11.55
16.30
-14.15
21.00
-11.92
16.60
③7
③7砂质粉土夹淤泥质粉质粘土
-15.95
22.80
-15.92
20.60
-15.25
20.00
④3淤泥质粉质粘土
④3
-21.15
28.00
-20.72
25.40
-20.35
25.10
-24.05
⑥2淤泥质粉质粘土
-25.07
29.75
⑥2
⑥3粉砂
⑥3
-24.95
31.80
-25.62
30.30
⑧2淤泥质粉质粘土
⑧2
-27.45
32.20
-30.32
35.00
-31.05
37.90
-30.25
35.00
⑩1粉质粘土
⑩1
-33.45
40.30
-34.62
39.30
-32.85
37.60
-37.25
44.10
⑩2含砂粉质粘土
-38.02
42.70
⑩2
-37.45
42.20
⑭2圆砾
-40.22
44.90
⑭2
-45.65
52.50
-53.05
57.80
⑳1泥质粉砂岩
-54.85
59.60

图 6　滨海平原钱塘江南风井地质剖面图

200
150
100
50
0
-50
高程(m)
I. 洪积扇顶部沉积带
II.洪积扇前缘沉积带
III. 冲积平原沉积带
N332
N441
N411
N412
N413
N821
Q4
Q3
Q2
全新世亚粘土夹粉土
晚更新世黄土类亚粘土夹卵砾石层
中更新世含钙质结核红亚粘土
中更新世和全新世砾石层
晚二叠世砂质页岩夹煤层

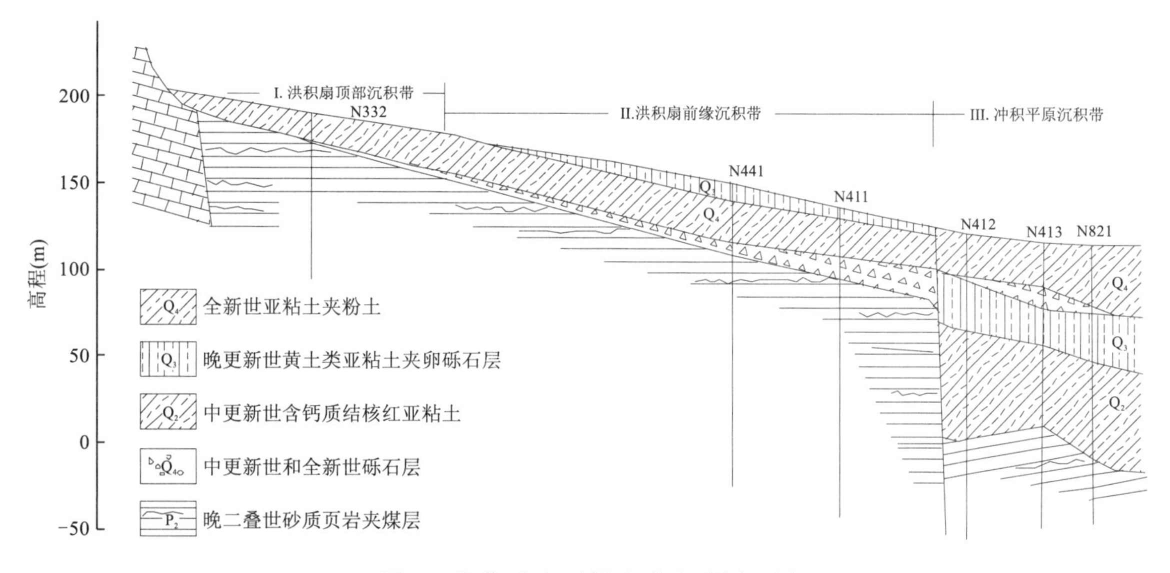

图 7　焦作矿山西部地形地质剖面图

证开挖过程中干作业的状况下，确保基坑边坡和坑底的稳定和周边建(构)筑物、管线及道路的稳定、安全。

为达到上述目的，必须满足以下 3 点基本要求。

(1)确保粉土或砂土不发生渗流破坏(流砂、管涌、突涌),这是首要的要求。

(2)防止软土(淤泥、淤泥质土)发生塑流挤出。

(3)控制周边地面沉降,使其沉降量和沉降差满足周边建(构)筑物、道路、管线稳定的要求。

4.2 深基坑地下水控制的基本概念

众所周知,深基坑及各类地下工程的地下水控制手段就是两大类,即隔渗(各种工法的帷幕)和降水(减压或疏干)。概括讲就是根据地质条件、环境因素和开挖深度3个要素,合理使用隔渗和降水两种手段,达到地下水控制的目标。具体实施方案基本为3类:其一是全隔渗(五面帷幕或竖向落底帷幕);其二是纯降水不隔渗,即开放式降水(减压或疏干);其三是隔渗与降水(减压或疏干)联合使用。由于地域性地质条件差别、地区经验和理念不同,控制方案也存在"以封堵为主"和"以降疏为主"的区别。下面就以武汉地区和上海地区的各自特点及其地下水控制概念的差别进行比较。

4.2.1 武汉地区

武汉地区地处长江中游江汉平原——长江冲积平原,地质条件有如下特点。

(1)地貌单元划分,由长江冲积一级阶地、冲积二级阶地、长江古河道和剥蚀堆积垄岗(相当于三级阶地)组成(图4)。

(2)地层组合及其地质时代,一、二级阶地和长江古河道均具典型冲积成因二元结构——上部以粘性土为主(一般厚10~15m),下部基本由砂土及砾卵石组成(厚度大于30m);一级阶地地层时代为全新世(Q_4,底部年龄为1.2万年);二级阶地地层时代为晚更新世(Q_3,底部年龄为13万年);长江古河道地层时代为中更新世(Q_2,底部年龄为78万年);剥蚀堆积垄岗区(三级阶地)不具二元结构,基本为粘性土直接覆盖基岩。地层时代上部为晚更新世(Q_3,底部年龄为13万年,称为下蜀系粘土),下部为中更新世(Q_2,底部年龄为78万年,称为网纹红土)

(3)地下水类型及水文地质特征。

一级阶地:上部含上层滞水,邻江段有潜水(含水层为粉土或粉砂),下部为孔隙承压水(含水层为粉、细、中粗砂及砾卵石,厚度大于30m)。承压含水层为强透水($K\geqslant10^{-2}$ cm/s),承压水头高且与长江有直接水力联系——随长江水位涨落而同步涨落。

二级阶地:上部为全新世(Q_4)一级阶地超覆地层,含上层滞水。中部为Q_3粘性土(隔水层),下部为含粘粒砂土及卵石层孔隙承压水。由于砂土和卵石层中富含超过20%的粘粒(由砂中的长石、云母等粘土矿物风化而成),故透水性明显低于一级阶地($K\leqslant10^{-3}\sim10^{-4}$ cm/s)。承压水头一般低于一级阶地,与长江有间接水力联系。

长江古河道:分布在长江一、二、三级阶地之下。Q_2老粘性土之下为巨厚的含粘粒(>20%)的砂及卵砾石承压含水层。透水性低于一、二级阶地,$K\leqslant10^{-3}\sim10^{-4}$ cm/s。与长江无直接水力联系,承压水头低于一、二级阶地。

三级阶地(剥蚀堆积垄岗),除部分地段上部有全新世(Q_4)近代填土和淤泥中含上层滞水和底部土夹碎石中含少量孔隙水之外,大部分Q_3及Q_2老粘性土均为非含水层,地下水的影响不大。

(4)地下水控制的基本概念和主要方法。

武汉地区20多年对深基坑进行地下水控制的基本经验可概括为以下几点。

①充分认识3个地貌单元、3种地质时代含水层的水文地质特征,以此为基础来制定地下水控制方案并预判其对周边环境的影响性质和程度。

②在不同的地貌单元上,针对地下水类型(上层滞水、潜水、承压水)分别采取适宜的控制措施。

③冲积平原的一级阶地，全新世(Q_4)二元结构冲积层下部承压水具有含水层厚度大、强透水、承压水头高且与长江有直接水力联系的突出特点，渗流破坏(管涌、突涌、流砂)是最大威胁。地下水控制的主要措施是悬挂式帷幕＋降水(减压或疏干)，个别情况采用全封闭帷幕。降水对周边环境的影响可控(地面沉降量多数小于5cm，沉降差小于1‰)；二级阶地，晚更新世(Q_3)二元结构冲积层下部承压水含水层和长江古河道中更新世(Q_2)二元结构冲积层下部承压水含水层均为中等至弱透水性，与长江无直接水力联系。因砂土中粘粒含量高，密实度大，一般不会发生渗流破坏。地下水控制的主要方法是降水(减压或疏干)。降水对周边环境影响很小(地面沉降小于2cm，沉降差小于1‰)；三级阶地(剥蚀堆积垄岗)多为非饱和粘性土，一般不需要专门的地下水控制措施。

地下水控制的主要方法有以下几种。

①上层滞水或潜水，因属近代、欠固结、弱渗透含水层，一般采用竖向帷幕隔渗，坑内集水明排。邻江地段有粉土、粉砂潜水含水层时，采用竖向帷幕隔渗，坑内采用轻型井点疏干或集水井明排。在一、二级阶地上部大面积深厚淤泥质土和填土的湖塘区，对其中的上层滞水要严密隔渗，否则会引起较大范围的浅表不均匀沉降。

②一级阶地二元结构冲积层下部承压水，多数采用悬挂式竖向帷幕＋管井降水。帷幕深度只需超过含水层上部互层土(粉质粘土、粉土、粉砂互层)，不用插入主含水层太深。降水井多为非完整井；超深基坑地连墙需落底(插入含水层底板)时，必须采取可靠措施防止地连墙渗漏，导致管涌、突涌。必要时在坑外预设降水井备用；二级阶地及长江古河道二元结构冲积层下部承压水，一般也采用悬挂式竖向帷幕＋管井降水，但帷幕的主要作用是隔断上部全新世(Q_4)的上层滞水或浅层承压水，下部(Q_3 或 Q_2)承压水则只需用管井疏干或减压降水。

4.2.2 上海地区

上海地区地处长江三角洲东部滨海平原，以中心城区为代表的地质条件有如下特点。

(1)地貌单元属于长江三角洲河口段。第四纪以来海侵、海退频繁，受海洋潮汐与河流冲积交互作用，形成典型的滨海三角洲平原。

(2)地层组合及其地质时代，西部湖沼平原区埋深仅数米的暗绿色硬土与东部滨海平原区局部地段埋深20余米的暗绿色硬土层同属晚更新世(Q_3)海退期的陆相地层；主城区所在的长江河口区50～60m以上均为全新世(Q_4)的海陆交互相互层土(淤泥质土、粉质粘土、砂质粉土、粘质粉土、粉砂)分布区。其下为更新世(Q_3)的硬土及深厚的砂土层。可见主城区50～60m以上大部分为全新世(Q_4)的以粘性土为主的互层土(图5)。

(3)地下水类型及水文地质特征。

上海地区的地下水类型具有三角洲的水文地质特点，可分为浅部上层滞水、互层土中弱透水、微承压的层间水和深部砂层的较高水头承压水。对基坑工程有直接影响的主要是50～60m以上的上层滞水和层间水。

上层滞水，主要埋藏在表层填土和淤泥质软土层中，其渗透系数 $K<10^{-6}$ cm/s。其分布不连续，厚度变化较大。

层间水，含在互层土中的粉土或粉砂层中，弱透水性，渗透系数 $K<10^{-4}$ cm/s。具微承压性，与地表水体无直接水力联系。

深层承压水，含在50～60m以下的更新世(Q_3)的陆相冲积砂层中。由于时代较久，砂中的粘土矿物颗粒(长石、云母等)风化成粘土，故砂中粘粒含量较高，导致砂层透水性弱($K\leqslant10^{-4}$ cm/s)，受古河道控制，承压水头较高。

总体来讲，上海地区的地下水分为上部全新世(Q_4)地层中的上层滞水及互层土中的微承压层间水和深部更新世(Q_3)的砂层中的承压水两部分。含水层都属于弱透水层，普遍与地表水体无直接水力联系。这与长江冲积平原的二元结构冲积层中的地下水(厚度大、强渗透、高水头)相比较有明显区别。

(4)地下水控制的基本概念和主要方法。

针对上部50～60m内含水层具有互层性、弱透水、微承压和含水层本身及相邻地层均具欠固结的特点，下部承压含水层埋深大，只对超深基坑有基底突涌影响的两种情况。地下水控制的基本概念可概括为：上部的上层滞水和层间水以帷幕隔渗为主，坑内降水疏干，不宜采用坑外降水疏干措施；深部承压含水层属超固结、低压缩性地层，且隔水底板很深，故只需采用深井减压降水措施。

主要具体方法是，上部采用各种工法的竖向隔渗帷幕隔断坑外水以控制坑外地面沉降，坑内采用轻型井点或真空管井等强力降水措施疏干弱透水层；下部采用超深管井降低承压水头。

综上所述，从武汉地区的冲积平原和上海地区的长江三角洲的地下水特点及其地下水控制的基本概念的对比分析，可得到以下基本认识。

由于所处的地貌单元、地层组合类型及其地质时代不同，武汉与上海两地区深基坑地下水控制的基本概念有明显的区别。武汉地区对下部承压水"以降疏为主，隔渗为辅"且重点是防止高水头、强透水的承压含水层发生渗流破坏(流砂、管涌、突涌)；上海地区对上部层间水"以隔渗为主，降疏为辅"且重点是防止深厚的欠固结地层失水导致地面不均匀沉降。对深部承压水(对基坑有影响时)采用深井减压降水。其他地区类似地貌单元可参照采用。总之，究竟是"以降疏为主，隔渗为辅"还是"以隔渗为主，降疏为辅"，应根据地域所处的地质条件来定，不能一概而论。武汉与上海地区的对比最能说明问题。

5 基坑降水设计与计算要点

5.1 隔渗帷幕与管井降水联合使用的基本类型

同济大学吴林高教授等(2003)在《工程降水设计施工与基坑渗流理论》一书中，按照基坑围护结构(或隔水帷幕)周围的地下水渗流特征，将隔渗帷幕和降水的组合形式分为3类，现引述如下。

第一类：基坑围护结构(帷幕)深入潜水或承压水含水层的隔水底板中，井点降水以疏干基坑内的地下水为目的，见图8。其地下水渗流特征是，基坑内外地下水无水力联系，降水时坑外地下水不受影响。这类组合形式对帷幕质量要求高，渗漏时会发生管涌或突涌。

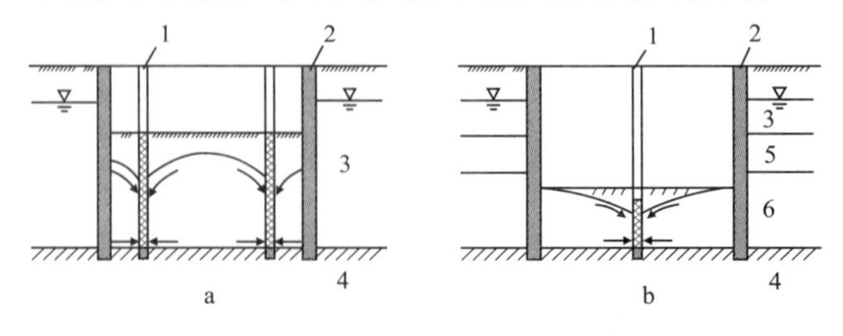

图8 第一类基坑降水示意图

1.降水井；2.围护结构(隔水帷幕)；3.潜水含水层；4.隔水层；5.弱透水层(相对隔水层)；6.承压含水层

第二类：基坑围护结构(帷幕)深入潜水或上层滞水底板——也是承压水隔水顶板中，降水井深入到承压含水层中，见图9。管井降水以降低下部承压水头、防止坑底突涌为目的。此种情况下，

帷幕未将坑内外承压含水层隔断，其地下水渗流特征：坑内外承压水连续相通，形成统一的降落漏斗。这类降水影响范围较大，但降水漏斗平缓，引起的地面沉降均匀。

第三类：基坑围护结构（帷幕）深入到承压含水层中，管井降水以降低基坑下部承压水头、疏干部分承压含水层为目的，见图10。这种类型的降水特点是，含水层的一部分（中上部）被帷幕隔开，一部分（下部）未隔开。其地下水的渗流特征是呈三维流态。另外，由于井损和绕渗，坑内外形成水头差。

吴林高教授在《工程降水设计施工与基坑渗流理论》一书中，还对上述3类方式的渗流计算作了详细介绍。此书堪称经典，建议大家学习应用。

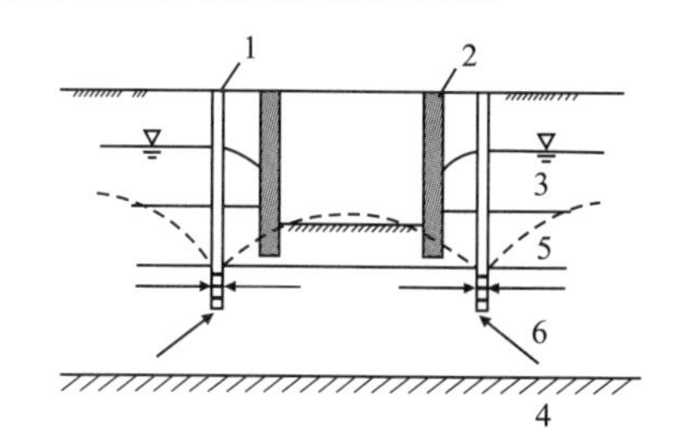

图9　第二类基坑降水示意图

1.降水井；2.围护结构（隔水帷幕）；3.潜水含水层；4.隔水层；5.弱透水层（相对隔水层）；6.承压含水层

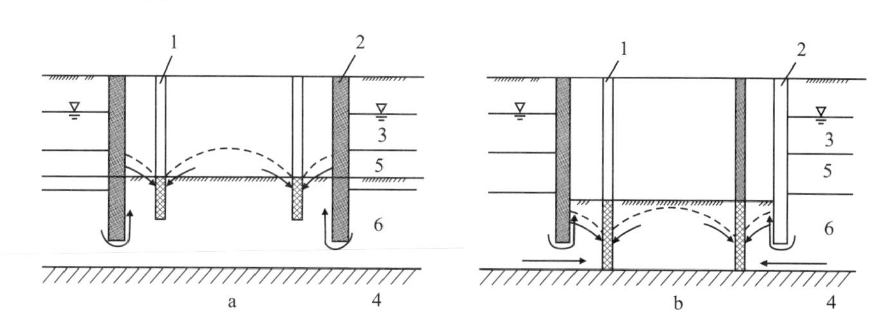

图10　第三类基坑降水示意图

1.降水井；2.围护结构（隔水帷幕）；3.潜水含水层；4.隔水层；5.弱透水层（相对隔水层）；6.承压含水层

湖北省地方标准《基坑管井降水工程技术规程》（DB42/T830—2012）在引用以上3类组合类型时，细化出坑内与坑外、潜水与承压水以及第3类中的降水井与帷幕的相对深不同等情况。除帷幕＋降水的3类外，还有无帷幕开放式降水类型，总共有4类降水类型，并给出相应的稳定流简化计算方法，可供大家参考使用。

5.2　基坑降水设计与计算

5.2.1　设计必备的基础资料

降水设计所需的基础资料基本包括3个方面，即场地的工程地质及水文地质资料、基坑工程状况和周边环境特点。

（1）工程地质及水文地质资料。

①场地所属地貌单元、地层岩性（垂直、水平）分布、含水层、隔水层分布及其地质时代归属和各层土的透水性（K）、压缩性指标（Es）。

②地下水类型及其含水层分布，各含水层的补给、径流、排泄条件（尤其与地表水体的关系）。

③各含水层天然地下水位，即上层滞水、潜水或承压水位（头）。各层水位（头）均应在专门的水文地质钻孔中分层（止水）进行测量取得，并应有丰水期（雨季）和枯水期（旱季）两种水位。应强调地下水位在降水设计中的重要意义，不能用混合水位代替上层滞水、潜水、承压水各自特有的水位，多层层间水也应分层观测各层水的水位。

④通过现场抽水试验取得的目标含水层的渗透系数（导水系数）、贮水系数（给水度）及影响半径。

应当加以说明的是，抽水试验分为稳定流抽水试验和非稳定流抽水试验。前者操作简单但取得的参数精度较差，后者精度较高且可取得更多的参数，如导水系数、给水度、贮水系数、压力传导系数、越流因数等。由于基坑降水属临时性工程，降水维持期较短，一般用稳定流抽水试验和稳定流计算公式可以满足工程需要。但当降水设计需要多种参数和精准计算时，宜采用非稳定流抽水试验或对抽水试验的前期非稳定流阶段按非稳定流试验要求观测水位和流量，当试验达到稳定流阶段后再按稳定流试验要求观测水位和流量，并分别用相应公式求取含水层参数。

抽水试验井数，宜采用多井即一个抽水井带一个或多个观测井的抽水试验。它能完成多项任务，除测定含水层渗透系数和降水井出水量外，还能确定含水层不同方向上的渗透性，水位下降漏斗范围(影响半径)和形态、补给宽度，确定合理井距和井群干扰系数及各含水层的给水度等；单井抽水试验则只能测定含水层渗透系数和降水井出水量，影响半径则只能用经验公式算出。

大型场地或场地包含不同微地貌单元，或地层相变明显时，应进行多组抽水试验，取得不同地段的代表性参数。

(2)基坑工程状况。

①场地建筑总平面图，基坑边界范围及面积，基坑范围内各处开挖深度，分期施工的分区及开挖深度，基坑内主体建筑基底及电梯井深度等。

②基坑围护结构类型(桩或地连墙)，帷幕类型及深度(悬挂、落底、封底)。

(3)基坑周边环境特点。

周边建(构)筑物状况(距离、层高、基础形式及埋深)，重要管(涵)及管线分布及埋深，尤其对沉降敏感的建筑物、道路及管线的调查、探测资料。

上述基础资料是基坑降水设计的前提和基础，设计者应高度重视，务求资料全面、详尽和准确。

5.2.2 基坑降水设计原则

在充分掌握上述基础资料的前提下，降水设计应按以下原则进行。

(1)根据场地存在的地下水类型及其分布、各含水层的含水性和渗透性及其补给条件、含水层与隔水层的埋深及厚度等地质条件因素，综合选用隔渗帷幕与管井降水两种手段的分配和布置方式。不论是采用无帷幕的开放式降水或帷幕全封闭＋坑内降水，还是悬挂式帷幕＋降水(坑内或坑外)，均应根据地质条件、开挖深度和环境条件综合考虑、合理确定，不应各自“独立”设置。

(2)区分地下水类型(潜水、承压水)，根据基坑挖深、帷幕插入深度和位置及周边环境要求，确定降水目的含水层和目标降深，并划分降水类型。

(3)根据基坑规模和深度、含水层顶底板位置、含水层透水性和总排水量大小等因素确定采用完整井或非完整井井深、水井结构(井孔、井管、滤管、滤层及滤料)和水泵类型。

5.3 基坑降水计算的主要内容及步骤

由于基坑工程属临时性工程，基坑降水维持期较短，目标降深及动水位只要维持在坑底1.0～1.5m以下确保开挖及底板施工完成即可满足要求，故可认为降水过程基本处于稳定流状态。因此在多数情况下，基坑降水采用稳定流参数、以裘布依假定进行稳定流计算，且多数情况下采用二维流进行解析计算。少数复杂边界条件下，也需采用数值分析进行三维流分析计算。

基坑降水计算大致包括以下内容和步骤。

(1)在区分地下水类型(潜水、承压水)和4种降水类型的前提下，按照基坑规模(面积)、设定降深和场地水文地质基本参数，采用相应的大井法公式进行基坑总涌水量估算。

(2)根据管井过滤器长度、半径和含水层渗透系数确定单井出水能力，按基坑预估总涌水量和单井出水能力确定降水井数量，水井深度需按基坑深度、目标水位至坑底距离、过滤器长度、沉淀管长度等综合确定，结合基坑支护结构和基础结构的实际状况布置降水井群。

(3)降深及降水水位预测计算，一般情况下按潜水或承压水完整井——群井干扰条件下，用稳定流公式计算降深值；特殊条件下用非稳定流公式计算；复杂边界条件下用数值分析方法进行计算。用完整井公式计算简便实用且偏于安全，所以一般很少用非完整井公式计算。

在预估各点(管井)降深值的基础上绘制降水位等值线图和降深等值线图。各点目标水位均应在基坑开挖深度以下。

(4)采用分层总和法预估基坑外围地面沉降并绘制地面沉降等值线图，在采用分层总和法预估地面沉降量时，应注意以下几点。

①根据场地地层组合划分目标含水层(被疏干或减压的含水层)、隔水层(不透水，$K<10^{-6}$ cm/s)、弱透水层($K=10^{-5}\sim10^{-3}$ cm/s)、微透水层($K=10^{-6}\sim10^{-5}$ cm/s)。

②透水层不应作为压缩层，弱透水层和微透水层给予不同的修正系数。

③隔水层以上或以下地层不应作为压缩层，应按照场地地层相变(厚度变化)进一步区分沉降量异常段。

④应对周边建(构)筑物的主体与附属结构的基础形式及埋深进行调查，预估其不均匀沉降的可能性。

(5)复杂水文地质条件和复杂工程边界条件下形成复杂渗流场时，宜采用数值分析方法进行渗流计算和沉降计算。

上述各项计算所用的计算公式，可按相关规范、手册选用。湖北省地方标准《基坑管井降水工程技术规程》(DB42/T830—2012)可供参考；降水计算采用的软件应考虑地区的适宜性并得到实际验证。

5.4 降水井施工和试运行

(1)降水井施工时，应严格按设计要求对井深和水井结构进行把控。

(2)对降水井质量进行逐井验收，单井涌水量和含砂率应满足设计要求。

(3)所有降水井施工完成后，应进行群井试运行。确认各处降深达到目标水位后方可开挖。

6 关于降水引起的地面沉降

人为大量抽汲地下水会导致地面沉降，这已成为工程界乃至社会的常识。但是，深入了解我国各地的沉降状况和成因就会发现抽汲地下水引起地面沉降的状况是有较大差别的，有很强的地域性。总的状况是，沿海地区(滨海平原、三角洲)抽汲地下水引起的地面沉降量大，且已形成多个区域性地下水位下降漏斗和相应的地面沉降区。而内陆地区除个别城市的局部地带，尚未形成大面积地面沉降区，其内在原因在于地貌地质条件的区域性差别。

基坑工程降水引起的地面沉降，也同样存在沿海与内陆的差别。其内在原因也与区域性沉降基本一致。

6.1 基坑工程降水——地面沉降的区域性对比

基坑工程的降水，虽属临时性、短时间、小范围的降水工程，但也会引起周边不同程度的地面沉降。各地区近20余年基坑工程降水的经验表明，基坑降水对周边地面沉降的影响，同样受其所在

的大地貌单元、次一级地貌类型、地层组合特点及其地质时代的控制。下面以武汉和上海两地进行对比(表4)。

表4 武汉与上海地区降水地面沉降对比

地区	地貌单元	地层组合	地质时代	水文地质特征	降水及帷幕组合方式	地面沉降特点
长江冲积平原	长江冲积平原,一级阶地	二元结构冲积层:上部10余米为粘性土,下部30余米为粉细砂及卵砾石	全新世 Q_4	上部为上层滞水或潜水,下部为深厚粉细砂强透水高水头承压水,与长江有直接水力联系	普遍采用悬挂式帷幕+管井降水;少数超深基坑采用落底式帷幕+坑内降水;目标含水层为下部承压水	(1)沉降量普遍较小,一般小于5cm; (2)地表沉降均匀,沉降差普遍小于1‰; (3)湖沼相软土区上层滞水流失会产生较大不均匀沉降(10~30cm)
	长江冲积平原,二级阶地	二元结构冲积层:上部几米为老粘性土,下部数十米为粘性砂及卵砾石	晚更新世 Q_3	浅部有一级阶地超覆的 Q_4 上层滞水,中部及下部为粘性砂、卵砾石弱透水高水头承压水,与长江无直接水力联系	普遍采用悬挂式帷幕+管井降水,开挖深度不到 Q_3 含水层时,帷幕只隔断上层滞水,下部含水层用开放式降水	(1)沉降量普遍很小,一般小于2cm; (2)只有 Q_4 上层滞水流失会产生较大沉降,需有效封堵
江三角洲	长江三角洲东部河口段	上部50~60m为 Q_4 海陆交互相淤泥质土、粘土、粉质粘土、粉土、粉砂互层;下部为 Q_3 冲洪积砂层、卵砾石层	全新世 Q_4	上部:上层滞水(浅表)、层间(砂质粉土、粉砂)含弱透水、低水头弱承压水	普遍采用竖向全封闭帷幕+坑内管井降水(疏干互层土中层间水)	(1)早已发生区域性地面沉降; (2)互层土若采用开发式降水或在坑外降水会产生较大不均匀沉降
			晚更新世 Q_3	深部含承压水(砂层弱透水)水头较高	深部承压水采用开放式减压降水	(3)深部承压水减压降水对地面影响很小

从表6中的武汉市与上海市分属于两个二级地貌单元的地下水控制理念和方法及所引起的地面沉降特点的对比中,可以概括为:冲积平原上,二元结构冲积层下部的承压水,降水引起的地面沉降量较小,沉降差很小,地下水控制宜采用“以降疏为主,封堵为辅”;三角洲上,互层土中的层间弱承压水,降水引起的地面沉降较大,沉降差也较大。地下水控制宜采用“以封堵为主,降疏为辅”的理念和方法。相类似的地貌单元上,如各大河流的冲积平原、三角洲或滨海平原,均可借鉴武汉和上海两地区的理念、方法和经验。

6.2 不同沉降特点的成因分析

为什么江汉冲积平原上的武汉市与长江三角洲中的上海市基坑降水引起地面沉降的结果会有那么大的差别?用裘布依的影响半径原理进行简单计算就很容易解答。

(1)按两地的地层组合特点、地下水类型、水文地质参数作两个概化剖面(图11)。

(2)采用经验公式 $R = 2S_W\sqrt{hK}$,计算两地含水层降水影响半径。

式中:R——影响半径(m);

S_w——水位降深(m);

h——含水层底至动水位高度(m);

K——渗透系数(m/d)。

在计算一定降深的影响半径 R 的基础上,预估两地降水后的最大沉降值,并据影响半径预估沉

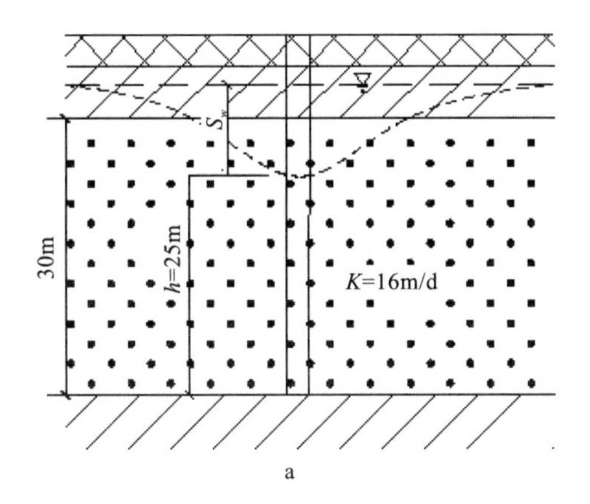

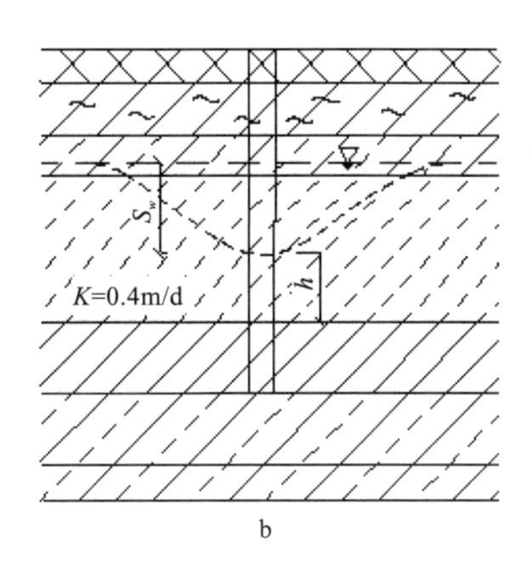

图 11　武汉(a)和上海(b)两地含水层概化剖面

降差。预估结果列于对比表中(表 5)。预估结果表明，在相同降深情况下，由于影响半径之差造成沉降差相差 30 倍。

表 5　武汉与上海两地降水对地面沉降影响对比

地区	地貌单元	地下水类型	含水层厚度(m)	K(m/d)	S_w(m)	h(m)	R(m)	最大沉降值(cm)	沉降差(‰)
武汉	长江一级阶地	高水头承压水	30	16	5	25	200	2	0.1
上海	长江三角洲	微承压层间水	5	0.4	5	5	14.1	5	3.5

上面的估算规律基本符合两地实际。概括来讲：长江冲积平原上的武汉，二元结构冲积层下部承压含水层特点是厚度大、强透水($K=10^{-3}\sim10^{-2}$cm/s)且具中低压缩性，承压水头高且与长江有密切的水力联系，影响半径大且随降深加大而增大，因而降水过程中地面沉降量小，尤其是沉降差普遍小于 1‰；长江三角洲上的上海，地层为海陆交互相互层结构，微承压含水层特点是厚度小、弱透水($K=10^{-5}\sim10^{-4}$cm/s)且具较高压缩性，影响半径小且随降深加大而无增大空间，因而降水过程中地面沉降量大，尤其是沉降差普遍大于 3‰。正是因为两地处于不同地貌单元上，地层结构及其水文地质特点显著不同，降水过程中地面沉降性质及表现有较大差别，所以两地深基坑地下水控制的理念和方法也不相同。武汉地区在长江一、二级阶地上，普遍采用悬挂式竖向帷幕＋管井半封闭或开放(敞开)式降水。而上海地区在长江三角洲河口段海陆交互相互层结构含水层中，普遍采用全封闭式竖向帷幕＋管井封闭式降水，避免在坑外开放式降水。两地的差别，其根本原因就是所处的地貌单元所决定的一系列地质条件不同。

6.3　关于区域性地面沉降

我国东部沿海地区，由于在近几十年中大量抽汲地下水造成大范围的地面沉降。长江下游(三角洲)有上海、苏州、无锡、常州；浙江(滨海平原)有宁波、嘉兴；华北(滨海平原)有天津、沧州。目前最严重的是华北平原。据 2005 年全国自然生态保护工作会议资料，较大的地下水降落漏斗有 20 余处，沉降区总面积达 7 万多 km^2，已是世界上地面沉降最严重的地区之一。其中沉降大于 500mm 的面积 6430km^2，大于 1000mm 的面积 755km^2，大于 2000mm 的面积包括了整个沧州地区，沉降中心达 2263mm。天津形成了市区、塘沽、汉沽 3 个地面沉降区，市区沉降中心达 2.69m，可见长期、大量汲取地下水造成地面沉降后果之严重。

1)区域性地面沉降的地质条件

为什么我国发生区域性地面沉降的地区大多处在沿海地带？而内陆只在湖沼地带出现小范围的沉降区？归根结底一句话，就是沿海地区所处的地貌单元属于滨海平原或三角洲。这些地貌单元中，在第四纪地质时期中特别是晚更新世以来历经三至四次海侵、海退，形成海陆交互相沉积层。其中有多层在海退后形成的海相和湖沼相淤泥质土层，这类高压缩土层与海相或陆相砂层（含水层）交互形成巨厚的海陆交互相沉积区。当人们在几十年中由浅至深逐层开采砂层中的地下水时，伴随着砂层自固结的同时，相邻的土层尤其是淤泥质（高压缩性）土层也产生排水固结，因而产生地面累计大量沉降。

区域性地面沉降除具有面积大、总沉降量大的特点，还具有广义沉降差不大、相对较均匀的特点，因而并未发生大量的建筑物破坏。但是，由于总沉降量大、沉降范围大，必将影响地下管线等地下工程和道路工程。地下水位的区域性下降，也会影响区域的自然生态。所以，严格控制开采地下水和开展区域性回灌地下水就成为各沉降区的当务之急。

2)区域性地面沉降区内基坑工程地下水控制原则

前已述及，区域性地面沉降大多发生在沿海（滨海平原、三角洲）地区，在这些区域内的基坑工程地下水控制应当遵循既要保证基坑安全，又要保证区域性地面沉降不因基坑降水而加剧的原则。为此，基坑工程地下水控制应当按以下原则进行。

(1)尽量采用“全封闭式帷幕＋坑内降水”，只降坑内地下水，不影响坑外地下水动态和储量。

(2)如不能确保坑外地下水位不下降，必须采取有效的回灌措施。

(3)建筑及结构设计采取预防性措施。

6.4　关于“浅表”地面沉降

所谓“浅表”地面沉降，是指近代湖（塘）沼区的填土和淤泥、淤泥质土中的上层滞水流失后产生的地表显著不均匀的地面沉降。这类沉降在沿海和内陆均有分布。其形态表现为近距离内地表凸凹不平，建筑物主体与附属结构之间出现截然沉降差或道路呈现波状起伏等现象。沉降量由数厘米至数十厘米不等，浅表沉降区面积有几平方千米至几十平方千米。如武汉市后湖片区，浅表沉降区面积已达20余平方千米。

1)地质条件

浅表地面沉降区所处的地貌地质条件多为近代（Q_4—新）湖塘区，沿海地区为海退后的湖、沼相沉积区，内陆区则多为漫滩沼泽或牛轭湖相沉积区。地层主要为淤泥或淤泥质软土加其上的人工填土，其厚度变化很大，地下水类型为上层滞水。

2)成因

造成浅表地面沉降的直接原因就是上层滞水的流失，导致人工填土自沉和淤泥或淤泥质软土的排水固结。上层滞水流失的原因有两方面：其一是基坑无隔渗，开挖明排水引起局部范围的上层滞水流失；其二是下部承压水位下降（人为的或自然的），且上层滞水与下部承压水之间的隔水层缺失，下部承压水位下降后，上层滞水向下“越流”。

3)控制措施

(1)基坑工程上部设竖向帷幕，确保上层滞水不流失。

(2)在深厚填土及软土区禁止采取开放式降排下部承压水，而采用全封闭帷幕条件下的坑内降水。

(3)采用适宜的建筑结构措施或基础形式，使主体结构和附属结构同步协调变形。如底层地坪

架空、散水悬挑，主体结构（高层）和附属结构（多层或单层，或门厅的踏步）采用同类基础类型，对入户管线采用柔性接头等措施。

（4）采用工点补偿性回灌和区域性回灌，使下部承压水位逐渐恢复，并在沉降区建立地下水动态长期观测网。

6.5 科学的对待降水与地面沉降

地下水位下降会导致地面沉降，这是不争的事实。但是，地面沉降量的大小、沉降差的大小以及影响范围大小都会因所处的地貌单元、地层组合及地层时代、地下水类型、含水层厚度及其透水性、含水层与地表水体的补给、排泄关系，以及地下水下降幅度等而呈现出显著不同的状况。总的来讲，区域性地面沉降和基坑工程降水引起局部地面沉降是有很大区别的，前者因长期大范围、大量汲取地下水导致区域性大量沉降而无法完全恢复，只能采取宏观的、社会的、生态的控制措施；后者则因可以采取降水、隔渗、回灌等综合手段加以控制，使地面沉降量及沉降差限制在允许范围内，总体上可控。因此，对待基坑工程的降水与地面沉降应当采取科学的态度和方法。所谓科学的态度和方法，可概括为以下几点。

（1）当今的理论水平和技术方法，尤其是最近20余年我国各地进行基坑工程地下水控制的大量经验证明，采取降水、隔渗和回灌等综合手段并科学、合理利用，是可以将地面沉降控制在周边环境允许的水平上的，不应将基坑降水视为“禁区”而“谈虎色变”，甚至有些城市竟规定不准降水。须知，有些地下工程不进行降水是无法施工的。对待基坑工程所遇到的各种类型的地下水，应当用“地下水控制”——降水、隔渗、回灌等综合手段达到施工安全和环境容许的目的。

（2）要树立地貌单元、地层组合特征及地质时代和地下水类型不同，则地下水控制的理念、原则和方法也不同的指导思想，并且把这种指导思想具体反映到地下水控制的各个环节当中，而不是简单、笼统地理解这些概念。

（3）基坑工程地下水控制的首要目的是防止发生“渗流破坏”（流砂、管涌、突涌），其次才是控制地面沉降，因为两者的不良反应有本质区别。

（4）不同的地貌单元，由于其地层组合形式、地下水类型、含水层厚度、透水性（K）、影响半径（R）、承压性大小等因素的不同，降水引起地面沉降的性质、规律也不相同。因此地下水控制（隔渗、降水、回灌）的理念和方法也应有明显差别。最典型的对比是二元结构冲积层（冲积平原）和互层结构的海陆交互相沉积层（滨海平原、三角洲）。

（5）充分认识含水层地层时代和地层岩性对地面沉降的影响。一般规律是，超固结的更新世（Q_3 及以前）的含水层地面沉降极小，可视为对地表环境无影响；正常固结的全新世（Q_4）含水层地面沉降较小，如果沉降差小于1‰则影响不大，如果沉降差大于3‰则影响较大；欠固结的新近沉积（Q_4—新）含水层地面沉降较大且沉降差也大，对地面环境影响较大；地层岩性对地面沉降的影响，沉降量由小到大的顺序是，卵砾石—粗、中、细、粉砂—粉砂、粉土、粉质粘土互层—粉土—淤泥及淤泥质土，这种顺序区别已由降水过程中分层沉降监测所证实。

7 关于渗透破坏

关于渗透破坏（流砂、管涌、突涌）的理论概念，在第2节中已引用土力学中的经典解释（陈仲颐等，1994）。基坑开挖过程中，渗透破坏常发生在饱和的粉土、粉细砂和粉砂、粉土、粉质粘土互层的地层中。与降水引起地面沉降相比，渗透破坏引起的不良后果远大于固结沉降。基坑开挖过程中，一旦发生渗透破坏，其后果往往是灾难性的。所以，基坑工程地下水控制的首要目标是防止渗透破坏的发生。

7.1 渗透破坏的工程事例

国内近 20 年中各地基坑工程的重大事故大部分是因地下水控制失当，并且绝大多数是因为发生渗透破坏。仅以武汉地区为例，将 20 年中所发生的基坑工程重大事故列于表 6 中。

表 6 武汉市典型基坑事故分析表

序号	工程名称	支护及防水措施	事故特点	事故原因分析	备注
1	威格大厦	护坡桩、无帷幕、无井点降水	涌水冒砂、大量流土，破坏煤气管道	管涌、突涌、流土——渗透破坏	
2	红日大厦	粉喷桩支护兼帷幕	侧壁冒粉土、周边建筑下沉、粉喷桩倒塌	竖向帷幕失效，粉土含水层（潜水）管涌——渗透破坏	
3	君安大厦	排桩支护加单管高喷“填空”	侧壁冒粉土，周边道路下沉、房屋开裂	竖向隔渗失效，粉土含水层（潜水）管涌——渗透破坏	高喷（单管“填空”不适宜）
4	时代广场	桩锚支护、粉喷桩帷幕	锚杆钻孔冒粉土、坑外大片房屋破坏拆除	竖向帷幕被锚孔打穿，粉土含水层（潜水）管涌——渗透破坏	基坑两次被限令回填，停工 10 年
5	泰和广场	桩锚支护，竖向咬合桩帷幕，底板用 3m 厚的高喷水平封底	侧壁冒粉土、粉砂，底板冒水、冒砂，道路下沉、高架桥歪斜、房屋开裂	竖向咬合桩不止水，高喷封底漏洞百出，侧壁管涌，底板突涌、流土——渗透破坏	竖向咬合桩不适用，高喷封底质量无保证
6	武汉广场	桩锚支护、高喷竖向、落底式帷幕加坑底、深井降水	锚杆孔冒砂、侧壁管涌、周边房屋开裂、道路下沉	竖向帷幕被锚孔打穿，局部帷幕封闭不严，造成侧壁管涌——渗透破坏；深井降水保证了底板不突涌	锚杆改为一次性锚杆，加强了深井降水
7	国贸大厦	桩锚支护、浅井降水后期改用深井降水	前期用浅井降水失败，产生侧壁和底板涌水冒砂。坑边锅炉和烟囱炸掉，改成深井降水后才控制住周边下沉	前期浅井降水不到位，带压开挖造成管涌和突涌——渗透破坏；后期改用深井降水消除了渗透破坏的根源	前期曾大量冒砂是万松小区 35 号楼和水准点下沉的原因之一
8	世贸广场	桩锚支护、竖向高压摆喷悬挂式帷幕、底板 3m 厚高喷水平封底	坑底发现 21 处漏点，大量涌水冒砂，周边房屋、道路下沉；加打 6 口深井降水挽救了基坑	底板高喷封底帷幕失效，底板突涌、流土——渗透破坏；补打深井降水，清除了渗透破坏根源	武广、世贸基坑管涌、突涌也是万松小区水准点下沉的原因之一
9	天新大厦	排桩支护、深井降水	沿着降水井四周涌水冒砂，临近楼房下沉开裂；加大深井抽水力度后消除了涌砂	降水井上段止水不严，井点处在不抽水时产生管涌——渗透破坏；提前抽水，加大降深后消除了渗透破坏根源	
10	蓝天嬉水乐园	排桩支护，一侧单管高喷“堵空”止水	侧壁漏水冒砂，紧邻的房屋下沉开裂；补打深井降水挽救了基坑	未形成四面帷幕，单侧帷幕（单管高喷堵空）效果很差，造成侧壁管涌——渗透破坏；补打深井降水，消除了渗透破坏根源	
11	顺道街六角亭粮食学校	排桩支护、深井降水	基坑南侧边涌水冒砂，坑边 6 层教学楼严重损坏拆除	降水井降深不到位，互层土没疏干，导致管涌、突涌流土——渗透破坏	

续表 6

序号	工程名称	支护及防水措施	事故特点	事故原因分析	备注
12	航空路新世界大厦	桩锚支护、搅拌桩竖向帷幕、深井降水	地矿局大楼内外两种不同基础类型的两部分沉降差异显著	锚杆钻孔穿过互层土含水层时管涌——渗透破坏；深井降水时下层粉细砂中水位已降至坑底以下，但互层土中水位降深不同步	
13	常青路中石油大厦	悬挂式地下连续墙、中深井降水	坑底多处涌水冒砂、基础承台施工困难	降水水位不到位，互层土没疏干，导致坑底突涌——渗透破坏	互层土中降水井涌水量很小，应保证足够井数或用真空泵抽水
14	地铁金色雅园车站端头井	悬挂式地下连续墙、中深井降水	坑底涌水冒粉土，导致地连墙及周边地面下沉、房屋的浅基部分下沉开裂	降水水位不到位（降深 9m，挖至 14m），带压开挖导致坑底突涌流土——渗透破坏；补打新井，降至 15m 以下消除了渗透破坏根源	含水层主要是互层土，水井质量至关重要
15	地铁 2 号线循礼门车站	落地式地下连续墙、坑内降水疏干	地连墙存在漏洞，一侧顺漏洞发生涌砂，距基坑数十米外房屋下沉开裂	墙内外水头差大，造成渗流破坏，产生侧壁管涌	地连墙槽段间接头止水质量难保证。落底式地连墙本来只需悬臂式
16	地铁 2 号线江汉路车站	落地式地下连续墙、坑内降水疏干	地连墙存在漏洞，顺漏洞发生涌砂，基坑外出现陷坑	墙内外存在 8m 以上水头差，造成渗流破坏，产生侧壁管涌	
17	地铁 2 号线王家墩东站	落地式地下连续墙、坑内降水疏干	地连墙存在两处漏洞，顺漏洞发生涌砂，坑外道路下沉	墙内外水头差造成渗流破坏，产生侧壁管涌	
18	地铁 2 号线复兴路站	落地式地下连续墙、坑内降水疏干	地连墙存在一处漏洞，顺漏洞发生涌砂，坑外马路下沉严重	墙内外水头差造成渗流破坏，产生侧壁管涌	
19	地铁香港路站风亭井	落地式地下连续墙、坑内降水疏干，坑外有备用管井	地连墙存在漏洞，顺漏洞发生涌砂；坑外备用管井开启，消除涌砂	墙内外水头差造成渗流破坏，产生侧壁管涌	坑外备用井作用显著
20	地铁 4 号线复兴路盾构接收端	接收井端采用冷冻法加固止水	端头冷冻加固体失效，洞口处洞底大量涌砂。临近房屋严重下沉开裂，洞身数十米管片变形	洞底处存在因承压水形成的 17m 水头差。造成渗流破坏，产生洞底突涌	补打降水井，水头降至洞底以下保证了抢险加固。冷冻与降水相比。降水既可靠又经济

注：①表中所列 20 个基坑事故，几乎包括了武汉地区 20 年较大基坑事故的全部；②除表列基坑外，超过 1000 座涉水基坑大部分采用悬挂式帷幕加管井降水，即“以降疏为主，封降结合”，均未发生破坏性事故；③表列的 20 个事故，除 1 处（12 号航空路新世界大厦）外，其余 19 处均为渗流破坏（管涌、突涌），且地下水控制方式不以降疏为主或降疏不到位。

表6中所列的工程事例，几乎包括了武汉地区基坑工程重大事故的绝大多数，而这些事故全部都是因渗透破坏造成的。可见渗透破坏对基坑稳定性和周边环境的影响有多么严重，也表明把防止发生渗透破坏作为地下水控制的首要目标是符合实际的。

7.2 发生渗流破坏的直接原因

分析各个工程事故案例，可总结出以下几种原因。

(1)在既无隔渗帷幕也无降水(疏干或减压)措施的情况下，在地下水位(头)以下的饱和含水层中盲目开挖，导致坑壁、坑底大范围流砂，并波及基坑周边更大范围地面沉降、塌陷。

(2)虽有悬挂式帷幕和降水措施，但降水的降深未达到目标水位，基坑下部及坑底仍处在饱水状态，也就是说降水不到位、隔渗又没全封闭，仍会发生侧壁管涌或坑底突涌；或在坑底以下有一定厚度隔水层，为防止承压水突涌而减压降水，降深未达到目标水位也会发生坑底突涌。

(3)全封闭(五面或落底式)帷幕存在缺欠，出现渗漏点并延漏点产生管涌或突涌。其中，五面帷幕在无降水井减压的情况下，侧壁渗透发生侧壁管涌，底板渗漏发生突涌；落底式竖向帷幕出现漏点时，在内外水头差作用下，将发生侧壁管涌。水头差很大时将发生“水枪”式喷涌。内外水头差的存在是全封闭帷幕发生管涌、突涌的动因。帷幕渗漏是直接原因。

7.3 防止渗透破坏的主要措施

(1)降水疏干坑底下一定深度以上的含水层或将承压水头降至安全深度以下是防止渗透破坏的根本措施。也就是说，只要不在含水层饱水的情况下开挖，或不在承压水头作用下“带压开挖”就不会发生管涌、突涌、流砂。一句话，就是降水一定要到目标水位。

(2)保证隔渗帷幕质量，确保不发生渗漏。由于帷幕类型和基坑深度不同，保证措施也有区别。

①地下连续墙兼作帷幕，最易渗漏部位是转角接头处，其次是槽段接头处，接头处防渗是重点。采用落底式地连墙且内外水头差很大时宜在转角处预设2～3口减压降水井。

②采用竖向加封底(五面)帷幕时，首先是工法选择要适当。竖向帷幕以地连墙、SMW工法桩、三轴搅拌水泥土咬合桩、CSM或TRD工法较为可靠，高压旋喷帷幕成功率较低；封底帷幕宜采用三轴搅拌水泥土咬合桩，但因深度和施工场地限制，常采用高压旋喷。经验证明，高喷封底很难保证不漏，所以应同时预设减压降水井，以防止突涌。

③采用排桩支护时，含水层为砂类土、强透水、高水压地层不宜采用高喷帷幕，尤其不要采用桩间单管高喷；在排桩外侧为填土和淤泥质粘性土时，可采用水泥土搅拌或桩间单管高喷。老粘性土或一般粘性土中的纯粘土可不设帷幕。

8 关于帷幕插入深度

从事基坑工程地下水控制的人中普遍有这样一种认识，即帷幕插入含水层中的深度越大，对地下水控制的作用越大。其实不完全是这样。理论和经验证明，帷幕插入深度大小的作用会因地貌单元、地下水类型、渗透系数、含水层厚度及地层组合关系，以及与地表水体之间的相互补给、排泄关系等因素的不同而有显著差别。下面取几种典型情况进行分析。

8.1 河漫滩或超漫滩一级阶地潜水

(1)含水层隔水底板很浅(图12)时，帷幕落底。

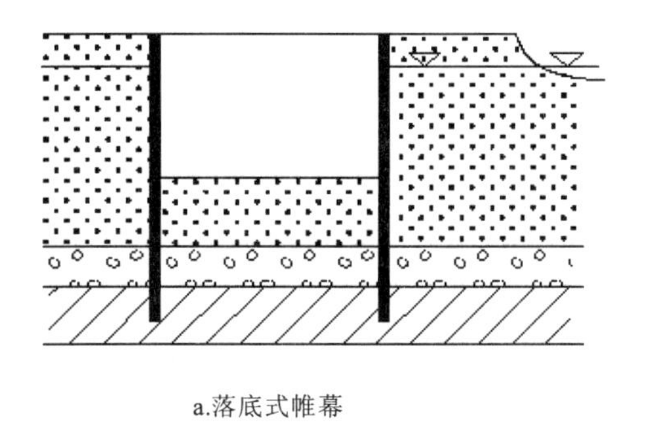

a.落底式帷幕

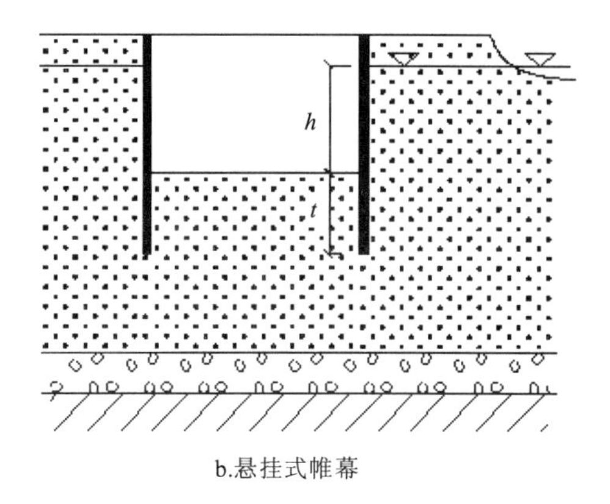

b.悬挂式帷幕

图 12　潜水含水层底板深浅不同时的帷幕类型

(2)含水层隔水底板很深时,采用悬挂式帷幕。由于潜水在基坑集中降排水时的渗流场是以水平渗流为主,帷幕深浅变化对渗流路径长短有直接作用,从而改变渗流场。这里引用侧壁管涌计算公式进行解析。按图 13 所示,抗管涌稳定系数计算公式:

$$K_{gy}=\frac{(2t+h)\cdot r}{h\cdot r_w}$$

式中:K_{gy}——抗管涌稳定系数;

t——帷幕进入坑底以下深度(m);

h——侧壁含水层水位至坑底深度(m);

r——土的平均浮容重(kN/m^3);

r_w——水的重度(取 $10kN/m^3$)。

上式直观地表达了帷幕插入深度的作用,即在其他参数不变的条件下,帷幕插入深度越大则抗管涌稳定系数越大。实际情况也并非如此简单,如渗透系数大小,或降水井深度浅于帷幕或超过帷幕深度等情况变化时,帷幕深度的作用都会有所不同。这就需要按三维流进行渗流场的数值分析。

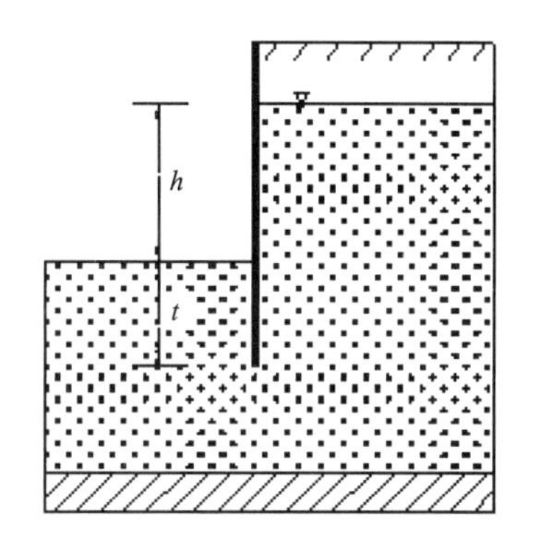

图 13　侧壁管涌验算

8.2　滨河冲积阶地、二元结构冲积层承压水

滨临江河的冲积阶地中的地下水,有以下明显特征。

①地层组合为二元结构,即上部以粘性土为主,下部为砂类土和卵砾石。上部浅层常有上层滞水含于填土或淤泥、淤泥质土中,偶有潜水含于粉土、粉砂中,上、下部之间普遍存在粉质粘土相对隔水层或粘土隔水层,下部砂类土和卵砾石中含孔隙承压水。

②下部承压含水层的砂类土和卵砾石土普遍呈现沉积韵律特征,即从上至下的颗粒组成呈规律性由细变粗,因此渗透系数也随之由小变大。

③除上层滞水外,临河潜水和承压水均与江河有直接水力联系,即地下水位(头)随江河水位的涨落而同步涨落。

仅以武汉长江一级阶地下部承压水为例进行分析。图 14 中所表示的长江一级阶地的水文地质特征,基本上可以作为近代冲积平原中地下水类型、组合关系及其分布特点(图 14)。长江一级阶地也是深基坑工程地下水控制难度最大、事故频发地区。近 20 余年在这一地貌单元上,对承压水控制理念上“以隔渗为主、降水为辅”,还是“以降疏为主,隔渗为辅”一直存在争议。其中也有关

于帷幕深度变化的作用和落底式帷幕的利弊，也一直有不同认识和做法。笔者基于20余年在武汉地区从事地下水控制的实践和理论分析，得出如下基本认识。

(1)对长江一级阶地(近代冲积平原)中的承压水，应“以降疏为主、隔渗为辅”进行控制，即应普遍采用“悬挂式帷幕＋深井降水”的方法。

(2)由于临江一级阶地中的承压水与长江有直接水力联系，承压水以向上渗流为主(图15)，所以在一定深度之上以帷幕深度变化来控制坑内、外水位的作用不大。

(3)“落底式帷幕是一把双刃剑”，除非因力学平衡计算必须落底，应尽量采用悬挂式帷幕＋深井降水；帷幕必须落底时应采取可靠措施，确保帷幕严实不漏，防止渗透破坏。

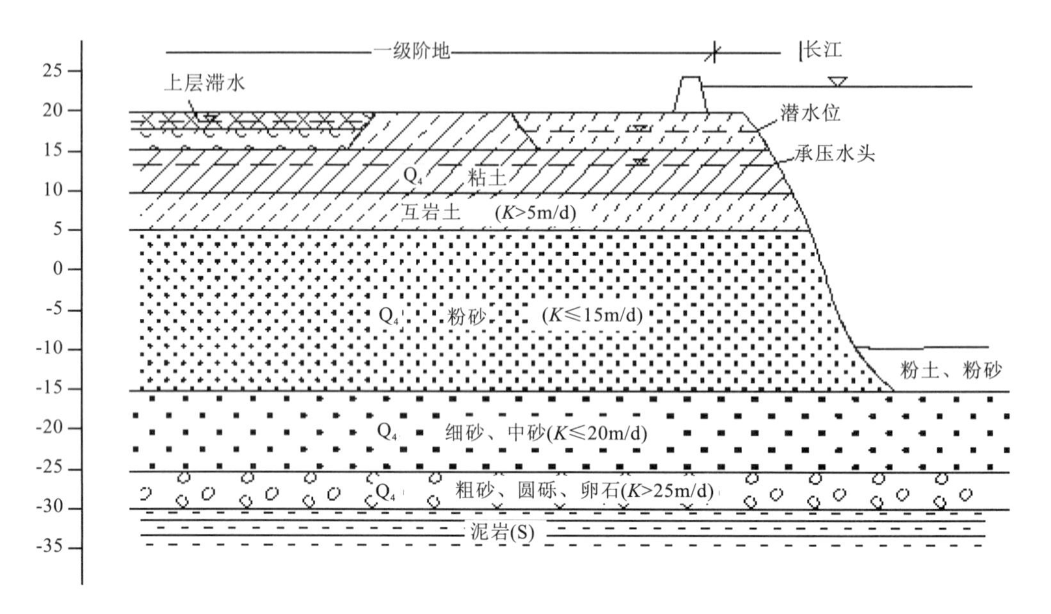

图14　武汉长江一级阶地概化水文地质剖面

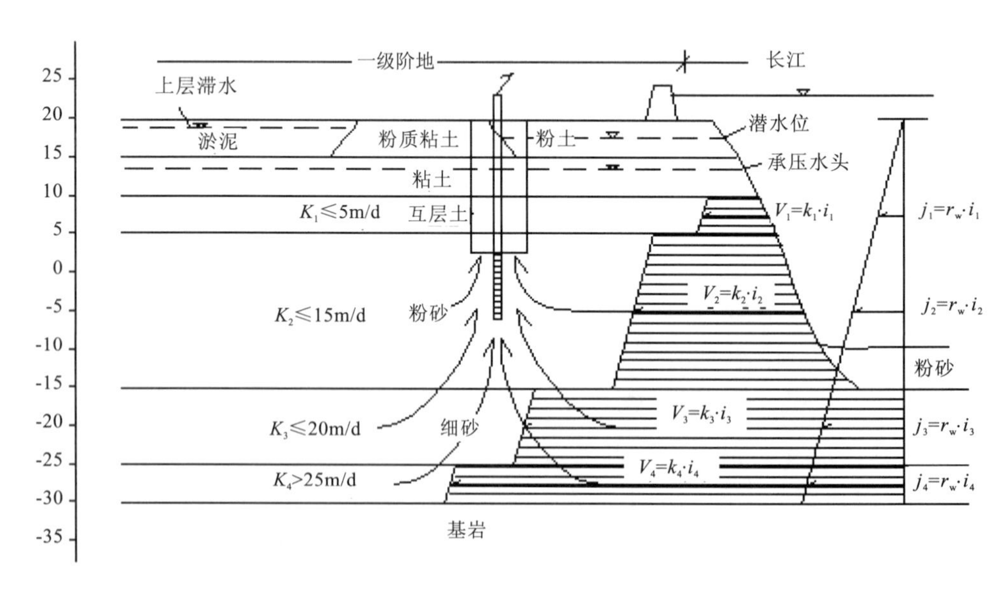

图15　武汉长江一级阶地基坑排水渗流场(数值模拟)

图中：K_{1-4}. 渗透系数；v_{1-4}. 渗透速度；j_{1-4}. 渗透力；i_{1-4}. 水力梯度；①渗透力 $j_1<j_2<j_3<j_4$；②渗透系数 $K_1<K_2<K_3<K_4$；③渗透速度 $v_1<v_2<v_3<v_4$；④承压水以向上渗流为主

下面以图14所展示的武汉长江一级阶地的水文地质条件为基础，从理论和实践来证明上述3

点认识的合理性。

1. 武汉长江一级阶地的水文地质基本特点

(1)地层组合具有典型的二元结构，即上部以粘性土为主，下部为砂类土及卵砾石层，下部砂、砾卵石层，具有颗粒上细下粗的沉积韵律，其透水性(渗透系数)由上至下呈规律性增大。

(2)地下水类型分布，浅部有潜水或上层滞水，下部为承压水。承压水具有强渗透、高压水头且与长江水体同步涨落的直接水力联系。

(3)按图 14 所概化的水文地质模型进行分析，承压含水层的渗透系数(K)、长江水体补给的渗透力(j)和在含水层中的渗透速度(v)均呈由上至下逐渐增大的规律。因此，一旦进行基坑降排水，形成局部渗流场，必然呈现承压水向上渗流为主、水平渗流为辅的状态。基坑降排水条件下的数值分析、模拟结果也证明了这一特点(图 15)。

2. 悬挂式帷幕深度对坑内抽水量和坑内外水位的影响

实践和理论分析证明，与潜水含水层不同，临江的承压含水层帷幕插入含水层的深度较小时对坑内涌水量和坑内外水位的影响不大，只在帷幕接近承压含水层隔水底板一定距离(过水断面)以下时才有明显作用。其根本原因在于临江的承压水是向上渗流为主和由沉积韵律所决定的含水层渗透系数越向深处越大。

图 16 所展示的 3 种情况可以概括表达帷幕深度的影响。图中：H 为承压含水层厚度；ΔH 为帷幕进入含水层深度；Δh 为帷幕端至承压水隔水底板距离；图 16a 为无帷幕时，图 16b 为帷幕深度较浅时($\Delta H < H/3$)，图 16c 为帷幕较深时($\Delta H > 2H/3$)。图 16a、b、c 为同一个基坑。地层剖面、各层深度及厚度与图 14 完全相同。解析计算得到如下结果。

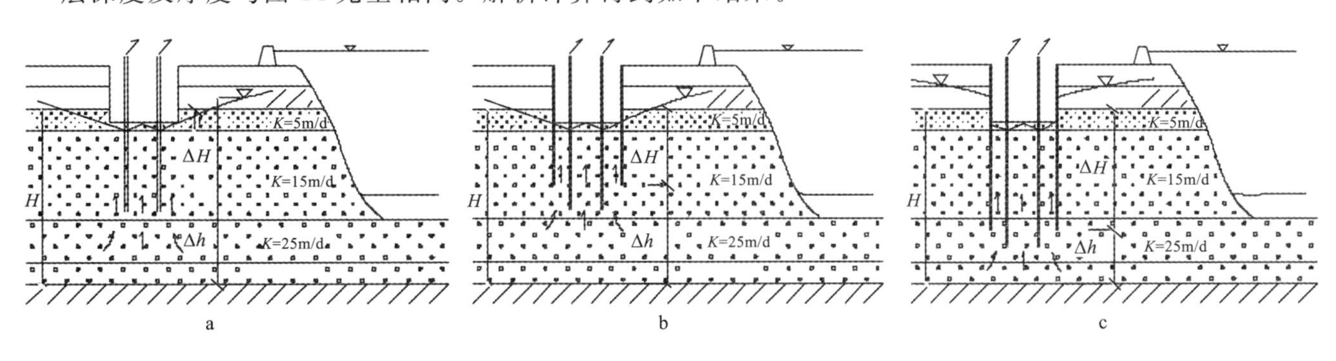

图 16　无帷幕和帷幕深度的影响

(1)图 16a，即基坑无帷幕条件下降、排水，亦即开放式降水。此时基坑总排水量 Q 可按大井法公式计算：

$$Q = 2\pi K_0 S R_0,\ K_0 = \frac{(S + 0.8L)}{H_w} \cdot K$$

式中：K_0——含水层渗透系数概化值(m/d)；

R_0——基坑等效圆半径(m)；

$R_0 = 0.565\sqrt{F}$；

S——承压水水位下降设计值(m)；

K——含水层渗透系数(m/d)；

H_w——从含水层底面算起的承压水位测压高度(m)；

L——含水层顶面与设计下降水位的高差；

F——基坑面积(m^2)。

按上面的大井法公式计算的基坑总抽排水量 Q 是在无帷幕条件下基坑的最大抽排水量。此时,坑内外水位下降至符合影响半径 R 的水力坡度变化值。

(2)图 16b,即竖向帷幕插入含水层的深度不大($\Delta H < H/3$)的条件下降、排水。此时帷幕端至含水层底的距离(Δh_1)为下部补给降水井的过水断面(过水门),其补给水量可用达西定律的基本公式计算:

$$Q = K \cdot i \cdot A$$

式中:Q——帷幕端至含水层底之间过水断面的总补给水量(m^3/d);

i——补给源至过水断面的水力坡度(m);

K——过水断面渗透系数(m/d);

A——过水断面的总面积($\Delta h_1 \times$帷幕周长)(m^2),其中 Δh 简称“过水门”。

经验和计算分析表明,当帷幕插入含水层的深度小于含水层厚度的1/3时,剩余过水断面的可达到的补给水量远大于按大井法计算的抽水量。说明帷幕对基坑内、外水位和坑内抽排水量控制作用不大。

(3)图 16c,即竖向帷幕插入含水层深度较大($\Delta h_2 > \frac{2}{3}H$)时,剩余过水断面(“过水门”)的补给水量小于按大井法计算的抽水量。此时帷幕开始对坑内抽水量和坑内外水位有控制作用。上述按图16a、b、c解析的结果已表明,帷幕插入深度的影响,只有在插入深度较大时才能显现,剩余过水断面(“过水门”)大小取决于断面处含水层的渗透系数、降水井深度及过滤器位置和距离补给源远近及其水位高度(水力坡度)以及降深大小等综合因素。显然是不能由以上简单解析来完成,而需要对具体基坑所处地质条件概化的水文地质模型进行渗流场数值模拟来完成。

3.关于落底式帷幕

滨江一级阶地中的承压水具有含水层厚度大、强渗透、高水头且与江河有直接水力联系的突出特点。这与滨海平原、三角洲等地貌单元中的弱渗透、微承压、互层性且与江河水力联系差等特点有明显差别。

多次经验教训表明,在滨江阶地的二元结构冲积层的承压水中采用落底式帷幕是很难达到预期效果的,前面章节中的表6列举的事故实例中,大部分是因为全封闭条件下基坑内、外形成很大的水头差,在帷幕漏点发生管涌或突涌造成的。其主要原因是两个方面。

其一,在高承压、强渗透、底板深的承压含水层中施工帷幕很难保证处处不漏,尤其是含水层下部往往存在卵、砾石层或基岩为碎屑岩时施工困难,更不容易保证。这是由特定的地质条件造成的。

其二,在连续的、无互层阻隔的高水头、强渗透的承压含水层中的超深基坑帷幕落底条件下,坑内、外形成巨大水头差,形成的渗透压力常达2个以上大气压,一旦渗漏就将发生水枪式射流。

武汉长江一级阶地上超深基坑采用落底式帷幕的实践表明,除非是采用双层帷幕或再加坑外降水井保证,一般的落底帷幕几乎都发生过管涌或突涌。所以说“落底式帷幕是一把双刃剑”,除非是力学平衡的需要,应尽量采用悬挂式帷幕+深井降水。如果非落底不可,必须采取可靠措施,确保帷幕不漏。

9 结束语

深基坑工程地下水控制作为基坑工程中的一个专门课题,至今尚未形成一套系统、完整的理论

和方法。笔者基于20余年从事深基坑地下水控制工作的经验和体会写了这篇文章，试图从理论基础到控制概念和方法中所涉及到的主要问题作一个较全面的总结。概括来讲，本文所阐述的主要问题和基本认识如下：

(1)深基坑地下水控制的目的是避免基坑大量涌水、地下水渗流产生渗透破坏(流砂、管涌、坑底突涌)和基坑周围地层因排水固结产生地面不均匀沉降。其中防止产生渗透破坏是地下水控制的首要目的。

(2)从事深基坑地下水控制设计与施工的人员应当具备相关的土力学和水文地质学的基础理论知识，即土力学中的有效应力、渗流固结、渗透破坏等方面；水文地质学中有关地下水类型和埋藏条件、补给、径流、排泄条件；主要水文地质参数(水位水头、渗透系数 K、影响半径 R、水力坡度 i 等)的意义，以及抽水井水文地质计算原理和方法；等等。否则就将陷入盲目性。

(3)本文反复强调，深基坑地下水控制要从地貌单元、地层时代和地层组合关系等宏观规律入手，按照同一地貌、水文地质单元中地下水类型的水文地质特点(地下水类型、含水层厚度、水文地质参数、与地表水体的关系等)进行地下水控制的概念设计和方案比选。不同地貌单元(如长江冲积平原和长江三角洲)的水文地质特点是有很大区别的，因而地下水控制的理念和方法也有较大差别。至于地下水类型不同，控制方法也不同更是大家所熟知的。

(4)关于地下水控制理念，究竟是“以降疏为主，封堵为辅”还是“以封堵为主，降疏为辅”，要看所处的地貌单元所决定的水文地质特点和地下水类型来定，不能一概而论。最典型的对比是长江冲积平原和长江三角洲。前者为二元结构冲积层，其上部有上层滞水或潜水，下部为厚层、强透水、高水头承压水，且与长江有直接水力联系。大多数基坑采用悬挂式竖向帷幕＋深井降水，即“以降疏为主，封堵为辅”；后者为海陆交互相互层结构地层，其中的含水层为厚度不大、弱渗透、微承压的层间水。大多数基坑采用全封闭竖向帷幕＋管井降水，即“以封堵为主，降疏为辅”；对上层滞水或局部薄层潜水，普遍采用竖向帷幕封堵。

(5)降水设计与计算，应区分潜水和承压水两种类型和4种降水类型，据具体条件按相关规程、规范进行计算。

(6)降水引起基坑周围的地面沉降的理论依据是土力学的有效应力理论和水文地质学中的影响半径原理。其沉降量和沉降差的大小也和地貌单元、地层时代及地层组合所决定的水文地质特征密切相关。总的规律是：对于二元结构冲积层的承压水，当含水层厚度较大、渗透系数和影响半径均较大时，降水引起的地面沉降量较小，尤其是沉降差均小于1‰；对于海陆交互相的互层沉积层中的层间水，其含水层的渗透系数和影响半径小，因而水力坡度大，加之土层多为欠固结状态，所以降水引起的地面沉降量较大，尤其是沉降差普遍较大，一般大于3‰；含水层地质时代的影响就更加明显，因为沉积历史长短决定地层的固结程度。其沉降规律是：更新世(Q_3 及以前)含水层降水后地面沉降很小，对环境基本无影响；全新世(Q_4 及 Q_4－新)含水层降水后地面沉降相对较大。我国沿海的一些沉降较大地区多发生在全新世(Q_4 及 Q_4－新)地层中。

(7)深基坑工程中的渗透破坏(流砂、管涌、突涌)，基本上是在两种情况下发生。其一是在地下水位以下的饱和含水层中开挖，也就是在无隔渗也无降水疏干条件下开挖或有降水但降深未达到目标水位(坑底以下)时开挖；其二是采用全封闭帷幕(竖向落底或五面围封)时帷幕存在漏点，在坑内外水头差的作用下发生侧壁管涌或坑底突涌，所以说“全封闭帷幕是一把双刃剑”。要强调指出的是，近20多年中各地发生的基坑重大事故大多数都属于渗透破坏，其后果都远比固结沉降严重。所以，地下水控制的首要目标是防止渗透破坏，其次才是固结沉降。

(8)关于帷幕插入深度对基坑涌水量和坑外水位的影响，还是要区分不同地貌单元所决定的水文地质条件和地下水类型及其含水层厚度。主要有以下3种类型。

①对隔水底板较浅的潜水含水层和互层土中含水层厚度不大的微承压的层间水，竖向帷幕插入隔水底板时，可有效控制坑内涌水量和坑外水位。

②对隔水底板较深的潜水含水层，基坑中降水井抽排水形成以水平渗流为主的渗流场。此时帷幕插入深度的变化对坑内涌水量和坑外水位有明显控制作用，即随帷幕深度加大，在保持相同的目标降深时，坑内涌水量会减少，坑外水位降也减小，尤其是当帷幕深度超过降水井过滤器深度后，局部形成三维流时效果更加显著。

③对滨临江河的二元结构冲积层下部与江河有直接水力联系的承压水，当含水层厚度较大且有沉积韵律，含水层的渗透系数由上至下逐渐增大，江河补给水头也逐渐增大。这种水文地质条件下进行基坑降水会形成承压水以向上渗流为主的局部渗流场。经验和理论分析表明，在以向上渗流为主的承压含水层中，当坑内降水保持目标降深不变的情况下，帷幕插入深度小于含水层厚度的2/3时，帷幕深度对坑内涌水量和坑外水位都影响不大，只有当帷幕插入深度大于含水层厚度的2/3甚至大于90%时才能有显著影响。我们将帷幕下端至承压水底板之间过水断面距离比作“过水门”，即当“过水门”（帷幕外补给坑内的过水断面）的过水能力大于或等于保持目标降深的初始涌水量时，帷幕插入深度对坑内涌水量和坑外水位的影响不大，反之才有影响。所以，在与江河有直接水力联系的高水头、强渗透且越向下透水性越强的以向上渗流为主的渗流场中，企图通过加大帷幕深度来控制坑内涌水量和坑外水位必将事倍功半，甚至徒劳无益。

全文至此对深基坑工程地下水控制进行了综述。虽已有数万言，但因问题的广泛性和复杂性，文中还是只能对地下水控制中的一些主要问题作概念性阐述。其中难免有些概念和观点并不一定正确，诚请批评指正。但是对于“深基坑工程地下水控制应从宏观地质条件入手，以具体水文地质条件为基础”的理念和技术路线是笔者要坚持的，并且衷心希望能得到充分运用。

参考文献

陈仲颐，田景星，王洪瑾. 土力学[M]. 北京：清华大学出版社，1994.

杜恒俭，陈华景，曹伯勋. 地貌学及第四纪地质学[M]. 北京：地质出版社，1981.

湖北省住房和城乡建设厅，湖北省质量技术监督局. DB42/830—2012 基坑管井降水工程技术规程[S]. 北京：中国标准出版社，2012.

吴林高，等. 工程降水设计施工与基坑渗流理论[M]. 北京：人民交通出版社，2003.

张人权，梁杏，靳孟贵，等. 水文地质学基础[M]. 北京：地质出版社，2011.

《供水水文地质手册》编写组. 供水水文地质手册[M]. 北京：地质出版社，1977.

武汉(湖北)地区岩溶地面塌陷

范士凯

摘　要：本文对武汉市及周边地区，自1931年以来所发生的岩溶地面塌陷的分布规律进行了较全面的总结。发现武汉市的岩溶地面塌陷仅仅出现在南部石灰岩带的长江一级阶地上的二元结构地层中，而周边地区的老粘性土分布区只有存在土洞或有大量抽取地下水或矿井突水时才发生塌陷。从"潜蚀机理"和"真空吸蚀机理"两种塌陷机理阐述了塌陷发生的原因，进而划分了不同地貌单元，不同时代地层组合条件下产生塌陷的可能性和类型。同时介绍了几种防治此类灾害的工程措施。

关键词：岩溶地面塌陷；地貌单元；地层时代；地层组合控制塌陷分布；潜蚀机理；真空吸蚀机理

0　引　言

武汉地区有几条近东西向的石灰岩条带横跨长江分布，沿长江两岸滨江地段间断发生岩溶地面塌陷现象由来已久。有记载的塌陷发生在1931年8月，当时在武昌丁公庙地段因地面塌陷使长江堤防溃口，造成白沙洲一带淹没形成一片湖塘，后来称为"倒口湖"。后自1978年至今，武汉地区先后在汉阳轧钢厂、武昌白沙洲一带的阮家巷(倒口湖附近)、武昌陆家街中学、青菱乡毛坦港小学、武昌涂家沟司法学校、青菱乡烽火村等地间断发生不同规模的塌陷。尤以青菱乡烽火村(2000年4月)塌陷规模和灾害损失最大，当时曾轰动全国。2006年4月白沙洲一带阮家巷又发生了塌陷。可见武汉市属于岩溶地面塌陷严重、多发区。这在我国的特大城市当中是非常罕见的。同样在与武汉市相邻的鄂州、黄石、应城等地的部分矿区和温泉采水区也多次发生岩溶地面塌陷现象。这类地质灾害的频繁发生，严重威胁人民生命财产的安全和工程建设的规划、布局。因而迫切需要对其发生条件、成因机理、分布规律以及防治对策和工程措施进行更深入地研究。

不得不指出的是，虽然国内外对岩溶地面塌陷现象的发生机理及其发生规律早已有了各种研究，并已有大家所熟知的"潜蚀机理"和"真空吸蚀机理"两种学说，对不同条件下的岩溶地面塌陷现象作出了解释。但是由于对地下岩溶的探测手段和岩溶地下水运动的时空变化规律的探测方法至今也没有准确有效的仪器设备和成熟的方法。因而对岩溶地面塌陷的研究，至今仍停留在宏观的、定性的研究水平上。至于对策更是"头痛医头，脚痛医脚"。尽管如此，即使在目前的认识水平上，能够在某些多发区，对这种灾害现象的发生条件和分布规律进行宏观研究，划分出可能发生塌陷的"不稳定区"和不可能发生塌陷的"稳定区"以及只有存在某种条件才会在局部出现塌陷的"相对稳定区"。与此同时，着重探索在"不稳定区"和"相对稳定区"中局部不稳定地段采取可行的防治对策和有效的治理措施，还是可以做到的。倘能如此，仍可获得巨大的社会效益和经济效益。有鉴于此，本文仍从宏观规律来论述武汉(湖北)岩溶地面塌陷问题。

1 岩溶地面塌陷的形成条件及其塌陷机理

1.1 形成条件

(1)在地下不太深处存在碳酸盐类(石灰岩、白云岩、大理岩等)可溶岩体,这是发生岩溶地面塌陷的必要条件。

(2)由于某些地貌的、地质构造的、水文地质的综合因素促成可溶岩中岩溶空洞足够发育,且在覆盖土层之下有开口溶洞、溶隙,也就是存在着覆盖土层物质向溶洞中运移的通道。同时还需要溶洞中存在使土层物质流入的空间,即溶洞中无充填物或只有少量充填物。

(3)覆盖土层松散无粘性,松散物质可直接下泄,或土层虽很密实有粘性但在地下水长期潜蚀作用下已形成漏斗状疏松体或土洞。

(4)岩溶地下水有充分的运动循环条件,可使溶洞中充填物被带走或补充进洞。一般有两种情况,一种是岩溶地下水位低于基岩顶面,在土层底部和岩体上部存在饱气带,有利于水的垂直循环,使土体能被掏空而形成土洞。另一种是覆盖层中松散物质为饱和含水层(孔隙含水层),它和岩溶地下水有直接的水力联系,能形成统一的水运动过程。这两种水动力条件分别对应不同覆盖土层塌陷的形成。

以上四方面条件,(1)、(2)两种是必要条件,(3)、(4)两种则是充分条件。在研究各地区的岩溶地面塌陷规律时,对这些必要和充分条件的深入了解是前提和工作基础。

1.2 塌陷机理

大家所熟知的是流行的"潜蚀"机理,早已被普遍接受和运用。20 世纪 80 年代初,由煤炭科学院西北分院许卫国提出的"真空吸蚀"机理也经常被应用到矿山排水或大量抽取地下水而引起的岩溶地面塌陷现象的分析和治理上。

1.2.1 潜蚀机理

所谓"潜蚀"是泛指地下水在运动过程中不断带走土中物质的机械作用过程。岩溶地面塌陷过程中的"潜蚀"一般是发生在土岩接合面附近的土中。最有利于发生潜蚀的条件是,岩溶地下水位已脱离基岩顶面降至岩体中而在地下水位以上存在饱气带,亦即岩面上下地下水的垂直循环带。由于基岩面的高低变化,特别是在溶沟、溶槽中易形成土层底部的小径流,在漫长的潜蚀过程中将土中物质带入溶洞中,在上覆粘性土层中形成"土洞"或使松散砂性土物质在进入溶洞后使土体形成漏斗状疏松体(已由塌陷前后触探对比检测所证实)。在条件成熟时,发生土洞坍塌或疏松体大量进洞而发生地表塌陷;在另一种地下水埋藏条件下,即岩溶地下水为承压水,且承压水头高于基岩顶面,此时不存在地下水的垂直循环带,因而在粘性土中不易形成土洞。但在上覆土为砂性土饱和含水层时,岩溶承压水与砂土中水有直接水力联系的情况下,由于承压水头压力的反复变化,促使土中地下水的流动,也会发生潜蚀使用。此时土中可能形成漏斗状疏松体。可见,覆盖土层性质不同,潜蚀作用的结果也不相同。

1.2.2 真空吸蚀机理

所谓"真空吸蚀"是指岩溶地下水在大量抽取或因矿井大量排水后水位在短时间内急剧下降过程中的"活塞"作用下形成负压至真空状态。在这种负压或真空作用下,覆盖土层对应岩溶地下通

道的薄弱位置在瞬间产生陷坑或陷洞。这种由负压或真空对覆盖层的抽吸作用称为“真空吸蚀”。这种作用所产生的塌陷确实存在,但主要发生在矿山地区和集中抽取岩溶地下水的群井水源地,有时也发生在公路、铁路隧道施工的突水地段。这种因“真空吸蚀”产生的塌陷坑往往成群出现,在短时间内可产生几十甚至上百个陷坑或陷洞。其危害是相当严重的。是否会发生真空吸蚀,主要有两个特殊条件。其一是大量抽排岩溶地下水,水位在短时间内急剧下降。其二是覆盖层对地下岩溶有良好的封闭作用,能使在水位下降的过程中形成充分的负压或真空。这两个条件就决定了这类塌陷分布的特殊地域性。比如在岩溶地下水的补给区和排泄区(可溶岩出露区)和不存在水位急降条件的地区,就不易发生这类塌陷。

可以肯定的讲,“潜蚀机理”和“真空吸蚀”作用下产生的塌陷都存在。前者属于地下水长期运动、缓慢潜蚀土体的自然因素为主的自然过程,具有普遍性;后者属于人为因素为主的短时过程,有其特殊的局限性。当然也不排除有些因潜蚀作用而发生塌陷的过程中,出现瞬时“真空”与“潜蚀”的联合作用,但这种情况下形成塌陷的主因仍然是潜蚀作用。

2 武汉(湖北)地区的岩溶地面塌陷分布及塌陷历史

2.1 武汉地区石灰岩分布条带

武汉地区自北向南主要有三条石灰岩带横跨长江呈近东西向分布,其余为零星分布。

(1)北部,自岱家山至谌家矶(长江左岸)、蒋家墩至武汉钢铁公司(长江右岸)。东西长约17km,南北宽0.8~2.8km。此带上没发生过岩溶化面塌陷。

(2)中部,汉阳邹家湾经十里铺至龟山(长江左岸),蛇山、武汉大学至蚂蚁嶂(长江右岸)。东西长约35km,南北宽0.5~2.0km。此带上也没发生过塌陷。

(3)南部,自汉阳太子湖北端至长江边(左岸),武昌陆家街、武泰闸至南湖的广大地区。东西长约35km,南北宽4.0~5.0km。这片石灰岩是武汉地区最宽广的条带,武汉市历年发生的塌陷全都处在这个条带上(图1)。

2.2 武汉地区岩溶地面塌陷的分布规律

自1931年至今的十来次塌陷分布上有两大特点。一是塌陷区全部在南部石灰岩条带上,二是所有的塌陷点均局限在两岸的滨江的长江一级阶地上。显现出受地貌单元(一级阶地)、地层时代(全新世Q_4)和地层组合(二元结构,上部为粘性土,下部为粉细砂,底部为卵砾石层。含孔隙承压水)的控制规律。下面将武汉地区历年发生的主要塌陷事件及其部位特点作简要介绍。

(1)1931年8月武昌丁公庙塌陷。地处南部石灰岩带,地貌单元为长江一级阶地,地层组合为二元结构,时代为Q_4。当时因塌陷导致长江堤防溃口,使白沙洲一带淹没成一片湖塘,后称为“倒口湖”。该地段“房倒屋塌,人畜损失严重”。后来这一带逐渐成为密集的居民区,现称阮家巷。

(2)1978年汉阳轧钢厂钢材库塌陷。地处南部石灰岩条带的长江左岸,地貌单元为长江一级阶地,地层组合为二元结构冲积层,时代为Q_4。当时发生一个陷坑,大量堆放钢材陷入坑中。据当时调查,附近有一口供水井抽水,似为诱发因素。

(3)1983年7月武昌阮家巷塌陷。地处南部石灰岩带,地貌单元为长江一级阶地、地层组合为二元结构冲积层,时代为Q_4。发生在原来的倒口湖附近,使一间民房和大量建材陷入坑中。

(4)1988年5月武昌陆家街中学附近塌陷。地处南部石灰岩带,地貌单元为长江一级阶地,地

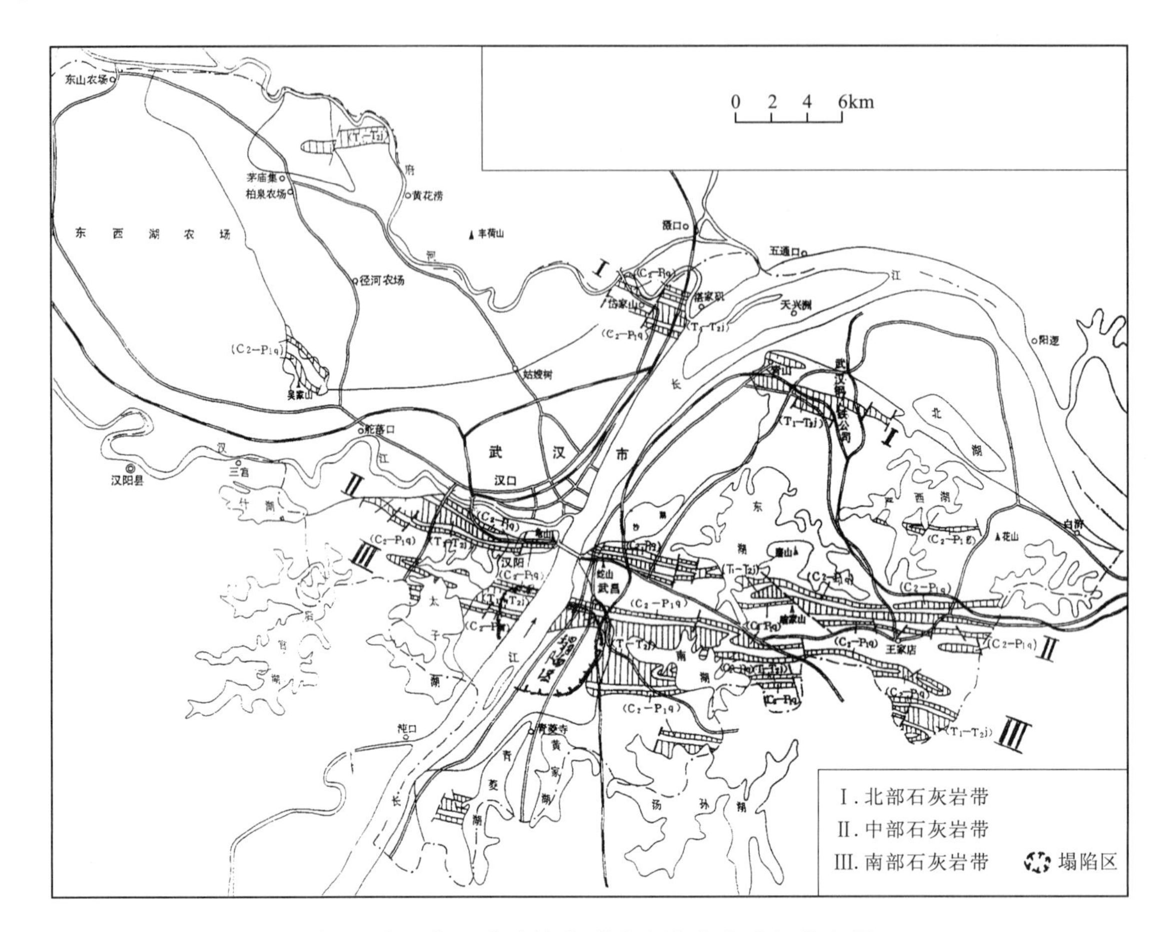

图1　武汉市区碳酸盐岩裂隙岩溶含水岩组分布图

层组合为二元结构冲积层，时代为 Q_4。发生在陆家街中学附近，有 10 间民房陷入坑中，周围 20 间房屋和水泥路面开裂，造成交通中断、供水断绝，工厂停产、学校停课。

(5)1999 年 4 月青菱乡毛坦港小学附近塌陷。地处南部石灰岩带，地貌单元为长江一级阶地，地层组合为二元结构冲积层，时代为 Q_4。发生在毛坦港小学附近的空地上，造成交通中断、水渠及农田破坏。

(6)2000 年 2 月武昌涂家沟司法学校塌陷。地处南部石灰岩带，地貌单元为长江一级阶地、地层组合为二元结构冲积层，时代为 Q_4。发生在司法学校内，使水泵房和食堂一角陷入坑中，相邻宿舍楼及锅炉房严重破坏。直接经济损失 200 余万元。

(7)2000 年 4 月青菱乡烽火村塌陷。地处南部石灰岩带，地貌单元为长江一级阶地(长江右岸)，地层组合为二元结构冲积层，时代为 Q_4。

这是有史以来武汉市规模最大的一次塌陷，当时轰动全国，塌陷区共形成 22 个陷坑，最大者 52m×33m，深 7.8m。各陷坑面积总和为 $3648m^2$，体积 18 $498m^3$。有 42 栋共 230 间房屋倒塌或严重破坏，其中 3 栋完全陷入坑中。大面积农田被破坏，水渠倒流，水塘干涸。共造成直接经济损失 611 万元，恢复重建费用 510 万元(图 2)。

(8)2005 年和 2006 年倒口湖附近阮家巷两次塌陷。地处南部石灰岩带，地貌单元为长江一级阶地，地层组合为二元结构冲积层，时代为 Q_4。

2005 年阮家巷发生一处塌陷，规模较小，未造成危害，引起邻近在建小区开发商重视，并在该小区二期工程中加强了勘探和岩溶治理。

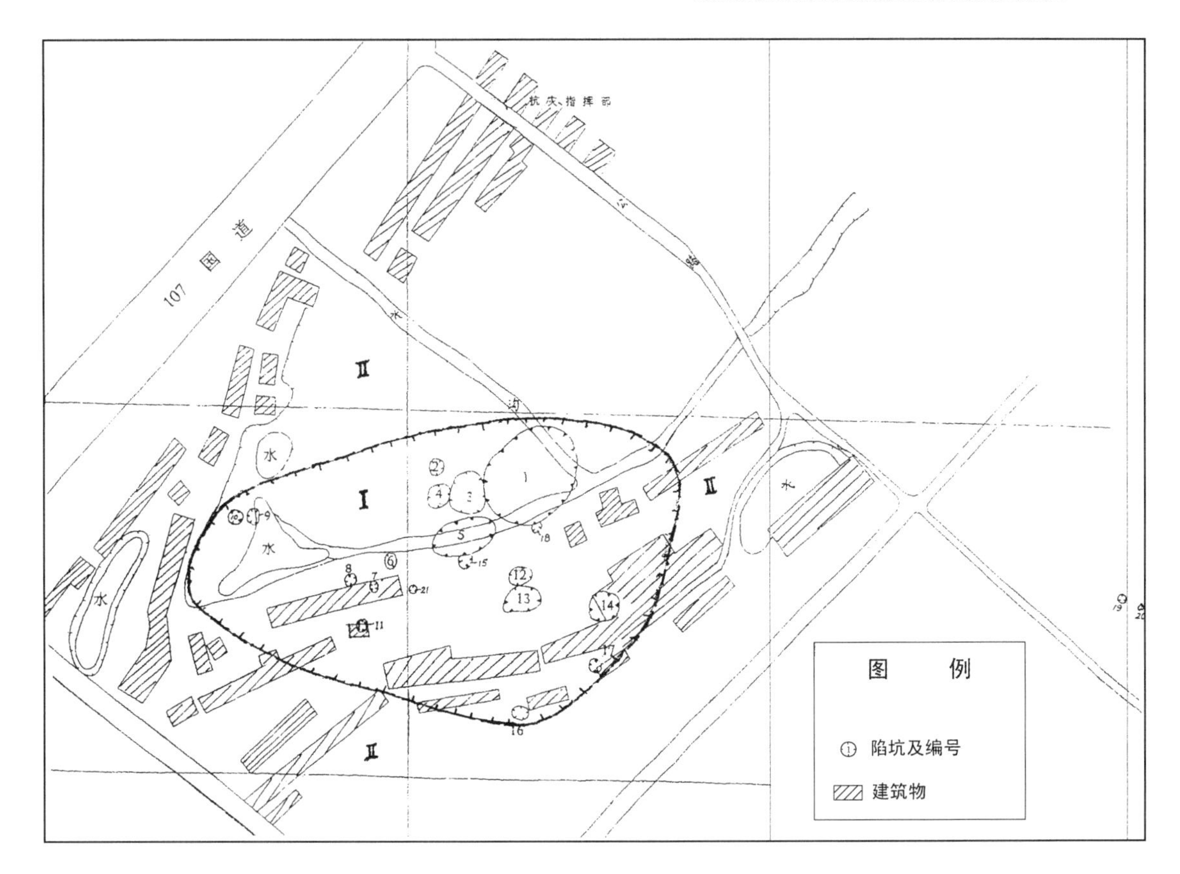

图 2 烽火村乔木湾岩溶地面塌陷平面图

2006 年 4 月,经进一步勘探证实该小区一部分建筑物处在石灰岩之上,且岩溶发育。在采取对已建的一栋六层楼地段岩溶空洞进行注浆处理过程中,在该楼旁发生了塌陷。陷坑规模 20m×20m,深近 10m。使一部钻机陷入坑中,紧邻的六层在建楼房下沉、倾斜。

如上可见,武汉市属于岩溶地面塌陷的严重、多发地区。其中如武昌阮家巷附近,在 1931 年至今 80 多年中曾四次塌陷。但可明显看出,这些塌陷全都分布在南部石灰岩带上地貌为长江一级阶地中。这内中的条件和机理,将在后面加以分析。

武汉市邻近的鄂州市、黄石市及应城市也曾有多处塌陷发生。那些塌陷虽然不在长江一级阶地,而多在山前或山间低地的老粘性土覆盖区,但其分布、发生条件及发生机理也有其固有的特性和规律。本文也将加以分析和对比,从中找到宏观控制要素和治理方法,以期形成对武汉及湖北地区岩溶地面塌陷的全面认识。

3 武汉(湖北)地区岩溶地面塌陷生成条件及发生机理分析

如前所述,武汉地区岩溶地面塌陷全部发生在南部石灰岩带上,且局限于长江一级阶地范围内。而在北、中、南三条石灰岩带上的长江三级阶地的老粘性土(Q_{2+3})分布区内无塌陷现象。邻近武汉的几个县市的塌陷则局限在山前或山间低地中,土层虽属老粘性土(Q_{2+2}),但有土洞存在。这几种情况均有其生成条件和发生机理。

3.1 武汉市岩溶地面塌陷的生成条件

(1)南部石灰岩带的岩溶充分发育。与北、中两带比较,此带分布范围广大(东西长 35km,南北

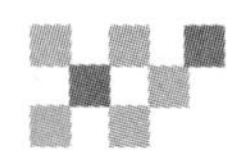

宽4～5km），岩溶地下水有充分的循环（补给、径流、排泄）空间，促使岩溶发育。其上为Q_4砂砾石含水层时，由于上层水与岩溶水有直接水力联系，更加剧地下水循环也是岩溶发育的促进因素。其他地区则缺少这些条件。此带地下岩溶的规模，从烽火村塌陷土方总体积达18 498m³可见。其他如阮家巷勘探中曾发生溶洞高达4.2m的情况。有的单个陷坑容积竟达5000～6000m³，可见地下溶洞空间之大。

（2）石灰岩之上覆盖着二元结构冲积层，其下部为松散粉细砂及卵砾石层，此层为承压含水层，水压力呈三维扩散，与岩溶地下水相连。溶洞中水与孔隙含水层中水在一定条件下可形成统一的运动和搬运体系，在地下水的潜蚀作用下，无粘结的松散砂砾层很容易随水进入洞中。

（3）石灰岩之上覆盖着老粘土层（Q_{2+3}），且土层中没发现土洞存在时不存在塌陷条件。这种地层组合所在的地貌单元为长江三级阶地。没有形成土洞的主要原因是石灰岩中承压水头高于土岩接合面，基岩面上下不存在地下水垂直循环带，不具备地下水潜蚀条件。这样的地层组合分布很广泛，中部石灰岩带几乎全是这种地层组合。北部石灰岩带绝大部分是这种地层组合。而南部石灰岩带上除了沿江的一级阶地外，广大地区也在长江三级阶地上。因此，这三条石灰岩带的广大地区均无岩溶地面塌陷。

（4）武汉地区还有部分地段（包括长江一级阶地的某些地段）分布着新近系（N）砂岩、泥岩层。这类岩层覆盖在石灰岩之上时根本不具备塌陷条件。这是因为新近系地层已硬结成岩，密实度和强度远远高于第四系土层，在这种地层封闭下，石灰岩中岩溶很不发育。武汉市有的塌陷区恰好处在砂砾石覆盖层与新近系覆盖层接触带附近。砂砾石覆盖地段塌陷严重，新近系砂岩、泥岩覆盖地段则安然无恙。烽火村、司法学校和阮家巷等地均有此种情况（图3）。

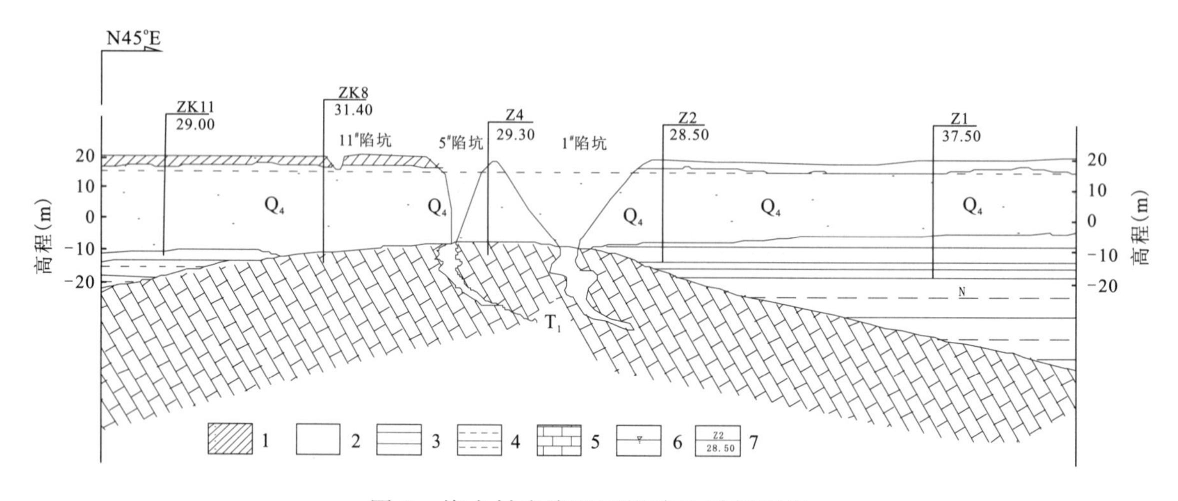

图3 烽火村岩溶地面塌陷地质剖面图

1.亚粘土；2.粉细砂；3.含砾粘土岩；4.粘土岩；5.灰岩；6.地下水位；7.钻孔编号及孔深

3.2 武汉地区岩溶地面塌陷的发生机理

对武汉地区历次塌陷的环境因素进行考察发现，除了1978年汉阳轧钢厂钢材库塌陷附近有一口深井抽水的诱发因素外，其他各处塌陷均未发现附近有抽水井。这就说明，这些塌陷基本上是自然因素一地下水循环过程中发生潜蚀作用造成的。武汉滨江地区的地下水位（头）的涨落与长江水位的涨落有明显的对应关系（图4）。从图4可见，随着长江、汉水的涨落，一级阶地中（Q_4）孔隙承压水位在一个水文年中的变幅可达6～8m。伴随着地下水位的涨落，发生着地下水的垂直与水平运动，潜蚀作用随之发生。因为塌陷的发生必须是岩溶空洞首先掏空并导致覆盖下部物质流入洞

中,而地下水位(头)的自然变动和地下水的流动是非常缓慢的,所以塌陷发生的周期也是很长的。但在塌陷发生前夕,由于部分物质已进入溶洞,在松散覆盖层中先形成"漏斗状疏松体"(这已被对比触探检测所证实),随后发展成塌陷。这种塌陷可概括为"潜蚀-漏斗状疏松体型"塌陷。

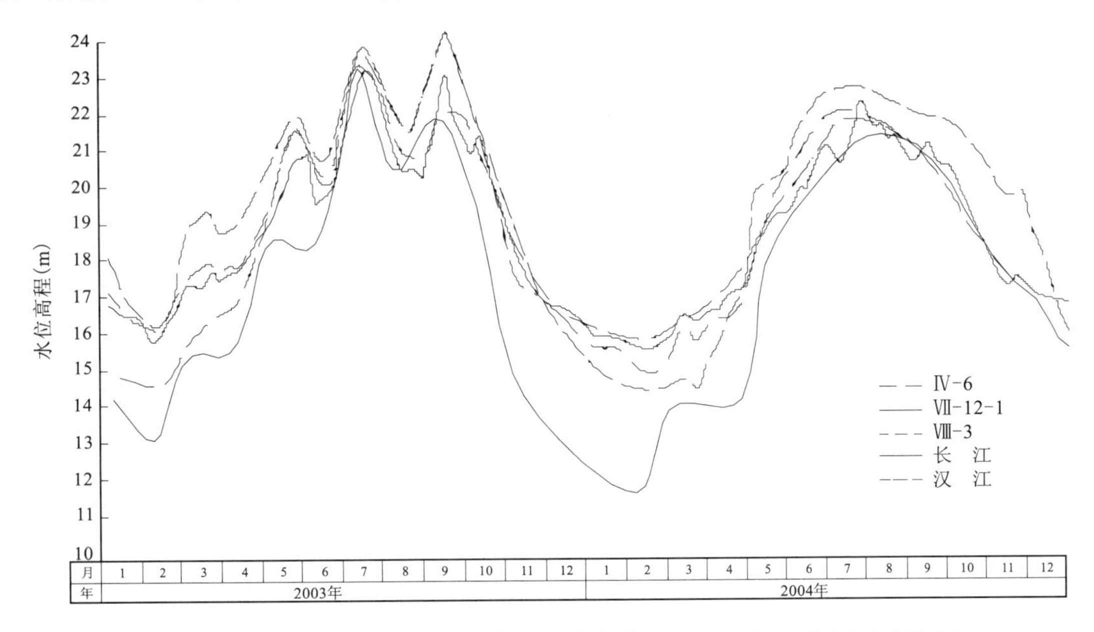

图 4 一级阶地前缘全新统孔隙承压水水位、长江、汉江水位历时曲线图

3.3 邻近武汉的湖北省几个县市岩溶地面塌陷的生成条件和发生机理

邻近武汉市的湖北省鄂州、黄石(大冶)、应城等地近年也多次发生岩溶地面塌陷。这些塌陷因其所处的地貌单元是山前或山间低地,覆盖地层为下蜀系粘土(Q_{2+3}),且一般土层厚度较小。覆盖层以下的石灰岩中岩溶地下水位远低于基岩面,存在岩溶水的垂直循环带和土岩接合面间的地下水形成水平流动(小径流)条件,覆土层在长期潜蚀作用下形成土洞(图 5)。土洞扩展到洞顶土层

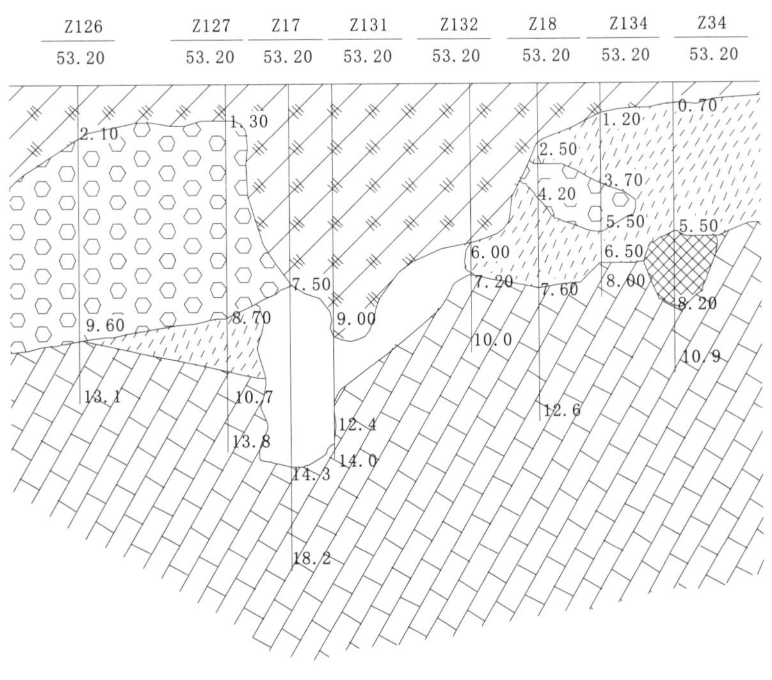

图 5 湖北大冶老土桥村土洞剖面

厚度不能自撑时即发生地面塌陷。这是有别于沿江一级阶地松散土层的另一种塌陷。这种塌陷一般规模不大，多数零星分布，且塌陷周期较长。这类塌陷虽然也属于潜蚀机理，但必有土洞存在，这类塌陷属于“潜蚀-土洞型塌陷”。

湖北省内还存在另一种塌陷类型，即由于矿山井下排水引起的塌陷和群井抽水引起的塌陷。前者如鄂州程潮铁矿，沿大理岩与花岗闪长岩接触带岩溶发育，矿山井下排水曾引起几次塌陷。松宜煤矿区鸽子潭煤矿，因井下突水引起河床出现陷坑，造成淹井。后者如应城汤池温泉，利用群井抽取石灰岩中深部热水(每日超过6000t)，当水位降至土岩分界面以下，持续一段时间后，产生过几次塌陷，但规模较小，只出现少数孤立的小型陷坑。调查分析后确定，这几处塌陷均发生在老粘性土(Q_{2+3})覆盖区，地貌单元属于山间低地(程潮铁矿塌陷区)或隆岗地带(汤池温泉塌陷区)。因这些地区常有土洞存在(潜蚀作用形成的)当大量排水或集中抽水后水位下降较大形成局部真空，加快了土洞破坏，便发生塌陷。这类塌陷应属于“潜蚀-土洞-真空吸蚀型”塌陷。松宜矿区鸽子潭塌陷则纯属“真空吸蚀型”塌陷。

4 武汉(湖北)地区岩溶地面塌陷基本规律的总结

从上述武汉(湖北)地区岩溶地面塌陷的历史、分布、生成条件、发生机理综合分析，得到如下规律性认识。

(1)武汉地区历年所发生的岩溶地面塌陷全部都分布在南部石灰岩条带中的滨江的岩溶发育地段，地貌单元为长江一级阶地，第四纪覆盖土层时代为全新世(Q_4)。其地层组合、地下水类型及塌陷机理特点如下。

①地层组合为典型的二元结构，上部为粘性土，下部为粉细砂及卵砾石层直接覆盖在石灰岩之上。

②粉细砂及卵砾石层中含孔隙承压水，石灰岩中含岩溶承压水，两个含水层有直接的水力联系，存在统一的运动过程。

③当岩溶空洞有覆盖层物质流入后，覆盖层中逐渐形成漏斗状疏松体，直至形成地面塌陷坑。这种塌陷机理属于“潜蚀-漏斗状疏松体”型。

这种类型地区可概括称为“长江一级阶地松散砂砾石盖层最易塌陷区”。

(2)须特别指出，长江一级阶地的 Q_4 松散砂砾石层和石灰岩之间有时存在新第三纪砂岩及泥岩或存在老粘性土(Q_{2+3})。这种组合条件下，砂砾石中的地下水与石灰岩中岩溶水失去了水力联系。这种情况下不会产生塌陷。这种类型可概括为“长江一级阶地 Q_4 松散砂砾层加新近纪(N)砂岩泥岩或老粘性土复合盖层非塌陷区”。

(3)武汉(湖北)地区的长江三级阶地上，有大片地段是下蜀系老粘性土(Q_{2+3})盖在石灰岩之上。而石灰岩中岩溶承压水头高于土岩分界面，老粘土中不存在土洞。这种情况下也不发生塌陷。这种类型可概括为“长江三级阶地无土洞的老粘性土(Q_{2+3})盖层非塌陷区”。

(4)武汉及邻近丘陵山区的山前或山间低地一带的下蜀系老粘土(Q_{2+3})覆盖区，由于石灰岩中岩溶地下水位低于土岩分界面，地下水长期潜蚀形成土洞，土洞坍塌造成塌陷。这种类型可概括为“山前或山间低地有土洞的老粘性土(Q_{2+3})盖层易塌陷区”。

(5)湖北的某些矿区和温泉集中采水区，因矿井大量排水突水或群井集中采水使岩溶地下水位急剧下降，形成真空吸蚀而导致地面塌陷。这种类型可概括为“地下水位急剧下降的真空吸蚀型易塌陷区”。

综上可认为武汉(湖北)地区存在三种类型易塌陷区和两种类型非塌陷区。即：

①长江一级阶地 Q_4 松散砂砾石盖层最易塌陷区。

②山前或山间低地有土洞的老粘性土(Q_{2+3})盖层易塌陷区。

③地下水位急剧下降的真空吸蚀塌陷区。

④长江一级阶地松散砂砾石(Q_4)加新近系(N)砂岩、泥岩复合盖层或 Q_4 加 Q_{2+3} 老粘性土复合盖层非塌陷区。

⑤长江三级阶地无土洞老粘性土(Q_{2+3})盖层非塌陷区。

如前所述,以上五种类型均有其特定的地貌时代地层组合、地下水类型及其运动条件和塌陷机理相对应。如果能通过调查、勘探和测试搞清这些特定条件,将研究区按照上面五种类型划分具体归属,也就可以从宏观、定性上作出基本结论,在此基础上决定防治对策就可以使这类复杂问题变得单纯起来。

5　岩溶地面塌陷的防治对策与工程治理方法

针对岩溶地面塌陷的各种工程治理措施不乏成功的实例,但普遍存在造价昂贵、技术难度较大的问题。为此,在考虑选择防治对策与工程治理措施时,应当按照“必要性、技术可行性和经济合理性”三原则来确定。

武汉(湖北)地区近年曾采取多种方法成功治理塌陷灾害,对拟建建筑物也有一些可靠的预防措施,概括有如下几种。

5.1　绕避与回填

在农村或空旷场地发生塌陷时,若对多处陷坑进行治理,造价相当昂贵,远远高于农村民居的成本。此时采取绕避重建,回填陷坑改作农田,往往是最优选择。尤其是武汉市的一些塌陷区周围不远处往往存在着因新近系砂岩、泥岩或老粘性土覆盖在石灰岩之上的非塌陷区(图 3)。这种情况下采取绕避重建,回填陷坑改作农田是最容易操作和经济合理的。如烽火村大范围塌陷就是按此原则处理的。

陷坑回填应选用不同填料,分层填筑。底部以大块片石为主(不易流失),混以碎石填筑。上部以粘性土回填并碾压。表层复以耕土以利耕种。

5.2　即有建筑物塌陷治理

在即有建筑物下或其邻近地段发生塌陷时,按照产生塌陷的地质条件和建筑物破坏情况,分别采用不同的方法治理。

(1)桩基托换。对已破坏但沿未完全倒塌的房屋,按其结构特点,在适当部位补打钻孔或挖孔灌注嵌岩桩托换基础,然后恢复上部结构并加固相邻结构。为避免再度塌陷,也可在石灰岩中布设钻孔进行注浆以堵塞岩溶通道。这种方法适用于已有大量物质流岩溶空洞,建筑物地基因水土流失而失去承载能力的地质条件。它是常用而可靠的处理方法,成功的实例很多,有条件时应优先采用。

(2)水平帷幕封闭。在邻近建筑物的场地上,由于松散的砂砾石层中地下水与岩溶水有直接水力联系而产生塌陷,并且影响了周围多栋房屋稳定时,可采用在塌陷坑范围内,石灰岩与土层接合面上做水平帷幕,隔断砂砾石层中水与岩溶水之间的水力联系,同时也封闭了岩溶通道。这种水平

帷幕可以用不同的工法形成，如高压旋喷或静压注浆或深层搅拌可据具体条件选用。

这种处理方法的不足之处是造价昂贵。如武昌陆家街一处塌陷，采用高压旋喷帷幕，费用近千万元。因而在采用时要进行慎重比选。

(3)填灌土洞。在建筑物下或邻近处存在土洞，可能发生塌陷但尚未塌陷的情况下，对土洞进行回填和灌浆是简便易行的方法。具体做法是，在采用钻探查明土洞位置后，将贯通土洞顶析的钻孔孔径扩大后下套管并沿套管预放注浆导管，然后向洞中灌砂充填，至无法再填砂时由导管注入水泥浆，直到浆液返出地面为止。为检验回填、注浆效果，可在注浆完成后数日进行钻探取芯。一般情况下，采用回填、注浆治理上洞都能取得良好效果。有些建筑物已发生下沉的情况下，也可采用挖孔桩托换与填灌土洞相结合的方法进行治理。应用填灌土洞方法，曾成功治理了湖北大冶老土桥村的土洞塌陷区。

(4)限量抽水。湖北应城市汤池温泉曾因超量抽取岩溶地下水而导致地面塌陷。水文地质计算与动态观测表明，当供水井群总采水量超过6000t/日，岩溶承压水头会降至石灰岩面以下数米。此时在水源地附近产生了几处土层塌陷，为此决定温泉供水量严格控制在6000t/日以下。这样限量采水，可以大大减轻地面塌陷的威胁。因为当地以往经验证明，过去该村镇只有一口机井，岩溶承压水自流出地面以上，没发生过塌陷。现在限量采水，使动水位保持在基岩面以上，能基本控制塌陷发展。

应当肯定，在隐伏岩溶地区限量开采或严禁开采岩溶地下水是避免岩溶地面塌陷的首要措施，而究竟是采取限采还是禁采，应当根据水文地质条件和地面塌陷的几率大小来定。在存在地面塌陷可能的地区，禁采岩溶地下水应该是上策。

5.3　拟建建筑物地的预防措施

对拟建的建筑物地，确已查明石灰岩岩溶发育，覆盖层为松散含水层或粘性土中有土洞存在时，必须先治理后建筑，治理措施应包含在各建筑物的地基基础设计和施工方案中，具体措施可考虑以下几种。

(1)嵌岩桩基础。当勘探证实隐伏岩溶存在且覆盖土层为松散含水层时，不论是高层还是多层建筑物都应采用嵌岩桩基础，其入岩深度应根据岩溶发育规模和深度，按地基基础设计规范确定。

为确保建筑物下不再发生塌陷，在施工桩基前的施工勘察的一桩一孔钻探过程中进行注浆以堵塞岩溶通道是行之有效的方法。在各个钻孔向石灰岩体中注浆达到注浆压力要求后，提升注浆管至基岩面以上，对松散覆盖层底部也进行注浆，将可达到根治效果。这种双管齐下的做法已在武昌某工地实施，证明可行。

(2)基岩面做水平帷幕封闭。在建筑物不采用桩基础，又要防止松散含水砂砾层塌陷时，可采用在基岩面上做水平帷幕封闭岩溶通道。水平帷幕可用高压旋喷注浆或静压注浆形成水泥土盖层。这种方法造价很高，不宜大面积实施，只适于已知岩溶空洞位置和规模时有针对性的小范围实施。

(3)建(构)筑物采用浅埋筏基，深部采取在石灰岩中和松散覆盖层底部进行静压注浆堵塞岩溶通道。

采用这种方法需要首先探明石灰岩中岩溶发育带深度和岩溶规模。注浆孔深度须穿过岩溶发育带。注浆孔要保证一定密度并均匀布置。例如在武昌“中大长江紫都小区”地下车库采用筏基，为防止塌陷，采取在石灰岩面以下5m范围内静压注浆，注浆孔间距8～10m，网格式布置，注浆时压力升至1.0MPa停止注浆。基岩注浆后提升注浆管再对松散盖层底部注浆，目的是产生双重堵

塞效果。

这种处理方法与高压旋喷水平帷幕相比,可以大大节省工程量,其造价与桩基相比也少得多,因而可行。

(4)填灌土洞或用钻、挖孔灌注桩穿过土洞。在有土洞存在的易塌陷区进行建筑时,已探明土洞的位置和规模后,根据建筑物的类型和结构形式,可采用两类方法处理。小型建筑物,可采取导孔灌砂填塞、注浆充实的方法处理。较大建筑物可采用钻、挖孔灌注桩穿过土洞的方法处理。例如在湖南某煤矿机械厂主厂房,针对其排架结构的每个独立基础进行钻探,发现有土洞时采取挖孔灌注桩穿过土洞,同时对土洞进行填塞的方法做了处理。这种方法即有的放矢,又稳妥可靠。

6 针对武汉地区岩溶地面塌陷应进一步研究的主要问题

武汉地区关于岩溶地面塌陷问题的研究,虽已有多次塌陷的实录资料和治理实践经验,但还只能停留在宏观分析规律性研究的水平上。若想做到准确划定各类塌陷区的确切范围,尤其是对塌陷的时间、空间的预测、预报还相差甚远。为了进一步深入认识武汉地区岩溶地面塌陷问题,开展如下几方面研究是很必要的。

(1)分析、总结武汉地区各石灰岩带的岩溶发育规律。这里所谓分析、总结,是指利用已有的勘探资料进行分析、总结。随着房地产开发和市政建设规模的不断扩大,在石灰岩分布带上的勘探钻孔成千上万,这种宝贵的资源尚未得到充分利用。其中大量的入岩钻孔可以提示浅部岩溶发育状况。充分利用这些资料,能够进一步认识武汉地区的岩溶发育规律。武汉的某些勘察单位已建立了工程勘察地理信息系统,随时可以利用。政府审查过程中,又有大量勘察报告存档。若能取得这些资料进行综合分析,定能收到事半功倍的效果。

(2)同样利用已有的勘探资料,对长江一级阶地范围内(最易塌陷区)的地层组合关系进一步划分。即将全新世(Q_4)松散中积层之下、石灰岩之上存在新近纪(N)砂岩、泥岩或老粘性土(Q_{2+3})盖层的地段划分出去,可以更准确地界定“最易塌陷区”范围,用以指导规划设计,使建筑物合理布局。

(3)在武汉市的三条石灰岩分布带上,选择合适的剖面进行岩溶水文地质条件和地下水动态研究。迄今为止,武汉市各条石灰岩带内岩溶地下水的水位(头)尚无明确的区域性划分资料,更谈不上地下水动态变化,特别是岩溶地下水与长江水位动态变化的相关规律和补给关系的变化规律。因此,需要布置数条横跨长江的水文地质勘探-试验-动态观测剖面,弄清上面所说的各种规律。只有这样,才能更进一步明确各类型的塌陷机理和塌陷发生的时空规律。

(4)总结和开发治理方法和施工工艺。武汉市在处理塌陷的方法上虽已实施了几种处理方法和施工工艺,但普遍存在就事论事、头痛医头、脚痛医脚的现象。方法和工艺是否成功有效,也缺乏检验标准。对不同地层组合、不同水文地质条件、不同岩溶发育程度、不同的建筑物类型应采取不同的处理方法和检验方法进行开发研究,是今后的重要课题之一。

7 结　语

本文从以上六方面谈论了武汉(湖北)地区岩溶地面塌陷问题,试图对武汉市的各类工程的规划建设和此类地质灾害的防治对策起到一定的指导作用。

略谈岩溶与工程

范士凯

摘　要：岩溶作为一种碳酸盐岩类可溶岩所特有的不良地质现象，对各类工程往往会造成不同程度的不良影响甚至灾害。这些影响和灾害，对不同工程类型而言，问题的性质和评价及处理方法是有所区别的。本文从隧道工程、地基基础工程和场地稳定性——岩溶地面塌陷三方面对岩溶与工程进行了概括阐述。对岩溶与水利工程（水库渗漏和坝基稳定）问题，因有大量专著而未涉及。要想较好解决岩溶与工程问题，必须对岩溶发育的基本规律、影响因素、岩溶的垂直和水平分带等岩溶学基本理论知识有一定深度的了解，就事论事或"瞎子摸象"解决不了问题。由于城市建设多数在平原区碰到平原第四纪地层覆盖下的"隐伏岩溶"，与高原和高山峡谷区岩溶有很大不同，所以本文着重谈的是第四纪地层覆盖下的"表层岩溶带"的各类工程问题。因此，岩溶与工程问题也必然和第四纪"地貌单元、地层时代、地层组合"发生密切关系。

关键词：岩溶发育基本规律；岩溶垂直和水平分带；岩溶发育规律；地质灾害；地貌单元；地层时代；地层组合的关系

0　引　言

岩溶作为一种地貌、地质类型，有它对人类生产、生活有益的一面，如旅游、地下空间的利用和岩溶地下水作为水源或洞穴矿产资源等。但是，对各类工程而言则主要被当作不良地质现象。多数情况下，岩溶是影响工程稳定性和造成地质灾害的不利因素。岩溶之于工程，概括来讲可分为以下 4 类课题：

（1）隐伏岩溶区"岩溶地面塌陷"，这是影响施工和破坏环境的一种严重的地质灾害。

（2）地下工程（隧道、地铁、矿山井巷、深基坑）施工中，岩溶、管道突水、冒泥，洞穴填充物冒顶、片帮、底板下沉或脱空等是地下工程施工的主要障碍，其中突水、冒泥是最大危害。地下工程大量排出岩溶水引起环境地面塌陷也是重大问题。

（3）建（构）筑物地基基础（天然地基、桩基）持力层的稳定性，基底或桩端持力层完整岩体厚度不足时压塌或刺穿下方溶洞顶板。

（4）水库渗漏、绕坝渗漏、坝基稳定。

以上 4 类课题看似复杂、困难，但只要能掌握岩溶的区域规律，采用综合勘探、测试手段，查明场地岩溶的具体状况，加上日趋成熟的各种工程处理措施，这些课题都是可以解决的。几十年中，我国在岩溶发育区已建成数十座水电站、长大越岭铁路、公路隧道和城市地铁工程，建筑物桥梁桩基工程更是不计其数。我国地质界，经过几十年的研究、实践，已经形成有关岩溶问题的系统理论，工程界也已积累了各类工程岩溶处理技术和方法的大量经验，并已在各类行业规范和国家规范中作了相关规定，可以毫不夸张地说，对号称"岩溶学"的理论、技术，我国无疑处于国际领先水平。有鉴于此，工程地质和岩土工程工作者只要掌握有关岩溶学的基本理论和工程处理方法，就能在查明岩溶规律的基础上，根据岩溶分布现状找到工程处理方法，较好地解决“岩溶与工程”问题。本文就是基于这种认识，从岩溶地质现象的基本理论知识和武汉地区实践两个方面略谈岩溶与工程。

1　岩溶地质现象的基本理论知识

1.1　定义、类型、成因

定义：岩溶(喀斯特)是指碳酸盐类可溶岩岩石(石灰岩、白云岩、大理岩、碳酸盐质砂岩或砾岩等)在地表、地下水的作用下，在漫长的地质历史中形成(溶解 $CaCO_3$ 及冲蚀)各种形态的沟槽、溶隙、空洞、管道等地质现象。大型溶洞的形成还伴随崩塌作用。

类型：地表——溶沟、溶槽、石芽、石林、溶蚀洼地

地下 {垂直类型——落水洞、天然井、漏斗、天坑等；水平类型——溶洞、管道、地下河、钟乳石、石笋等}

成因：有节理、裂隙的岩体本身含有一定数量的 $CaCO_3$ 和水中含有的 CO_2 和 H^+ 离子是产生溶解作用的主因。

1. 碳酸盐岩的溶解作用

①$CaCO_3$ 在 CO_2 水溶液中的电离(主要是水中的 CO_2，在水中导出 H^+ 离子)：

$$CaCO_3 + CO_2 + H_2O \rightleftharpoons Ca^{2+} + 2HCO_3^- \tag{1}$$

(Ca^{2+} 被溶解、分离→溶蚀)

②$CaCO_3$ 在水中分离：

$$CaCO_3 \rightleftharpoons Ca^{2+} + CO_3^{2-} \tag{2}$$

CO_2 溶入水形成碳酸后电离：

$$CO_2 + H_2O \rightleftharpoons H_2CO_3 \rightleftharpoons H^+ + HCO_3^- \tag{3}$$

③(1)式可写作：

$$Ca^{2+} + CO_3^{2-} + H^+ + HCO_3^- \rightleftharpoons Ca^{2+} + 2HCO_3^-$$

其本质是 CO_2 的作用在水中导出 H^+ 离子后才造成碳酸盐的溶解。所以，水中 H^+ 增加(pH值减小)，$CaCO_3$ 的溶解度也相应增大。

理论研究表明：$pH<6.36$ 时，水具强侵蚀性；pH 值从 6.36 到 8.33 时，水侵蚀性由强变弱；pH 值接近或大于 10 时，水中 H^+ 已减少，渐失对 $CaCO_3$ 的侵蚀能力。

CO_2 是岩溶的主要因素，氢离子源(其他)也要考虑。

2. 溶解作用中的影响因素

(1)温度效应：碳酸盐岩在不同温度时，溶解度是不同的。

白云岩溶解速度有一部分在 60°C 时最大，另一部分在 40°C 最大。

石灰岩、大理岩在 40°C 时溶速最大；高温(80°C)或低温(0.5°C)溶速较低，可见 40～60°C 岩溶发育最有利。统计表明，温带区碳酸盐溶解最强。

白云岩溶解需要更高温度(因为 $CaCO_3$ 与 $MgCO_3$)——温带区白云岩岩溶差。

湿热带 CO_2 含量高，所以溶蚀快；极寒带、高山区 CO_2 含量低，所以溶蚀慢。

(2)流速和浓度梯度。岩、水界面处首先溶解，饱和后如不散开即形成保护膜，所以流速大小决

定溶速，流速小时，浓度梯度起作用。

(3)离子效应。

a. 在同一容积溶液中加入相同离子盐时（在 HCO_3^- 中加入白云岩，$CaCO_3$ 析出，$CaCO_3$ 的溶解度降低）——同离子效应。

b. 溶液中加入不同离子盐（FS_2 或 SO_4^{2-}）溶解更强烈，所以黄铁矿含量高时岩溶发育强烈（如乌江渡三叠系深岩溶相邻砂页岩含黄铁矿）——异离子效应。

总之，温度、流速、离子等因素相互消长的复杂作用要综合分析。

1.2 岩溶发育的基本规律（岩性、构造、水循环）

1.2.1 岩性（易溶性）

随 CaO 增加而提高，随 MgO 增加而降低（当 CaO>20%时呈线性）。CaO/MgO 比值愈大，愈易溶。如北方奥陶系马家沟组灰岩 CaO 达 50%，方解石占 95%～100%，最易溶。

1.2.2 构造（因为地下水在裂隙内流动过程也是岩溶作用过程——裂隙溶蚀扩大）

(1)沿断裂——张性、张扭性、充填隔水，或断层一盘地层阻水。

(2)沿褶皱轴——背斜纵向张性带（管道），向斜横张带发育倒虹吸状管道。

(3)沿层面和非可熔岩界面。

1.2.3 河流排水基准面（现代河与古河床）

(1)成层性——阶地对应，如：乌江干流五级阶地对应 5 层水平洞；湖北恩施腾龙洞上、下两层地下河（为河流下切过程中形成的），上层干涸，下层水洞。

南盘江的纳贡暗河（19km），3 个出口（440m、473m、520m）对应 3 个相对稳定期，大溶洞（深 140m）有 5 个台阶（对应 5 级阶地侵蚀基准面）。

(2)深岩溶——随河流纵剖面中地下水比降变化，比降大，水动压大、水循环深，则岩溶深；乌江渡电站左岸深岩溶在河床下 230m，长江中下游则大大减小。

(3)剥蚀面（河岸及平原）与侵蚀面（各时代河床）。

1.2.4 宏观不均一性（相对概念）

相对均一：①溶隙密布地段；②发育十分强烈地段，各种溶隙、管道密布，形成网络状。

不均一：其他情况如透水性不均（K 值相差很大），即强、弱岩溶蚀密布。

1.2.5 岩溶水运动规模的基本类型

(1)溶隙型——溶隙 5cm 以上，延续好，近似达西定律。

(2)脉管型——溶隙 5～20cm，不符合达西定律。

(3)管道型——溶隙大于 20cm，汇流面为非渗流（管流），不符合达西定律。

(4)汇流。

1.2.6 岩溶率及发育强度划分

岩溶率：是指一定范围内岩溶空间的规模和密度。岩溶率在一定程度上反映岩溶发育的强度及方式，分为以下几种。

①点岩溶率：单位面积内岩溶空间形态的个数。

②线岩溶率：单位长度上岩溶空间形态的百分比。

③面岩溶率：单位面积上岩溶空间形态面积的百分比。

④体岩溶率:孔洞体积占测量可溶岩体积之百分比。

⑤钻孔岩溶揭露率:在一定深度或层位的条件下,揭露到孔洞的钻孔占勘探钻孔总数的百分比。

以上 5 种岩溶率指标,主要适用于高原或高山峡谷区,岩层大部分裸露、溶洞形态可见或可进入的岩溶区。而对于第四系下的隐伏岩溶,②、⑤两种比较适用。尤其是②线岩溶率应作为主要指标,而⑤钻孔岩溶揭露率往往夸大岩溶发育程度。如武汉地区,见洞率多超过 70%,但线岩溶率多小于 10%,且大部分充填或半充填,故应属中等发育或弱发育。贵州省公路规程的划分见表 1。

表 1　按岩溶分布与发育强度的岩溶地基分级

级别 \ 不利影响 \ 岩溶形态	岩溶洞隙	土洞与塌陷	岩溶水	岩面起伏覆土厚薄不均
	地基稳定	地基稳定	施工及施工条件	不均匀变形
强烈	地表个体岩溶密度＞5/km^2、勘探点见洞隙率＞60%、钻孔线岩溶率＞10%、洞隙中有水活动,未充填或半充填,有近期塌落物	属覆盖型强烈发育岩溶路段,地下水位波动于岩面附近,雨季变幅大、流速快,地表见塌坑洼地近期有发展和新生	类型多并具水力联系,水位高、水量大随季节变得明显、水流具较大的渗透力	岩面起伏大时有外露、隐伏的溶沟(槽)分布密度大、宽大于 2.0m,深大于 5.0m,且底部有软弱土分布
中等	介于上、下两类之间			
微弱	地表岩溶密度＜1/km^2、勘探点见洞隙率＜30%、钻孔线岩溶率＜3%、洞体充填,无地下水活动	属中等或弱发育的岩溶路段、地下水位常低于岩面、地表未见塌坑,土层厚、无软弱土	水位及季节变幅均在岩面以下,水力坡度平缓,水量小(小于 0.5L/s)	岩面埋藏浅、起伏平缓或上覆土层厚(大于 10m),且无软弱土

要指出的是,岩溶发育强度的划分是相对的。应当根据工程类型(隧道、地基或场地稳定性)的要求进行有针对性的划分。

1.3　岩溶水动力的垂直分带

岩溶水动力分带必然对应着某些岩溶类型,这是一个问题的两个方面,而岩溶水及其动力特征是人们最关注的重要问题,因此通常以岩溶水动力的垂直和水平分带来表达岩溶的空间分布规律。

(1)岩溶水动力的垂直分带。

(2)两种表达方式——河流两岸和河间地块的分带,其规律基本一致。

图 1 摘自 1981 年地质出版社的《地貌学及第四纪地质学》,为河谷两岸的岩溶水垂直分带图示;图 2 摘自 2010 年广西师范大学出版社的《隧道岩溶涌水预报与处治》,为河间地块岩溶水动力分带与隧道涌水图示。两图时隔 30 年,人们对岩溶及岩溶水的空间分布规律的基本认识并无本质区别。表明 20 世纪 80 年代以前地貌学中对岩溶水的分带是科学、合理的。为此,我们不妨仍以 1980 年代以前地貌学中"岩溶水垂直分带"为基本分带来认识岩溶水的分布规律。

1.垂直循环带(又称充气带、含表层岩溶带)

位于地表以下,最高岩溶水位以上,为降水(雨、雪)垂直下渗带,水流以垂直运动为主。其岩溶主要为垂直形态(溶沟、溶槽、竖向溶隙、落水洞、天然井等)。如有局部隔水层时可形成上层滞水,相应形成局部水平通道,出露时可形成悬挂泉。

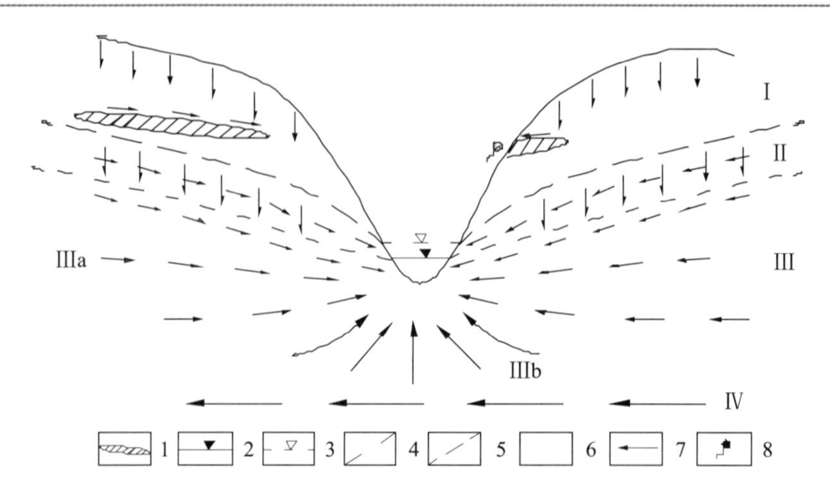

图 1　岩溶水的垂直分带示意图

1. 隔水层；2. 平水位；3. 洪水位；4. 最高岩溶水位；5. 最低岩溶水位；6. 上层滞水；7. 水流方向；8. 悬挂泉；Ⅰ. 充气带；Ⅱ. 季节变化带；Ⅲ. 全饱和带；Ⅲa. 水平篁循环亚带；Ⅲb. 虹吸管式循环亚带；Ⅳ. 深循环带

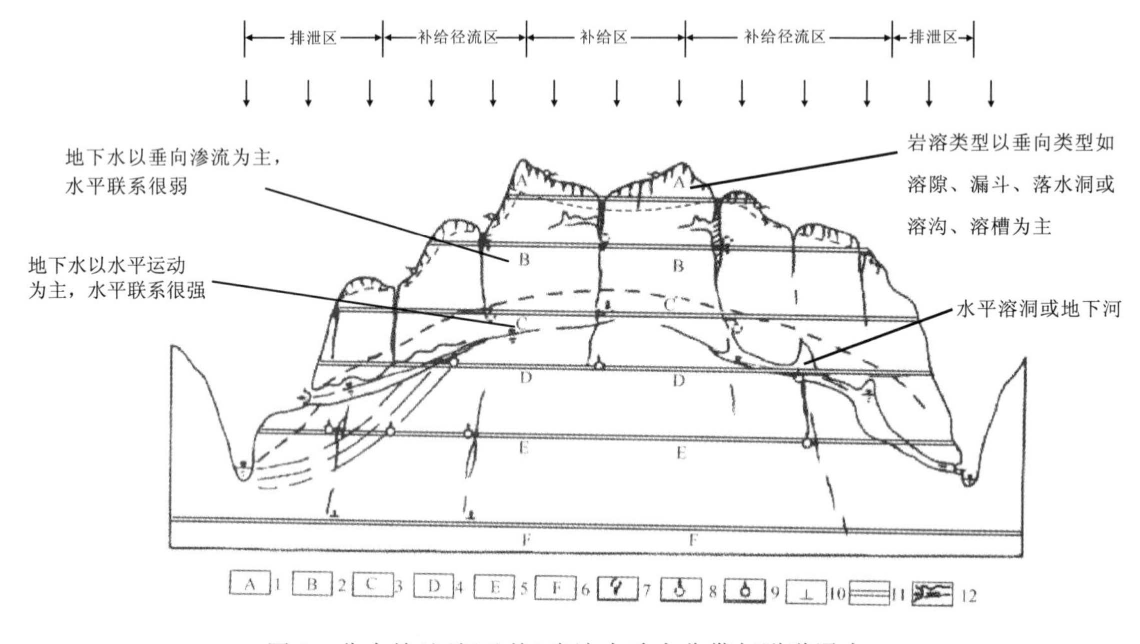

图 2　分水岭（河间地块）岩溶水动力分带与隧道涌水

1. 表层岩溶带 A；2. 包气带 B；3. 季节交替带 C；4. 浅饱水带 D；5. 压力饱水带 E；6. 深部缓流带 F；7. 季节性下渗管流水；8. 季节性有压管流水；9. 有压管流涌水；10. 有压裂隙水；11. 隧道水；12. 地下河

此带厚度取决于当地排水（侵蚀）基准面，其深度大时，此带厚度也大。如鄂西山区此带厚度达数百米，而平原区仅数十米。

2. 季节变化带

季节变化带为最高岩溶水位与最低岩溶水位之间的地带（旱季为充气带，雨季为饱和带）；水流呈垂直运动和水平运动交替出现；岩溶形态和岩溶水通道也是垂直与水平交替出现；其厚度在滨河地带受河流高低水位控制。在分水岭地带则受岩溶化程度控制，岩溶化程度强则此带厚度小，反之则大。

3. 全饱和带

全饱和带为岩溶最低水位以下，受主要排水河道所控制的饱和层。按水流方向不同可分为两个亚带。

上部水平循环亚带——大致位于河床以上，地下水流向河谷方向，大致呈水平方向运动（亦称浅饱水带）。水平岩溶通道发育，水流形式以脉状流或管道流（地下河）方式流动。此带厚度有从补给区向排泄区加大的现象。下部虹吸管式循环亚带（压力饱水带）——大致位于河床以下，地下水具承压性，水流以虹吸管式顺裂隙向谷底减压带缓慢排泄。此带深度受岩溶水位的水力坡度影响，水力坡度越大，此带深度越大。因此，在弱岩溶化地区（水力坡度大）地带深度较大，而强岩溶化地区（水力坡度小）情况则相反。

4. 深循环带（深部缓流带）

此带水流方向不受附近水文网排水作用直接影响，而是由地质构造决定。水流运动缓慢，岩溶作用也很微弱。在漫长的地质时期中形成小溶洞和蜂窝状溶孔。

由上述各带地下水运动方式、方向及强度的差别可知，岩溶作用最强烈的地方在地下水水面附近。因此，季节变化带和水平循环带是岩溶作用最强烈的地方，也是岩溶带水最活跃的地方。

1.4 岩溶水动力的水平分带

在一片较大范围地区，针对某一河流（湖、海）的侵蚀基准面而言的岩溶水系统而言，水平方向上可划分为补给区、补给径流区和排泄区。具体特征如下。

补给区——多处于分水岭地带，常有岩溶洼地，强降水使洼地积水，可造成季节性突水、涌泥（季节性），如武汉地铁 11 号线左岭站（地下水位埋藏浅）。

补给径流区——地下水埋深增大，浅饱水带岩溶发育强烈，岩溶发育深度较浅，产生管道状涌水，受降水影响明显（如野山关白岩洞暗河无雨期 $1000m^3/d$，大雨期 $7200m^3/d$）。

排泄区——包气带厚度大、饱水带水平管道发育。特别是岩溶深度加大，可在暗河口以下或河水面以下形成倒虹吸循环带，随钻孔深度加深，钻孔水头升高，说明地下水有向上运动的趋势，此带岩溶发育深度可达暗河口以下百米至数百米。隧道在暗河排泄区下面通过，往往会遇到高压涌水，导致暗河口干涸。

综上所述，岩溶发育及其水动力分带所代表的岩溶形态、发育强弱程度和岩溶水动力特征是非常明显的。掌握这些宏观规律至关重要。我们所在地区和某类工程所涉及的深度内，只要确认了所处的水平及垂直分带的归属也就掌握了岩溶的基本规律，在此基础上再进行具体、深入地研究，就可以得出合理的评价和可靠的工程措施。

1.5 侵蚀面与剥蚀面及其下的岩溶发育特征

(1)侵蚀面，系指河流的冲刷底面，即当时的河床。隐伏可溶岩的侵蚀面都埋藏在河流冲积层（阶地）之下。侵蚀面地势平坦，起伏变化很小。同一个地质时期的侵蚀面会因河道变迁而形成不同高程的侵蚀台阶，最深的侵蚀面可作为同一地质时期的侵蚀基准面。

侵蚀面下的岩溶，一般少有地表岩溶形态（溶沟、溶槽、漏斗、天然井等）。古老的侵蚀面往往具有深部循环带特点，岩溶不发育。后期侵蚀面，则视其侵蚀到前期侵蚀面控制的垂直分带位置，如在前期包气带内则具竖向岩溶形态，处在前期水平循环带则具水平溶洞，侵蚀面下岩溶的另一特点是岩溶发育深度不大，且发育深度比较均一。

(2)剥蚀面，系指岩面长期裸露、处于剥蚀作用下而无河流冲蚀作用的岩面。岩面地势起伏变化较大，其上第四纪覆盖层不具备冲积层特征，多为粘性土。

剥蚀面下的岩溶，多为地表岩溶形态，即溶洞、溶槽、落水洞、漏斗、天然井等。古老的剥蚀面常有深槽存在，且岩溶发育深度变化较大。

区分侵蚀面和剥蚀面的意义在于掌握岩溶形态、发育程度和发育深度特征。确认岩面的侵蚀或剥蚀性质、分布高程和形成时代，有助于分析地区岩溶形成、发展历史和分带规律。

以上简要阐述了岩溶地质现象的一些基本知识。要想解决“岩溶与工程”的各种问题，最起码也得具备上述基本知识。否则只会就事论事，甚至“丈二和尚摸不着头脑”而想入非非。

2　岩溶对工程(环境)不良作用的基本类型及其防治对策

2.1　岩溶地面塌陷

岩溶地面塌陷是岩溶对工程(环境)危害最严重的一种岩溶地质灾害现象。笔者对此已有专文进行了较全面、系统的论述(详见《岩溶地面塌陷机理、类型、宏观分布规律及其防治对策》)本文只对该文的要点作如下概括。

(1)定义，所谓“岩溶地面塌陷”，是指隐伏在第四纪覆盖层下的可溶岩中存在岩溶空洞，且存在与覆盖层相连的通道。在某些自然因素或人为因素作用下，覆盖层物质沿着岩溶通道进入到岩溶空洞中，引起覆盖土体发生漏失，导致地面出现塌陷的自然现象。这里要强调两层含义，一是“地面塌陷”，二是“覆盖层土体”塌陷，而非可溶岩溶洞塌陷。

(2)塌陷机理及类型，不同地质条件——主要是可溶岩之上第四纪覆盖层性质和地下水作用不同而产生不同类型的地面塌陷，不同类型的塌陷具有不同的塌陷机理。概括有3种类型和机理，即饱和砂类土盖层的“渗流液化一流土漏失机理”，简称“砂漏型塌陷”；粘性土盖层的“潜蚀土洞冒落机理”，简称“土洞型塌陷”；以及由于岩溶水位急剧下降、形成负压或真空，导致第四纪覆盖层(砂类土、粘性土)塌陷的“真空吸蚀机理”，简称“真空吸蚀型塌陷”。3种塌陷类型的塌陷地表形态和规模及其危害程度不尽相同。

(3)发生类型及其分布规律：由于不同的地质条件下发生不同类型的塌陷，因而不同类型塌陷的发生及分布规律必然要受到地貌单元、地层时代和地层组合关系的控制。如“砂漏型塌陷”基本上分布在河流一级阶地上的全新世(Q_4)二元结构地层组合的冲积层中，“土洞型塌陷”多分布在剥蚀堆积垄岗地貌单元上的老粘性土(Q_3、Q_2)中。因此，在调查、分析、评价岩溶地面塌陷的发生类型及其分布规律时，只要掌握了地区的地貌单元、地层时代和地层组合关系就能对地面塌陷的发生类型及其分布规律作出基本判断。

(4)防治对策，遵循两条原则：一是以预防、预处理为主；二是对不同机理、类型的塌陷，处理措施有所不同。如对“砂漏型塌陷”以截断渗流为主——在可溶岩中设置竖向注浆帷幕阻断岩溶水渗流通道，或在土岩接合面上设置水平隔渗层阻断孔隙水向下渗流；对土洞型塌陷以充填土洞为主，或对土洞下方基岩溶洞进行注浆堵塞；对“真空吸蚀型塌陷”采取限制水源采取量，设置永久性充气减(负)压孔；对矿井排水引起塌陷的地区，采取在岩溶水补给区与开采排水区之间设置竖向隔渗注浆帷幕；等等。

2.2　岩溶与地下工程

在可溶岩中施工越岭隧道、地铁隧道、矿山井巷和深基坑等地下工程，最怕的是突水、涌泥，其次是溶洞中填充物冒顶、片帮及底板下沉或脱空现象发生。另一重大灾害则是因地下工程大量涌水、排水引起环境地面塌陷。这些现象的存在与发生，归根结底是岩溶水动力特性决定的。要想评价和预测这些现象，查明并划分地区岩溶水动力的垂直分带和水平分带及其历史变迁，同时查明岩溶水的补给、径流和排泄条件至关重要。

图1和图2所示的岩溶水动力分带和隧道涌水基本概括了大多数山区岩溶水动力分带的基本特征，同时也基本反映了各带的岩溶形态类型。因为岩溶水动力特征决定了岩溶形态类型和发育特点。可以说岩溶形态和岩溶水是一个问题的两个方面。

平原区第四纪土层覆盖下隐伏岩溶的水动力分带，则应以历史的分带为基础，以现时的埋藏条件下的补给、径流、排泄条件来评价岩溶水动力特点。这是因为，地区岩溶的形成与发育主要是在无覆盖层的基岩裸露状态下，河流的侵蚀基准面处于相对稳定时期。岩溶水动力分带及其对应的岩溶形态也是受当时的侵蚀基准面控制下形成的。其后由于地壳沉降和河口海平面的抬升，河流冲积层的堆积、覆盖，岩溶发育长期停滞，岩溶水位也随之上升并与现代河流相联系。但是基岩裸露时期岩溶发育的基本形态特征和分带特征变化不大。所以要以历史分带为基础，并追溯第四纪各时期河流的侵蚀-堆积的变迁过程，才能真正认识平原区隐伏岩溶的发育、分布规律。笔者根据武汉地区的长江在第四纪各时期的变迁历史和近年对长江古河道的钻探资料，以及对浅部岩溶的大量勘察资料，概化出“武汉长江古河道两岸岩溶水动力垂直分带示意图”(图3)，以此作为分析、认识武汉地区岩溶规律的基础。

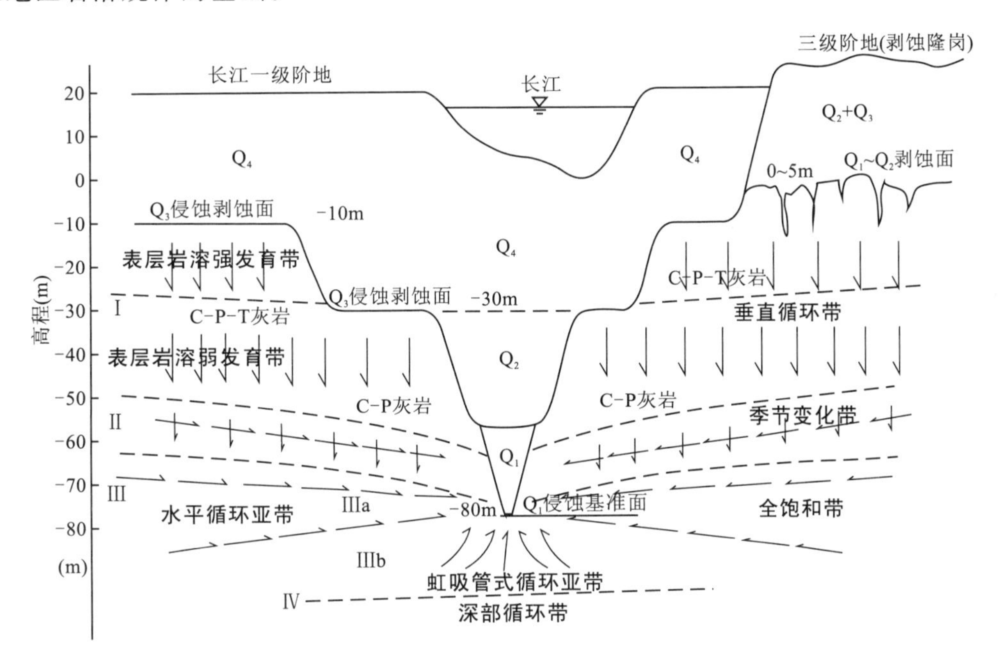

图3 武汉长江古河道两岸岩溶水动力垂直分带示意图

Ⅰ. 垂直循环带；Ⅰ$_a$. 表层岩溶强发育带；Ⅰ$_b$. 表层岩溶弱发育带；Ⅱ. 季节变化带；Ⅲ. 全饱和带；Ⅲ$_a$. 水平循环亚带；Ⅲ$_b$. 虹吸管式循环亚带；Ⅳ. 深循环带。说明：①图中各时期侵蚀面或剥蚀面是根据近年钻探资料确定的；②基本思路是“侵蚀基准面控制岩溶水动力分带”，武汉地区长江古河道河床底(埋深＞100m)是地区最古老的侵蚀基准面；③平原区隐伏岩溶的主要形成期是基岩裸露时期，武汉地区的基岩裸露期是在 Q_2 覆盖层沉积之前。因发现古河道深槽底部有 Q_1 砾石表面有铁冒，故古河道最早形成于 Q_1 时期。由此推定，武汉地区岩溶的基本分带形成于 Q_2(78万年之前的 Q_1 时期)；④图中的剥蚀面与侵蚀面下岩溶发育程度不同，左岸剥蚀面下岩溶发育程度、深度明显大于右岸，岩溶形态类型也不同

按照图1、图2和图3所展示的岩溶水动力和岩溶形态分带的宏观规律，就可以掌握地区岩溶及岩溶水的基本特点。以此为基础，再通过详细勘察，查明工程场地岩溶的具体状况，进而解决岩溶与各类工程的处理问题。这才是一条正确的技术路线。

2.2.1 隧道工程

铁路、公路及山城地铁的越岭隧道工程与平原区城市地铁和矿山井巷工程的岩溶危害性质和处理方法是有明显区别的。前者是因隧道洞口均在地面以上，隧道施工排水及事故抢险、处理都相对容易。后者则因隧道洞身完全处于自然地面以下，一旦发生突水就给抢险处理造成很大困难。矿山井巷工程更加严重，一旦突水就可能淹井停产。隧道施工排水对地面环境的影响也有所不同，越岭隧道很少引起覆盖层塌陷，地铁隧道和矿山井巷在某种地质条件下则可能因隧道涌水、矿井突水引起地面塌陷。

越岭隧道工程，越岭隧道穿越可溶岩山体，隧道洞口及洞身的埋深(高程)所处的岩溶水动力分带归属最重要。图2所示的5种隧道埋深所处的5个分带直观地表达了隧道所在高程与分带的关系，也说明选线高程的重要性。比如，隧道处于表层岩溶带(A)和包气带(B)，即岩溶水位之上时，施工中不会发生突水、涌泥而只会遇到竖向居多的溶洞和充填物稳定性影响或隧道洞底稳定性问题；如隧道处于饱水带以下(C、D、E)，则可能发生突水、涌泥和洞身不稳定等一系列重大隐患。尤其是在压力饱水带(E)中可能有地下河存在就更加困难。可见岩溶水动力分带对越岭隧道有多么重要。所以在越岭隧道的勘察、设计、施工中采用多种探测手段，搞清岩溶水动力分带及其与隧道的关系是关键。

平原中第四纪覆盖下隐伏岩溶区的隧道(地铁)工程，隐伏岩溶的水动力分带同样重要。由于岩溶形成和发育基本上是在第四纪各类土层覆盖之前，要想划分岩溶的水动力分带，就要扒掉第四系，恢复基岩裸露期的侵蚀基准面的变迁历史。图3就是按这种思路做出的。由于河流侵蚀基准面的变迁、抬升，第四纪覆盖，原始的岩溶水动力分带中的岩溶水已经和第四纪中的孔隙水相叠加，所以原始的岩溶水动力分带只能反映各带岩溶发育特征和深度，也就是岩溶的分带。这并不矛盾，实质上岩溶水动力分带与岩溶类型及发育程度是一个问题的两个方面。因此，原始的岩溶水动力分带(图3)仍然是分析评价隐伏岩溶区地下工程的重要基础。

平原下隐伏岩溶区的隧道工程可分为3种情况：一是隧道在可溶岩之上的第四系覆盖层(砂类土层或粘性土层)中通过；二是隧道在可溶岩中通过；三是隧道在土、岩界面上下通过。

(1)隧道在可溶岩之上的第四系覆盖层中通过这种通过方式要看所通过覆盖层的地貌单元、地层时代和地层岩性及地层组合关系，同时要看基岩面的性质(侵蚀面或剥蚀面)及其埋深。重点关注的是“覆盖层塌陷”对隧道的危害。一般有以下几种情况。

一是隧道在河流一级阶地、全新世Q_4饱和砂类土层中通过，其下为岩溶中—强发育的可溶岩，岩面为“侵蚀面”。此种地质条件下存在“砂漏型”覆盖层塌陷危及隧道的重大安全隐患。为此，在隧道(盾构)施工前应对岩溶进行预处理，同时对隧道洞顶线以下的砂类土层进行隔离处理(图4)。

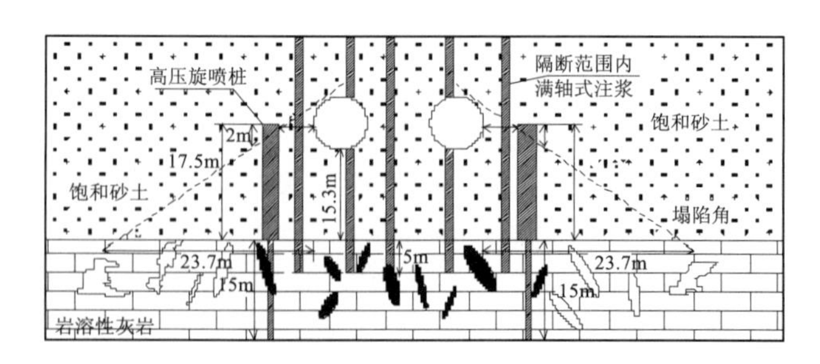

图4 武汉地铁6号线岩溶及砂层预处理示意图

隧道两侧轮廓线外6m砂层中采用三排φ800@600高压旋喷桩帷幕隔断。旋喷桩下岩层中设置一排注浆帷幕，深度15m，注浆孔间距2m；帷幕之间岩层进行加密灌浆处理，注浆孔3m×3m梅花形布置，注浆深度岩面以下5m

例外情况是，侵蚀面埋藏较深，侵蚀面是侵蚀基准面(河床底)，岩溶带为“深部缓流带”，岩溶弱—微发育。此时可不做预处理。

二是隧道在河流二级以上阶地(或更新世古河道)、更新世 Q_3—Q_2 饱和砂类土层中通过,其下可溶岩面为侵蚀面或侵蚀基准面,岩溶发育程度一般为弱发育。尤其是饱和砂类土及卵砾石层普遍含粘粒(粒径小于 0.005mm)成分较多(超过 15%),这种砂类土层可形成柱状岩芯,不会发生“液化”,故不会发生“砂漏型”塌陷。因此,这类地貌单元上,隧道(盾构)在覆盖层中通过时可不做岩溶和砂层预处理。

三是隧道在剥蚀堆积垄岗地貌单元上、覆盖土层为粘性土(大部分为更新世 Q_3—Q_2 老粘性土)中通过,其下可溶岩面为古剥蚀面,岩面起伏较大,岩溶形态多为溶沟、溶槽、落水洞等。覆盖层粘性土下部有时存在红粘土。这类地貌单元上,大部分地段不会产生地面塌陷、危及隧道安全。但是局部在溶沟、溶槽中存在“潜蚀土洞”或软塑至流塑状红粘土,尤其是少量存在深槽,并在下部存在软塑至流塑状红粘土,往往会发生土洞型塌陷,危及隧道安全。对于这类地质条件,需要对已有土洞进行充填加固,对软—流塑红粘土进行补强加固,对溶沟槽特别是深槽下的溶洞进行充填处理。

(2)隧道在土、岩界面即上为第四系,下为可溶岩的分界面附近通过。这也要区分覆盖层性质。原则上讲,冲积砂砾石层下的土、岩界面上下是基本不适宜隧道通过的。矿山法肯定不行,盾构法也因触及可溶岩表层岩溶可能诱发塌陷。通常遇到的情况是,隧道在粘性土直接覆盖可溶岩之上的土、岩界面附近通过。地貌单元多为剥蚀堆积垄岗或波状起伏平原,土层为更新世 Q_3—Q_2 老粘性土,土岩界面为古老的剥蚀面。隧道在这种界面附近通过时,存在以下问题:一是老粘性土中存在土洞;二是局部有软至流塑红粘土;三是剥蚀面起伏较大,存在溶沟、溶槽或深槽及其中的松软充填物等不良状况。

隧道在上述不良地质条件下的土、岩界面附近通过时,采用矿山法或盾构法施工都要在查明的基础上做如下预处理。

①已有的土洞进行填充。

②对软塑至流塑状红粘土进行加固、补强。

③对溶沟、溶槽中的软塑至流塑状红粘土,特别是深槽中的红粘土进行加固补强;同时对沟、槽底下的岩溶空洞进行充填处理;对溶槽中虽无红粘土但松软充填物进行加固补强。

④对隧道洞底线贴近或进入可溶岩面,在洞底线以下一定范围内的岩溶空洞进行填充处理。具体处理时,可据溶洞跨度大小和溶洞顶板岩体完整程度而定,一般可按 1 倍洞径。

(3)隧道在平原区第四系覆盖层下的可溶岩中通过。两种地貌单元、两种覆盖层、两类土、岩界面下的岩溶特点和水文地质条件有显著差别。两种地貌单元分别是:河流阶地二元结构冲积层、侵蚀面下的可溶岩体,或者是剥蚀堆积垄岗、粘性土层、剥蚀面下的可溶岩体。

河流阶地、二元结构冲积层的基岩面(侵蚀面)之上为饱和砂砾石含水层,其中的地下水与地表水体有直接水力联系,与其下的岩溶水也直接或间接相通。这种地质条件下,隧道不宜在可溶岩体中通过,因为隧道“头上顶着一盆水”。无论是采用矿山法还是盾构法施工,隧道都会遭遇高水头压和大量涌水,并引起“砂漏型地面塌陷”,所以隧道方案基本不可行。由于岩面为侵蚀面,起伏很小,隧道标高很容易调到覆盖层中通过。

剥蚀堆积垄岗区、粘性土覆盖、剥蚀面下的可溶岩中的隧道。这种地貌单元下的可溶岩体,因其处在古老剥蚀面之下,岩溶形态具有典型的表层岩溶带特征:岩面起伏较大,溶沟、溶槽发育并有深槽存在。岩体中的溶洞多为竖向溶隙、落水洞,水平溶洞不多,且大多数被充填。此带中的岩溶水总体上富水性不高且水平向联系较差。按岩溶水富水性和渗透性可划分两类地段,一类是被较厚的粘性土覆盖,大气降水补给大部分被阻断,岩溶水属弱富水、弱渗透性,渗透系数一般小于

1.0m/d。此带岩溶水位多处于岩面以下，此类地段，隧道施工中不会发生较大涌水，矿山法施工可以顺利通过(图5)；另一类地段是粘性土覆盖层较薄，或附近有可溶岩裸露。这类地段属于岩溶水动力分带的“补给区”，岩溶水位较高且渗透性较强，但因处于表层岩溶带，若无地表水体直接补给，隧道也不会发生突水，仍可采用盾构法或矿山法施工。

总之，隧道在粘性土覆盖的剥蚀面下可溶岩中通过时，岩溶水不致形成重大危害。其主要原因是粘性土覆盖层阻断降水补给和剥蚀面下岩溶为表层岩溶带、富水性和透水性较低。图5是武汉地铁3号线一段在老粘性土覆盖下的岩溶水文地质分析图，可溶岩体在隔水或相对隔水岩、土体封闭下，岩溶弱富水。隧道采用矿山法在可溶岩中通过，未发生大量涌水。

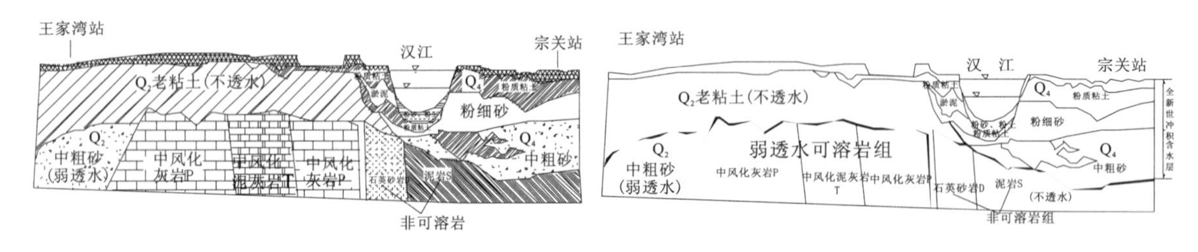

图5　武汉地铁3号线王家湾—宗关区间地质及水文地质单元划分

(4)隧道(洞室)涌水类型划分。隧道(洞室)涌水量的预测一直是工程中的难题。要想准确定量预测就更加困难。但是，只要抓住岩溶水动力分带、覆盖层性质和地层岩性、地质构造这三方面因素的影响，再通过勘探、试验，进一步判定岩溶水的赋存特点和运动形式(溶隙型、脉管型、管道型)，是可以对岩溶水的影响作出基本判断的(表2)。

表2　地下洞室岩溶漏水类型表

类型	涌水分类	涌水量(m^3/s)	涌水类型	危害程度
Ⅰ	特大涌水	>5	暗河或岩溶管道涌水	影响施工顺利进行，可造成重大设备及人身事故。排水困难
Ⅱ	大量涌水	1～5	岩溶管道涌水	影响施工进行，可造成设备，人身事故。排水较困难
Ⅲ	中等涌水	0.1～1.0	脉状岩溶管道涌水	对施工有一定影响，较易排水
Ⅳ	少量涌水	0.01～0.1	脉状岩溶管道涌水	对施工影响不大
Ⅴ	微量涌水(渗水)	<0.01	岩溶裂隙涌水	对施工影响小

资料来源：《水利水电岩溶工程地质》，1994。

从表2中可以理解出，涌水量大小取决于岩溶水运动类型，而岩溶水类型取决于岩溶水动力分带，涌水量大小的差别又和地质构造及覆盖层性质有关(图5)。其中，岩溶水动力分带和隧道所处高程至关重要(图2)。

2.2.2　深基坑工程

在可溶岩中开挖深基坑将面临4个方面的问题：一是其坑侧壁和底板因岩溶(空洞或填充物)存在而影响基坑稳定问题；二是基坑岩溶水涌水问题；三是基坑排水引起周围第四纪覆盖层沉降或塌陷问题；四是底板抗浮问题。分述如下。

基坑侧壁和底板稳定问题。基坑开挖遇到可溶岩多数是基岩浅埋，覆盖层较薄，岩面为起伏较大的剥蚀面，岩溶属于表层岩溶带。这种基坑往往会存在上土下岩或侧壁与底板岩体中存在岩溶

(溶洞或溶沟、溶槽等)现象。对待这种基坑,应当看到其主体是处在坚硬的岩体中,基坑不存在整体不稳定问题。存在的问题大多是局部问题。采取局部问题、局部处理方式解决。具体处理原则如下。

(1)上土下岩,上部土层存在土体稳定性和土压力问题,下部基岩的稳定性取决于岩体结构,不存在土压力。基坑支护计算应分别考虑,不宜将岩体部分以所谓等效抗剪强度指标进行土压力计算。支护结构应将土体和岩体分别采取不同的支护形式。

(2)侧壁有溶洞或溶洞充填物,用砼进行充填或置换,底板下有溶洞时,视溶洞跨度和顶板完整岩层厚度来决定是否对溶洞进行注浆充填。一般按完整岩层厚度大于洞跨的1倍为安全厚度,可不对溶洞进行处理。

(3)基坑岩溶水控制。基坑中的岩溶水,多数情况下可以通过集水明排解决。因为,除水利工程的基坑外,一般建(构)筑物基坑多处在剥蚀面上下的表层岩溶带中。其中的岩溶水多为溶隙流,个别情况有脉管流,不会有管道流。按岩溶水动力水平分带,补给区(基坑裸露区)涌水量较大。覆盖层下径流区涌水量很小。排泄区则因与河流互补、水循环强烈而涌水量远大于补给区和径流区,但因径流通道埋深较大,基坑深度有限,很少触及深层岩溶水。所以总体来看,基坑所遇到的岩溶水基本上仍属于浅层溶隙流或脉管流。基坑涌水量预测仍可用达西定律所包含的渗流理论进行计算。

基坑涌水量预测,一般采用大井法(潜水或承压水)公式计算。预估涌水量计算的关键在于通过现场试验取得相关的水文地质参数。

基坑地下水控制方法,多数情况可以采用"集水明排",水量较大时可采用"管井降水"。基坑降(排)水必须考虑对周围环境的影响——引起环境地面的"真空吸蚀型塌陷"或井、泉干涸影响居民供水。此时宜考虑采用注浆帷幕,截断渗流通道后,基底进行封闭式降(排)水。

2.2.3　岩溶与建(构)筑物地基基础工程

建(构)筑物的地基基础工程在裸露岩溶区的问题相对简单,本文不作阐述。需要认真对待和慎重处理的是第四系地层覆盖下的隐伏岩溶。在隐伏岩溶区的地基基础工程面临3类基本课题:一是第四系覆盖层作为天然地基持力层问题;二是桩基在可溶岩中的持力层选择和施工中对溶洞进行预处理问题;三是基础工程施工诱发岩溶地面塌陷问题。

(1)利用覆盖土层作为天然地基,采用筏板或扩大基础,即不触及下伏岩溶的基础选型是上策。覆盖层可否作为天然地基,主要取决于地层的承载力、压缩模量等指标和基础面以下土层厚度及其软弱下卧层能否满足建(构)筑物荷载的要求。同时,必须判定场地不会发生岩溶地面塌陷。

最适宜这种基础选型的是剥蚀堆积垄岗地貌单元的老粘性土(Q_3或Q_2)或河流高阶地的老粘性土及其下半胶结的砂砾石层(Q_3或Q_2)。此类土层的地基承载力f_{ak}可达350~400kPa以上,压缩模量Es可达13~15MPa以上,如无软塑红粘土下卧层,天然地基足可承载不小于20层的高层建筑物。因此,这类地质条件下宜尽量利用天然地基,采用筏板或扩大基础。这样做既可节约大量投资又可以免去桩基触及岩溶的一系列复杂处理措施。

(2)隐伏岩溶区的桩基工程,有两种情况:一种是高层或超高层建筑因荷载要求桩基入岩;另一种是处于潜在塌陷区的高层或多层建筑物为防塌陷影响而要求桩基入岩。桩基进入可溶岩,必然涉及岩溶影响桩基稳定性和施工诱发覆盖层塌陷问题。

桩基进入可溶岩的设计原则,相关规范已有明确、具体的规定,具有"一桩一孔"的施工勘察要求。设计只要严格执行规范要求即可。需要重点解决的难题是如何保证桩基成孔过程中不塌孔、不漏浆和防止桩基施工诱发桩孔或场地塌陷。为此,需要在桩基施工前对岩溶进行预处理和选择适宜的桩型及工法。

(1)桩基成孔预处理。在经勘察、评价场地无塌陷可能性的前提下,桩基成孔预处理仅为保证不漏浆、不塌孔,可采用冲击成孔,遇空洞漏浆时可砸入粘性土、片石后再成孔,或利用超前探孔对岩溶进行预注浆。

(2)为防止诱发塌陷的预处理。在有塌陷隐患的地段,因桩基施工诱发塌陷时有发生,所以防止施工诱发塌陷应作重点。与单纯为了桩基成孔的预处理措施有所不同,在有塌陷隐患的地段,不宜使用冲击式钻机成孔。在桩基成孔之前应对桩位的溶洞进行预处理。其主要措施是注浆充填溶洞或土洞。最好是首先利用施工勘察钻孔进行预注浆,遇有较大溶洞需多孔注浆。

针对不同的塌陷类型,预处理措施有所区别。

在预测有“渗流液化流土漏失型塌陷”的危险区,应采取如下措施:①慎重选择桩型和成孔工艺。在可溶岩面之上无阻隔层时,不宜使桩端“悬浮”在砂层中,宜采用嵌岩桩;不宜采用打入式预制桩,宜采用钻孔灌注桩。②在桩基施工前,应据超前钻孔探明的溶洞进行预注浆。对单桩承台的桩孔一般用1个钻孔进行预注浆,遇有较大溶洞应设2个以上注浆孔;对多桩承台,最少应保证一桩一孔注浆,必要时酌情增加注浆孔;对大型多桩承台,必要时先以承台边线形成注浆帷幕。再对桩孔逐一注浆。总之都要遵循“先进行钻孔注浆,再进行桩基成孔、灌注”。③桩端持力层的确定要严格按相关规范执行。

在预测有“潜蚀土洞型塌陷”的危险区,原则上不需要逐桩预处理,但也要采取如下措施:①对已探明的土洞进行充填或注浆处理。②对预测有土洞型塌陷,尤其是存在深溶沟、溶槽且下部有软至流塑红粘土的部位,不论是否在桩位上都应进行预处理。处理方法是,对基岩中的溶洞进行注浆充填,对软至流塑红粘土进行补强加固(搅拌或旋喷)。③桩端持力层的确定要严格按相关规范执行。

2.2.4 岩溶与水利工程

岩溶与水利工程的各类问题,诸如水库渗漏、坝基稳定及绕坝渗漏等,是一项复杂的系统。我国水利工程界在几十年中已积累了非常丰富的经验,并且形成一个全面、复杂的理论体系和大量的专著。在可溶岩地区已建成数十座水利、水电工程,在世界上无疑处于领先地位。对于此类课题,本文就不再“班门弄斧”。

3 基本结论

“岩溶与工程”是一个庞大而复杂的论题,本文只能描绘一个概貌。笔者希望读者通过对本文的解读能得到如下基本认识。

3.1 需要掌握的岩溶基本知识

若要解决岩溶与任何一类工程问题,必先具备有关岩溶的基本理论知识,否则将无从下手而陷入“一头雾水”尔后“想入非非”的境地。至少应掌握以下几方面。

(1)岩溶的发育程度和分布规律首先取决于地层岩性的可溶性,其主要指标是CaO/MgO,即$CaCO_3$与$MgCO_3$含量的差别,$CaCO_3$含量高者可溶性强。正常的强弱顺序是纯质石灰岩—白云质灰岩—白云岩—泥质灰岩。

(2)地质构造影响岩溶发育程度和分布规律。褶皱轴部岩溶沿轴向呈线状分布。断层破碎带或剪切带上岩溶呈带状分布。

(3)区域熔岩分布与河流密切相关,其中各地质时期的河床基岩高程作为侵蚀基准面控制区域岩溶水动力垂直分布和水平分带。因此要研究现代河流和古河道与各地质时期熔岩分布的相互关系和侵蚀基准面的控制作用。

(4)受控于河流及其侵蚀基准面的"岩溶水动力的垂直分带和水平分带"是研究区域岩溶及岩溶水平分布的最为重要的基本课题。图3所示的岩溶水动力垂直分带是具有普遍意义的经典的分带,图4是垂直分带在隧道工程中的具体应用。研究岩溶及岩溶水的问题,必须牢记、熟练掌握、灵活运用。一个区域的岩溶问题,必先从岩溶水动力分带入手,一个场地则应确认所涉及的高程必须处于区域分带的哪一个带中。只要弄清区域分带规律和场地熔岩的分带属性,就能掌握岩溶形态类型、规模及其岩溶水动力的基本特征。因为岩溶形态类型、规模与岩溶水动力分带是一个问题的两个方面。比如,一个场地处于"包气带"中的"表层岩溶带"上,就不可能有地下河之类的岩溶水。

(5)覆盖层下隐伏岩溶的基岩面,基本分为两类:一类是冲积层下的"侵蚀面",另一类是剥蚀堆积层下的"剥蚀面"。这两类岩面的起伏变化特点和岩溶类型及其发育程度有显著差别。前者因受河流侵蚀冲刷形成岩面地形平坦,且由其上冲积层时代所限定的侵蚀面形成时代和侵蚀高程不同而决定了岩溶类型和发育程度不同。如河流不同级别的阶地下或古河床的侵蚀面形成的时代不同,岩溶分带归属和经历的发育时期长短不同,则岩溶类型发育程度及岩溶水动力特点都有显著差别;后者因覆盖层为剥蚀堆积,成因普遍为厚度变化很大的老粘性土(Q_3、Q_2),其下的岩面为古老的剥蚀面,超伏高差很大,溶沟、溶槽和竖向溶洞(落水洞、天然井)发育,偶有深槽存在,且在低凹处或深槽下部有软至流塑状红粘土。剥蚀面下的熔岩水,则因老粘性土覆盖隔断了降水补给而普遍水量不大,仅有基岩裸露的补给区水量相对较大。但因剥蚀面下的岩溶总体属于表层岩溶带,岩溶的水平联系较弱,也不会发生很大的涌水。由上可知,覆盖层下的岩面是侵蚀面还是剥蚀面,区别很大。

3.2 岩溶地面塌陷要点

关于"岩溶地面塌陷",应该掌握以下要点。

(1)岩溶地面塌陷是指可溶岩之上的第四系覆盖层塌陷,而非溶洞顶板塌陷。即所谓"岩溶地面塌陷"实际是"岩溶覆盖层塌陷"。

(2)由于是覆盖层塌陷,其塌陷机理、类型及分布规律就主要取决于覆盖层的类型、性质。因此,概括出3种塌陷机理和相应的3种塌陷类型:覆盖层为二元结构冲积层,饱和砂土直接覆盖在可溶岩之上时属于"渗流液化流土漏失塌陷机理";覆盖层为粘性土层,可溶岩表面溶沟、溶槽发育时,属于"潜蚀土洞冒落塌陷机理";"真空吸蚀塌陷机理"的主因是岩溶水位急剧下降产生负压,引起以上两种覆盖层塌陷。上述3种塌陷机理产生3种类型的塌陷,简称"沙漏型塌陷""土洞型塌陷"和"真空吸蚀型塌陷"。

(3)3种塌陷类型的宏观分布,严格受地貌单元、地层时代和地层组合三要素控制,例如沙漏型塌陷只在二元结构冲积阶地上发生,且大多发生在一级阶地全新世(Q_4)地层中;"土洞型塌陷"基本上发生在剥蚀堆积、垄岗、山间谷地或山前坡地的更新世(Q_3、Q_2)老粘性土中;"真空吸蚀塌陷"则发生在岩溶水补给区的山前河谷或补给径流区的山间谷地中。掌握了这些宏观分布规律,就能对区域或场地的塌陷类型作出定性判断。

3.3 岩溶区隧道工程(越岭隧道、城市地铁隧道、矿山井巷)

无论是铁路越岭隧道,还是城市地铁隧道或矿山井巷,面临可溶岩岩溶不良地质作用,都要解决两大问题:岩溶水的涌水、突水、涌泥和岩溶空洞或充填物对洞体稳定性的影响。其中岩溶水影响最大。由于隧道所处的位置、高程不同,越岭隧道与地铁或矿山井巷工程所受影响的性质、程度及其防治对策也有较大区别。概括来讲,对岩溶与各类隧道工程要掌握以下要点。

要想解决各类隧道的岩溶涌水问题,首先应从岩溶水动力分带入手。必须运用综合勘测手段查明,划分岩溶水的动力分带。对于任何一个隧道工程,如果不对区域岩溶水动力(垂直与水平)分带规律有概括了解并对隧道所处地段和高程的分带归属进行具体划定,只能是"盲人摸象",不可能对隧道涌水有合理的定性判断。本文中图 1、图 2、图 3 所示的基本分带应作为蓝本熟练运用。其中"饱和带"分布和补给、径流、排泄条件的分析、评价至关重要。

①山区越岭隧道,按图 2 所示对分带和隧道所处高程进行勘测、分析、评价。

②平原区第四系覆盖下隐伏岩溶区隧道,应区分隧道在第四系覆盖层(砂类土或粘性土)中通过,在土岩结合面上下通过,还是在可熔岩体中通过时存在不同性质的工程问题。

A. 隧道在冲积阶地饱和砂类土中通过时,存在"沙漏型塌陷"危及隧道施工、运营的重大隐患。处理方案包括基岩岩溶和覆盖层两部分,可参考图 4。

B. 隧道在剥蚀堆积垄岗区的粘性土中通过时,主要问题是已有土洞塌陷或深溶槽中软至流塑红粘性土潜在土洞塌陷。一般土洞需充填、注浆处理。深溶槽需对基岩岩溶进行注浆预处理,并对软至流塑红粘土进行补强加固。

C. 隧道在可溶岩中通过时,由于浅部岩溶属于"表层岩溶带",且多为粘性土覆盖、封闭、富水性普遍不强。在详勘探明岩溶分布和岩溶水特点的基础上,对岩溶洞、隙采用预处理(充填或注浆)措施后,盾构法或矿山法均可通过。

3.4 岩溶与建(构)筑物地基基础工程

(1)在可溶岩之上覆盖层为老粘性土的剥蚀堆积垄岗区,建(构)筑物基础宜尽量采用天然地基,避免采用嵌岩桩触及岩溶;以老粘性土作持力层的预制桩应避免采用打入式方法,宜采用静压方法或人工挖孔灌注桩。

(2)在可溶岩之上为饱和砂类土的冲积阶地区,各种建(构)筑物基础均宜采用嵌岩桩;在可溶岩与饱和砂类土之间存在粘性土或第三系砂岩"阻隔层"时,可采用不穿透"阻隔层"的各类桩型或采用地基加固处理后的浅基础。

(3)在以上两类覆盖层的隐伏岩溶区的建(构)筑物,重点关注的问题是防止诱发岩溶覆盖层塌陷,其次是桩基成孔和桩身完整性。其主要措施是对可溶岩中的岩溶洞、隙进行充填或注浆预处理。

综上所述,本文对"岩溶与工程"所涉及的部分问题进行了概括论述。主要服务对象是从事道路工程和城市地质工作的人们。由于篇幅和笔者水平有限,文中未涉及水利工程的岩溶问题,因为早在 1994 年前就已出版了《水利水电工程地质》专著,此书是迄今有关岩溶问题最全的著作,笔者读后也受益匪浅。读者在阅读本文时,如能参阅这部专著肯定会对"岩溶与工程"问题有更全面、深入的理解。

4 结 语

(1)在解决岩溶与工程的问题时,需要掌握岩溶地质现象的基本理论知识,如岩溶现象的类型及其特点,岩溶发育的基本规律(岩性、构造、水循环),岩溶水动力的垂直和水平分带等。

(2)解决岩溶及岩溶水的基本评价时,应从宏观的时空关系入手,追溯岩溶形成与发展的历史,查明岩溶及岩溶水的现状特点。宏观的时空关系研究所得出的认识虽属定性研究,但它是基础性研究、评价,至关重要。

(3)研究所在地区的岩溶及水动力特点时,确认岩溶形成那个时代岩溶所处的垂直和水平分带(以当时的河流两岸或河间地块为边界条件)至关重要。如当时岩溶处在表层岩溶带(充气带)就不太可能存在水平贯通的岩溶管道(不可能有地下河)。如当时处在水平循环带就可能存在水平贯通管道或地下河(山区)。

(4)对裸露岩溶区(山区)在查明岩性、构造特点的同时,也应研究地貌(夷平面、阶地)发展历史,以便确认岩溶分带和历史变迁。

(5)在隐伏岩溶区,对第四纪地貌单元、地层时代、地层组合的研究是研究岩溶及岩溶水不良影响或地质灾害的重要内容。只有把岩溶化岩体本身的分带特征和第四系覆盖层的时代和地层特性相结合,才能得出对岩溶不良特性的合理评价。

参考文献

杜恒俭.地貌学及第四纪地质学[M].北京:地质出版社,1981.

范士凯.岩溶地面塌陷机理、类型及其分布规律及防治对策[C]//湖北地质学会会刊,2014.

韩行瑞等.隧道岩溶涌水预报及处治——专家评判系统在沪蓉西高速公路的应用[M].广西师范大学出版社,2010.

邹成杰等.水利水电岩溶工程地质[M].水利水电出版社,1994.

岩溶地面塌陷机理、类型、分布规律和防治对策

范士凯

摘　要："岩溶地面塌陷"这一特殊的地质灾害，近年在一些分布在碳酸盐岩类上的城市时有发生，对人类生命财产造成重大损失，也成为工程建设的重大难题。但是，对于这种地质灾害的发生机理、类型、发生及分布规律，国内外至今没有统一认识，更没有能为人们可以遵循的理论体系和实用的方法原则。关于塌陷机理，20 世纪 80 年代以前国内外只有概念模糊的"潜蚀机理"，80 年代初出现了"真空吸蚀机理"。本文在指出"地面塌陷是覆盖层塌陷"的前提下，以覆盖土层类型、性质为基础，按照覆盖层地质条件区分不同塌陷类型，发现不同类型存在着不同机理，进而提出"渗流破坏流土漏失机理""潜蚀土洞冒落机理"和"真空吸蚀机理"。又进一步发现地貌单元、地层时代和地层组合特点决定不同机理类型的宏观分布规律。最终落实到"不同地质条件、不同机理类型采取不同的防治对策上"。这一整套理论、方法是笔者近 30 年进行岩溶地面塌陷调查研究和数十处岩溶地面塌陷事故、灾害处理实践的总结。可以说这是国内外迄今对岩溶地面塌陷地质灾害比较全面、系统的理论和经验总结。

关键词：岩溶地面塌陷是指覆盖层塌陷；不同地质条件发生不同塌陷类型，不同塌陷类型存在不同机理；不同类型、机理采取不同防治对策；宏观分布规律受地貌单元、地层时代、地层组合控制

0　引　言

近年在一些城市圈内的隐伏岩溶分布区，岩溶地面塌陷时有发生。如武汉、广州、深圳等大城市，由隐伏岩溶造成覆盖层地面塌陷曾导致人民生命财产严重受损，或建筑工程停顿，或堤防加固受损，其经济损失非常巨大。其中以武汉市最为突出，2000 年 4 月近郊的烽火村出现 22 个塌陷坑，造成 49 栋农居楼房易地重建，经济损失 500 余万元；2008 年 4 月汉南纱冒镇邻近长江大堤发生地面塌陷，仅加固堤防就耗资近 3000 万元；深圳某体育中心，桩基施工过程中发生地面塌陷，不但使工程停顿，还增加了大量勘探工作和加固费用，总增加投资超过 1000 万元。武汉市白沙洲高架桥桩基施工中，曾发生 30 余处桩位塌陷，其中 8 处造成道路塌陷；2014 年武汉市江夏区法泗街长虹村塌陷，几小时内产生 19 个陷坑，估其陷坑土方近 11.5 万立方米，2 栋农舍陷入坑中，1 栋教学楼严重歪斜；2014 年和 2015 年武汉澎湖湾小区和汉阳锦绣长江片区先后有 4 人陷入坑中不幸遇难。可见岩溶地面塌陷危害之大，足应引起高度重视。

隐伏岩溶地面塌陷这一不良地质现象，似乎是大家都熟知的一种地质灾害。但事实上，许多人对它的实质含义、类型、发生及分布规律并不真正了解，甚至存在一些误区。比如一遇到地面塌陷就误认为是地下溶洞发生垮塌；这类塌陷本来是一种自然的物理地质现象，人为活动在多数情况下是诱发因素，只是在特殊情况下成为主导因素。但在塌陷发生后，往往是不分青红皂白地追究人为责任，而不去深入探讨自然规律。有鉴于此，特作如下阐述。

1　定义

所谓“岩溶地面塌陷”，是指隐伏在第四纪覆盖层下的可溶岩中存在岩溶空洞，且存在与覆盖层相连的通道。在某些自然因素或人为因素作用下，覆盖层物质沿着岩溶通道进入到岩溶空洞中，引起覆盖土体发生漏失，导致地面出现塌陷的自然现象。这里要强调两层含义，一是“地面塌陷”，二是“覆盖层土体”塌陷，而非可溶岩溶洞塌陷。

2　机理

关于塌陷机理，几十年来没有定论。最早流行的是“潜蚀机理”。20 世纪 80 年代出现了“真空吸蚀机理”。笔者在近 30 年中，对湖北、湖南、广东、广西等地的岩溶地面塌陷进行调查、防治过程中，逐渐认识到：不同地质条件下发生不同类型的塌陷，不同类型的塌陷有不同的塌陷机理。基本类型有 3 种，即潜蚀土洞冒落机理、渗流破坏-流土-漏失机理和真空吸蚀机理。大量事实证明，三种机理及其相应类型都存在，不同地质条件下的塌陷符合不同机理。

2.1　潜蚀-土洞冒落机理

所谓“潜蚀”是泛指地下水在运动过程中不断带走土中物质的机械作用过程。覆盖层为粘性土的岩溶地面塌陷过程中的“潜蚀”一般是发生在起伏较大的土岩接合面附近的土中。最有利于发生潜蚀的条件是可溶岩表面存在溶沟、溶槽，且岩溶地下水位已脱离基岩顶面降至岩体中而在地下水位以上存在饱气带，亦即岩面上下地下水的垂直循环带内。由于基岩面的高低变化，特别是在溶沟、溶槽中易发生地下水潜蚀。在漫长的潜蚀过程中，土中物质被带入基岩溶洞中，在覆盖土层中形成“土洞”。当土洞顶板失去自撑能力时，洞顶冒落，发生地面塌陷。此类塌陷有两种基本类型。一种是：基岩浅埋，地下水长期潜蚀，在溶沟中逐渐形成土洞，土洞扩展至顶板失稳，导致地面塌陷；另一种是：基岩深槽，深槽下部为软至流塑红粘土，上部为硬塑粘性土。由于地下水的潜蚀作用，软塑红粘土逐渐漏失到基岩溶洞中形成土洞。地下水在岩面上下周期性升降使土洞逐渐扩展，直至洞顶失稳，导致地面塌陷，特殊情况下(地震或人类工程活动)，导致软塑红粘土在短时间内漏失到基岩溶洞中并岩溶水渗流被带走，并且在瞬间形成真空负压。在负压和土体自重作用下，可导致土洞顶板很厚的硬塑土层呈柱状陷落(陷落柱)，造成地面塌陷(图 1)。

土洞形成要有两个基本条件，一是基岩面起伏较大或存在溶沟、溶槽，二是岩溶地下水位在土

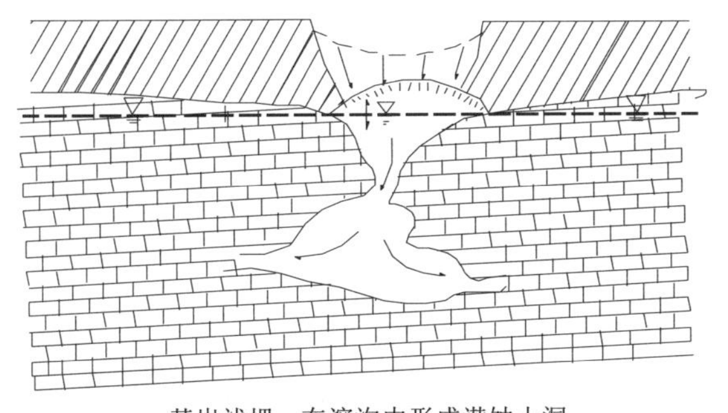

a.基岩浅埋，在溶沟中形成潜蚀土洞。土洞逐渐扩展至顶板失稳，导致塌陷

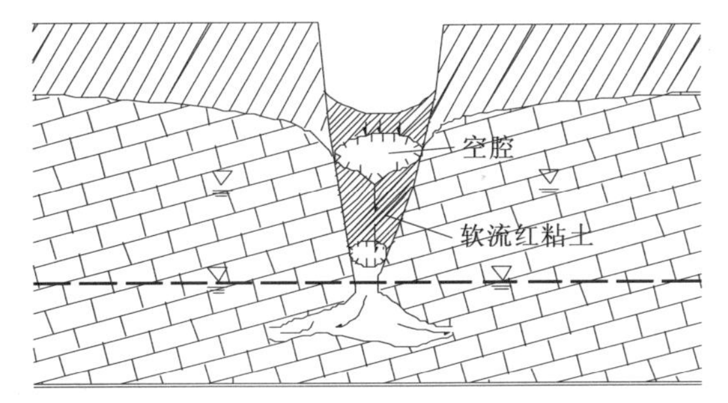

b.深溶槽，下部软至流塑状红粘土逐渐漏失形成土洞，顶板失稳导致塌陷；软流红粘土瞬间失稳，产生负压导致厚层顶板塌陷

图 1　潜蚀土洞塌陷的两种类型

岩接合面上下活动。如果基岩面平坦，不存在溶沟、溶槽，则基本不会有土洞。如果岩溶承压水位常年高于土岩接合面或常年低于岩面以下很多，也不会形成土洞。例如武汉长江三级阶地下的基岩面平坦区，岩溶承压水位高出岩面很多，历年勘察中成千上万个钻孔均未发现土洞，而在基岩面起伏较大的垄岗区、山前或山间谷地则常有土洞存在。此外，溶沟、溶槽中有软塑至流塑的红粘土存在时，最易形成土洞或瞬间漏失产生地面塌陷。

2.2 渗流破坏-流土漏失机理

当覆盖层为二元结构冲积层且冲积层下部饱和粉土、砂、砾石层直接盖在可溶岩岩面之上时，在粉土、砂、砾石层中的孔隙水与可溶岩中的岩溶裂隙、管道水发生直接联系，形成统一运动情况下，由于水位不断升降变化，尤其是岩溶地下水位或承压水头低于孔隙水位时，发生垂直向下渗流。先是在粉土、砂、砾石层中先发生潜蚀作用，形成漏斗状疏松体，进而因垂直渗流加剧，局部水力坡度加大，超过临界水力坡度(i_{cr})时发生流土，即砂、砾石土呈流动状态漏入岩溶空洞(俗称“沙漏”)，地面出现塌陷坑。

产生流土漏失的必要条件如下。

(1)岩溶洞(隙)未充填或半充填，且溶洞(隙)与第四系孔隙含水层有开口通道。

(2)第四系含水层中的孔隙水向下渗流，此时必要条件是：岩溶水位处于土、岩接合面以下，或岩溶承压水低于孔隙水位(或承压水头)，如图2所示。

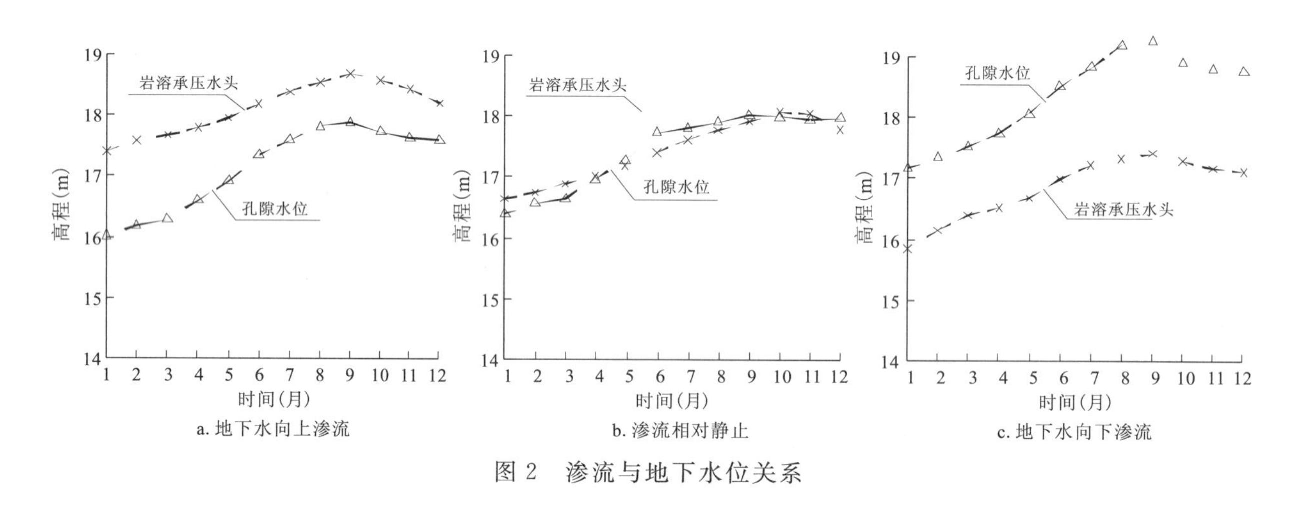

图2 渗流与地下水位关系

(3)孔隙地下水向下渗流的初始阶段先发生潜蚀，即土中细颗粒被带走，形成漏斗状疏松体，进而渗流加剧，局部水力坡度加大，当向下渗流的水力坡度 i 大于孔隙含水层的流土临界水力坡度 i_{cr} 时饱和砂土呈液态，发生流土，向溶洞(隙)中漏失(图3)(陈仲颐等，1994)。孔隙水的临界水力坡度 i_{cr} 为：

$$i_{cr}=\frac{\gamma}{\gamma_w}$$

式中：i_{cr}——孔隙含水层的临界水力坡度；

γ'——土的浮容重；

γ_w——水的容重。

进行估算时，流土常取 $i_{cr}=1$。多处塌陷坑统计表明，沙漏后的塌陷角(与水平面夹角)均大于45°。所以，只要发生沙漏，i_{cr} 都会大于1.0。

(4)当可溶岩基岩面之上覆盖有一定厚度的

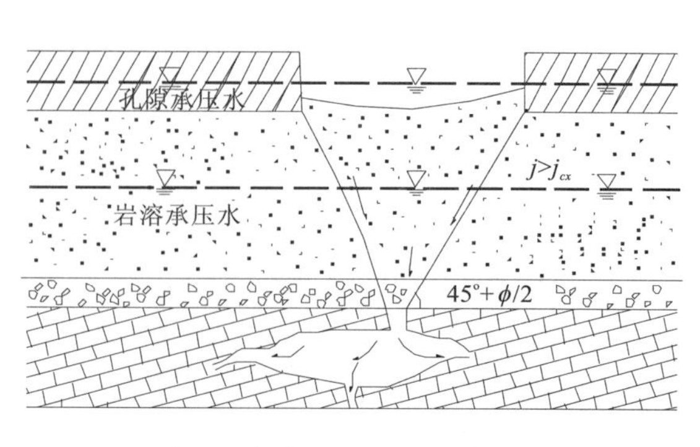

图3 渗流破坏—流土漏失

不透水粘性土(如更新世粘性土)或隔水岩石层(如白垩系—第三系(古近系+新近系)砂岩、泥岩)形成阻陷层时,孔隙含水层中地下水向下渗流和流土则不会发生。

2.3　真空吸蚀机理

所谓"真空吸蚀"是指岩溶地下水在大量抽取或因矿井大量排水后水位在短时间内急剧下降过程中的"活塞"作用下形成负压至真空状态。在这种负压或真空作用下,覆盖土层对应岩溶地下通道的薄弱位置在瞬间产生陷坑或陷井。这种由负压或真空对覆盖层的抽吸作用称为"真空吸蚀"(图4)。这种作用所产生的塌陷确实存在,但主要发生在矿山地区和集中抽取岩溶地下水的群井水源地,有时也发生在公路、铁路隧道施工的突水地段。这种因"真空吸蚀"产生的塌陷坑往往成群出现,在短时间内可产生几十甚至上百个陷坑或陷洞,其危害相当严重。是否会发生真空吸蚀,主要有两个特殊条件:其一是大量抽排岩溶地下水,水位在短时间内急剧下降;其二是覆盖层对地下岩溶有良好的封闭作用,能使在水位下降的过程中形成充分的负压或真空。这两个条件就决定了这类塌陷分布的特殊地域性。"真空吸蚀"因覆盖层的性质不同可产生"土洞冒落"或"渗流破坏流土漏失"型塌陷。上述3种机理是指3种不同地质条件下的塌陷过程特点,也就是说不同条件符合不同机理。其共同特点是,必须具备岩溶空洞及联系通道和地下水的运动,所不同的是覆盖土层与岩溶的组合性质不同和触发因素不同。前两者机理是以自然因素为基本因素,最后一种则以人为因素为主。

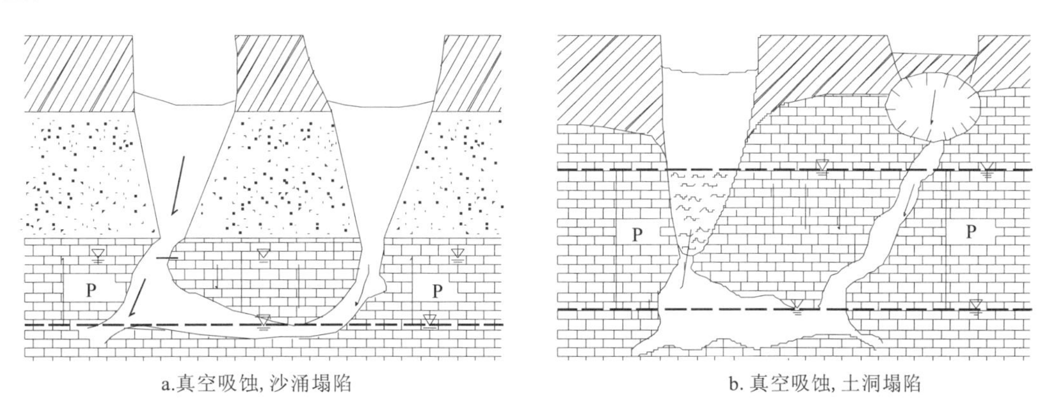

a.真空吸蚀,沙涌塌陷　　b.真空吸蚀,土洞塌陷

图4　真空吸蚀塌陷示意图

3　类型、形态、规模

基于上述3种机理,自然就有3种塌陷类型——饱和砂类土"渗流破坏流土漏失型"、粘性土"土洞冒落型"和两类土"真空吸蚀型"。机理、类型不同,其陷坑形态和塌陷规模则有明显差别。

3.1　渗流破坏流土漏失型塌陷(砂漏型)

陷坑形态　平面形态多呈椭圆形或圆形,大型陷坑多为几个坑相连成长条形(图5、图6)。剖面形态多为漏斗状。在二元结构冲击层中,上部粘性土的塌陷角θ(与铅直线夹角)较陡(因粘滞力C值作用)。下部砂类土的塌陷角较缓,一般$\theta=30°\sim40°$,基本符合$45°-\frac{\phi}{2}$规律。

塌陷规律　在3种塌陷类型中,"渗流破坏流土漏失型塌陷"的规模最大,危害最严重。其特点是,单个陷坑大,往往成群发生,塌陷区范围多为方圆几百米。表1列举了武汉市近85年内的主要塌陷,可见危害之重。

图 5　武汉江夏法泗街 17 号陷坑
（武汉地质环境监测保护站，2014）
（108m×50m×9.8m）

图 6　武汉江夏法泗街 12 号陷坑
（武汉地质环境监测保护站，2014）
（85m×37.5m×7.0m）

表 1　武汉长江一级阶地“渗流破坏流土漏失型”历次塌陷一览表（范士凯，2006）

序号	塌陷地点	时间	塌陷规律		危害程度	诱发因素
			陷坑数（个）	最大陷坑容积（长×宽×深）		
1	武昌丁公庙（阮家巷）	1931.8			房屋倒塌，人畜损失严重。塌破长江提防，形成“倒口湖”	自然塌陷
2	汉阳扎钢厂钢材仓库	1978	1		库房塌陷，大量钢材陷入坑中	附近 1 口供水井
3	武昌阮家巷	1983.7	1		1 间民房和大量建材陷入坑中	自然塌陷
4	武昌陆家街中学附近	1988.5	1		10 间民房陷入坑中，20 间民房及道路开裂，供水中断、工厂停工、学校停课	自然塌陷
5	青菱乡毛坦小学附近	1999.4	1		空地塌陷，仅造成交通中断	自然塌陷
6	武昌涂家沟司法学校	2000.2	1	20m×15m×10m	水泵房及学校食堂一角陷入坑内	自然塌陷
7	武昌南郊烽火村	2000.4	22	52m×33m×7.8m，22 个坑总面积 3648m^2，容积 18 498m^3	42 栋 230 间房屋严重损坏，其中 3 栋陷入坑中，大量农田破坏、水库干涸、渠水倒流。经济损失 1111 万元	自然塌陷
8	武昌阮家巷（长江紫都小区）	2006.4	2	20m×20m×10m	1 部钻机陷入坑中，1 栋在建 6 层楼下沉、倾斜	注浆钻孔诱发
9	汉南纱帽镇（长江大堤旁）	2007	3	160m×60m×10m	邻近长江大堤，危及堤防稳定。处理费用 2000 余万元	灌桩施工诱发
10	武昌白沙洲大道高架桥	2012—2013	30	<10m×10m×6m	桩基冲孔施工中发生桩孔塌陷 30 处，其中 8 处引起道路下沉；1 处变电站位移	桩基冲孔诱发
11	江夏文化大道小区澎湖湾	2014.5	1	9m×10m×30m	1 个陷坑，1 部钻机陷入 40 余米深处，2 人陷入 30～40m 深处遇难	临近桩基冲孔施工诱发
12	江夏法泗街长虹村	2014.9	19	108m×50m×9.5m	19 个陷坑陷入土方达 11 余万立方米，2 栋房屋陷入坑中，1 栋楼房严重倾斜；陷坑分布范围 500m×500m	高速公路大桥桩基冲孔诱发
13	汉阳锦绣江南小区	2014；2015.8	2 1	30m×40m×10m	2014 年桩基施工，钻机陷入坑中；2015 年 8 月 1 栋工棚陷入坑中，2 人遇难	桩基施工诱发

3.2 土洞冒落型塌陷

塌陷形态 平面形态参考图形，剖面多呈“井状”或“陷穴”，坑壁陡立（图 7）。

塌陷规模 一般陷坑不大，直径几米或 10 余米。陷坑孤立存在，互不相连（图 7）。陷坑数量由地下土洞数目决定，有时 1 个场地只有 1 个陷坑。总体而言，塌陷规模都小于流土沙漏型塌陷。

图 7 深圳大运中心土洞冒落塌陷形态

3.3 真空吸蚀型塌陷

此类塌陷的形态规模取决于被诱发产生塌陷的覆盖层性质及其所属的地貌单元。如诱发塌陷区处于河流阶地的二元结构冲积层中，则塌陷形态与“渗流破坏流土漏失型塌陷”一致；如塌陷区处于山前或山间谷地或垄岗的粘性土层中，则与“土洞冒落型塌陷”的形态一致。但塌陷规模、范围较大，主要取决于岩溶地下水位降低幅度和影响范围。如矿井突水、淹井，可造成岩溶水补给区产生大片塌陷区。

4 影响因素

产生地面塌陷的影响因素有两类，一类是地质条件（内因），另一类是诱发条件（外因）。外因通过内因起作用，所以内因——地质条件是关键。

4.1 地质条件因素（内因）

产生岩溶地面塌陷的地质条件又分为基岩（可溶岩）和第四系覆盖层两个方面。

1）基岩（可溶岩）岩溶发育特点

并非是覆盖层下存在可溶岩就会产生地面塌陷，也并非是可溶岩中有岩溶空洞（溶洞）就一定会产生地面塌陷。应当是岩溶较发育或强烈发育，其岩溶类型有垂直岩溶（溶沟、溶槽、落水洞、天然井或垂直溶隙等），又存在与第四系盖层之间的联系通道。这类垂直岩溶通道又与水平岩溶相联系，形成岩溶水渗流（搬运）的岩溶及岩溶水系统。具备这些条件的，通常是岩溶垂直分布的表层岩溶带。若表层岩溶带与水平循环带连通，将更易发生塌陷。

为了判定岩溶发育程度（弱发育、中等发育、强烈发育），就需要研究可溶岩的岩性（可溶性），如 CaO/MgO 比值差异、岩溶与地层构造的关系等。为了判定岩溶垂直分带和水平分带属性，就需要研究岩溶区域地貌和侵蚀基准面（河流、湖泊、海洋）的关系。总之，研究岩溶发育特点和分布规律要从岩性（可溶性）地层分布、地质构造和区域地貌（尤其是侵蚀基准面）等几个方面进行全面、系统的研究，才能基本掌握岩溶地质条件。

2）第四系覆盖层性质

岩溶地面塌陷是指覆盖层塌陷。塌陷是否会发生，塌陷类型、形态、规模及分布规律与覆盖层性质密切相关。此部分内容，已在前述的机理、类型、形态、规模中加以叙述，不再赘叙。从某种意义上讲，对岩溶地面塌陷而言，覆盖层性质及其与可溶岩的接触关系比基岩特点还重要。尤其要强调的是渗流破坏流土漏失塌陷类型，当可溶岩面与砂类土之间有“阻隔层”（更新世粘性土或粘性砂,第三系砂泥岩)存在时,不会自然塌陷。

3)地下水作用

覆盖层中的孔隙水和可溶岩中的岩溶水是岩溶地面塌陷的主要动力。无论是砂类土中渗流破坏流土漏失,还是在土岩接合面上粘性土中潜蚀土洞的形成,以及真空吸蚀作用的产生,特别是大量塌陷土方漏入后被运走,都离不开孔隙水的渗流和岩溶水的汇流运动,所以说,没有地下水的流动就不会有岩溶地面塌陷。因此,在研究产生地面塌陷的地质条件时,对覆盖层中的孔隙水和可溶岩中的岩溶水的埋藏条件、渗流特性、动态变化以及两者之间的相互关系等应是不可忽视的重点课题。主要内容如下。

覆盖层中孔隙水 地下水类型(潜水、承压水)、地下水位(头)及其动态变化、含水层渗透系数及其影响半径、含水层的岩土性质(颗粒组成、密实度、胶结程度、相变特点等)、含水层厚度、含水层与基岩的接触关系及其与岩溶水的连通性等等。

可溶岩中岩溶水 由岩溶发育程度和岩溶形态类型所决定的岩溶水类型——溶隙型(溶隙<5cm,地下水渗流符合达西定律)、脉管型(管状宽度5～20cm,地下水运动已不符合达西定律)、管道型(管道宽度>20cm,地下水运动呈汇流而不是渗流,不符合达西定律)的划分,运用各种勘探、测试手段来确定,或由抽水试验间接确定,可能时由隧道涌水直接确定。

岩溶水运动垂直分带和水平分带归属也至关重要。岩溶水的垂直分带(表层岩溶带即垂直下渗带、季节变化带、水平循环带、深循环带)中,表层岩溶带即垂直下渗带是最易发生地面塌陷的地带;岩溶水动力的水平分带(补给区、补给径流区和排泄区)中,排泄区是塌陷多发区,补给径流区次之,补给区因地下水位高而较少发生,但当人为因素使地下水位骤降则发生真空吸蚀型塌陷。

不论岩溶水的类型和岩溶水动力分带属于哪种,掌握岩溶水的基本特性参数,如岩溶水位或承压水头标高、岩溶水位(头)与盖层孔隙水位的关系,岩溶水位在土、岩接合面上下的位置及动态变化,以及岩溶水量大小、岩溶连通性及水运动通道性质等都是要尽量做到的工作。

如上可知,地下水的作用是岩溶地面塌陷的重要因素,若要掌握岩溶地面塌陷的规律,必须对盖层孔隙水和可溶岩中岩溶水的特点进行深入研究。

4.2 诱发因素(外因)

具备了岩溶地面塌陷的地质条件(基岩岩溶、覆盖层性质、地下水活动)就存在塌陷的可能性。在没有人为诱发因素的情况下也会发生地面塌陷,这已被多处自然塌陷所证实(表1)。所以从本质上讲,岩溶地面塌陷应属于自然灾害。但是,诱发因素也不可忽视(表2)。

1)地下水运动状态、性质的改变

主要是岩溶水的变化,集中表现为岩溶水位的大幅度下降,导致盖层孔隙水和岩溶水渗流状态的改变。在岩溶地下水位保持长期相对稳定或高水位的状态下,由于溶隙或溶洞中有充填物,岩溶水和盖层孔隙水处于缓慢的渗流状态,则相安无事。若是岩溶地下水位大幅度下降,使水力梯度随之加大,必然导致渗流速度($v=k\cdot i$)增大,渗透力($j=r_w\cdot i$)也随之加大。其结果就会使洞、隙中的充填物被逐渐掏空,岩溶水由渗流状态改变成汇流状态。与此同时,覆盖层中的孔隙水(水位、水力梯度)也随之改变,砂类土产生渗流破坏,粘性土中的软塑至流塑土(红粘土)发生漏失。这种过程的发生,关键是地下水位大幅度下降引起的,类似于水库岸边的"退水效应"或"集水坑效应"。地下水位大幅度下降,可以是气候变化的自然因素造成的,如长时间干旱,或大水后干旱过程的反复发生,久之导致塌陷。这种自然(气候)因素导致的塌陷,重复周期较长,一般是几十年甚至上百年;也可以是人为活动造成的,如大量抽汲岩溶水,或地下工程排水,或突水淹井。此外,还有一种强大

的影响因素——地震。这种作用影响之大,自不待言。

表 2 湖北武汉地区人为因素诱发塌陷案例

因素类型	时间	地点	诱发因素	塌陷危害程度	塌陷类型
地下水位大幅度下降	1978	汉阳扎钢厂	供水井抽水	一钢材库房倒塌,大量钢材陷入坑中	饱和砂层流土漏失
	2006	湖北汤池温泉	热水井抽水	附近农田和水塘塌陷,水塘干涸	真空吸蚀
	2001.1(注)	湖北阳新县赵家湾铜矿	矿井突水淹井	距巷道 200m 以外至 450m 范围内的第四系覆盖区(岩溶水补给区)产生 14 处塌陷坑	真空吸蚀
桩基施工冲击振动	2012—2013	武昌白沙洲高架桥	桩基冲击成孔施工	发生桩位塌陷 30 余处,其中 8 处道路塌陷,1 处变电站下沉	饱和砂层流土漏失
	2007	汉南纱帽镇(长江大堤旁)	锤击式打入预制桩施工	产生 3 处塌陷坑,最大的容积为 160m×60m×10m,危及长江大堤,处理费用 2000 余万元	饱和砂层流土漏失
	2014.5	江夏鹏湖湾	邻近 40m 冲击成孔桩施工	产生直径 10m 陷坑,塌陷深 40 余米,2 人陷入坑内遇难	潜蚀土洞中软流红粘土漏失
	2014.9	江夏法泗街长虹村	公路大桥桩基冲击成孔施工	产生 19 个陷坑,最大坑的容积为 108m×50m×9.5m;陷入总土方 11 余万立方米,2 栋房屋陷入坑中,1 栋歪斜	饱和砂层流土漏失

注:矿井突水淹井诱发塌陷还有 20 世纪 80 年代的黄石大广山铁矿和松宜猴子洞煤矿等处。

2)人类工程活动

虽说岩溶地面塌陷本质上属于自然灾害,但“自然塌陷”发生周期较长,且自然因素的重大改变毕竟是小概率事件。实际发生的塌陷往往是人类工程活动诱发的,因此,要高度重视人类工程活动的影响。工程活动诱发塌陷基本包括如下几种。

(1)大量抽取岩溶水,或隧道、矿井大量排水、突水,使岩溶水位大幅度下降或急剧下降。

(2)大孔径嵌岩桩基成孔。最常见的是采用重锤冲击成孔,也有因回转钻进中循环液(泥浆)大量漏失,疏通了岩溶管道,加速岩溶水渗流,导致覆盖土层漏失。

(3)少数情况下,也有因勘探钻孔入岩后扰动疏通岩溶水,加速岩溶水渗流,导致塌陷。这类情况多发生在覆盖砂层中。

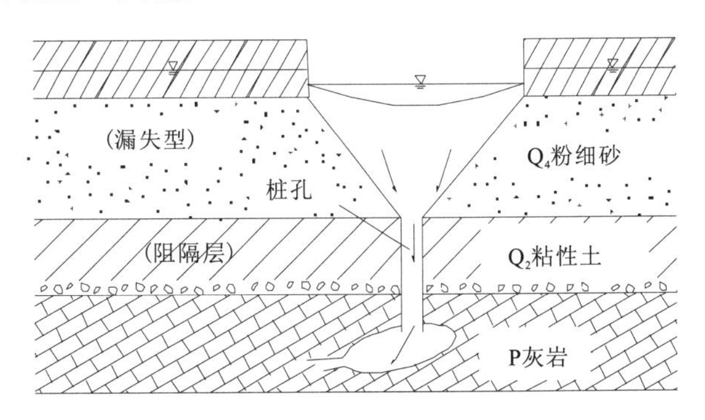

图 8 桩基成孔穿透阻隔层诱发塌陷示意图

(4)桩孔穿透“阻隔层”,例如 2012 年武汉白沙洲高架桥 Φ1.2m 冲击桩孔穿透可溶岩之上 K—E 泥质粉砂岩,导致其上的 Q_4 饱和砂土漏失、塌陷;2014 年汉阳锦绣长江小区施工中 Φ1.0m 冲击桩孔穿透 Q_2 老粘性土和 Q_2 粘性砂及圆砾层,导致其上 Q_4 饱和砂土漏失塌陷。这类地层组合本来不属于潜在塌陷区。

在论证岩溶地面塌陷的影响因素时,要始终明确地质条件(内因)是关键,诱发因素(外因)必须在具备塌陷的地质条件时才可能诱发塌陷。外因必须通过内因起作用。所以,从本质上讲,岩溶地面塌陷应属于自然地质灾害现象。

5　分布规律

前述各个章节中已概括阐述了岩溶地面塌陷的定义、机理、类型和影响因素等基本内容。其中的核心概念是：岩溶地面塌陷是指第四纪覆盖层塌陷；地质条件决定塌陷机理，3 类地质条件有 3 种机理并有 3 种塌陷类型；导致塌陷的影响因素中，地质条件（可溶岩、盖层、岩溶水）是内因，诱发因素（自然因素、人为因素）是外因，外因通过内因起作用。很显然，地质条件是核心中的核心。在讨论岩溶地面塌陷的分布规律时，抓住了地质条件就抓住了根本。地质条件包含基岩和第四纪盖层两大部分。其中基岩，即可溶岩的分布和岩溶发育规律及其中岩溶水动力特点。第四纪覆盖层，则与地貌单元、地层时代、地层组合密切相关。武汉市及其周围地区的分布规律最具代表性，仅以该地区为例概述岩溶及其地面塌陷的分布规律。

5.1　武汉地区碳酸盐岩分布

武汉地区基岩地质构造的特点是，近东西向褶皱（背斜、向斜）构造控制全区，由北至南有数个背斜、向斜呈近东西向分布。碳酸盐岩地层沿着背斜翼部或向斜核部与非碳酸盐岩地层间隔呈条带状分布，由北至南共有 6 个条带（图 9）。其时代岩组包括，中石炭统黄龙组（C_2h）灰岩、下二叠统栖霞组（P_1q）灰岩和下三叠统大冶组（T_1d）和观音山组（T_1g）灰岩。这些碳酸盐岩可溶岩间隔分布

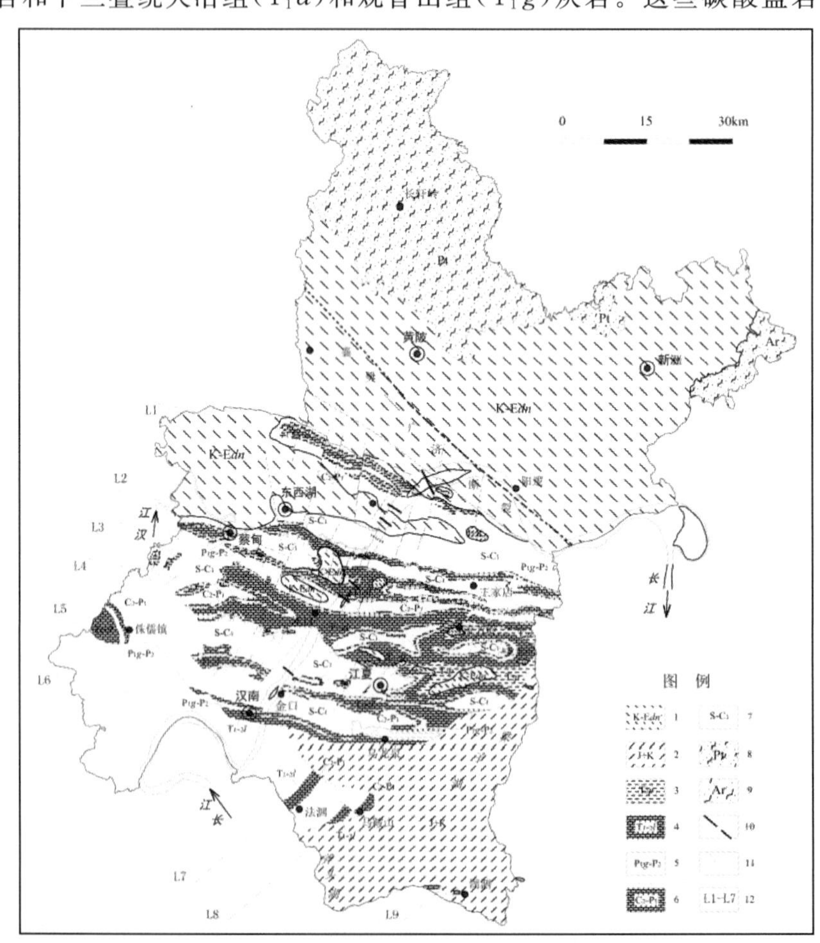

图 9　武汉市岩溶地质结构分布与地面塌陷易发程度分区

1. 高易发区（Ⅰ$_1$ 型地质结构）；2. 中等易发区（Ⅰ$_2$ 型地质结构）；3. 低易发区（Ⅱ$_1$、Ⅱ$_2$、和Ⅲ$_2$ 地质结构）；
L1—L6 为碳酸盐岩条带编号：L1. 天兴洲条带；L2. 大桥条带；L3. 白沙洲条带；L4. 沌口条带；L5. 军山条带；L6. 汉南条带

在6个条带中，即由北至南为：天兴洲条带、大桥条带、白沙洲条带、沌口条带、军山条带、汉南条带，构成武汉地区岩溶发育的物质基础。

5.2 武汉地区岩溶发育的基本规律

在研究某一地区岩溶发育的基本规律时，人们普遍从控制岩溶发育的基本因素入手：岩石的可溶性（主要指标是CaO/MgO）、地质构造（褶皱、断层、节理裂隙）的影响和侵蚀基准面（各地质时期侵蚀基准面的位置、深度决定着岩溶水动力垂直和水平分带）；在划分表面形态（溶沟、溶槽）和岩体中的形态（溶隙和垂直或水平溶洞）时，同时区分填充状态；岩溶水则在确定其水动力（垂直、水平）分带的基础上定性为溶隙流、脉管流、汇流等。这些研究内容中，侵蚀基准面（位置、深度）及其相对应的岩溶（水动力）垂直、水平分带有着突出重要性。

武汉市在近10年来，为地铁工程中的岩溶问题，在数十千米的线上以数千个钻孔和物探（电磁波CT）等综合手段进行岩溶专项勘察，加上近20年中民建场地海量勘察工作，取得了大量宝贵资料。综合各家认识，概括武汉地区浅部岩溶有如下发育规律。

浅部（基岩面以下25m以内）岩溶属于表层岩溶带，在岩溶水动力垂直分带中处于垂直循环带。这是由长江在侵蚀（下切）期的侵蚀基准面的深度（高程）决定的。勘探资料揭示，在中更新世（Q_2）以前长江古河道切深在现地面以下100m之下，而长江两岸基岩（可溶岩）埋深普遍在现地面以下25～30m左右，两者高差有70m左右。当年长江在基岩中侵蚀下切阶段（Q_2及其之前）正是岩溶形成、发育时期。当时江底（侵蚀基准面）之上70余米高的两岸岩面以下20～25m深度内自然属于表层岩溶带（图10）。

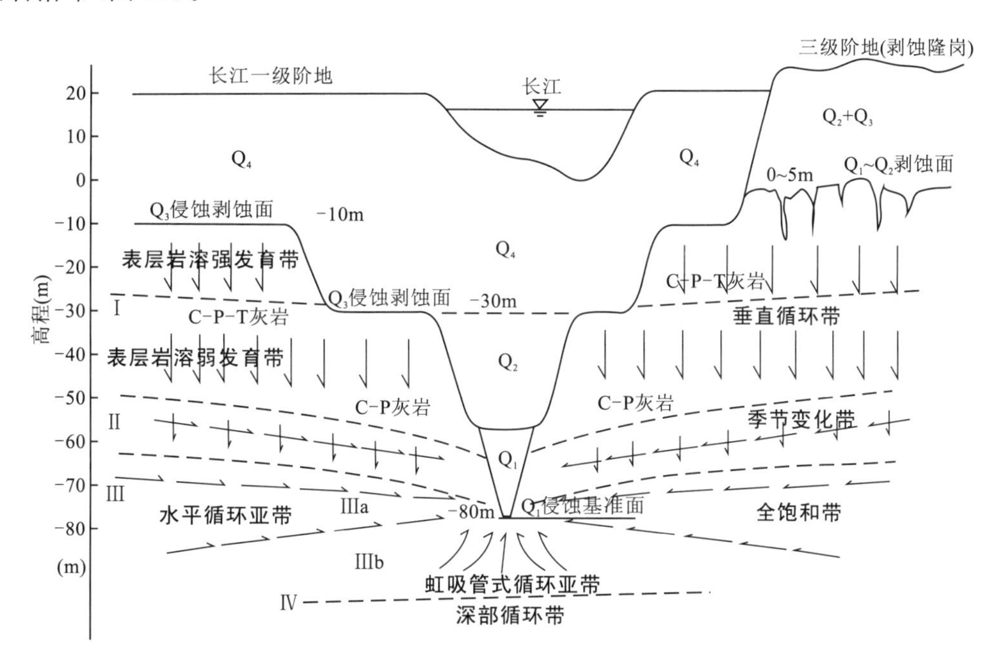

图10 武汉长江古河道两岸岩溶水动力垂直分带示意图

Ⅰ.垂直循环带；$Ⅰ_a$.表层岩溶强发育带；$Ⅰ_b$.表层岩溶弱发育带；Ⅱ.季节变化带；Ⅲ.全饱和带；$Ⅲ_a$.水平循环亚带；$Ⅲ_b$.虹吸管式循环亚带；Ⅳ.深循环带

向下必然存在季节变化带、水平循环带和深部循环带。显然，不论是各类桩基工程还是地铁、隧道工程都只涉及浅部表层岩溶带，岩溶地面塌陷也主要受表层岩溶带控制。因此，表层岩溶带是重点研究对象。武汉地铁工程已对8条线的几十千米岩溶分布区段进行了岩溶专项勘察。通过数千个钻孔及跨孔CT物探，加上民建工程的大量钻探，概括出表层岩溶带的如下规律。

(1)岩溶形态，表面形态主要是溶沟、溶槽。岩体中以竖向溶洞为主，呈现洞高大于洞跨的普遍特点。常见洞高7～8m，甚至10m以上，而洞跨小于2m的溶隙或井状溶洞。溶洞中大部分为粘性土全充填或半充填。溶洞之间水平连通较差。以上特性符合表层岩溶带的普遍规律。

(2)岩溶垂向发育深度，武汉地区表层岩溶带岩溶发育深度呈现如下规律：大致以岩面以下10～15m为界，其上为岩溶强发育带。其线岩溶率普遍大于3%，平均值为7%～10%。其下为岩溶弱发育带，线岩溶率普遍小于3%。以此可得表层岩溶带分为上、下两带，上带10～15m以上为强岩溶带，下带：10～15m以下为弱岩溶带。

(3)岩溶发育程度，从地层岩性角度，按遇洞率、线岩溶率、CaO/MgO由大到小的排列顺序为黄龙组(C_2h)—观音山组(T_1g)—栖霞组(P_1q)—大冶组(T_1d)；以地质构造角度，在断层带、可溶岩与非可溶岩接触带和背斜轴部均显异常发育。

(4)岩溶水。大量勘探、试验和地铁隧道施工验证表明，武汉地区浅层石灰岩中普遍存在岩溶承压水，其类型多为溶隙流或脉管流，少有管道流。渗透系数普遍小于2m/d。总体上岩溶水水量不大，在石灰岩中采用矿山法掘进的隧道中未发生过突水、冒泥。另一特点是岩溶水普遍为承压水，且承压水头普遍高出土岩接合面。根据大桥条带和白沙洲条带的观测资料，岩溶承压水位标高在17.0～22m之间，最高可达26.8m，承压水头6～18m不等。

还有一个主要特点，第四系粉砂孔隙承压含水层直接与可溶岩接触的条件下，孔隙水与岩溶水连通呈互补关系。在正常情况下，孔隙承压水位与岩溶承压水位基本一致。但在发生塌陷的情况下，岩溶承压水位明显低于孔隙承压水位。在粘性土覆盖区发生土洞型塌陷时，岩溶水位则降至土岩接合面以下。

上述武汉地区岩溶发育的基本规律，在长江中游平原区(潜伏岩溶)具有代表性。对于其他平原区也有一定参数意义。

(5)长江古河道。长江武汉段早已发现古河道的存在。近年随着勘探资料的积累，长江古河道的分布已初见端倪。目前已确认，由西至东自汉水江汉六桥沿汉阳大道经动物园路向东，在鹦鹉洲长江大桥以北穿越现代长江，经张之洞路、紫阳东路至丁字桥路西侧转向北，沿中南路、中北路向北之东方向延伸(图11)。其古河床深度距现地面80～100m不等，比现代长江河床基岩深30～50m。从古河道中沉积物时代(Q_2及Q_1)判定，古河道的形成始于早更新世(Q_1)。

古河道在汉阳和武昌均有段落穿过石灰岩(C—P)区。

古河道的存在，对于地区岩溶的形成和分布具有重要意义。

①古河道形成的时代。河流侵蚀、下切及两岸剥蚀的时期恰是地区岩溶的形成、发育的时期。从古河床底部有漂砾层且其顶面有铁、锰质风化壳(Q_1)及其上的卵石层、粗中砂、细砂、网纹红土(Q_2)可判定古河道下切始于早更新世(Q_1)，一直延续至中更新世(Q_2)早期。其历时超过150万年。进入中更新世(Q_2，78万年)之后，则一直处于土层沉积覆盖时期。可见，地区岩溶的形成和主要发育期是在Q_1及Q_2早期，其后则一直处于缓慢至停滞期。

②古河道的位置及深度作为当年的侵蚀基准面是岩溶及岩溶水动力的垂直(图10)和水平分带的基础，也就决定了该地段的岩溶发育类型和规律。比如武汉地区浅部岩溶归属于表层岩溶带，就只能具有表层特点，而不可能有地下河等大型、水平溶洞存在。

③武汉长江古河道最大切深近100m左右，且历时180万年以上，它奠定了武汉地区岩溶发育的基本格局(垂直和水平分带)，武汉地区的岩溶分布及其发育规律都受它控制。从这个基本认识出发，笔者编制了“武汉长江古河道两岸岩溶水动力垂直分带示意图”(图10)。除了这个最老、最

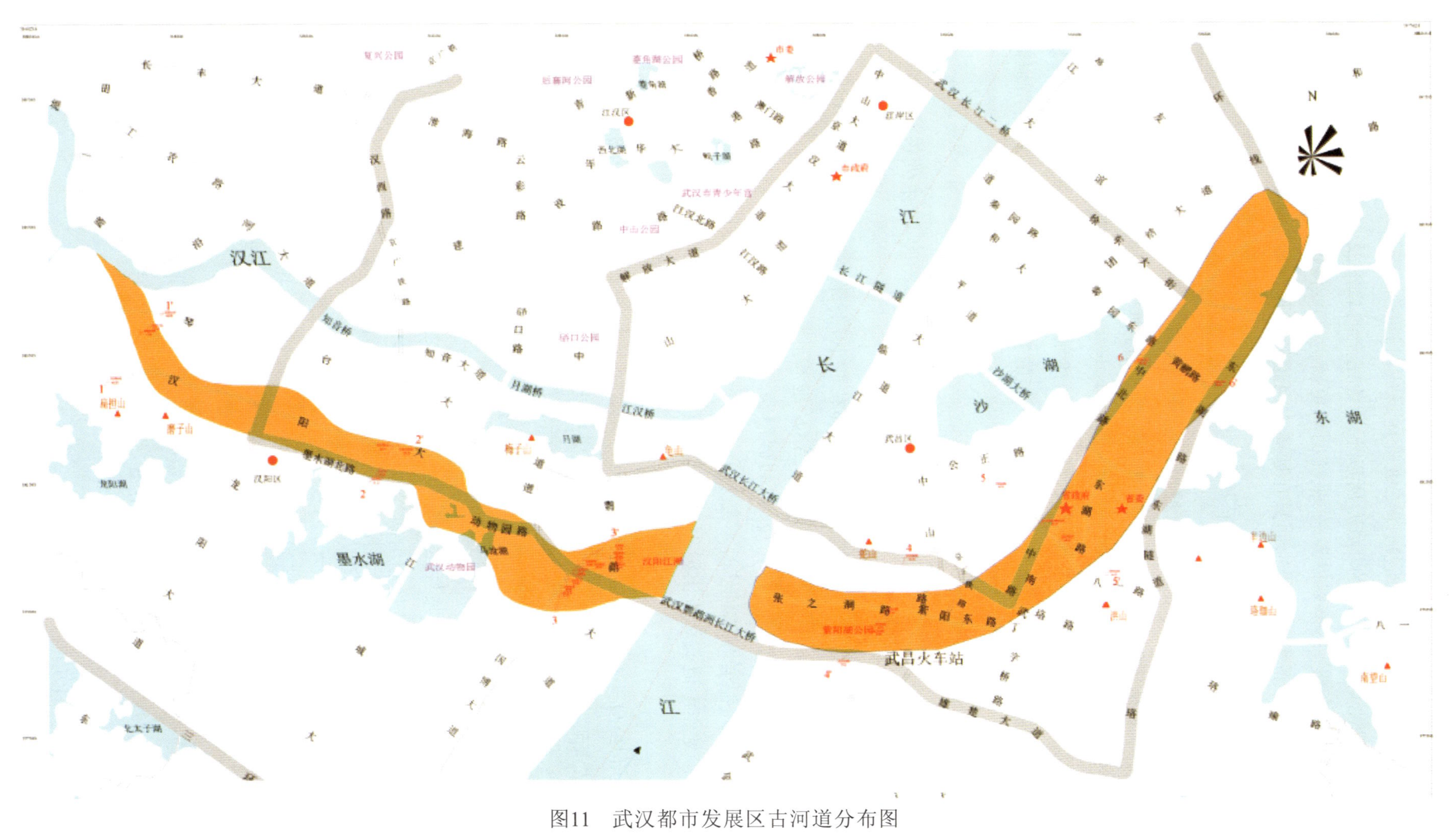

图11 武汉都市发展区古河道分布图

深的早更新世(Q_1)侵蚀基准面之外，本区还有一个后期侵蚀基准面，其埋深在40m以下至50m左右。它的形成时期应在晚更新世(Q_3)，即二级阶地形成时期。由于形成历时只有13万年以内，不及早更新世(Q_1)侵蚀基准面历时的1/10，所以不具备完全的岩溶及水动力垂直分带，只能是对老的分带继承和改造。因此，还是要以最老、最深的早更新世(Q_1)侵蚀基准面为核心，分析、划分岩溶垂直分带。后期的晚更新世(Q_3)侵蚀面只在远离古河道地区作为相对的侵蚀基准面。

5.3 岩溶地面塌陷的宏观分布规律

对于岩溶地面塌陷的发生和分布，掌握可溶岩分布及其岩溶发育的基本规律是前提、是基础，但岩溶地面塌陷毕竟是覆盖层塌陷。有了岩溶空洞、通道，即接受和搬运塌陷物质的空间，是否会塌陷，其机理类型和分布规律则主要由覆盖层的性质来决定。也就是说，对于基岩岩溶和覆盖层性质这对矛盾，覆盖层性质是矛盾的主要方面，覆盖层性质则主要由其所处的地貌单元、地层时代和地层组合关系3类要素决定。据湖北、武汉地区20年的实践，概括总结出三种类型塌陷的宏观分布规律。

1)渗流破坏流土漏失型塌陷分布

自1931年武昌县志记载丁公庙(倒口湖)塌陷至今，武汉地区的40余处渗流破坏流土漏失型塌陷全都发生在长江一级阶地上。

长江一级阶地，覆盖层为二元结构冲积层(上部粘性土，下部砂类土)，地层时代为全新世(Q_4)。砂类土中含孔隙承压水，与岩溶水相通互补。当Q_4饱和砂层直接盖在岩溶发育的可溶岩之上时，易发生渗流破坏流土漏失型塌陷。当Q_4饱和砂层与可溶岩之间存在更新世(Q_2、Q_3)粘性土或中新生代(K—E、N)砂、泥岩“阻隔层”时不易发生塌陷。因此，可将一级阶地中饱和砂层直接盖在可溶岩上的地带常划作渗流破坏流土漏失型塌陷潜在危险区，将存在“阻隔层”的地段视作岛状稳定区。

长江二级阶地(Q_3)和长江古河道(Q_2)，同样是二元结构冲积层，但其中的砂类土形成年代久远，砂粒中的粘土矿物颗粒(长石、云母)已风化成粘土，使砂土的粘粒(<0.005mm)含量普遍大于20%，钻探中岩芯呈柱状。此类砂层在渗流作用下不会液化，故不易发生渗流破坏流土漏失型塌陷。因此，长江二级阶地和长江古河道可视为相对稳定区。

2)潜蚀土洞型塌陷分布

潜蚀土洞型塌陷多发生在粘性土直接覆盖在可溶岩之上的地带。地貌单元为剥蚀堆积垄岗(相当于长江三级阶地)、山前坡地和山间谷地，地层时代多为更新世(Q_2、Q_3)。

可溶岩基岩埋深较浅且基岩面起伏较大，溶沟、溶槽发育偶有深槽存在。覆盖粘性土中已有土洞存在或在深槽中有软至流塑状红粘土埋藏。以上两种条件下常发生潜蚀土洞型塌陷。具备这种条件的地段并不普遍，所以此类塌陷呈零星分布，不易划分潜在塌陷片区。已有土洞存在的地段，可以是自然塌陷，也可能因人为扰动诱发塌陷。深槽中有软至流塑红粘土的地点则多有人为扰动引起塌陷。

基岩面起伏较大、有土洞存在，或有软至流塑状红粘土埋藏地段，可视作潜蚀土洞型塌陷的潜在危险地段。反之，基岩面平坦、无溶沟、溶槽，无土洞和软至流塑红粘土的地带可视为相对稳定区。

3)真空吸蚀型塌陷分布

真空吸蚀型塌陷绝大多数和人为大量抽、排岩溶水相关，故此类塌陷发生地点基本上都靠近供水水源和矿井附近。塌陷区被第四系地层覆盖，附近无可溶岩裸露，在岩溶水被封闭条件下抽取石

灰岩或大理岩中岩溶水或在矿井巷道、铁路、公路、隧道中大量抽排岩溶水，尤其是在施工中发生突水、淹井时极易发生真空吸蚀型地面塌陷。

供水水源地，因其抽水量相对较小，塌陷往往限于抽水井附近地段；矿山井巷上方的山间谷地盖层中，尤其在山前河谷、谷地（岩溶水补给区）的第四系覆盖层中；铁路、公路、隧道，因其洞身处于进出口地面以上，排水或突水引起的塌陷会发生在山上的谷地、洼地的第四系盖层中；地铁隧道则和矿山井巷类似，会发生在隧道附近盖层中或岩溶水上游补给区的覆盖层中。

综上所述，研究岩溶地面塌陷分布规律的核心概念，首先是明确3种塌陷机理类型的明显差别；对于覆盖层要抓住地貌单元、地层时代和地层组合关系三要素；对于基岩可溶岩则充分掌握地区岩溶发育的基本规律，其中的岩溶及岩溶水动力的垂直和水平分带具有突出、重要意义。当今还无法准确预测和预报何地、何时会发生地面塌陷，但若能掌握宏观分布规律，重点放在避免人为诱发各类型塌陷的预防性工程措施上，是可以防止重大塌陷灾害发生的。

6 防治对策

岩溶地面塌陷灾害的防与治应以预防为主，即尽量避免此类灾害的发生。灾后治理则是不得已而为之的措施。目前还不能做到准确预测和预报何地、何时会发生塌陷。但是以塌陷类型机理为理论基础，通过调查和详细勘探、测试，根据可溶岩岩溶发育规律和覆盖层的地貌单元、地层时代和地层组合关系并结合地区塌陷历史，可以预测塌陷类型并圈定潜在塌陷区、塌陷地段甚至塌陷点。在此基础上，可以按不同工程类型采取预防性措施（避让、预处理）或治理措施。

（1）根据塌陷机理确定塌陷类型，圈定潜在塌陷区、最危险塌陷地段或塌陷点位置。在可溶岩分布的条带上，通过调查、分析和详细的勘探、测试，查明岩溶发育的基本规律，尤其是确定岩溶中、强发育地段的岩溶特点和岩溶水状态，查明覆盖层性质并判定塌陷类型。这些工作是防治工作的前提和基础。

（2）绕避、回避。在岩溶强烈发育地区，全新世（Q_4）饱和砂类土层直接覆盖可溶岩，易发生渗流破坏流土漏失型塌陷地段，道路工程和建（构）筑物应尽量绕避岩溶强烈发育地段；地铁工程宜尽量不采用盾构隧道而采用地上高架线路，回避一旦塌陷对地下隧道的影响；对可溶岩石与饱和砂土之间存在“阻隔层”地段，应尽量抬高桩端标高，回避接触岩溶空洞，等等。不去触及岩溶的主动做法是上策。

（3）预处理措施。对岩溶空洞、管道或土洞进行预处理是防止发生诱发塌陷的主动、优先的对策。预处理的基本思路是填充空洞和截断岩溶水通道。因为没有岩溶空洞就无法接受盖层塌入物质，没有岩溶水渗流运动就不会造成塌入物质大量流失。在第四纪覆盖下的表层岩溶带的大量工程实践证明，采取填充空洞、截断岩溶水渗流通道是可行和有效的根本性措施。

①在粘性土覆盖可溶岩的潜蚀土洞型塌陷区，采用“充砂＋注浆”填充土洞；对有深溶沟、溶槽且下部有软至流塑状红粘土地点，对槽底以下岩溶空洞进行填充注浆，并对软至流塑红粘土进行旋喷注浆加固处理。在这些预处理工作完成后，再进行建（构）筑物基础工程施工。

②在“渗流破坏流土漏失型塌陷”区的桩基工程，应对岩溶空洞进行注浆填充预处理后再实施打桩。一般做法是，在一桩一孔的超前探孔查明桩位洞、隙分布的基础上，在桩中心位置设注浆孔（尽量利用超前探孔），或对多桩承台周边设多孔注浆，形成帷幕。实践证明，在表层岩溶带中实施注浆预处理后再打桩，不但可以有效防止诱发地面塌陷，还能有效防止桩孔漏浆，保证桩基顺利、安全施工。

③在潜在塌陷区的第四纪覆盖层中通过的地铁工程，要区分覆盖层性质所决定的塌陷机理类型，分别采取不同的预处理措施。

在覆盖层为粘性土的潜蚀土洞型塌陷区，重点是注浆＋充砂填充土洞和对存在软至流塑状红粘土的溶沟、溶槽底下的溶洞注浆充填，必要时对软至流塑红粘土进行加固处理。

在饱和砂土直接覆盖可溶岩的渗流破坏流土漏失型塌陷区，地铁(车站、隧道)在覆盖层中通过时，需要采取综合措施进行预处理，之后才能进行地铁(车站、隧道)施工。预处理的基本思路是：基岩中充填溶洞、截断岩溶水渗流通道，覆盖层中要隔离邻近塌陷扩散的影响。以武汉地铁6号线岩溶处理方案为例(图12)。

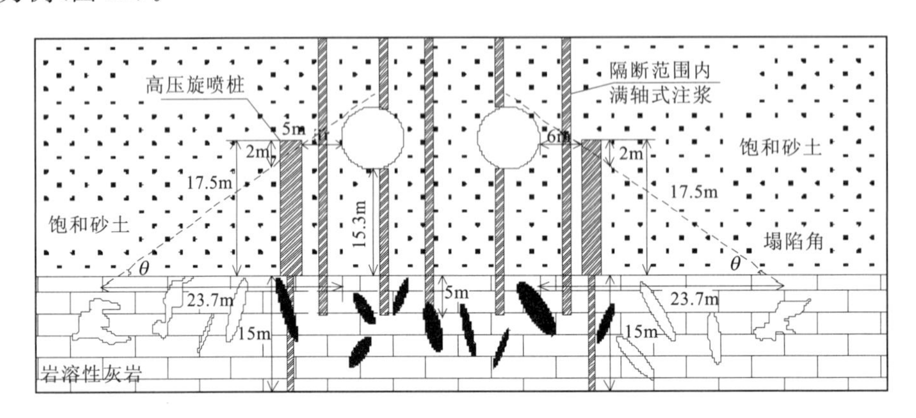

图12　武汉地铁6号线前红区间隧道岩溶处理方案示意图

隧道两侧轮廓线外6m砂层中采用三排φ800@600高压旋喷桩帷幕隔断。旋喷桩下岩层中设置一排注浆帷幕，深度15m，注浆孔间距2m；帷幕之间岩层进行加密灌浆处理，注浆孔3m×3m梅花形布置，注浆深度岩面以下15m

该地区岩溶预处理的首要、重点措施是在可溶岩中设置注浆帷幕以截断岩溶水渗流通道防止渗流引起塌陷。竖向注浆帷幕深度的确定，由详细勘探划定岩溶中强发育带(线岩溶率＞7％)的深度(约在岩面以下15m)，帷幕进入弱发育带(线岩溶率＜3％)。两道竖向帷幕之间实施加密注浆(岩面下5～6m)封闭岩面；为防止地铁运营期间邻近地段发生塌陷扩散影响隧道稳定，在基岩帷幕之上砂层中设置隔离帷幕(高喷或素砼桩排)。帷幕高度按砂土塌陷漏失扩散角($45°+\Phi/2$)不侵入隧道边缘线为准来确定。

上述方案已在武汉地铁6号线1.3km长的岩溶发育带上实施，实践证明方案可行。2015年5月，隧道两侧帷幕完成后，临近40～50m处发生塌陷，两帷幕之间安然无恙。其后盾构隧道已顺利完成。

④真空吸蚀型塌陷区的(预)处理措施。实际上有供水井抽水和隧道、矿井排水引起塌陷的两种情况，要区别对待。

供水井抽水诱发塌陷的(预)处理措施相对简单，即“限量抽水”。限制标准是，抽水引起的降深不超过承压含水层的隔水顶板以下，也就是使岩溶承压水位(头)始终保持在顶板隔水层中，抽水量实际上是减压抽水量。只要动水位不降至岩溶含水层中就不会产生负压真空。例如湖北汤池温泉，限制抽水量小于1600T/d，使降水位不进入大理岩中，就不会诱发周边地区塌陷；还有一种辅助措施，即在井周围和易塌陷场地设置通气减压孔，即进入可溶岩中的待夯灌的钻孔，作为永久通气补压孔。经过试验有效，还可适当加大抽水量。

隧道、矿井排水引起的真空吸蚀型塌陷的预处理或防治工程要复杂得多。首先要进行区域性的地质、水文地质调查和勘探工作，查明基岩地质构造、可溶岩分布及其岩溶发育规律。尤其是要掌握岩溶水文地质条件——岩溶水的补给(区)、径流(区)和排泄(区)的特点(长沙矿山研究院，

2010)，同时对各区覆盖层性质(地貌单元、地层时代、地层组合)进行研究，判定可能发生真空吸蚀型塌陷的地段。在这些综合研究的基础上，制定防治措施。

矿井排水诱发地面塌陷的(预)防治措施分两个部分。

主体工程是在可溶岩体中设置注浆帷幕阻滞补给区岩溶水大量流入采矿排水区，以保证采矿区不发生突水或大量涌水，同时保证补给区岩溶水位不会急剧下降。帷幕位置选在采矿排水区与补给区之间，即岩溶水流向的上游。帷幕深度应穿透岩溶中、强发育区，进入弱发育区数米(图13)。

附属工程在补给区或补给径流区的第四纪覆盖层分布区内。主要措施是预设永久性通气减压孔。必要时对重要建(构)筑物、场地岩溶进行专项处理。

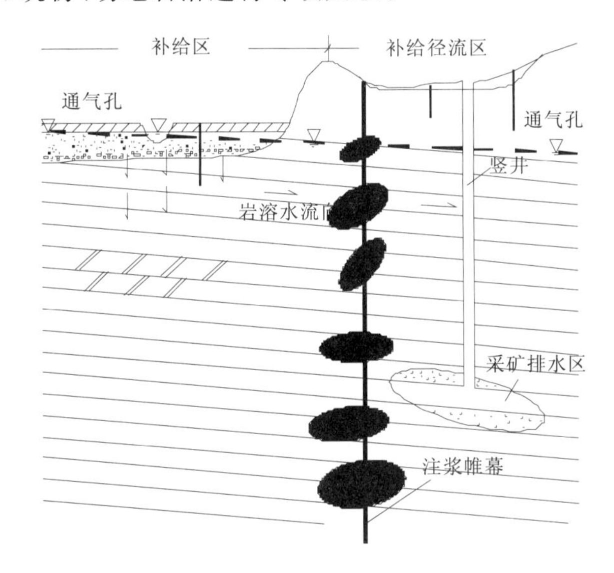

图 13　矿井排水诱发地面塌陷防治方案示意图(长沙矿山研究院，2010)

需要说明的是，在可溶岩中设置注浆帷幕很难达到完全阻断岩溶水，因为考虑帷幕深度往往有数百米，帷幕施工难度很大。但是只要帷幕能将大部分岩溶水阻隔，使矿井开采区不致发生突水或大量涌水，即可保证开采施工，也可保证补给区岩溶水位不会急剧下降而导致真空吸蚀型塌陷发生。例如湖北阳新赵家湾铜矿，在矿井因泥水淹井停产的情况下，在大理岩中设置300余米深的注浆帷幕，内外连通抽水试验证明，帷幕可阻断70%～80%的岩溶水，从而保证了矿井恢复正常生产，也防止了补给区地面塌陷。

7　结　语

笔者自1982年第二届全国工程地质大会(西安)参加关于岩溶(地面)塌陷机理讨论至今已34年了，特别是在其后的30余年中实地参与湖北武汉等地区数十处岩溶地面塌陷地质灾害的调查研究和防治处理，使得对这类不良地质现象的发生机理、类型和分布规律的认识逐渐清晰起来。在参与、指导灾害防治中，也积累一些经验。实可谓实践出真知。有了系统的理论认识和实践经验，也就克服了遇此地质灾害时，先是“一头雾水”然后“想入非非”的盲目性。为此，在结束本文之前再将关于此课题的一些核心概念重复如下。

(1)所谓岩溶地面塌陷是指可溶岩之上的第四纪覆盖层塌陷，而非指溶洞顶板塌陷。

(2)不同地质条件下发生不同类型的塌陷，不同类型的塌陷有不同的塌陷机理。基本类型和机理有3种，即“潜蚀土洞冒落机理”“渗流破坏-流土漏失”机理和“真空吸蚀”机理。不同的机理类型的塌陷形态和规律及其灾害影响程度也不同；

(3)产生岩溶地面塌陷的内在地质条件分为两大方面，一是可溶岩基岩的岩溶发育特点，二是第四纪覆盖层性质。对这两方面条件要进行全面、系统、深入的研究。

①查明可溶岩的分布、岩溶发育的基本规律和岩溶水动力的特点。充分运用岩溶学基本理论中关于岩石(组)的可溶性(CaO/MgO)差别、地质构造影响和各历史时期侵蚀基准面控制作用等基本原理，研究和划分岩溶形态、发育程度、充填状况等分布规律，尤其是岩溶及岩溶水的垂直和水平动力分带。这些都是容纳和搬运盖层塌陷物质的基本条件。

②查明第四纪覆盖层的地貌单元、地层时代、地层岩性组合及其与可溶岩之间的接触关系，结合塌陷机理判断塌陷可能性及其塌陷类型。对于符合“渗流破坏-流土漏失”型机理的二元结构冲积层，要重点查明孔隙水位与岩溶水位(头)的关系、砂类土的粘粒含量，尤其是砂类土层与可溶岩之间是否有粘性土“阻隔层”存在；对于符合潜蚀土洞型塌陷的粘性土覆盖层，要重点查明土洞分布和溶沟溶槽中软至流塑状红粘土的分布。这些都是覆盖层塌陷的充分条件。

③对于可能产生真空吸蚀型塌陷的场地，则重点是岩溶水动力特点，尤其是岩溶水位急剧下降的人为降水、排水的强度和影响范围。为了判定人为降水、排水的影响，往往需要进行大范围的区域性地质及岩溶水文地质研究，同时要查明第四纪地层覆盖区与岩溶水抽、排区的水力联系。总之还是要对基岩和盖层两部分进行深入研究。

④岩溶地面塌陷的防治，应以主动预防为主，不要等待灾害发生而被动治理。主动预防除绕避、回避之外，主要是对岩溶及岩溶水进行预处理。预处理措施中的关键是填充空洞、阻断岩溶水渗流通道。因为，充填了空洞就消除了漏入物质的容纳空间，截断了岩溶水渗流就消除了搬运漏入物质的动力，是治本措施，其他措施都是治标措施。工程实践表明，在岩溶中注浆充填或形成连续注浆帷幕，既行之有效又经济合理。其他措施(如在土岩接合设置旋喷注浆“铺盖”)则施工困难、质量不易保证，又造价昂贵。

综上所述，本文从岩溶地面塌陷的定义、类型、机理、宏观分布规律和防治对策各方面进行了概括论述。虽说是笔者对这类自然地质灾害现象历经30余年的经验总结，但此类现象是非常复杂的。由于笔者调查、研究在地域和深入程度上存在局限和不足，所得认识和结论不一定全都合理、准确。切望业界同仁批评指正。

参考文献

长沙矿山研究院.阳新县赵家湾铜矿——矿带恢复开采安全条件论证及对策措施研究报告[R].长沙:长沙矿山研究院,2010.

陈仲颐,周景星,王洪瑾.土力学[M].北京:清华大学 1994.

杜恒俭,陈华慧,曹伯勋.地貌学第四纪地质学[M].北京:地质出版社 1981.

范士凯.武汉(湖北)地区岩溶地面塌陷[J].资源环境与工程,2006,20(s1):606-616.

武汉地质环境监测保护站.武汉市江夏区法泗街长虹村六组岩溶地面塌陷应急勘察报告[R].武汉:武汉地质环境监测保护站,2014.

武汉长江一级阶地湖沼相软土区的区域性地表沉降的成因分析、趋势预测及防治对策

范士凯　陶宏亮　尹建滨

摘　要：2010年以来，武汉长江一级阶地的湖沼相沉积软土区(后湖地区)陆续发生地表沉降，沉降区面积达23.6km^2，涉及20多个小区和单位。本文根据调查研究结果，提出：沉降属于浅表不均匀沉降，其直接原因是浅部淤泥、淤泥质软土和填土中的上层滞水流失，间接原因是基坑降水和长江水位下降导致区域性地下水(承压水)位下降；根据地貌地质条件分析，得出武汉的区域性地表沉降仅限于长江一级阶地的湖沼相软土区，三级阶地的湖湘软土区不会发生区域性地表沉降，二级阶地大部分地区不会发生区域性地表沉降而只在一、二级阶地交界带的局部可能发生；根据与东部滨海平原的大规模区域地面沉降相对比及武汉沉降区近年状况得出武汉地区的浅表沉降区的总沉降量不会很大，范围不会超出一级阶地湖沼相软土区的预测结论；最后提出了防治对策建议。

关键词：一级阶地湖沼相软土；三级阶地湖相软土；滨海平原海陆交互相欠固结；互层土

自2010年以来，武汉长江一级阶地上的湖沼相沉积区陆续发现多处地表沉降。由于各地沉降点表现为明显的浅表变形特征，变形产生的地表形态和差异沉降清晰可见，因而一时间人心惶惶、投诉不断，也引起政府的高度重视。笔者在参与调查和事故处理过程中，对此类地表沉降特点及分布和形成原因有了初步认识。这些认识可概况为以下几点。

(1)发生地表沉降的地区几乎全都处在长江一级阶地二元结构冲积层上部有湖沼相沉积的淤泥和淤泥质软土分布地带。其他地貌单元如二、三级阶地中的湖相软土区和一级阶地上部无湖沼相软土分布的地带均未发生区域性地表沉降。

(2)地表沉降形态和差异沉降、变形特征显示典型的浅表不均匀沉降变形特点。其直接原因是淤泥和淤泥质软土及其人工填土中的上层滞水流失所致，其间接原因是区域性地下水位(承压水头)下降，引起上层滞水流失。

(3)区域性地下水位(头)下降是综合因素造成的，主要有两个方面：一是近20余年大量深基坑降排水；二是近年长江常年水位降低，使江水对两岸地下水的补给量大大减少。

(4)武汉地表沉降的治理应从两方面入手：一方面要进行地下水控制(动态监测、控制降水、限制采水和回灌等)；另一方面是针对具体建(构)筑物、管线采取地基处理与结构措施相结合的原则。应当明确，地下水控制措施应只限于长江一级阶地湖沼相沉积区，即二元结构冲积层之上的深厚软土分布地带，而不应盲目扩大到一级阶地无软土分布地带和三级阶地(垄岗区)中的纯湖相(无二元结构)沉积区。二级阶地则应视地层组合而定。

(5)武汉地表沉降的地貌、地质条件与沿海城镇的地貌、地质条件有很大差别，因而沉降区规模、总沉降量及发展趋势也会有较大区别。总的预测：武汉地表沉降区范围相对较小(小于

30km²），延续时间不会很长，总沉降量有限。

1 概　况

1.1 地表沉降区分布

成片发生地表沉降的地区主要分布在汉口后湖地区约 23.6km² 的范围，影响居民小区和较大单位 20 余个。调查统计地面沉降点 157 处、沉降道路 3 段，其中多个测量基准点发生下沉。其他地区只有零星分布（武汉市测绘研究院系，2010），如图 1 所示。

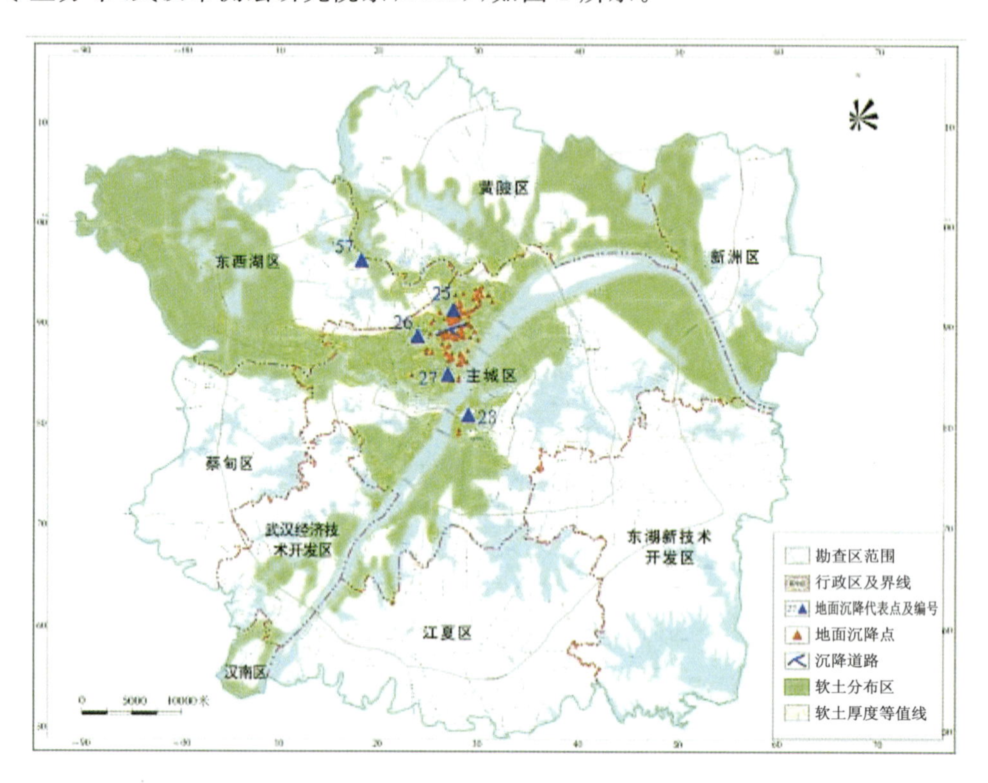

图 1　武汉地区软土分布示意图

上述地表沉降区几乎全都处在长江一级阶地的湖沼相软土分布地带上。其地层组合特点是，阶地二元结构冲积层之上为近代河漫滩、沼泽相淤泥、淤泥质软土和近期人工填土。其他地貌、地质单元如三级阶地（剥蚀堆积垄岗）上的大片湖相沉积区（武昌的东湖、野芷湖、汤逊湖，汉阳的太子湖、墨水湖等），由于深厚的湖积软土直接覆盖在更新世老粘土之上，不存在二元结构冲积层，故未发生也不会发生因地下水变动引起的区域性地面沉降。

1.2 沉降变形特征

（1）普遍表现为浅表沉降特征——小范围内地面起伏不平甚至出现坑洼，道路及路边石呈波浪状，显示浅部地层（填土及淤泥、淤泥质软土）因上层滞水流失引起的不均匀沉降特点。

（2）发生不均匀沉降的部位：多为主体结构与附属结构结合部，即不以填土或软土为地基（桩基）的主体结构与以填土为天然地基的附属结构如散水、门厅、门前台阶等，或主体结构为桩基、外加结构为浅层天然地基之间的结合部。

(3)室外道路、绿地也普遍不均匀下沉、地坪开裂。

(4)目前已出现的地面沉降量(沉降差)普遍为10cm左右,最大可达30～40cm。因其发生的范围很大,出现的点位很普遍,使人们感觉问题很严重。

(5)从目前已发生的情况评估:大多数点位多层和高层建筑的主体结构没有被伤及,所以主体结构是安全的。个别情况下,附属(外加或后加)结构连接不合理时可能存在主体结构危险点。个别点位因装修面板开裂存在安全隐患。

(6)沉降具有明显的区域性(20余平方千米)和延时性(约从2010年以后,至今仍在发展);同时表现为明显的浅表变形和水平与垂直方向上的不均匀性。

2 区域性地表沉降的成因分析

2.1 沉降区的地质背景条件

(1)沉降区均处在长江一级阶地的湖沼相沉积区即长江发展历史上的湖溏(漫滩沼泽及牛轭湖)分布区。原始地层为地表以下即是淤泥或淤泥质软土,其厚度较大(几米、十几米至20余米不等)。作为建筑场地后进行大片的人工填土(厚度3～5m甚至10余米不等),填土和软土均为欠固结、高压缩性土层,其时代为Q_4—新近纪(约为3000年以来)。

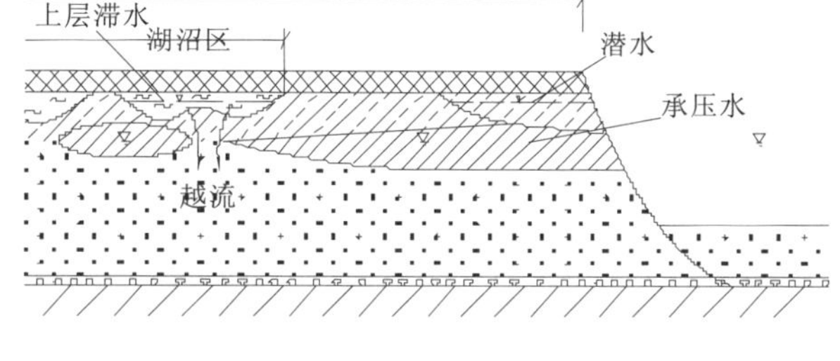

图2 武汉长江Ⅰ级阶地湖沼相地层组合及地下水补给关系概化图

(2)普遍具有两层地下水——含在人工填土和淤泥及淤泥质土中的上层滞水和下部粉细砂中的承压水。两层水之间普遍存在粉质粘土(相对隔水层)或粘土(隔水层),当中间隔水层出现尖灭(不连续)时,两层水会发生"越流"相互补给;上层滞水主要受大气降水补给,一般不受长江补给,下层承压水与长江有密切水力联系,主要与长江有互补关系(图2)。

2.2 宏观成因

(1)内因——浅部新近堆积的欠固结地层(人工填土和淤泥质软土)在自重条件下压密沉降或排水固结沉降。比如淤泥质土之上有5m厚的人工填土,就相当5层楼房荷载压在高压缩性软土之上,其较大沉降必然发生,并且会持续很长时间;同时,未经压实的人工填土自身也会因降水或浸水作用而自沉。

(2)深基坑排(降)水,导致上层滞水被疏干和承压水位(头)下降是产生地表沉降的外因。

(3)历年大量深基坑巨量降、排地下水,导致较大范围的承压水位下降是造成区域性沉降的人为原因;2003年以来长江水位持续降低,导致江水对地下水的补给量大大减少,是形成区域性地下水位下降的自然原因。2003年之前,基坑虽已大量降水,但多为一层地下室,降深不大,加之长江水位较高,承压水受长江补给量大,水位尚能维持;2003年之后,长江水位逐年下降,基坑降水量却大大增加,两者叠加,必然导致承压水位大幅下降(图3)。

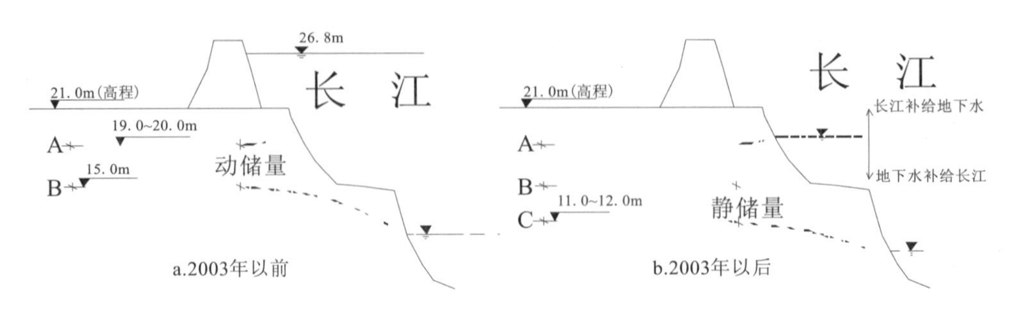

图3 2003年前后水动态示意图

2.3 微观机理——排水固结(太沙基"有效应力"理论)

(1)饱和松填土、淤泥或淤泥质土失水固结沉降量很大,厚度变化大故沉降很不均匀。

(2)软土之下正常固结的粉土、粉质粘土失水固结沉降量较小,沉降较均匀。

(3)下部正常固结至超固结的饱和砂土、承压含水层水压降低后固结沉降量很小,沉降均匀。

3 长江水位下降和汉口某些片区承压水位下降已是不争的事实

3.1 2003年三峡工程开始发挥调洪功能以后,武汉长江水位再也没能达到1998、1999年水位

图4清晰表明:

(1)2000—2015年间长江汛期水位很少达到1998年、1999年的水平(29.00m),尤其是2004年以后历年汛期水位基本上没再超过24.00m高程,即由2003年以前的28.00~29.00m高程降至24.00m,降低4~5m。

(2)1998—2009年历年枯水期最低水位一直保持14.00m高程不变。

(3)2003年以前,一级阶地的承压水位标高基本保持在19.00m左右,之后逐年下降,至2009年以后逐渐降至11.00m高程(图2、图3、图5),即下降了8m左右。

3.2 长江水位变化与一级阶地承压水互补关系的变化

(1)2003年以前汉口长江一级阶地承压水位标高普遍为19.00~20.00m,2003年以后承压水位陡然下降(图3、图5),足以证明2003年三峡工程发挥调洪功能前后长江水位变化对地下水位变

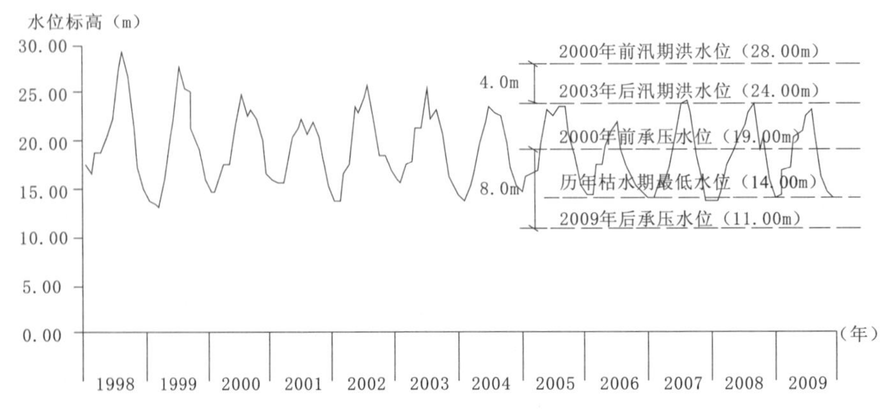

图4 1998年至2009年武汉关水位变化

化具有划时代的影响。

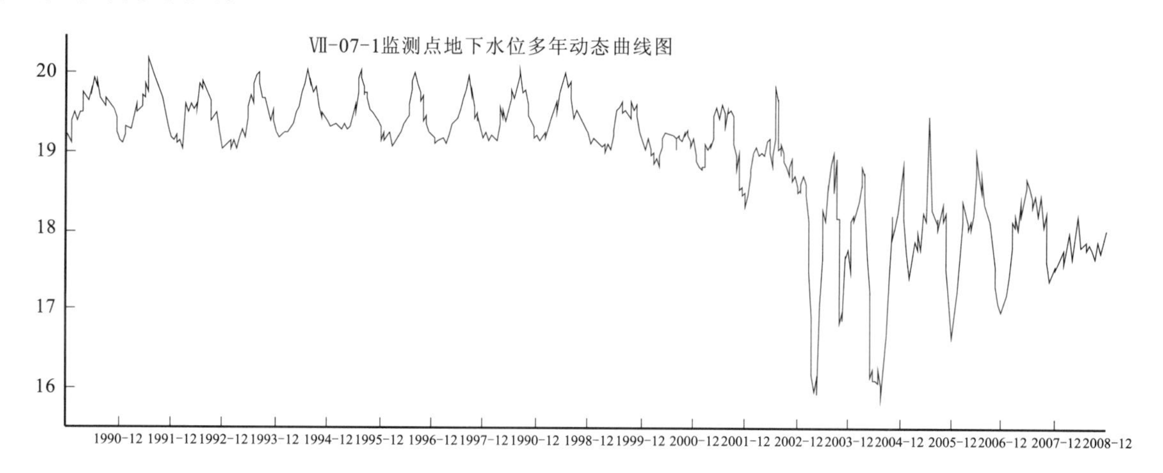

图5 江岸区丹水池Ⅶ-07-1长期监测孔1990—2009年承压水位变化

(2)长江水位变化与地下水位变化之间互补关系的简单分析。

①2003年以前一级阶地的承压水位最高为18.00～19.00m高程。长江水位高于此值时,长江补给承压水;低于此值时,地下水补给长江。

②以1998年武汉关汛期长江水位最高为29.00m高程时,长江补给地下水位最大量,此时高于地下水(19.00m)有10m水头高度,以19.00m水头高时补给量为100%,则江水位每降1m,补给压力降低1/10。

③2003年以后,长江汛期(7、8、9三个月)平均水位已降至24.00m以下,即水位降低5m,则补给压力降低50%,仅仅5m之差,补给量必然大减(图6)。

(3)2003年以前,虽然也有大量基坑降水,但江水位高于19.00m高程的时间长,尚能补偿地下水量损失;2003年以后,尤其是2009年之后基坑降水量大大增加,而江水位却降低,江水补给地下水的水量大大减少,两者之间平衡被打破,地下水位下降则成为必然趋势。并且这种趋势必将继续发展,尤其在南水北调通水后长江水量将进一步减少。

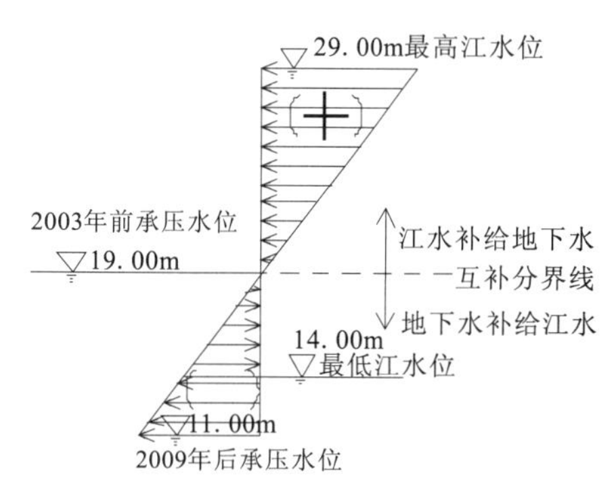

图6 长江水与承压水互补关系示意

3.3 一级阶地某些片区地下水位区域性下降已成事实

仅以王家墩片区、汉口火车站片区、香港路片区和泛后湖片区4个片区36口抽水试验井的初始(稳定)水位说明如下(图7)。图7表明,4个片区的承压水位与2003年之前(地表下2.0m)水位普遍下降8～10m。

2003年之前,承压水位(头)维持在19.000m高程时,它与上层滞水水位基本持平,此时承压水对上层滞水有"顶托"作用,不易发生上层滞水向下"越流";2003年之后至今,承压水普降8～10m后,承压水的"顶托"作用消失,上层滞水向下"越流"很易发生。

综上所述,长江一级阶地发生的地表沉降具有区域性、历史延时性和多因素特点,是人为因素和自然因素综合作用的产物,具有一定程度的"自然灾害"性质,应当说"非一日之功,非一家之过"。

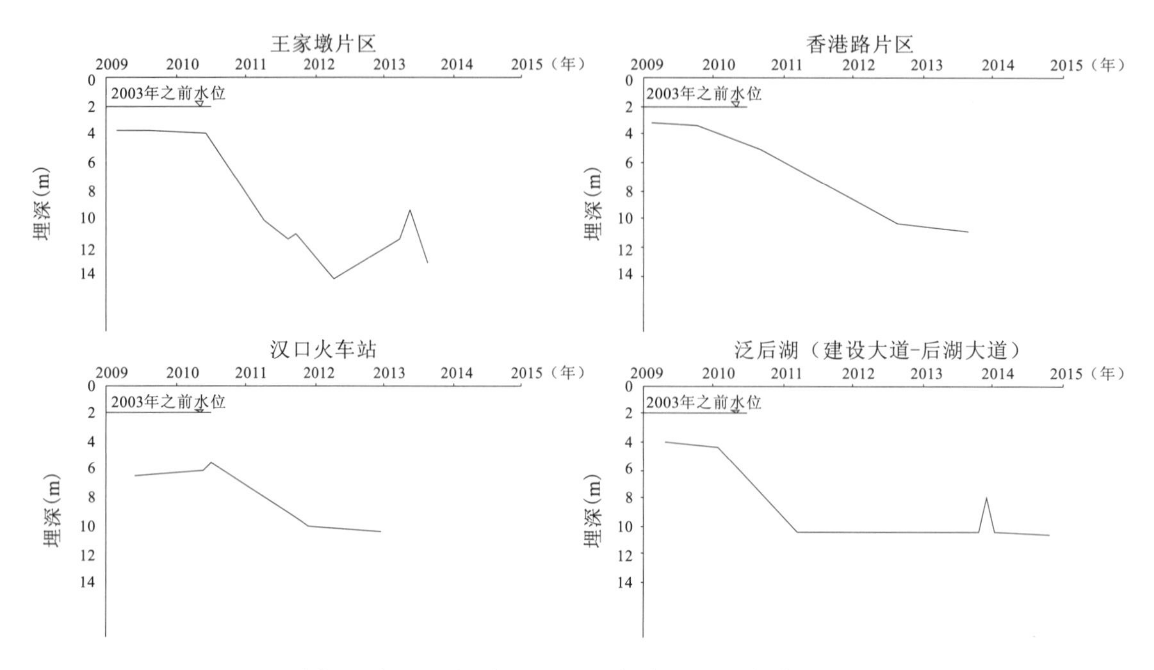

图7　长江一级阶地汉口4个片区承压水位变化

4　两层地下水、两类地面沉降、两类地表变形特征

（1）普遍存在的两层地下水——上层滞水（填土、淤泥或淤泥质土中水）和下层承压水（互层土、粉细砂、粗砾砂、卵石中水），一般情况下两层水之间有粘土或粉质粘土隔水层。下层承压水与长江水力联系直接（互补），上层滞水主要受降水补给，与长江联系不直接。

（2）多年深基坑降水经验表明，当上层滞水被竖向帷幕阻隔，降水井仅仅降低承压水位时，引起的地表沉降量较小，特别是地表沉降差一般小于1‰，且地表变形范围小于降水影响半径R（一般小于300m）——第一种类型。

（3）当上、下两层地下水之间无明显隔水层，或隔水层尖灭，两层水发生“越流”时，或竖向帷幕渗漏（发生流土）时，上层滞水被疏干，则地表出现较大范围的、很不均匀的、无规则的地表沉降——第二种类型。

（4）当形成区域性地下水位下降漏斗时，必然发生两种类型沉降的叠加，因范围大就容易发生“越流”，上层滞水引起的沉降普遍发生（图8）。

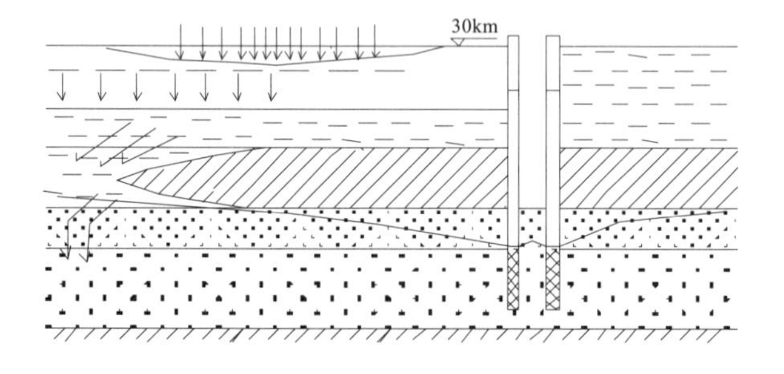

图8　上、下两层水越流

（5）几种典型的地层与地下水组合类型及其降水后的地表沉降表现特征（图9）。

5　长江一级阶地、二级阶地、三级阶地（剥蚀堆积垄岗）之上软土分布区沉降性质对比

武汉地区区域性（连片）地面沉降的分布事实表明，绝大多数沉降点都在一级阶地的湖沼相沉积区内，而二级阶地和三级阶地（剥蚀堆积垄岗）中大片的湖相软土区并未发生区域性地表沉降。

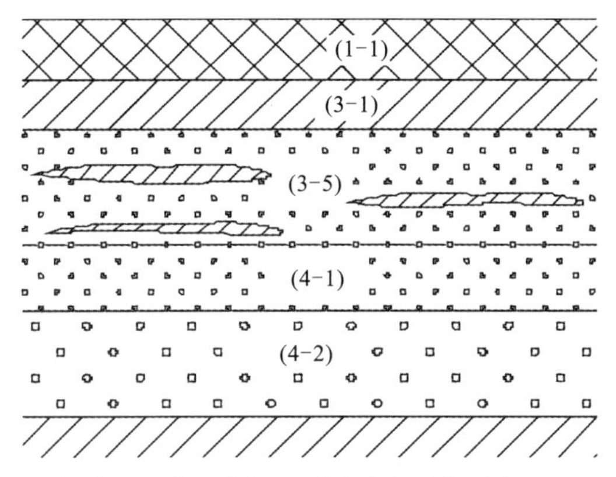

a型：填土很薄，无软土，粘性土之下为砂层。只降承压水，地表正常沉降

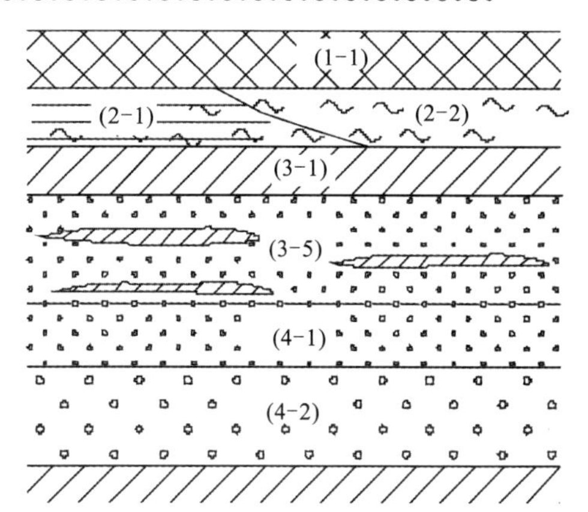

b型：填土、软土中有上层滞水，中间隔水层完整且延伸面积很大。竖向帷幕可靠，只降承压水，地表沉降正常

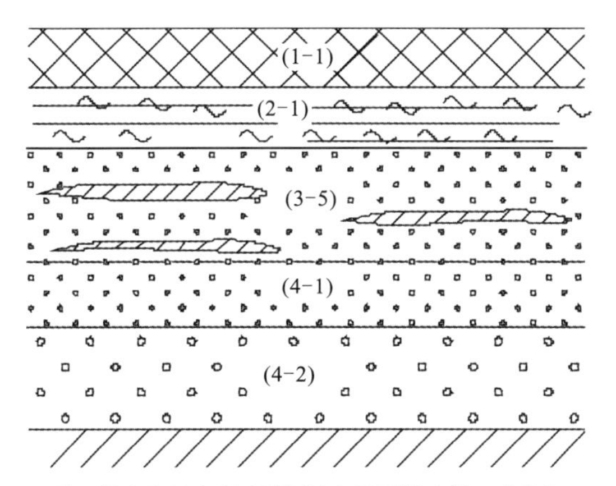

c型：填土和软土(上层滞水)之下无隔水层，直接与互层土相通。降低承压水时，上层滞水同时下降(疏干)，地表沉降量大且不均匀

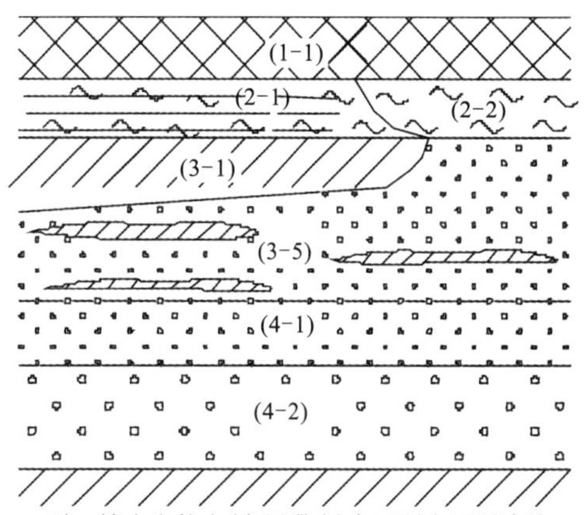

d型：填土和软土(上层滞水)之下隔水层不连续(尖灭或被河道切穿)，地面沉降分两种情况，有3-1隔水层的地面正常沉降，没有3-1隔水层的地面沉降大，且很不均匀

图 9　4 种地层组合类型地表沉降不同

其中的原因显然是由所处的地貌单元、软土的成因类型和地层组合关系不同决定的，分别对比如下。

5.1　三级阶地(剥蚀堆积垄岗)中的湖相软土区

武汉地区的较大湖泊多分布在三级阶地上，如武昌的东湖、南湖、沙湖、野芷湖、汤逊湖，汉阳的太子湖、墨水湖、后官湖等。这些湖泊之下及其周围都分布有几米至 20 余米厚的淤泥或淤泥质软土，至今未发生过成片的地表沉降，更谈不上区域性地表沉降。其根本原因如下。

(1)三级阶地不是冲积阶地，而是剥蚀堆积垄岗，不具有二元结构，基岩之上基本由老粘性土组成，其中的湖泊及湖相软土是地壳下降的产物，而非河流阶地的漫滩沼泽或牛轭湖淤积。

(2)地层组合特点是淤泥或淤泥质软土之下为老粘土层，不存在与长江有水力联系的砂、砾石承压含水层。所以不存在因下部承压水位变动引起湖相软土中上层滞水疏干而导致区域性地表沉降(图 10)。局部沉降点也只能是局部加载引起的。

由上可以认为，三级阶地中的湖相软土范围和厚度再大也不会发生区域性地表沉降。

5.2　二级阶地之上的湖沼相软土区

武汉地区的长江二级阶地属掩埋型冲积阶地，虽也具有典型的二元结构——上部为粘性土，下

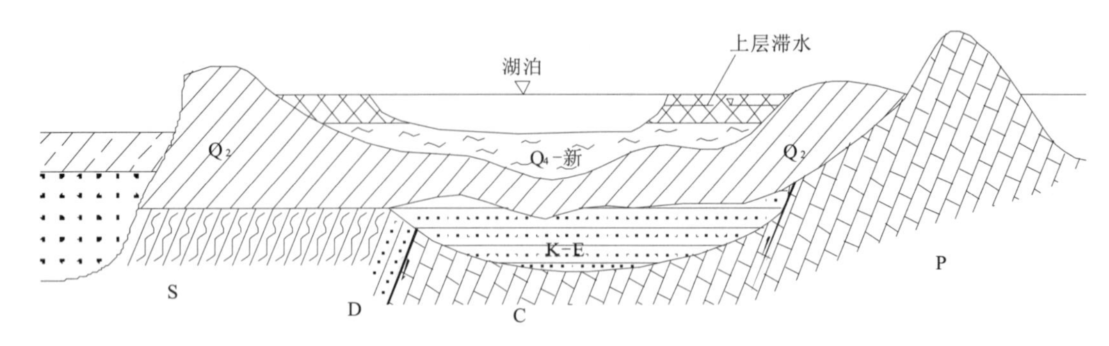

图 10　长江三级阶地(剥蚀堆积垄岗)湖相软土分布与地层组合关系概化图

部为砂、砾卵石层(地层时代为更新世 Q_3),但其上普遍被一级阶地全新世(Q_4)的冲积淤泥层超覆掩埋。上覆的全新世(Q_4)地层有近代淤泥、淤泥质软土继续分布,但此类软土区也普遍未发生因下部(Q_3)承压水位变动引起的地表沉降。其原因是:超覆的全新世(Q_4)地层之下普遍分布有较厚的更新世(Q_3)粘土或粉质粘土层,因属老粘性土,密室、坚硬、不透水,将 Q_4 软土中的上层滞水与下部 Q_3 砂、砾卵石中的承压水之间的水力联系隔断;此外,二级阶地中的承压水与长江无直接水力联系,受区域地下水位变动影响很小(图 11)。

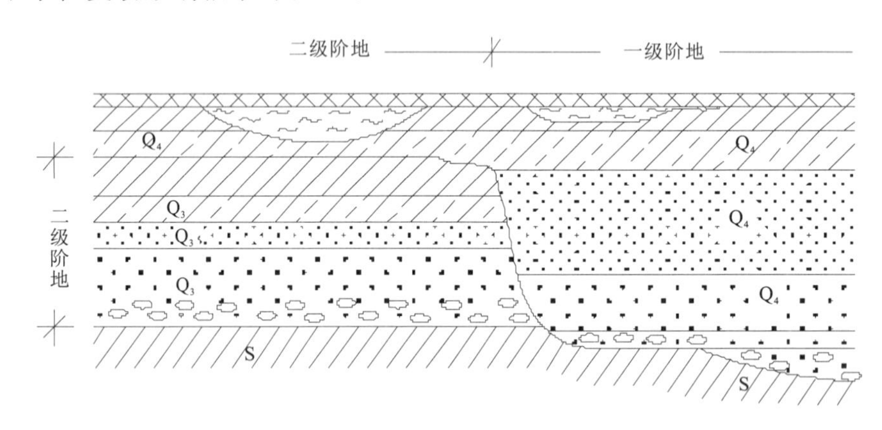

图 11　长江二级阶地与一级阶地超覆地层(Q_4)的组合关系概化图

二级阶地下部承压含水层为超固结土层,砂及卵砾石中均含粘粒(>20%)透水性差(K 值<5m/d),基坑降水后地表沉降量极小。

以上两种条件叠加,决定了二级阶地之上的湖沼相软土普遍不会因区域性地下水位变动而发生区域性地表沉降,只可能在与一级阶地交界地带局部发生。

6　武汉市区域性地表沉降发展趋势预测

对武汉市的区域性地表沉降进行发展趋势预测,应从 3 个方面入手:一是与沿海大规模沉降区对比;二是对武汉区域性沉降区本身地层结构特点进行具体分析、估算;三是进行适时调查和建网进行监测。当前只能根据一、二 2 个方面进行预测。

6.1　与沿海地区大规模沉降区进行对比

我国东部沿海地区,由于在近几十年中大量抽汲地下水造成大范围的地面沉降。长江下游(三角洲)有上海、苏州、无锡、常州;浙江(滨海平原)有宁波、嘉兴;华北(滨海平原)有天津、沧州。目前

最严重的是华北平原。据2005年全国自然生态保护工作会议资料，较大的地下水降落漏斗有20余处。沉降区总面积达7万多km^2。其中沉降量大于500mm的面积6430km^2，大于1000mm的面积755km^2，大于2000mm的面积包括了整个沧州地区，沉降中心达2263mm。天津形成了市区、塘沽、汉沽3个沉降区，市区沉降中心达2.69m。可见沉降区范围和沉降量之大，已是世界上地面沉降最严重的地区之一。相比之下，武汉长江一级阶地的沉降区面积只有23.6km^2，沉降量普遍只有100mm左右，最大处也只300～400mm。可以说是"小巫见大巫"。

武汉与东部沿海地区的差别如此之大，是由各自的内在地质条件决定的。

(1)东部沿海地区的滨海平原和三角洲，自晚更新世以来经历过3～4次海侵、海退(曹家欣，1983)，形成深厚的海陆交相沉积层。在厚度达几十米至百余米的互层土中有多层欠固结粘性土和粉土、粉砂交互分布。当人们由浅至深逐层开采地下水后，便逐渐形成巨大的区域性水位下降漏斗和地面沉降区。海陆交互相沉积区面积巨大决定了沉降区面积也大。欠固结的压缩层深厚决定了地面沉降量大。

(2)武汉市的地表沉降区仅分布在长江一级阶地的一部分——漫滩沼泽或牛轭湖的湖沼相沉积区，发生地表沉降的面积；至今也只有23.6km^2，而三级阶地上的纯湖相软土区，二级阶地上的湖沼相软土区和一级阶地上无软土分布的二元结构冲积层分布区均未发生区域性地表沉降，表明长江一级阶地软土沉降区规模有限是由特定的地质条件决定的。

(3)武汉长江一级阶地上湖沼相软土沉降区属于浅表沉降，即小范围内地表沉降量显著不均匀，沉降量不大但沉降差大。其地质成因是浅层淤泥质软土和填土中的上层滞水被疏干、压缩层厚度变化大；东部沿海的滨海平原和三角洲大规模地面沉降区属于"浅层至深层沉降"，即大范围内沉降相对均匀，沉降量大但沉降差小。其地质成因是海陆交互相地层厚度变化不大，但欠固结地层总厚度大。

从上述3个方面对比可得出如下认识：由于地貌、地质条件不同，武汉市的地面沉降与沿海城市的地面沉降，不论是沉降特征还是沉降范围规模及沉降量、沉降差大小，都是有很大区别的，因而对发展趋势的预测也是不同的。

6.2　武汉长江一级阶地上的沉降区仅限于湖沼相软土区

该区主压缩层是浅部淤泥、淤泥质土及其上填土(Q_4—新)。软土之下为正常固结的一般粘性土和正常至超固结砂层(Q_4)。这种地层结合条件下，只要查明湖沼相软土的分布，就可以预知沉降区范围。只要查明软土及其上填土的厚度，就可以预估总沉降量及沉降差。长江一级阶地上的湖沼相软土区范围已经通过近年的城市地质调查并基本查明。各处软土及填土厚度已有大量钻孔资料，普遍厚度在10～15m之间，大者可达20余米，小者只有5～6m。各层土的物理力学参数更是有海量的数据可以选用。已知压缩层厚度和物理力学参数，就可以预估土层在上层滞水被疏干(有效应力增量)条件下的总沉降量。

6.3　调查和监测资料

调查和监测资料表明沉降区内已普遍发生了100～200mm地表沉降，局部大者可达300～400mm。区域承压水位也已稳定在地表下8～10m。各处沉降变形也渐趋稳定。尤其是对各类建(构)筑物和入户管线采取结构处理措施后，社情也已稳定。沉降区内已建立地下水位和地表沉降监测点，对沉降区未来的发展趋势可以掌控。

综上所述，对武汉长江一级阶地上的湖沼相软土沉降区的发展趋势可以作出两点基本预测：一是区域性地表沉降区仅限于长江一级阶地上的湖沼相(河漫滩沼泽及牛轭湖相)范围内,其他地貌单元上的湖相软土区不会发生区域性地表沉降;二是一级阶地上的湖沼相软土及其上填土厚度有限,目前已发生100~300mm沉降,未来沉降余量不会很大。

7 对策建议

7.1 社会对策

(1)宣传、解释、安抚——绝大多数情况主体结构是安全的,附属结构破损可以及时加固、修复。

(2)说明目前出现的沉降是以区域性的自然条件变化为主导,人工降水为诱发因素造成的。

(3)区域性沉降“非一日之功,非一家之过”,不要过分追究某项工程的影响和责任。

(4)对发生沉降变形的单位或小区及时调查、鉴定,确实存在安全隐患的必须及时处理,以免造成社会不稳定。

7.2 工程对策

(1)对已发生变形的建(构)筑物,遵循“保安全、保结构、保功能”的原则顺序进行处理,对入户管线必须及时处理。

(2)区分“主体”与“附属”、“主体”与“外加”。

(3)目前宜采取“头疼医头、脚疼医脚”的办法处理个别确有安全隐患之处,大范围问题待以后统一处理。

(4)尽快组织专班进行几个片区排查,摸清分布范围和严重程度;同时对相关片区或周围深基坑降水的历史及现状进行排查。

(5)对沉降区调查时发现,如果预先考虑地表沉降因素,设计采用“适应性”结构措施是可以保证安全和功能的。因此,应组织专家研究、制定相关技术措施规定(武汉市城乡建设委员会,2015),尽快发布。

7.3 科研对策

(1)尽快立项,对长江一级阶地内已发生或可能发生区域性地面沉降的片区进行全面、系统、深入的研究。

(2)采取主管部门牵头,产、学、研相结合的组织形式。

(3)几个主要方面内容如下。

①收集、分析20世纪90年代至2003年和2003年至今的长江水文动态变化(含汛期长短和最高洪水位),并利用已有的地下水长期观测孔资料分析一级阶地之下水位与长江水位变化的对应关系。

②沉降区地层结构及其相变、含水层、隔水层分布的区域性规律。

③建立区域性地表变形监测网,并与具体建(构)筑物变形监测相结合。

④建立地下水位变化(上、下两层水分开)监测点、线、网。

⑤建(构)筑物变形及室外地面变形调查、统计及防治措施研究。

(4)分析、计算、评估研究(科研院校)。

①长江水位动态与两岸地下水动态平衡计算分析。

②地下水动、静储量变化评估。

③地面沉降量计算——根据代表性地段软土和填土(压缩层)厚度和已发生的沉降量反演并预估未来沉降量。

(5)建(构)筑物损坏分析及结构措施研究。

①典型破损分析。

②现有沉降、破损的加固修复措施和应对后续沉降影响的预处理措施。

③制定在沉降区或预测沉降区的设计、技术规定。

8 基本结论

综上所述,对武汉地区发生的区域性地表沉降可得出如下基本结论。

(1)武汉地区的区域性地表沉降仅限于长江一级阶地上的湖沼相(或称漫滩沼泽及牛轭湖相)软土沉积区,其他地貌单元(二、三级阶地)上的湖相软土区不会发生区域性地表沉降。

(2)长江一级阶地湖沼相软土区的地表沉降属于浅层不均匀沉降,而非深层相对均匀地面沉降。其根本原因是一级阶地浅层厚度不均匀的软土及填土中的上层滞水受区域性地下水位下降影响而流失。软土中的上层滞水能否流失,取决于它和相邻的中、强透水的含水层(侧方潜水或下层承压水)有无直接或间接水力联系。这也是长江二、三阶地上湖相软土区不会发生区域性地表沉降的根本原因。

(3)长江一级阶地中的区域性地下水(承压水)水位下降是多年大量深基坑降水和2003年以来长江汛期水位及最高洪水位下降这两种因素造成的,可以说是“非一日之功,非一家之过”。

(4)长江一级阶地的湖沼相软土区存在特定的地层组合关系,即浅部十几米淤泥、淤泥质软土(Q_4—新)为欠固结土层,其下为正常固结的粘土、粉质粘土(Q_4),再下为深厚的超固砂、砾卵石层。这种典型的地层组合条件下,区域性地下水位下降引起地层排水固结的主要压缩层必然是Q_4—新的淤泥、淤泥质软土层,这类地层的压缩性指标决定其沉降量大小,其厚度决定其总沉降量。由于一级阶地上的软土厚度有限,一般厚度10~15m,最厚者为20m左右。沉降区已普遍发生10~20cm沉降,最大沉降已达30~40cm。目前沉降已渐趋稳定。再与东部滨海平原深厚的海陆交互相地层相对比,可以预测:长江一级阶地湖沼相软土的地表沉降不会很大,且已渐趋稳定。

(5)防治对策宜分为社会对策、工程对策和科研对策分别制定。其中重点是工程对策,当前应以建筑结构处理措施为主,长远则应逐步实施地下水控制及恢复措施。

以上5点结论是笔者对武汉地区地表沉降的基本认识,如有不同看法,切望展开讨论。

参考文献

曹家欣.第四纪地质[M].北京:商务印出馆,1983.

武汉市测绘研究院,等.武汉城市地质调查与研究报告[R].武汉:武汉市测绘研究院,2016.

武汉市城乡建设委员会.武汉市深厚软土区域市政与建筑工程地面沉降防控技术导则[M].武汉:武汉市城乡建设委员会办公室,2015.

时隔二十年再论岩土工程与工程地质[①]

范士凯

有关工程地质学与岩土工程的关系问题，曾经于20世纪70年代末至80年代初在我国地质界和工程界展开过热烈地讨论。当时人们讨论的焦点是岩土工程取代工程地质，还是工程地质向岩土工程延伸的问题。20年过去了，如今人们不再去争论两者的短长。随着市场经济的成长，我国已形成庞大的岩土工程界。岩土工程已从岩土工程勘察、岩土工程设计到岩土工程施工，直至岩土工程监测、监理，形成了完整的工作体系。自80年代中期，地矿系统“下山进程”开始，各类岩土工程公司如雨后春笋般兴起。“岩土工程”简直成了地质界和工程界的一种时尚。由于客观的需要，岩土工程作为一门综合工程技术，很自然地以工程地质、土力学、岩石力学及其他相关的工程力学为基础，以独特的土工技术和结构工程技术为主要手段，以其在各类建筑工程中所发挥的重大的、独立的作用而被理论界和工程技术界所公认。我国岩土工程在近20年中获得空前的发展，这除了归功于广大的理论和技术工作者们的奋斗之外，还不应忘记我国建设主管部门有远见卓识的领导者们的大力支持和倡导，还有一批为岩土工程业务建设辛勤工作的老专家们编制了大量的技术参考文献和各类规范规程。所有这一切，使我国的岩土工程界已呈现蓬勃发展、走向成熟的喜人局面。

岩土工程区别于工程地质的主要之点在于它要进行独特形式的设计和某些特殊工艺技术的施工，其次是施工过程中的各种监测和工程监理。这些内容虽然尚待完善和规范化，但是岩土工程界的人们通过所承揽的各类工程越做越深入，越做越成熟。当然更需要不断总结和优化，也需要更全面的专业法规。这无疑是岩土工程界同仁们的共同任务。

岩土工程按其工程性质所需，自然离不开与其相关的力学基础(土力学、岩石力学及结构力学)，但决不能忽视以工程(水文)地质为基础。这也是当今更应该突出强调的。也所谓“一种倾向掩盖另一种倾向”吧。我国岩体力学界占主导地位的是“结构控制论”，即所谓岩体结构决定岩体的力学性质。而在土力学界至今还没有把地层结构的控制作用很好的解决。我个人在40年的实践中，逐渐深刻地体会到，对土体工程而言，其所在的地貌单元、地层时代和地层组合是控制土体工程性质的基本因素。我们在从事各类地基、边坡及地下工程中无不以这些要素为基本条件。可以说，把握住这些要素，就基本把握了土体的工程性质。80年代初我在唐山地震砂土液化研究中，提出地貌单元、地层时代、地层组合作为初判的基本条件已被普遍接受，其后在地震小区划研究中，发现包括地面运动特征在内的地震效应也同样受地貌单元、地层时代和地层组合所控制。近年在从事高层建筑深基坑的岩土工程设计与施工中，同样发现这三大要素的基本控制作用，如长江中游的冲积平原上，Ⅰ级阶地(全新世 Q_4)，二元结构的地层组合和Ⅲ级阶地(更新世 Q_{2-3}，局部二元结构，普遍以老粘性土为主)。这两者对深基坑工程来说，其性质显著不同。前者以浅部软土和一般粘性土

①发表于《岩土工程》(中国勘察大师特刊)1998年第10期。

的较大土压力的边坡变形破坏形式出现，深部因承压水造成渗透破坏（空涌、管涌和流砂）；后者则以老粘性土因弱膨胀性而带裂土性质，因而土压力虽小但易发生滑坡变形破坏，如此等等。有人说笔者是“地貌单元、地层时代、地层组合”控制论者，笔者则欣然同意。

还有一种观点要强调，就是工程地质学研究中经常被采用的研究方法——岩（土）体在各类工程（地基、边坡、地下洞室）作用下的变形破坏机制及其类型的研究，值得在岩土工程研究中大力提倡。比如在当前对基坑的支护研究中，对各类地层组合中的深基坑，基本上可概括划分为如下几种变形破坏类型：

（1）一般粘性土地层组合，在不支护条件下，边坡呈现堆坍式渐进破坏形式，支护条件下适于采用朗肯土压力理论计算。

（2）老粘性土地层组合，边坡在不支护条件下无水作用时呈片帮式堆坍，有水作用时可能产生一定规模的滑坡——沿水浸软弱面滑动破坏。

（3）软土（淤泥、淤泥质土）地层组合，在不支护条件下，边坡呈圆弧滑动（大变形）破坏形式，边坡是旋转位移，坑底内侧底鼓……这类土体应以圆弧滑动稳定验算为主，朗肯土压力理论为辅进行计算。

（4）砂性土（粉土和粉砂）地层组合或粘性土层下砂性土地层组合，这类基坑边坡及坑底在无隔渗或疏干条件下，在潜水含水层中因管涌或流砂形成边坡坍陷，在承压水含水层中因管涌或突涌而造成坑底涌淤和边坡坍陷。显然，这类基坑，不是什么土压力计算的问题，而是渗透破坏的计算与防治（隔渗或降水）问题。应当指出，当前在深基坑支护设计中那种不管什么地层组合，不论何种变形破坏模式（类型），一上来就是朗肯土压力计算的做法还是相当普遍的。上述那些“变形破坏机制或类型”的划分是工程地质学研究的良好传统，岩土工程应当吸取和发扬。

还有一点也很重要，就是各类岩土工程中对水的研究问题。可以毫不夸张地说，绝大多数岩土体的灾害或工程事故的发生都离不开水的作用。从某种意义上讲，“岩土工程”可称之为“岩、土、水工程”。为此，在岩土工程勘察、设计中对地表水及地下水的研究应摆在重要位置。这除了运用水文地质学的基本理论和方法外，现代渗流理论研究方法（如数值分析等）也应在重大的岩土工程中采用，并不断深化，以解决目前仍在困扰岩土工程界的一些难题。如深基坑工程中对深厚承压含水层“悬挂式”围幕或连续墙的“桶”内外渗流理论问题亟待解决。解决的途径，除了数值分析，还可结合模型试验或用水文地质学中常用的“电网络模拟”法。总之，岩土工程中对水的重视和研究应该加强。

与 20 世纪 70 年代相比，人们不再去争论工程地质或岩土工程的性质、地位、关系问题了。20 年来两个学科各自都有长足的进步。在一批老专家的带领下，一批青年精英们已使工程地质学更现代化，如现代数学理论方法的应用，什么概率统计，模糊数学，灰色理论，系统工程等等都大量被应用，尤其在宏观的环境领域应用更广，似乎工程地质学更加理论化了。与此同时，由于客观需求，特别是城市建设的发展，岩土工程则迅速形成了庞大队伍，参与了大量的各类工程。在实践中逐渐形成了较完整的体系和工作内容，也逐渐规范化和专业化了。特别是理论、技术和工作方法日益成熟。工程地质与岩土工程都获得了长足的发展，这其中的动力何在？客观发展的需要，市场经济成长的需求。既然如此，那将来各自的发展也不会以人们的意志为转移，只有顺应社会的需要而生存和发展。这两者客观上存在着必然的联系，今后就更需要相互借鉴、相互渗透。就目前的状况而言，两者都有一种倾向值得探讨，就是工程地质学似乎有一种更加数学化、更计算机化，也更向宏观、环境进军的倾向。这种倾向要不要扭一扭？而岩土工程则因更工程化、更实用化而反倒有点忽视有关理论的研究，这种倾向是不是也需要扭一扭？

再论工程地质与岩土工程及误区释疑

范士凯

摘　要：本文第一部分论述了工程地质和岩土工程各自的学科属性和两者的相互关系。概括为3点：①工程地质学是地质学领域的一个独立分支，其学科属性属于地质科学范畴，它深深扎根于地质学之中；②岩土工程是土木工程技术领域的一个新的分支，其学科属性应该属于土木工程技术范畴；③工程地质与岩土工程技术不能相互取代。对工程地质而言，岩土工程或地质工程是它的延伸，对岩土工程或地质工程而言，必须以工程地质为基础。但是，近30年的发展、变化使两者的界限模糊起来，工程地质逐渐被边缘化，大有被岩土工程所取代之势，造成了学科属性、工作体制和人才知识结构的混乱。这种局面必须扭转。文中对上述观点作了较深入的阐述。

本文第二部分对工程地质和岩土工程中的一些误区作了释疑。内容包括：红粘土的残积成因说、区域性地裂缝的地下水位下降成因说、与岩溶有关的误区、与滑坡有关的误区、与深基坑地下水控制有关的误区、地下室抗浮问题的误区、勘探和资料整理的一些误区和对 CO_2 温室效应使全球变暖的质疑等10个方面。

关键词：工程地质和岩土工程不能相互取代；岩土工程必须以工程地质为基础

20世纪80年代初，我国工程地质界和土木工程界曾对工程地质学和岩土工程的关系问题展开过热烈讨论。笔者也曾撰文（范士凯，1998）专门讨论这个问题，至今笔者的基本观点如下。

（1）工程地质学是地质学领域的一个独立分支，它具有深厚的地学理论基础和自身完整的理论和方法体系，在国内外早已成为独立学科。但就学科属性而言，工程地质学仍属于地质科学范畴，因为它深深扎根于地质学之中。

（2）岩土工程是土木工程技术领域的一个新的分支，尚未形成独立完整的理论和方法体系，在国内外还没有成为名副其实的独立学科。但就科学属性而言，岩土工程应该属于土木工程技术范畴。确切地讲，岩土工程应称为岩土工程技术。

（3）工程地质学与岩土工程技术不能相互取代。对工程地质学而言，岩土工程是它的延伸；对岩土工程而言，它必须以工程地质为基础。

以上3个基本观点是笔者从事工程地质工作近60年和从事岩土工程工作近30年中得到的基本认识。但是，近30年的发展、变化却令人喜忧参半。喜的是岩土工程技术和事业得到了空前大发展，忧的是工程地质学的理论、事业和作用被逐渐淡化、碎片化甚至边缘化了，大有被岩土工程或地质工程取代之势。可以说，就工程地质学和岩土工程技术的关系而言，无论是教育界、科研界还是工程界，都陷入了一个巨大的误区。我们若不走出这个误区，非但会使两个学科“误入歧途”，还必然影响国家工程建设事业。为此，本文首先对工程地质学与岩土工程技术的关系再进行讨论，然后也对工程地质和岩土工程工作中常见的一些误区作释疑。

1　再论工程地质与岩土工程的关系

1.1　工程地质与岩土工程之间的关系陷入了模糊状态

2016年8月在长春市召开的“全国工程地质年会”上，王思敬院士在呼吁“要加强工程地质学基础理论研究”时讲到，目前工程地质学已被淡化、碎片化和边缘化。他的这种说法，比较准确地描述了我国工程地质学的处境。之所以如此，主要还是对工程地质与岩土工程之间关系的认识模糊不清、处理不当、发展不平衡造成的。现实状况如下。

(1)20世纪90年代末，工程地质学作为一个独立学科和专业已在我国高等院校专业设置目录中被取消，代之以地质工程、岩土工程等专业。至今在全国各高等院校再也不存在工程地质专业了。这是使工程地质和岩土工程之间的关系变得模糊的重要原因。这种以行政手段武断决定学科和专业设置的做法，不但扼杀了在我国有40余年发展历史，已形成完整的理论体系并在国际工程地质界占有很高地位的工程地质学的发展，也造成了人才培养和知识结构的混乱状态。历史必将证明这是教学改革中的一大败笔。

(2)在地质学界和某些行业、系统，工程地质学还在顽强地生存着。最突出的表现是，中国地质学会工程地质专业委员会的学术活动仍非常活跃，如2014年青岛“全国工程地质大会”和2015年长春“全国工程地质年会”的参会代表都有七八百人之多，交流论文超过500篇，堪称盛会！中国工程地质界在“国际工程地质与环境学会”(IAEG)中占有很高的地位，曾任几届国际学会主席和亚洲分会主席。可见我国“工程地质学”的发达状况和国际地位。

我国的水利、铁路、公路行业和国土资源部系统的勘测设计部门，至今仍坚持工程地质工作程序和内容。对于重大的水利、道路工程，仍按传统的工作程序进行全面的工程地质调查、测绘、勘探、测试、试验和某些专题研究。近几年国土资源部在一些特大城市开展了城市地质调查，对城市的基础地质、地貌及第四纪地质、工程地质、水文地质及环境地质等进行全面、系统、深入的研究工作，取得了丰硕的成果，大大丰富了城市工程地质学。

(3)土木工程界则全面实行了岩土工程体系，即岩土工程勘察、岩土工程设计、岩土工程施工、岩土工程监测及岩土工程监理。对岩土工程而言，得到了空前发展；对工程地质而言，却受到很大削弱。从发展趋势来看，工程地质将逐渐被岩土工程所取代。

目前岩土工程工作的弱点是，不重视基础地质工作——宏观的地域性、成因的规律性和历史的记忆性调查、研究，而是就地论地、就事论事，只见树木不见森林。结果形成了一种新的状况，勘探、测试、试验工作量越来越大，重复工作很多，质量却越来越差，导致设计越加保守。

(4)人才结构及其知识结构呈现混乱状况。目前工程地质界和岩土工程界的人才结构大致有3种类型，一类是受过地质学及工程地质学系统教育并从事工程地质和岩土工程工作多年的中年专家；第二类是由土木工程类专业延伸培养的岩土工程专业的研究生；第三类是地质院系培养的地质工程或岩土工程本科生和研究生。

以上3类人才的知识结构有明显差异。第一类人才具有地质学和工程地质学的基本功，并有丰富的实践经验。实行岩土工程体制后，也掌握基本的岩土工程技术。第二类人才具有土木工程理论、技术基础，可以从事岩土工程设计和施工，但基本上不掌握地质学及工程地质学理论和方法。第三类人才具有一定的地质学和工程地质学基础知识和岩土工程技术能力，但地质基础已被大大削弱。好在第一类人才尚年富力强，并多在技术领导岗位，但试想十几年之后的人才结构及其知识结构会怎样？那时的工程地质和岩土工程的关系和工作状态会是什么局面？可能的状态有两种，一种是两者关系继续模糊下去，另一种是工程地质被岩土工程取代。这两种状态都让关心学科和体制发展的人们忧心忡忡。

1.2 重新界定工程地质学和岩土工程技术的科学属性

(1)工程地质学(英文 Engineering geology，俄文 инженерная геология)，顾名思义——工程的地质学。自 20 世纪 50 年代初我国引进苏联的工程地质学理论、方法和工作体制以来的 60 多年的发展历程表明，工程地质学具有 3 个方面的突出特征：

一是广泛性，即工程地质学理论和实际工作内容非常广泛、极其丰富。从工程类别分为水利、道路(铁路、公路)、工业和民用建筑、矿山、港口等各类的工程地质学。从工程类型分为地基的、边坡的、隧道(洞室)的工程地质课题。从范围规模上分为区域工程地质和工程地质分区。从问题性质分为区域稳定性和场地稳定性。从地质灾害则分为崩(塌)、滑(坡)、(泥石)流、塌(陷)和地震效应，这些都是工程地质学的研究内容，并且都可以概括为“××课题的工程地质”。60 多年中，工程地质学针对上述内容的学术、技术成果浩如烟海，各行业也涌现出一大批工程地质学者、专家。

二是基础性，即工程地质学深深地扎根于广泛的地质科学之中。解决区域工程地质或区域稳定性问题需要区域地质甚至大地构造知识；解决岩体问题需要扎实的构造地质学和地质力学知识以及支撑这些理论、方法的地层学、矿物学、岩石学和古生物学知识；解决土体问题需要地貌学及第四纪地质学理论知识。没有广泛、深入、过硬的地质学基本功就不能解决重大的工程地质问题。如三峡工程、南水北调工程和核电站工程无一不是综合运用地学知识解决的，更不用说不以工程地质为基础的岩土工程。

三是边缘交叉性，即工程地质学因其服务、解决工程问题的需要，必须具备一定的土木工程技术知识和相关的基础理论，如土力学、岩石力学以及岩土动力学等方面的知识。也就是说，工程地质学必须在边缘上与其相关的学科进行交叉。几十年的发展、实践证实了这一点，并已成长了一批这样的交叉型人才。

以上 3 个方面的突出特征，即广泛性、基础性和边缘交叉性决定了工程地质学的科学属性是属于地质科学范畴而不属于工程技术范畴。历经 60 余年的发展，工程地质学已经成为庞大、独立、完整的地质学分支，其他任何学科也无法取代。

(2)岩土工程(英文 Geotechnique 或 Geotechnical Engineering)，顾名思义岩石和土的工程。从词义上理解，也应属工程类而不属地质类，因为岩和土都只是介质，工程则含义明确。更不属地质学范畴。其实英文 Geotechnique 的直译也并非“岩土工程”，而应译为“地质技术”或“地质工程”，尤其是将“Geo”(地球或地质)译成“岩土”是太简单化了，岩石和土(石头和泥巴)怎能代表地球和地质呢？其真正的含义是去地质立工程，因为地质不吃香，工程吃香。这是典型的实用主义！总之不管怎么说，岩土工程或地质工程是工程技术类而非地质科学类。这个不是咬文嚼字问题，而是学科属性问题，它关系到学科发展。近 30 年的实践证明，正是由于教育界和工程界突出工程而淡化地质，结果导致工程地质被矮化、碎片化、边缘化，甚至有被取代之势。

(3)界定了工程地质和岩土工程的科学技术属性，自然就理清了两者之间的关系——相互关联又相对独立，不能相互取代。相互关联是指岩土工程必须以工程地质为基础，相对独立是指两者各自都有一套独立的理论和方法体系而无法相互取代。具体来讲，工程地质的任务是查明地质条件，岩土工程是在明确的地质条件下进行某种工程设计和施工。要查明地质条件，尤其是大型水利水电工程、长线铁路、公路、城市地铁工程或核电等工程的地质条件，就需要从区域到场地、从宏观到

微观、从定性到定量、从区域稳定到场地稳定以及环境、地质灾害等进行评价。为此，要运用地质学多学科的理论、方法才能解决，绝非简单的岩、土概念所能涵盖。比如，一座要求300年安全稳定的核电站的选址，让站在断层上也不认识断层，更不知道活动断层为何物的岩土工程专业人员来承担是不能解决的，必须是工程地质专业队伍才能胜任；反之，要解决一个复杂地质条件下的岩土工程设计和施工问题又必须由土木工程、岩土工程专业人员在工程地质专业人员的配合下才能完成。近30年来的实践证明，现行的岩土工程体制(岩土工程勘察、设计、施工)只在工业及民用建筑领域基本适宜，而在水利水电、核电工程，铁路、公路工程、城市地铁工程等大型工程以及正在逐步开展的城市地质调查等领域则仍应坚持传统的工程地质体制。

1.3 建议与呼吁

(1)进一步深化教育改革。人才结构及其知识结构是对一个行业和学科发展具有战略和长远影响的重要因素，显然教育界负有重大责任。为改变工程地质与岩土工程之间关系的模糊状态和人才结构及其知识结构的混乱现状，避免一二十年后出现不可收拾的局面，笔者建议并呼吁以下几点。

①地质院校或综合大学地学部应恢复设立以广义地质学和相关力学为基础、辅以工程技术方法教育的工程地质专业的本科教育。不应以地质工程简单代替工程地质而培养出一批既无扎实的地质基本功，又不真正掌握工程技术技能的四不像人才。这些院校的地质工程或岩土工程专业应明确是工程地质专业的延伸，以研究生或专门化来培养。

②建筑工程院校中土木工程院系的岩土工程专业多数是由结构专业延续培养的岩土工程专业研究生。这类院系多数不具备广义地质学和工程、水文地质学的教学条件。因此，所培养的研究生按其知识结构仍属于土木工程类型的人才。这类人才基本不适合从事工程勘察工作，而适合在建筑或市政设计单位从事地基基础设计工作，或在工程勘察单位专门从事岩土工程设计工作。要想改变这种局限性，就应进行教学改革：一方面增加工程地质及其相关的地质基础理论教学，另一方面尽量招收地质院校的工程地质专业或地质工程专业的本科生或研究生。否则，这类人才将越来越不受用人单位欢迎。研究生本人也会因知识和技能的局限而影响个人的发展。

③加强基础理论教学，那种现时流行的轻视和削弱基础理论教育，企图以增加知识面去适应各行各业需要来培养所谓全面人才的教育路线是一条短视的实用主义路线。具体来讲，不论哪类院校，在培养工程地质、地质工程专业人才时应加强地质学基础教育，使其具备地质学基本功；在培养岩土工程专业人才时应加强工程地质学及其相关的地质学理论教育。同时，各专业都应具有足够的数理、力学基础理论知识。总之，加强基础理论教学是战略性的、长远的正确路线。一个雄辩的现实可供思考，我国的工程建设队伍走向世界，屡屡成功并享有良好声誉，其中一个主要因素就是我国的建设队伍有雄厚的基础工作人才，这是西方国家所不可比的。这方面的优势必将在一带一路战略中发挥越来越大的作用。

基于上述，在此再次呼吁：恢复工程地质学的二级学科地位，重新建立工程地质专业；加强基础理论教育，回归以地质学理论为基础的教学路线；专业设立、课程设置、学时分配既要尊重传统又要根据学科发展和人才培养目标的需要进行创新；工程地质应是主导专业(二级学科)，岩土工程或地质工程应是工程地质的延伸(三级学科)。大学校长和教授们要解放思想、打破行政干预。学科的设立是由其发展历史、现实需要和发展前景决定的，岂能用行政手段任意决定。当今的党中央和国务院正在大力削减行政干预和行政审批，应当充分利用这一大好时机大胆进行改革、创新，调整好工程地质和岩土工程或地质工程的关系，使这3个学科走向协调、健康发展之路。

(2)科学研究单位和院校的科研工作,应重视、加强基础理论的研究、创新和发展。不能总是以某某项目为依托进行研究,满足于取得一些碎片化成果。可以说近20年内对于基础理论的研究被大大削弱了,其成果寥寥。远不像20世纪七八十年代如刘国昌教授研究区域稳定工程地质学,谷德振教授和他的团队研究岩体工程地质力学,刘玉海教授研究地震工程地质学那样取得丰硕成果并促进了工程地质学的发展。比如近二三十年地质灾害——地震效应、崩(塌)、滑(坡)、(泥石)流、塌(陷)频发,我们只看到一个个实录调查、分析,而没有看到一部关于这些灾害的基本理论专著,这样下去是不行的。

当今我国经济发展已经到了必须回头重视科学技术基础理论研究的新阶段,国家已开始对各学科基础理论研究加大投入,这无疑是使我国成为科学技术强国的需要。这又是一个千载难逢的大好时机。为此我还要呼吁:博士们、教授们,尤其是院士们,分出一部分精力、利用你们学识和功力,做一些工程地质、岩土工程或地质工程基础理论研究,为学科长远发展作贡献。

(3)不同行业和工程类型采用不同的工作体制。推行岩土工程体制30年来,我国不同行业系统实际上仍在实行两种工作体制,即岩土工程体制和工程地质体制。实践证明这是符合客观发展实际的。实行不同工作体制的行业系统也都各自得到了发展,但都有进一步深化改革的必要。具体状况如下。

①工业及民用建筑和市政工程行业已全面实行岩土工程体制,即岩土工程勘察、设计、施工体制,并已得到空前发展,取得很大成绩。实践表明,这类行业系统实行岩土工程体制是基本适宜的,但仍存在工程地质基础研究薄弱、有待深化改革的问题。尤其是大规模市政工程特别是地铁工程应对城市地质作全面、深入的研究,工程地质体制更加适宜。

②水利水电、核电、铁路、公路等行业系统一直在实行工程地质体制,这无疑是正确的。因为一些大型乃至巨型工程如三峡工程、南水北调工程、宜万铁路和公路工程以及某些核电工程的地质条件是非常复杂的,对区域稳定性和场地稳定性要求极高。一般的岩土工程勘察是达不到要求的,必须在充分运用地质学多学科理论的基础上进行工程地质研究才能满足要求。因此,在这些行业系统必须坚持实行工程地质体制。这些行业系统应该进一步深化改革的问题是工程地质向岩土工程延伸,即对一些复杂地质或地质灾害的整治由工程地质专业进行岩土工程设计和施工。工程地质专业人员不应仅仅停留在只搞工程地质勘察不搞岩土工程设计、施工的水平上。

综上所述,反复强调的基本观点是:工程地质和岩土工程是具有不同科学技术属性的两个学科,前者属于地质科学范畴,后者属于土木工程技术范畴。两者各自相对独立,不能相互取代;岩土工程必须以工程地质为基础,工程地质也应该向岩土工程延伸;工程地质有被边缘化甚至被取代的趋势,这种局面必须改变。工程地质学作为地质学的重要分支应当得到进一步发展;不同行业系统可以实行不同的工作体制,不能强推一致,但可相互补充、延伸。这些观点是我从事工程地质工作近60年和近30年从事岩土工程工作的体会。针对目前存在的学科归属界限模糊、工作体制不健全和人才培养及其知识结构不合理等现状,深感有进一步讨论工程地质与岩土工程关系的必要。这并非多管闲事,而是出于一个老地质工作者对学科和事业发展、命运的关注和希望。以上观点不一定完全正确和符合实际,但望业界同仁展开讨论。

2 工程地质和岩土工程中的一些误区释疑

多年以来在工程地质和岩土工程领域中存在很多误区,有些是理论概念上的,有些是技术方法上的,也有些是计算分析理论和方法上的,其中有些错误概念或提法还反映在有关的规范和手册

中，长期误导着工程界和地质界的人们。笔者感到有必要指出一些重要的误区，加以释疑或进行讨论。

2.1 关于红粘土的残积成因说

1. 红粘土与碳酸盐岩的矿物、化学成分配对比

一直以来各种教科书、手册、规范中都说“红粘土是碳酸盐岩风化残积的产物”，这种残积成因说误导人们几十年。其实稍作地质分析就会发现，一种以碳酸钙、镁（$CaCO_3$、$MgCO_3$）为主要化学成分，以方解石结晶为主要矿物成分的海相化学沉积岩（表 1），怎能“风化”成以粘土矿物（高岭石、伊利石、绿泥石、蒙脱石等）为主（表 2），偶含石英、针铁矿的粘土呢？这纯粹是无中生有。

表 1 碳酸盐岩化学成分 （单位：%）

序号	地层时代	代号	岩性	SiO_2	Al_2O_3	MgO	CaO	MnO	Na_2O	K_2O	Fe_2O_3	FeO	T_iO_2	P_2O_5	CO_2
1	石炭系中统黄龙组	C_2h	灰岩	3.20	0.36	0.33	53.55	0.00			<0.01	0.05			42.03
2	石炭系中统黄龙组	C_2h	白云岩	0.54	0.10	20.45	31.67	0.02	0.01	0.01	0.32		0.01	0.01	
3	二叠系下统栖霞组	P_1q	灰岩	6.41	1.62	0.61	50.07	0.01			0.27	0.25			39.48
4	二叠系下统栖霞组	P_1q	细晶白云岩	0.21	0.11	20.90	30.76	0.02	0.05		0.22			0.13	
5	三叠系下统大冶组	T_1d	灰岩	5.18	1.08	0.81	50.74	0.05			0.09	0.38			40.65
6	三叠系下统大冶组	T_1d	泥质灰岩	19.23	6.25	2.33	36.28	0.05			1.48	1.12			29.34

表 2 红粘土的矿物成分

粒组	成分（以常见顺序排列）	鉴定方法
碎屑	针铁矿、石英	目测、偏光显微镜
小于 2μm 的颗粒	高岭石、伊利石、绿泥石，部分土中还有蒙脱石、云母、多水高岭石、三水铝矿	X 衍射、电子显微镜、差热

2. 残积物的成因和分布特征

所谓残积物（层）是指各类岩体长期经受物理的、化学的、生物的风化作用，使原岩的结构受到很大破坏，原岩的矿物除石英外全部风化成土状，在岩体的表层形成厚度不等的软弱地层。其分布特点是在岩体的原位、原地。其矿物成分和化学成分系由原岩演变而来。

3. 碳酸盐岩“风化”形式和结果

碳酸盐岩风化的主要形式是溶蚀，即水中的 CO2 和 H^+ 离子产生的溶解作用：$CaCO_3+CO_2+H_2O \rightleftharpoons Ca^{2}+2HCO_3^-$。岩石中的碳酸钙分解后，在水溶液中被带走，结果是形成溶沟、溶槽、溶隙和溶洞。在碳酸盐岩表层根本不存在风化壳，也找不到“风化”残积物。

4. 红粘土的分布特征

大量勘察结果表明，红粘土并非是在碳酸盐岩表层普遍分布，而是分布在溶沟、溶槽的下部或基岩古地形的低凹处。这也说明此类岩石并不存在表层风化壳或残积层，而反映出红粘土是当年古地形低凹处或沟槽中的沉积物而非残积物。

红粘土的微观结构特征分析表明，该种土的孔隙比大是由于红粘土具有胶团结构造成的，即碳酸钙结晶和粘土矿物共同形成的胶团之间架空结构造成的。胶团的形成必然和水溶液有关，即水

溶液中的碳酸钙和粘土矿物先形成胶体溶液，后沉淀成土。这更加证明红粘土是沉积物而非风化物。碳酸盐岩地区的水中碳酸钙含量高，粘土矿物颗粒是外来物，两者结合形成红粘土。

综上所述，可以肯定：红粘土的成因应该是碳酸盐岩地区高碳酸钙水溶液中外来的粘土矿物等颗粒沉积形成的，不可能是所谓以碳酸盐为主要成分的岩石风化、残积形成的。

纠正红粘土的残积成因说的重要意义在于：要使勘察人员认识到红粘土的分布是局部的，并非是碳酸盐岩之上的粘土都可能是红粘土，而是红粘土多分布在古地形的低凹处或曾经是低凹处的地段上。应避免仅根据低凹处的个别土样是红粘土而将大范围的其他类粘土都划作具有不良特性的红粘土。

2.2 区域性地裂缝的地下水位下降成因说

关于区域性地裂缝的成因，长期以来就存在两种说法：一是新构造运动产生的构造应力、应变说；二是地下水位下降引起地面沉降说。自20世纪80年代以来的30余年中，围绕西安市并扩大到渭河盆地的地裂缝研究已取得丰硕成果。地裂缝的成因也逐渐明确：区域性地裂缝主要是新构造运动产生的构造应力、应变造成的构造地裂。地下水位下降不会造成区域性、条带状地裂缝，只会在局部加剧构造地裂的活动。但是至今仍有人一谈起地裂缝就扯上地下水位下降，所以有必要进一步澄清。

2.2.1 以渭河盆地地裂缝为例看地裂缝成因

《渭河盆地地热资源赋存与开发》（王兴，2005）一书中，对陕西西安市地裂缝形成与地下热水开发的关系和地裂缝的构造成因作了宏观分析和有力论述，其要点如下。

渭河盆地（陕西、西安）共发现地裂缝84条，总长大于100km。西安城区有11条，延伸69km。地裂缝带总体走向为NE60°～90°，呈直线状间隔分布。其明显特点如下。

（1）裂缝走向基本稳定，常与基岩断裂伴生且两者走向一致，如鲁桥断裂、骊山北侧断裂、宝鸡-咸阳断裂、华山断裂、韩城断裂等均有地裂缝带对应；地裂缝的变形性质有拉张也有剪切，可与现今区域构造应力场配套；裂缝显现具有间歇、周期性。

（2）地裂缝带的形成和分布与地下热水开采无直接关系。因为，大量开采地下热水的含水层多为古近系＋新近系（新近系上新统承乐店群、中新统高陵群及古近系户县群）的砂砾岩含水层中水，埋深多在600～800m和1200～3000m，岩性为不可压缩的胶结状态的岩石，特别是含水层顶板之上均有泥岩、砂岩隔水层隔断与第四系含水层的联系。总的特点是，在埋深很大的胶结状态的岩石含水层中抽取地下热水，含水层顶板之上都有不透水的泥岩隔水层将深层水与第四系土层隔开。这种情况下，含水层本身不会产生固结沉降，因为岩石已经硬结成岩而不可压缩。含水层之上有不透水泥岩阻隔，第四系松散土层中的地下水与深层水无水力联系，水位也不会随深层水抽出而随之下降。因此，地表沉降变形以致产生地裂缝不能与开采深层热水扯上关系。

孔隙含水层中的水被排出，或含水层受压缩使孔隙水排出导致地层固结的有效应力原理本来就是土力学中的基本理论，根本不适合岩石地层。不知何时、何人把土力学理论推广到岩石力学中，使很多人陷入了误区，以至于不论是岩层还是土层，不管是胶结岩层或是超固结土层，一谈抽取地下水就说会引起地面沉降。也曾有人提出所谓弹性降水理论，计算出含水层的变形量来证明岩层中抽水引起地面沉降。即使我们承认那个弹性变形量，试问在数百米深处那一点弹性变形量能够传递到地面吗？一个有力的对照是，煤矿采空区当其采深采厚比大于30时地面都无沉降反映，何况在五六百米深处那点弹性降水变形。

2.2.2 挖掘证明地裂缝形成与地下水无关

南水北调中线干渠在通过焦作白庄地段发现一条长1km的地裂缝，走向NE40°～50°，呈水平拉裂、无错台，每年都间歇显现，表明裂缝仍在活动。为探明成因和规模及其对干渠的影响，挖掘一个深30m的探槽，清晰地揭示了地裂缝形态(图1)。图1可说明如下几点：①地裂缝上宽下窄，8m处合缝，说明目前活动方式为拉张；②两个标志层(卵石)均有错断，说明历史上曾有类似正断层式活动，也证明该裂缝一直是拉张性质；③探槽0～30m均无地下水。地质资料显示，该地段第四系(Q_2—Q_3)黄土状土无含水层。

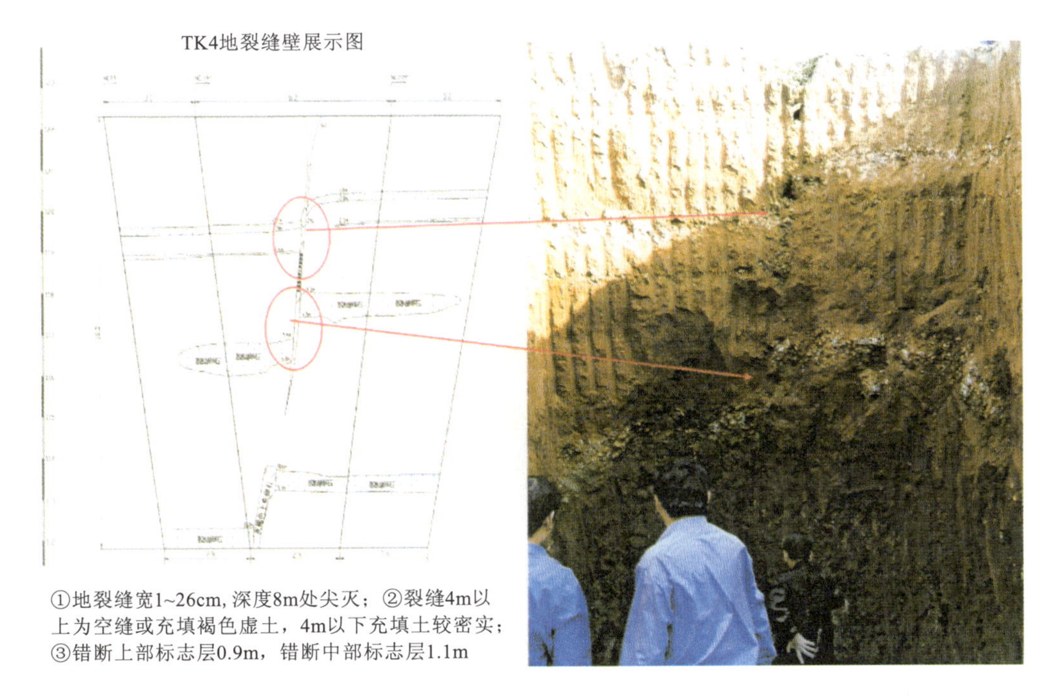

图1 焦作白庄地裂素描

进一步对照焦作矿区地质资料发现，白庄地裂缝所在的第四系覆盖层之下的基岩中是NE40°～50°走向的九里山断裂与之对应。地裂缝的复活系因地下采矿的采动影响使老断层局部复活所致。类似情况在煤矿区不止一处，如河南新密矿区裴沟矿也有这种地裂缝。

2.2.3 真正因地下水位下降引起的大规模地面沉降区并未出现区域性地裂缝带

华北平原的沧州、天津等地和东南沿海地区，因多年过量开采第四系含水层的地下水，形成区域性地下水位下降漏斗，导致大面积地面沉降，沉降中心沉降超过2.0m的包括沧州全区，天津也形成了市区、塘沽、汉沽3个沉降区，市区沉降中心达2.69m；东南沿海地区的上海、苏州、无锡、常州、宁波嘉兴也形成规模不等的地面沉降区。全国沉降区总面积超过7万km^2。这么多的大规模地面沉降区，至今未发现一条区域性地裂缝，根本原因在于区域性地面沉降的沉降差极小。

简单计算便知，试以华北地区中沉降量大于1000mm的沉降面积755km^2进行估算：已知沉降区总面积为755km^2，最大(中心)沉降量2000mm，沉降区概化半径$R=\sqrt{755/\pi}=15.5$km，则沉降差=1.29×10^{-4}，即0.129‰。可见沉降差极小，这就是区域性地面沉降未能产生区域性地裂缝的根本原因，这也更加有力地证明"大范围地下水位降落漏斗产生的大面积地面沉降不会产生区域性地裂缝"。

综上3个方面分析足以证明：区域性地裂缝的成因是现今地质构造应力作用的产物，而与地下水的变化关系不大。

2.3 与岩溶有关的误区

(1)岩溶地面塌陷不是溶洞顶板岩体塌陷,而是可溶岩之上的第四系覆盖层塌陷。覆盖层塌陷也不是基岩溶洞塌陷造成的,而是覆盖层中潜蚀土洞失稳,或覆盖层中饱和砂土漏失,或岩溶地下水位急剧下降而形成负压这3种条件下发生的。

(2)不要一遇到岩溶水就想到地下河。地下河又称伏流,是有入口、出口和完整径流的暗河。地下河是在地区岩溶水动力垂直分带下部的水平循环带中才会有,浅部表层岩溶带或季节变化带中只会有溶隙流、脉管流或局部管道流。要判断岩溶地下水性质,必须进行岩溶水动力的垂直分带和水平分带分析。

(3)不要随便说岩溶水与河流等地表水体有水力联系,要看第四纪覆盖层的性质和分布。那种由第四系粘性土普遍覆盖或基岩中有非可溶岩阻隔的条件下,岩溶水与地表水体的联系就很差。这类地质条件采用水均衡法估算岩溶涌水量是不适宜的。

2.4 与滑坡有关的误区

(1)圆弧法的乱用。滑坡分析和大量的工程实践证明,自然界只有在两种地质条件下存在圆弧形滑动面:一是厚层软土中;二是均质松散土层中,岩体中基本不存在圆弧滑动面,除非是岩体已破碎或呈相对均质的散体状。但是常见在浅层的硬土中,甚至在完整岩体中用圆弧法进行稳定性分析,这种做法必须否定。

(2)一个大型滑坡区往往是多个滑坡体组成的滑坡群,堆积层滑坡尤其如此。那种将多个单体滑坡圈成一个大滑坡的做法往往是不符合实际的。大型滑坡群常常是横向分条,纵向分级,由几个相对独立的滑体组合而成的。对此类滑坡群应采取“分而治之或分级治理”。否则,若将滑坡群圈成一个大滑坡,非但会算出巨大的下滑力而要进行巨型抗滑工程,还会顾此失彼,结果是事倍功半。

(3)有人一遇见堆积体就确定为滑坡,其实有一些堆积体是悬崖下的崩积物或错落体,其底床古地形平坦又无软弱层时不会形成滑坡。真正的堆积层滑坡多数是在古凹槽地形上形成的,其基底必有软弱土层形成滑带,地表形态多为双沟同源,滑坡中地下水丰富。辨别堆积体是否滑坡,必须查明是否具备滑坡的形态要素和结构要素,如总体处于低洼地带,后缘圈椅状、侧方有沟槽、前缘鼓丘等;滑坡的结构要素要由勘探查明,重点是底床形状、滑带土和地下水。只有形态要素和结构要素都具备滑坡特征才能定为滑坡,否则只是堆积体。

(4)滑带土是土不是石头。常有人将以泥岩或砂页岩为底床的滑坡的滑带定为泥岩,这是不符合实际的。泥岩与土相比,抗剪强度仍很高,怎么能作为滑带土?大量探井或探洞证实,泥岩古坡面之上都有一层厚度不等的残坡积粘土作为滑带。如长江三峡新滩滑坡的滑带土是泥岩之上的一层灰绿色软塑状粘土,黄腊石滑坡的滑带土是砂页岩之上的一层棕红色粘土。两处滑带土中均有滑面擦痕。即使在岩层滑坡中的滑带也已经泥化成很软的泥化夹层。明确这种认识很重要,在稳定性验算或下滑力计算时,软塑土或泥化夹层的强度比岩石的强度低很多。

(5)滑坡防治中单一采用抗滑桩。近几年来,人们在滑坡防治中基本是采用抗滑桩一种手段,而不是采用综合治理。所谓综合治理应包括:土方平衡(减载、反压)、地表排水加地下水疏干和各类支挡结构的综合运用。须知,单一的抗滑桩治理造价昂贵又不一定能达到全面治理的效果,往往事倍功半。采用综合治理,如排地下水、疏干滑带、降低水压、提高强度、减小下滑力,可达到事半功倍的效果。

2.5 与深基坑地下水控制有关的一些误区

深基坑地下水控制的两大手段——降排水(疏干或减压)和帷幕隔渗的使用中，不同人的认识有较大区别，但有些误区普遍存在。

(1)不认识渗透破坏(流砂、管涌、突涌)与固结沉降的本质区别和危害程度的巨大差别，往往把地面沉降放在首位，而忽略了渗透破坏。有些地方甚至不准降水，只许封堵，殊不知一旦封堵失效就将产生渗透破坏，造成灾难性后果——大量流土能使管线破坏、道路沉陷甚至房屋倒塌。而均匀的固结沉降一般不会产生破坏性后果，可是很多人还是把降水引起的均匀沉降当作“洪水猛兽”，其实真正的“洪水猛兽”是渗透破坏。

(2)不分地下水类型(上层滞水、潜水、承压水)，不论地貌单元、地层时代、地层组合所决定的水文地质条件有多大差别，深基坑地下水控制和环境影响评估都采用一种模式、一套方法，这是深基坑工程界普遍存在的问题。要想走出这个误区，就要充分运用地貌学及第四纪地质学和水文地质学的理论知识，不具备这些基础知识是不能胜任地下水控制设计工作的。

(3)不同地貌单元、不同沉积相的区域性地面沉降的性质、规模和发展趋势是不同的，不能混为一谈。

①我国发生大规模区域性地面沉降的地区都处在东部滨海平原和三角洲地貌单元上，其沉积相为海陆交互相，成分为深厚的、欠固结和一般固结的互层土(淤泥质软土、粉质粘土、粉土、砂土)。由于多年大量抽取层间含水层中地下水引起大范围地面沉降，一般沉降区规模都以千平方千米为量计，中心沉降量往往超过 1～2m。另一特点是沉降量虽大，但沉降差极小。

②内陆冲积平原中，河流阶地二元结构冲积层上部的漫滩沼泽和牛轭湖相淤积软土中的上层滞水流失会引起浅表不均匀沉降，其规模只有数十平方千米，但因上层滞水含水层厚度和其上人工填土厚度变化很大，故地表沉降非常不均匀，显示典型的浅表变形特征。这种因上层滞水流失而引起的区域性浅表地面沉降，是在特有的地质条件下形成的。也就是河流阶地上部有漫滩沼泽和牛轭湖相软土，其下为阶地二元结构冲积层，上部软土中的上层滞水和下部冲积层中的承压水或潜水之间有越流条件而发生水力联系，下部承压水或潜水水位下降后，导致上层滞水流失，继而引起浅表地面沉降。这种特有的地质条件限定了沉降区范围和沉降量，它和滨海平原或三角洲的大规模沉降区有本质区别。

③内陆堆积平原中，不具备二元结构冲积层的纯湖相软土区，不存在区域性地面沉降的地质条件，因为纯湖相软土之下均为粘性土，软土中的上层滞水不存在区域性流失条件，所以不应把滨海平原和冲积阶地软土区的地面沉降也与它混淆起来，而应把它排除在区域性沉降之外。事实上就是有人把堆积平原上的湖相软土区也划作潜在的区域性地面沉降区，这也是一个误区。

(4)落底式帷幕的不恰当使用，常见为减小基坑降水引起坑外地面沉降而采用落底式帷幕，即将帷幕插入含水层下的隔水底板中，使含水层全封闭，以为这样可以万无一失。其实并非如此，搞不好会引起更大的麻烦——帷幕渗漏会发生渗透破坏(流砂、管涌、突涌)。应该认识到，落底式帷幕的使用是有条件的，不同地质条件下使用的效果有很大差别，基本上有以下两类情况。

①在滨海平原和三角洲的隔水底板埋深很浅的潜水含水层中或在互层土中的弱渗透、微承压的层间含水层中，设置落底或穿层式全封闭帷幕既适宜又可靠。

②在冲积平原上的临江冲积阶地中，二元结构冲积层下部的承压水中设置落底式帷幕或五面全封闭式帷幕要慎重。因为这类承压含水层厚度大，底板深且具上细下粗的沉积韵律，含水层与江河有直接水力联系而具有强渗透、高承压的特点。在这类深厚的承压含水层中施工落底式帷幕不

单造价昂贵又难做到真落底、无缝隙、不渗漏。全封闭条件下在基坑内降水必然使坑内外形成很大的水头差。帷幕一旦渗漏，就会发生管涌、突涌，导致坑外数十米范围因水土流失而沉陷甚至塌陷，造成灾难性后果。所以说落底式帷幕是一把双刃剑。

问题是至今仍有一些设计人员和审批部门，对在上述地质条件下本来可以采用悬挂式帷幕＋深井降水只引起周边少量且均匀的地面沉降（沉降差小于1‰）而不顾，硬要多花数千万元采用很难避免渗透破坏（流砂、管涌、突涌）的落底式帷幕或五面全封闭帷幕。正好比是“挡住了一只老鼠，引来一只狼”。看来想要使这些人走出这个误区还相当困难，在这里只能呼吁：多做调查研究，多进行比较，深入思考各自的利弊，尽快走出这个误区。

当然不能排除在一定条件下，因支护结构力学平衡计算而必须使地连墙插入基底的情况。此时必须有可靠措施，如双层帷幕等确保帷幕严密不漏。否则还应预设坑外降水井等减压降水措施。

2.6 地下室抗浮问题的误区

地下室抗浮存在两大误区。

其一，不管基坑处于何种地层，是否有含水层存在，只要底板埋深超过一定深度一律进行抗浮设计，且将抗浮水位设定在地面（±0.00）标高。

其二，不管基坑开挖方式、支护与隔渗形式如何，只要底板埋深超过一定深度也一律进行抗浮设计，也将抗浮水位设定在地面标高。

由于以上两种误解，往往在某些地质条件和支护形式下本来不需要抗浮或不必将抗浮水位设置在地面标高时，仍按水位在地面进行设计，花费几百万元甚至上千万元投资去打坑拔桩或抗浮锚杆，浪费十分惊人！

其实，发生底板上浮基本上有3种情况。

(1)地下室底板埋在潜水含水层或承压含水层中，底板没进入潜水或承压含水层底板，竖向隔渗帷幕也未进入隔水底板（图2）。此时，抗浮水位标高图2a为历年最高潜水位，图2b为历年最高承压水位。

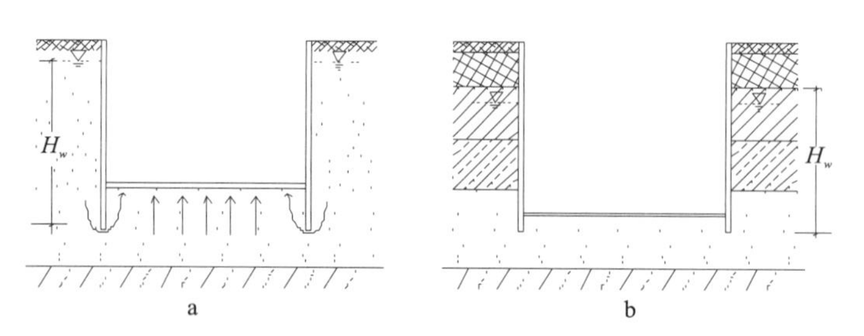

图2 地下室埋于潜水、承压水含水层中，帷幕（墙）未进入隔水底板引起上浮

(2)放坡开挖的基坑，地下室外墙与边坡之间肥槽回填土不密实、透水（图3）。此时，造成上浮的是地表水，水位标高在地面。

(3)地下室外墙与竖向围护结构（排桩或帷幕）之间的空间（0.8～1.0m）回填不密实形成水柱造成上浮（图4），此时，造成上浮的是地表水，水位标高在地面。

以上3种情况如无法补救则应考虑抗浮（桩、锚）。

以下两类（3种）情况，可不考虑抗浮。

地下建筑物埋于不透水层，周边回填土密实不透水，地表有可靠的防水、排水措施时，可不考虑抗浮（湖北省《建筑地基基础技术规范》11.4.11），参看图3、图4，做好回填和地表防水、排水；地下

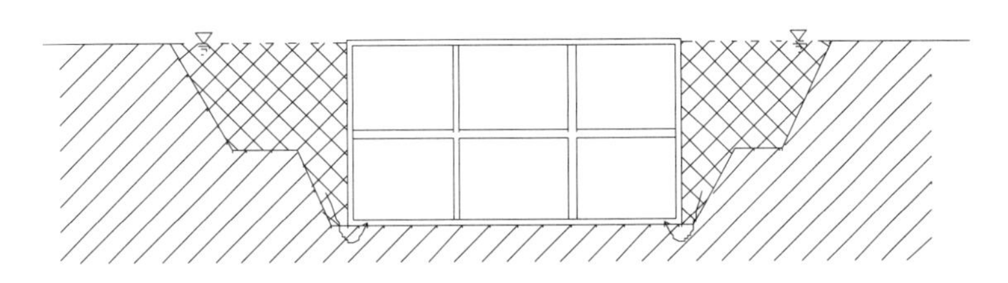

图 3　回填土不密实，形成人工含水层上浮

室处于潜水或承压含水层中，但围护结构为地下连续墙或有保证不透水的隔渗帷幕（如三轴搅拌水泥土帷幕、素混凝土墙、自凝灰浆连续墙等），图 5 中的几种情况可不考虑抗浮。

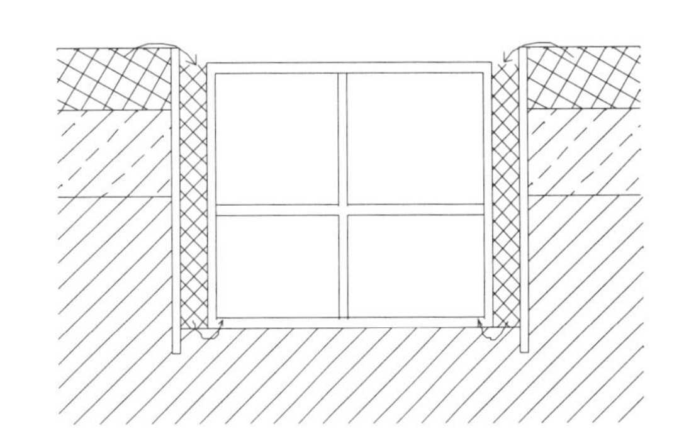

图 4　地下室外墙与支护间回填不严密，形成水柱造成上浮

综上，关于地下室是否考虑抗浮（桩、锚、压重）措施，主要取决于以下三方面因素。

（1）场地地层（含水层、隔水层）组合及地下室类型特点。

（2）支护结构类型（连续墙、排桩、喷锚等）。

（3）隔渗帷幕类型、深度和地面防水、排水措施。

勘察和设计人员应密切配合，根据以上三方面因素综合考虑，合理确定。在指导思想上，应主要着眼于主动隔渗、防渗，而非被动地抗浮。

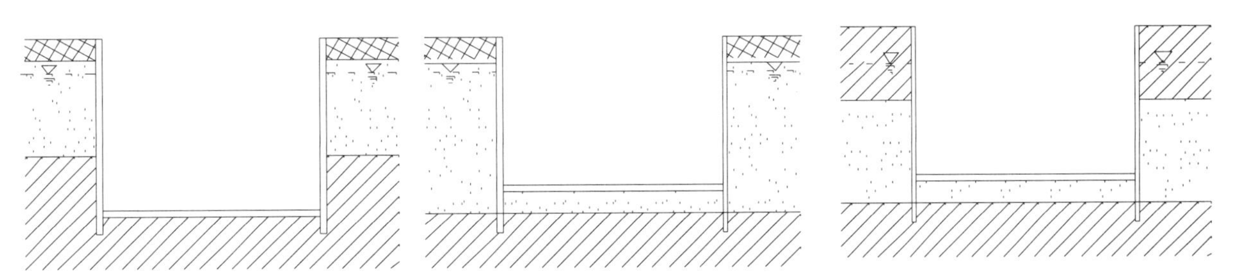

a. 潜水含水层，底板进入隔水层中　b. 底板在潜水含水层中，但连续墙进入隔水层　c. 底板在承压含水层中，但连续墙进入隔水层

图 5　潜水或承压含水层中地下室不需抗浮的几种条件

2.7　勘探和资料整理的一些误区

这类误区很多，仅举以下几种。

（1）岩芯管中的扰动土当作原状土做物理、力学试验已成为全国普遍现象。结果，勘查和设计技术人员在大量假数据的误区中无法求真。扰动原状土风行全国还有一个重要原因，就是 100 型岩芯钻机普遍用作工程勘察，而最适合土层钻探的各种以螺旋钻头为主要钻具的工程钻机基本都被淘汰。

（2）钻探中对地下水位观测时，对场地有两层以上地下水不是分层止水、分层观测，而是以一个综合水位代替。须知，真实的分层水位对水文地质条件的评述具有重要意义，尤其对降水工程具有很大经济价值。而综合水位非但没有实际意义，还会误导水文地质计算得出错误结果。

（3）岩体中钻探以岩芯采取率判定岩体完整性。岩芯采取率低有各种原因，如钻探技术不高、钻具使用不合理，岩体由薄层页岩或灰岩组成而不可能取到柱状岩芯。仅以岩芯采取率低就判定岩石破碎很可能使设计、施工陷入误区，应以地质调查和现场对取芯过程及岩块性状进行综合分析，再作判断。

(4)绘制地质剖面时，不分地貌单元和地层时代或地层相变，将属于不同单元的同名地层硬连成一层，或取同一地层代号。这种做法不但会将地层划分张冠李戴，更会使各层物理力学指标统计失真。

(5)砂页岩互层岩体的风化带划分中，把岩性的原始软硬相间当作风化程度的差别，而将强风化与中风化也互层下去，间隔风化很深，致使桩基设计成为全摩擦桩(一摩到底)，造成很大浪费和施工困难。

(6)地震砂液化判别中液化点的错误概念会造成误判。

很多人在整理标准贯入 $N_{63.5}$ 的 N 值时将实测 N 值小于临界值 N_{cr} 的点称为液化点，并按钻孔列表，将 N 值小于 N_{cr} 值的和 N 值大于 N_{cr} 值的分别列出并统计所占百分比，以此判为液化或轻微液化。这种做法相当普遍，其实很不合理。因为，液化判别是解决某一层砂土是否液化或某一深度之上是否液化，而非一个点能否液化。事实是现场试验中 N 值的异常是由很多因素造成的，如每次标贯前清孔不彻底或操作不规范，特别是砂土成分不均匀、常有粘性土夹层或团块，此点的低 N 值非但不是液化点，反倒恰好是非液化的粘性土，这种 N 值应删除。所以，所谓液化点的概念是不科学的，也是不正确的。正确的做法是，和土的各种物理力学指标一样采用统计值。简便做法是在坐标散点图上进行直接判别(图 6)，或按不同深度 N 的平均值列表进行判别。应当反思的是，所有土的物理力学指标都采用统计值，唯独 N 值以最低值当作液化点进行判别。岂非怪事!

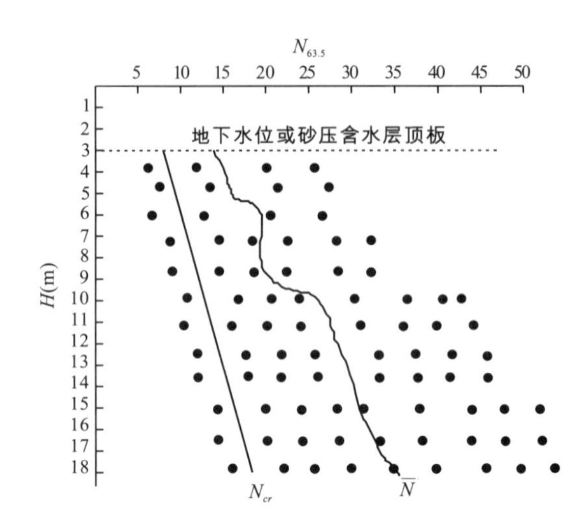

图 6　设定地震烈度某场地、某层砂土的液化判别

2.8　现代教学方法在工程地质和岩土工程中应用的一些误区

20 世纪 80 年代以后，现代教学方法如多元统计分析和数值分析等开始在地质学领域得到广泛应用，对以定性为主的地质学走向定量起到了很大作用。但是，30 多年的实践得到两种认识，一是面对非常复杂的各种地质体，教学方法的适用性是有限的，不能乱用；二是针对非均质各向异性的各种地质体，由于边界条件和物理力学性质的复杂多变性很难真实模拟，所以分析计算结果大多数只应是定量分析，定性使用。现实的情况并非如此，最突出的有以下几方面。

(1)多元统计分析中的判别分析。一是判别因子的选择应该是通过敏感性分析或试验比较来选择控制性因子，不是因子越多越好；二是本来可以通过地质调查，按其地层分布及埋藏条件、时代、岩性及其肉眼可辨的宏观特性就能判别，硬要找些因子进行模糊评判，把本来并不模糊的问题，先模糊一番再来评判，搞不好还可能误判。

(2)数值模拟分析中，模型的均质化(边界条件的随意简化)和参数取值的失真(过分概化或查表取值)。合理的做法是，首先作出基本反映客观条件的地质模型，教学模型要严格按照地质模型建模。参数取值要用试验数据统计值，最好是同种条件下监测、反演后的修正值。总之是模型和参数尽量逼真，否则可能得到有害的结果。

(3)应力变形的数值模拟结果拿来就用,这成了一种普遍现象。经常遇到根据简单模型和不可靠的参数模拟的结果就直接用于设计或对环境影响作出结论的情况。须知,这些结果、结论是不能直接用的。

原因很简单,一个地质体中概化模型和参数计算出应力有多少千牛,变形有多少毫米就那么可信么?有个实例可供参考,美国某大汽车公司委托专业研究所进行汽车碰撞后内力、变形数值模拟,同时进行撞车实验,两种结果提供设计部门却说明只供参考。试想,一部汽车的完全明确的结构尺寸和准确的材料参数以及确定的撞击力,再加上实体碰撞试验所得数据,尚且只供设计参考,而一个复杂的地质体模拟的结果怎么可以直接用于设计和评价?

应力和变形的数值模拟比较合理的用法是定量计算,定性使用,主要用于两个方面。

①在确定的外力(重力或附加荷载)作用下,分析对象的应力分布规律,即压应力、张应力和剪应力的分布区和应力集中点;

②对于应力和变形的数量大小,则只要能表明其数量级属于某种量级的区间值如多少千牛至多少千牛之间或毫米级、厘米级、数十厘米级就已经是不错的结果了。要想把分析结果的具体数据当作事实去用,只能是自欺欺人或是忽悠别人。

值得注意的是,国内外的各种工程规范中的计算方法和公式基本上都是半经验半理论或经验公式,还未见到规定使用数值分析结果的。所以,数值分析结果只供参考。应当清醒地认识到,各种数学分析方法主要是用来帮助我们解决问题,而不是用它直接解决问题。正确的路线应当是理论导向,经验判断,精确测试,合理反算。隧道工程中的"新奥法"就是这方面的典范。

2.9 地震预报的误区

地震能否预报?我国地质学先师李四光在邢台地震后就指出,地震可以预报,应当开展地震预报。他还明确指出,地应力的测量研究是预报的重要手段。邢台地震后,按李四光的指示在隆尧进行过地应力测量。从本质上讲,地震活动是地壳应力积累、释放过程,地电场、地磁场、地热场以及地下水位及其成分、地形变都会出现异常,这些异常在震前统称为前兆现象。1975 年海城地震就是针对这些前兆现象,采取群测、群防与专业队伍相结合的方式成功预报了海城大地震。其实唐山地震前也有很多明显的前兆现象,只是因为种种原因没有预报。其后一些年,我国也成功预报了一些中小型地震。有人统计,我国预报成功率达到 26%。这都说明,地震是可以预报的。应当承认,地震预报非常困难,但是预报的理论基础已具备,内容方法也不少,只是方法手段需要不断创新、改进,总有一天可以达到相对接近实际的预报。

以前的问题是预报的指导理论和方法需要大大改进,预报工作的运行机制需要调整。首先应当改变以测震记录分析和地球物理研究为主要手段的预报指导思想和方法,改以大地构造、新构造运动、现代构造应力场研究为基础,以活动断裂、发震断裂为主要监控对象,进行地应力、地形变的常时监测,并不断总结、建立各种预报模型;在预报管理体制和运行机制上作重大调整,改变由地震局系统一家独揽的局面,使地质系统、科研院所、高等院校共同参与。同时,在重点监控地区,建立群策、群防系统进行前兆监测工作。只有这样,才能期望在几十年内实现预报地震的梦想。

汶川地震后,国家地震局领导和某些专家,通过各种媒体散布地震现象非常复杂,地震预报非常难,需要几代人、十几代人甚至几十代人才能实现预报……一时间,地震不能预报的观点误导了广大群众。

地震真的不能预报吗?事实作了否定的回答。

(1)1966 年 3 月 8 日邢台地震后,周恩来总理指示"要进行地震预报",李四光说"地震可以预报”，并指出“地震预报的重点是研究地应力”。因为发震断裂的活动根源是地应力积累和释放。随着地应力的变化，地电、地磁、地下水（水温、水位、微量元素）、地形变都有变化。邢台地震后，在上述思想指导下，成功预报了1975年2月4日海城7.3级大地震。此后至2009年的30余年间，我国地质、地震工作者成功预报了30次大小地震（表3）。这充分表明地震是可以预报的。

表3　中国地震预报情况一览表

序号	名称	发震时间	震级	预测依据	预测预报情况
1	辽宁海城	1975.2.4	7.3	前震、变形、流体	准确预测、发布预报，减轻损失
2	河北唐山	1976.7.28	7.8	地磁、地电、地应力、井水位、水氡	准确预测、未发预报，损失惨重
3	云南龙陵	1976.5.26	7.3，7.4	前震、流体、地应力、地形变、地磁	准确预测、发布预报，减轻损失
4	四川松潘-平武	1976.5.26	7.2	前震、宏观、流体、形变、地磁	准确预测、发布预报，减轻损失
5	四川盐源	1976.11.7	6.7	前震、流体、形变、宏观、重力	准确预测、发布预报，减轻损失
6	四川甘孜	1982.6.12	6.0	前震、电磁、流体	准确预测、发布预报，减少损失
7	新疆乌恰	1985.5.13	6.8		
8	四川巴塘	1989.5.13	5.4，6.4，6.3		
9	北京昌平	1990.9.20	4.0	前震、流体、形变、地磁	准确预测，为稳定社会起了重要作用
10	青海共和	1994.2.16	5.8	前震、流体、地磁、地温、应力	准确预测、政府预报，取得一定社会、经济效益
11	云南孟连	1995.7.10、1995.7.12	6.2 7.3	前震、流体、形变、地磁	
12	四川白玉-巴塘	1996.12.21	5.5	水温、N_2、CO_2、压容应力、地磁、地电、地倾斜	准确预报，受到国家地震局通报表彰
13	云南景洪、江城	1997.1.25 1997.1.30	5.1，5.5	前震、地震窗、波速比、水氡、水温、水位	准确预测，向省政府报告
14	新疆伽师	1997.2.21 1997.4.6 1997.4.13 1997.4.16	5.0，6.3 6.4，5.5，6.3	地震序列参数（h、b值）、地倾斜、应变、地磁、加卸载响应比	准确预测，政府预报，受到国家地震局和自治区人民政府的表彰和奖励
15	河北宣化、张家口	1997.5.2	4.2	前震、水氡、水位、水汞、形变、地磁辐地电、体应变	较好预测，向中办和国办反映情况
16	福建连城-永安	1997.5.31	5.2	前兆震群	3个星期前向当地政府报告
17	西藏巴宿	1997.8.9	5.2	前兆震群	1个月前向自治区和地区政府报告
18	西藏申扎谢通门	1998.8.25	6.0	地质构造、地震序列	1个月前作出短期预测，通报当地政府，取得减灾实效
19	云南宁蒗	1998.10.2	5.3	地震序列、地下水、地温、形变、地磁	半月前预测，向政府通报取得显著减灾实效
20	辽宁岫岩-海城	1999.11.29	5.4	地震序列	震前2日向省政府通报，减灾实效显著，受到国家地震局和省政府的表彰
21	云南姚安	2000.1.15	6.5	地震活动、宏观、形变、电磁	3个月前预测并向政府报告

续表 3

序号	名称	发震时间	震级	预测依据	预测预报情况
22	云南丘北-弥勒	2000.10.7	5.5	地震序列、水位、水氡、电磁	震前提出准确预测
23	甘肃景泰-白银	2000.6.6	5.6	形变、重力、地震活动	2月前提出预测
24	青海兴海-玛多	2000.9.12	6.6	地震活动、形变、电磁	震前向当地政府通报中短期预测意见
25	云南施甸	2001.4.10 2001.4.12	5.2 5.9	地震活动、序列、流体	准确预测、政府及时预报，取得重大社会效益
26	云南永胜	2001.10.27	6.0	地震活动、序列、流体	准确预测、政府安排，减少损失
27	新疆巴楚-伽师	2003	6.8		
28	云南大姚	2003	6.1		
29	甘肃山丹——民乐	2003	6.1		
30	云南宁洱	2007	6.4		

(2)令人万分遗憾的是，本该准确预报出的唐山大地震，却成了预测到了却没有预报的大地震。半年前至3个月、22天、21天、14天、12天、6天、2天17小时、11小时直至9小时前都有唐山地区的部门和个人相继向国家地震局紧急报告，要求预报。但是，地震局领导和专家就是不预报。结果，1976年7月28日发生了7.8级大地震，造成24.2万人死亡的惨祸，这个惨痛教训应当进行深刻反思！

(3)当今国家地震局的主要工作是为抗震服务。烈度区划、地震动参数分区、地震危险性评估等都是为抗震设计服务的。所谓地震预报，也是沿袭西方国家的地震波预报地震。周总理指示成立国家地震局的初衷，主要是预报地震。他们早已偏离了这个方向。

(4)正确的地震预报研究方向应当如下。

①以地质力学理论为基础，以活动构造体系及其活动断裂为重点，结合历史地震，圈定重点地区，进行中长期地震预测。

②对所有可能在中期、近期发震的活动断裂进行地应力监测，建立地应力监测网站，以现今区域构造应力场分析确定应力集中地段、部位，结合大地形变、地电、地磁和小震群分布，进行近期预测。

③以地应力监测为主，结合地形变、地磁、地电、地下水位及其水温和微量元素变化、动物异常反应等前兆现象，并结合地震台网的震群分析，进行临震预报。

总而言之，地震是可以预报的。问题在于国家地震局必须从根本上改变地震预报的指导思想，改变地震局一家独揽的局面，调动整个地学界广泛参与，恢复群众预报网站进行群测、群防。相信地震预报将首先在中国实现。

纵观世界上近年发生的7级以上大地震，美国和日本的人员伤亡仅几十、几百人计，而在我国则以万计。为什么？很简单的道理——我们的房子不抗震。邢台、唐山地震后我就说过，我国地震灾害损失远比发达国家严重的根本原因是房屋的抗震性能太差。我们的问题并不在是否预报成功，那是要经过几代人才能解决的战略任务，当务之急是做好抗震设防。

要做好抗震设防工作，需要理论界作深入的震害地质研究和地震工程研究，更需要工程勘察和工程设计人员密切配合，在深入、全面的地震工程地质工作的基础上，做好环境抗震和结构抗震设计，真正做到：大震不倒、中震可修、小震不坏。显然，不论地震能否预报，做好抗震是根本。汶川地震后调查表明，只要是震前按Ⅶ度设防进行抗震设计的房屋基本上都实现了大震不倒，足见抗震的重要性。

2.10 对 CO_2 温室效应使全球变暖的质疑

21 世纪初，关于全球气候变暖的成因是 CO_2 温室效应的理论已在全世界占据主导地位，并且已经由国际会议以各国间的控制碳排放协议肯定下来。但是，对 CO_2 温室效应理论的质疑声音一直未断。这些质疑声音集中在两个要点上：一是认为地球气候变暖是自然规律，是全球气候周期性波动的一部分。地球气候冷暖变化的根本原因是太阳和地球间相互作用的周期性变化，不是所谓的 CO_2 温室效应。二是认为地球气候的冷暖变化是周期性的，在逐渐变暖的大周期中也有小冰河期出现。这类质疑声音的报道以 2009 年 12 月 11 日我国《环球时报》的《全球变暖，谎言还是事实?》文章最为全面。笔者完全赞同上述观点，并以第四纪地质学的相关理论作如下佐证。

(1)第四纪冰期和间冰期的历史表明地球气候冷暖变化是自然规律。

地球最近的地质时代第四纪(距今 258 万年至今)曾发生过 4 次冰期、3 次间冰期和 1 个冰后期(表 4)，最后一个冰期(玉木冰期)结束约在 15 000 年，其后至今全球处于冰后期，也可以说是下一冰期的间冰期。

表 4　国际第四纪划分表

	生物地层学划分		绝对年龄(万年)	古气候学划分	
第四纪(系)	全新世—全新统(Q_4)		1.2	冰后期	
	更新世	晚更新世—上更新统(Q_3)	13	玉木冰期(W)	里斯-玉木间冰期
		中更新世—中更新统(Q_2)	78	里斯冰期(R)	民德—里斯间冰期
		早更新世—下更新统(Q_1)	258	民德冰期(M) 恭兹冰期(G)	民德-恭兹间冰期

关于第四纪发展史和气候变化史，是近百年来全世界地质学家和气候学家共同研究的成果。至 20 世纪 80 年代以前，学术界一致公认地球气候的冷(冰期)暖(间冰期)变化是地球与太阳之间和地球自身变化的结果，从来没有过 CO_2 温室效应理论。

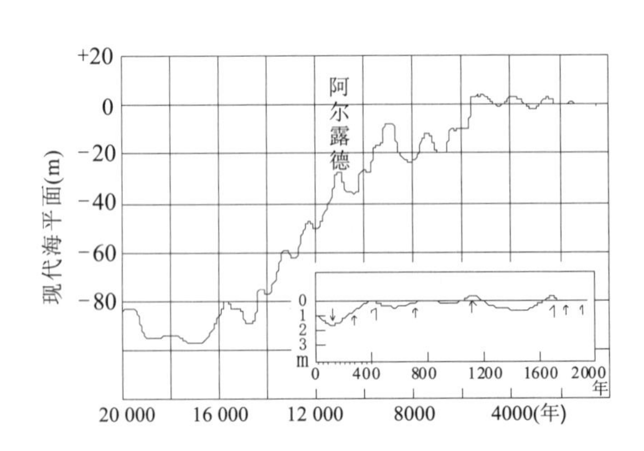

图 7　最近两万年来海平面升降曲线

(2)海平面的升降是地球气候变化的重要标志，但海平面的周期性升降与 CO_2 无关。仅以距今 35 000 年以来世界海平面的升降来说明(图 7)。

①距今 35 000～30 000 年的高海平面：世界海平面接近于现代海平面位置，相当于玉木(或威斯康星)冰期的一个较大间冰期。

②距今 21 000～16 000 年的低海平面：世界海平面下降十分显著，世界各地资料表明，距今 15 000年前左右，海平面下降最低，位于现代海平面下－130m，认为标志着玉木(或威斯康星)冰期的全盛时期。

③距今 16 000～14 000 年的海平面上升：根据大量 ^{14}C 年龄资料，在距今 14 000 年开始世界海平面有一次急剧上升，在 6000 年前达到现在海平面高度，以后逐渐趋于稳定。认为这是世界进入冰后期，气候转暖，冰川大量融化引起海面上升，形成全新世海侵。

上述资料表明，距今 35 000～30 000 年以来世界海平面经历过幅度达 130m 的一次下降和一次上升，而每次下降和上升的历时只有几千年。距今 14 000～6000 年上升了 130m，要说是 CO_2 温室效应所致那得多少 CO_2。距今 14 000～6000 年间人类还处在原始社会和奴隶制社会，哪里有碳排放？可见所谓因碳排放造成 CO_2 温室效应理论是一些人杜撰出来的。需要说明的是，上面所引用的海平面升降的数据和图表是《地貌学及第四纪地质学》(杜恒俭等，1981)中的资料。还有北京大学曹家欣教授(1983)编著的《第四纪地质》一书，都用大量篇幅讲述世界和中国第四纪古气候。两书中依据地层学、古生物学、考古学、同位素测年学和气候学的研究成果，全面讲述第四纪中世界各大洲和中国的气候变化和海平面变迁史，可见地球气候变化的成因、历史本来就是第四纪地质学的重要内容。但是，在这些文献中却找不到一个字和 CO_2 有关。

(3)地球气候在冰后期逐渐变暖的大趋势中还有小的冷暖变化小周期，这方面的证据很多。

①天津市中心区在近代地层中存在 3 条贝壳堤(海侵证据)，说明近代几千年中渤海面曾侵入到天津市中心，现在海岸线已在塘沽。

②我国中原地区古植物研究和考古证据表明 3000 年前中原气候曾接近亚热带。其证据有著名气象学家竺可桢在 20 世纪 80 年代以古植物研究成果证明 3000 年前洛阳地区曾盛产柑橘；考古学家在安阳的商代古墓中发现大象等亚热带动物遗骨。这都证明中原地区 3000 年前比现今温湿。

③距今 500～300 年间，世界公认曾出现小冰河期，其间英国泰晤士河曾封冻。

2008—2009 年间，我国南方又曾出现过严寒、冰冻天气造成大范围冻害。严寒天气席卷欧洲，超过 300 人死亡。

(4)第四纪地质学研究古气候的方法和证据很多，唯独没有 CO_2 温室效应的直接或间接证据。

第四纪地质学研究古气候，是通过研究记录在生物化石、陆地沉积、地貌和深海沉积中的种种气候标志进行的，因此应着重下列基本事实研究(杜恒俭等，1981)。

①生物化石气候证据。有机界对气候的反应，远较无机界灵敏，而植物又比动物灵敏。应当充分利用生物(动物和植物)化石，并结合其他材料进行古气候定性和定量研究。

生物化石作为气候证据，首先是因为第四纪生物大多数为现在种属，而现在生物的分布与一定气候参数(温度、降水)相适应。所以可以应用现代生物种属分布和气候的关系，来演绎推断第四纪同一种属化石埋藏时的近似气候条件。例如，英国查理弗德(Chelford)地区晚冰期(魏克赛冰期)有机质淤泥沉积中的孢粉谱非常类似现代芬兰北部的桦-松-云杉森林的孢粉“雨”，故从芬兰北部森林分布区气候，可以推知查理弗德地区晚冰期沉积时的气候状况。同样也可以用动物化石推断古气候状况，例如一度生活在极地苔原的猛犸动物群，在欧洲、亚洲许多中纬度地区第四纪地层中都曾找到它的化石，这是极地气候带扩大的证据。一般说来，生物化石气候证据，可以指出各种气候类型。如极地气候、温带气候、森林气候、干旱草原气候等。第二方面，某些生物种属的分布，受到温度(或纬度)限制，具有窄温性，而另一些生物则在不同温度领域都可以见到，具有广温性。窄温性生物化石可分为示冷或示暖组合，在推断第四纪古气候方面得到广泛应用。例如门氏圆辐虫(*Globorotalia menardii*)组合生活于赤道水域，被认为是一种良好的示暖有孔虫。而饰带透明虫(*Hyalina balthica Schoeter*)组合则认为是一种示冷有孔虫。利用剖面中窄温性有孔虫含量百分比，可以揭示海洋沉积中的气候波动规律。

②沉积物气候证据。第四纪沉积物如冰碛物，它是非常明显的寒冷气候产物，并能指出冰川作

用影响范围，提供冰川活动的一些细节，但不能准确地确定冰川作用的强度和时间长短。其次如有机物沉积，除一些局部原因外，一般是气候变暖的证据。其他如风化壳、古土壤类型也反映一定的气候环境，黄土和风砂沉积代表干旱气候。一般说来，沉积物证据可以定性区别不同气候，诸如冰川气候与非冰川气候，温暖与寒冷气候，干旱与潮湿气候，等等。

③地貌和冰缘结构气候证据。各种地貌形态中，冰斗具有特殊意义。由于现代冰斗位于雪线附近，因而古冰斗就成为推断古雪线位置和估计古温度变化的有力证据。冰缘冻土结构也是研究古气候的重要证据。据威斯特研究，现代冰楔发生在年均温度－6℃的地方。此外，海面升降、湖面涨缩、大陆架上埋藏河谷等与冰期、间冰期或湿润期及干旱期的关系，文献中也经常有所讨论。

④深海沉积物中的气候证据。陆地沉积物中所保存的气候证据毕竟是有限的，而且不易获得完整的记录。因此必须进而研究海洋沉积物（尤其是深海沉积物）中的气候证据。海洋沉积气候证据是通过下列各种分析获得的：有孔虫种属性质分析，深海有孔虫壳氧同位素（$^{18}O/^{16}O$）分析，碳酸盐含量分析，浮冰碎屑含量分析和可可石（Cocooliths）分析，等等，这些分析有的能提供古水温数值（如氧同位素分析），因而日益引人重视。

对于各种基本事实，既要详细个别研究，也要彼此联系考虑，不应孤立看待，更不要颠倒因果关系。

上述内容全部摘自《地貌学及第四纪地质学》（杜恒俭等，1981），概括代表了全世界地质学界对第四纪古气候研究至20世纪80年代之前的主要方法和成果。研究现代气候不能不研究古气候，而上述古气候研究的方法和成果中却找不到CO_2的影子。难道这是第四纪地质学界的重大失误？显然不是。

（5）第四纪气候变化成因的假说。地球气候变化的成因是一个非常复杂的课题。它涉及天文学、地球物理学、地质学和气象学等众多学科，至今未有定论。学术界流行如下几种假说。

①米兰科维奇假说：利用地球轨迹要素（轨道偏心率e、黄道面倾斜率ε、岁差p等）的长期变化与太阳辐射量之间关系解释气候变化。

②辛普森假说：利用太阳辐射量变化解释第四纪冰期出现的原因。

③弗林特假说：把太阳辐射和地球的造山运动结合起来分析气候变化。

④其他：地球的火山活动、地壳温度变化与洋流运动等。

以上各种理论都有各自的道理，尚且只能称为假说，天上掉下来一个CO_2温室效应说却迅速成为定论并且统治了世界，这难道不值得反思吗？

（6）各国科学家的质疑之声不断。一直以来，各国科学家对“联合国政府间气候变化专门委员会”（IPCC）和领衔全球气候变化研究的英国东安格利亚大学气候变化中心的研究成果发出了大量质疑之声，有些科学组织指出CO_2温室效应理论是伪科学，是一场骗局。有的科学组织还通过黑客入侵发现东安格利亚大学气候变化中心的科学家通过篡改数据、操纵统计数字夸大了全球变暖的影响，并将此称为人类科学史上最大的丑闻、现代社会的最大骗局。质疑最多的除欧美之外还有俄罗斯的科学家。中国科学家中最有代表性的有北京大学的承继成教授、中国气象局国家气候中心赵宗慈研究员、南京大学陈星教授等。质疑者们的基本观点如下。

①地球气候变化的主因是自然因素，联合国IPCC的预测模型仅考虑人为因素，几乎完全忽略自然因素，显然是不科学的。

②地球气候并非是一直变暖，而是在变暖的大周期中存在冷暖变化的小周期，切勿被一直变暖误导而作出政府农业决策和能源政策；令人不能容忍的是有人把突然变冷、干旱、暴雨等极端天气也归因于CO_2，简直是诡辩！

③CO_2 温室效应说不符合第四纪气候变化历史。IPCC 用所谓“曲棍球”数学模型根本无法解释第四纪气候变化及海平面升降历史。国际绿色组织操纵联合国 IPCC 以名不见经传的英国东安格利亚大学气候中心的计算误导全世界甚至绑架各国政府的局面不应再继续下去了。

④气候变暖并不可怕,人类进化史上经历过数次冰期和间冰期,人类不但没有灭绝,反而从猿人到人类;当今全人类从赤道至极地都能很好生存;全球海平面的升降幅值是以每年十几毫米发生的,试以距今 15 000～6000 年的 9000 年中我国东海平面上升 140m 计算,平均每年上升 1.55cm,每百年才上升 1.55m,其间还会有升有降,这有什么可怕?不要听绿色组织忽悠!

(7)CO_2 温室效应“理论”的危害。进入 21 世纪以来,在国际绿色组织和联合国 IPCC 的误导和某些发达国家的操纵下,CO_2 温室效应和全球变暖理论已占统治地位。这种理论的危害已经开始显现。

①以美国为首的发达国家以此为理由逼迫发展中国家减少碳排放,从而达到两个目的:一是发展中国家必需减少化石能源的使用,增加其经济负担,减缓了经济发展速度;二是建立碳交易市场,使发达国家从中获利。实可谓一箭双雕。

②造成发展中国家能源政策和环保政策的混乱:迫使发展中国家不切实际地调整传统能源结构,打击了传统能源工业;误导了一些国家将环保政策调整为以减少碳排放为重点,而忽略了以防治污染为主要目标的环保措施。我国煤炭工业在 2015 年迅速走入低谷就是突出例证。

③地球会一直变暖的谬论已误导了一些地方政府盲目调整农业政策,动员农民大量改种热带经济作物,结果使一些南方地区的农民在 2008—2009 年间的高寒中蒙受了巨大损失。

(8)基本观点和结论。综上所述,我们要强调的基本观点和结论如下。

①地球气候的冷暖变化是自然规律,其决定因素是太阳的变化和地球自身变化这两方面因素综合作用的结果,不是 CO2 温室效应的作用。

②第四纪地质学的古气候研究证明,自 15 000 年以来地球气候进入变暖过程,即最近的玉木冰期结束后地球开始冰后期变暖过程。但是并非一直变暖,而是在变暖的大周期中存在小冰河期之类的冷暖变化小周期。

③与地球冷暖变化相对应的海平面升降(海侵、海退)在第四纪历史上曾多次发生,并不值得恐慌。例如对天津地区的贝壳堤研究结果表明,距今 6000～5000 年间的海平面比现在高 2～4m,至距今 1100 年才退至现今水平。这也表明 5000～6000 年前我国气候比现在暖得多。

④既然第四纪地质学和古气候研究已证明 CO_2 温室效应理论根本不成立,以碳排放控制为主的环保政策和能源政策就应该进行调整——把主要目标和资金放到防止污染环境(空气、水、土壤)上来,即控制空气中的 PM2.5 和化学气体,以控制水体污染以及土壤污染等为主要目标。

⑤对于能源政策,我们不是反对节能减排,更不反对提倡可再生能源和清洁能源,而是反对以 CO_2 排放为标准,以影响气候为缘由的能源政策。当今世界似乎把化石能源尤其是煤炭能源当作气候变暖的罪魁祸首,这是片面的,化石能源不应该背上使气候变暖的黑锅,倒是应当负起环境污染(PM2.5,硫及其他有害气体)的责任。值得欣慰的是,我国煤炭行业和火电行业研究出新技术已能做到除 CO_2 之外的粉尘及硫等有害气体的零排放,而一度电只需增加几分钱。须知,CO_2 是无色、无味、无毒的气体,又是植物光合作用的必需品,倘若能使科学界和各国政府能从 CO_2 温室效应的误区走出来,不是盲目关闭火电厂,而是进行技术改造,也就不会使我国数千亿吨的煤炭储量只能主要用作化工原料而使煤炭工业陷入困难境地。

最后我们要强烈呼吁:地学界尤其是第四纪地质学界积极参与地球气候变化研究,并与气候、气象学者们一道努力,正本清源,使各国政府和人民从 CO_2 温室效应的误区中走出来,对地学工作者来说，这不是多管闲事，本来就是第四纪地质学的重大课题之一。我们再也不能袖手旁观，而是责无旁贷。

参考文献

曹佳欣.第四纪地质[M].北京:商务印书馆,1983.

杜恒俭,陈华慧,曹伯勋.地貌学及第四纪地质学[M].北京:地质出版社，1981.

范士凯.时隔二十年再论岩土工程与工程地质[J].岩土工程界,1998,(10).

胡笳,等.全球变暖,谎言还是事实?[N].环球时报，2009-12-11.

王兴.渭河盆地地热资源赋存与开发[M].西安:陕西科学技术出版社,2005.

采空区上边坡稳定问题

范士凯

摘　要：本文首先指出采空区上边坡稳定性有3种情况：有的产生滑坡或崩塌；有的虽然地表严重开裂但边坡和山体仍长期保边坡稳定；有的虽处在采空塌陷区外侧，但因位于塌陷盆地外边缘鼓胀区而发生地面隆起。评价采空区上边坡稳定性，实质上就是鉴别这3种情况。文中系统地论述了稳定分析的基础工作，即三下采煤理论、方法的运用，工程地质条件的基本研究和岩体工程地质力学研究、分析与评价。文中指出了采空塌陷对其上或邻近边坡稳定性的三方面不良因素。系统地阐述了采空区上边坡稳定分析步骤、方法和评价原则及第四纪土质边坡的稳定性分析、评价要点。最后以3个典型实例介绍了采空区上边坡稳定性3种不同后果。本文是迄今关于采空区上边坡稳定问题的比较全面系统的论著。

关键词：采空区；边坡稳定；三下采煤理论；工程地质；岩体工程地质力学

0　引　言

采空区上的边坡稳定问题由来已久。1980年6月湖北盐池河磷矿因采空引起100余万立方米崩塌，造成283人死亡的惨祸发生后，此类现象受到了广泛关注。其后相继对湖北陈家河煤矿采空区上的跑马岭山体稳定性，长江三峡链子崖古代煤窑采空区上边坡稳定性，以及陕西韩城煤矿采空区外侧韩城电厂地面稳定等有了系统研究。笔者对上述4处采空区上边坡场地进行深入研究后发现，并非所有采空区上的边坡或场地都会产生灾难性后果。而是由于地质构造、岩体结构、采空区位置、采矿方法、边坡或场地所在的部位不同，会产生截然不同的后果。有的产生滑坡或崩塌（如湖北盐池河）。有的虽然地表严重开裂但边坡和山体却长时间保持稳定（如湖北陈家河煤矿跑马岭山体和长江三峡链子崖）。有的虽处在采空区外侧，但因位于采空区上塌陷盆地的外边缘鼓胀区而发生地面隆起变形，破坏其上的建筑物（如陕西韩城电厂）。由此可见，采空区上边坡稳定问题绝不是一个单一模式、单一结果的简单问题。而是一个不同情况有不同结果的复杂问题。而从技术经济和安全角度来说，它往往是涉及数百万元甚至数千万元经济损失和人身、生产安全的重大问题。为此，本文将根据笔者对此类现象的认识和处理经验作一较系统、深入的论述。

1　采空区上边坡稳定分析的基础工作

采空区上边坡稳定问题，可以说是“三下”（铁路下、建筑物下、水体下）采煤（矿）（简称“三下采煤”）问题的延伸。三下采煤问题在我国已有几十年的研究历史，有大量的研究成果，并有行业规范。边坡下采煤，因其涉及边坡岩土体本身的一系列问题，就更具有特殊的复杂性。概括来讲，采空区上边坡稳定问题是地下采空引起顶板、覆岩及地表移动过程和结果与地表边坡（山体）相互作用的结果。也可以说是地表边坡岩体固有的本底稳定性和地下采空塌陷作用“复合”的结果。显然，为了解决这样的复杂问题，需要充分运用三下采煤理论、工程地质理论和岩体工程地质力学理论才能完成。仅就这三方面理论应用在采空区上边坡稳定分析的要点作如下概括。

1.1 三下采煤理论的主要方面

(1)采空区上覆岩塌陷类型、机理及其地表移动时间和地表移动变形值的预计。煤层开采区达到一定面积时，采空区上方岩层原有的平衡状态被打破，产生冒落、断裂、弯曲等一系列变形与破坏，导致地表形成"移动盆地"(塌陷区)(图1)。伴随地表移动盆地形成的同时，产生下沉、倾斜、水平位移、地表开裂等一系列现象。这些变形对地表建筑物、铁路(公路)、水体及边坡产生不同性质、不同程度的影响。

(2)覆岩和地表移动、破坏类型和变形破坏机理。由于煤层的赋存条件、覆岩性质及其组合类型、采煤方法和顶板管理方法不同，其移动与破坏形式也不相同。已故工程院士刘天泉先生总结概括了以下5种类型，即三带型、拱冒型、弯曲型、切冒型和抽冒型。其中三带型是开采层状矿产的最普遍形式。切冒型是坚硬覆岩的较普遍形式。其他3种则是特定条件下形成的。

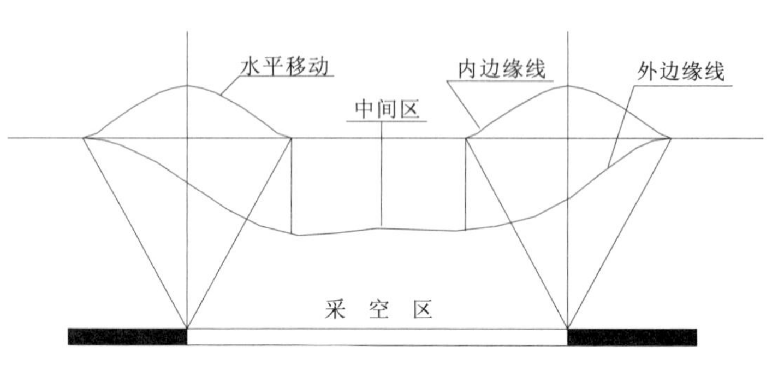

图1 地表移动盆地

①三带型变形破坏机理及其特征。三带型系指煤层上面的覆盖岩层(简称"覆岩")全部为可冒落岩层(一般以软至中硬的砂页岩为主)，当采用长臂全陷落法开采时，随着采空区的不断扩大，采动影响不断向上传递，并直达地表。覆岩(包括顶板)变形后不能形成具有自撑能力的悬顶而不断冒落。此时，在采空区边界形成悬臂梁(煤柱与空区)或砌体梁(矸石砌体与空区)，采空区内则形成对覆岩起到一定支撑作用的可压密的矸石支座。采空区上的顶板及覆岩则产生冒落带、断裂带和弯曲带，即三带型破坏，地表相继产生"移动盆地"(图1、图2)。所谓移动是因采掘工作面逐渐推进而地表盆地也不断移动，采空边界的破裂角称定移动角。采矿终止后的地表移动盆地可称为塌陷盆地，最终移动角可称为塌陷角或范围角。当冒落带和断裂带不能达到地表时，则地表出现连续性变形。当冒落带和断裂带能达到地表时，则地表出现非连续变形。

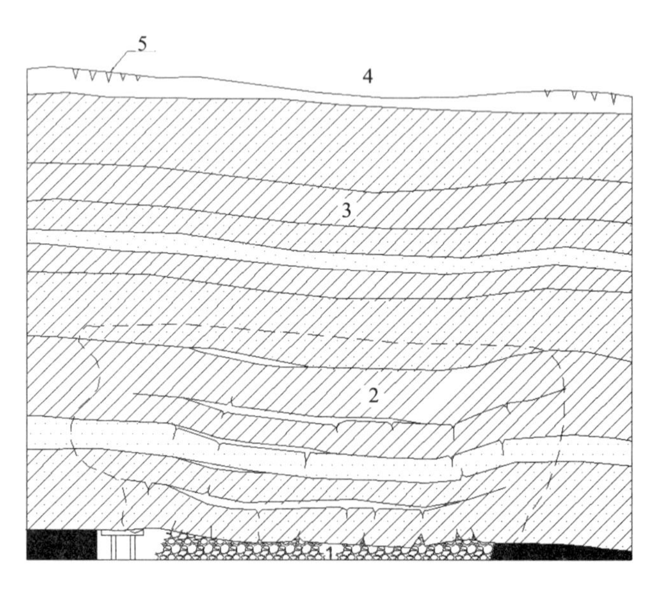

图2 覆岩三带型破坏概念图

1.冒落型；2.破碎带；3.弯曲带；4.地表移动盆地；5.地表裂缝

三带型的各带的性状及地表变形特征。

冒落带的垮落岩层破碎，冒落岩块之间空隙多，连通性强，有利于水、砂和泥土通过。冒落带高度与采厚呈分式函数关系，通常为采出煤层厚度的3～5倍。

破碎带位于冒落带之上，弯曲带之下。断裂带内岩层发生垂直于层面的裂隙或断开并发生顺层面脱离(俗称离层)。断裂带高度与采厚也呈分式函数关系，通常为采出煤层厚度的9～15倍。

弯曲带位于断裂带之上直达地表。此时岩层还保持其整体性和层状结构，呈平缓弯曲状态。

地表裂缝多发生在移动盆地的外边缘区(图1)，平行于采空边界发生。裂隙的发展及其宽度、深度则与表土的粘塑性大小和表土受到拉伸变形的大小密切相关，也与采深、采厚、顶板管理方法、表土厚度和岩性有关。粘塑性大的粘性土，一般在地表拉伸变形值超过10mm/m时才发生裂缝。粘粒小的砂质粘土、粘土质砂土或岩土，当地表拉伸变形达到2～3mm/m时就会产生裂缝。裂缝形状一般为楔形，上宽下窄，在不大的深度尖灭。根据我国一些煤矿进行挖探的实地观测表明，一般裂缝在地面下5m左右就消失了，个别裂缝深达10m。要特别指出的是，若弯曲带内存在稳定的软弱和塑性岩层(粘性大、泥岩或砂质泥岩)时，地表裂缝与冒落带和断裂带之间没有水力联系，也就是说地表水不会通过地表裂缝渗入到采空区中。

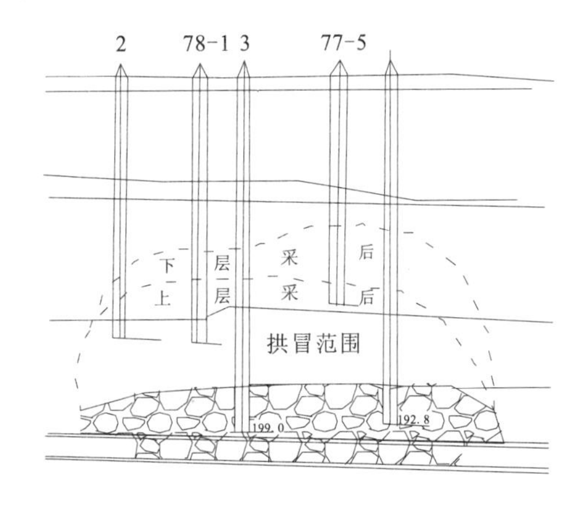

图3 拱冒型破坏图——阜新平安矿六井辉破坏实测结果

②拱冒型变形破坏机理及其变形特征。如煤层上面某一高度存在一定厚度的极坚硬岩层时，在长臂陷落法开采的情况下，随着采空区的扩大，极坚硬岩层以下的岩层会发生拱型冒落，冒落达到极坚硬岩层的形成悬顶，即拱冒型破坏(图3)。此时，围岩形成自然拱或无支撑砌体拱、板拱。

这种情况下，近煤层的顶板岩层受到破坏，远离煤层顶板的岩层不受破坏。地表只产生微小下沉。

③弯曲型变形破坏机理及其变形特征。煤层上面全部为极坚硬覆岩，采空区内又有煤柱支撑，当煤柱面积占30%～35%，且尺寸适当、分布均匀时，极坚硬岩层能形成悬顶，覆岩不发生冒落破坏。地表变形值也很小，最大值一般不超过煤层采高的5%～15%。这种类型往往发生在用条带法或刀柱法采煤的矿山，此种类型的变形机理类似于支撑或无支撑的板式结构。

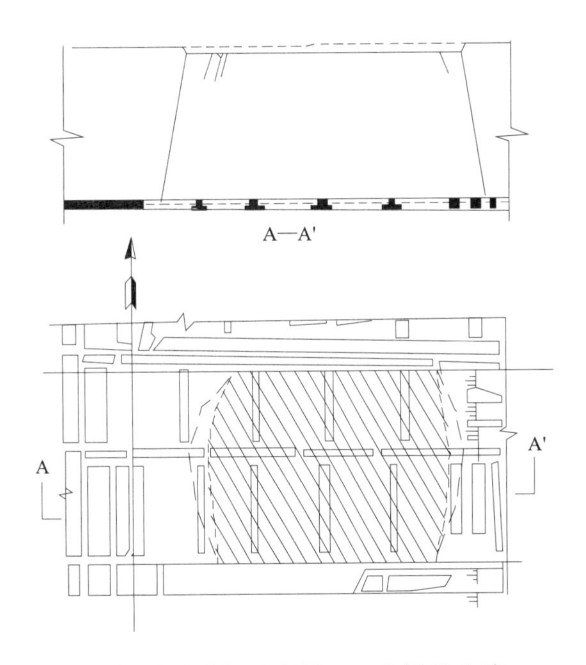

图4 切冒型破坏示意图——大同挖金湾大巴沟井

④切冒型变形破坏机理及其变形特征。煤层上面全部或大部分覆岩为极坚硬岩层(如南方二叠纪煤层覆岩为巨厚的栖霞组灰岩)时，当开采深度较小和开采面积达到一定范围，且采空区内虽有煤柱，但其面积小于30%～35%，则覆岩变形后不能形成悬顶，煤柱也不能形成稳定支座。此时，产生切冒型破坏——地表突然陷落，地表裂缝可直通采空区，地表则形成断陷式盆地(图4)。这种类型的变形机理类似无支撑或支撑不稳定的板式或板拱式结构。

⑤抽冒型变形破坏机理及其变形特征。

煤层上面全部覆岩为极软弱的急倾斜岩层或土层，当开采深度较小或接近冲积层开采时，覆岩变形不能形成悬顶，在采空区内无冒落矸石支撑时，覆岩会发生“抽冒型”破坏，地面形成漏斗状陷坑。这种类型的变形机理属于无平衡结构形式(图 5、图 6)。

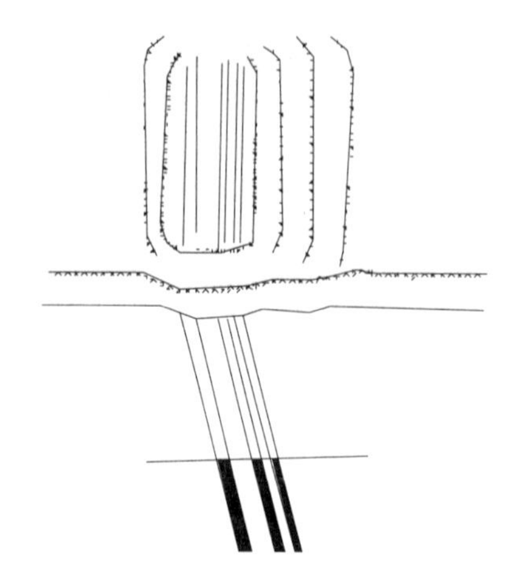

图 5　开采急倾斜煤层地表塌陷盆地

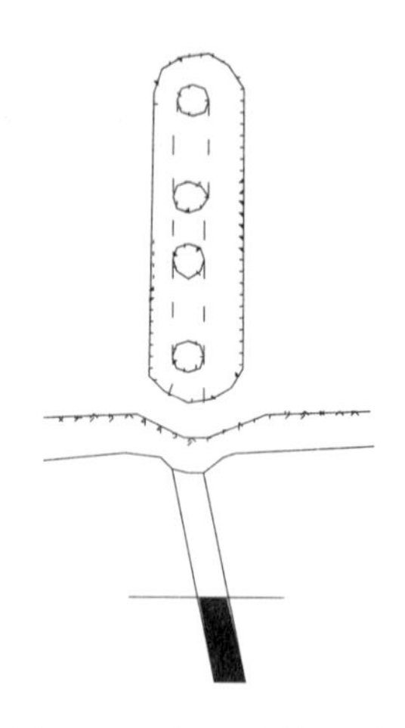

图 6　地表塌陷槽示意图

上述 5 种类型中,三带型是最为普遍的冒落形式,其次是切冒型在南方二叠纪煤系地层中较为普遍。其他 3 种类型则在特殊情况下才发生。就地表变形的连续性而言,"切冒型"和"抽冒型"属于非连续地表移动、突然陷落式,而其他 3 种类型则属于连续地表移动、缓慢下沉移动式。

(3)地表移动的延续时间。地表移动的延续时间主要取决于煤层开采深度、开采面积、工作面推进速度、采煤方法及覆岩性质。一般规律是,在开采深度小、开采面积大、推进速度快、采用长臂陷落法开采且覆岩为中硬以下的条件时,地表移动的延续时间短。反之,延续时间相应增长。

《煤矿总工程师工作指南》(1988 年版)指出,地表移动延续时间有以下规律:采深 100m 以内时,8～10 个月;采深 100～200m 时,12～24 个月;采深 300m 时,24～36 个月。

地表移动延续时间内,按其下沉绝对值或下沉速度分为 3 个阶段:起始阶段,从下沉值达到 10mm 时起,至下沉速度等于 30mm/月时止;活跃阶段的下沉速度大于 30mm/月时止(急倾斜煤层大于 30mm/月时止);衰减阶段,从活跃阶段结束后 6 个月内下沉值不超过 30mm/月时止。须知,由于不同矿区的综合条件千差万别,则地表移动的总延续时间和三阶段历时也是各不相同的。工作时应当以具体矿区的实际观测经验为基础,掌握地表移动的时空规律。

(4)地表移动变形值的预计与实测。经过几十年的研究与实践,我国矿业工作者已总结出多种预计地表移动变形值的科学计算方法和参数的求取方法。《建筑物、水体、铁路及主要井巷煤柱留设与压煤开采规程》中推荐 3 种计算方法,即典型曲线法、负指数函数法和概率积分法。

典型曲线法是用无因次曲线表示移动盆地断面的下沉曲线,而倾斜、曲率、水平移动和水平变形曲线则是按它们之间或与下沉之间的数学关系由下沉曲线导出的一种方法,它适用于矩形或近似矩形采空区的地表移动预计。典型曲线法是依据大量的实测资料综合整理分析而得,一般用数字表格给出。

负指数函数法是用负指数函数来表示地表下沉盆地剖面方程的方法。它用于计算矩形和近似矩形采空区的地表移动变形。不同情况下各有计算公式。

概率积分法是以正态分布函数为影响函数,用积分式表示下沉盆地的方法。不同类型的剖面各有计算公式。

以上 3 种方法基本上可以满足不同煤层的赋存条件和开采条件的下沉盆地计算。由于计算机的广泛应用,各种计算均有软件可供选用,使原本复杂的计算变得快速简捷。

除了上述的理论计算,最直接、准确的方法是地表变形监测。在变形预计计算的基础上进行适

时、全程监测是非常必要的。进行监测之前，对下沉盆地进行预计计算，然后对盆地的各部分(中间区、内边缘区、外边缘区)重点进行监测，将会取得更好的效果。

综上所述，为了进行采空区上边坡稳定性评价，至少应当掌握三下采煤的这些基本知识。也就是说，若想对采空区上边坡稳定性作出准确评价，必须首先进行上述几方面的分析、预测、评价工作。否则，是不可能对边坡稳定作出可靠评价的。

1.2 工程地质条件的基础工作

边坡稳定性研究与评价，是工程地质学的基本课题之一。为解决这一课题，需要从多方面进行工程地质条件的基础研究。它主要包括：工程地质测绘(地层、岩性、地质构造、不良物理地质现象如崩塌、滑坡等)；岩土层的物理、力学性质研究(特别是软弱岩土层性质)；岩体结构的基本特征(层面、节理裂隙产状及其组合关系，尤其是软弱结构面的分布特征)；地下水的埋藏及分布特征及其对岩土体稳定性的影响；等等。

这些工程地质研究工作，是所有稳定性分析的基础。要强调指出的是，这些工作要做深、做细，而不是仅仅简要地叙述一番却对所有的进一步分析起不到实质性的指导作用。工程地质工作完成后，必须编制相应比例尺的工程地质图件，并且作出必要的评价结论。

1.3 岩体工程地质力学研究、分析与评价

对岩体进行工程评价，无论是针对地基、边坡还是洞室工程都要对岩体结构进行综合研究。岩体的工程稳定性的基本控制因素是岩体结构，即所谓结构控制论。谷德振教授主持创建的岩体工程地质力学已成为具有完整理论体系和方法的独立学科，它从宏观到微观，都已形成一整套理论和方法，对岩体边坡进行稳定性研究、评价，应当充分运用岩体工程地质力学的理论和方法。对岩体边坡稳定问题的研究，主要应从以下几方面入手。

(1)宏观上对地质构造和区域构造应力场进行研究、分析，以确定区域的构造格局对局部岩体的控制作用。同时，确定各级结构面的分布规律和力学属性。如断裂和节理是张性、压性或压扭、张扭等属性。这将对各类结构面的力学指标选取有重要意义。

(2)对各类结构面、结构体的力学特性指标进行研究或试验，以获取各种验算的定量数据。

(3)对各种结构面的产状分布及优势结构面的产状，特别是软弱结构面的产状进行测量、统计，并以赤平投影方法来表达。

(4)对结构面组合与临空面之间的稳定关系，不稳定的破坏类型进行综合分析、判断。划分出顺层或切层滑坡或错落，块体或楔体滑移，倾倒或溃屈，大规模崩滑等不同类型。

(5)针对已划分的不同类型进行稳定性分析、验算，如滑动稳定验算、坡脚应力和倾覆稳定验算等各种极限平衡计算方法的运用。

以上从3个方面概述了采空区上边坡稳定性评价的基础工作。其目的是要明确认识到，若想科学、准确地对采空区上边坡稳定性进行评价，就必须充分运用三下采煤、工程地质和岩体工程地质力学的理论和方法，在深入、细致的现场调查、测绘和室内外试验的基础上，进行综和分析、分类、计算以及实地监测，才能完成。否则，你的研究和评价结论是很难符合实际和令人信服的。

2 采空塌陷对其上或邻近边坡稳定性的不良影响因素。

地下大面积采空，对其上或邻近边坡究竟产生哪些不良影响？大体可概括为以下几方面。

(1)地下大面积采空后,地表相继产生大面积的持续几年、几十年甚至几百年的地表移动变形和破坏。一方面改变了地表形态,一方面在某些部位产生裂缝。这两种改变,首先是增强了地表和地下水的破坏作用,大大降低结构面强度和岩体的总体强度。同时也可能改变临空面性质和边坡的总体形态和尺寸,从而降低边坡岩体的总体稳定性。

(2)由于采空区上形成巨大的塌陷体,完全改变了原始重力场而形成一套新的重力场,边坡岩体发生全面的应力调整,出现新的拉张应力区、压应力区、剪应力区和鼓胀应力区。这些不同性质的应力区,在不同部位以不同的作用方式破坏了原有岩体的完整性和岩体强度。

(3)改变原有结构面的闭合状态、产状和结构面和结构体强度。尤其是控制性的软弱结构面的产状和强度的改变将可能完全破坏原有结构面组合固有的稳定状态而产生滑移、倾倒或溃屈崩塌等类型的破坏。

以上三方面影响因素对边坡是否产生破坏,还是要看边坡的原始结构状态及其稳定性和边坡所处的采空塌陷区的具体部位、变形性状(下沉还是水平位移)、应力分布特点以及地下水作用的变化。

要特别指出的是,一般在分析和表示采空区上地表移动盆地时,都是按地表平坦状态所做的图式,很少有按照斜坡山体来表示的图式,实际上斜坡山体在地下采空后,地表并不形成典型的移动盆地,而是产生山体的"倾摆"效应。此时山体的变形和应力分布,除山体上方出现拉应力区和拉张裂缝外,变形与破坏主要表现在边坡一侧因压应力、剪应力和鼓胀应力的作用而产生的变形或破坏。这就需要对采空山体的应力分布进行特殊分析,通常是采用数值模拟(有限元等)来解决。在此基础上,再对其他不良影响因素进行综合分析。

3 采空区上边坡稳定性分析步骤方法和评价原则

由前述可知,若想对采空区上的边坡稳定性作出可靠的判断,必须进行大量的现场调查和一步步系统的、综合的研究和分析工作。总体上可按 5 个步骤进行,即基础工作(工程地质调查、测绘,三下采煤分析或预测,岩体工程地质力学研究)→采空区上应力场的数值分析(不同性质应力区的分布)→采空塌陷变形对各工程地质区段的影响(结构面产状及闭合状态、岩体强度、地下水)→边坡稳定性分析判断(结构面组合稳定性判据,极限平衡验算,工程地质比拟判断)→结论(边坡仍保持稳定,或边坡将产生滑移、倾倒、崩塌,或在地表移动区外侧鼓胀、隆起)(图 7)。可见,这是一套比较完整的工作体系。其中可以充分运用工程地质、三下采煤和岩体工程地质力学的理论和方法,也可以运用各种数学、力学分析方法作为有效工具。在应用这些理论和方法时,有以下几方面要特别加以说明。

(1)在基础工作中,三下采煤理论、方法的运用至关重要。因为地下采空后,冒落和地表移动是最基本的变形。脱离了这种变形破坏的基本格局去谈边坡稳定,显然是脱离了基本实际。正确的做法是,以采空塌陷形成的变形破坏格局为基本背景,再进一步展开边坡稳定性的各种研究。令人遗憾的是,至今很少见到这样全面、系统的研究成果,而往往是把大量的采空塌陷变形与边坡自身的变形混淆在一起。这常常是造成误判的根本原因。

(2)在对各种结构面进行测量统计时,要注意以下 3 点。其一是要区分出裂缝的性质和归属,首先要把采空塌陷裂缝和边坡自身变形破坏产生的裂缝区别开;其二是对结构面统计分析中,重点研究软弱结构面的性质、产状和数量;其三则是各类结构面中占优势的结构面或虽数量不多但起控制作用的软弱结构面与临空面组合后的稳定性质判定。这就要求在作结构面统计分析时,作出不

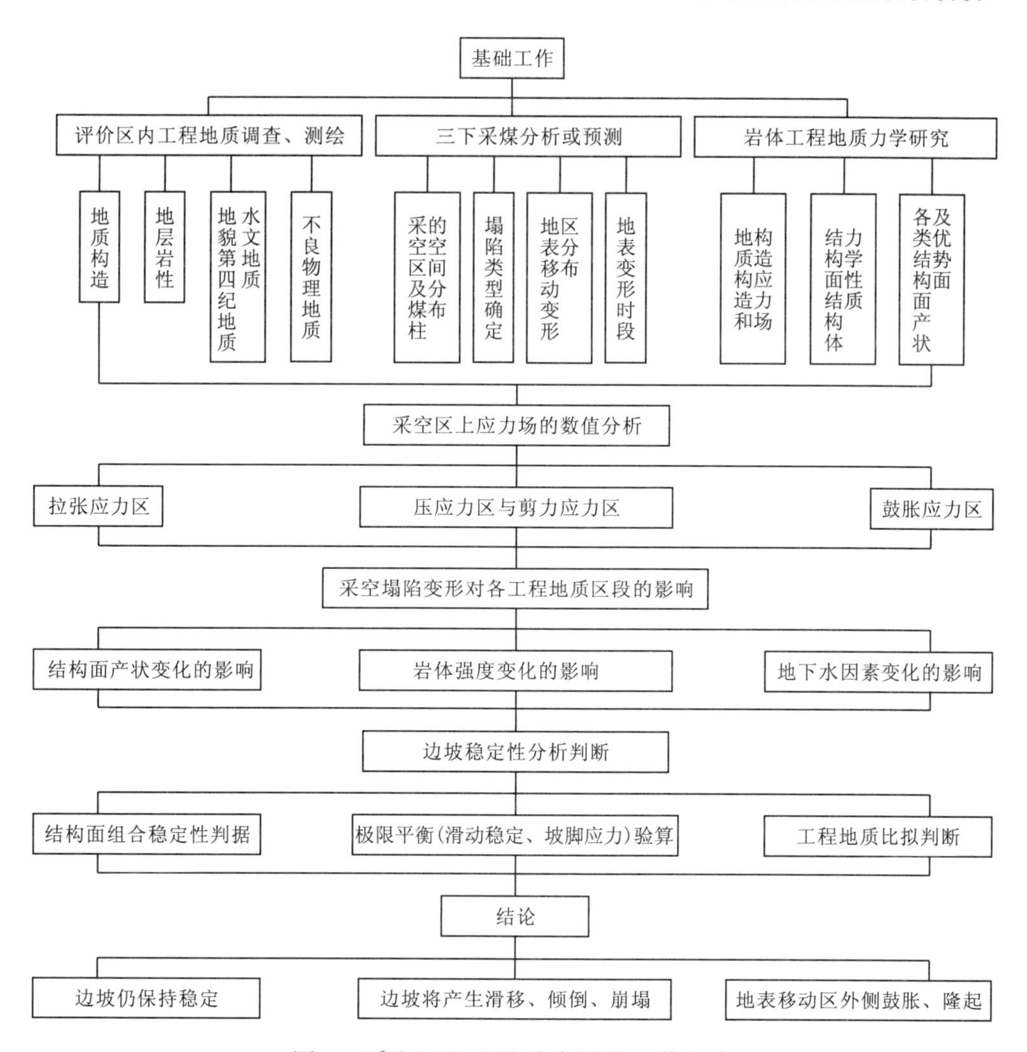

图 7　采空区上边坡稳定评价工作程序

同类型的赤平投影图。

(3)在进行评价区的工程地质基础工作时，重点应在分段的研究上。在对各段工程地质条件进行深入研究后，应当划分出稳定区段、相对稳定区段和不稳定区段及其不稳定的破坏类型(滑坡、崩塌或其他不良物理地质现象)。有了这种基本划分，才能在进行采空塌陷后边坡稳定分析时有的放矢、重点突出。

(4)在对地下水的影响进行分析时，要注意采空冒落类型不同的区别。普遍存在的三带型冒落(含拱冒型和弯曲型)，因其地表裂缝的深度较浅，一般不超过 10m，故在分析地表水变为地下水后的影响时要以此为前提来考虑其对相关软弱层(面)的影响程度。而对切冒型和抽冒型，则因其塌陷裂缝可从地表直达地下采空区，此时地表水可由裂缝直接渗入采空区，地下水的影响反而减小了，这都是要在边坡稳定性分析时要加以区别的。

(5)在进行采空区上重力场的数值分析时要注意以下 3 点。一是边界条件和约束条件的确定。无论是按二维有限元的平面分析，还是按三维有限元的空间立体分析，都要反映采空塌陷形成的实际状态。即采空区和煤柱的具体位置和尺寸要按实际分布划分。而约束条件则应区分采空区上岩体(可以向三维空间任意运动)，煤柱上岩体(不允许向下运动，只允许二维水平运动)。二是作为采空区上岩体不能视为均质体。应按地层分布、地质构造，将地层按其强度等级划分为不同岩组，并将断层或软层单独划出作为特殊界面，分别给出计算所用的参数。三是将数值分析结果，据各种应力区的分布范围进行现场核对,并结合变形监测对数值分析结果进行校核。比如在张应力区应该产生拉张缝或节理张开,压应力区应出现压裂破坏,鼓胀区应该出现隆起或层面张开现象等。只有这样才能确认数值分析结果符合实际,否则将大大降低数值分析的实用价值。

4 采空区及覆岩之上第四纪土质边坡的稳定性分析

采空区的覆岩之上第四纪土层达到一定厚度时就存在土质边坡稳定问题。这个问题的性质也同样是判断是否会产生土层滑坡或崩塌问题。要想解决这类问题,就要对土体结构、地下水埋藏条件、地形地貌以及采空区上地表变形破坏特征等进行综合研究。

首先要强调指出,无论是在天然状态下,还是在采空区塌陷作用下,土体岩产生滑坡必先具备产生滑坡的基本条件,即具有形成滑坡的临空面、可形成滑带的软弱层和促成滑动的地下水。如果不具备这 3 个基本条件,塌陷破坏再严重也不会产生滑坡,而只可能使处在合适部位的高陡土坡产生崩塌,或低矮土坡产生堆塌。也可以认为,如果在采空区上或地表塌陷盆地邻近地段有滑坡出现,那多半是古滑坡的复活或正在活动的滑坡在塌陷作用的影响下诱发或加剧了滑坡活动。当然也不排除由于边坡土体原已具备了即将产生临滑的极限平衡状态的上述 3 个基本条件,而因采空塌陷变形破坏增强了地下水的作用或因潜在滑动面产状的变化而产生滑坡的可能性。但这毕竟是很个别的情况,基于这些认识,在对采空区上土体稳定性进行分析评价时,要做以下几方面工作。

(1)按照三下采煤理论和方法确定地表移动盆地的范围和各种变形区的部位。特别是要鉴别哪些裂缝是由采空塌陷造成的,哪些裂缝是土坡自身变形造成的而与塌陷无关。同时按采空塌陷变形计算方法计算出各部位的变形量,或以监测资料确定这些变形量,以便分析判断在哪些部位、多大程度上能影响土体稳定。

(2)通过地貌和第四纪土体分布和地下水埋藏条件的研究、分析,确定评价区是否已有滑坡存在。并在详细勘探的条件下查明滑坡类型(堆积层滑、粘土滑坡或黄土滑坡),查明滑坡周界、滑体结构和滑床产状及其变化特点,查明地下水的分布和补给排泄条件,等等。在搞清这些情况之后,再去研究它和采空塌陷的关系。

(3)通过勘察研究,确认评价区并不存在产生滑坡的地貌和地质条件时,应进一步研究高陡土坡的崩塌可能性和一般土坡的堆塌可能性。这种现象的研究当然也要结合采空塌陷地表移动规律和现状来进行。

(4)根据滑坡动力学理论和已有的经验,采空塌陷后区各部分的变形破坏对滑坡变形的促进作用大致有以下几方面。

①最普遍的作用是采空塌陷裂缝的导水作用。地表的大量裂缝无疑将增强地表水的渗入,从而降低滑带土强度和滑体中的水压力。如果是在滑体中上部有大量水渗入,将对滑体造成全面的推动作用。如在滑体中下部有大量水渗入,则将加速牵引滑动。也有例外的有利情况,即在切冒型或抽冒型塌陷的情况下,地表裂缝会直达采空区,这时地表水或浅层地下水会通过裂缝渗入采空区,反而对上部土体起到疏干作用,减缓或终止土体滑动。所以,一定要充分运用三下采煤的理论和方法,具体情况具体分析。

②采空塌陷的地表移动变形,可能在某些部位较大地改变滑床产状,即加大或减小滑床倾角,从而改变滑坡动力特征;或者因滑体的某一部分处于塌陷区下沉量较大的部位,局部造成地下新的临空面,加剧了牵引活动或局部改变滑动方向。须知,很多矿山因采煤厚度较大和多层重复采动,地表移量是很大的。上面所说的改变是完全可能发生的。

③采空塌陷变形破坏引起某些部位土体完整性和强度降低，造成局部土坡的崩塌或堆塌，这类现象在矿区山坡上比比皆是。虽然多半不会造成大的灾害，但对高陡土坡也是要慎重对待并进行单独评价的。

总之，对采空区覆岩之上第四纪土体边坡稳定性的研究、评价，同样需要在充分运用三下采煤理论和方法的基础上，结合土体稳定的不同类型（滑坡、崩塌或堆塌）和破坏机理进行综合研究，才能得出科学的、符合实际的结论。

5　典型实例

5.1　湖北省盐池河磷矿大崩塌

1980年6月，湖北省远安县盐池河磷矿采空区上山体发生100万立方米的大型崩塌，在瞬间掩埋了矿山建筑群，并使283人不幸遇难。这是一起在高陡边坡下采矿，由塌陷造成山体崩塌的典型案例。以下对其产生的条件和破坏机理作概要分析。

1)地貌和地层构造特点

地貌为河谷一侧陡峭岩壁和其下斜坡山体。山顶与河谷高差近400m，陡壁高175m。

地层为白云质灰岩夹强风化的泥质白云岩和泥岩夹层，夹层具遇水软化特点。地质构造为向山外（河谷）倾的单斜构造，岩层产状为倾向NE70°，倾角15°（图8）。

2)采空区与边坡分布特点

如图8所示，磷矿采空区恰恰位于陡峭岩壁之下，而保安矿柱却远离峭壁而设在缓坡下部。由于矿层较厚且分布均匀，故采高达5m，且充分采空。顶板以上覆岩属厚层块状、脆性大的白云质灰岩，故冒落塌陷类型为切冒型。即塌陷裂缝自地表直达采空区，覆岩呈整体下沉、倾斜，具突然冒落式非连续地表移动特点。

3)岩体结构及结构面组合关系

岩层层面产状，倾向NE30°～50°，倾角12°～14°（倾向河谷）；两组节理产状，倾向200°，倾角84°及倾向245°，倾角72°；临空面产状，倾向NE40°，倾角75°N。层面、节理面及临空面组合后（图9）呈不稳定的翻倒破坏形式。

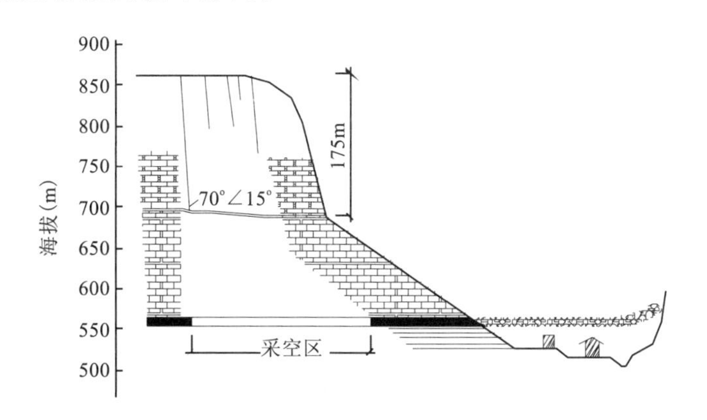

图8　盐池河滑崩山体断面

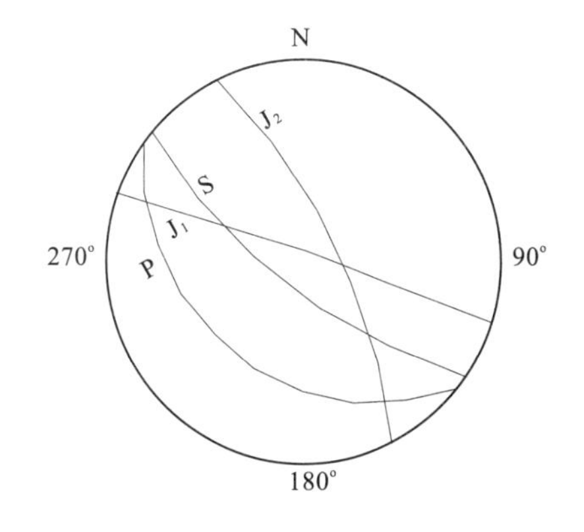

图9　盐池河崩滑后壁结构面组合

综合上述3方面条件，盐池河陡峭岩壁产生滑崩式崩塌几乎是必然的结果。首先是边坡下大量采空使岩体大幅度下沉、倾斜，再者是软弱层面(P)缓倾角倾向河谷而具备滑移条件，最后是节理

(J_2)与临空面组合呈翻倒不稳定形式。边坡高度达175m,本来自重应力就比较大,当岩体下沉、陡壁倾斜时,坡脚应力高度集中必将产生压碎破坏。据目击者描述,崩滑前几天中,时有石块从边坡岩体崩射而出,可见应力之大。现在看来,当初若对采空塌陷影响、地层构造、结构面组合作综合分析,是可以作出不稳定判断的。

5.2 湖北省陈家河煤矿跑马岭山体稳定性分析、评价

陈家河煤矿自1970—1974年间在跑马岭山下采煤,除沿煤层露头线向内留有50~70m保安煤柱外,其余大部分煤层已于1972—1974年采空。当年虽因顶板冒落引起覆岩下沉,自1976年即已发现山上出现裂缝,但宽度不大。而自1979—1983年期间有9个小煤窑在老采区内进行复采,并采掉了部分保安煤柱。致使山体上裂缝由原业不足1m宽加至3~5m宽,长度增至250m,并在两条相距35m的平行大裂缝间形成地堑式塌陷裂谷。一时引起各方恐慌,矿山几近停产。

笔者在踏勘现场并对照地下采空区分布和煤田地质资料后发现:①地质构造特点是小型背斜与向斜的一翼组成,而向斜一翼正处在边坡之下,即边坡下岩层向山内倾(图10);②边坡陡壁下及缓坡段所有软弱岩层并没发现任何因坡体滑移造成的变形破坏痕迹,坡脚完好无损;③地表裂缝位置恰好是采空塌陷区的边缘裂缝;④坡脚及其下软弱岩层均未发现有地下水出现;⑤矿山的主要采煤活动已在1972—1974年间采完,小煤窑也在1983年停止采矿。山体塌陷的剧烈活动已在1974—1975年间发生;⑥边坡中陡壁高度较小(20~40m),现状基本完好,并没发现崩塌痕迹(图11)。

基于以上6点情况,当时作出定性结论:变形山体裂缝是由采空塌陷造成的,且塌陷活动已基本结束,处在残余变形阶段。边坡岩体基本完好,且因岩层向山内倾斜,不可能产生顺层滑动。故得出初步结论:山体既不可能产生滑坡,也不会发生崩塌。只需处理零星滚石,而不必进行任何工程防治。这个结论稳定了人心,保持了矿山生产正常进行。

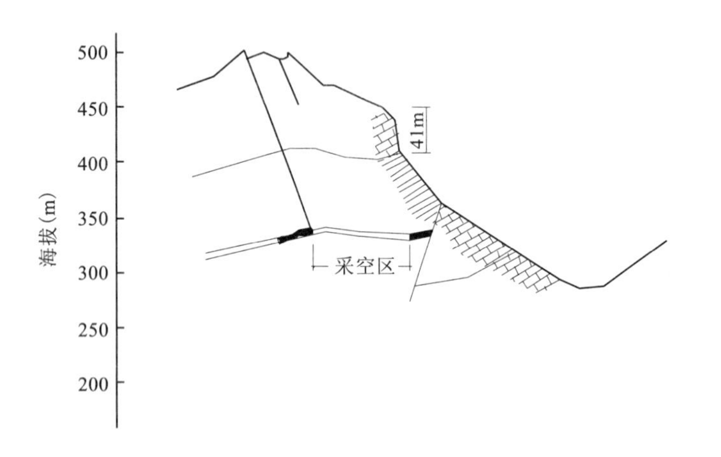

图10 跑马岭北坡山体断面

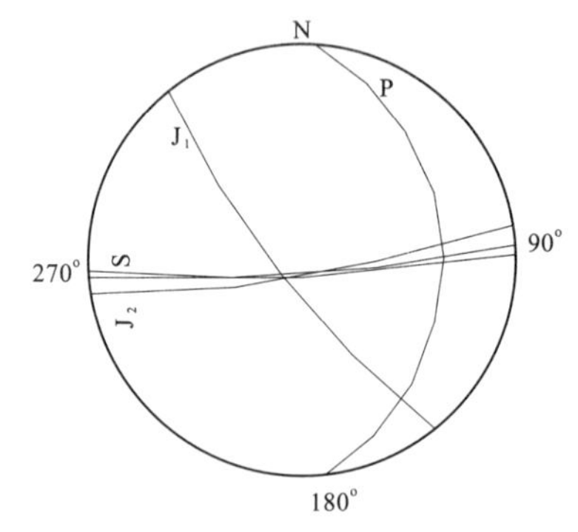

图11 [3]号陡壁结构面组合

在随后进行的全面系统的勘察研究中,主要做了以下7项工作。

(1)做$1km^2$ 1∶1000地形测量,并详细进行工程地质测绘,搞清地质构造为小型背斜及向斜一翼,尤其是边坡一带向斜一翼岩层内倾倾角及段落长度。编制了工程地质平剖面图。

(2)沿垂直走向方向对7个陡壁做7条实测地形地质剖面图,并对剖面上各软层取样进行抗压、抗剪强度试验。

(3)按照三下采煤理论、方法进行塌陷机理分析,确认了山体裂缝恰好是塌陷边界裂缝。其依

据是属于切冒型塌陷，地表裂缝直达采空区（塌陷边界角71°）。

(4)对整个山体按塌陷模式进行数值分析模拟（平面线性有限无）。现场对照结果说明，各种应力区的地表变形现象完全符合应力分布特点。反过来证实山体变形是塌陷而非滑坡。

(5)对主要剖面进行极限平衡验算（滑动稳定和坡脚应力验算），各剖面稳定系数在$K=3.15\sim4.98$之间。安全裕度很高，不可能产生整体滑移和坡脚溃屈破坏。

(6)对7个陡壁岩体结构进行节理裂隙统计，作出赤平投影图，确定优势结构面后按结构与临空面组合判据进行各岩壁的崩塌稳定性判定。结果说明，各陡壁岩体均属稳定状态。

(7)以盐池河大崩塌和本矿区尖岩煤矿崩塌与陈家河跑马岭进行工程地质比拟分析。从地层、构造，岩体结构面组合特征及岩壁高度等方面一一对比，说明了陈家河跑马岭与两处崩塌的本质区别。

通过以上7个方面的工作得出两点结论：一是山体变形开裂现象基本上是属于采空塌陷变形（切冒型）所致，并没有产生滑动变形和崩塌破坏；二是采空塌陷后的山体边坡现状的稳定性验算和判据表明边坡的稳定系数很高，因此可以肯定今后也不会产生滑坡和崩塌。

这个结论作出后，经过5年的变形监测证明山体的确稳定。至今已整整20年时间，山体边坡始终安然无恙。说明当时的研究方法是科学的，结论是完全正确的。这个实例告诉我们，采空塌陷引起地面变形破坏有其固有的规律、特点，不一定就会产生滑坡和崩塌。一定要在全面、系统的勘察研究中，具体情况具体分析。同时，这项研究评价过程中所采用的理论、方法，尤其是它的工作程序、体系也具有普遍指导意义。

5.3 陕西韩城电厂地面隆起变形

陕西韩城电厂位于横山脚下的居水河阶地上。相邻山体中有象山煤矿进行大规模采矿活动，形成大片地下采空区并产生大量的地表变形破坏（图12）。自1982年起，电厂厂坪即出现隆起变形。随着矿山采煤的不断扩大，厂坪及其邻近建（构）筑物陆续产生不同程度破坏。

按照三下采煤的塌陷机理，确定地表移动盆地范围可见，塌陷盆地的山下边缘分布在铁路一线，而电厂厂坪恰好处于塌陷盆地的外边缘区附近。山体上大量裂缝的走向和形态表明这些变形破坏主要是采空塌陷造成的。山体下厂坪和铁路所在的居水河阶地平台上的变形破坏则主要是隆起变形，水平位移一直很小。宏观变形特征均符合采空塌陷的地表移动盆地各区段应有的变形特点。由于煤田共有3层可采煤层（3＃、5＃、11＃煤），1982年以后的十几年中在象山煤矿的分期、分层开采过程中，山下平台的隆起变形起伏变化，与采煤活动有明显的对应关系。表明这是一起典型的塌陷盆地外侧地面隆起变形破坏相关建构筑物的事例。具体情况和分析简介如下。

1)地层构造

居水河阶地下160m内及横山山体为二叠系石盒子组砂页岩（P_2^{1-5}），其下为上石炭统（C_3）煤系地层，含3层可采煤层。地质构造简单，为平缓的单斜构造，虽倾向西（向山外），但倾角很小。自山顶（北大沟）为12°～8°，山顶至坡脚为8°～4°，在厂坪一带降为4°～0°，过居水河岩层变成反倾。如果从横山山顶做一轴向剖面至电厂厂坪，可见岩层倾角从12°直至0°的平缓岩层地质剖面（图13）。这种顺层剖面中岩性主要是砂页岩互层，以砂岩为主，一般情况下是不可能形成大面积顺层滑坡的，尤其在山体坡脚至电厂平台，岩层近于水平，更不可能形成滑坡。只存在沿某些节理面不利组合产生小规模块体滑移和崩塌的可能。

2)山体及山下平台变形特征

如图12所示，山体上的裂缝基本上沿南北向和东西向分布呈井字形。这两种裂缝，一种应是

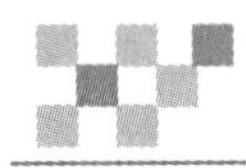

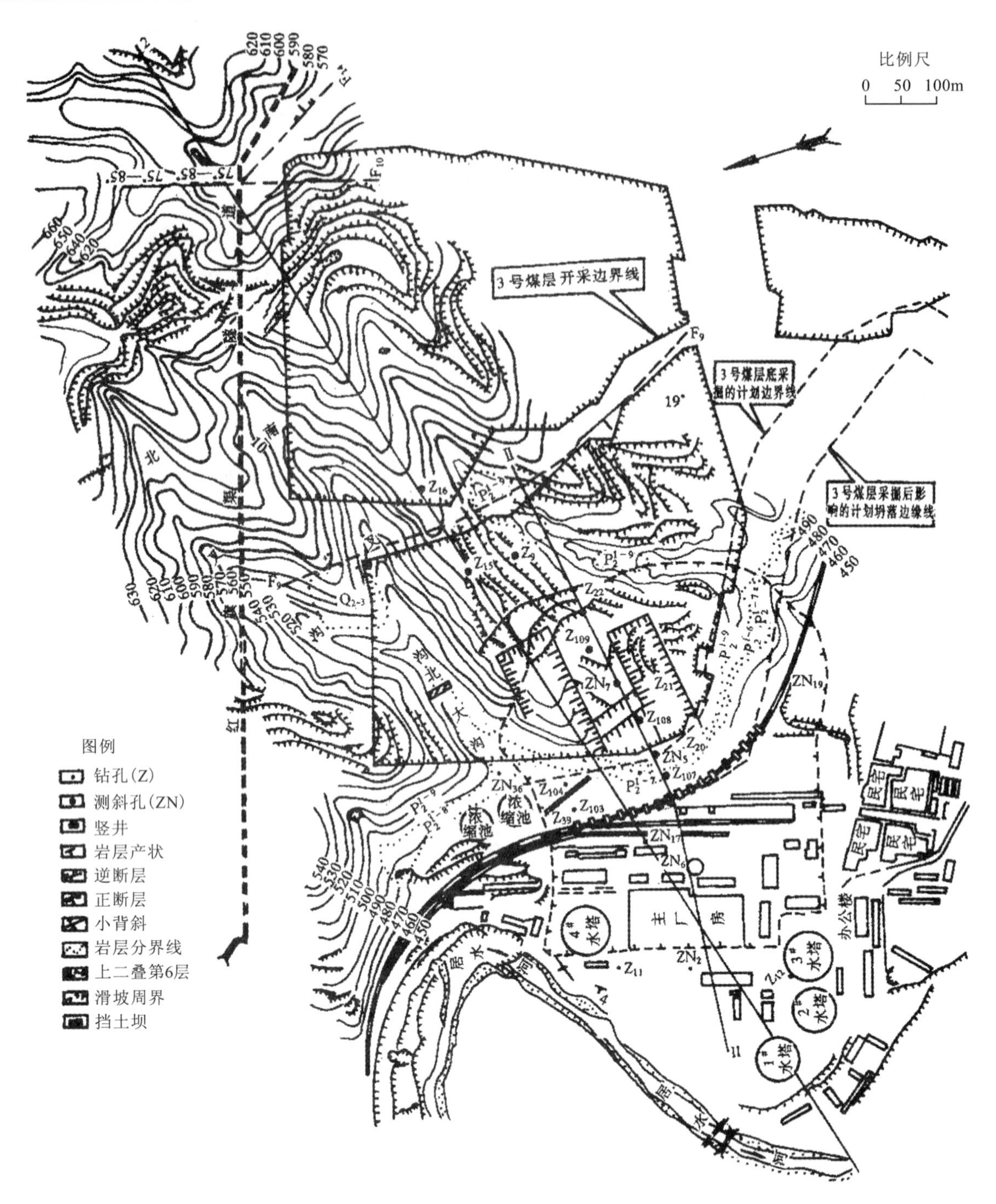

图 12 象山矿采空区及地表裂缝分布图

随采掘工作而逐渐向前推进过程中陆续形成的地表移动裂缝(即东西向裂缝);一种是采空区达一定规模时形成的采空区边界裂缝(即南北向裂缝)。山脚下平台上,铁路至电厂厂坪一带,地面变形则是以向上隆起变形为主,而水平位移均很小(多年累计也只有 10cm 左右)。山上、山下的两类变形特征恰好符合山坡下采空的地表移动的不对称移动盆地的变形破坏特征。即山顶一带出现纯拉张的盆地边缘裂缝,而山下一带则形成以塌陷盆地边界为限的压剪裂缝和边界角外侧的鼓胀变形区(图 13)。这种鼓胀变形区的分布位置,有两类情况。一类是当保护煤柱留设在山体边坡下,此时山体边坡的缓坡带上岩层出现"层张",即岩层因隆起导致沿层面张开。另一类是保安煤柱不设在边坡下方,而仅设在坡脚外侧的台地上。此时,在平台上将出现地面隆起变形。在靠近塌陷边界角的外边缘区将出现压剪裂缝,类似滑坡剪出口。离开外边缘区则单纯上隆。韩城电厂厂坪变形正好符合这种变形特征。主厂房一带则单纯上隆。

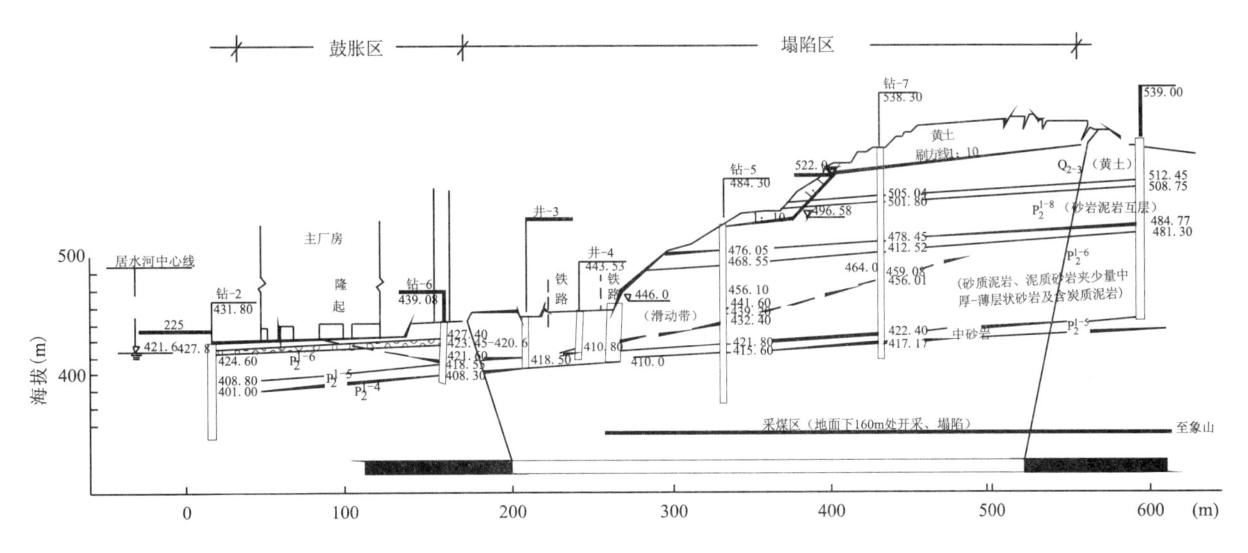

图 13　象山矿至电厂主轴剖面图

3)电厂隆起变形的时程特征

多年的变形监测表明,电厂地面隆起变形有以下 3 个特点。

(1)对应性,即隆起的初始期、高峰期及衰减期与煤矿的采掘活动进程明显对应。如邻近电厂的西采区自 1982 年始采 3#煤后厂坪出现变形,至 1984 年、1985 年变形严重,1985 年 3#煤采完之后,1986—1988 年电厂变形逐渐减缓;而 1992—1994 年采 5#煤之后,复采使塌陷加剧,故此间电厂变形再次加剧。自 1995 年 5 月 5#煤停采后,下半年变形又趋稳定。可见采矿活动与电厂变形对应性明显。

(2)间歇性,即多年变形监测表明,电厂变形呈现时起时伏的间歇性特点。这显然是因上述的对应性因素造成的。采矿活动有其自身的时空规律,同一层煤的采区位置、推进方向、采空时间不同,则对地面影响各异。不同煤层的分期采掘更是造成变形的间歇性。也就是说只要采矿活动间隔进行,地表变形就会间歇出现加剧、趋缓、终止的过程。

(3)衰减性,即当采掘活动终止后,地表变形便逐渐衰减,直至终止。我国北方的石炭系—二叠系煤田,因煤层顶板以上覆岩为中软岩层,多为三带型冒落。采矿活动停止后,地表变形历经初始期、活跃期和衰退期之后,即进入残余变形。一般经过 3～4 年变形即终止。电厂变形时程也大体如此。

综上所述,韩城电厂的地面变形,总体上应定义为采空塌陷盆地外边缘区外侧的鼓胀变形。而山坡坡脚附近的浅表滑移或堆坍则不是造成电厂厂坪地面隆起的原因。这两者并不互为因果。

4)电厂地面隆起的防治

自 1985 年至 1989 年间,负责防治工程的单位先后采取了以下工程措施。

(1)在塌陷山体上减重卸荷 100 万立方米土石方。

(2)开挖浇筑大型钢筋混凝土抗滑桩 73 根。

(3)修筑混凝土抗滑挡墙四道,总长 333m。

(4)修筑地表排水设施 2700m。

(5)对山坡及卸荷平台进行地表绿化。

应该肯定，上面几项措施起到了限制塌陷体外的侧向变形的作用。至1990年6月，尽管局部还有深层蠕动，但电厂变形速率已成倍减缓。保证了电厂正常发电，取得了显著的经济效益。

但是，1992—1994年间因煤矿继续开采深部的5＃煤层，又加剧了深层蠕动，导致地表隆起变形的复活。后经协商，矿方同意限采西部5＃煤层，才使变形逐渐稳定。由此可见，限制采矿范围、加宽保安煤柱还是最根本的措施。

这一事例告诉我们，在斜坡山体下采矿时，如果在预计的塌陷盆地外侧、紧邻外边缘区外侧的台地上有重要的民用或工业建筑群时，煤柱的留设范围应充分考虑可能出现鼓胀变形区的范围。也就是说要预计到鼓胀变形区的破坏作用，而有目的地将鼓胀变形区移至建筑区外的山坡上。当初如能按此要求留设煤柱，那么电厂的隆起破坏就不会发生了。

6 结 论

(1)采空区上边坡稳定问题是不同于三下采煤的另一类问题，也可称为“四下”采煤问题。这类稳定性问题的实质是边坡自身地质条件与采空塌陷作用这两种因素的叠加。

(2)边坡下采煤对山体边坡的影响，基本上可概括为3种后果：一是产生滑坡或崩塌，且以崩塌居多；二是仅仅产生不同部位、不同性质的地面开裂，但边坡仍保持长期稳定；三是由于保安煤柱设置范围不足，而在塌陷盆地外边缘区及其外侧台地存在鼓胀变形区，使台地隆起而破坏相关的建(构)筑物。

(3)采空区上边坡稳定性的最大影响因素还是地下采空引起覆岩的塌陷。而塌陷有不同的类型(如三带型、切冒型、拱冒型、弯曲型和抽冒型等)，其地表移动变形(垂直下沉、水平位移和隆起)则有其特有的规律。因此，在进行采空区上边坡稳定分析评价时，首先要运用三下采煤理论和方法，对塌陷规律进行基本分析。否则边坡稳定分析就失去了分析的基础。

(4)采空区上边坡稳定性分析工作是一个系统工程，必须认真按照图7所列的工作程序和内容循序进行(此不详述)。

(5)采空区上浅部土体边坡稳定问题是不同于岩体边坡的另一类问题。它的稳定分析应在采空塌陷变形分析的基础上，针对土体边坡稳定的3个基本因素，即临空面、软弱层、地下水在塌陷作用下的变化进行综合分析判断。一般规律是，土体边坡在采空塌陷作用下，多数易产生崩塌或堆坍。滑坡则多为古滑坡复活或诱发加速，土体结构不具备滑坡条件时不会产生滑坡。

(6)文中列举的3个实例有典型代表意义。它们代表了采空塌陷作用下的3种后果。其条件和研究分析方法可作借鉴。

本文所述内容，是笔者从事采空区上边坡稳定问题研究20多年的粗浅认识。由于资料和水平限制，不足或谬误之处在所难免，切望业界同仁批评指正。

参考文献

国家煤炭工业局.建筑物、水体、铁路及主要井巷煤柱留设与压煤开采规程[M].北京：煤炭工业出版社，2004.

湖北省陈家河煤矿跑马岭山体稳定性工程地质研究

范士凯　蔡伟英　陈尚轩　赵清平

摘　要：本文是采空区上边坡稳定性研究的一个典型实例。陈家河煤矿跑马岭山体因地下采空引起地面严重开裂。为探明跑马岭山体开裂原因和判定是否会产生滑坡或大规模崩塌，本文以采空塌陷机理分析并断定山体开裂的原因是采空塌陷变形。又从山体地质构造、岩体结构研究，并采用有限元数值分析证明了这种判断。为了进一步判定山体的滑、崩稳定性，采用软弱层极限平衡验算和结构面(赤平投影)组合判据以及工程地质比拟方法得出了山体既不会产生滑坡，也不会发生大规模崩塌的结论。经过5年的观测，证明了山体已经稳定。至今已整整20年，矿山仍安然无恙，也证明本文所介绍的评价采空区上山体(边坡)稳定的工作程序和方法是科学、有效的。

关键词：采空塌陷；数值分析；极限平衡；结构面组合判据；工程地质比拟

0　引　言

陈家河煤矿位于湖北省宜昌地区宜都县境内，地处长江以南的鄂西南山区。矿井所在的东西向山体俗称跑马岭。陈家河在山体北东及东侧向南流过，沿岸形成陡坡及陡峭岩壁，构成一种山高、谷深、坡陡的险峻地势。

该矿自1970年投产后，在跑马岭北坡一带，除沿煤层露头线留有50～70m保安煤柱未采，其余大部分煤层已于1972—1974年间采空。由于顶板冒落引起覆岩下沉，1976年就已发现山上产生裂缝，但宽度不大。但自1979年尤其自1983年以来，在跑马岭北坡陆续有7处共9个小煤窑口进行采煤活动。共有6个采区，大部分在陈家河矿老采区中复采，也采掉了部分保安煤柱，致使山上原有的塌陷裂缝加宽、加长。自1985年以后，沿跑马岭山脊线发育的主裂缝宽度由原来不足1m，加大到3～5m，连续长度增至250m，并在两条平行的主裂缝之间形成宽达35m的地堑式塌陷裂谷。距裂缝150m有7个峭壁呈东西向一字排列，峭壁及其下山坡上分布着主平洞口、铁路专线及装车仓、变电站、机修厂等工业建筑和单身宿舍、办公楼、食堂等民用建筑。远处望去，山顶上塌陷裂壁清晰可见，峭壁下各类建筑物比比皆在，令人惶恐不安。

面对这种严峻形势，各级政府采取了各种紧急措施。下令小煤窑停止开采，临近人员疏散，设立观察哨，成立防灾指挥部，矿山面临停产。在组织有关专家进行现场踏勘后，曾预测山体有可能产生岩崩或滑坡，其规模可达27.5万立方米，并建议矿山工业及民用建筑搬迁。在这种情况下，笔者及同事应邀赴现场进行调查。在现场调查的同时，深入分析了地下采空区的分布和山体地质构造特点，进行宏观分析后得出3点初步结论：①山体上出现的裂缝主要是由于采空区塌陷造成的，小煤窑的复采活动使裂缝进一步扩大，但这些裂缝并不是岩体滑坡造成的；②由于山体地质构造有利于山体稳定，大部分陡壁岩层向山内倾斜，且在坡脚一带未发现任何剪切错动或鼓胀变形迹象，各陡壁岩体完整无损，故认为山体不太可能产生大规模滑坡或岩崩，只可能发生局部小规模垮落；

③矿山可以继续生产，不必搬迁。但为准确评价山体稳定性，需要进一步开展全面的工程地质研究工作，并立即进行山体地面变形监测工作。

接受委托后，对跑马岭山体展开了全面的工程地质研究工作。内外业主要工作内容包括：①地形测量，测绘 1∶1000 比例尺地形图近 $1km^2$；②布设射线交叉观测网(包括 18 个位移观测点)，进行了 4 次山体变形观测；③进行较大面积的工程地质调查，测绘 1∶1000 比例尺工程地质图近 $1km^2$，并进行 6 条剖面调查。在搞清地层分布、地质构造的基础上对塌陷裂缝、裂谷、各陡壁岩体稳定状况、小煤窑开采引起的地面塌陷和局部岩体崩塌等现象进行了详细观察分析和测绘；④对主要的陡峭岩壁(共 7 处)进行节理统计并绘制极点密度图和赤平投影图，结合野外调查对各陡壁岩体结构及其稳定性作出评价；⑤在 4 层岩石中取 4 组岩石试样共 33 块，委托中国科学院岩土力学研究所做有关的物理力学试验；⑥对陈家河矿采空区及巷道分布图进行分析、校核，绘制了煤层底板等高线图及地面下对照图(包括小煤窑采空区)，在此基础上结合地面测绘，编制 6 条工程地质剖面图，并进行采空塌陷机理分析；⑦选择控制性剖面进行山体稳定性检算，同时采用弹性力学平面问题的有限元法应力分析程序对主轴剖面进行地质体应力分析；⑧对跑马岭山体各种地质、地貌现象进行野外录像，同时也对湖北远安盐池河岩崩及松宜尖岩河岩崩进行现场调查对比，编制陈家河煤矿山体稳定性工程地质研究彩色录像片一部。

1　山体地貌、地质构造及岩体结构特征

1.1　山体地貌特征

陈家河矿所在的跑马岭属鄂西南山地，最高峰海拔 640 余米，陈家河自山体北侧及东侧呈南东东—南东—正南向流过，此段河床最低高程 250m。山体的总走向及主要陡壁走向与地层走向一致，河谷走向也大体沿地层走向而转变弯曲，且河流切割剧烈，岸坡陡峭，河床中第四纪冲积物很薄甚至基岩裸露，显示出地壳明显上升的趋势，故该山区属于构造侵蚀中低山区。

跑马岭北坡在地貌形态上由下至上可明显分为 3 个台阶及台间陡坡，第一级台阶为陈家河南、西岸起始处由黄龙组灰岩(C_2h)构成的陡壁(壁高一般小于 20m，坡度大于 70°)或陡坡(坡度一般为 30°以上)，其上为陡坡(坡度一般为 20°～30°，个别为 40°～50°)；第二级台阶是由栖霞组灰岩第三组($P_1^{2-3}q$)构成的高陡壁(高度一般在 30～40m 以上，坡度为 70°～85°)其上地面坡度一般为 20°～30°，个别为 40°～50°；直至山顶为第三级平台。在一、二两级陡壁之间除陡坡外尚有局部耕地构成的小块梯状平地。整个山体除陡壁岩石裸露外大部分地面被茂密的灌木所覆盖。这些层次分明的陡壁和陡坡与陈家河河谷一起构成一种山高、坡陡、谷深、灌木茂密、荆棘丛生的险峻地貌形态。

1.2　地层分布及岩性特征

跑马岭山体的地层分布，除沿陈家河右岸靠近河床一带为中石炭统(C_2)黄龙组灰岩分布外，整个山体大部分由下二叠统的栖霞组灰岩及茅口组灰岩构成，其中有马鞍山煤组(P_1^1)分布在北坡第一个台阶之上。上二叠统(P_2)仅有龙潭组(P_2^1)在山顶出露。各组地层的岩性特征如下。

1)上二叠统龙潭组(P_2^1)

以深灰色薄层状粘土质硅质岩、蛋白石硅质岩，蛋白石至燧质硅质与黑色炭质页岩互层组成，间夹有黑色燧石条带。在顶部为粉砂质粘土岩，局部夹灰岩团块，底部为粉砂岩或粉砂质粘土岩夹灰岩团块。本组厚 7.7～20.9m，平均 15m。

2)下二叠统茅口组(P_1^3)

第三层(P_1^{3-3}):浅灰色巨厚层极细粒灰岩,局部夹有稀疏的燧石结核。本层厚 0.6～9.64m,平均 4m。

第二层(P_1^{3-2}):上部为暗灰色或灰白色层状、结核状燧石与灰岩镶嵌组成的灰岩燧石层,间夹有一层厚 3～4m 的微粒状灰岩;中部为灰色厚层微—细粒灰岩,含少量稀而大的燧石结核及方解石脉,下部有一层厚 0.4～6.5m 燧石灰岩,燧石呈条带状、结核状、扁豆状或透镜状在灰岩中。本层厚 19～41.58m,平均 35m。

第一层(P_1^{3-1}):灰色、深灰色、浅灰色厚层—巨厚层微—极细粒灰岩,上部有一层厚 1.1m 的含燧石结核灰岩。中部夹有 3 层串珠状灰岩。下部为一层厚 1.9～4.0m 的灰色中厚层状极细粒含稀疏的燧石结核灰岩。底部为一层厚 0.6～0.88m 细粒灰岩,含有大量燧石结核。本层厚 27.3～62.05m,平均 43m。

3)下二叠统栖霞组(P_1^2)

第四层(P_1^{2-4}):深灰色、暗灰色厚层—巨厚层串珠状灰层,灰岩呈结核状、条带状、透镜状。夹有数层钙质泥岩或炭质泥岩。中间夹有深灰色厚层灰岩,含燧石灰岩数层;中部夹一层厚 3.8m 的中厚层燧石条带灰岩;中下部为深灰色厚层状含燧石结核灰岩,夹有钙质泥岩。本层厚 48.71～93.63m,平均 90m。

第三层(P_1^{2-3}):灰色、深灰色厚层微粒—细粒含燧石结核灰岩,上部有时含有钙质泥岩,有时呈瘤状;中部夹一层厚 2.0～3.0m 的含燧石结核较多的燧石灰岩;底部为一层厚 6.2m 的灰黑色钙质页岩与灰岩互层,有时为串珠状灰岩。本层厚 38.81～58.27m,平均 42m。

第二层(P_1^{2-2}):燧石条带灰岩,呈薄层—中厚层状,燧石呈结核体或条带状夹于灰岩中,有时呈互层状,层间夹少量页状粉砂岩;中部有一层 2.7m 厚的暗灰色或灰白色厚层燧石层,偶夹灰岩结核体。本层厚 10.4～24.54m,平均 15m。

第一层(P_1^{2-1}):顶部为深灰色中厚层状微粒灰岩,间夹串珠状灰岩,并含有燧石结核或条带;中部为灰色,深灰色中厚层—厚层状微细粒灰岩,并含较多的暗灰色钙质泥岩。有时为串珠状灰岩;底部为厚约 1.1m 的钙质泥岩。本层厚 14.07～35.74m,平均 27m。

4)马鞍山煤组(P_1^1)

灰—灰白色带微红的薄层—厚层状石英细砂岩及含铁质石英砂岩夹粘土岩、粉砂岩。含煤 1～3层(Ⅰ、Ⅱ及Ⅲ层煤),Ⅱ煤层较普遍,呈层状并间夹粘土岩小透镜体,偶有尖灭现象。煤层厚 0～6.85m,一般厚 1.93m;Ⅰ及Ⅲ煤层仅局部见有,一般厚度不大,且多变为碳质页岩,不可采。煤系顶部有一层 0.42～2.23m 的黄铁矿层或含黄铁矿砂岩。本组厚度 8.53～28.8m,平均 16m。

5)中石炭统黄龙组(C_2)

上部为浅灰色、灰白色厚—巨厚层微粒晶质灰岩,质纯、性脆,并有断续的缝合线构造,含方解石脉及少量深灰色燧石结核;下部为灰色局部为灰白色厚层状细粒结晶灰岩,白云质灰岩或白云岩,质不纯,含方解石脉、石英碎屑、铁质、粘土和白云石等,并在层间夹有白色石英砂岩条带或白色燧石结核。本组厚度 49.5～88.2m,平均 80m。

1.3 地质构造

跑马岭山体处于区域性构造的仁和平向斜东端之东北翼,该向斜轴向正东西,属东西向构造体系。向斜的两翼由志留系(S)至二叠系(P)地层组成,核部由三叠系(T)地层组成。跑马岭山体因处于向斜东端之东北翼,故地层走向为北西,倾向南西,倾角一般在 10°～15°左右。除了总体上显示出大向斜一翼的情况(岩层总体上倾向南西)外，从煤层底板等高线显示的情况并结合地表测绘来看，尚有几个次一级的小型褶曲存在，即在陈家河矿主平硐北侧(跑马岭北坡)有一对东西向的小型背斜和向斜；主平硐南侧矸石山一带(跑马岭南坡)则有一个北东向的小型背斜及其两侧的两个小型向斜(走向均为北东向)。连同在矿区内存在的六条北东向断层并结合区域构造体系展布情况(仁和平向斜的南北两侧均有华夏系构造体系存在)，可以认为，本区构造体系除了以东西向构造体系为基本构造外尚有华夏系构造体系复合其中。这点认识的另一个明显证据是，在矸石山一带的岩层走向与地层界线的走向明显正交或大角度相交。但要明确指出，上述的构造体系复合现象仅出现在跑马岭南坡(主平硐以南)，而跑马岭北坡(主平硐以北)则仅由东西向构造体系控制着褶曲形态，却以另一类构造——断层(北东向)的复合形式出现。

跑马岭山体共有6条断层，其规模均属中小型断层，除 F_{67} 断层长度超过2km外，其余均在1km以内。其中多数断层走向北东，仅 F_{67} 断层由北端的北东向转为南北向。这些断层在其成生和发展过程中显然经受过东西向构造体系的应力场和华夏系应力场的复合作用。按照矿区统一编号，本区断层的具体特征简述如下。

(1) F_{67} 断层：正断层，走向由北端的北东向转为南北向(大部分为南北向)，断层面倾向南东或正东。从地层错位和井下采掘观察，该断层在北东向一段的断距不大，破碎带宽度不超过20m，似乎与中段及南段并非同一断层，而是北东向与南北向两条断层复合而成，但交接关系尚不清楚。该断层总长度2km左右，为本区最长的一条断层(本报告的工程地质图仅包括了该断层的北东向一段)。

(2) F_{63} 层：逆断层，走向北东30°～40°，断层面倾向南东，倾角73°。破碎带宽10～15m，呈压劈理密集切割状。断层长度350m以上。

(3) F_{55} 断层：正断层，走向北东25°～35°，倾向南东，倾角50°～52°。破碎带宽20m以上，泥化构造岩呈破碎的角砾状。总长度1.3km以上。

(4) F_{57} 断层：正断层，走向北东60°转向南东55°，倾向北西，长350m左右，断层破碎带宽小于10m。此断层与 F_{55} 断层相对，形成一个小型地堑，分布于主平硐至办公楼一带。

(5) F_{304} 断层：正断层，走向北东45°，倾向北西，倾角74°。破碎带宽小于10m。断层长度230m。

(6) F_{59} 断层：正断层，走向北东30°，倾向北西，倾角75°。碎破带宽小于10m。断层长度150m。

1.4 岩体结构特征及岩石物理力学性质

跑马岭北坡山体，除马鞍山煤组(P_1^1)由软质岩(泥岩、煤层)为主夹有硬质岩(砂岩、泥灰岩)组成外，其他各组均由厚层为主的硬质岩组成。岩体受构造破坏较轻，岩层中发育的节理基本上属于东西向构造应力场的产物，即主要有两组扭性节理，一组走向近东西(90°～110°)，另一组近南北走向(150°～180°)。由于本地区构造线呈北西向，大向斜东北翼转弯一带属东西向构造的局部应力场，故这两组节理正好是局部应力场的一对共轭的剪切面。总的来看，各组岩层的节理密度不大，除在薄层岩石中节理间距小于0.2m外，一般在厚层岩石中节理间距都在0.4～1.0m以上，故节理发育程度应属于较发育和不发育。因而山体内各组地层的岩体结构类型，基本上就是块状结构和层状结构两类。各组地层的岩体结构类型划分如下。

(1)龙潭组(P_2^1)薄层硅质岩夹页岩，板状结构。

(2)茅口组(P_1^3)厚层、巨厚层灰岩夹串珠状灰岩，块状结构。

(3)栖霞组第四层(P_1^{2-4})厚层、巨厚层串珠状灰岩夹钙质泥岩，块状结构。

(4)栖霞组第三层(P_1^{2-3})中厚层、厚层燧石结核灰岩，夹钙质泥岩，层状及块状结构。跑马岭北

坡的主要陡壁都由此层形成。

(5)栖霞组第二层(P_1^{2-2})薄层、中厚层燧石条带灰岩，层状结构。

(6)栖霞组第一层(P_1^1)薄层、中厚层灰岩、串珠状灰岩、钙质泥岩，层状结构。

(7)马鞍山煤组(P_1^1)薄层、厚层状石英细砂岩、粉砂岩、泥灰岩及碳质泥岩，夹1～3层煤，层状结构。

(8)黄龙组(C_2)厚层、巨厚层灰岩、白云质灰岩，块状结构。

可见山体内各组地层的岩体结构类型是以块状及层状结构为主，其强度分类则以硬质岩占多数，夹少量薄层软质岩。主要岩石的物理力学性质如表1所示。山体中的绝对高度200m以上无地下水。

表1　跑马岭山体主要地层的岩石物理力学指标

岩石名称及地层代号	容重(kg/cm²)	抗压强度(kg/cm²)	抗拉强度(kg/cm²)	弹性模量E(10^5kg/cm²)	泊松比u	抗剪强度		备注
						c(kg/cm²)	φ(°)	
钙质泥岩(P_1^{2-3})	2.602	457.62		3.46	0.26	⊥65 //湿24	⊥66 //湿40.5	抗剪断 擦摩

碳质泥岩(P_1^1)		//40.24
		⊥81.17
						⊥34
						//干3
						//湿3
							⊥65
							//干59
							//湿36
								抗剪断
								擦摩
								擦摩

石英细沙岩(P_1^1)		1218.17	55.80			⊥100	⊥70	抗剪断
泥灰岩(P_1^1)	2.612	2477.59		5.91	0.20	⊥140	⊥70	抗剪断
白云质灰岩(C_2)	2.684	1214		8.63	0.27	⊥100	⊥70	抗剪断

2　山体裂缝分布及形成机理分析

跑马岭山体南、北两坡地面存在着多条裂缝和地堑式塌陷裂谷。经过调查、测绘并与煤矿采掘情况对照，发现裂缝或裂谷的分布、规模及变化特点与陈家河煤矿和地方小煤窑的采掘历史、采掘方式及采空区分布有着密切联系。因而，有必要对这几方面的因素作系统的分析。

2.1　井田开采简史及采空区分布

陈家河井田自1958年即由县、公社小煤窑开采。当时井口曾多达22个，一般掘深达50m，个别达150m，其中有13个小窑见煤。1959年内陆续停办。

1960年松宜煤矿开始正规基建。建井一对，采取平硐、斜井开拓。主平硐标高283.598m。位于底板黄龙组灰岩(C_2)中，长372m，近东西(NW81°)走向。副(斜)井口标高345.268m，倾角10°～16°，井长265m，于110m处见煤，219m处与主平硐贯通。

现有的陈家河一号井是在1960年所建井的基础上改造的。新井延伸了原平硐，并新建了一条主平硐，老的主平硐(人行硐)长515m，新主平硐640m。平硐均位于底板黄龙组灰岩(C_2)中。该井于1970年10月投产，设计能力为15万t/年，1985年产量达到22万t。

井田范围内，1970年以前的开采范围已无资料可查。1970年投产后，主平硐以北先后于1972

年至1974年已大部分采空(个别地段因层厚及煤质变化而未采);主平硐以南则先后于1971年至1979年采空(亦有个别地段未采)。矿井开采的煤层为Ⅱ煤。主平硐以南平均采高2.2m,主平硐以北平均采高2.0m。

主平硐以北,自1978年至1986年4月间先后由村办或个体联办开采了7个小煤窑。大部分深入陈家河矿老采区开采下部的$Ⅱ_2$煤,也有一部分煤柱被采掉。据宜都县燃化局提供的资料,小煤窑共采出53 450t煤,采区面积达21 455m²。

2.2 山体裂缝分布、形态规模及发展过程

在研究区范围内的跑马岭南、北两坡,除矸石山掩盖地段外,共发现大小塌陷裂缝或裂谷11条。其发育部位和走向基本上受采空区分布的控制,即以主平硐为界的南北两大片采空区边界所对应的地面均有裂缝或裂谷保存。具体部位、分布方向、形态规模特征如下。

(1)南部边缘裂缝:位于矸石山南侧的排水沟以南的山坡下部。走向NE40°E,长180余米,缝宽0.5~1.0m,两盘无落差;缝中已被土充填并有草木生长。属于采空区南部边缘的老裂缝,无近期活动迹象。

(2)西南部边缘裂缝:位于矸石山西侧的近南北向山谷的东坡下部。走向由北端的NW50°转SN向,长约150m,宽1m左右,两盘无落差;缝中已被土填充并长满草木,状似流水冲沟。属于采空区西南部边缘的老裂缝。无近期活动迹象。

(3)西部边缘塌陷裂谷:位于跑马岭南坡采空区的西部边缘内侧,从跑马岭山脊线向南分布。走向由北端的近SN向转NW60°至NW25°~30°,系由两条平行的裂缝中间下沉形成的地堑式塌陷裂谷,明显的裂谷形态在北段,谷宽25m左右,中间下沉落差2m。谷底长满杂草和松树林(树龄8年以上),谷底和东侧还零星分布着直径2~3m或4~5m的圆形陷穴。裂谷北端还有一条走向NE60°,宽2~3m,长30m的老裂缝与裂谷相接。裂缝中长满松树和杂草。

(4)1号陡壁顶面之上裂缝:位于1号陡壁顶面之上的跑马岭南坡。走向NE20°,长95m,裂缝宽0.3~0.5m;缝中虽未被土填充(因山顶基岩裸露,无坡积土层),但缝壁也有小树及草长出,可见也非近期裂缝。属于南片采空区的东侧边缘裂缝。

(5)2号陡壁坡脚裂缝:位于跑马岭北坡的2号陡壁之下,从坡脚掏空地段的岩层面开裂,以NW50°方向向坡下延伸,长70m,缝宽由3~5cm至20cm。裂缝中无填充物、无植物生长,显示新近开裂特征。系由小煤窑近年采空形成的塌陷裂缝。

(6)3号陡壁坡脚裂缝:位于跑马岭北坡的3号陡壁之下,从坡脚向斜坡以近东西向延伸,长95m,缝宽3~5cm至20cm以上。缝中有土充填,但无植物生长,系近年开采的塌陷裂缝。该裂缝属于北片采空区边缘裂缝。

(7)4号陡壁裂缝:位于4号陡壁西北端。斜切陡壁以SW80°方向延伸。长30m。缝宽小于20cm,缝中有少量土填充,有植物生长。

(8)3号陡壁下靠河斜坡缝裂:位于3号陡壁以东的河岸坡上,呈弧形分布,走向SE80°,长95m。类似地面塌滑体后缘的形态,弧形裂缝圈以内的岩体及复盖土层下沉。系小煤窑新近采空塌陷裂缝。

(9)7号陡壁下靠河斜坡裂缝:位于7号陡壁以东的河岸陡坡上,走向SE60°,长35m。裂缝两盘有落差,将岩石和复盖土层错开。系小煤窑新近采空塌陷裂缝。

(10)跑马岭山脊线主裂缝带:沿跑马岭山顶东侧的山脊线呈NE75°~80°方向分布。由一条较大的裂谷(南北两条大裂缝及中间下沉楔体)及南侧一条平行裂缝组成。裂谷的南裂缝长250m,一

般缝宽1～2m，西端最宽处达5m，裂谷的北裂缝长210m，西端最宽处3.2m。中间塌陷楔体宽35m。与两侧缝壁落差一般为1～2m，大者2～3m。为一典型的地堑式塌陷裂谷；裂谷北侧还有一条东西向大裂缝，长100余米，缝宽2～3m。上述一条裂谷（两条裂缝及中间下沉楔体）和一条大裂缝均在[1]号、[2]号两陡壁之间穿过并沿跑马岭山脊线分布，统称为"主裂缝带"，是本次研究的重点地段，该地段恰好处于EW向背斜轴部。

上述各条裂缝及裂谷出现的具体年代和发展变化过程，因无逐年详细观测资料，所以只能根据访问和观察判断来大致了解其发展过程。从各条裂缝的形态和填充物及植物生长情况看，跑马岭南坡（主平硐以南）的裂缝或裂谷（即裂缝[1]～[4]）基本上都是近年没有明显活动的老裂缝或裂谷；而跑马岭北坡（主平硐以北）的裂缝或裂谷（即[5]～[10]）大部分为老裂缝近年重新活动的裂缝或裂谷。据矿方介绍，跑马岭南北两坡，自1976年就已发现数条较长的裂缝，但当时裂缝宽度不大。其中跑马岭山脊线主裂缝带（即[10]）在1983年以前还没形成地堑式裂谷，裂缝宽度不大，人可跳过。但自1984、1985年以来就发展到今天的规模。据山上居住的农民介绍，1984年至1985年一年多时间内，不断听到山体发出闷雷似的响声，引起夜间犬吠不止，1985年曾有耕牛掉入主裂缝带中……可见跑马岭山脊线主裂缝带急剧变形并呈现目前的规模和状态的时间应在1984年至1985年间。这段时间正是北坡的8个小煤窑开采活动已有1～4年后，也就是陈家河矿大片采空（1971年至1974年），而于1976年产生地表裂缝的6年以后，又经过小煤窑重复采动后1～4年时间才出现山体的剧烈下沉开裂，以致形成主裂缝带及北坡山体目前状态。

跑马岭南坡山体，虽未发现各条裂缝的明显的复活，但有迹象表明，采空后虽已十几年，地面下沉并未完全停止。如矸石山西侧的两栋民房在两年前出现了墙体裂开，西部边缘塌陷裂谷边上又出现微小新裂缝等都证明了缓慢、微量下沉仍在继续，说明地表移动仍未达到最大值。

除裂缝分布外，尚有2号陡壁岩体局部垮落和7号陡壁崩塌及各陡壁坡脚斜坡的"层张"现象。

2.3 采空塌陷引起的地表移动规律与裂缝形成机理分析

1)地表移动的一般概念

据国内外多年研究，采空塌陷引起的地表移动和变形性质及大小主要取决于开采厚度(m)、开采深度(H)、开采面积（长度或宽度）、采煤方法和顶板管理方法、煤层赋存状态、覆岩组成及其力学性质、工作面推进速度等许多因素。

一般的情况下（即煤系和覆岩大部分以层状或层状碎裂软岩及一定厚度覆盖土层时），当地下开采影响到达地表以后，采空区上方地表会形成一个大凹地，通常称为地表移动盆地，它比采空区面积要大，和采空区相对位置取决于煤层的倾角。

长期以来，研究区分了不同情况下的地表移动规律，把地表移动分为连续的地表移动和非连续的地表移动；把采动分为充分采动和非充分采动。

所谓非连续的地表移动是指采深与采厚比值(H/m)较小时，地表有可能出现较大的裂缝或塌陷坑。这时地表移动和变形在空间和时间上都不连续，其分布没有严格的规律性；反之，当采深与采厚比值(H/m)较大时，地表不出现大的裂缝或塌陷坑，这时，地表的移动和变形在空间和时间上是连续的，其分布有一定的规律性。这种情况称作连续的地表移动。据大量的地表移动观测资料，当采深与采厚比值$H/m<20$时，或者是采深与采厚比值达到20～25倍，但采厚特别大，或采深特别小，或表土层很薄，甚至没有表土覆盖层，用全部陷落法采煤时，容易产生地表大裂缝和陷坑，即出现非连续的地表移动。而当采深与采厚比值$H/m>25$时，地表出现连续的、有规律的移动和变形，即不出现大的裂缝和塌陷坑。

所谓充分采动，是指开采后地表出现的最大下沉值达到了应有的最大值，此时地表出现平底的盘状移动盆地。实测结果表明，当采空区面积的长度和宽度分别稍大于或等于开采深度时，地表呈现充分采动状态；当采空区面积的长度和宽度小于开采深度时，地表不出现应有的最大下沉值，地表移动盆地呈碗形，这时的采动叫非充分采动。

通常在充分采动情况下，地表移动过程终了以后的地表移动盆地一般可分为 3 个区域（图 1）。中间区（采空区上方），地表下沉均匀，地面平坦，一般不出现明显裂缝，地表下沉值最大；内边缘区（采空区上方），地表下沉不均匀，地面向盆地中心倾斜，呈凹形，产生压缩变形，一般不出现裂缝；外边缘区（煤层上方），地表下沉不均匀，地面向盆地中心倾斜，呈凸形，产生拉伸变形，当拉伸超过一定值时，地表产生张开裂缝。

开采主要影响范围 r，如图 2 所示。实践表明，地表的变形主要集中在开采边界上方宽度为 $2r$ 的范围内。联结主要影响范围的边界点及开采边界的直线与水平线所成的夹角 β 称为主要影响范围角。由图 2 可知：

$$r = \frac{H}{\tan\beta}$$

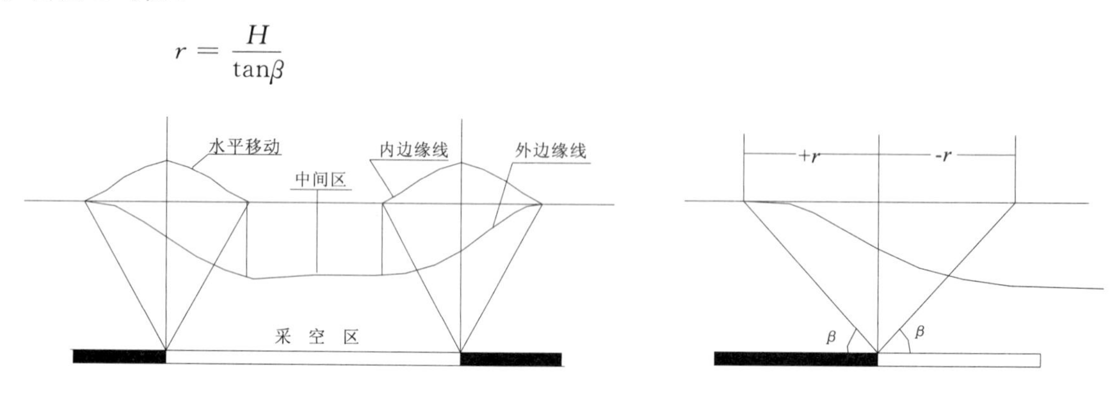

图 1　地表移动盆地

图 2　地表移动盆地边缘区下沉曲线

可见 r 除与开采深度 H 有关外，还与主要影响范围角的正切 $\tan\beta$ 有关。$\tan\beta$ 主要取决于覆岩的岩体物理力学性质；在针对不同的开采方法、煤倾角和覆岩岩性来确定影响范围角时，又称为移动角。如走向移动角、上山移动角、山下移动角及冲积层移动角。

由于地表水平移动不均匀的结果，产生地表的水平变形（拉伸和压缩）。在采空区上方的内边缘区为压缩区，最大压缩变形值在拐点一侧，即 $X=-0.4r$ 的地方；在煤层上方的外边缘区为拉伸区，最大拉伸变形值在拐点另一侧，即 $X=+0.4r$ 的地方（图 2）。

2）从采空区地表移动的一般规律与陈家河矿具体条件的比较看跑马岭山体的裂缝形成

陈家河矿的具体条件如下。

（1）煤层，共有三层煤（Ⅰ、Ⅱ及Ⅲ）。Ⅱ煤层较普遍，厚 0～6.85m，一般厚 1.93m 为主要开采煤层。呈层状并间夹粘土岩小透镜体，偶有尖灭现象，故开采过程中局部不可采，采空区出现局部的不连续。

（2）顶底板，Ⅱ煤的上覆煤系岩层厚 2.4～12.45m，一般 5.15m。其中伪顶（松软岩层）一般厚 0.45m，有时不存在。Ⅱ煤直接顶（坚实岩层）为一套薄层至中厚层或厚层石英砂岩夹薄层粘土质粉砂岩，碳质泥岩及薄层煤，有时与煤层接触处有较厚的（1.74m）粘土岩。直接顶一般总厚在 5m 左右，但往往直接顶便是老顶（坚硬完整的石灰岩）；Ⅱ煤的底板自上而下为碳质页岩、粘土岩、粘土质粉砂岩，局部为具页理的碳质页岩，一般不吸水、不膨胀、无可塑性，厚 0.3～6.8m。其下为石英砂岩，其强度高于顶板岩石。

(3)采煤方法及顶板管理。陈家河一号井使用的采煤方法为长壁工作面、爆破落煤、顺山棚木架支护顶板,全部陷落法管理顶板(图3)。掘出上、下顺槽及开切眼后开始回采,一般采6~8m以后初次放顶。该矿用煤柱切顶,因此,放顶前在距放顶线留5m煤柱,掘出3m宽的接替开切眼,工作面搬至接替开切眼,原工作面放顶,新工作面按图3所示顺序开始回采,如此循环下去。

(4)覆岩的岩体力学特性。马鞍山煤组(P_1^1)以上的覆盖岩体以栖霞1~4层灰岩为主,多为厚层及中厚层灰岩,连同其中夹的钙质泥岩都属于硬质岩,岩体结构以块状结构为主,间夹层状结构。近东西与近南北向的两组节理将山体改造成节理化岩体。主裂缝带地段又处在东西向小背斜轴部,纵向节理发育。由这些特点可知,上覆岩体在采空区形成后的变形过程中应以整体下沉、边界开裂为主,而且可以维持相当长的架空支撑时间,而一旦开裂势将沿小背斜轴部和发达的东西向节理形成裂缝。

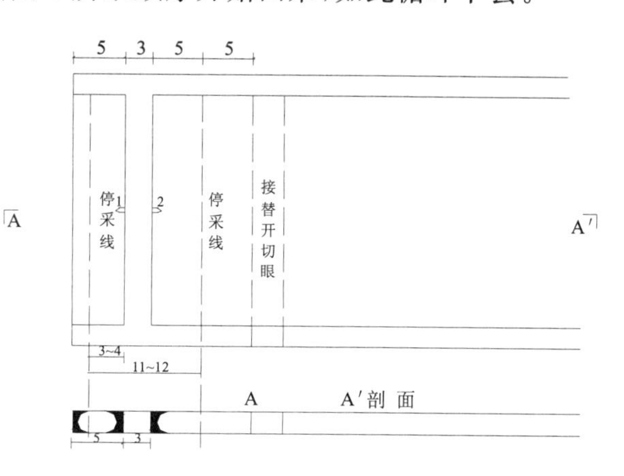

图3　采煤方法示意图

从以上四方面条件来看,可概括以下几点影响地面移动规律的特点:一是由于采煤方法、顶板管理方法及煤层赋存条件和地质构造条件决定了采空区在时间和空间上的不连续性;二是伪顶或直接顶较薄,顶板冒落后的松散物质不多,决定了采高所提供的地面下沉量较大;三是覆岩性质决定了地面移动以破裂和整体下沉为主。这些特点决定了该矿属于非充分采动和非连续地表移动(即地表裂缝破坏),而不能仅根据采深与采厚比值和采空区面积与采深的关系来判定其采动特点和地表移动规律。

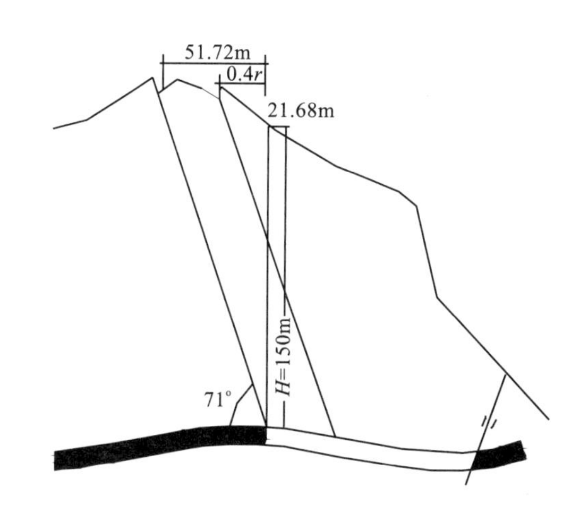

图4　影响范围计算值与裂缝对照

另一重要影响因素是小煤窑的开采活动。在陈家河矿采了上部的$Ⅲ_3$煤之后,小煤窑又开采下面的$Ⅱ_2$煤,这种重复采动的影响比初次采动的影响更为剧烈。一般在重复采动时最大下沉值可能比初次下沉值增大10%~20%,有时随顶板及覆岩强度增大可达80%~90%。

仅以跑马岭北坡主轴剖面(3—3′)为例,按主要影响范围r的一般计算式和最大拉伸、压缩点($\pm 0.4r$)的计算准则,粗略核算跑马岭北坡主裂缝带产生及其分布的必然性。如图4所示,开采边界处采深$H=150$m,影响范围角(裂缝角)$\beta=71°$,则影响范围:$r=\dfrac{H}{\tan\beta}=\dfrac{150}{2.90}=51.72$m,最大拉伸点:$0.4r=0.4\times 51.72=21.68$m。

以上计算和图示表明,主裂缝带的南北两条裂缝一条处在影响范围r的边界,一条处在最大拉伸点附近。同时,还有主平硐以南的采空区产生向南拉伸的共同作用。这就说明主裂缝带的形成纯属采空塌陷引起的地表移动和变形。

3)从山体的应力分布与地表变形现象对比看跑马岭北坡裂缝及其他变形的原因

采用弹性力学平面问题的有限单元法应力分析程序(YYY)对跑马岭北坡主轴剖面(3—3′)进

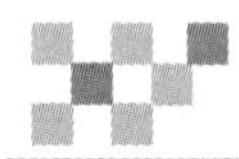

行应力分析，其单元网格划分和应力分布轨迹如图 5 所示。计算的山体范围是，南部以主裂缝带的南裂缝为界(并向南扩取一定范围)，北部以 3 号陡壁坡脚下的裂缝为界(并向北扩取至断层上盘)；划分 3 种材料，即完整坚实的石灰岩($r=2.7\mathrm{t/m^3}$，$E=6\times10^5\mathrm{t/m^2}$，$\mu=0.2$)、裂缝破碎带($r=2.5\mathrm{t/m^3}$，$E=4\times10^4\mathrm{t/m^2}$，$\mu=0.4$)、陡壁坡脚下的钙质泥岩层($r=2.6\mathrm{t/m^3}$，$E=3.46\times10^5\mathrm{t/m^2}$，$\mu=0.3$)；给定的计算边界位移限制条件是，山体南北两侧裂缝破碎带以内的整个岩体允许垂直及水平位移，破碎带外侧边界线只允许水平位移，该边界以外的完整岩体(受煤柱支撑)不允许垂直及水平位移。显然，这种限制条件是模拟了采空区山体塌陷变位的基本模式，所分析的山体应力分布状态(图 5、图 6)即是重力场的这种变位模式下的应力分布。

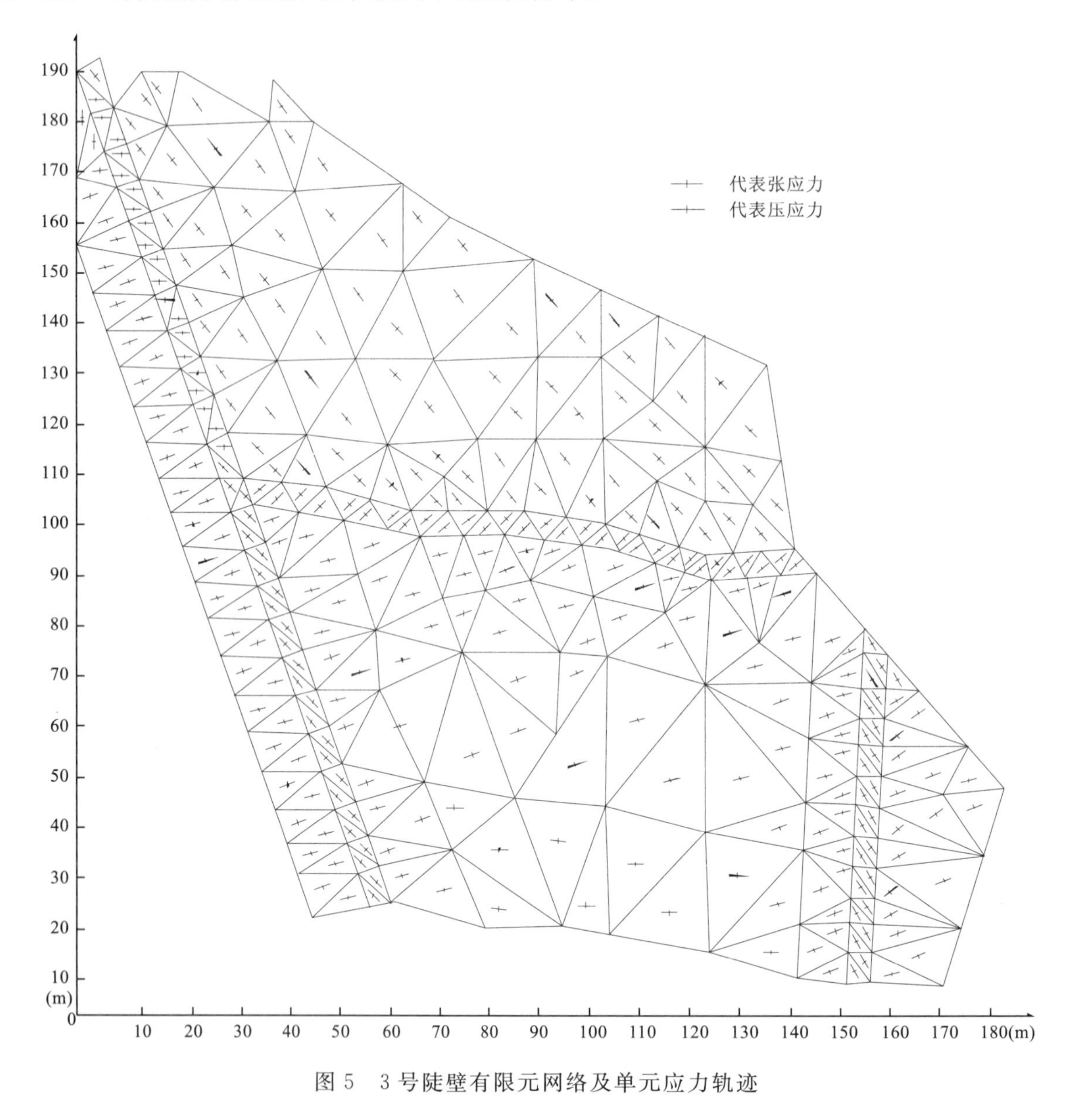

图 5　3 号陡壁有限元网络及单元应力轨迹

将图 5 及图 6 所示的应力分布与各处地表变形现象对照就可发现：①主裂缝带的两条裂缝近地表一定深度内是张应力分布，而下半部属压扭应力或张应力区；②陡壁坡脚以上是顺坡向压应力区(陡壁坡面恰巧发现顺坡面、沿节理面的鼓胀现象)，山体中间部分为不同方向压应力区(无张性裂缝)；③陡壁坡脚下的边缘裂缝外侧则出现一片垂直斜坡面的张应力区(恰好在这段普遍发现“层张”现象)。这些应力分布与地表变形现象(裂缝和层张)的严格对应结果绝非巧合，而是正好说明

了这些地表变形现象是在山体采空塌陷作用下，重力场重新分布产生的应力作用结果。还应指出，上述应力分析指的是弹性变形阶段，而目前因山体已塌陷、开裂，大部分应力已经松弛，故弹性变形阶段的应力接近峰值应力。

综上所述，可以得出两条基本结论：一是跑马岭山体裂缝纯系由于采空塌陷造成，而非山体翻倒或滑移造成；二是山体塌陷及地表移动变形已越过了急剧变形阶段，而进入残余的、缓慢的微小变形阶段。

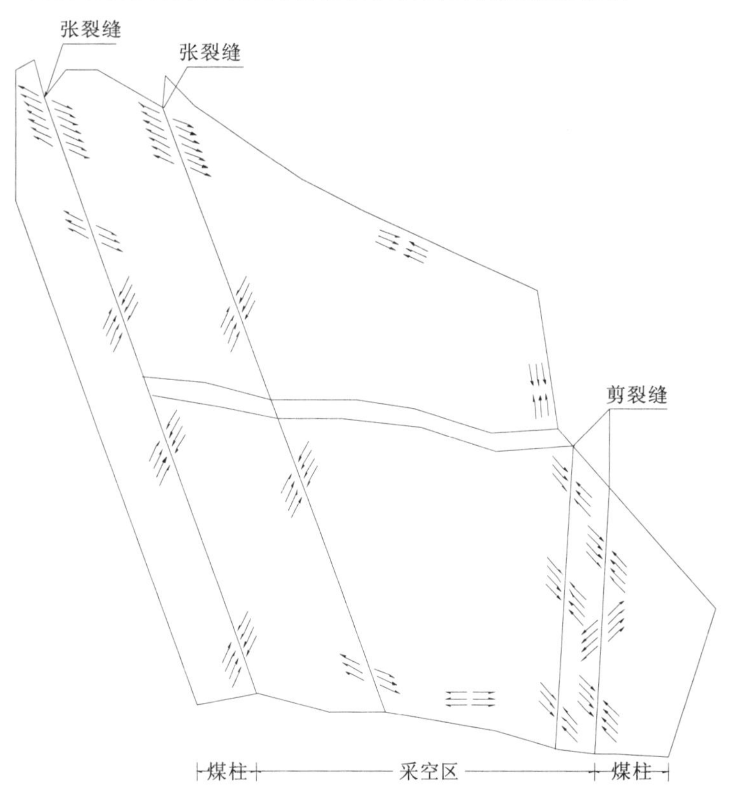

图 6　3 号陡壁应力分布与山体变形现象对照图

3　山体稳定性分析评价

3.1　从山体裂缝形成机理看跑马岭北坡山体稳定性质

在第 2 章中，已从采空区地表移动的一般规律与陈家河矿具体条件的比较和山体的应力分布与地表变形现象的对比这两个方面论证了裂缝和“层张”现象产生的原因是采空塌陷。也就是说，山体的整体变位形式是垂直变位为主的塌陷变形，而非翻倒或滑移。这就基本上明确了山体除了继续缓慢、微小的下沉之外不存在整体滑坡和山崩可能性的定性结论。对此不加赘述。

3.2　从山体稳定性检算看跑马岭北坡山体稳定性

近年各方面研究成果表明，决定一个山体整体性滑移或大规模滑崩的基本条件是连续分布的软弱岩层面的滑动稳定或坡脚应力水平与其强度比较。本报告选取跑马岭北坡主轴剖面（3—3′）和值得怀疑的 2 号陡壁剖面（2—2′）进行稳定性检算。检算所采用的力学参数来自两个方面，一是岩石力学试验指标，二是有限单元法应力分析的结果（应力方向和应力值）。同时考虑到，岩体在煤层底板以上虽无连续的地下水存在但雨季仍有渗入的地表水浸泡软弱岩层，因此在取用力学强度指标时均采用湿的强度指标。

1）3 号陡壁剖面（3—3′）滑动稳定检算

考虑到 3 号陡壁坡脚处有一层钙质泥岩属于相对软弱的岩层，故以此层作为可能的滑动面进行滑动稳定检算。从 3—3′剖面中截取主裂缝至陡壁坡脚的钙质泥岩以上山体作为检算断面，且将层面弯曲简化成折线形状（图 7）。

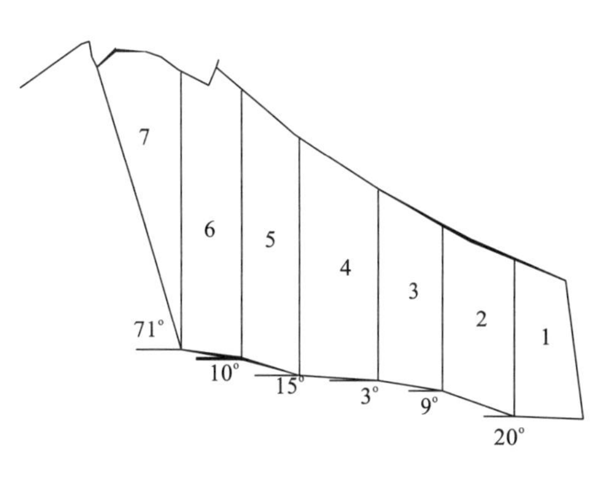

图 7　3 号陡壁检算断面

主要计算参数选为：钙质泥岩的层面摩擦强度

C湿$=24\mathrm{t/m^2}$(取试验指标的1/10)，$\varphi_{湿}=40.5°$，石灰岩的容重$r=2.7\mathrm{t/m^3}$。

采用山体平衡核算的C、φ值法公式计算稳定系数K：

$$K=\frac{\Sigma W_{i抗}\sin a_i\cos a_i+\Sigma W_i\cos^2 a_i\tan\varphi+C\Sigma l_i\cos a_i}{\Sigma W_i\sin a_i\cos a_i}$$

$$=\frac{122.78+13\ 883.83+3208.19}{3455.58}$$

$$=4.98$$

若不考虑C值的影响，则

$$K=\frac{122.78+13\ 883.83}{3455.58}=4.05$$

可见3号陡壁断面(山体主轴)的稳定系数($K=4.05\sim4.98$)是相当大的，因而不会发生整体滑动。

2)3号陡壁(3—3′剖面)坡脚应力与岩层强度对比

为了确定3号陡壁坡脚下的应力集中区在现有应力水平上能否发生剪断破坏，以致引起坡脚失稳并导致滑移或岩崩，采用第2章中的有限单元法应力分析结果(图5)中坡脚应力集中区的实际应力分布和应力值，并应用库伦—纳维尔破坏判据求得坡脚剪断破坏的稳定系数。

选取压应力集中的209号单元(钙质泥岩)的应力状态($\sigma_1=419.8\mathrm{t/m^2}$，$\sigma_3=60\mathrm{t/m^2}$，$\varphi=40.5°$，$C=240\mathrm{t/m^2}$)进行检算。

因σ_3与软弱面夹角$\beta<\varphi$，故采用剪断破坏判据。

$$\sigma_{1断}=\frac{2C+\sigma_3(\sqrt{1+\tan^2\varphi}+\tan\varphi)}{\sqrt{1+\tan^2\varphi}-\tan\varphi}$$

$$=\frac{2\times240+60(\sqrt{1+\tan^2 40.5°}+\tan 40.5°}{\sqrt{1+\tan^2 40.5°}-\tan 40.5°}$$

$$=\frac{610.15}{0.461}$$

$$=1323.53\mathrm{t/m^2}$$

则稳定系数：

$$K=\frac{\sigma_{1断}}{\sigma_1}=\frac{1323.53}{419.8}=3.15$$

可见3号陡壁坡脚剪断破坏的可能性是不存在的，因而可断定不会产生新的滑面或坡脚岩体破碎失稳，也就不可能发生新的整体滑移或大型岩崩。

3)2号陡壁(2—2′剖面)滑动稳定检算

考虑到2号陡壁剖面(2—2′)的岩层均倾向陡壁一侧，且陡壁已发生过小规模的崩塌，故截取主裂缝至陡壁坡脚的钙质泥岩以上山体作为检算断面并将弯曲的层面简化成折线形状(图8)进行检算。

选取的主要计算参数与3—3′剖面相同。

采用山体平衡核算的C、φ值法公式计算稳定系数K。

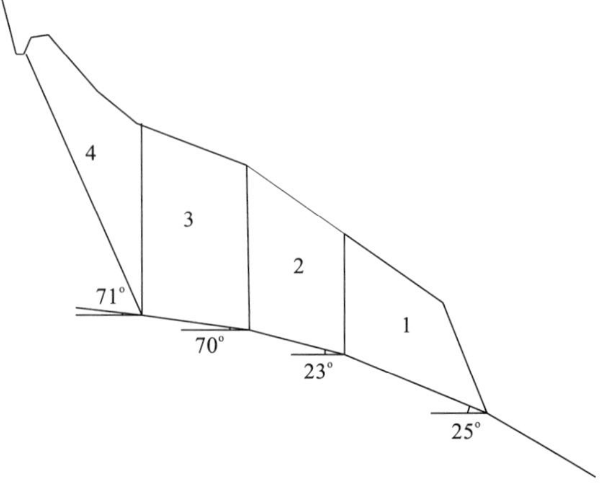

图8　2号陡壁检算断面

考虑C值(取试验指标的1/10)时，

$$K=\frac{1500.86+974.72}{702.45}=3.52$$

不考虑 C 值时，

$$K=\frac{1500.86}{702.45}=2.13$$

可见2号陡壁剖面(2—2′)的稳定系数(K=2.13～3.52)也是比较大的，故可判断不会发生整体滑移。

综上，已选取了控制跑马岭北坡主轴剖面和[2]号陡壁剖面进行了稳定性检算，从定量方面对山体稳定性作出判断。从野外调查所观察的实际现象看，各陡壁坡脚下不论是软弱层钙质泥岩还是陡壁石灰岩体均未发现任何顺层滑动破坏痕迹和高应力集中下的剪断破坏迹象。说明稳定性检算结果和山体变形的实际现象是完全吻合的，因而也是比较可靠的。

3.3 从工程地质条件比拟看跑马岭北坡山体稳定性

在陈家河矿跑马岭山体稳定性研究的野外工作期间，笔者曾专程到湖北远安县盐池河大型山体滑崩现场和松宜矿务局尖岩河矿小型岩崩现场进行对比研究，也对跑马岭南北两坡的新老裂谷形态进行了对比。现从以下三方面现象的工程地质条件比拟看跑马岭北坡山体稳定性。

1)盐池河大型滑崩山体与跑马岭北坡山体的工程地质条件对比

众所周知，湖北远安盐池河磷矿在1980年6月发生100余万方的大型山体滑崩，曾以瞬间掩埋矿区建筑物及283人死亡的惨祸闻名于世。比较盐池河与陈家河两处山体稳定方面工程地质条件的异同，也能说明陈家河矿跑马岭北坡山体的稳定性质如何。据盐池河现场调查并参考有关资料，将两处异同点列述如下。

相同之点：

①两处山体均属矿山采空区上岩体，虽都留有保安矿柱但都不在高陡岩壁之下而仅在坡脚下斜坡的露头线一带。

②两处山体形态及所处地貌位置相似，即都是在高陡岩壁之下有一片较陡的斜坡，坡下即是小型山区河流。

③两处山体均在采空区之上出现了因塌陷造成的地表裂缝，并由于采动造成山体重力场的重新分布。

不同之点：

①山体的地质构造有显著差异(图9、图10)，盐池河山体是向山外倾斜且很平直的单斜岩体(岩层产状，倾向70°∠15°)。而跑马岭山体则是背斜与向斜各一翼组成，即陡壁下有一段向山内倾斜，然后逐渐转为外倾；盐池河陡壁下的软弱岩层是强风化的泥质白云岩含泥质夹层，岩体结构破碎，遇水软化，而跑马岭北坡陡壁下的相对软弱岩层是钙质泥岩，中等至轻微风化，结构完整，遇水不易软化。这两方面的差异具有影响山体稳定的内在本质意义。

②山体规模相差悬殊。从两山体断面尺寸上看(图9、图10)，盐池河山体顶部与河谷高差近400m，而跑马岭北坡山脊与河谷高差仅200m左右。尤其是陡壁高度(自软弱层算起)相差更大，盐池河陡壁高达160～170m，而陈家河陡壁高者才40～50m。这两者的差异，决定了山体重力场的性质和应力集中的量级必然相差很大，同时崩落岩体的冲击能量也会相差很大。

③岩体结构面的组合特点有本质区别。以盐池河崩滑体后壁和跑马岭3号陡壁相对比，前者层面(产状(30°～50°)∠(14°～12°))及两组节里(产状200°∠84°，245°∠72°)与临空面(40°∠75°)组

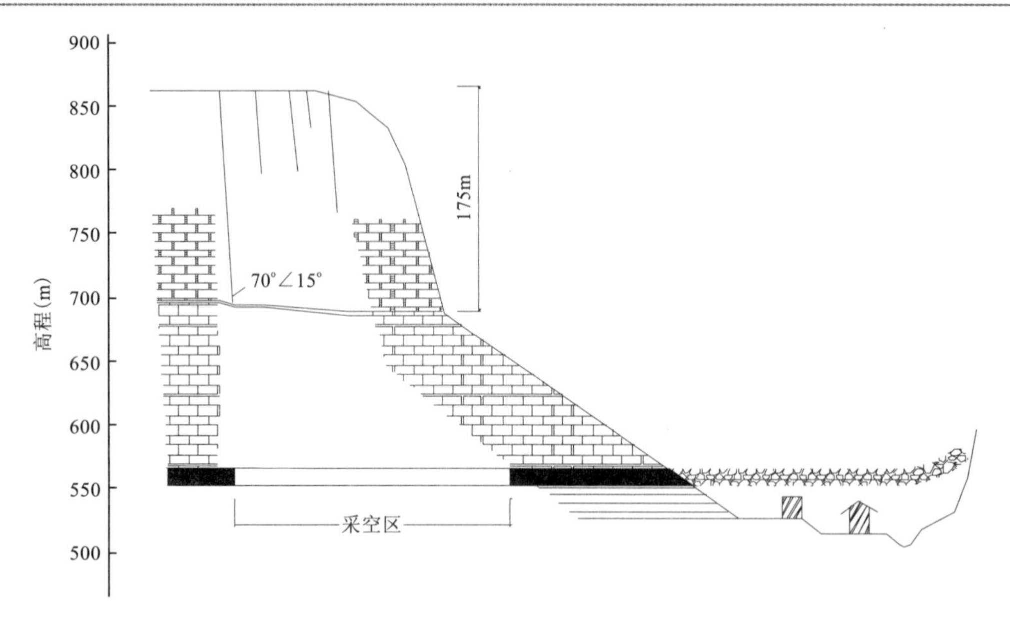

图 9　盐池河滑崩山体断面

合后(图 11)呈不稳定的翻倒破坏状态,而后者层面(产状 270°∠25°)及两组节理(产状 54°∠75°,355°∠84°)与临空面(0°∠84°组合后(图 12)呈基本稳定状态。

④矿山采动因素有较大差别。盐池河磷矿层厚度大,分布均匀,故采高 5m 以上,采空区连续而宽阔。陈家河煤矿煤层较薄,一般采高在 2m 左右且有局部未采而造成采空区不太连续;盐池河磷矿顶板及覆岩厚度大而结构完整,岩石脆性大。而陈家河顶板及覆岩厚度远小于盐池河且完

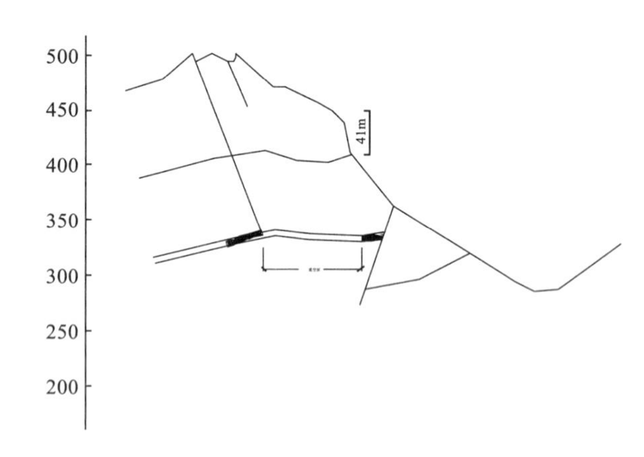

图 10　跑马岭北坡山体断面

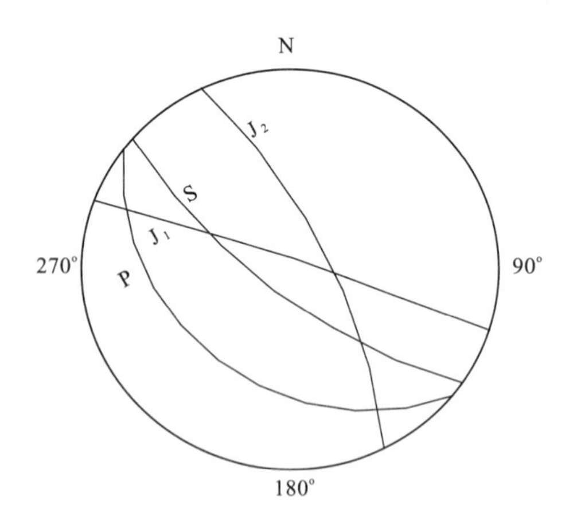

图 11　盐池河崩滑后壁结构面组合

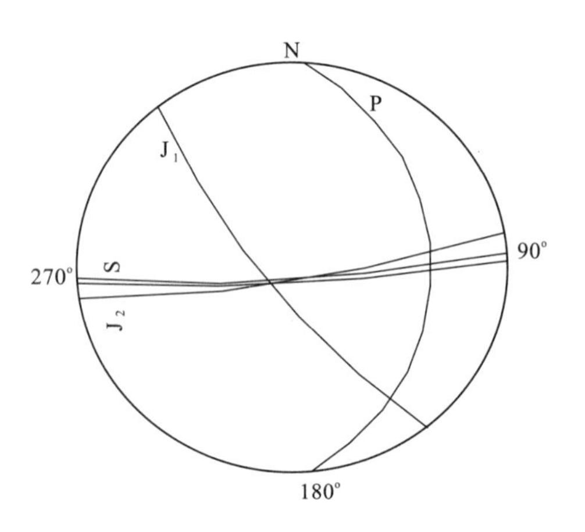

图 12　3 号陡壁结构面组合

整性不及盐池河。这些差别决定了两者的采空地面移动规律会有明显不同,盐池河的塌陷及地表移动量应远大于陈家河,但由于覆岩厚度大而完整,故变形更具有不连续性(突然性)。

上面 4 点不同之处,无论是在性质和量级上都说明陈家河跑马岭北坡山体与盐池河崩滑山体稳定性有着本质的不同。

2)尖岩河小型岩崩体与跑马岭北坡山体工程地质条件对比

松宜矿务局尖岩河煤矿也曾在河岸陡壁发生过小型岩崩(约1800方)。调查结果发现,产生岩崩的根本原因是结构面组合(层面产状240°∠18°;两组节理产状为55°∠50°,320°∠89°;临空面产状为35°∠80°成不稳定组合状态(图13),尤其是存在一组倾向临空面且倾角小于坡度角的节理(55°∠50°),这组节理在岩体受小煤窑采动破裂后发生沿节理面(倾角50°)下滑并使岩体翻倒崩塌。这种组合状态,尤其是55°∠50°这组节理在跑马岭是不存在的(图13),因而也就不可能发生尖岩河的这类岩崩。

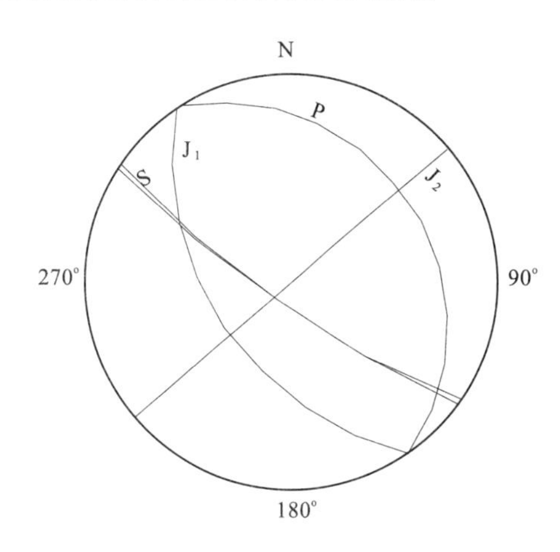

图13　尖岩河岩崩体结构面组合

3)跑马岭南、北两片采空区上新老塌陷裂谷状态对比

跑马岭南坡采空区曾在1976年前后出现一条近南北向(局部在山顶为近东西向)的塌陷裂谷,其规模与北坡主裂缝带的新塌陷裂谷相近。但是两者状态有显著差别,南坡老裂谷已成U形沟槽,谷底长满杂草和松树林。从树龄看,裂谷已形成8年以上。而北坡新裂谷则呈现深大裂缝与中间下沉楔体的破碎状态,令人望而生畏。两相对比,可见老裂谷当年也会呈现新裂谷目前的状态,但当时至今也并没有引起相邻山体的整体滑移或岩崩。尤其是老裂谷北端有几十米长的近东西走向的老裂缝,其北侧即为陡峻的斜坡山体,但至今也没发生崩滑。可见,山体形成塌陷大裂缝或裂谷也并非一定产生山体崩滑。

总之,从以上三方面对比来看,跑马岭北坡山体也不会产生整体滑移或大型岩崩。

3.4　跑马岭北坡各陡壁岩体的局部稳定性分析、评价

为了分析评价跑马岭北坡的各个陡峭岩壁的局部稳定性(即局部崩塌的可能性),在现场对7个大、小陡壁进行了各种结构面(层面、节理、临空面)的详细测量统计。首先作出极点等密度图找出统计优势面,然后根据观察分析确定地质优势面,再绘制赤平投影图。根据结构面组合状态和陡壁的实际现状相结合作出每个陡壁局部岩体稳定性的判断结论(图14)。

综上所述,对跑马岭北坡山体的稳定性,可以得出如下结论:①山体既不可能沿相对软弱(泥岩)层发生整体滑移,也不可能因坡脚应力集中和剪断破坏而发生大规模岩崩;②由于个别陡壁岩体结构面组合成不稳定组合形态(指7号陡壁,呈翻倒组合),或由于坡脚被掏空(指2号陡壁),可能产生岩体局部少量崩塌或块体垮落。这是值得防治的唯一不良工程地质现象。

4　山体变形观测

4.1　观测网的布设、误差估算及变形计算方法

为了给山体稳定性研究提供地表移动的水平与垂直分量、移动全向量、移动速度等基本数据,在跑马岭主裂缝带两侧布设了射线交叉式观测网(图15),并采用视准线偏离法进行观测。由于山势险峻和植被茂密、荆棘丛生,通视条件很差,只能选到既能反映变形情况又可通视的12个移动观测点。同时布设了两个观测基本(J_1、J_2)和12个照准基点(J_3～J_{14}),各基点均用红外线测距仪按I

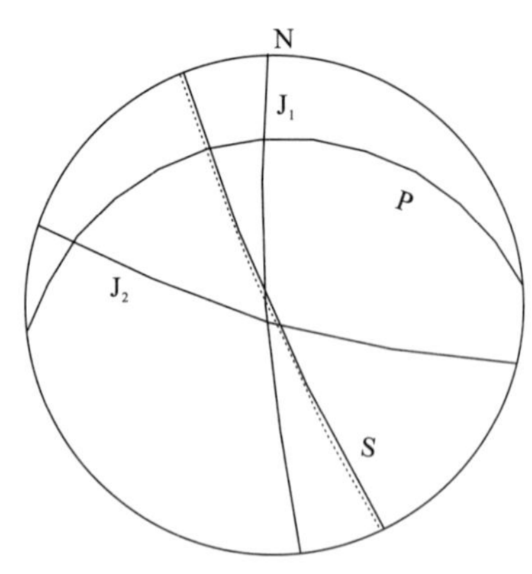

a. 1号陡壁

层面产状：180°∠20°(P)
节理产状：90°∠80°(J_1)
90°∠80°(J_2)
临空面产状：70°∠80°(S)
稳定性评价：①无层面滑动问题；②陡壁岩土有少量表面剥落

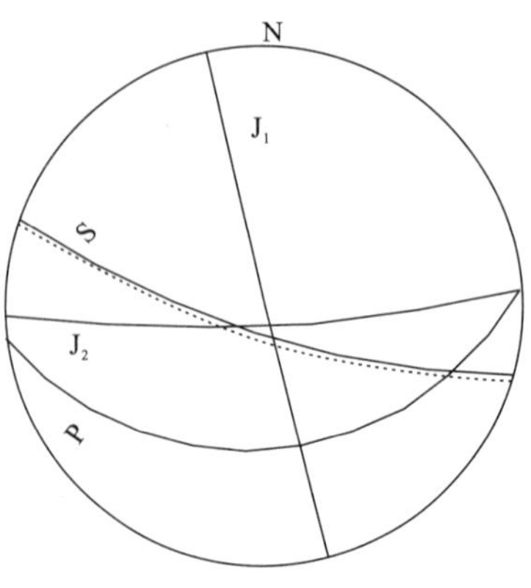

b. 2号陡壁

层面产状：350°∠30°(P)
节理产状：80°∠90°(J_1)
0°∠80°(J_2)
临空面产状：20°∠70°(S)
稳定性评价：①岩体被切割后，存在层面滑动问题，但需进行滑动验算；②由于坡角掏空，陡壁岩体有部分翻倒趋势，约600方左右

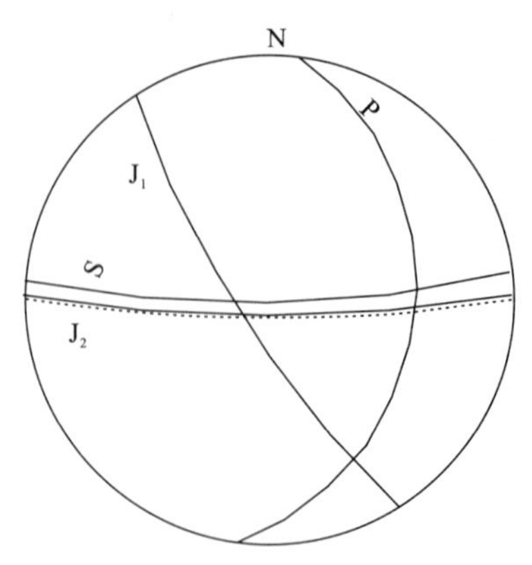

c. 3号陡壁

层面产状：270°∠25°(P)
节理产状：54°∠75°(J_1)
355°∠84°(J_2)
临空面产状：0°∠84°(S)
稳定性评价：①不存在层面滑动问题；②陡壁现状基本稳定

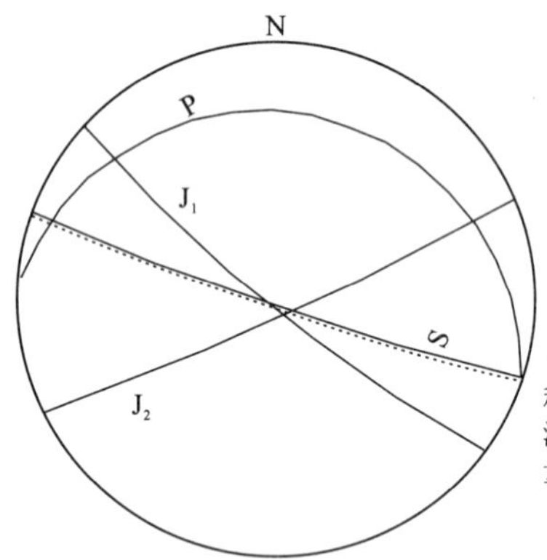

d. 4号陡壁

层面产状：200°∠25°(P)
节理产状：40°∠80°(J_1)
340°∠84°(J_2)
临空面产状：20°∠82°(S)
稳定性评价：①不存在层面滑动问题；②陡壁岩体有少量表面剥落，约50方

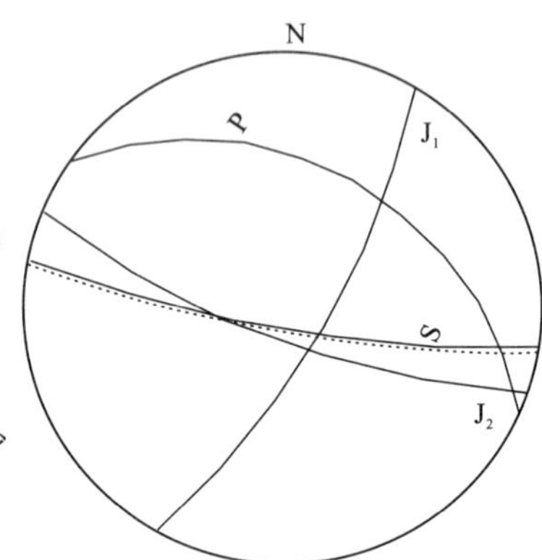

e. 5号陡壁

层面产状：210°∠30°(P)
节理产状：300°∠70°(J_1)
20°∠72°(J_2)
临空面产状：10°∠78°(S)
稳定性评价：①不存在层面滑动问题；②陡壁岩体少量表面剥落

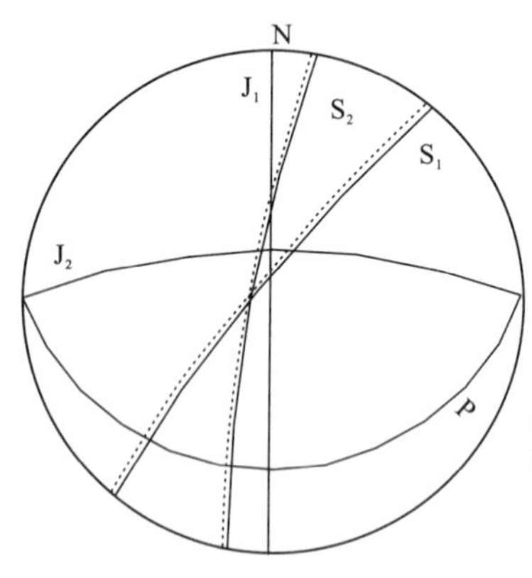

f. 6号陡壁

层面产状：0°∠18°(P)
节理产状：90°∠90°(J_1)
180°∠68°(J_2)
临空面S_1产状：130°∠78°(S)
临空面S_2产状：100°∠80°(S)
稳定性评价：①不存在层面滑动问题；②陡壁基本稳定

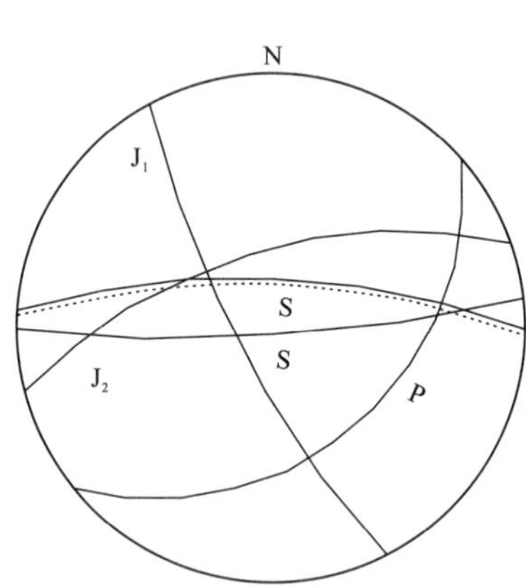

g. 7号陡壁

层面产状：300°∠30°(P)
节理产状：60°∠70°(J_1)
160°∠60°(J_2)
临空面S(原)产状：176°∠80°(S)
临空面S产状：0°∠70°(S)
稳定性评价：①存在平面滑动问题；②由于两组节理与层面形成翻倒组合，并已发生崩塌，约500方，还将继续崩落

图 14　各陡壁岩体的稳定性分析

级导线精度测定坐标。

由于跑马岭地形的通视条件极差，观测时如果采用人工逐个上山对点进行观测是很困难的，为了在保证观测精度的前提下短时间能完成一次观测，制作了十字型模尺觇标，埋设到各观测点位上。其结构形式如图 16 所示，两根横尺分别与视准线垂直，尺长 0.65m，尺宽 0.1m。采用这种觇标使用 WILD－T_2 经纬仪进行观测的误差很小，按下式：

$$m_v = \frac{60''}{p''v} \cdot D$$

计算照准误差，当测距 $D=250$m 时 $m_v=2.6$mm，最大测距 $D=371$m 时，$m_v=3.8$mm。移动观测点一般放大两倍距离，其照准误差为 7.6mm。横尺读数的读差为 $T/3.5$，其中 T 为横尺最小分划值，读数误差为 0.3mm。加上仪器对中误差 2mm。则水平向量总误差 $m_s=9.9$mm。

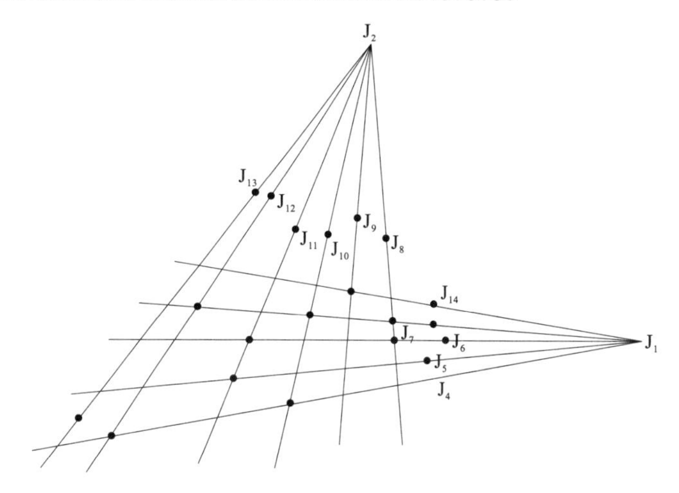

图 15 观测网点示意图

由于跑马岭地形的通行和通视条件极差，不可能用水准测量方法确定点位标高，因而采取在水平位移观测中同时进行三角高程测量的方法求得标高。此时按下式

$$m_H = \pm\sqrt{\frac{m_2^2}{p^2} \cdot D^2 + \text{cotg}^2 z \cdot m^2 D + m_k^2 + m_i^2 + m_L^2}$$

式中：m_z 以 5″计；m_D 以 0.01m 计；m_k 以 $0.42D^2$ 计；D 以 500m 计；z 以 80°计；m_i 和 m_L 以 3mm 计。

计算的三角高程中误差为 11mm。

以上两项误差 m_s 和 m_H 均取极限值也不超过 3cm，可以满足精度要求。

观测数据的整理和计算用以下公式（推导从略）：

(1)移动方向与 J_1 视准线的夹角：

$$d_i = \tan-1\frac{\sin r_i}{\frac{b_i}{a_i}+\cos r_i}$$

(2)移动方向：

$$d_{pi} = d \pm d_i$$

(3)水平位移分量：

$$D_{pi} = \frac{d_i}{\sin d_i}$$

(4)下沉垂直分量：

$$H_P = H_i - H_0$$

(5)位移全向量：

$$S_P = \sqrt{D_p^2 + H_p^2}$$

(6)移动速度：

$$V = S_P / \text{间隔天数}$$

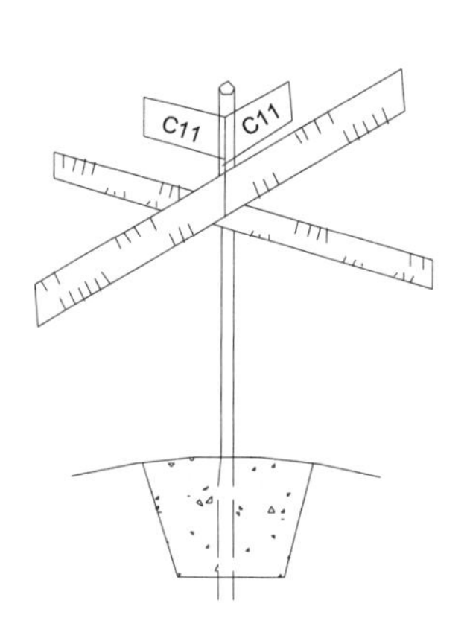

图 16 十字横尺觇标

除以上所述的视准线网上的观测点外，还在网外布设了 7 个红线测距散点，按下式

$$m_o = \sqrt{\frac{m_\beta^2}{p^2} \cdot D^2 + m_D^2}$$ （式中 m_β 以 5″ 计，D、m_D 同前）

计算的点中误差为 0.016m。取极限误差为 0.032m，也基本满足精度要求。散点的三角高程误差预计与视准线网同。

4.2 形变观测资料的分析及结论

形变观测网建立之后，于 6 月 2 日进行初读数观测。其后于 6 月 4 日、6 月 19 日、7 月 18 日、8 月 27 日共进行四次观测。现将各次观测计算结果列表 2。

表 2 位移观测成果表

日期	6.2—6.19	6.19—7.18	6.2—7.18	7.18—8.27	6.2—6.19	6.19—7.18	6.2—7.18	7.18—8.27	6.2—6.19	6.19—7.18	6.2—7.18	7.18—8.27
点号	水平位移(cm) 移动方向				下沉值(cm)				移动向量(cm) 移动速度(cm/d)			
C_3	1.0 102°32′	1.1 345°09′	1.1±2.0 38°16′	0.5 11°30′	−1.7	0	−1.7	−0.5	2.0 0.12	1.1 0.04	2.0 0.04	0.7 0.02
C_4	1.2 48°00′	1.5 11°30′	2.6±2.0 29°38′	1.4 328°48′	−0.9	−0.9	−1.8	−0.8	1.5 0.09	1.7 0.06	3.2 0.07	1.6 0.04
C_{10}	1.5 34°00′	1.2 352°57′	2.5±2.2 18°26′	1.2 319°03′	−2.4	−0.1	−2.5	+0.2	2.8 0.16	1.2 0.04	3.5 0.08	1.2 0.03
C_{15}	1.6 73°00′	2.6 327°58′	2.7±2.2 2°08′	1.8 97°12′	−2.5	+1.2	−1.3	−1.5	3.0 0.18	2.9 0.10	3.0 0.06	2.3 0.06
C_{20}	2.0 15°00′	1.4 65°54′	3.1±2.4 35°16′	0.7 251°36′	−0.9	−0.3	−1.2	+0.4	2.2 0.13	1.4 0.05	3.3 0.07	0.8 0.02
C_{14}	2.5 69°00′	3.0 327°45′	3.5±2.4 12°25′	0.8 65°01′	−1.8	+0.7	−1.1	−0.8	3.1 0.18	3.1 0.11	3.7 0.08	1.1 0.03
C_{24}	4.6 80°00′	3.2 357°57′	6.0±2.8 48°53′	0.0 00°00′	−1.7	+0.8	−0.9	−1.4	4.9 0.29	3.3 0.11	6.1 0.13	1.4 0.04
C_{18}	2.0 30°00′	3.0 60°04′	4.9±2.8 47°32′	3.5 311°12′	−2.1	+0.3	−1.8	0	2.9 0.17	3.0 0.11	5.2 0.11	3.5 0.09
C_{17}	0.6 210°00′	5.8 49°53′	5.3±2.8 51°51′	3.0 297°00′	−1.8	−0.4	−2.2	−1.9	1.9 0.11	5.8 0.20	5.7 0.12	3.5 0.09
C_{11}	2.2 86°00′	3.0 297°25′	1.6±2.4 345°48′	0.5 23°56′	−2.5	+1.1	−1.4	+0.3	3.3 0.19	3.2 0.11	2.1 0.04	0.6 0.02
C_{21}	5.4 92°00′	4.6 356°28′	6.7±3.0 50°06′	6.0 217°15′	−3.2	+1.4	−1.9	−0.5	6.3 0.37	4.8 0.16	7.0 0.15	6.0 0.15
C_{31}	2.2 25°00′	2.6 188°45′	0.8±2.2 129°48′	2.4 150°15′	−0.5	−0.8	−1.3	+1.1	2.3 0.14	2.7 0.09	1.5 0.03	2.6 0.06
C_{32}	2.2 343°00′	3.3 183°28′	1.4±2.6 219°17′	2.2 352°14′	−1.9	+0.7	−1.2	−0.4	2.9 0.17	3.4 0.12	1.8 0.04	2.2 0.05
C_{33}	3.5 355°00′	1.6 217°34′	0.8±2.4 255°58′	0.6 71°34′	−3.2	+0.1	−3.1	+1.1	4.7 0.28	1.6 0.06	3.2 0.07	1.3 0.03
7	1.9 164°00′	5.4 122°14′	7.0±2.8 133°16′	4.1 313°01′	−0.8	−0.7	−1.5	−2.1	2.1 0.12	5.4 0.18	7.1 0.15	4.6 0.11
8	1.7 182°00′	5.8 187°57′	7.4±2.8 187°02′	2.1 41°11′	−1.4	+0.6	−0.8	−3.2	2.2 0.13	5.8 0.20	7.4 0.16	3.8 0.09
9	3.4 140°00′	5.4 212°14′	7.4±2.8 186°56′	3.8 19°51′	+1.3	+0.5	+1.8	+0.1	3.9 0.23	5.4 0.18	7.6 0.16	3.8 0.09
10	1.8 132°00′	6.1 127°03′	8.0±3.0 129°54′	1.4 297°21′	−1.1	−0.9	−2.0	−1.6	2.1 0.12	6.20 0.21	8.2 0.18	3.7 0.09

从4次观测的移动轨迹可见，主裂缝带以北的各观测点大都显示向北微量移动(包括误差在内，87天位移的水平分量为1.6～6.0cm，且移动速度0.018～0.069cm/d)。对这种现象作如下分析。

(1)由于山体断面中大部分岩层倾向北，主要观测点均在这部分岩体上。再由于煤系顶板以上的岩体是总厚度超过150m以块状结构为主的坚硬石灰岩，而采空在断面上的宽度也只有90余米，故不易出现明显的地表移动盆地，而主要由于顺倾向下沉引起"倾摆"变形效应，导致位移的水平分量也向北。既然山体的采空塌陷变形尚未完全终止，那么由此而引起的微量水平位移也必然会继续出现。

(2)从有限单元应力分析结果也可看出，应力分布轨迹(图5)显示了这部分山体有从主裂缝向北坡坡脚"倾摆变形"的趋势。尤其是近地表部分的岩体，这种趋势更明显。所以，各观测点向北微量移动也是符合山体在采空塌陷过程中重力场重新分布的应力应变规律的。

(3)目前山体已形成了从主裂缝壁至陡壁坡脚下的一个分离断块(图4)，这个断块在塌陷过程中，除顺倾向下沉的倾摆变形量外，还必然受主裂陡壁(倾角71°)控制而出现向北的水平位移分量(其值等于$\tan(90°-71°)\cdot h=0.34h$)。这两部分水平位移量叠加后可能大于垂直下沉量。

以上三方面分析也可以看出，对于这类山体下采空的塌陷地表移动特点与一般情况的采空塌陷地表移动规律是有明显区别的。一般情况下采空塌陷形成地表移动盆地，而陈家河跑马岭山体则发生顺倾向下沉和倾摆变形效应。

尽管山体存在着向北的水平位移，但总的看来各处水平位移和下沉值都很小。其中大部分形变值都在预计的误差范围之内。因此可以认为，该山体已接近基本稳定状态。但是由于小煤窑开采活动停止不久，且该山体属于非充分采动和非连续地表移动性质，故仍将有局部的微小、缓慢的移动下沉；再从移动速度来看，大部分点的计算日移动速度不超过1mm，最小者0.4mm/d，最大1.8mm/d，其中偶然性误差尚起较大作用。据《煤矿测量规程》规定，6个月内地表下沉值累计不超过30mm时即认为移动稳定。该山体各测点从6月2日至8月27日历经87天，其间正值雨季，总下沉值也只在2～41mm之间，而预计测量误差为11.0mm，因而实际下沉速度可能很小。另外，4次观测之间的日移动速度在显著减小。由此也可以证明山体虽未完全稳定但已接近基本稳定状态，但仍将有局部、微小、缓慢的下沉和移动。

由于观测日期和次数有限(总间隙时间只有87天)，加之地形条件限制，使测量误差几乎和变形相等，尚未观测到山体完全稳定，因此建议如下。

(1)请松宜矿务局对山体继续进行形变监测。但据了解该局现有仪器质量太差，成像不清、精度太低，不能用来继续监测工作。建议省厅为该局配备一台WILD－T_2型经纬仪。

(2)根据目前对该山体稳定性的认识，今后山体形变值不会太大，因此监测的时间间隔可以放宽一些。每月观测一次较为适宜，但如发现日形变(水平或下沉)值超过2mm时，要改为每半月观测一次。

(3)现有观测网建之不易，请松宜矿务局加强管理，并向附近乡、村干部及村民作宣传，要求各方爱护测量标志，以保证长期观测的顺利进行。

5　确保山体长期稳定和局部岩体防护措施

5.1　确保山体长期稳定的措施

在本报告的第2章中已指出，小煤窑的开采活动是山体主裂缝带变形加剧的触发因素。尤其是部分保安煤柱破坏,已引起陡壁坡脚以下的斜坡发生塌陷。因此,永远禁止1～6号小煤窑的开采活动是非常必要的,需要采取永远封闭这些小煤窑的行政与法制措施。

对于乡办的两个窑口,因井口及其附属建筑物位置距离山上坡壁达400余米,且未发现由于采空引起山体失稳的明显现象,故可恢复生产。

5.2 局部岩体的工程防护措施

如第3章所述,跑马岭北坡各陡壁大多数都处于稳定或基本稳定状态。只有2号陡壁因坡脚掏空而可能有600方左右的崩塌。7号陡壁因结构面成翻倒型组合并已发生过约500方的崩塌且可能有少量岩体继续崩塌。其他陡壁则仅有表面剥落的可能。针对这些情况,结合各陡壁一旦发生崩塌时的危害程度,提出以下工程防护措施意见。

(1)对2号陡壁,可采取保护坡脚措施,即用浆砌片石将掏空部分重新填塞护砌,然后在砌体中压浆使之与岩体密贴;或不对掏空部分进行加固,而将陡壁下现存的缓坡(约30m)平整铺砌成倾向陡壁的斜坡缓冲平台。

(2)对7号陡壁,在已崩塌的岩体后壁上将已松动的个别块体撬掉,以防偶然崩落。

(3)对于其他各陡壁,可按实地观察鉴定,将个别已开裂而可能剥落的岩石块体撬掉,以解除块石崩落的隐患。

除以上两方面措施外,坚持山体变形的长期观测也是必要的。

6 对高陡山体下采矿方法与地面稳定性之间关系的几点认识

6.1 高陡山体下采矿与边坡稳定是矿山环境工程地质的一个重要课题

从盐池河磷矿大型岩崩以后,人们逐渐重视山体下采矿与山体边坡稳定之间的关系问题。类似灾害近年也时有发生,如山西阳泉、陕西韩城等地煤矿,已不同程度上发生采空地面移动引起的滑坡和崩塌。陈家河跑马岭山体稳定问题的提出也是同样原因。这些事例都说明,山体下采矿对山体边坡稳定性的影响因素分析,山体在采动后的变形模式及重力场重新分布,以及山体边坡稳定性的判断和计算方法等已经有先例可循。现在已经可以总结、概括这一类矿山环境工程地质课题的理论与实践的主要方面。

(1)矿山采动与地面移动的基本性质、规律和地面裂缝分布与形成机理分析或预测。

(2)矿山采动后山体的整体变形模式分析或预测,即下沉、翻转、滑移等运动模式的判断。

(3)采空区上山体重力场的重新分布状态及拉、压、剪应力集中区的判定与地表移动变形现象的对照,从而对山体稳定现状和发展趋势以及可能出现的变形现象进行判断、预测。

(4)山体稳定性定量检算,包括滑动、翻倒、边坡高应力区剪断破坏和陡壁岩体局部崩塌等不同稳定类型的定量检算。其方法可引用传统的滑坡检算、岩体结构面组合的赤平投影分析,也可以采用有限单元分析与破坏判据结合的方法进行验算。应该说,在岩石(或岩体)力学测试基础上,在符合采动山体变形的实际模式的前提下进行有限单元分析(电算模拟)的具体应力分布和数值,对稳定性检算是可靠的数据。因为目前对不规则形状,边界条件复杂的变形山体的应力状态只有用有限单元分析才能取得接近实际的数据。

(5)充分运用矿山地质、采矿及地面移动观测资料进行基本工程地质条件的分析,这是非常必要的,而且这方面资料是很丰富的。

(6)研究采矿方式与山体稳定之间的关系，在设计阶段对采动可能引起的山体移动性质和量级作出预测，并在设计中对采煤方法、顶板管理方法、保安煤柱的设计均采取有利于山体稳定的具体措施。

以上6个方面大体上可认为是高陡山体下采矿与山体边坡稳定性这个矿山环境工程地质课题的主要研究内容。

6.2 保安矿柱与山体地面稳定性的关系和预留方法

至今各类矿山都按保安规程预留保安矿柱，但除了为保证地面建筑安全所留的矿柱之外，为山体稳定性所留矿柱的位置和宽度都不太有明确的目的和准确的计算依据。如盐池河磷矿和陈家河煤矿，都在河岸斜坡上露头线开始留50～70m保安矿柱，但都未达到陡壁之下，也就是说这种矿柱根本起不到保护陡壁边坡的作用。

为了在矿山设计阶段就采取保护山体边坡的措施，应当在充分研究预测采矿与采动山体稳定性之间关系、变形模式及影响因素等方面的基础上，主要从两个方面采取设计措施。

(1)采取适合于保证山体边坡稳定的采矿方法、顶板管理方法和恰当布置采区的先后次序。主要是针对顶板及覆岩岩体的应力重分布，避免使高应力集中于边坡坡脚。

(2)在危险的(经过系统分析的)陡峭岩壁下预留保安矿柱。其方法可参照建筑物保安矿柱的预留、计算方法(这方面已有成熟的计算方法)，同时考虑山体边坡以内形成足够宽厚的阻抗岩体(类似挡土墙)，这也可以通过计算来实现。

此外，对任何矿山开采后的地面移动监测都是非常必要的，尤其是在高陡山体下采矿，如能坚持长期观测，还可根据实际变形规律和趋势随时修改开采设计。

7 结　语

本文从矿山的基本地质条件、采空区地表移动规律及裂缝形成机理分析、山体稳定性检算评价及地表移动观测等方面的综合分析结果，对陈家河煤矿跑马岭北坡山体稳定性作出了从定性到定量的评价，同时提出了高陡山体下采矿与山体边坡稳定这一矿山环境工程地质课题的一些认识，供专家和有关领导审议。

由于工作时间较短，加之工作条件和学术水平所限，文中的疏漏、不足之处在所难免。切望各位专家和领导同志批评、指正，并对本报告的各种分析、计算和评价结论作出明确的评价。

参考文献

李宝粲，廖国华.煤矿地表移动的基本规律[M].北京：中国工业出版社.

李铁汉，潘别相.岩体力学[M].北京：地质出版社，1980.

序

——为孙建中《黄土学》所作

继《黄土学》上篇和下篇《黄土环境学》出版之后,《黄土岩土工程学》(中篇)终于出版了。至此,孙建中教授的鸿篇巨著《黄土学》全部展现在世人面前。这是自黄土学研究的先驱、苏联学者奥布鲁切夫在1948年提出要建立"黄土学"至今,在我国乃至世界上关于黄土学研究成果的最全面、最系统、最深入的"黄土学"专著。它第一次向我们展示了"黄土学"所涵盖的三大方面内容,即"黄土地质学""黄土岩土工程学"和"黄土环境学"。同时,也以大量确凿的事实证明了黄土主要是一种风尘堆积,从而更加明确了"黄土以风成为主的多成因"学说。也确立了"凡是风尘组成的堆积物都可叫做黄土"的广义黄土理论,从而肯定了"石质黄土""黄土岩""水下黄土"以及"红黄土"等名称的正确性。这不仅仅是名称问题,而是更确切地反映这些"黄土"成因特性,也将黄土学研究的领域大大扩展了。这一切无疑具有重大的理论意义和实用价值。

"黄土学"的研究不仅仅限于黄土本身,而是作为第四纪地质研究的重要组成部分。从这部《黄土学》所涵盖的极其丰富的内容来看,它全面应用了第四纪地质学的理论和方法,如地貌学、地层学、生物地层学、测年学、土质学等方法原理,不但使黄土学研究有着传统和现代科学方法的强大支撑,从而使其成果具有高度可靠性和权威性,也大大丰富了第四纪地质学的研究方法和内容。可以说,任何地区的第四纪地质研究都可以从"黄土学"这座宝库中"淘宝"。

黄土作为工程对象,对其基本性质、不良特性和各类工程处理措施的论述,几十年都分散在教科书和各类规程、规范和手册中。《黄土岩土工程学》首次从黄土的本构关系、黄土的物理、水理、力学性质、湿陷性、震陷与液化等基本特性,和黄土上的地基、边坡、洞室等类工程的稳定性和处理措施,以及黄土材料类型和特性等等进行了全面、系统、深入的论述。这是迄今针对黄土岩土工程问题的最全面、最系统、最深入的专著。它也是对近几十年来关于黄土岩土工程问题的全面总结。从此我们可以从这部专著理解黄土岩土工程问题的全貌。

要特别指出的是,《黄土岩土工程学》中指出"黄土湿陷及其相关的架空结构是在风尘缓慢降落过程中风尘颗粒相互搭架而形成的",而不是"风尘降落后,经风化成壤作用形成的"。这种观点是应该充分肯定的。粉煤灰和新近堆积黄土没经成壤作用却具有较强的湿陷性,古土壤和老黄土已经过长期成壤作用却无湿陷性,说明成壤作用过程恰恰是消除湿陷性的过程。这在逻辑上就否定了湿陷性是风化成壤作用形成的观点。黄土湿陷性成因的这种新观点具有重要的理论意义和实用价值,它让我们能从时空(时代和层位)概念上去初判黄土有无湿陷性。尤其当今勘探质量普遍不高的情况下可以从宏观上鉴别其资料的真伪。

书中指出"南方红土也是风尘堆积"的结论也无疑是正确的。近年我在江汉平原、湘江两岸调查"下蜀系网纹红土"时发现,以往人们把这套地层定为冲洪积层,地貌上划分为长江三级阶地是有问题的。因为:其一是下蜀系网纹红土普遍不具备冲积层所应有的"二元结构"(即上部为粘性土、下部为砂、砾、卵石层),而是粘性土直接覆盖在基岩之上。其二在地貌上也完全不具备河流阶地形

态，而是以隆岗、丘陵形态出现，在出露高程上也有高有底。所以，把南方红土定为“红黄土”，成因上属于“风尘堆积”，证据是充分的。

孙建中教授是我的恩师。我在长春地质学院学习期间曾多次聆听他的教诲。特别是1960年他是我毕业实习的指导教师，带领我们小分队在贵州高原上进行三个多月区域工程地质调查测绘。在针对喀斯特发育、分布规律问题上，他在地层岩性、地质构造分析的基础上，教我们如何识别、划分夷平面、阶地，进而以地文期、新构造运动规律去分析喀斯特的时空分布规律。他的以地貌单元划分、以新构造运动为动力的地貌、地文衍变的时代和空间分布分析的思路和方法在我心中深深地扎下了根。自那时起，我在从事工程地质工作的几十年中，凡遇第四纪地质问题时都遵循他的思路和方法去解决问题。直到2006年我提出“地貌(成因)单元、地层时代、地层组合控制各类工程地质条件的”《土体工程地质的宏观控制论》(“资源环境与工程”2006年增刊)”，虽然我所达到的深度和广度远不及孙教授，但我在文中贯穿的原则、思路和方法，和孙教授是一脉相承的，所以我衷心的称他是我的恩师！

孙教授已八十二岁高龄，仍然孜孜以求、笔耕不辍。这部《黄土学》洋洋洒洒220余万字，从1995年动笔历经18年光阴，终于落成。当今城市化浪潮席卷中国，可以说100%的城镇都离不开第四系。《黄土学》的研究成果不仅仅针对黄土，而且对第四系研究也会起到巨大的推动作用。希望众多的地学工作者和岩土工程工作者珍惜这座宝库。

孙教授曾半生坎坷，但他始终秉承中国知识分子的优良传统、忧国忧民、艰苦奋斗，为我们写下了大量无价的著作，他的学术造诣、他的奋斗精神和无私品格是我们的榜样。让我衷心祝他健康长寿！希望他继续以“老骥伏枥，志在千里”的精神，再创辉煌。

中国工程勘察大师

范士凯

2013年8月于武汉

序

——为罗小杰《城市岩溶与地史滑坡研究》所作

随着我国城市化进程的快速推进，尤其是城市基础设施建设规模的不断扩大，在有碳酸盐岩分布的城市（如武汉、广州、深圳等大城市和广西、贵州、云南等省区的更多城市）的岩溶不良地质及其地质灾害问题越来越突出。第四纪及新近世地层覆盖下的隐伏岩溶化岩体的存在，对建（构）筑物基础的选型和持力层的选择、地下洞室的稳定性和岩溶水的危害（突水、涌泥），特别是由于岩溶洞室的存在和地下水运动引起的覆盖层地面塌陷的地质灾害对环境的破坏性影响等重大课题不断困扰着规划、建设、勘察、设计和施工部门的领导和技术人员，迫使人们进行深入的岩溶工程地质及水文地质研究。

城市岩溶工程地质及水文地质研究应当包括哪些基本内容？我认为可大致有以下几个方面：

1. 区域地质与碳酸盐岩分布

（1）平面分布条带划分。

（2）不同时代碳酸盐岩分布。

（3）各岩组可溶性及岩体透水性划分。

（4）地质构造及岩体结构对岩溶发育的控制作用。

2. 地区岩溶发育史

（1）区域地质构造背景。

（2）地区及周边区域中、新生代地层空间分布。

（3）新构造运动期地壳升降特点。

（4）地区河流侵蚀基准面变迁史（受控于地壳升降和海平面升降）。

（5）岩溶发育史——岩溶发育期划分及各期岩溶发育特点。

3. 地区岩溶发育特征

（1）岩溶类型、形态、规模。

（2）岩溶发育率（点岩溶率、线岩溶率、面岩溶率）的平面及随深度变化、岩溶发育强度等级划分。

（3）溶洞填充情况及充水情况。

（4）地区岩溶的垂直分带归属。

4. 针对隧道工程的岩溶及岩溶水

（1）岩溶形态类型、规模、发育程度、填充情况和填充物性质等对隧道洞体稳定性的影响及相应的工程措施。

（2）岩溶地下水位及其季节变动。

（3）岩溶化岩体水文地质参数的测定。

(4)岩溶水动力垂直及水平分带归属、定位。

(5)新生代覆盖层时代、岩(土)性质及其对岩溶水的补给、径流、排泄条件的影响。

(6)隧道岩溶水危害程度和突水、涌泥预测及防治对策。

5.针对碳酸盐岩第四纪覆盖层的岩溶地表塌陷

(1)地区第四纪覆盖层分布及其所属地貌单元、地层时代、地层性质。

(2)地区塌陷历史及分布特点。

(3)岩溶化碳酸盐岩之上新生代地层的组合类型。

(4)第四系孔隙水与岩溶水的埋藏特点和渗流、互补关系。

(5)根据不同地貌单元内、不同地段覆盖层的时代地层组合类型圈定塌陷危险区和非塌陷区范围。

(6)根据覆盖层的时代地层组合类型和含水层性质及其所对应的不同的塌陷机理判定塌陷类型(饱和砂土类"漏失型"、粘性土中"潜蚀土洞冒落型"和"真空吸蚀型"),即按不同地质条件和塌陷机理区别不同的塌陷类型。

(7)按照不同的塌陷类型制定相应的防治对策。

以上五方面内容大体上可以满足城市岩溶研究的要求。可贵的是,罗小杰先生在这本论文集中关于武汉城市岩溶的六篇论文也基本上涵盖了上述内容。针对武汉城市岩溶的这六篇论文,从岩溶发育历史入手,对武汉地区碳酸盐岩的分布(六条带)的岩溶发育特征进行了深入研究。其中对武汉地区浅层岩溶的垂直分带归属(属于"垂直渗流带"的表层岩溶带)、浅层岩溶的垂直发育特征(岩溶类型、规模、按线岩溶率的垂向变化、充填情况)以及岩溶水特征(岩溶承压水位及其变化、覆盖层孔隙水位与岩溶水的关系)等方面的论述,抓住了武汉城市岩溶的核心问题,对武汉地区的地下工程具有重要指导意义,也可作为其他城市岩溶研究的范例。文集中针对岩溶地面塌陷地质灾害的"六带五型"划分,以地质结构类型及其地层组合特点界定了塌陷危险区与非塌陷区,可作为岩溶地面塌陷危险性的直观判据。我曾对罗先生建议:将六带五型的划分与相应的塌陷机理和所处的地貌单元、地层时代挂上钩,以便于对此类地质灾害进行宏观分区。对此,我们已取得共识。

文集的第二部分探讨了滑坡问题。作者对新近世以前在地层构造中存在的"重力滑动构造"定义为地质历史时期的滑坡的观点是可取的。这有助于在古老地层中存在的非构造应力作用的此类构造形态的鉴别。作者还探讨了对滑坡活动强度与几何要素的关系,以及利用滑坡3D特征判断滑坡活动强度的宏观模糊判断方法进行了有益的尝试。文集中关于《中国三峡工程库区平缓碎屑岩地区松散堆积体滑坡分析与防治》等三篇论文,对碎屑岩体的变形破坏机制(崩塌与滑坡)进行分类,可以作为该地区边坡研究的参考。

文集的第三部分"长江流域综合工程地质"收入的八篇论文,从区域工程地质到具体工程地质问题(边坡稳定、水库渗漏及堤防稳定等)的论述都有独到之处。其中《长江中下游堤基三层模型的建立与堤基分类》一文对长江中下游的防洪和堤防安全分类及堤防加固具有重要实用价值。这篇论文引起我的共鸣。记得1998年长江大洪水期间,我受武汉市政府指派担任武汉市汉南区长江49km防汛专家组长期间,也曾对该段堤防进行了分类:砂(粉土)基砂(粉土)堤、砂(粉土)基土堤、土基土堤等三类。分类虽简单、粗略,但对监控和加固重点起到一定指导作用。罗小杰先生的堤基三层模型和堤基分类则比我当时的所谓分类更全面、具体也更科学,显然更具有指导意义。

罗小杰先生作为中青年专家,从事工程地质工作也已整整三十年。从这本内容丰富的论文集可以看出,他不但具有丰富的实践经验,还具有广泛、深入、扎实的地质学和工程地质学的理论知识。更可贵的是他还较熟练的掌握了外语工具，13 篇译文就是佐证。特别值得赞扬的是，他在分析、论证各种工程地质问题时坚持以区域地质背景入手，系统分析地质、地貌发展历史，在此基础上进行现状分类研究并得出结论，也就是坚持从宏观到微观，从历史到现状、先定性后定量的思想方法和技术路线。这在当今的中青年工程地质、岩土工程专家中实在是凤毛麟角。而当今工程地质和岩土工程界盛行就事论事、只见树木不见森林的“瞎子摸象工作法”，或不讲宏观定性和边界条件，动辄以数值分析结果充当工程结论的技术路线，这与罗小杰先生的工作相距甚远。我一向认为“岩土工程必须以工程地质为基础”，不懂工程地质的“岩土工程专家”解决不了重大岩土工程课题。相比之下，罗小杰先生的思路和方法实在是难能可贵！我和他相识虽然只有短短几年时间，但视其为知音。以他广泛、丰富的地质基础和正确的治学思想和技术路线，定能大有作为。愿他“百尺竿头，更进一步”，多出成果，再创佳绩。

中国工程勘察大师

范士凯

2013 年 11 月于武汉

序

——为徐扬清等《采动边坡稳定性评价理论及应用研究》所作

采动边坡稳定性评价理论和方法本属于工程地质学和采矿工程学相结合的重要课题之一，它引起学界关注并进行初步研究大致始于20世纪80年代。1980年6月，湖北宜昌地区盐池河磷矿由于采矿活动引起地面180余米高陡边坡约100万方岩体崩塌，崩塌堆积物摧毁并掩埋了整个工业广场及民用建筑物，酿成284人死亡的惨剧；1982年陕西韩城电厂因其紧邻的韩城煤矿采空区塌陷引起电厂地面持续数年隆起变形，使厂房及邻近建筑物产生不同程度损坏，花费近5000万元进行整治；2009年6月，重庆市武隆县铁矿乡鸡尾山铁矿采空区上方又发生大规模山体崩塌，约500万方山体崩积物掩埋了12户民房和正在开采的铁矿井入口，造成10人死亡，64人失踪和8人受伤的巨大灾难。可见采动边坡一旦失稳，其后果是多么严重！这也充分说明，采动边坡稳定性评价研究应当是工程地质学和采矿工程学的重要课题。但是，直至20世纪90年代，学术界和工程界鲜见有对此类重大课题的深入、系统性研究成果。只是对上述案例当作偶发事件，从不同角度进行分析、处理。

中煤科工集团武汉设计研究院自1986年之后近30年中，对采动边坡稳定性课题开展了系统性研究，取得了丰硕的成果。这项研究大致分两个阶段，第一阶段是以湖北松宜煤矿区跑马岭采空区上山体开裂事件为重点，兼对湖北盐池河磷矿大崩塌、长江三峡链子崖危岩体和陕西韩城电厂地面隆起事件进行调查、分析、对比。这个阶段主要取得以下三个方面成果。

其一，认识到在特定的地下采矿条件下和覆岩地质构造、岩体结构及其地形地貌条件下，采空区上边坡和地面稳定性有三种基本类型：①山体边坡在地下采空后产生崩塌或滑坡（湖北盐池河磷矿）；②山体边坡虽经地下采动，仍可保持长期稳定（三峡链子崖危岩体、湖北松宜煤矿区跑马岭开裂山体）；③在采空区上塌陷体外侧，存在“鼓胀应力区”，可能引起一定周期的地面隆起变形（韩城电厂）。得到以上三种类型的认识，可以防止盲目性，避免一遇到采空区上山体开裂就误以为会发生崩塌或滑坡，或者误将地面隆起当作“滑坡前缘隆起”。

其二，确认了采空区上斜坡山体存在四种应力、变形区，即上部拉张变形区、中部挤压下沉区、下部剪切变形区和塌陷体外侧鼓胀隆起区。这四种变形区的存在已不止一处被数值分析和地表变形现象调查所证实而具有普遍意义。它可与水平煤层采空区“地表移动盆地”并列成为“采空区上斜坡山体地表移动”的基本特征。

其三，探索并建立了工作方法和工作程序。在充分掌握地下采空区及煤柱分布的基础上，进行扩大面积大比例尺工程地质调查、测绘及必要的岩石力学实验；建立以地质构造、岩体结构和地下采空区、煤柱相结合的地质模型（二维）进行数值分析和应力变形分区；以传统的极限平衡验算分析，评价整体稳定性；以结构面组合判断局部稳定性；以长期监测和工程地质类比等方法对评价结论进行验证。应用这套分析方法和工作程序对湖北松宜矿区跑马岭开裂山体作出的“山体变形已趋稳定”的结论，至今已近30年，证明这套方法行之有效。

这第一阶段的研究工作，初步建立了采空区上边坡稳定性评价理论方法和工作程序，这在我国应属首次。但是，就采动边坡稳定性评价理论和方法这一重大课题而言，这阶段研究仍停留在将地下采空区作为固定边界条件下静态分析阶段。理论和方法基本上还是属于工程地质学范畴。

第二阶段研究工作始于2006年，以山西平朔露天煤矿安太堡露井联采对露天矿边帮及排土场稳定性评价项目为依托，全面、深入、系统地对采动边坡稳定性评价理论、方法进行研究。这阶段研究的特点是：①将工程地质学理论、方法与采矿工程学的理论、方法相结合，分析煤层赋存条件、采矿方法与顶板管理方法、工作面推进方向、开采工作面与边坡的相对位置等因素对边破移动变形及稳定性的影响。同时，充分运用"三下"(建筑物、水体、铁路下)采煤方法、原理并结合采空区顶板及覆岩冒落类型等对采动边坡稳定性进行综合研究。②在三维数值模拟和实时监测的基础上，总结出"逆坡开采""顺坡开采"及"切坡开采"三种情况下采动边坡变形规律，并进行采动边坡移动变形分区，针对不同变形区对采矿方法和边坡保护进行指导。③以工程地质学、"三下采煤"、岩土力学等传统理论为基础，建立了以工程地质调查、测绘、极限平衡分析、结构面组合判断、数值分析模拟和工程地质类比等为主要方法的采动边坡稳定性评价方法体系。④基于采动边坡移动变形及稳定性的时空效应理论，建立了采动边坡稳定性的实时监测及预警、预报系统和预报方法及其判据。

以上四个方面的特点表明，第二阶段研究工作较第一阶段有较大进展。主要体现在：①分析、评价要素由"以地上为主"变为"地上、地下并重"；②将静态的分析、评价推进到考虑时间、空间因素变化的动态分析、评价；③从被动地单一稳定性评价，到主动地预警、预报。总体上可以说，将"采空区上边坡稳定性评价课题"向"边坡下采煤(四下采煤)"推进了一大步。

"采动边坡稳定型评价"或进一步的"边坡下采矿"作为工程地质和采矿工程的重大课题受到人们的关注已30余年。此间时有关于此课题的论文发表，但是以此作为专项课题进行全面、深入研究，并取得系统性成果的当属中煤科工集团武汉设计研究院。更可贵的是，徐杨青博士、吴西臣硕士两位教授级高级工程师将该院两阶段成果结合并参考一些学者的相关论述集成编著了《采动边坡稳定性评价理论及应用研究》一书。该书虽然还有许多不足有待深入、完善，但已形成较完整体系。针对此类课题，该书所提供的理论、方法和工作程序会有重要的参考价值和指导作用。可以说，该书的出版对采动边坡稳定性研究具有里程碑的意义。

采动边坡稳定性评价既是工程地质课题，也是采矿工程课题。该书的完成也是工程地质学和采矿工程学有机结合的范例。笔者期望，工程地质学者和采矿工程学者进一步协作，不但进一步完善采动边坡稳定性评价理论、方法，还能将"三下采煤"(建筑物、水体、铁路下采煤)扩展到"四下采煤"(加上边坡下采煤)的完整理论、方法和工作程序。

中国工程勘察大师

范士凯

2015年3月于武汉

第三篇

土体工程地质宏观控制论的应用实践

基于地貌单元的武汉市工程地质分区

——“土体工程地质的宏观控制论”应用之一

李长安[1]　张玉芬[1]　庞设典[2]　官善友[2]

(1.中国地质大学(武汉)，湖北 武汉 430074;2.武汉市勘察设计有限公司，湖北 武汉 430022)

摘　要: 通过对武汉市地貌、第四纪地质特征(地层、成因、岩性等)及土体工程地质性质等综合调查,发现地貌单元对工程地质条件具有明显的宏观控制意义。第四纪时期的构造运动和气候变化等具有明显的阶段性特点,地貌单元即是阶段性地质演化的体现。不同地貌单元的构成土体具有特定的岩性、成因、结构、构造等组合及水文地质特征。进而提出以地貌分区和地貌成因类型作为工程地质区和亚区的划分依据。据此原则,将武汉都市发展区划分出4个工程地质区和14个工程地质亚区。并对各个工程地质区和亚区的工程地质特性进行了论述。

关键词: 武汉市都市发展区;工程地质分区;地貌单元;地貌成因类型

1　地貌单元对工程地质条件的宏观控制

工程地质学研究的对象包括岩体和土体,从地质学角度上可以认为是前第四纪基岩和第四系松散沉积物的区别。对于前第四纪的地质体—岩体的工程性质控制作用理论早已形成,即“结构控制论”,并得到工程地质和岩土工程界普遍认同。而对于第四纪地质体—土体的工程地质理论尚未建立。正如著名工程地质学家刘国昌教授和谷德振教授早在20世纪70年代就指出的:“作为地质体的岩体有了岩体结构控制论,另一类地质体的土体应该有一个什么控制论?”这一局面的形成,主要是由于土体(第四纪松散层)岩性复杂、成因多样、岩性岩相变化快、结构和构造差异大等特点所造成的。土体地质的复杂性导致了工程性质的多变性和不确定性,如不同的土体成分(矿物成分、粒度、气液比率)导致地质体塑性、压缩性、强度、渗透性等工程特性不同;土体结构(单粒结构、蜂窝状结构、絮状结构)的不同引起工程力学性质的差异;土体结构、构造的不同(层理构造、结合状构造、分散构造等)的也造成承载力的变化。如此复杂、多变的第四纪地质体(土体)其工程地质特性究竟是受什么因素控制的呢?长期以来困扰着工程地质界。全国勘查大师范士凯先生在多年的理论研究和实践经验总结的基础上,提出了“地貌单元、地层时代、岩性组合”为原则的土体工程地质特性“宏观控制论”,具有开端性意义。

武汉市以第四纪松散层分布为主,都市发展区第四系土体占95%。第四纪土体岩性多样,有砾石、砂(粗砂、细沙、粉砂)、亚砂土、亚粘土、粘土、淤泥等;土体的成因复杂,有冲积、洪积、湖积、沼泽、残积、风积等。各种成因、各种岩性的土体在空间上相互交叉、叠加。其工程地质性质就像是一堆乱麻,给工程地质分区和工程地质单元划分带来很大困难,简直无从下手。按照范士凯大师提出的:“土体工程地质工作应以地貌单元、地层时代和地层岩性组合为纲,纲举目张”,该问题就会迎刃而解了。我们通过对武汉市地貌和第四纪地质调查发现，不同地貌单元的土体岩性组合、结构和构造特征以及地下水特征等具有明显的宏观特征性，也就是说，同一地貌区和单元大致具有相同的宏观工程地质特性。地貌单元可作为武汉市都市发展区工程地质分区的划分原则。

2 武汉市工程地质分区原则与地貌依据

工程地质分区是依据工程地质条件相似或相近的基本原则进行的区域划分。每一个工程地质区还可划分为亚区或次亚区。工程地质分区客观反映各区自然工程地质条件及其不同岩土体的工程地质特性，以便宏观上指导各类工程的工程地质勘察和岩土试验研究工作。工程地质分区的关键是划分原则的制定，目前采用的原则有：岩土体特征，如岩性、成因、沉积韵律、结构特点；岩土的物理力学指标；水文地质条件；地形地貌特征及其形成条件等。实际工作中可选择不同的划分原则，有单指标划分原则，也有多指标划分原则。我们在武汉市城市地质调查中，通过系统地调查和分析，发现地貌单元对区域工程地质特征具有明显的宏观控制意义，进而提出地貌分区和地貌成因类型作为工程地质区和亚区的划分依据。

2.1 地貌分区与工程地质分区

第四纪时期的构造运动和气候变化等具有明显的阶段性、周期性特点，地貌单元是在一定的地质、地理环境下的产物，其构成土体具有特定的岩性、成因、结构、构造等组合，具有一定的宏观工程地质特性。因此，地貌区单元就成了工程地质条件分区的重要基础。地貌分区即可作为工程地质一级分区的依据。

2.2 地貌成因类型与工程地质亚区划分

地貌区是根据地貌形态、成因类型及发育的相似性和差异性等特征划分的。一个地貌区常常会有多个成因类型的地貌单元。而这些成因类型不同的地貌单元又存在着岩性组合、沉积结构与构造的差异。因此，地貌成因类型单元即成为工程地质亚区（二级分区）的依据。实际划分中以基岩面以上的第四纪松散层为主要考察对象，将同一地貌区内的地貌成因类型作为主要依据，同时参考地层结构及岩土物理力学指标。考虑到武汉市隐伏岩溶的存在及与上覆第四纪沉积物岩性组合的工程地质条件的巨大差异，亚区划分中特别考虑下伏碳酸盐岩。从本次调查工程地质专项的区域工程地质条件特征看，一级地貌分区中地貌成因类型、岩性组合及其下伏基岩类型，可作为工程地质亚区的依据。

3 武汉都市发展区工程地质分区

根据我们的调查，武汉市可划分出四个一级地貌分区，据此可将武汉市都市发展区其划分出四个工程地质一级分区：冲湖积平原区、冲积堆积平原区、剥蚀堆积平原区和剥蚀丘陵区。其中冲湖积平原区(Ⅰ)面积为869.55 km^2，占比为30.27%；冲积堆积平原区(Ⅱ)面积为141.61 km^2，占比为4.93%；剥蚀堆积平原区(Ⅲ)面积为1726.02 km^2，占比为60.09%；和剥蚀丘陵区(Ⅳ)面积为135.18km^2，占比为4.71%。

在武汉都市发展区地貌类型的划分的基础上，根据上述工程地质亚区的划分依据，可划分出14个工程地质亚区。具体划分方案见表1。

表 1　基于地貌单元和地貌类型的工程地质分区

一级分区：工程地质区	二级分区：工程地质亚区
冲湖积平原区（Ⅰ）	洲滩冲积相工程地质亚区（$Ⅰ_1$）
	一级阶地湖积相工程地质亚区（$Ⅰ_2$）
	一级阶地冲积相工程地质亚区（$Ⅰ_3$）
	一级阶地下伏碳酸盐岩工程地质亚区（$Ⅰ_4$）
冲积堆积平原区（Ⅱ）	二级阶地湖积相工程地质亚区（$Ⅱ_1$）
	二级阶地冲积相工程地质亚区（$Ⅱ_2$）
	二级阶地下伏碳酸盐岩工程地质亚区（$Ⅱ_3$）
	风积砂山工程地质亚区（$Ⅱ_4$）
剥蚀堆积平原区（Ⅲ）	湖积相工程地质亚区（$Ⅲ_1$）
	冲洪积相工程地质亚区（$Ⅲ_2$）
	古河道工程地质亚区（$Ⅲ_3$）
	下伏碳酸盐岩工程地质亚区（$Ⅲ_4$）
剥蚀丘陵区（Ⅳ）	中、低丘碎屑岩工程地质亚区（$Ⅳ_1$）
	中、低丘碳酸盐岩工程地质亚区（$Ⅳ_2$）

结合武汉市城市地质调查“工程地质专项”的调查成果，现将各工程地质分区的地貌、第四纪地质特征与工程地质条件综合分析如下。

3.1　冲湖积平原区(Ⅰ)

该区为长江冲积一级阶地，岩性组成呈现典型的二元结构特点。上部由填土层、湖积淤泥及第四系全新统冲积成因的粘性土及砂土互层组成；中部为稍密—中密的粉细砂、中密—密实的中粗砂夹砾石，局部粉细砂层中分布粘性土透镜体；下部基岩主要由白垩系—古近系砾岩、砂岩及志留系粉砂岩、泥岩及碳酸盐岩组成。砂层中赋存孔隙承压水、基岩中赋存少量基岩裂隙水。区内有众多湖泊、堰塘、残存的沼泽地及暗沟、暗浜等。该一级分区主要分布于长江、汉江、府河、东荆河两岸，地面标高 18～22m。根据区内地貌成因类型、岩性组合及其下伏基岩类型又可划分出四个亚区（二级分区）。各亚区的分布及特点如下。

3.1.1　洲滩冲积相工程地质亚区（$Ⅰ_1$）

该亚区主要分布于长江、汉江两岸堤外滩地及白沙洲、天兴洲等江心洲地段，地形平坦，标高一般在 18～20m，微向河床倾斜。表层局部被厚度不大的松散人工填土覆盖，填土之下为松散状冲填土（粉土、粉砂为主）、冲填土之下为软塑－可塑的一般粘性土（含淤泥质土），粘性土层至岩面之间主要以稍密—密实状砂土为主，砂土底部一般混夹有卵砾石，砂土及砾卵石层中赋存孔隙承压水。

该亚区浅部砂层含水透水性良好。稳定性较差，汛期被淹没。不宜进行工程建设。

3.1.2　一级阶地湖积相工程地质亚区（$Ⅰ_2$）

该亚区主要分布于一级阶地后缘湖泊周围。具体分布位置有武汉市主城区的汉口、后湖、武昌及青山区临江地带、青山区化工新城、东西湖区西北部、府河沿岸、东荆河沿岸及沙湖、后湖、武湖、

青菱湖西侧等区内湖泊周边，软土厚度普遍在5～15m之间，原为湖区，大部分已被人工填平。地形平坦，略低洼，标高19～21m。表层一般为厚度不大的松散人工填土或可塑状一般粘性土覆盖，其下为软一流塑状的淤泥或者软一可塑状的淤泥质土、一般粘性土，其下至岩面主要以稍密一密实状砂土为主，砂土底部一般混夹有卵砾石。砂土及砾卵石层中赋存孔隙承压水。

该亚区上部土层呈软一流塑状态，强度低，压缩性高，工程性质差，自稳性差，地基承载力特征值 f_{ak} 一般在40～80kPa，不宜作为荷重较大建筑物的基础持力层，应采用桩基础穿透该层，桩端应落入中密—密实砂土层或者基岩中。该层作为道路等轻型建构筑物基础持力层或者下卧层时，应对其进行加固处理。作为街坑侧壁土层时应重点支护。

3.1.3 一级阶地冲积相工程地质亚区(Ⅰ$_3$)

该亚区主要分布于长江两岸大部、汉江及府河两岸等地。地形平坦，局部填土较厚，标高19～21m。该亚区表层一般被一定厚度的松散人工填土覆盖，其下依次为软一可塑状的一般粘性土、粘性土粉土粉砂互层(互层土)、中密一密实的砂土及砂卵石层，砂卵石层下为基岩。互层土、砂土、砂卵石层中赋存孔隙承压水。

该亚区场地条件良好，适宜一般工程建筑，高层建筑宜采用桩基础。荷载不大的建筑物可以以该亚区表层可塑状一般粘性土作为天然地基或下卧层。

3.1.4 一级阶地下伏碳酸盐岩工程地质亚区(Ⅰ$_4$)

该亚区主要分布于武昌司法学校、烽火村、毛坦村和汉阳中南轧钢厂、后湖百步亭、堤角附近、江汉六桥附近、青山港附近。总体呈东西向分布。地面标高19～21m。表层一般为厚度不大人工填土，其下为5～10m一般粘性土，其下至灰岩顶板(溶洞)为稍密—密实砂性土。发育于一级阶地上的岩溶主要是砂土覆盖型碳酸盐岩岩溶，砂土覆盖型岩溶其基岩面之上为粘聚力极小，且饱水的粉细砂层。这种盖层极易产生潜蚀掏空作用，随着砂土被潜蚀掏空，空洞逐渐增大，当空洞影响到地面时，就会发生地面塌陷。武汉市中南轧钢厂、阮家巷、陆家街等地岩溶地面塌陷，均属于一级阶地下伏碳酸盐上发生的岩溶地面塌陷。

该亚区的工程地质条件，主要取决于下伏基岩的岩性。在该区域范围内进行工程建设时，应查明碳酸盐岩中溶洞分布发育情况，采取相应的工程措施，采取一定的措施后灰岩可作为一般工程的桩基持力层使用。

3.2 冲积堆积平原区(Ⅱ)

该区为长江冲积二级阶地，局部区域(青山矶头山等)为风积砂山，主要分布在东西湖区、青山区局部、汉口北以及江岸区三金潭至平安铺一带及汉南区蚂蚁河两岸。该区上部为薄层填土和厚度变化较大的全新统冲积成因的软塑—可塑状态的一般粘性土；中部为第四系上更新统硬塑状老粘性土、密实状粘质砂土及含砾细砂；下部主要为白垩系—古近系东湖群的砂岩、砾岩及碳酸盐岩。地面标高一般在22～25m。在冲积堆积平原区(II)内又可划分出四个亚区(二级分区)。

3.2.1 二级阶地湖积相工程地质亚区(Ⅱ$_1$)

该亚区主要分布在东西湖区混家湖附近、东西湖府河局部以及塔子湖周边。地形较平坦，微向河床倾斜，地面标高22～25m。上部为填土及软—可塑状一般粘性土，下伏湖积相淤泥类软土，湖积相软土厚度一般大于5m，呈软塑—流塑，具高压缩性。深部有砂砾石层存在，分布不稳定，赋存孔隙承压水或基岩孔隙裂隙承压水。软土层引起的不均匀沉陷是该类型段主要的工程地质问题。若进行工程建筑，应采用桩基础。若修建道路等轻型建筑，可以采用换填或者地基加固处理。

3.2.2 二级阶地冲积相工程地质亚区（$Ⅱ_2$）

该亚区主要分布于东西湖区、青山区局部及汉南区蚂蚁河两岸。地形较平坦，微向河床倾斜，地面标高 22～25m。上部为填土及可塑状一般粘性土，中部为可塑—硬塑状老粘性土，深部有砂砾石层存在，分布不稳定，赋存孔隙承压水。

该亚区场地条件良好，适宜一般工程建设，当采用天然地基时，应注意地基均匀性问题，高层建筑宜采用桩基础。一般粘性土覆盖较浅地段开挖基坑时，应注意做好防排水措施，防止老粘性土吸水膨胀导致基坑边坡失稳破坏。

3.2.3 二级阶地下伏碳酸盐岩工程地质亚区（$Ⅱ_3$）

该亚区主要分布于江岸区三金潭—平安铺一带。地形较平坦，微向河床倾斜，标高在 22～25m。表层一般为厚度不大人工填土，其下 5～20m 为一般粘性土，一般粘性土底板至碳酸盐岩顶板（溶洞）为可塑—硬塑状老粘性土，基岩岩溶较发育，一般为粘性土半—全充填。该岩溶类型为老粘土覆盖型岩溶，老粘土较致密，含水量小，粘聚力大，且为硬塑—可塑状，内摩擦角较大，岩溶水位多在老粘土之下影响作用小。因此，该亚区发生岩溶地面塌陷的可能性小，但不排除在桩基施工（振冲）条件下引发岩溶地面塌陷的可能性。下部碳酸盐工程性质较好，待查明深部岩溶分布规律后，较适宜作为一般工程建筑物桩基持力层。

3.2.4 风积砂山工程地质亚区（$Ⅱ_4$）

该亚区主要分布于青山矶头山、营盘山、赵家山一带。地形起伏较大，呈丘状地貌。岩性组成可分为三部分：上部为风积砂层，厚约 8～15m；中部为老粘性土；下部为砾卵石层。由于上部风成沙十分松散，该区地形起伏较大，工程建设适宜性差，宜作为城市绿化用地。

3.3 剥蚀堆积平原区（Ⅲ）

该区广泛分布于武昌区、洪山区、新洲区、黄陂区、蔡甸区、江夏区、东西湖区、青山区部分地段。地层上部为人工填土，其下为第四系冲、洪积成因的上更新统老粘性土层及粘性土混碎石残积层；下部基岩主要为志留系坟头组砂岩、泥岩。根据该区的地貌成因类型、土体岩相组成及下伏基岩的不同，该区又可划分出四个二级分区（亚区）。

3.3.1 湖积相工程地质亚区（$Ⅲ_1$）

该亚区主要分布于剥蚀堆积平原湖泊边缘，呈窄条状，地形向湖沟内倾斜，标高 20～25m。表层一般为厚度不大的松散人工填土覆盖，其下为软—流塑状的淤泥及较薄的软—可塑状的一般粘性土，软土层厚 5m 以上，其下至基岩面为可塑—硬塑状老粘性土、残积土。

上部软—流塑状软土层，强度低，压缩性高，工程性质差，自稳性差，作为坑壁土时应重点支护。在此区修建高层建筑时，宜采用桩基础穿透软土层，修建道路及轻型建筑时，可以采取抛石挤淤或者粉喷桩加固等措施对软土层进行处理。

3.3.2 冲洪积相工程地质亚区（$Ⅲ_2$）

该亚区广泛分布于武昌区、汉阳区、青山区、洪山区、新洲区、黄陂区、江夏区、蔡甸区、东西湖区。波状起伏地形，垄岗坳沟相间，高差 2～10m，岗顶标高 25～50m。上部厚度 0.5m 左右人工填土，下部为老粘性土或砾石充填粘性土。承载力 320～500kPa，其下有残积土。

该亚区填土下老粘性土，低压缩性，一般为硬塑状态，工程力学性质好，在埋藏较浅地段可以作为一般工程持力层。作为坑壁土层，自稳性好，但是该层具遇水膨胀性，应做好防排水措施。

3.3.3 古河道工程地质亚区(Ⅲ$_3$)

根据钻孔揭示,该亚区主要分布于武昌和汉阳两地,在武昌,古河道沿紫阳路—武昌火车站北—傅家坡客运站—中南路—洪山广场—水果湖街—武重展布,在汉阳,古河道琴断口水厂附近的汉江苑—磨山村—王家湾—赫山路金色世家—墨水湖北路—穿江城大道、马沧湖后到马沧湖路—汉阳区人民法院—拦江路夹河馨居。该亚区地形略有起伏,地面标高30m左右。上部厚度0.5m左右人工填土,下部为老粘性土,老粘性土至基岩面之间为粘质砂土、粘质砂土混砾卵石。根据收集到的古河道勘察资料,将古河道中标志层的物理力学指标参考值列表汇总。

古河道表层一般分布有较厚的老粘性土层,具有较高的承载力,其所分布地区均为良好的建筑场地。但老粘土层下存在一套混粘土质砂性土,其物理力学性质较上部地层稍差,使得拟建建筑物在该地区进行工程活动时,特别是修建高层建筑物时需要进行强度及变形验算。

3.3.4 下伏碳酸盐岩工程地质亚区(Ⅲ$_4$)

该亚区主要分布于武昌九峰森林公园、粮道街沿线、雄楚大道沿线、南湖大道沿线、汉阳琴台大道沿线、武钢至盘龙城沿线、江夏区汤逊湖南岸及江夏城区至五里界沿线。呈近东西向条带状分布。地形地貌与Ⅲ$_2$、Ⅲ$_3$亚区相同。上部厚度0.5m左右人工填土,中部为老粘性土或砾石充填粘性土。其下至碳酸盐岩岩面分布有残积红粘土,局部残积土缺失。基岩溶洞较发育,一般为粘性土半一全充填。该岩溶类型为老粘土覆盖型岩溶,老粘土较致密,含水量小,内聚力为粉细砂的20倍多,且为硬塑—可塑状,内摩擦角较大,在武汉市区多分布在较高的部位,岩溶水位多在老粘土之下,该亚区发生岩溶地面塌陷的可能性小,但不排除工程建设振动引发岩溶地面塌陷的可能性。下部碳酸盐工程性质好,待查明深部岩溶分布规律后,适宜作为一般工程桩基持力层。

3.4 剥蚀丘陵区(Ⅳ)

该区主要分布于武昌南部、汉阳、江夏、汉南区、蔡甸等地。地形以中低丘为主。残丘呈东西向条带状断续分布,山顶呈次浑圆状;山坡为凹面型,最大自然边坡坡角在30°左右,坡麓地带较平缓。山体由层状坚硬半坚硬石英砂岩、硅质岩及碳酸盐岩构成,坡麓一般为页片状泥、页岩或薄—中层泥灰岩、长石砂岩等组成,受构造运动影响,岩石强烈褶皱且多倒转,产状较陡峻,倾角一般为60°~70°左右。丘顶有少量的残积层,丘间覆盖Q_2网纹状红土,含水透水性差。基岩埋深较浅,一般为20m左右,局部地段下伏有碳酸盐岩。

岩体中NNE与NNW向两组裂隙发育,赋存基岩裂隙水,局部地段有岩溶裂隙水存在。总体上岩石力学强度高。部分坚硬岩石中夹有软弱的粘土岩,易风化破碎成页片状,遇水后泥化,降低岩石强度和稳定性。软弱夹层及开挖后引起的边坡稳定性问题是该类型段主要的工程地质问题。根据岩性特征可划分出两个工程地质亚区。

3.4.1 中、低丘碎屑岩工程地质亚区(Ⅳ$_1$)

该亚区广泛分布于武昌、汉阳、武汉经济技术开发区、汉南、东湖高新、蔡甸,原始地形起伏大。以低丘为主,绝对标高一般50~150m。表层一般为薄层残坡积土,下部主要为泥盆系云台观组石英砂岩、二叠系中统孤峰组硅质岩和志留系下统坟头组砂岩、泥岩。

基岩可作为一般工程持力层,但地形起伏较大,工程建设适宜性差。坡麓地带,采用半填半挖地基基础时,对人工填土部分,应采取措施,防止不均匀沉陷产生。部分坚硬岩石中夹有软弱的粘土岩、页岩,易风化破碎成页片状碎块和遇水后泥化,降低岩石强度和稳定性。软弱夹层及开挖后引起的边坡稳定性问题是该类型段主要的工程地质问题。

3.4.2 中、低丘碳酸盐岩工程地质亚区(Ⅳ$_2$)

该亚区主要分布于东湖开发区、江夏区、蔡甸区等地，主要为原采石场内人工露头。以低丘为主，绝对标高一般50～150m。表层一般为薄层残坡积土，下部主要为灰岩、白云岩、白云质灰岩等。

地形起伏较大，工程建设适宜性差。查明深部岩溶分布规律后，基岩可作为一般工程持力层，宜绿化保护。坡麓地带，采用半填半挖地基基础时，对人工填土部分，应采取措施，防止不均匀沉陷产生。

4 结论与讨论

(1)地貌单元对工程地质条件具有明显的宏观控制。第四纪时期的构造运动和气候变化等具有明显的阶段性、周期性特点，地貌单元即是一定地质演化阶段的产物，其构成土体具有特定的岩性、成因、结构、构造等组合，具有一定的宏观工程地质特性。对于武汉市来说，地貌区单元可作为工程地质分区的依据，地貌区中的地貌成因类型单元可作为工程地质亚区的划分依据。

(2) 根据地貌单元的划分，可将武汉都市发展区划分出4个工程地质区和14个工程地质亚区。

参考文献

李长安.基于地层时代和岩性组合[R].武汉:中国地质大学(武汉),2016.

韩畅,等.武汉地区地貌第四纪[R].武汉:武汉地铁集团有限公司,2016.

基于地层时代和岩性组合的武汉市工程地质单元划分

——“土体工程地质的宏观控制论”应用之二

李长安[1]　张玉芬[1]　庞设典[2]　官善友[2]

(1.中国地质大学(武汉)，湖北 武汉 430074；2.武汉市勘察设计有限公司，湖北 武汉 430022)

摘　要：在对武汉市地貌、第四纪地质特征(地层、成因、岩性等)及土体工程地质性质等综合调查的基础上，依据“土体工程地质特性宏观控制论”，提出武汉市都市发展区工程地质单元体的划分原则是：“地层时代＋岩性组合(岩石地层单位)＋岩性层”。将武汉市都市发展区土体工程地质单元分为三级：单元层(1)、亚单元层(1－1)、基本单元层(1－1－1)，其划分的控制因素依次为：地层时代、岩性组合(岩石地层单位)、岩性层。据此，划分出工程地质单元层6个、亚单元层14个、基本单元层33个。并对各个工程地质单元体的特征进行了分析。

关键词：工程地质单元；武汉市都市发展区；第四纪地层；第四纪岩性；工程地质参数

1　武汉市工程地质单元的划分原则

工程地质单元体的划分是工程地质评价的基础性工作，这项工作直接涉及到工程地质勘察成果的精度和可靠性，因而，工程 地质单元体的划分是工程地质学研究的重要内容。在以往研究中，对于地质特征相对单一地质体，一般单因素划分原则，如土体岩性、沉积物成因等；对于地质特征复杂地质体，工程地质单元的划分原则应考虑的主要因素有：地层时代、成因类型、地貌单元、土层岩性及大层的物理力学性质等诸因素。根据范士凯先生提出的“土体工程地质特性宏观控制论”，依据武汉市都市发展区的土体地貌及第四纪地质特征，通过大量的野外现场实际调查，土体力学性质参数，我们提出武汉市都市发展区工程地质单元体的划分原则是：“地层时代＋岩性组合(岩石地层单位)＋岩性层”。三种因素在单元体划分时，具有级次控制关系，即是嵌套式的，实际划分时是依次考虑的。我们将武汉市都市发展区土体工程地质单元体分为三级，即：单元层(1)、亚单元层(1－1)、基本单元层(1－1－1)，其划分的控制因素依次为：地层时代、岩性组合(岩石地层单位)、岩性层。

2　武汉市都市发展区工程地质单元层划分

根据上述武汉市土体工程地质单元体划分原则，将武汉市都市发展区的工程地质单元进行了如下划分。

2.1　第一单元层(1)

主要是指近、现代松散沉积层，根据其成因又可分为两个亚单元层：人工填土(1－1)和自然冲

淤层(1－2)。

2.1.1 人工填土(1－1)

按照填土的类型又可划分为以下基本单元层。

杂填土(1－1－1):成分杂乱,一般含有建筑垃圾及工业生活垃圾混粘土,结构松散,硬质物含量高,渗透性较强,承载力低,不宜作为一般建筑物的地基,对基坑工程而言,该层是对边坡隔水及锚固的不良地层,对于硬质物含量高的杂填土,可能对沉桩产生一定的影响。

素填土(1－1－2):成分相对单一,以粉质粘土、粘性土为主,局部地段含有少量碎石,力学性质不稳定,结构松散,不宜作为建筑物地基。在该层深厚地段,可采用注浆或者夯实加固后作为轻型建筑结构的人工地基。作为基坑侧壁土层时,易产生滑塌,隔水性差,是基坑工程中重点支护对象。

2.1.2 自然冲淤层(1－2)

冲填土(1－2－1):以粉土、粉砂为主,主要分布在河漫滩地区,由水力充填泥沙形成,水平方向具不均匀性明显,由于泥沙的颗粒组成随其来源而变化,土层多呈透镜体或薄层出现,结构松散,层间夹文化期以来的沉积物,承载力低,不宜作为建筑物地基。

淤泥(塘泥)(1－2－2):灰黑色,软一流塑状,分布于湖塘底部及周边,力学性质极差,不能直接被工程利用,作为基坑侧壁土层时,应重点支护,在该层分布深厚地段,采取加固处理后,可作为轻型建(构)筑物的人工地基或者地基下卧层。承载力特征值 f_{ak}＝40～70kPa,压缩模量 Es＝1.8～2.5MPa。

2.2 第二单元层(2)

主要是指全新世(Q_4)沉积的地质体。根据岩性类型可划分出 4 个亚单元层。

2.2.1 粘土类(2－1)

根据该岩层岩土体结构、埋深及物理力学性质,可分为四个子亚层,分别为粉土(2－1－1)、密实粘土(2－1－2)、粘性土(2－1－3)、淤泥质土及淤泥(2－1－4)和粘土、粉土、砂土互层(2－1－5)。

粉土(2－1－1):主要分布于一级阶地临江、临湖一带浅层(小于 10m),位于“硬壳层”之上,褐黄色,一般呈中密状态。该层中含有潜水,地下水位埋深 1m 左右,在土层分布地段修建道路开挖管沟或进行基坑开挖施工时,层中的潜水易造成流土流沙等工程地质问题,应做好降水及支护措施,该层是管沟、基坑等支护中应着重处理的对象。承载力特征值 f_{ak}＝90～120kPa,压缩模量 Es＝6.0～8.5MPa。

密实粘土(2－1－2):褐黄色、呈可塑状态,主要分布于长江一级阶地,局部地段缺失。该层俗称“硬壳层”(全新世晚期,曾一度出现过干燥的古气候,形成了软土上部所谓的硬壳层),该层工程性质较好,在其分布均匀地段,对于轻型建构筑物,可将基础浅埋,通过硬壳层将应力扩散到更大的面积,使下卧不良土层承受应力尽量减小,“轻基浅埋”就是针对这种地层特点总结出来的经验。承载力特征值 f_{ak}＝100～150kPa,压缩模量 Es＝4.5～6.5MPa。

粘性土(2－1－3):灰黄一褐灰色,软塑状,主要分布于一级阶地。压缩性高,力学性质偏差,自稳性偏差。在该层埋深较浅地段进行桩基施工时,容易造成桩位偏移,在基坑工程中应重点进行支护。不宜作为建构筑物基础持力层,作为下卧层时,应进行强度和变形验算。承载力特征值 f_{ak}＝80～100kPa,压缩模量 Es＝3.8～4.5MPa。

淤泥及淤泥质土(2－1－4):灰色,软—流塑状,含有机质,自稳性差,层间局部夹有粉土层。长江、汉江一级阶地多有分布。该层具有低强度(不排水抗剪强度一般小于 30kPa)、低渗透性(垂直向渗透系数一般小于 1×10^{-6}cm/s）、高灵敏度（灵敏度在3～16之间）、流变性（在剪应力作用下，土体会发生缓慢而长期的剪切变形）等性质。该层工程性质不良，桩基工程易产生偏桩、缩颈等现象，层间夹有粉土在基坑工程中易产生流水流沙，造成基坑壁潜蚀破坏等现象。承载力特征值 f_{ak} =60～80kPa，压缩模量 Es=2.5～3.5MPa。

粘土、粉土、砂土互层（2-1-5）：该层又称过渡层，主要分布于长江、汉江冲积一级阶地，是粘性土与砂性土之间的过渡层，顶板埋深9～13m，厚度约为3～5m。粘土多呈软塑状态，粉土呈中密状态、粉砂呈稍密状态、饱水，水平、垂直渗透性差异较大。对于设有两层以上地下室的高层建筑基坑往往遇到该层土，若处理不当，易产生坑底涌砂冒水及坑壁管涌、失稳等不良现象，应引起足够的重视。钻孔灌注桩施工至该层时，应做好护壁工作，防止垮孔引起断桩、缩颈现象。承载力特征值 f_{ak}=90～130kPa，压缩模量 Es=6.0～9.0MPa。

2.2.2 砂层（2-2）

根据该层砂土密实度、颗粒组成等物理力学性质，可分为三个子亚单元层，分别为粉砂（2-2-1）、粉细砂（2-2-2）及细砂（2-2-3）。

粉砂（2-2-1）：灰色、稍密，强度一般，压缩性中一高，工程力学性质一般，但埋深相对较浅，且分布不稳定，局部厚度较小，不宜作为拟建高层住宅桩基持力层。层间含有承压水，主要分布于长江、汉江冲积一级阶地。承载力特征值 f_{ak}=110～150kPa，压缩模量 Es=9.0～13.0MPa。

粉细砂（2-2-2）：青灰色，中密，强度较高，压缩性中一低，工程力学性质较好，可作为荷载不大的多层建筑的桩基持力层；不宜作为高层建筑的桩基持力层，当高层建筑采用桩筏基础时，可考虑作为桩筏基础中的桩基持力层。层间含有承压水，主要分布于长江、汉江冲积一级阶地。承载力特征值 f_{ak}=150～250kPa，压缩模量 Es=13.0～23.0MPa。

细砂（2-2-3）：青灰色，密实，强度高，压缩性低，工程力学性质良好，管桩一般较难穿透该层。可作为荷载不大的建筑物桩基持力层，作为高层建筑的桩基持力层时应验算承载力及沉降是否满足要求，当高层建筑采用桩筏基础时，可考虑作为桩筏基础中的桩基持力层。层间含有承压水，主要分布于长江、汉江冲积一级阶地。承载力特征值 f_{ak}=250～320kPa，压缩模量 Es=23.0～30.0MPa。

2.2.3 砾卵石层（2-3）

根据该层砂土颗粒组成，可分为两个子基本单元层，分别为中粗砂夹砾石（2-3-1）、砾卵石层（2-3-2）。

中粗砂夹砾石（2-3-1）：主要分布于高漫滩与一级阶地。灰色，以中粗砂为主，夹少量砾石，主要分布于（2-3）层之下，中密一密实状态，在分布较厚且均匀地段可作为多层建筑的桩基持力层使用，分布不均匀地段不宜作为桩基持力层，作为高层建筑持力层时需谨慎，应验算承载力及沉降稳定性。承载力特征值 f_{ak}=300～400kPa，压缩模量 Es=18.0～25.0MPa。

砾卵石层（2-3-2）：主要分布于高漫滩与一级阶地，灰白色，中密—密实状态，以圆砾为主，含卵石及少量中粗砂。力学性质较好，管桩无法穿透该层，钻孔灌注桩在该层中施工较困难，在分布均匀且厚度较大地段，可考虑作为高层建筑的桩基持力层。承载力特征值 f_ak=350～450kPa，压缩模量 E_0=23.0～28.0MPa。

2.3 第三单元层（3）

形成于晚更新世（Q_3）的地质体。根据晚更新世地质体的成因、岩石地层单位（岩性组合）、埋深

及物理力学性质，可分为青山组(3－1)和下蜀组(3－2)两个亚单元层。

青山组(3－1)：由一套黄色细砂夹含粘土细沙组成。主要分布于武昌青山矶头山、赵家山、营盘山一带。为末次冰期风积作用形成。结构松散，厚度不均。其工程力学性质极差，承载力特征值 f_{ak} 一般在 50kPa 左右。

下蜀组(3－2)：分布于晚更新世岗地的表层。根据岩性特征又可划分出 3 个基本单元层。

沙质粘土(3－2－1)：褐黄色，可塑一硬塑状，主要分布于剥蚀堆积垄岗地貌区的顶部。力学性质较好，可作为具有一定荷载的建构筑物的天然地基，但该层具有一定的膨胀性，基坑(槽)开挖过程中应注意做好防排水措施。承载力特征值 f_{ak}＝200～300kPa，压缩模量 Es＝8.5～11.0MPa。

粘性土(3－2－2)：褐黄色，夹杂灰白色高岭土花斑，含铁锰质薄膜和球状结核。结构密实，硬塑—坚硬状。主要分布于剥蚀堆积垄岗地貌内，位于褐黄色沙质粘土之下，在垄岗顶部常因褐黄色沙质粘土侵蚀而出露地表。力学性质较好，可作为轻型建构筑物的天然地基使用，该层分布厚度较大且均匀地段可考虑作为高层建筑的天然地基使用，但该层具有一定的膨胀性，基坑开挖过程中应注意做好防排水措施。承载力特征值 f_{ak}＝330～500kPa，压缩模量 Es＝14.0～19.0MPa。

夹碎石粘性土(3－2－3)：褐黄色，夹杂灰白色高岭土花斑，含有碎石。土层结构密实，呈硬塑—坚硬状态，力学性质好。多分布于基岩剥蚀残丘周围，多为坡积成因。该层碎石含量高时管桩穿透较困难，但该层粘土具有一定的膨胀性，基坑开挖过程中应注意做好防排水措施。承载力特征值 f_{ak}＝400～500kPa，压缩模量 Es＝15.0～20.0MPa。

2.4 第四单元层(4)

形成于中更新世(Q_2)的地质体。根据岩石地层单位的划分，及物理力学性质，该层可分为两个亚单元层，分别为：辛安渡组((4－1)和王家店组(4－2)。

2.4.1 辛安渡组(4－1)

根据该岩性组成，可分为四个基本单元层，分别为：粘性土(4－1－1)、砂土(4－1－2)、砾卵石层(4－1－3)。

粘性土(4－1－1)：褐黄—棕红色，硬塑状，压缩性低，工程性质良好，可作为具有一定荷载的建(构)筑物的天然地基使用。荷载较大的建(构)筑物，经计算满足承载力及变形条件后，可作为拟建建筑天然地基使用。该层具有一定的膨胀性，作为基坑侧壁土时，其自稳性良好，但应注意做好防水措施，防止其软化膨胀变形。承载力特征值 f_{ak}＝300～400kPa，压缩模量 Es＝12.0～16.0MPa。

砂土(4－1－2)：褐黄色，砂土以粉细—中粗砂为主，中密—密实状；粘粒含量高，粘性强，表现出可塑状态。该层为长江、汉江古河道冲积层，呈条带状分布，该层力学性质较上部老粘土稍差，成为相对软弱下卧层，当以上覆粘性土作为基础持力层时，应对该层进行承载力和沉降验算。承载力特征值 f_{ak}＝250～350kPa，压缩模量 Es＝14.0～21.0MPa。

砾石层(4－1－3)：灰白色，混粘性土，为长江、汉江古河道冲积层底部，呈中密—密实状态，力学性质好，局部地段埋深大，以该层作为桩基持力层时，工程造价相对较高。承载力特征值 f_{ak}＝320～400kPa，压缩模量 Es＝20.0～26.0MPa。

2.4.2 王家店组(4－2)

根据该岩层岩土体结构及物理力学性质，可分为 2 个子亚层，分别为网纹红土(4－2－1)、网纹化残坡积土(4－2－2)。

网纹红土(4－2－1)：棕红色，硬塑状，力学性质好，可作为具有一定荷载的建构筑物的天然地基，经计算当承载力和沉降量满足要求后，可作为高层建筑的天然地基。该层具有一定的膨胀性，在大气影响急剧层以后的天然地基应做好防水措施，防止其胀缩变形。作为基坑侧壁土层时，自稳性良好，但应做好防水、排水措施。承载力特征值 $f_{ak}=330\sim450$kPa，压缩模量 $Es=14.0\sim18.0$MPa。

网纹化残坡积土(4－2－2)：主要表现为红土碎石层，碎石含量多少不一，局部表现为碎石土特征。压缩性低，承载力高，可作为荷载较大的建筑地基使用，高层建筑当验算承载力及沉降量满足要求后，可作为其天然地基使用。管桩在该层施工时有困难。承载力特征值 $f_{ak}=400\sim500$kPa，压缩模量 $Es=15.0\sim20.0$MPa。

2.5 第五单元层(5)

形成于早更新世(Q_1)的地质体。根据岩石地层单位的划分及物理力学性质，该层可分为两个亚单元层，分别为东西湖组(5－1)和阳逻组(5－2)。

2.5.1 东西湖组(5－1)

根据该岩层岩土体结构及物理力学性质，可分为3个子基本单元层：粘性土(5－1－1)、粉细砂(5－1－2)、含砾中粗砂(5－1－3)。

粘性土(5－1－1)：灰白色、黄色，硬塑状，力学性质好，可作为具有一定荷载的建构筑物的天然地基，经计算当承载力和沉降量满足要求后，可作为高层建筑的天然地基。该层具有一定的膨胀性，在大气影响急剧层以后的天然地基应做好防水措施，防止其胀缩变形。作为基坑侧壁土层时，自稳性良好，但应做好防水、排水措施。承载力特征值 $f_{ak}=330\sim450$kPa，压缩模量 $Es=14.0\sim18.0$MPa。

粉细砂(5－1－2)：灰色、黄色，中密—密实，力学性质较好。压缩性低，承载力高，可作为荷载较大的建筑桩基使用。承载力特征值 $f_{ak}=160\sim240$kPa，压缩模量 $Es=14.0\sim22.0$MPa。

含砾中粗砂(5－1－3)：灰色、黄色，中密—密实，力学性质较好。压缩性低，承载力高，可作为荷载较大的建筑桩基使用。承载力特征值 $f_{ak}=250\sim350$kPa，压缩模量 $Es=14.0\sim21.0$MPa。

2.5.2 阳逻组(5－2)

根据该岩层岩土体结构及物理力学性质，可分为2个子亚层，含砾粘性土(5－2－1)、中粗砂、砾砂(5－2－2)。

含砾粘性土(5－2－1)：棕红色、褐黄色，硬塑状，力学性质好，可作为具有一定荷载的建构筑物的天然地基，经计算当承载力和沉降量满足要求后，可作为高层建筑的天然地基。作为基坑侧壁土层时，自稳性良好，但应做好防水、排水措施。承载力特征值 $f_{ak}=330\sim450$kPa，压缩模量 $Es=14.0\sim18.0$MPa。

含砾中粗砂(5－2－2)：棕红色，褐黄色，紫灰色，灰白色，局部夹细砂及粉质粘土。砾石磨圆度好，分选好，有一定排列方向，为砂质、泥质胶结，冲积相、洪积相沉积。力学性质较好，压缩性低，承载力高，可作为荷载较大的建筑地基使用。承载力特征值 $f_{ak}=300\sim400$kPa，变形模量 $E_0=20.0\sim26.0$MPa。

2.6 第六单元层(6)

主要为第四纪时期形成的残坡积成因的土体。根据其成因的不同和岩性的差异，可分为三个子亚单元层，分别为坡积土(6－1)、残积土(6－2)和溶蚀残积红粘土(赭土)(6－3)。

2.6.1 坡积土(6－1)

由粘性土混碎石组成，厚度一般1～3m，结构松散，土质疏松，压缩性较高，力学性质较差，不宜作为建构筑物的持力层。主要分布于山坡、山麓、冲沟及洼地处。在地势较低处厚度大，地势高处厚度薄。承载力特征值 f_{ak}＝200～300kPa，变形模量 E_0＝20.0～28.0MPa。

2.6.2 残积土(6－2)

主要分布于山区或丘陵地带平缓处，与下伏基岩风化带呈渐变关系。承载力特征值 f_{ak}＝200～300kPa，压缩模量 Es＝8.0～15.0MPa。

2.6.3 红粘土(赭土)(6－3)

紫红色、棕红色粘土。该土体分布局限，直接覆盖于碳酸盐岩之上，是由母岩石灰岩、白云岩等化学溶蚀风化残积而成。其特征一般上硬下软，上部呈可—硬塑状，下部呈软—流塑状。遇水时容易软化变形，不宜直接作为拟建建构筑的基础持力层。

3 武汉市都市发展区工程地质单元层划分与对比

按照工程地质单元体的划分原则：“地层时代＋岩性组合(岩石地层单位)＋岩性层”，可将武汉市都市发展区土体工程地质单元划分为：工程地质单元层6个、亚单元层14个、基本单元层33个，具体见表1。

表1 武汉市都市发展区工程地质单元划分

单元层及编号	划分依据	亚单元编号	划分依据	基本单元层编号	划分依据
第一单元层(1)	现代沉积层	1－1	人工填土	1－1－1	杂填土层
				1－1－2	素填土层
		1－2	自然冲淤层	1－2－1	冲填土层
				1－2－2	淤泥(塘泥)层
第二单元层(2)	全新世地质体(Q_4)	2－1	粘土类	2－1－1	粉土层
				2－1－2	密实粘土
				2－1－3	粘性土层
				2－1－4	淤泥质土、淤泥
				2－1－5	粘土、砂土互层
		2－2	砂层	2－2－1	粉砂
				2－2－2	粉细砂层
				2－2－3	细砂层
第二单元层(2)	全新世地质体(Q_4)	2－3	砾卵石层	2－3－1	中粗砂夹砾石
				2－3－2	砾卵石层

续表 1

单元层及编号	划分依据	亚单元编号	划分依据	基本单元层编号	划分依据
第三单元层（3）	晚更新世（Q3）地质体	3－1	青山组		细沙层
		3－2	下蜀组	3－2－1	沙质粘土层
				3－2－2	粘性土层
				3－2－3	夹碎石粘性土
第四单元层（4）	中更新世（Q2）地质体	4－1	辛安渡组	4－1－1	粘性土层
				4－1－2	砂土层
				4－1－3	砾卵石层
		4－2	王家店组	4－2－1	网纹红土
				4－2－2	网纹残坡积土
第五单元层（5）	早更新世（Q1）地质体	5－1	东西湖组	5－1－1	粘性土层
				5－1－2	粉细砂
				5－1－3	含砾中粗砂层
		5－2	阳逻组	5－2－1	含砾粘性土
				5－2－2	中粗砂、砾砂
第六单元层（6）	第四纪地质体	6－1	坡积土		
		6－2	残积土		
		6－3	赭土		

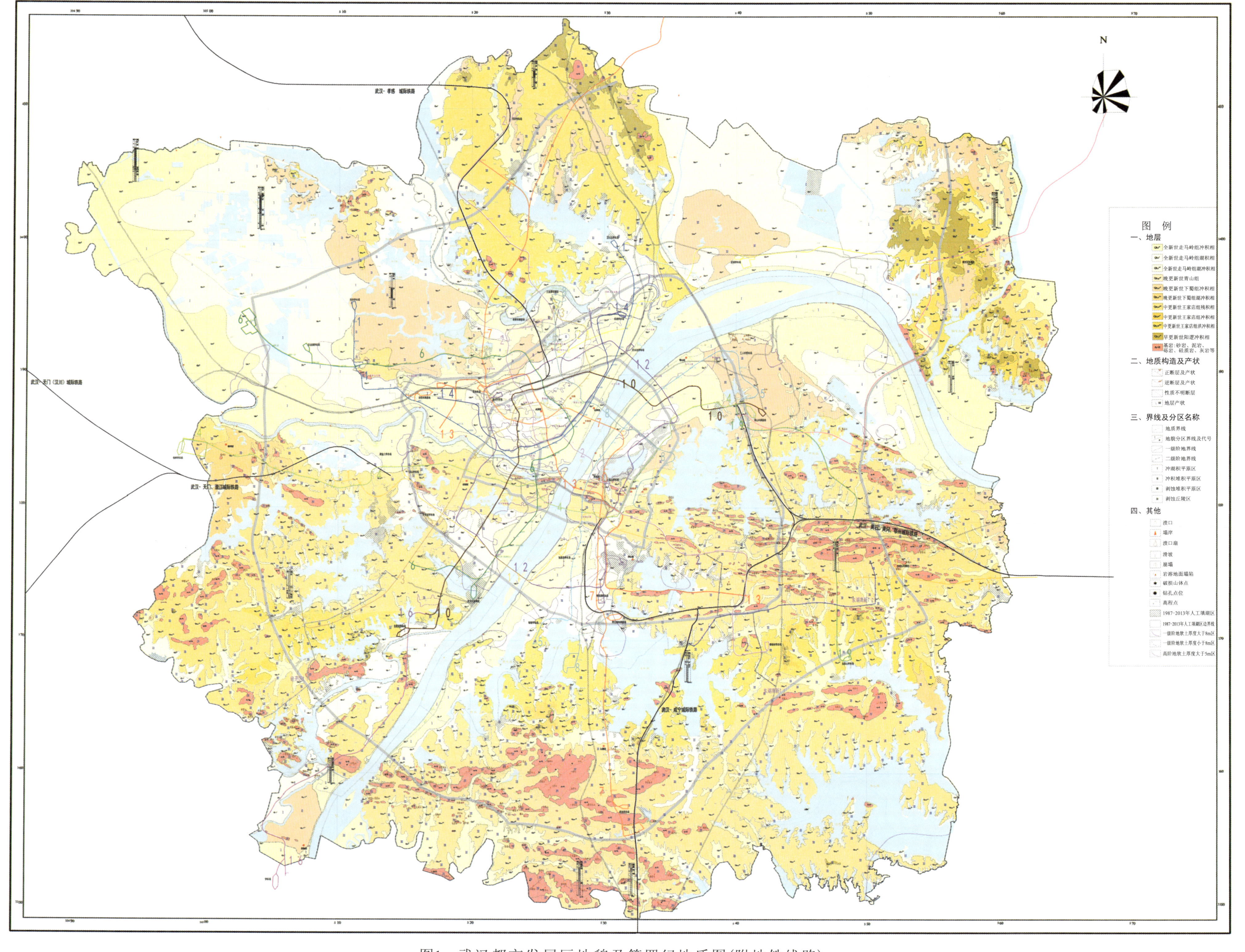

图1 武汉都市发展区地貌及第四纪地质图(附地铁线路)

武汉地区地貌第四纪地质单元与地铁工程

韩　畅[1]　吴晓云[1]　陶宏亮[2,3]

（1.武汉地铁集团有限公司，湖北 武汉 430030；2.中国地质大学(武汉)，湖北 武汉 430074；
3.武汉华太岩土工程有限公司，湖北 武汉 430064）

1　前　言

1.1　武汉地区的地貌地质单元及其特征

武汉地处江汉平原东部，地势为东高西低，南高北低，中间被长江、汉江呈 Y 字形切割成三块，谓之武汉三镇。武汉城区南部分布有近东西走向的带状丘陵，四周分布有比较密集的树枝状冲沟，武汉素有“水乡泽国”之称，境内大小近百个湖泊星罗棋布，形成了水系发育、山水交融的复杂地形。最高点高程 150m 左右，最低陆地高程约 18m。武汉地区地貌单元主要有以下四种类型(图 1、图 2)。

(1)长江Ⅰ级阶地：广泛分布于长江、汉江两岸地区，地面标高 19～21m。地层具有典型的二元结构，由全新统(Q_4)粘性土、砂类土及卵砾石层构成，区内有众多湖泊、堰塘、残存的沼泽地及暗沟、暗浜等。地下水主要为浅部的上层滞水及中上部隔水层下的砂类土与卵砾石层中的承压水，承压含水层具强渗透、高承压、且与长江有直接水力联系的特点。

(2)长江Ⅱ级阶地：分布于东西湖区、青山区、塔子湖周边、江岸区三金潭—平安铺一带及汉南蚂蚁河两岸，地面标高 22～24m，地层具二元结构，由上更新统(Q_3)的粘性土与砂性土及卵石组成，浅部有Ⅰ级阶地全新世(Q_4)地层超覆，为埋藏型阶地。地下水主要为浅部的上层滞水及中上部隔水层下的具低—中渗透性的砂类土与卵砾石层中的弱承压水。

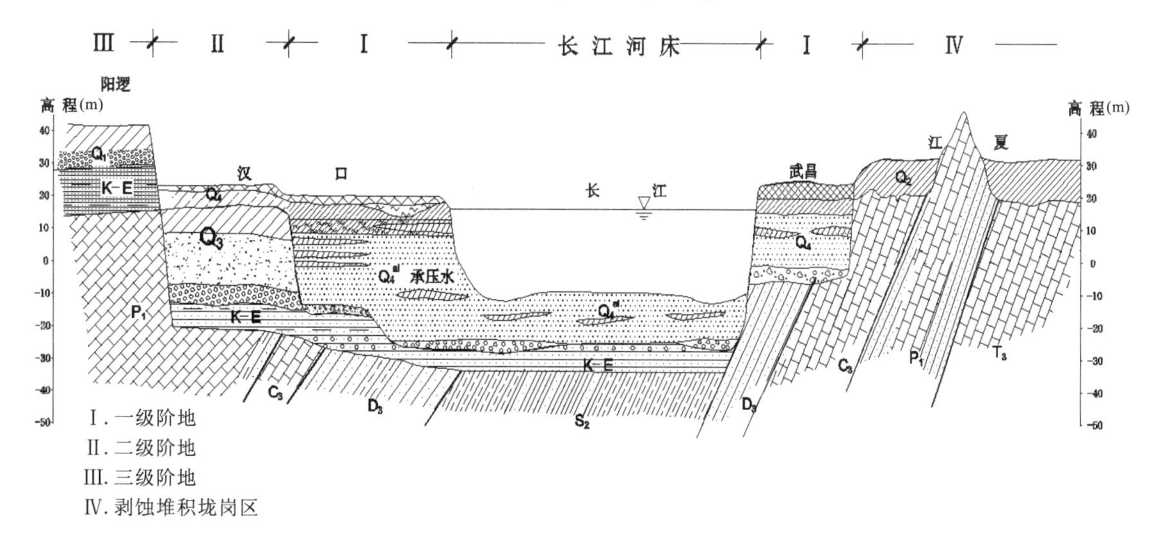

图 2　武汉地区概化地质剖面示意图

(3)剥蚀堆积垄岗区(相当于长江Ⅲ级阶地):分布在汉口北、阳逻东西湖、汉阳、武昌、江夏等广大地区,地层不具有二元结构,基岩之上基本由 Q_3 下蜀系粘土和 Q_2 网纹状老粘性土组成。地下水主要为上层滞水。

(4)长江古河道:贯穿Ⅰ、Ⅱ、Ⅲ级阶地分布。自江汉六桥、汉阳动物园、鹦鹉洲大桥北侧、武昌首义路、中南路至中北路一带。地层具二元结构,上部为中更新统(Q_2)老粘性土,下部为含粘性土粉、细、中、粗砂及卵砾石层,深度超过100m。下部含粘性土粉、细、中、粗砂及卵石层中含承压水,弱渗透、低承压且与现代长江无直接水力联系。

1.2 已(在)建地铁工程所处的地貌单元

已(在)建地铁工程所处的地貌单元如表1所示。

表1 地貌单位分布

地铁线路	Ⅰ级阶地	Ⅱ级阶地	剥蚀堆积垄岗区(Ⅲ级阶地)	古河道
地铁1号线(东吴大道—汉口北)	东吴大道—堤角站	堤角站—腾子岗站	汉口北站	
地铁2号线(金银潭—光谷广场	长港路站—螃蟹岬站	金银潭站—常青花园站	小龟山站—光谷广场站	中南路站、洪山广场站及洪山—中南路区间
地铁3号线(宏图大道—沌阳大道)	后湖大道站—宗关站	市民之家站—宏图大道站	王家湾站—沌阳大道	
地铁4号线(武汉火车站—黄金口)	工业四路站—东亭站		武汉火车站—杨春湖站、青鱼嘴站—黄金口站	汉阳王家湾站、武昌火车站、武昌复兴路站、梅园小区站
地铁机场线(2号线北延)(宏图大道—天河机场)		宏图大道站	至天河机场其余各段	
在建地铁5号线(武汉火车站—南三环)	和平公园站—积玉桥站、武金堤公路站—青菱站		武汉火车站—红钢城站、昙华林站—复兴路站、白沙五路站—南三环站	
在建地铁6号线(金银湖公园—东风公司)	石桥站—琴台站、建港路站—国博中心站	金银湖公园站—杨汉湖站	钟家村站—马鹦路站、老关村站—东风公司站	
在建地铁7号线(园博园北—野芷湖)	长丰站—螃蟹岬站、瑞安街站—板桥村站	园博园北站	小东门站—武昌火车站、野芷湖站	
在建地铁8号线一期(三金潭—梨园)	幸福大道站—岳家嘴站为冲积平原区	三金潭站—塔子湖站	梨园站	
在建地铁8号线二期(梨园—野芷湖)			全线	
在建地铁11号线东段(光谷火车站—左岭)			全线(生物园站—光谷四路站区间的鸡公山为剥蚀丘陵区)	
在建地铁11号线东段二期(江安路—光谷火车站)	江安路站		全线(体育学院站为剥蚀丘陵区)	
在建地铁纸坊线(7号线南延)(野芷湖—地铁小镇)			全线(纸坊大街站和地铁小镇站之间的青龙山为剥蚀丘陵区)	
在建地铁阳逻线(21号线)(后湖大道—金台)	后湖大道站—朱家河站、沙口站—武生站、阳逻开发区站		其余各段	
在建地铁蔡甸线(黄金口—柏林)			全线	

1.3 地貌单元与地铁工程的关系

不同地貌(第四纪地质)单元上的地铁车站深基坑(支护结构形式和地下水控制)和区间隧道(工法选型)以及不良地质、地质灾害的影响有着明显差别。所以本文根据已通车的 2 号、3 号、4 号线和正在施工的 6 号、8 号、11 号线的基本规律和设计施工中的经验教训,概括叙述武汉地区地貌、第四纪地质单元与地铁工程的关系。

2 长江一级阶地中的地铁工程

2.1 工程地质及水文地质特征

2.1.1 地层分布及物理力学性质

长江一级阶地在武汉地区分布范围较广,地铁 2 号线、3 号线、4 号线、5 号线、6 号线、8 号线、11 号线均有通过,仅以地铁 6 号线一期工程Ⅱ标段三眼桥北路站为例。七层分布见表 2、图 3,地层物理力学参数详见表 2。

表 2 岩土工程设计参数一览表

<table>
<tr><th>地层编号</th><th>岩土名称</th><th>天然重度 r (kN/m^3)</th><th>粘聚力 C (kPa)</th><th>内摩擦角 ϕ(°)</th><th>静止侧压力系数 K_0</th><th>垂直向渗透系数 K_v(cm/s)</th><th>水平向渗透系数 K_h(cm/s)</th><th>水平基床系数 K_h(MPa/m)</th></tr>
<tr><td>(1-1)</td><td>杂填土</td><td>20.0</td><td>9</td><td>19</td><td>—</td><td>7.4×10^{-3}</td><td>6.2×10^{-2}</td><td>—</td></tr>
<tr><td>(1-2)</td><td>素填土</td><td>18.0</td><td>12</td><td>10</td><td>—</td><td>6.3×10^{-6}</td><td>5.7×10^{-6}</td><td>—</td></tr>
<tr><td>(1-3)</td><td>淤泥</td><td>16.8</td><td>7</td><td>3</td><td>0.72</td><td>6.0×10^{-7}</td><td>6.6×10^{-7}</td><td>7</td></tr>
<tr><td>(3-1)</td><td>粘土</td><td>17.5</td><td>17</td><td>6</td><td>0.52</td><td>2.2×10^{-7}</td><td>2.5×10^{-7}</td><td>24</td></tr>
<tr><td>(3-2)</td><td>粘土</td><td>17.1</td><td>14</td><td>6</td><td>0.68</td><td>6.2×10^{-7}</td><td>5.6×10^{-7}</td><td>16</td></tr>
<tr><td>(3-3)</td><td>淤泥质粘土</td><td>16.7</td><td>10</td><td>4</td><td>0.70</td><td>7.0×10^{-7}</td><td>6.2×10^{-7}</td><td>9</td></tr>
<tr><td>(3-4)</td><td>淤泥质粉质粘土夹粉土、粉砂</td><td>17.5</td><td>10
[5]</td><td>9
[17]</td><td>0.57</td><td>2.0×10^{-5}</td><td>4.0×10^{-4}</td><td>15</td></tr>
<tr><td>(3-5)</td><td>粉质粘土、粉土、粉砂互层</td><td>18.0</td><td>9
[0]</td><td>18
[27]</td><td>0.50</td><td>2.5×10^{-4}</td><td>6.5×10^{-3}</td><td>20</td></tr>
<tr><td>(4-1)</td><td>粉细砂</td><td>18.5</td><td>0</td><td>30(32)</td><td>0.40</td><td rowspan="4" colspan="2">1.74×10^{-2}</td><td>20</td></tr>
<tr><td>(4-2)</td><td>粉细砂</td><td>19.0</td><td>0</td><td>33(36)</td><td>0.37</td><td>25</td></tr>
<tr><td>(4-3)</td><td>中细砂</td><td>19.0</td><td>0</td><td>35(39)</td><td>0.36</td><td>30</td></tr>
<tr><td>(5)</td><td>中粗砂夹砾卵石</td><td>20.0</td><td>0</td><td>40</td><td>0.34</td><td>40</td></tr>
<tr><td>15a-1</td><td>强风化泥质粉砂岩</td><td>—</td><td>—</td><td>—</td><td>350</td><td>—</td><td>—</td><td></td></tr>
<tr><td>15a-2</td><td>中风化泥质粉砂岩</td><td>—</td><td>—</td><td>—</td><td>700</td><td>—</td><td>—</td><td></td></tr>
</table>

注:1. 表中砂性土的抗剪强度指标带括号的为有效应力指标,其他为总应力指标;2. "[]"中的取值为计算顺层剪切滑移时的建议值。

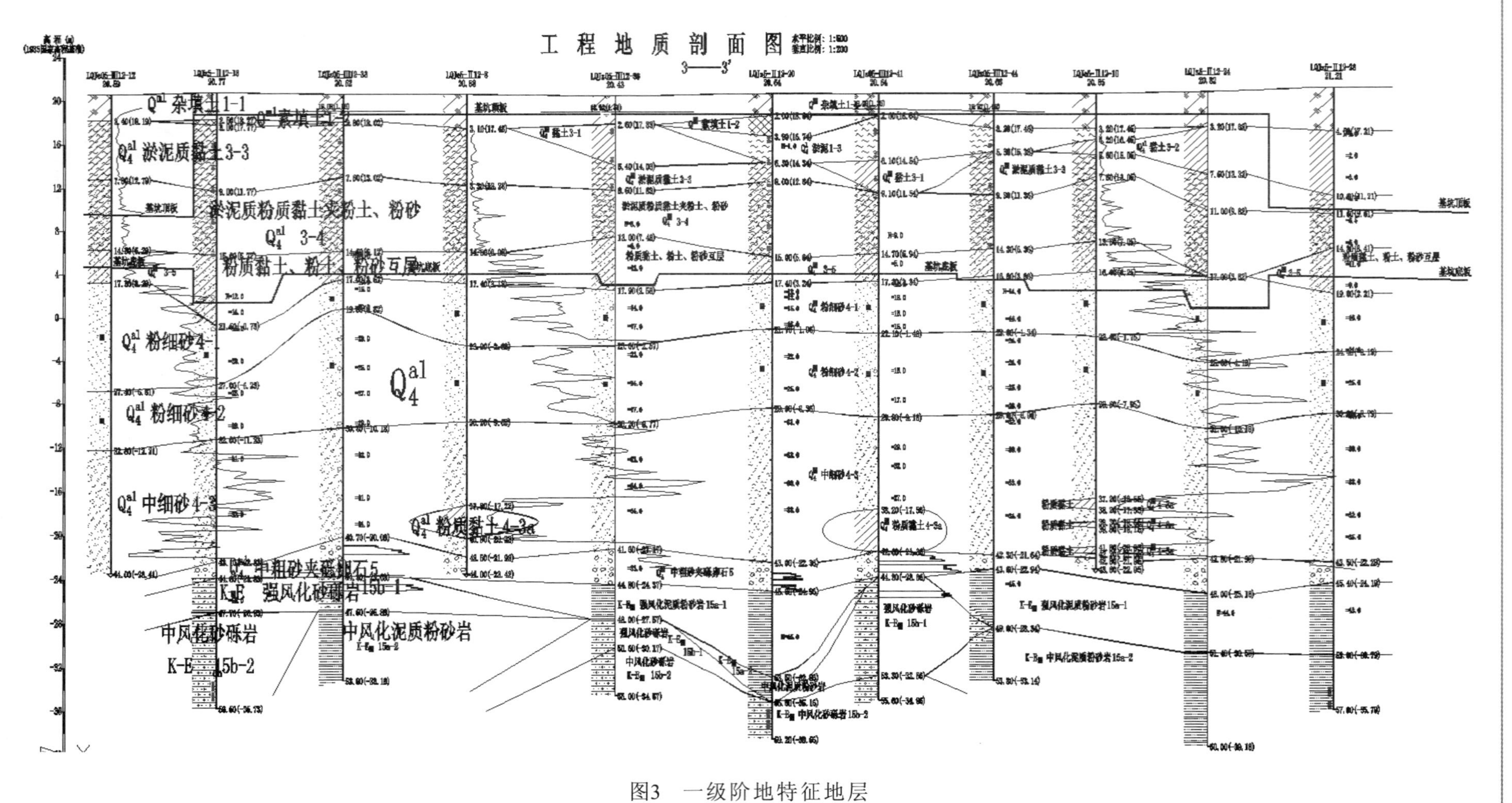
工程地质剖面图
3——3'
杂填土1-1
淤泥质黏土3-3
淤泥质粉质黏土夹粉土、粉砂
粉质黏土、粉土、粉砂互层
粉细砂4-1
粉细砂4-2
中细砂4-3
粉质黏土4-3a
中粗砂夹砾卵石5
强风化砂砾岩
中风化砂砾岩
中风化泥质粉砂岩

图3 一级阶地特征地层

2.1.2 水文地质

长江一级阶地的地下水分为三种类型：上层滞水、潜水及承压水。

上层滞水埋藏于表层杂填土和淤泥质粘性土中，水位埋深 1.0m 左右，在一级阶地中普遍埋藏；但因含水层不连续（杂填土厚度变化大，淤泥质土多呈透镜体状分布），往往成孤立的含水体，侧向补给有限。

潜水埋藏于邻江一带的浅层（小于 10m）的粉土或粉砂层中，地下水位深 1.0m 左右，其下有粘土底板相隔。由于含水层（粉土及粉砂层）渗透系数小，不承压，往往采用隔渗帷幕进行控制。

承压水埋藏于上部粘性土与底部基岩之间的地层之中，由于沉积韵律变化，该承压水层分为三个亚层，即上部交互层（粉土、粉砂与粉质粘土互层 $K<5$m/d，中部粉砂）、粉细砂（$K>15$m/d）、底部粗砾砂或卵石层（$K>20$m/d），总厚度在 30～40m 之间。因属层间水且与长江水体相通而具较大的承压性，承压水测压水头在长江汛期普遍大于 10m，且随长江水位涨落而相应变化。总体上具有含水层厚度大、强渗透、高承压水头且与长江有直接水力联系的特点。

2.2 第四纪地质地貌与地铁工程的关系

2.2.1 车站深基坑

（1）围护结构。车站深基坑的主体围护结构主要采用地下连续墙＋内支撑；附属围护结构采用钻孔灌注桩＋帷幕＋内支撑或 SMW 工法桩＋内支撑的支护措施。

（2）地下水控制。冲积平原的一级阶地下的全新世（Q_4）二元结构冲积层浅部上层滞水或潜水采用竖向帷幕隔渗，下部承压水具有含水层厚度大、强透水、承压水头高且与长江有直接水力联系的突出特点。渗流破坏（管涌、突涌、流砂）是主要威胁，普遍采取悬挂式帷幕＋降水（减压或疏干）等措施，以控制地下水；但帷幕深度只需超过含水层上部互层土（粉质粘土、粉土、粉砂互层），一般不需插入主含水层太深。因承压含水层太厚，考虑工程施工质量和材料性能，降水井多为非完整井，即"以降疏为主，隔渗为辅"；个别情况下采用全封闭帷幕，但帷幕会存在漏点，在坑内外水头差的作用下发生侧壁管涌或坑底突涌。

"全封闭帷幕是一把双刃剑"，国内近 20 年中各地基坑工程的重大事故大部分是因地下水控制失当，并且绝大多数是因为发生渗透破坏。现以武汉地区为例，将近年在地铁中所发生的基坑工程重大事故列于表 3 中。须特别指出，20 余年中大量基坑降水引起的周边地面沉降量不大（一般小于 5cm），尤其是沉降差小于 1‰。

表 3 武汉市地铁典型基坑事故分析表

序号	工程名称	支护及防水措施	事故特点	事故原因分析	备注
1	地铁 2 号线金色雅园车站端头井	悬挂式地下连续墙、中深井降水	坑底涌水冒粉土，导致地连墙及周比地面下沉、房屋的浅基部分下沉开裂	降水水位不到位（降深 9m，挖至 14m），带压开挖导致坑底突涌流土——渗透破坏；补打新井，降至 15m 以下消除了渗透破坏根源	含水层主要是互层土，水井质量至关重要
2	地铁 2 号线循礼门车站	落地式地下连续墙、坑内降水疏干	地连墙存在漏洞，一侧顺漏洞发生涌砂，距基坑数十米外房屋下沉开裂	墙内外水头差大，造成渗流破坏，产生侧壁管涌	地连墙槽段间接头止水质量难保证。落底式地连墙本来只需悬臂式
3	地铁 2 号线江汉路车站	落地式地下连续墙、坑内降水疏干	地连墙存在漏洞，顺漏洞发生涌砂，基坑外出现陷坑	墙内外存在 8m 以上水头差，造成渗流破坏，产生侧壁管涌	

续表 3

序号	工程名称	支护及防水措施	事故特点	事故原因分析	备注
4	地铁 2 号线王家墩东站	落地式地下连续墙、坑内降水疏干	地连墙存在两处漏洞，顺漏洞发生涌砂，坑外道路下沉	墙内外水头差造成渗流破坏，产生侧壁管涌	
5	地铁 2 号线复兴路站	落地式地下连续墙、坑内降水疏干	地连墙存在一处漏洞，顺漏洞发生涌砂，坑外马路下沉严重	墙内外水头差造成渗流破坏，产生侧壁管涌	
6	地铁 4 号线复兴路盾构接收端	接收井端采用冷冻法加固止水	端头冷冻加固体失效，洞口处洞底大量涌砂。临近房屋严重下沉开裂，洞身数十米管片变形	洞底处存在因承压水形成的 17m 水头差。造成渗流破坏，产生洞底突涌	补打降水井，水头降至洞底以下保证了抢险加固。冷冻与降水相比。降水既可靠又经济

2.2.2 一二级阶地及长江古河道地铁车站与区间隧道施工工法及参数

(1)地铁车站及隧道进、出口端头如表 4 所示。

表 4 车站主体与端头井施工工法一览表

项目类别 \ 工法		车站、端头井
围护结构	一般条件	地下连续墙＋内支撑
	较好条件	SMW 工法桩＋内支撑
地下水控制	一般环境	悬挂式帷幕＋深井降水
	较差环境	落底(或封底)式帷幕＋深井降水
	端头井	五面加固＋深井降水

注：在隧道进出口端头的软土地区，一般采用高压旋喷注浆或深层搅拌桩形成加固体，其长度视盾构机长度而定。同时在左右线加固体外侧和两线加固体之间布设降水井，使水位降至加固体以下。

(2)区间隧道工法及施工参数。一、二级阶地及长江古河道中一般采用盾构机掘进，盾构机埋深较深且多在承压含水层中通过，在一、二级阶地段采用土压平衡盾构，越江段采用泥水平衡盾构，三级阶地可采用矿山法，也可采用盾构法，端头一般不进行加固，特殊条件下加固，不需降水。盾构机施工参数详见表 5。

表 5 区间(含端头)隧道埋深、土仓压力、推进压力表

			地铁车站	区间隧道
参数	埋深	覆土有软土	17～25m	10～18m
		覆土无软土	17～25m	较浅
	土仓压力(MPa)			0.07～0.27
	推进压力(t)			1100～1500

注：1. 在冲刷深度以下采用泥水平衡盾构；2. 区间线附近的最大沉降约 66mm，一般为 10～20mm。

3　长江二级阶地及长江古河道中的地铁工程

3.1　工程地质及水文地质特征：

3.1.1　地层分布及其物理力学性质

长江二级阶地的地层主要为二元结构：表层为 Q_4 超覆软土或粘质土、粉土、粉砂，厚度为几米至10余米不等；上部为 Q_3 粘性土；下部为含粘粒密实粉细中粗砂卵砾石层。长江古河道中的二元结构：上部为 Q_2 网纹红土，下部为深厚粉、细、中、粗砂、卵砾石，均含粘粒。仅以地铁7号线一期工程（第Ⅲ标段）—长丰站为例，对长江二级阶地中地铁工程的工程地质及水文地质特征做一个描述，二级阶地特征地层如图4所示，地层物理力学参数详见表6。

表6　地层物理性能参数表

地层编号	岩土名称	天然重度（kN/m^3）	抗剪强度指标		承载力特征值 f_{ak}（kPa）	静止侧压力系数 k_0	渗透系数 K（m/d）
			粘聚力 C（kPa）	摩擦角 φ（°）			
1－1	杂填土	19.0	8	18	—	—	
1－2	素填土	17.8	14	10	—	—	
6－1	粘土	17.6	23	11	120	0.56	
6－2	粘土	18.6	28	15	170	0.52	
7－1	粘土	19.1	36	16	300	0.40	
7－2	粘土	18.7	30	15	200	0.44	
10－1	粘土	19.4	38	16	360	0.35	
10－1a	粘土	18.6	31	15	220	0.44	
10－2	粘土	18.9	32	14	230	0.42	
11	粉细砂	19.8	38	16	360	0.34	6
11a	粉质粘土	18.3	19	11	100	0.49	
11b	粉质粘土	18.7	28	14	180	0.52	
12－2	中细砂夹砾卵石	20.0	0	33	310	0.34	18
20a－1	强风化砂质泥岩	23.0	32	19	350	—	
20a－2	中风化砂质泥岩	24.6	100	21	1000	—	

3.1.2　水文地质

长江二级阶地上部含 Q_4 上层滞水，下部含 Q_3 承压水与长江有间接水力联系，含水层砂土粘粒含量＞20％，卵砾石粘粒含量＞10％，与长江间接联系，渗透性较弱，不易发生管涌，地层均有超固结，降水对地面沉降影响很小。

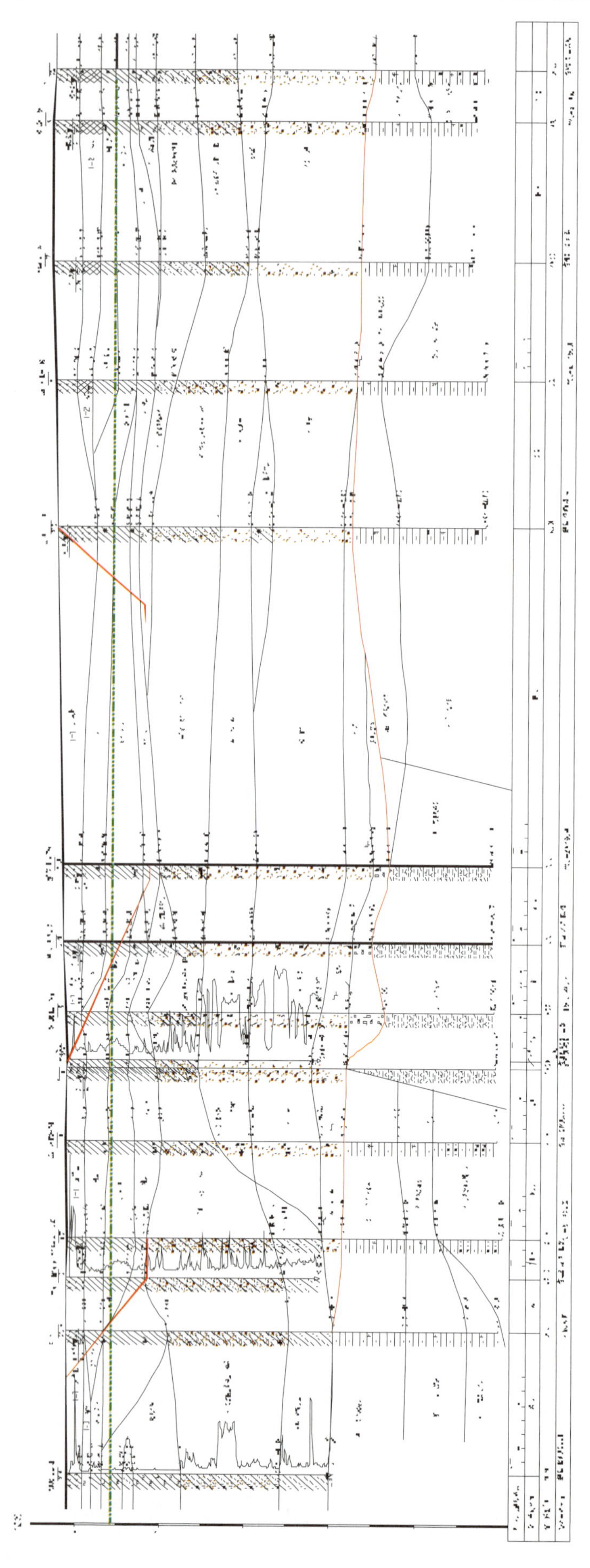

图4 二级阶地特征地层示意图

3.2 地质地貌与地铁工程的关系

3.2.1 车站深基坑

(1)围护结构。车站深基坑的围护结构主要采用地下连续墙+内支撑,或采用钻孔灌注桩+内支撑+止水帷幕。

(2)地下水控制。长江二级阶地长江古河道中上层滞水主要采用竖向帷幕+集水明排,下部承压水主要采用竖向悬挂式帷幕+深井降水(降疏为主,隔渗为辅),不宜落底帷幕。

(3)主要风险。上部一级阶地超覆地层软土及 Q_4 砂层;无事故实例。

3.2.2 二级阶地"地铁车站与区间隧道施工工法及参数"

(1)地铁车站及隧道进、出洞端头施工工法见表4。

(2)区间隧道(含端头)埋深、土仓压力、推进压力如表7所示。

表7 区间隧道(含端头)埋深、土仓压力、推进压力表

			地铁车站	区间隧道
参数	埋深	Q_4 超覆层	17～25m	17～20m
		Q_3 地层	17～25m	10～17m
	土仓压力(MPa)			0.06～0.36
	推进压力(t)			500～1700

3.3 主要风险及事故实例

二级阶地或长江古河道的地层,透水性小,风险甚微;而其上一级阶地超覆的 Q_4 砂层,透水性强,易发生管涌、突涌、流砂等险情,如4号线二期复兴路接收端。

4 长江三级阶地(剥蚀堆积垄岗区)中的地铁工程

4.1 工程地质及水文地质特征

4.1.1 地层分布及其物理力学性质

以地铁6号线一期工程车城东路站场区为例,对长江三级阶地中的地铁工程的工程地质及水文地质特征做一个描述,三级阶地特征地层见图5,地层物理力学参数详见表8。

4.1.2 水文地质特点

车城场区内地下水为三种类型:上层滞水、第四系松散岩类孔隙承压水、基岩裂隙水。

上层滞水主要赋存于1—2层填土中,其含水与透水性取决于填土的类型。上层滞水的水位连续性差,无统一的自由水面,接受大气降水和供、排水管道渗漏水垂直下渗补给,水量有限,勘察期间稳定水位埋深多在2～4m。

第四系松散岩类孔隙承压水主要赋存于10—2层角砾中,具承压性,富水程度一般,接受周围土层孔隙水侧向补给,并进行侧向排泄。承压水位标高为22～23m。

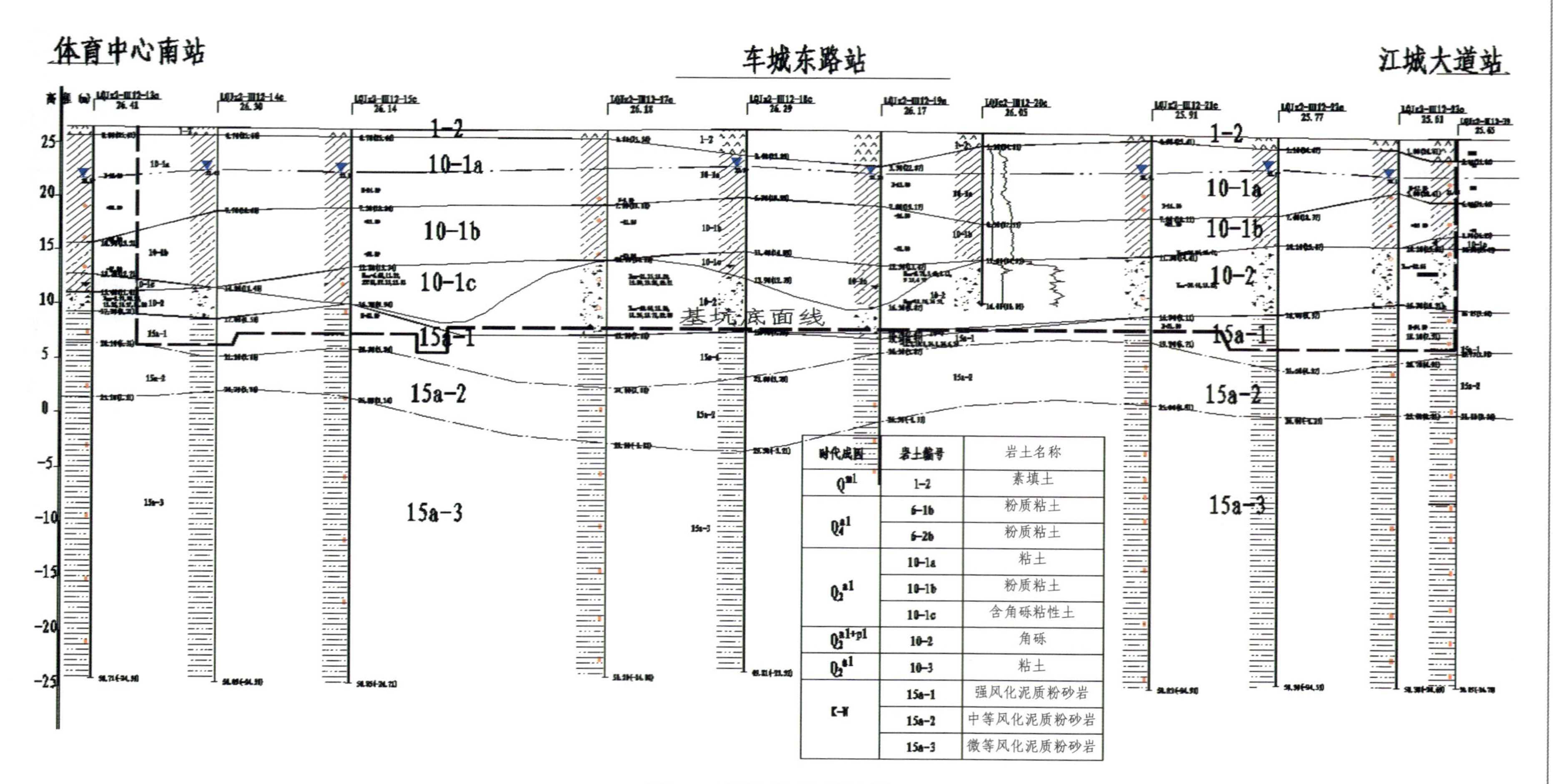
体育中心南站
车城东路站
江城大道站
基坑底面线
1-2
10-1a
10-1b
10-1c
10-2
15a-1
15a-2
15a-3
时代成因
岩土编号
岩土名称
1-2 素填土
6-1b 粉质粘土
6-2b 粉质粘土
10-1a 粘土
10-1b 粉质粘土
10-1c 含角砾粘性土
10-2 角砾
10-3 粘土
15a-1 强风化泥质粉砂岩
15a-2 中等风化泥质粉砂岩
15a-3 微等风化泥质粉砂岩
25
20
15
10
5
0
-5
-10
-15
-20
-25

图5 三级阶地特征地层

表 8　抗剪强度(直快)指标 C、φ 标准值综合成果表

时代	岩土编号	岩土名称	土工试验		原位测试									综合取值	
					静力触探			标贯试验			动力触探试验				
			C_k (kPa)	φ_k (°)	P_s (MPa)	C_k (kPa)	φ_k (°)	N (击)	C_k (kPa)	φ_k (°)	$N_{63.5}$ (击)	C_k (kPa)	φ (°)	C_k (kPa)	φ_k (°)
Q_4	1－2	素填土	58.9	10.6	0.86			7.6						15	12
	6－1b	粉质粘土	47.2	14.7	1.98	29.7	14.0	13.8	55.0	15.0				29	14
	6－2b	粉质粘土	29.2	6.8	1.69	26.1	13.2	6.1	24.0	12.0				26	12
Q_3	10－1a	粘土	59.8	14.1	3.92	76.1	17.9	17.0	60.0	16.0				41	15
	10－1b	粉质粘土	59.1	12.2	3.99	77.8	18.0	18.7	63.0	17.0				42	16
	10－1c	含角砾粘性土	44.1	13.0	4.22	83.3	18.4	24.6	68.0	19.0	10.4			45	17
	10－2	角砾									25.0	0	46	0	46
	10－3	粘土	41.5	11.6	3.92	76.1	17.9	27.8	72.0	22.0				42	14
K-E	15a－1	强风化泥质粉砂岩						31.0			26.8			40	10

基岩裂隙水主要赋存于强—中等风化基岩裂隙中，补给方式主要为上覆含水层的下渗补给和侧向补给，具承压性，水量较小。

根据初勘资料显示，场区含水层主要为 10－2 层角砾(也有定名为粘土夹碎石)。试抽试验成果测定其渗透系数为 9.94m/d。

4.2　地质地貌与地铁工程的关系

4.2.1　车站深基坑

1. 围护结构

(1)无软土或软土不厚时大多为钻孔灌注桩＋内支撑。

(2)深厚软土区采用地连墙＋内支撑(野芷湖站)。

(3)半土半岩地区采用吊脚桩＋内支撑(或锚杆)。

2. 地下水控制

剥蚀堆积垄岗区(相当于长江三级阶地)大部分地区的基坑工程均不需专门设置地下井降水，仅有事在老粘性土下覆有含粘粒的卵石层的情况下，可能需要降水，但支护结构无需采用任何帷幕措施，且降水不会引起地面沉降。

另有标准层的 10－2a 层粘土夹碎石层，可能含有一定量的弱承压水，基坑开挖涉及该层可能需要降水，但支护结构无需采用任何帷幕措施，且降水也不会引起地面沉降；上层滞水主要采用竖向帷幕＋集水明排。

3. 主要风险

覆土为淤泥质软土时，土仓压力可能导致地面隆起或不均匀沉降(7 号线通过江宏村)。

通过可溶岩区段可能引起土洞型塌陷或软至流塑状红粘土下沉；洞身或底板下溶洞塌陷的隐患。

4.2.2 三级阶地地铁车站与区间隧道施工工法及参数

(1)地铁车站及隧道进、出口端头(表9)。

表9 车站主体与端头井施工工法一览表

工程措施 工程类别		地铁车站及端头井
围护结构	顶部覆深厚软土区(武昌野芷湖)	地下连续墙+内支撑
	一般条件	钻孔灌注排桩+内支撑
	较好条件(下部为基岩)	吊脚桩+内支撑或锚杆(索)
地下水控制	浅部填土、软土中	浅帷幕、无需降水

(2)区间(含端头)隧道埋深、土仓压力、推进压力表见表10,三级阶地特征地层见图6、图7。

表10 区间(含端头)隧道埋深、土仓压力、推进压力表

			地铁车站	区间隧道
参数	埋深	老粘粘土时	—	17～20m
		较厚软土时	13—17m	10～17m
	土仓压力(MPa)			经验值
	推进压力(t)			按地层类型不同选用

注:在三级阶地中采用土压平衡盾构,基岩埋深过浅采用矿山法,地面沉降最大约为30mm。

(1)工法采用矿山法(分部开挖、超前管棚、两次衬砌),但隧道浅埋段易发生拱顶土体下沉、洞体变形破坏现象。

(2)最适宜土压平衡盾构,在老粘性土中进、出洞时端头不需加固和降水。

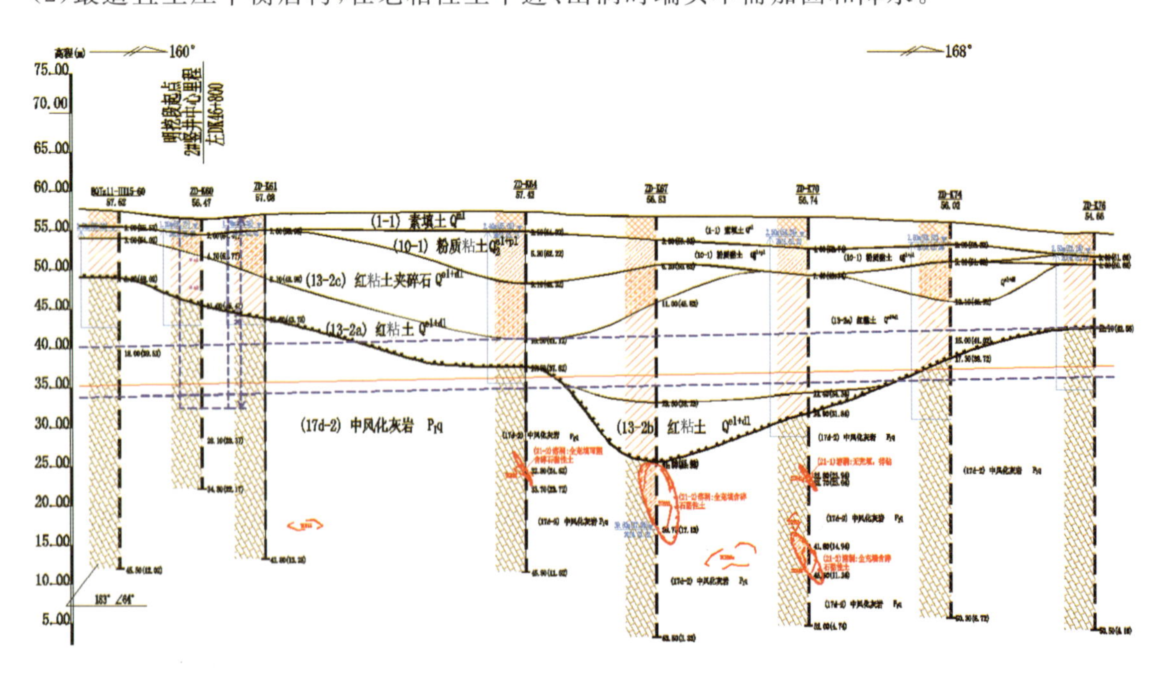

图6 三级阶地特征地层(江夏灰岩区)

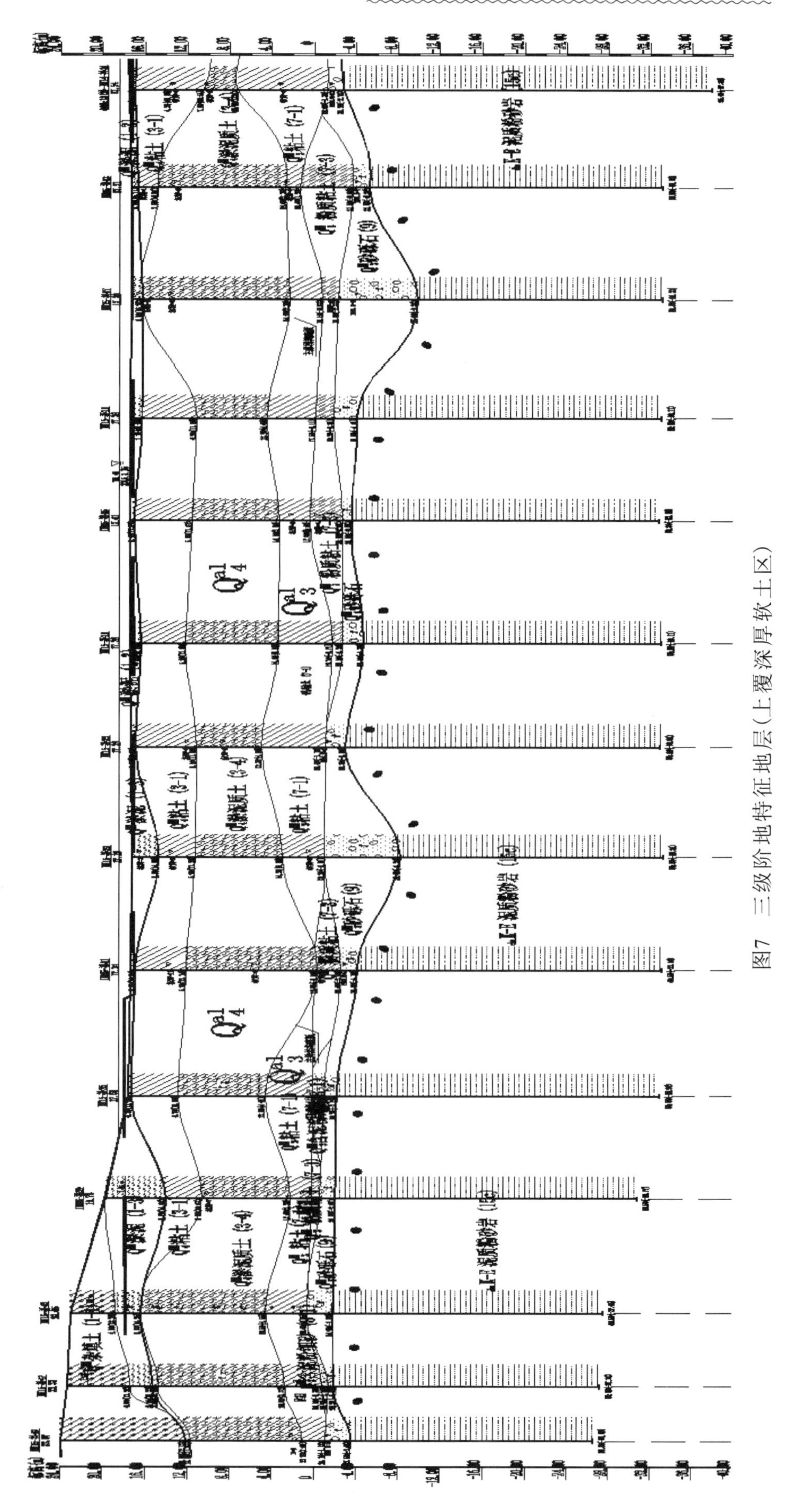

图7　三级阶地特征地层（上覆深厚软土区）

5　不良地质和地质灾害对地铁工程的影响

5.1　不良地质及地质灾害类型

武汉长江阶地的不良地质及地质灾害类型见表11。

表11　不良地质及地质灾害类型表

不良地质地质灾害	分布区域	危害因素	危害后果
软土	长江一、二级阶地上的浸滩沼泽相；三级阶地上湖区的纯湖相	压缩性高、抗剪强度低	地表沉降、支护结构破坏
承压水	长江一级阶地、二级阶地上部超覆层的第四系全新世(Q_4)的粉细砂层	高水头、强渗透	流砂、管涌、突涌
滞水	长江一级阶地上的浸滩沼泽相(湖塘区)	地下水流失	地面不均匀沉降
岩溶	覆盖型岩溶区	地层空洞	岩溶地面沉降
溶洞岩溶水	可溶岩岩体中	承压水、地层空洞	流砂、管涌、突涌；岩溶地面沉降

5.2　不良地质及地质灾害对地铁工程的影响

5.2.1　三级阶地(剥蚀堆积垄岗)中的湖相软土区对地铁工程的影响

武汉地区的较大湖泊多分布在三级阶地上，如武昌的东湖、南湖、沙湖、野芷湖、汤逊湖，汉阳的太子湖、墨水湖、后官湖等。这些湖泊之下及其周围都分布有几米至20余米厚的淤泥或淤泥质软土，至今未发生过成片的地表沉降。更谈不上区域性地表沉降。其根本原因是：

(1)三级阶地不是冲积阶地，而是剥蚀堆积垄岗，不具有二元结构，基岩之上基本由老粘性土组成，其中的湖泊及湖相软土是地壳下降的产物，而非河流阶地的漫滩沼泽或牛轭湖淤积。

(2)地层组合特点是淤泥或淤泥质软土之下为老粘土层，不存在与长江有水力联系的砂、砾石承压含水层。所以不存在因下部承压水位变动引起湖相软土中上层滞水疏干而导致区域性地表沉降(图8)。局部沉降点也只能是局部加载引起的。

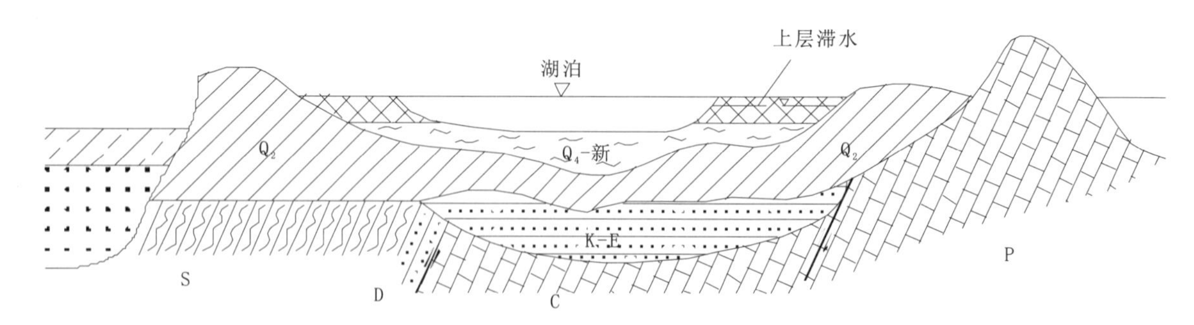

图8　长江三级阶地(剥蚀堆积垄岗)湖相软土分布与地层组合关系概化图

由上可以认为，三级阶地中的湖相软土范围和厚度再大也不会发生区域性地表沉降。

5.2.2　二级阶地之上的湖沼相软土区对地铁工程的影响

武汉地区的长江二级阶地属掩埋型冲积阶地，虽也具有典型的二元结构——上部为粘性土，下部为砂、砾卵石层(地层时代为更新世Q_3)，但其上普遍被一级阶地全新世(Q_4)的冲积淤泥层超覆

掩埋。上覆的全新世(Q_4)地层有近代淤泥、淤泥质软土断续分布，但此类软土区也普遍未发生因下部(Q_3)承压水位变动引起的地表沉降。其原因是：

超覆的全新世(Q_4)地层之下普遍分布有较厚的更新世(Q_3)粘土或粉质粘土层，因属老粘性土密室、坚硬、不透水，将 Q_4 软土中的上层滞水与下部 Q_3 砂、砾卵石中的承压水之间的水力联系隔断；此外，二级阶地中的承压水与长江无直接水力联系，受区域地下水位变动影响很小(图 9)。

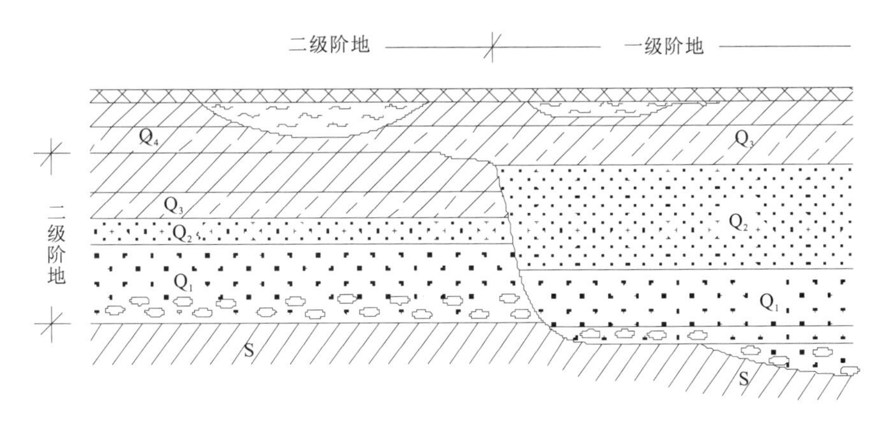

图 9　长江二级阶地与一级阶地超覆地层(Q_4)的组合关系概化图

二级阶地下部承压含水层为超固结土层，砂及卵砾石中均含粘粒(＞20%)透水性差(K 值＜5m/d)，基坑降水后地表沉降量极小。

以上两种条件叠加，决定了二级阶地之上的湖沼相软土普遍不会因区域性地下水位变动而发生区域性地表沉降，只可能在与一级阶地交界地带局部发生。

5.2.3　承压水对地铁工程的影响

长江一级阶地 Q_4 饱和粉细砂中承压水会导致流砂、管涌、突涌破坏，这类破坏是至今地铁工程施工中最严重的影响(多发性、严重性)，在金色雅苑、江汉路、循礼门、王家墩东、复兴路等站，3 号线香惠区间、6 号线琴台至仁寿路段区间隧道中均有发生。其原因有二：一是降水不到位；二是内、外水头差大、地连墙渗漏。

5.2.4　覆盖岩溶区岩溶对地铁工程的影响

武汉地区历史及近年多次发生岩溶地面塌陷地质灾害，地铁工程必须以此作为重大地质灾害隐患加以预防，岩溶地区坍塌的类型、分布受地貌单元控制，在不同地貌单元上的地铁工程的影响类型和影响程度有明显差别。

(1)长江一级阶地、二元结构冲积层的粉细砂层覆盖岩溶区，易发生“砂漏型”地面塌陷，是几类岩溶地面塌陷中规模最大、危害最重的一类塌陷。地铁 6 号线红建路段邻近的锦绣长江小区曾在地铁施工期间发生三次塌陷，距地铁线路仅 40 余米。由于地铁车站及区间对岩溶和覆盖砂层进行了以“阻断岩溶水渗流”为主要措施的大规模预处理，6 号线施工期间车站、区间盾构安然无恙。即将施工的地铁 5 号线也针对“砂漏型塌陷”分别采取针对性预处理措施预防此类塌陷的影响；

(2)长江三级阶地(剥蚀堆积垄岗区)老粘性土覆盖岩溶区，存在“土洞型”塌陷隐患。地铁 7 号线南延线在临近线路的江南新天地小区桩基施工时曾诱发土洞型塌陷。地铁设计时，针对类似地质条件(深溶沟、溶槽下部有软流红粘土和溶洞)均做注浆预处理，以防此类塌陷。

由于各条地铁线路对覆盖岩溶区都进行了岩溶专项勘察，对岩溶发育规律(发育程度、岩溶发育程度、规模及深度、填充状况等)进行了深入研究。设计和施工中尽量做针对性预处理。目前采取的预处理措施是，隧道两侧1/2隧道直径范围内、隧道底板下一倍隧道直径范围内的溶洞进行注浆填充预处理；车站底板下3m范围内的溶洞进行注浆填充处理，底板下6m范围内有大型溶洞也进行注浆或粗料填充处理。

5.2.5 岩溶承压水对地铁工程的影响

武汉地区的岩溶承压水，总体上承压水头较高，但涌水量不大。岩溶承压水对地铁工程的影响重点在Ⅲ级阶地可溶岩浅埋区对矿山法隧道和车站即可的涌水问题。

（1）车站基坑，多段处于更新世老粘性土（Q_3、Q_2）覆盖下的可熔岩之上。由于岩溶水补给条件差、岩溶水量小，基坑多段采用明排，个别车站处于岩溶水动力分带的补给区（可溶岩裸露或浅埋），存在富水区、承压水头高出地面（如11号未来三路站），对岩溶水需采用可溶岩中注浆帷幕加深井降水。

（2）区间矿山法隧道，处于Ⅲ级阶地上，穿越可溶岩的矿山隧道工程（如2号线虎泉段，3号线王家湾至宗观段和7号线青龙山段），由于岩溶属于“表层岩溶带”，垂向岩溶发育、水平向联系差，故水平渗流条件差。由于老粘性土覆盖、封闭条件下导致降雨和地表水体不能直接补给岩溶水，所以矿山法隧道施工中涌水量很小，均可顺利通过。

6 结 论

（1）已通车及在建地铁线路的施工经验证明，地铁工程（车站基坑、区间隧道）与地貌单元及其相应的地层时代和地层岩性组合有着密切关系。

（2）地下水的不良影响（流砂、管涌、突涌）和降水引起地面沉降，在长江三个阶地和长江古河道中的表现有显著差别。车站基坑地下水控制应区别对待。

（3）软土的影响，应区别一、二级阶地上的湖沼相软土和三级阶地上的软土。前者对降水引起的地面沉降敏感，后者影响不大。

（4）岩溶地面塌陷地质灾害，长江一级阶地下有岩溶时可能发生“砂漏型”地面塌陷，其规模大、后果严重；三级阶地中只在局部可能发生“土洞型”地面塌陷，其规模小，只有局部影响。

（5）岩溶溶洞发育程度及分布规律和岩溶水富水性及其水动力特征也受地貌单元控制，对车站基坑尤其是区间隧道的岩溶处理和防水措施要按覆盖层所处地貌单元、地层时代和地层岩性特点具体情况分别对待。

综上所述，武汉地铁工程与武汉地区的地貌单元有着明显、密切的关系已被各条线施工所证实。建立起这种理念并在后续各条地铁工程建设中继续总结经验，必将发挥更大作用。

参考文献

范士凯．土体工程地质的客观控制论[C]//范士凯．土体工程地质宏观控制论的理论与实践．武汉：中国地质大学出版社，2017.

范士凯，陶宏亮．深基坑地下水控制综述[C]//范士凯．土体工程地质宏观控制论的理论与实践．武汉：中国地质大学出版社，2017.

范士凯．武汉（湖水）地区岩溶地面塌陷[C]//范士凯．土体工程地质宏观控制论的理论与实践．武汉：中国地质大学出版社，2017.

范士凯．略谈岩溶与工程[C]//范士凯．土体工程地质宏观控制论的理论与实践．武汉：中国地质大学出版社，2017.

范士凯．岩溶地面塌陷机理、类型、分布规律和防治对策[C]//范士凯．土体工程地质宏观控制论的理论与实践．武汉：中国地质大学出版社，2017.

范士凯，陶宏亮，尹建滨．武汉长江一级阶地湖沼相软土区的区域性地表沉降的成因分析、趋势预测及防治对策[C]//范士凯．土体工程地质宏观控制论的理论与实践．武汉：中国地质大学出版社，2017.

土体“宏观控制论”在铜南宣高速公路勘察中应用

王 辉 唐 俊

（安徽省交通规划设计研究总院股份有限公司，安徽 合肥 230031）

摘 要： 本文对范士凯大师的土体“宏观控制论”在铜南宣高速公路勘察中成功运用进行介绍，阐述了土体宏观控制论的原理、基本要素、工作程序及其效果。该理论针对性和指导性强，科学先进，有效提高勘察质量，节约勘察成本和缩短勘察周期，值得其他工程地质勘察借鉴。

关键词： 土体；宏观控制论；高速公路；应用

1 概 述

铜（陵）南（陵）宣（城）高速公路是安徽省南部地区的重要横向通道，东接宣（城）广（德）、芜（湖）宣（城）高速公路，西连芜湖至安庆高速公路，长 83.86km。

工程沿线受内、外地质营力的长期作用，形成了青弋江、水阳江宽广的冲积平原与丘陵相间的地貌格局。地貌单元主要为河漫滩、一级阶地、二级阶地和岗地丘陵。区内水网密布，地层主要为全新统冲积的粘性土、粉土、砂土、卵砾石土和上更新统冲积的粘性土、砂土等，分布广，厚度大，前第四系主要为石炭系、二叠系、侏罗系、白垩系及第三系（古近系＋新近系）；不良地质有地面岩溶塌陷、砂土液化，特殊性土主要为软土、膨胀土。

2 土体“宏观控制论”简介

2.1 基本原理

范士凯大师的土体“宏观控制论”是以地貌单元、地层时代和地层组合作为工程的宏观控制因素，通过收集资料、调查测绘、勘探等手段，准确界定其空间界限和类型，并通过测试、试验，确定地质—土体力学模型，然后针对各类工程地质和岩土工程问题作出评价结论和工程措施建议（范士凯，2006）。这是一套基于地貌学及第四纪地质学，由宏观到微观，由定性到定量的工作体系。

2.2 土体“宏观控制论”的基本要素和工作程序

2.2.1 “宏观控制论”的基本要素及其特点

地貌单元、地层组合和地层时代是控制土体工程地质宏观特性的三大要素，具有如下特点。

①地貌单元首先是代表着它所包含的土体的外部形态和单元内部的分带或分阶特点。

②不同的地貌单元代表着不同的成因类型。而成因不同则决定着沉积物的物质组成和成层、分布特点。

③不同地貌单元或同一单元的不同部分呈现出不同的地层组合特点。

④不同的地貌单元或同一单元的不同部分的地层一般都属于不同地质时代。

⑤不同地貌单元的地下水埋藏、分布和补给、径流、排泄条件各不相同。

2.2.2 工作程序

在进行工程勘察，针对上述五方面因素展开工作，建立“地貌单元、地层时代、地层组合”决定土体宏观特性的指导思想，有意识地针对上述五方面因素进行研究，大体上要按以下步骤进行工作。

①收集区域地貌及第四纪地质资料。

②区域性宏观调查。

③场地地基工程地质测绘。

④勘探与测试中划清地貌单元(包括微地貌单元)的剖面界线。

⑤划分地层组合单元，建立土体地质——土力学模型。

3 土体“宏观控制论”在该高速公路的勘察应用

项目区第四系分布广，厚度大，一般 15～20m，是公路工程主要持力层或下卧层，同时也广泛发育不良地质现象和特殊性岩土，这些都是勘察设计、施工关注点，也是难点，如果处理不当，极易诱发地质灾害，给公路施工、营运带来安全隐患。因此，对第四系土层准确勘察是该高速勘察的成败关键。

本项目勘察按照土体宏观控制论的指导思想和工作程序，首先收集区域地貌及第四纪地质资料，并进行区域性宏观调查，初步划分项目沿线的地貌单元(波状平原、丘陵)，根据不同地貌单元、岩性组合和地质时代特点，圈定存在的不良地质(砂土液化、地面岩溶塌陷)和特殊性岩土(软土、膨胀土)范围；然后再对沿线场地进行工程地质测绘，细分地貌单元及微地貌单元；再利用勘探和测试手段划清地貌单元界线和查明地层相关物理力学指标，建立地质—土体力学模型。

采用范士凯大师的土体宏观控制论进行本项目勘察，针对性强，有效节约勘察成本，缩短勘察周期，提高了勘察质量，事半功倍，避免了盲目性、随意性，取得了良好的经济和社会效益。

3.1 桥涵地基勘察

桥涵地基勘察主要查明地层结构、组成、均匀性、承载力和摩阻力、压缩性指标以及持力层的选择等。这与地貌单元、地层时代、地层组合有密切关系。本次勘察根据地貌单元、地层时代，地层组合划分地质单元，针对具体桥涵地基采用钻探、测试等手段，查明地基地层结构，获取相应物理力学指标，建议基础形式，并对基础位于不同地貌单元或地层相变提出基础方案优化建议或采取相应措施。本项目桥涵地基主要物理力学性质和基础方案建议见表 1。

表 1 桥涵地基主要物理力学性质和基础方案建议

地貌单元		地层时代	土层名称	承载力基本容许值(kPa)	摩阻力标准值(kPa)	E_s(MPa)	基础形式
河漫滩及一级阶地	河流相	Q_4一新	淤泥质土	60～80	15～25	3.0～4.0	桩基础
	河流相	Q_4	一般粘性土	100～200	30～50	5.0～9.0	桩基础
二级阶地	河流相	Q_3	老粘土	200～300	50～80	12～20	可作为中小型构造物天然基础
低丘	残坡积	Q_3	老粘土	160～220	40～55	7～12	可作为小型构造物天然基础

3.2　软土勘察

软土地基极易发生路基沉陷、失稳，对工程危害大，是工程勘察重点。其沉积环境主要为滨海相、湖泊相、河滩相，为新近沉积，软土(传统软土)一般为在静水和缓慢流水中沉积的粘性土，并经生物化学作用，有机质含量高。在山间洼地和河流谷地等处也易发育谷地相软土，与传统软土在成因、物理力学性质、分布特点等方面有较大差异性，其粉质含量高，在失水状态，一般表现可塑状，甚至硬塑状，在饱水状态下，表现为软塑、流塑状，往往漏勘，易造成安全隐患。显然软土受地貌单元、地层时代、岩性等控制。

本次勘察根据地貌单元、地层组合、地质时代对工程沿线进行分区分段。基于软土为新近沉积，项目区主要分布一级阶地河漫滩和山间洼地的特点，先采用调绘、简易钻探圈定软土发育区，再采用钻探、静力触探、十字板剪切结合室内试验准确查明软土分布范围、规律、性质等。勘察针对性强，避免盲目性。同时克服了以往软土特别是山间洼地软土漏勘现象。工程沿线软土主要为河滩相软土和谷地相，其物理力学指标见表2。

表2　河漫滩沉积和丘陵谷地沉积软土物理力学指标

成因	天然含水率(%)	密度(g/cm^3)	孔隙比	液性指数	压缩模量(MPa)	标准贯入试验(击)	直接快剪		固结不排水剪	
							粘聚力(kPa)	内摩擦角(°)	粘聚力(kPa)	内摩擦角(°)
河漫滩沉积	36.2	1.82	1.301	1.214	3.14	3	8.4	3.5	9.8	4.0
丘陵谷地沉积	32.4	1.86	0.954	0.912	5.61	5.5	4.6	11.2	7.1	11.7

3.3　膨胀土勘察

膨胀土具有遇水膨胀、失水收缩特性，且湿胀干缩的过程可反复发生，极易诱发路基坍塌、路面开裂等工程灾害。其多分布于二级阶地以上的残丘高地或地壳上升的剥蚀区，从形成年代看，一般是上更新统(Q_3)及其以前形成的粘性土，按成因分主要有残坡积、湖积、冲积、洪积和冰水沉积4个类型，其中以残坡积和湖积胀缩性最强(刘世凯等，1999)。显而易见，膨胀土受地貌单元、地层时代、地层岩性等宏观因素控制。

根据膨胀土分布特点，本次勘察着重对公路沿线二级阶地、丘陵岗冲上更新统下蜀组(Q_3x)和中更新统戚家矶组(Q_2q)粘土、粉质粘土进行勘察。主要采用现场调查、钻探试验相结合的原则，对膨胀土进行判定。经综合判定K21＋600～K26＋300、K49＋150～K62＋300段土具有弱膨胀性(表3)，路基填筑和边坡防护应采取相应的处理措施。

表3　粘性土膨胀性综合判定表

判别方法	工程地质特征法					室内试验指标法							
判别指标 / 分布范围	颜色	地形地貌	成因	矿物成分	结构构造	天然含水量(%)	液限(%)	粘粒含量(%)	直接快剪		膨胀性试验		
									粘聚力(kPa)	内摩擦角(°)	自由膨胀率(%)	胀缩总率(%)	膨胀力(kPa)
K21＋600～K26＋300	棕黄、褐黄	二级阶地	冲积	伊利石、蒙脱石	垂直节理	34.5	38.1	40.1	8.5	18.5	45.6	1.75	50.5
K49＋150～K62＋300	棕红	丘陵岗冲	冲洪积	伊利石、蒙脱石	网纹状节理	32.1	36.7	34.6	11.3	24.2	43.0	1.39	40.3

3.4 地面岩溶塌陷勘察

在坡立谷或溶蚀的平原内，可溶岩层常被第四系土层覆盖，由于地下水位降低或水力条件的改变，在真空吸蚀以及淋滤、潜蚀、渗透等作用下，使上部土层下陷、流失或坍塌，产生地面塌陷。

地面塌陷受地质条件控制，饱和砂类土层直接覆盖可溶岩，易发生渗流破坏塌陷，且塌陷规模大、灾害严重。多在河流的二元结构冲积一级阶地，地层时代为全新世(Q_4)；粘性土直接覆盖可溶岩，易发生潜蚀土洞塌陷。多分布在垄岗或山间洼地或山前坡地，其地层时代多为 Q_3 或 Q_2。此类塌陷一般规模不大，常为孤立的陷坑或陷穴；岩溶强烈发育区，岩溶水丰富且渗流通畅，覆盖封闭条件好，在人工抽水井附近或隧道、矿山巷道大量涌水地段上方地面，易发生真空吸蚀塌陷。

显然，地貌单元、地层时代、地层组合是控制岩溶地面塌陷的重要因素。

公路沿线广泛发育二叠系孤峰组、殷坑组和龙山组灰岩，分布在现代河流一级阶地(K2＋200～K6＋050)和丘陵岗冲(K12＋700～K16＋850)上，一级阶地为全新统冲积层，上覆 3～5m 粘性土，下部为粉细砂及薄层卵砾石层，具有典型二元结构，地表水和地下水发育，地下水分潜水和碳酸盐溶洞水，砂砾石层中微承压水和碳酸盐溶洞水有密切水力联系。受降水、河流补给、排泄和附近众多采矿抽水影响，地下水位变化大，基岩岩溶发育，调查发现多处地面已经塌陷，甚至导致房屋毁坏；丘陵岗冲土层为上—中更新统冲洪积粘性土层，地下水为碳酸盐岩溶洞水，水量中等，岩溶不发育，未发现地面沉陷。

根据土层地貌单元、地层时代、地层组合宏观控制要素，初步圈定 K2＋200～K6＋050 段为地面塌陷发育区，K12＋700～K16＋850 段为地面塌陷不发育区。进一步采用钻探、物探等综合勘探手段，查明塌陷成因、规模、分布和发育规律及对工程的影响等。

勘察表明，K2＋200～K6＋050 段塌陷发育，塌陷区共 14 处，其中大者面积达 15.0m×23.5m，为渗流破坏型和真空吸蚀型，但范围多在公路范围外，对公路建设影响不大，若塌陷区进一步扩展，仍会对公路的工程营运构成威胁，应引起重视；K12＋700～K16＋850 段局部发育小型塌陷，为潜蚀土洞塌陷。

3.5 砂土液化勘察

砂土液化是指饱和的砂土、粉土，在强烈地震时，出现喷水、冒砂、液化滑移，引起地面变形和地基失稳。范士凯大师多年研究发现：因地震砂土液化而保留的喷砂、冒水遗迹仅仅分布在近代河漫滩和一级阶地的 Q_4—新或 Q_4 地层中，而河流的二级阶地的 Q_3 地层中，即使在极震区(11°烈度)也没发现任何砂土液化痕迹(范士凯，2006)。地层时代为 Q_3 及其以前的土层不液化。从范士凯大师研究成果和公路工程抗震规范可知，砂土液化受地貌单元、地层时代、岩性等控制。

公路沿线的漳河、青弋江、水阳江河漫滩全新统及上更新统二级阶地分布一定厚度的饱和粉细砂层，依据上述理论，从地貌单元、地层时代、岩性等方面宏观控制要素，进行大量工作，对地貌单元为二级阶地、地层时代为 Q_3 的饱和粉细砂不考虑液化影响，对分布于漳河、青弋江、水阳江河漫滩的全新统饱和粉细砂、粉土初步圈定有砂土液化"嫌疑"，结合地下水位、上覆非液化土层和地震动参数，初步判别土层液化情况，对初判液化的土层采用标准贯入试验结合颗分试验成果进一步判别。经综合判别，本项目砂土为不液化或液化轻微土层。

3.6 水文地质勘察

不同地貌单元的地下水埋藏、分布和补给、径流、排泄条件各不相同。显然，水文地质条件受地

貌单元、地层岩性、地层时代控制。本次勘察根据宏观控制论的基本程序，划分不同地质单元，针对具体地质单元，采取相应的勘察手段，划分地下水类型，量测地下水位，测试地下水流向、流速，并测试渗透系数、影响半径等水文地质参数，并取样进行水质腐蚀性分析。

本项目松散岩类孔隙水主要为潜水和承压水，河漫滩相及一级阶地地下水位较高，水量丰富；二级阶地及低山丘陵地带地下水位较低，水量较贫乏。地下水对钢筋混凝土和混凝土中的钢筋具微腐蚀性。

4 结束语

(1)木工程建设与第四纪地层密切相关，对第四纪地质准确勘察，是工程建设成败关键之一。

(2)土体的工程地质特征，是由土体的成因、历史和地域条件决定的。因此，地貌单元(成因、地域)、地层时代(历史)和地层岩性组合(地层结构)这三大要素就必然成为控制各类工程土体性质的基本要素。

(3) 对于土体，一直未有明确的普遍遵循的工作准则指导勘察设计，土体宏观控制论形成一套土体工程地质力学的工作体系，它的提出使进行工程地质和岩土工程勘察设计工作更能得到规律性认识和可靠的结论。

(4)土体宏观控制论是传统、经典的地学理论和方法，但在实际工作中未被熟练地掌握和充分运用，从事岩土工作者熟练掌握该理论和方法，会使工作得心应手，受益匪浅。

(5)本项目工程地质勘察采用范大师的土体宏观控制论进行勘察，勘察周期较以往缩短 1/3 至 1/2 左右，勘察工作量有效减少，勘察质量大幅提高，事半功倍。在此对范大师学术造诣、敬业精神以及对地质勘察贡献表示衷心崇敬和感谢！

参考文献

安徽省公路勘察设计院.铜陵－南陵－宣城高速公路工程地质勘察报告[R].合肥：安徽省公路勘察设计院，2006.

范士凯.土体工程地质的宏观控制论[J].资源环境与工程，2006，20(s1)：585－594.

刘世凯，陆永清，欧湘萍.公路工程地质与勘察[M].北京：人民交通出版社，1999.

中华人民共和国交通运输部.公路工程抗震规范[S].北京：人民交通出版社，2013.

武汉都市发展区工程地质分区研究

官善友　朱　锐　庞设典

（武汉市勘察设计有限公司，湖北 武汉　430022）

摘　要：文章在充分搜集资料、现场调查的基础上，对武汉都市发展区的区域地质、工程地质、水文地质、环境地质等做出了全面分析，提出工程地质分区以地形地貌为主控因素，沉积物成因为辅控因素进行一级分区，按照沉积物成因分并结合不良工程地质作用、古河道等因素进行二级分区，同一个亚区中，根据地表出露土体的时代、成因及物理力学性质不同，划分不同的工程地质地段。

关键词：工程地质分区；地形地貌主控；沉积物成因；不良地质作用

0　引　言

武汉市地貌形态总体属平原范畴。南部以丘陵、岗地为主，地形起伏，残丘呈东西向条带状断续分布；北部以冲积平原为主，地形平坦，松软土体连片出现，表现出区域性差异。区内基岩露头零星出露，大部为第四系堆积物所覆盖，覆盖层厚度一般小于 60m；局部地段因地质构造影响或其他原因，覆盖层厚度大于 60m。

受地质构造的影响，武汉市不同时代、成因类型的岩（土）体，分别以一定组合形成不同的地貌单元，既表现了不同区域工程地质条件的差别，又显示特定环境中形成的岩（土）体组合，在地层、岩性、结构、构造、水文地质及工程地质条件等方面，存在共性的规律，为工程地质分区创造了条件。

以往的武汉市工程地质图因历史条件限制，其范围、精度已不能完全满足当前经济建设的需要。武汉市勘察设计有限公司 1997 年建成的《武汉市工程地质信息系统》，目前已收录工程勘察钻孔资料 20 多万个，包含工程地质、水文地质、工程物探、岩土水试验成果等大量信息资源。自 2012 年开始，武汉市开展了城市地质调查，本次工程地质分区在充分吸收以往成果资料的基础上，利用最新的调查成果进行综合研究。

1　区域地质条件

1.1　地质构造

武汉市区位于淮阳山字型前弧西翼与新华夏构造体系的复合部位，属淮阳山字型前弧西翼葛店-汉阳褶皱带。区内大地构造跨及扬子准地台和秦岭褶皱系两个一级构造单元（官善友，2007）。由于区内经历了大别、扬子、加里东、海西－印支、燕山－喜马拉雅等多次构造运动，使区内构造更趋复杂。新洲凹陷是在古老结晶基底上发展起来的中生代沉积盆地；武汉台褶束由古生界及下三叠统组成的一系列北西西向或近东西向复式褶皱组成。区内断层较发育，主要表现为北西西或近

东西、北西、北北东、北东向不同性质和不同规模的断层，其中北西西向或近东西向、北西向断层较为发育。

1.2 工程地质条件

武汉市分布古生代至新生代地层。古生代地层地表出露不广，多隐伏于新生代地层之下。新近纪地层地表未出露，埋于第四系松散堆积物之下。松散堆积物分布面积约占武汉市区总面积的2/3。

由于武汉市地貌多样、河湖发育，第四纪期间的气候冷暖干湿多次变化及振荡式的升降运动，致使第四纪沉积环境变迁频繁，造成第四纪地层分布广、类型多、相变大、物质成分复杂。第四纪地层可划分为下、中、上更新统和全新统地层。全区分布有28个岩石地层单位，其中有6条近东西向的碳酸盐岩条带。

1.3 水文地质条件

按照地下水的性质及埋藏条件，将武汉市发展区地下水分为四种类型、八个含水岩组(表1)。

表1 工作区地下水类型及含水岩组划分(官善友,2010)

地下水类型	含水岩组	水文地质参数
松散岩类孔隙水	全新统孔隙上层滞水含水岩组	
	全新统孔隙潜水含水岩组	渗透系数0.26～0.67m/d
	全新统孔隙承压含水岩组	渗透系数10.10～32.48m/d
	上更新统孔隙承压含水岩组	渗透系数1～15m/d
碎屑岩类裂隙孔隙水	新近系裂隙孔隙承压含水岩组	渗透系数2.06～15.64m/d
碎屑岩类裂隙水	白垩系—古近系裂隙承压含水岩组	单井涌水量10～100m^3/d
碳酸盐岩裂隙岩溶水	下三叠统碳酸盐岩裂隙岩溶含水岩组	单井涌水量65.6～5182m^3/d
	上石炭统—下二叠统碳酸盐岩裂隙岩溶含水岩组	渗透系数0.15～3.09m/d

1.4 主要环境地质问题

影响城市建设、安全的环境地质问题主要有岩溶地面塌陷地质灾害、软土引发的环境地质问题、河流冲蚀塌岸等。

1.4.1 岩溶地面塌陷

武汉市属鄂东南岩溶地面塌陷易发区，近几十年发生过30余起岩溶地面塌陷灾害。武汉地区碳酸盐岩在自然及人类工程活动(抽取地下水)作用下，自1931年以来，先后在武昌丁公庙、江夏区马鞍山井田、汉阳中南轧钢厂、武昌阮家巷、陆家街、毛坦港、市司法学校、青菱乡烽火村、长江紫都花园、白沙洲大道、汉南陡埠村、市民政学校、江夏彭湖小区、汉阳世茂景秀长江等发生了岩溶地面塌陷。都市发展区已发生的岩溶地面塌陷地质灾害，大部分集中在中南部、南部碳酸盐岩条带。

1.4.2 软土环境地质问题

区内软土主要为淤泥质土和淤泥，在一级阶地及湖泊周边地段都有较大范围的分布，分析搜集的钻孔资料，软土厚度一般为4.0～10.0m，局部地段厚度达20.0m以上，小者厚度仅0.3m。软土层一般为单层，局部地段(如北湖、涨渡湖等地段)有二层甚至三层。软土含水量大、孔隙比大、呈流塑、软塑状态，具触变性、高压缩性和流变性的工程地质特征，易引发软土地基不均匀沉降、地面沉降、软土震陷等环境地质问题。

1.4.3 河流冲蚀塌岸

武汉市踞长江与汉江交汇之地，江岸线长，且长江及汉江武汉段河床弯曲，局部存在迂回现象，受新构造运动和河水流态的影响，河道变迁摆动强烈，而岸坡多以土质岸坡为主，结构较松散、抗冲刷能力弱，长江及汉江凹岸坡在江水冲刷侵蚀作用下，易掏蚀坡脚土体，形成临空面，使土体稳定性降低、失稳而产生塌岸。

1.4.4 其他地质灾害

主要为滑坡、崩塌，分布于新城区的丘陵地段，一般为降雨、风化等自然因素及切坡建房、开山采石等人为因素引发，灾害规模较小。

2 分区原则

工程地质分区的目的，是为了总结区域性工程地质条件的规律，划分工程地质单元，更好地为城乡规划、工程建设、地质灾害防治、城市抗震减灾等提供服务。因此工程地质分区应以客观的工程地质条件为基础，结合主要的工程地质问题进行划分。

2.1 分区控制因素的选择

受地质构造及外动力地质作用的共同影响，形成了武汉市特有地貌类型。目前武汉市无晚更新世以来活动断裂，且外动力地质作用对武汉市的改造作用有限，因此，构造及外动力地质作用不是影响工程地质分区的主要因素。同一地貌单元内岩土体在地层、岩性、结构、构造、水文地质条件等方面具有相似的性质，同一地貌单元内不同成因类型的岩土体表现出不同的工程地质性质。因此武汉市工程地质分区应以地形地貌作为主控因素，同一地貌单元内以沉积物成因类型、岩土体工程地质特征为主控因素进行区划。

2.2 分区原则及方案

一级分区以地形地貌为主控、沉积物成因为辅控的原则，将武汉市都市发展区分为4个工程地质区，即：冲湖积平原区(Ⅰ)、冲积堆积平原区(Ⅱ)、剥蚀堆积平原区(Ⅲ)和剥蚀丘陵区(Ⅳ)。

二级分区，按照岩土成因分并结合不良工程地质作用等，将平原区(Ⅰ、Ⅱ、Ⅲ)分为湖积相亚区、冲积相亚区、下伏碳酸盐岩亚区、古河道亚区；剥蚀丘陵区按成因不同分为碎屑岩亚区、碳酸岩盐亚区。二级分区共分14个亚区，代号分别为$Ⅰ_1$～$Ⅰ_4$、$Ⅱ_1$～$Ⅱ_4$、$Ⅲ_1$～$Ⅲ_4$和$Ⅳ_1$～$Ⅳ_2$。

同一个亚区中，根据地表出露土体的时代、成因及物理力学性质不同，又可细分出若干工程地质地段。工程地质地段主要分布于剥蚀堆积平原区，主要有$Ⅲ_1$－1、$Ⅲ_1$－2、$Ⅲ_2$－1、$Ⅲ_2$－2、$Ⅲ_2$－3、$Ⅲ_2$－4六个工程地质地段，详见图1。

3 分区评价

综合研究各工程地质区的地形地貌、地层岩性、水文地质与工程地质性质、不良地质作用与环境地质问题，以及工程建设适宜性，对武汉都市发展区进行工程地质分区评价，结果见表2。

图1 武汉都市发展区工程地质图

表 2　工程地质分区评价表

一级分区	亚区代号	亚区名称	面积(km^2)和百分比	工程地质条件	工程地质评价
冲积、湖积平原区	I_1	洲滩冲积相工程地质亚区	66.24 2.31%	地形平坦，标高一般在19～20m，微向河床倾斜。表层局部被厚度不大的松散人工填土覆盖，填土之下为松散状冲填土(粉土、粉砂为主)、冲填土之下为软塑一可塑的一般粘性土(含淤泥质土)，粘性土层至岩面之间主要以稍密一密实状砂土为主，砂土底部一般混夹有卵砾石，砂土及砾卵石层中赋存孔隙承压水	该亚区浅部砂层含水透水性良好，松散。稳定性较差，汛期被淹没。不宜进行工程建筑
	I_2	一级阶地湖积相工程地质亚区	364.84 12.70%	地形平坦，略低洼，标高19～21m。软土厚度普遍在5～15m之间，原为湖区，大部分已被人工填平。表层一般为厚度不大的松散人工填土或可塑状一般粘性土覆盖，其下为软一流塑状的淤泥或者软一可塑状的淤泥质土、一般粘性土，其下至岩面主要以稍密一密实状砂土为主，砂土底部一般混夹有卵砾石。砂土及砾卵石层中赋存孔隙承压水	该亚区上部土层呈软一流塑状态，强度低，压缩性高，工程性质差，自稳性差，地基承载力特征值 f_{ak} 一般在40～80kPa，不宜作为荷重较大建筑物的基础持力层，应采用桩基础穿透该层，桩端应落入中密一密实砂土层或者基岩中。该层作为道路等轻型建(构)筑物基础持力层或者下卧层时，应对其进行加固处理。作为坑壁土时应重点支护
冲积、湖积平原区	I_3	一级阶地冲积相工程地质亚区	438.47 15.27%	地形平坦，局部填土较厚，标高19～21m。该亚区表层一般被一定厚度松散人工填土覆盖，其下依次为软一可塑状的一般粘性土，互层土、中密一密实的砂土及砂卵石层，砂卵石层下为基岩。互层土、砂土、砂卵石层中赋存孔隙承压水	该亚区场地条件良好，适宜一般工程建筑，高层建筑宜采用桩基础。荷载不大的建筑物可以以该亚区表层可塑状一般粘性土作为天然地基或下卧层。在该亚区砂层埋深浅、承压水位高的地段开挖基坑时，易产生基坑底板突涌及基坑侧壁流失流沙现象，应做好降水及支护措施
	I_4	一级阶地下伏碳酸盐岩工程地质亚区	/	地面标高19～21m，表层一般为厚度不大人工填土，其下为5～10m一般粘性土，其下至灰岩顶板(溶洞)为稍密一密实砂性土，基岩溶洞发育，一般无充填。发育于一级阶地上的岩溶是一种砂性土覆盖型碳酸盐岩岩溶，砂性土覆盖型岩溶其基岩面之上为内聚力极小，且饱水的粉细砂层。这种盖层极易产生潜蚀掏空作用，随着砂土被潜蚀掏空，空洞逐渐增大，当空洞影响到地面时，就会发生地面塌陷	下部碳酸盐，溶洞发育，易发生岩溶地面塌陷等地质灾害，应加强防护措施。基岩岩体强度高，查明深部岩溶分布规律后，适宜作为一般工程桩基持力层。但要注意防止工程施工引发岩溶地面塌陷的可能性
冲积堆积平原区	II_1	二级阶地湖积相工程地质亚区	24.59 0.86%	地形较平坦，微向河床倾斜，标高在22～24m。上部为填土及软一可塑状一般粘性土，下伏湖积相淤泥类软土，湖积相软土厚度一般大于5m，呈软塑一流塑，具高压缩性。深部有砂砾石层存在，分布不稳定，赋存孔隙承压水	上部软一流塑状软土层，强度低，压缩性高，工程性质差，自稳性差。软土层引起的不均匀沉陷是该类型段主要的工程地质问题。若进行工程建筑，应采用桩基础。若修建道路等轻型建筑，可以采用换填或者加固处理。作为基坑壁土时应重点支护
	II_2	二级阶地冲积相工程地质亚区	117.02 4.07%	地形较平坦，微向河床倾斜，地面标高22～24m。上部为填土及可塑状一般粘性土，中部为可塑一硬塑状老粘性土，深部有砂砾石层存在，分布不稳定，赋存少量孔隙承压水	上部软一可塑状土，工程性质尚可，中部为可塑一硬塑状老粘性土或密实状砂土及含砾石细砂，工程性质较好，埋藏较深。下部为基岩。该亚区场地条件良好，适宜一般工程建筑，当采用天然地基时，应注意地基均匀性问题，高层建筑宜采用桩基础。一般粘性土覆盖较浅地段开挖基坑时，应注意做好防排水措施，防止老粘性土吸水膨胀导致基坑边坡失稳破坏

续表 2

一级分区	亚区代号	亚区名称	面积(km^2)和百分比	工程地质条件	工程地质评价
冲积堆积平原区	Ⅱ$_3$	二级阶地下伏碳酸盐岩工程地质亚区	/	地形较平坦，微向河床倾斜，标高在22～24m。表层一般为厚度不大人工填土，其下5～20m为一般粘性土，一般粘性土底板至碳酸盐岩顶板(溶洞)为可塑—硬塑状老粘性土，基岩溶洞较发育，一般为粘性土半一全充填	该岩溶类型为老粘土覆盖型岩溶，老粘土较致密，含水量小，且为硬塑一可塑状，内摩擦角较大，在武汉市区多分布在较高的部位，岩溶水位多在老粘土之下，影响作用小，因此，该亚区发生岩溶地面塌陷的可能性小。下部碳酸盐工程性质好，待查明深部岩溶分布规律后，适宜作为一般工程物桩基持力层。但要注意防止工程施工引发岩溶地面塌陷的可能性
	Ⅱ$_4$	风成砂丘工程地质亚区	/	地形起伏较大，标高在35～45m。表层一般为厚度风积砂土，其下为可塑—硬塑状老粘性土	上部砂土易造成山体边坡失稳，因此应做好山体边坡防治工作
剥蚀堆积平原区	Ⅲ$_1$	湖积相工程地质亚区	418.39 14.57%	呈窄条状，地形向湖沟内倾斜，标高20～25m。表层一般为厚度不大的松散人工填土覆盖，其下为软—流塑状的淤泥及较薄的软—可塑状的一般粘性土，软土层厚5m以上，其下至基岩面为可塑—硬塑状老粘性土、残积土	上部软—流塑状软土层，强度低，压缩性高，工程性质差，自稳性差，作为基坑壁土时应重点支护。在此区修建高层建筑时，宜采用桩基础穿透软土层，修建道路及轻型建筑时，可以采取抛石挤淤或者粉喷桩加固等措施对软土层进行处理
	Ⅲ$_2$	冲洪积相工程地质亚区	1307.63 47.52%	波状起伏地形，垄岗坳沟相间，高差2～10m，岗顶标高25～50m。上部厚度0.5m左右人工填土，下部为老粘性土或砾石充填粘性土。承载力320～500kPa，其下有残积土	填土下老粘性土，低压缩性，一般为硬塑状态，工程力学性质好，在埋藏较浅地段可以作为一般工程持力层。作为坑壁土层，自稳性好，但是该层具遇水膨胀性，应做好防排水措施
	Ⅲ$_3$	古河道工程地质亚区	/	地形略有起伏，地面标高30m左右。上部厚度0.5m左右人工填土，下部为老粘性土，其下至基岩面之间为粘质砂土、粘质砂土混砾卵石	古河道表层一般分布有较厚的老粘性土层，强度较高，中—低压缩性，力学性质稳定，具有较高的承载力，其所分布地区均为良好的建筑场地。但老粘土层下存在一套粘土质砂性土，其物理力学性质较上部地层稍差，使得拟建建筑物、特别是高层建筑物需要验算地基承载力及沉降
	Ⅲ$_4$	下伏碳酸盐岩工程地质亚区	/	地形地貌与Ⅲ$_2$或Ⅲ$_3$相同。上部厚度0.5m左右人工填土，下部老粘性土或砾石充填粘性土。其下有残积土，基岩溶洞较发育，一般为粘性土半一全充填	该岩溶类型为老粘土覆盖型岩溶，老粘土较致密，含水量小，粘聚力大，且为硬塑一可塑状，内摩擦角较大，在武汉市区多分布在较高的部位，岩溶水位多在老粘土之下，几乎不对其起影响作用，因此，该亚区发生岩溶地面塌陷的可能性小。下部碳酸盐工程性质好，待查明深部岩溶分布规律后，可以上覆老粘土作为天然地基或以碳酸盐岩作为基础持力层
剥蚀丘陵区	Ⅳ$_1$	中、低丘碎屑岩工程地质亚区	126.62 4.41%	原始地形起伏大，以低丘为主，绝对标高一般50～150m。表层一般为薄层残坡积土，下部主要为泥盆系上统云台观组石英砂岩、中二叠统孤峰组硅质岩和下志留统坟头组砂岩、泥岩	基岩可作为一般工程持力层，地形起伏较大，该类型段工程建设适宜性差。从生态环境保护角度出发，应以植树造林为主，不宜建设一般性工程建筑。坡麓地带，采用半填半挖地基基础时，对人工填土部分，应采取措施，防止不均匀沉陷产生
	Ⅳ$_2$	中、低丘碳酸盐岩工程地质亚区	8.56 0.30%	以低丘为主，绝对标高一般50～150m。表层一般为薄层残坡积土，下部主要灰岩、白云岩、白云质灰岩等	地形起伏较大，工程建设适宜性差。查明深部岩溶分布规律后，基岩可作为一般工程持力层，但不宜工程建设，宜绿化保护。坡麓地带，采用半填半挖地基基础时，对人工填土部分，应采取措施，防止不均匀沉陷产生

4 结 语

(1)武汉都市发展区工程地质、水文地质条件主要受地形地貌控制,本研究提出的以地形地貌为主控因素,沉积物成因为辅控因素进行一级分区,按照沉积物成因分并结合不良工程地质作用、古河道等因素进行二级分区的工程地质分区原则是合理的。

(2)工程地质分区是城乡规划布局、工程建设的基础,是进行工程预测评价的重要参考。研究工程地质分区及工程特征,对城乡规划、工程建设等具有重要意义。

参考文献

官善友,庞设典,龙治国.论武汉市环境工程地质问题[J].工程地质学报,2007,15:186-190.

官善友,廖建生,王甫强.武汉市都市发展区城市用地抗震适宜性分区研究[J].工程勘察,2010(Z1):979-985.

长江中下游Ⅰ级阶地水文地质特征及基坑地下水控制

徐杨青[1]　吴西臣[1]　陶宏亮[2,3]

(1.中煤科工集团武汉设计研究院有限公司，湖北 武汉　430064；
2.中国地质大学(武汉)，湖北 武汉　430074；
3.武汉华太岩土工程有限公司，湖北 武汉 430064)

摘　要：采用第四纪地质学和地貌学的原理，分析研究了长江中下游Ⅰ级阶地上第四纪堆积物的成因类型、成分和岩相、空间分布特征。长江中下游Ⅰ级阶地地层具有典型的二元结构沉积韵律特征，从上游至下游，在同一沉积标高上沉积颗粒由粗到细，具有明显的递变规律；在横向上，从滨江段至边缘段，下部砂性土层厚度逐渐减小，而上部软土及互层土厚度逐渐增加。含水地层的渗透性能自上而下逐渐增加，由于水流等沉积动力的分选作用和上覆土层压力的固结作用，其渗透系数存在各向异性，水平渗透系数大于垂直渗透系数。针对基坑开挖过程中由地下水引起的主要岩土工程问题，提出了相应的防治措施和优化设计建议。

关键词：长江Ⅰ级阶地；二元沉积韵律；水文地质特征；各向异性；深基坑工程；地下水控制

0　引　言

作为世界第三大河流的长江，其中下游冲积平原从湖北省宜昌市开始，沿两岸呈条带状或弯月状不对称地分布。由于新构造运动、东海平面升降及水流特征的影响，沿长江两岸形成数级阶地。由于水陆交通好，这些河流堆积组成的阶地上分布着密集的城市群，如武汉、南京、上海等大城市和宜昌、荆州、芜湖、南通、扬州、镇江等中等城市。

随着城市和交通等工程建设以及地下空间的开发利用，基坑开挖深度越来越大，环境条件越来越严峻，而富水、高承压水头等特点对深基坑开挖和支护有着重大的影响，地下水控制是基坑开挖和支护非常关键和重要的内容之一。

由于独特的沉积环境，长江中下游阶地具有特殊的地层结构、地层组合及水文地质特征。这些河流堆积平原的地形地貌形成于第四纪，工程建设的作用对象和载体也主要为第四纪沉积物，采用第四纪地质学和地貌学的原理，研究长江中下游阶地上第四纪堆积物的成因类型、成分和岩相、空间分布特征，能够正确评价建设场地工程地质与水文地质条件。因此，分析研究长江中下游Ⅰ级阶地地层结构和水文地质特征参数，以及地下水控制方法有着很强的现实意义。

1　长江中下游Ⅰ级阶地地层结构特征

作为一种重要的外动力地质作用，河流(长江)的侵蚀、搬运、沉积等河流地质作用，和地质构造、新构造运动等内动力地质作用一起共同塑造着长江流域的地形地貌、地层结构与地层组合等特征。更新世期间，由于青藏高原间歇性隆起、河流下切等，在三峡地区的长江两岸形成了多级河流阶地，三峡地区的河流阶地大多是基座阶地或侵蚀阶地，基座上的冲积层都较薄；而在中下游地区，由于河道横向迁移和流速的变缓，形成堆积阶地，其组成除了底部基岩侵蚀基准面外，中部为河床相堆积的砂、砾等组成的粗颗粒堆积层和上部河漫滩相堆积的粉细砂和粘土等组成的细颗粒堆积层，后二者称阶地的二元相结构。

特别是在Ⅰ级阶地上，由于长江沉积碎屑搬运水力条件和两岸洪泛区、湖泊和河塘等沉积环境的更替，形成了一套属第四系全新统(Q_4)近1万～1.2万年河流相及部分河湖相冲洪积层，厚达35～55m，具有典型的由软弱粘性土层与下伏砂性土层构成的二元结构沉积韵律。表1是武汉地区Ⅰ级阶地典型地层构成及评价。

表1　长江中下游Ⅰ级阶地堆积平原地区的地层构成条件及评价表

地层名称		顶面埋深(m)	地层厚度(m)	颜色	状态	地层主要参数指标		岩性特征及工程评价
						P_S(MPa)	f_{ak}(kPa)	
(1)填土	杂填土	—	0～5	杂				组成物质不均匀，结构较松散
	素填土	0～5	0～3	杂			50～80	
(2)	粘性土	2～4	0～6	黄褐	可塑	1.0～1.4	100～140	为硬壳层，可作为一般多层建筑的天然地基
(3)	淤泥质土、淤泥或软粘性土	3～5	6～20	灰	软－流塑	0.3～0.5 0.5～0.7	40～60 60～80	土质软弱，具高压缩性，抗剪强度极低
(4)	粉土或粉砂夹粉质粘土(互层)	9～13	3～5	灰	软－可塑	1.0～2.0	100～150	土质较软弱，具砂性土特征
(5)	粉细砂 中粗砂	12～18 25～30	30～35	灰	稍－中密 中密－密实	5.0～8.0 8.0～10.0	160～200 180～220	土层的密度、组成颗粒及渗透性随深度而增大，可作为中等长度桩的持力层
(6)	砂砾卵石	43～45	3～6		中密－密实		300～350	较密实，可作为中长桩的持力层
(7)	基岩	50左右						按其岩性或分为强、中等、微风化层，中、微风化层可作为(嵌岩)桩的持力层

(1)上部河漫滩相粘性土层。它是河水溢出河床后的沉积物经水流分选而形成，颗粒细小均匀，具有水平层理，含有机质。因沉积环境属于静水状态，且形成时代新，土体还没有很好地固结，大多属于欠固结土，并具有软土的特点。按土的工程地质分类，属于一般粘性土和淤泥质土或淤泥。其表层则因周期性地出露于地表，土质得到干缩固结，形成表面硬壳层。故本层又可分为两个亚层。

①地表硬壳层：地下水的常年水位是本土层的底部界线。前缘地区因地面较高，硬壳层的厚度较大，至后缘湖泊、沼泽、洼地区域则缺失。土质属一般粘性土，具中等压缩性。因经常出露于地表，组成矿物得以充分氧化，有机质逐渐分解，故土层均呈黄褐或褐黄色。相对而言，该土层是Ⅰ级阶地上对基坑边坡稳定相对有利的一层。

②淤泥或淤泥质土层：分布于硬壳层之下，是河漫滩相主体沉积物。根据其形成条件，土层厚度常有由前缘向后方增大的趋势。本土层因含有机质，呈灰褐色，土质一般为淤泥和淤泥质粉质粘土、淤泥质粘土等，局部夹薄层状或透镜体状的松散粉砂和一般粘性土层，是典型沼泽等静水环境沉积的饱和软土。该层土具有孔隙比大、天然含水量高、压缩性高、强度低和灵敏度高等特点，呈流

塑状态，有很强的触变性和流变性。该层最大厚度达二十多米，是影响Ⅰ级阶地上深基坑稳定、导致环境危害的主要不良地层。

(2)中部过渡相粉土、粉砂与粉质粘土互层。该层是河漫滩相粘性土层与河床相砂性土层之间的过渡层，厚度大多为3～10m，但有的厚度仅1m或者缺失，有的厚度达16m，其中单层厚度大部分为几十厘米至1m左右。一般以软塑至可塑状粉质粘土层为主，约占总厚度的55%～80%；粉土层居次，约占15%～30%；还有少量粉砂层。土质的不均匀，反映了沉积环境的不稳定。该层土压缩模量较低且饱水，渗透性大，对深基坑边坡防渗不利。

(3)下部河床相砂、砾、卵石层。该层以粉细砂层为主，底部为中细砂、中粗砂、砾卵石层。该层厚度较大，一般为30～40m。因属河床相土层，其颗粒大小、形状、级配、排列等受水流速度、搬运距离、沉积物来源的控制，由上游向下，颗粒逐渐变细，在地质剖面上则从上向下粒径逐渐变粗。其中又因在沉积过程中局部水动力条件变化，而在砂层中出现粘性土薄层或透镜体。本土层自上而下，由稍密逐渐变为中密、密实，为高层建筑良好的桩基持力层。

长江中下游河段，由于水流分选作用，受水流速度、搬运距离、沉积物来源等控制，在同一沉积标高上，由上至下沉积颗粒明显由粗到细，河漫滩相沉积具有典型的相变规律，如图1所示。这种规律是：宜昌至枝江段，漫滩相沉积以一般粘性土为主，河床沉积以卵砾石为主；武汉至镇江段，漫滩相沉积以淤泥质土及淤泥为主，河床沉积以砂为主，有底砾。

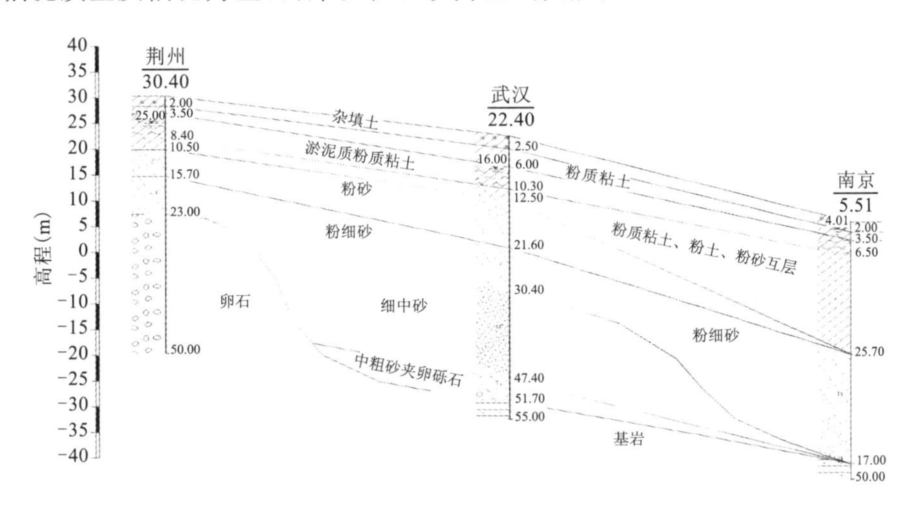

图1　长江中下游Ⅰ级阶地工程地质纵断面概化图

在横向上(图2)，从滨江段至边缘段，下部砂层厚度逐渐减小，而上部软土及互层土厚度逐渐增加。

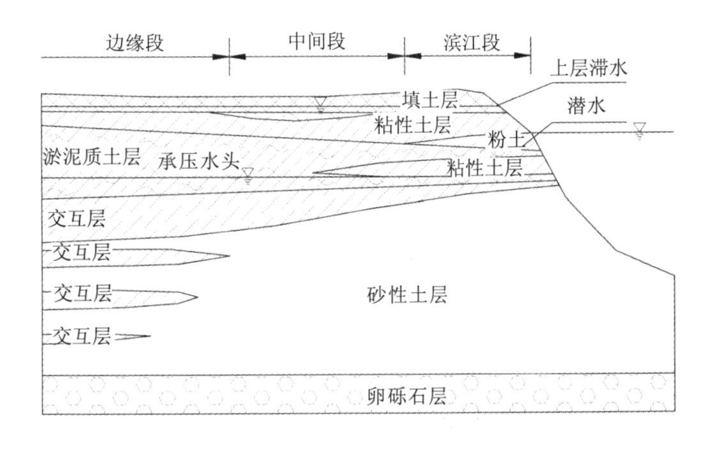

图2　长江中下游Ⅰ级阶地工程地质横断面概化图

2　长江中下游Ⅰ级阶地水文地质特征

2.1　长江中下游Ⅰ级阶地的地下水类型

由于长江Ⅰ级阶地典型的二元结构组合特点，地下水类型按其赋存条件可分为上层滞水、潜水、孔隙承压水、碎屑岩裂隙水等。

(1)上层滞水分布于表层人工填土层中或浅部暗埋原沟塘处，主要接受地表排水与大气降水的补给，具有水量大小不一，水位不连续，无统一自由水面等特征。

(2)潜水主要赋存于长江两岸漫滩或Ⅰ级阶地上浅部的粉土、砂土层中，主要接受地表排水、大气降水及地表水体的侧向补给。

(3)孔隙承压水主要赋存于互层土、砂土、砾卵石层中，其含水地层的渗透性能基本上随深度呈递增趋势，与长江水有密切水力联系，呈压力传导互补关系，对基坑工程会造成较大危害。

上述几类地下水中，以孔隙承压水对基坑工程的影响最为突出。

2.2 长江中下游Ⅰ级阶地含水层的各向异性特征

由于长江Ⅰ级阶地典型的二元结构组合特点，含水地层的渗透性能基本上随深度单调增长。表2为武汉地区长江Ⅰ级阶地降水设计的水文地质参数经验值。

表2　降水设计参数经验值

过滤器放置位置处的地层	粉细砂	中砂	粗砂、卵石层
渗透系数 K(m/d)	10～16	15～20	20～24
引用影响半径 R(m)	200～300	300～350	350～500

事实上，水流等沉积动力的分选作用和含水层在漫长的沉积过程中上覆土层压力下的固结作用，决定了含水层介质的沉积韵律特点(各向异性)：洪水期，水流速度相对较大，在此期间沉积的颗粒相对较粗；而在非洪水期，水流速度相对较小，此期间沉积的颗粒相对较细；整个含水层是由不同沉积时期有较大差异的颗粒交替沉积而成的。一般认为，同一时期相同水流环境下沉积的含水层介质在水平向是各向同性的；但在垂直向由于其沉积韵律和自重固结决定其必然存在各向异性。

对于位于上部相对隔水层与下部砂性土强透水层间的“过渡层”——粉土或粉砂夹粉质粘土互层土，其水平渗透系数介于2.0～5.0m/d之间，垂直渗透系数介于0.1～0.6m/d之间，各向异性特征十分明显。而下部砂性土强透水层一般可细分为3个亚层：上部为颗粒相对较细的粉细砂层，中部为颗粒相对较粗的细砂、中细砂层，底部为颗粒更粗的中粗砂、卵砾石层；各含水亚层的水文地质参数显然存在明显差异。

表3为长江中下游部分城市在Ⅰ级阶地上通过分层抽水试验所取得的水文地质参数，从中可以看出，下部砂性土层的各向异性系数(K_h/K_v)介于1.7～10.0之间，总体表现为自上游向下，各向异性系数(K_h/K_v)明显增加，表明其大小与其在沉降环境时水流速度、距离长江的远近及含水介质在垂直方向的变化有关，主要取决于含水层中各亚层中沉积颗粒的差异。

现行的井点降水设计，往往忽视了真实的沉积状态和各向异性的特点，基于各向同性(即$K_h/K_v=1$)假定，采用综合渗透系数来描述其宏观特征，按干扰井群定流量稳定井流公式进行设计，致使其计算结果往往存在较大误差。

表 3　长江中下游Ⅰ级阶地水文地质参数值

序号	工程地点及名称	土层名称与层位	渗透系数(m/d)		K_h/K_v
			K_h	K_v	
1	武汉江尚天地项目	④$_{1-2}$粉细砂	16.89	6.39	2.6
2		④$_{3-4}$中细砂	24.02	13.23	1.8
3	荆州市某地下人防工程	⑦卵石	19.87	8.63	2.3
4	武汉2号线范湖地铁站	④$_{1-2}$粉砂	13.50	6.90	2.0
5		④$_3$粉细砂	17.10	9.80	1.7
6	上海宛平南路	⑦细砂	5～6	1～2	3～5
7	上海淮海中路3号地块	⑤$_2$粉砂	2.5	0.3	8.3
8		⑦细砂	5.0	0.5	10

3　基坑地下水控制方法及优化设计

3.1　地下水引起的深基坑岩土工程问题

长江Ⅰ级阶地中分布有深厚的承压水含水砂性土层，承压水水头埋深浅，水量丰富。地下水引起的深基坑岩土工程问题主要包括止水帷幕功能失效和坑底渗透变形破坏、承压水突涌引起大面积地面沉陷、降水引起基坑周边较大范围的地面沉降等三种类型。

(1)止水帷幕功能失效和坑底渗透变形破坏。当止水帷幕功能失效和坑底渗透时，因上层滞水、潜水从基坑坑壁排出，产生水力坡降，使这部分土体固结、压密而导致地面沉降。

当基坑揭穿互层土时，由于水头差的存在，动水压力使得松散颗粒产生悬浮流动，一旦粉土或粉砂层在动水压力的作用被带出而形成渗流通道，就会产生流沙、流土或管涌。若处理不当，流砂、流土及管涌将掏空基坑坡脚，使周边地面产生不均匀沉降，甚至造成边坡失稳。如武汉泰合广场、时代广场、联江大厦等基坑工程，均由于对上层滞水和潜水重视不够，防水、止水措施设计不当或施工质量存在问题，在开挖过程中产生流砂，导致邻近建筑物、道路和立交桥沉陷、开裂(图3)。

(2)承压水突涌引起大面积地面沉陷。仅仅由于土压力作用而产生支护桩(墙)顶位移，造成外侧地面下沉，影响范围在大致与基坑深度相当的范围内，地面下沉量略小于桩(墙)顶位移量；而基坑突涌或涌水有可能造成更大范围的地面下沉或滑移，往往酿成深基坑周围环境灾难性的变形和破坏后果。如地铁2号线金色雅园站，其基坑开挖深度17.8m，长度520m，在土方开挖过程中，因降水井破坏，降水水位不到位、带压开挖导致坑底突涌，致使地下连续墙及周边地面下沉，地表裂缝宽度达6cm，连续墙顶沉降达8cm(图4)。

(3)降水引起基坑周边较大范围的地面沉降。由于基坑降水改变了地下水的渗流场，形成了一个以基坑开挖设计深度为基底的地下水水位下降漏斗。在降水漏斗范围内，因承压水水位下降使所在土体产生相应的附加应力。在降水漏斗水位及静止水位之间，有效应力随深度而增加，在漏斗水位线以下土层中增加的附加应力可视为大面积堆载。由于地面沉降是随着地下水水位下降值大小而相应变化，当地下水水位是连续性的水头变化，具有规律性的。从理论上讲，基坑降水时，抽水水位下降漏斗的范围就是降水引起地面沉降影响范围，并且离基坑愈近水位下降值愈大，地面沉降

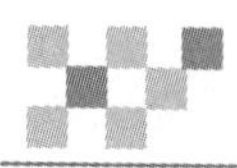

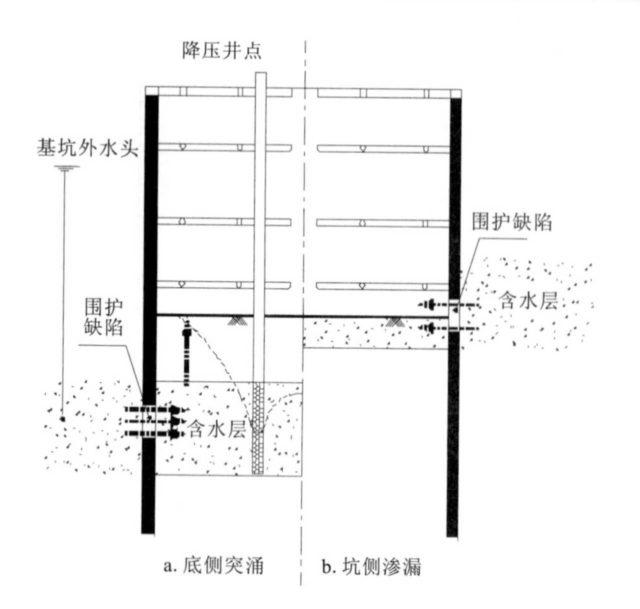

图 3　坑底(侧)渗透变形破坏示意图

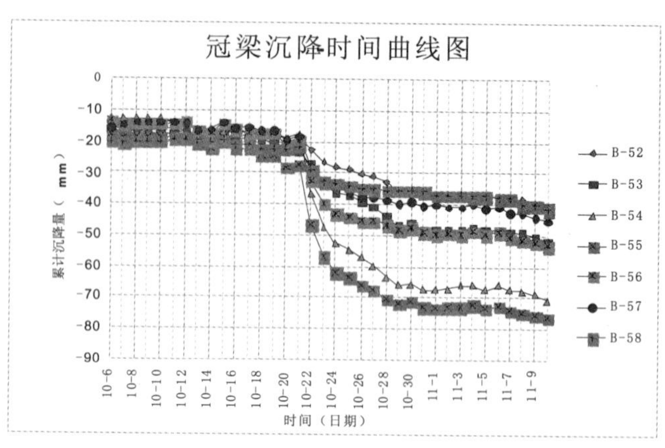

图 4　金色雅园地铁车站基坑冠梁沉降时间曲线

愈大，具有明显的分带特征。

3.2　地下水常用控制方法及对比

(1)周底隔渗。周底隔渗是在基坑四周及底部采用水泥土搅拌桩或高压旋喷桩形成一全封闭桶状水泥土隔渗帷幕，从而使基坑底部及四周的地下水不向基坑内渗透。本方法的优点是可以保证基坑四周地面基本上不产生沉降变形，其缺点是费用甚高，而且由于施工质量难以控制，不能保证地下水100%不向基坑渗漏。若个别地段存在施工质量缺陷，在基坑内外水头差的作用下，地下水必然会从薄弱处逸出从而发生突涌、流土、流砂现象，则会使坑周地层出现潜蚀掏空，往往引起严重的环境破坏。泰合广场基坑问题即是典型的一例。周底隔渗式地下水处理方法在武汉地区应用的实例不多，少有几例都不完全成功。

(2)落底式垂直帷幕。落底式垂直帷幕即围绕基坑四周从地表往下到基坑深部不透水基岩，采用水泥土搅拌墙、高压旋喷桩或地下连续墙施工成一四周封闭的隔渗帷幕，从而使基坑四周及底部的地下水不向基坑内渗透。落底式垂直帷幕的优缺点与周底隔渗的优缺点相同。

从表4和图5可以看出，落底式止水帷幕能较好的减少降水量，从而降低深基坑降水对周边环境的影响；由于止水帷幕深度加深及嵌岩带来施工难度的增加，除了工期和造价的巨大上升外，对确保止水帷幕的施工质量(渗漏)是很大的挑战。另一方面，基岩裂隙水绕止水帷幕墙趾的渗流也不容忽视；一旦止水帷幕局部有裂隙，坑内外巨大的水位差带来的“水枪效应”，会给周边环境带来急剧的损伤。如武汉地铁4号线复兴路站、8号线竹叶山站等，均发生了因落底式帷幕施工质量问题而引起的侧壁渗流，并给周边环境带来了较大的不利影响。

(3)中型井点降水。中型井点降水是武汉市治理地下水危害的一种常用且行之有效的方法。中型井点降水的优点是施工简便，工艺质量可靠、造价低，在长江中下游地区已有很多成功的实例和经验；其缺点是中型井点降水要控制得当，否则，井点降水产生的附加地面沉降可能会使基坑四周一定范围内的建筑物受到一定程度的破坏。

(4)联合处理。联合处理措施实际上是上述第一或第二种方法与井点降水同时使用。其优点是引起的地面沉降相对较小，其缺点是施工周期长、造价高。

3.3 优化设计思路与方法

(1)适当深度的止水帷幕。研究表明,当止水帷幕插入含水层中的深度超过一定长度后,对坑内涌水量及周边环境变形影响十分显著,主要表现在以下几个方面:

①合理的止水帷幕深度有助于基坑内地下水水位的降低,在基坑内相同的水位降幅目标下,可以降低基坑内降水总涌水量,且其降低幅度随其插入含水层中深度的加长而加大。

表4 武汉地区Ⅰ级阶地主要地下水控制方式及周边环境变形对比表

项目名称	面积(m^2)	普挖/坑中坑深度(m)	支护或帷幕形式	降水井(口)		位移/沉降(mm)
				设计	实用	
范湖地铁站	3680	15.9/17.2	800厚悬挂地连墙 L=26.5~28.0m+4道支撑	20+2(备用)	20	周边环境沉降22.4mm
浙商大厦	8000	16.0/24.0	800~1000厚悬挂地连墙 L=26~28m+3道砼支撑	26+40(回灌)	20	周边环境沉降20.0mm
航运中心	31 000	22.0/24.0	悬挂地连墙+4道砼支撑+TRD落底止水帷幕	48	12	周边环境沉降60.0mm;测斜70.0mm
循礼门地铁站	3600	21.0/24.0	800厚嵌岩地连墙 L=50.0m+5道支撑	16+3(备用)	13	周边环境沉降7.0~10.0mm
环球贸易中心(ICC)	23 000	17.45	1000厚嵌岩地连墙 L=50.0m+3道砼支撑	30+10(坑外备用)	12	冠梁位移21.0~26.6mm,沉降25.4~28.4mm;周边环境沉降13.4~21.0;测斜26.0mm
天悦星辰	8714	21.6/28.0	1000厚嵌岩地连墙 L=50.0m+4道砼支撑	27+13(坑外备用)	10~17	冠梁位移2.9~10.7mm;周边环境沉降4.4~17.05;测斜10.2mm
中国银行	7590	18.2/22.2	1000厚嵌岩地连墙 L=50.0m+3道砼支撑	27+11(坑外备用)	7~10	周边环境沉降8.0~10.0mm;测斜10.0mm
香港路站一期	6000	18.7	1000厚嵌岩地连墙 L=50.0m+3道支撑	30+10(坑外备用)	0	冠梁位移7.8mm;冠梁沉降10.3mm;周边环境沉降12.0mm;测斜7.0~18.0mm
香港路站二期	7500	28.5/30.7	1200厚嵌岩地连墙 L=50.0m+6道支撑	31+8(坑外备用)	24	冠梁位移8.3mm;冠梁沉降4.5mm;周边环境沉降6.4mm;测斜5.0~18.0mm
协和医院 综合住院楼	4800	11.8/13.2	支护桩+CSM止水帷幕(部分落底)+1道支撑	12+7(坑外备用)	5	周边环境沉降25.23mm;测斜9.6mm
协和医院 外科楼	5500	12.0/14.0	支护桩+粉喷桩 L=13.50m+3道锚索	18	18	周边环境沉降10-104mm(0.02~0.52%)
同济医院 住院医技楼	13 000	10.5/13.1	支护桩+粉喷桩 L=12.0~14.0m+1道支撑	25	17	冠梁位移23.0mm;周边环境沉降19.80mm;测斜19.5mm
同济医院 内科综合楼	6600	10.5/13.0	支护桩+CSM止水帷幕(部分落底)+1道支撑	14+6(坑外备用)	10	冠梁位移13.6mm;周边环境沉降15.60mm;测斜16.1mm

②可以减小基坑外地下水水位因基坑内降水产生的降低幅度及水力坡度,其减小程度随其插入含水层中深度的加长而加大。

③可以降低基坑内降水引起的基坑外周边地面沉降的沉降量、沉降差及沉降范围,其降低幅度理论上随其插入含水层中深度的加长而加大。

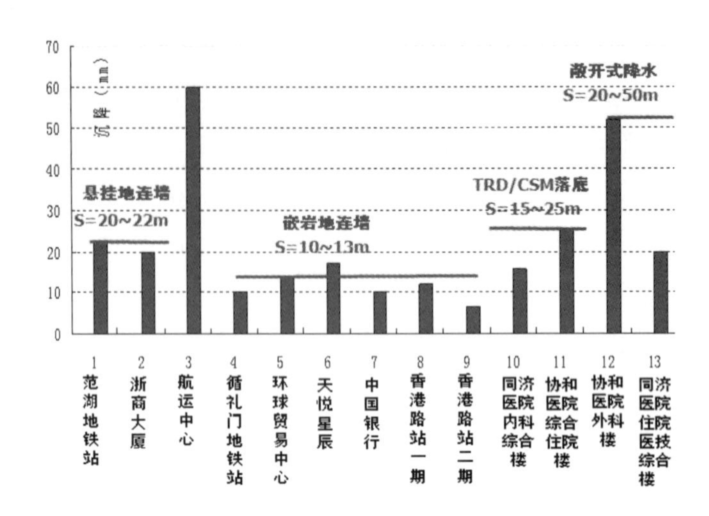

图5 主要地下水控制方式及周边环境变形对比图

④在相同的基坑降水量条件下，基坑外水位降幅随帷幕深度的增加而减小，基坑内水位降幅则随帷幕深度的增加而增加。悬挂式帷幕基坑内外的水位降幅均随基坑降水量的增加而增大。

⑤对于位于承压含水层顶部的互层土，其中的地下水属弱承压水，垂直向渗透系数较小，深井降水时不易疏排，止水帷幕应穿透交互层，降水井布置宜采用深井、浅井相配合，深井将承压水头降至互层土以下，浅井可采用轻型井点或带滤网的大口径渗井梳干交互层。

鉴于止水帷幕插入含水层中的深度对基坑内降水的上述影响，基坑支护设计时，当设计有隔渗帷幕时，基于综合水文地质参数（K、R）、采用大井法——平面渗流理论计算出的渗流场不能反映基坑实际渗流场随时间的变化。正确的做法应是根据基坑周边环境条件对支护结构与降水进行整体设计，在满足坑壁止水（淤）效果的基础上，适当加大止水帷幕长度，采用各向异性的水文地质参数和三维渗流分析进行的降水设计结果更接近于实际，且有利于降低工程造价和基坑周边环境损伤，亦有利于节约宝贵的地下水资源。

如武汉地铁2号线范湖站，其外包尺寸为184m×18.5m（长×宽），采用明挖法施工。车站标准段明挖基坑深度为15.9m，盾构井加深、加宽段明挖基坑深度为17.6m。基坑围护采用800mm厚连续墙加钢管内支撑，地下连续墙深度为26.5～28.0m。基坑降水设计时，基于含水层的综合渗透系数及影响半径，采用大井法设计计算，共布置20个80m^3/h降水井，设计基坑涌水量为38 400m^3/d。实施期间，根据群井抽水试验反演计算得到的各向异性水文地质参数对原设计方案进行了优化调整，将单井抽水量由80m^3/h调整为40～80m^3/h不等，基坑涌水量减小至32 800m^3/d，基坑抽水量减小了约17%，既降低了工程造价，又大大减少了由于抽排地下水可能带来的基坑周边地面沉降的风险，同时减少排放地下水资源约108×10^4t（按6个月计算）。

（2）降水井优化设计。根据承压水含水层埋深及基坑开挖深度，结合减压降水的特性及业主对基坑土方分区开挖的要求，合理、优化布置坑内降水井点，并提出控制降水井抽水量和抽水时间的具体要求，达到有效控制基坑周边环境变形的目的。

①优化降水井布置。合理布置降水井位，减小承压水位的下降漏斗范围和下降漏斗的水力坡度及控制抽排地下水中的含砂量等措施进行控制，将地面沉降斜率控制在1.0‰～1.5‰范围以内。

②合理安排抽水时间。基坑降水时间的多少直接关系到基坑周边的沉降量，因而在基坑开挖

工程中应根据场内观测水位情况适时启动降水系统，始终使基坑内承压水不致突涌。当地下室承台、底板施工完毕后，应及时回填基坑壁与底板之间的空隙，以使基坑内降水井数目随地下结构的逐步完成而逐步减少，保证基础安全施工。施工期间尽可能减少整个基坑的抽水量和抽水时间，从而使基坑降水引起的周边地面沉降降到最小。

(3)预固结减沉技术。采用深井降水进行地下水控制时，为防止土方开挖后地面沉降速率过大危及周边环境安全，基坑开挖前，提前进行预降水以使土体完成部分固结沉降、提高土体强度，达到了进一步减小降水引起的地面不均匀沉降的目的。

(4)坑外回灌技术。基坑内采用中深井降水降低场内承压水水位，坑外采取回灌来尽可能补偿坑内降水引起的坑外承压水水位降低，对减小坑外地面沉降有着重要的作用，尤其是当坑外有对沉降敏感的建构筑物时。如武汉市妇女儿童医疗保健中心综合业务楼深基坑工程，基坑开挖深度约12m。该基坑东侧15m处分布有一倾斜的八层民房建筑，砖混结构，天然地基，建成于20世纪90年代初，建成时已倾斜，经简单地基处理后投入使用，基坑开挖前，该房屋向西南方向的倾斜率在15‰左右，属整栋危房。基坑地下水控制采用“中深井降水＋坑外隔渗帷幕＋坑外回灌”。通过坑外回灌，至基坑回填完并停止抽水后，8F民房沉降量约30mm，倾斜率稳定在16‰左右(图6)。

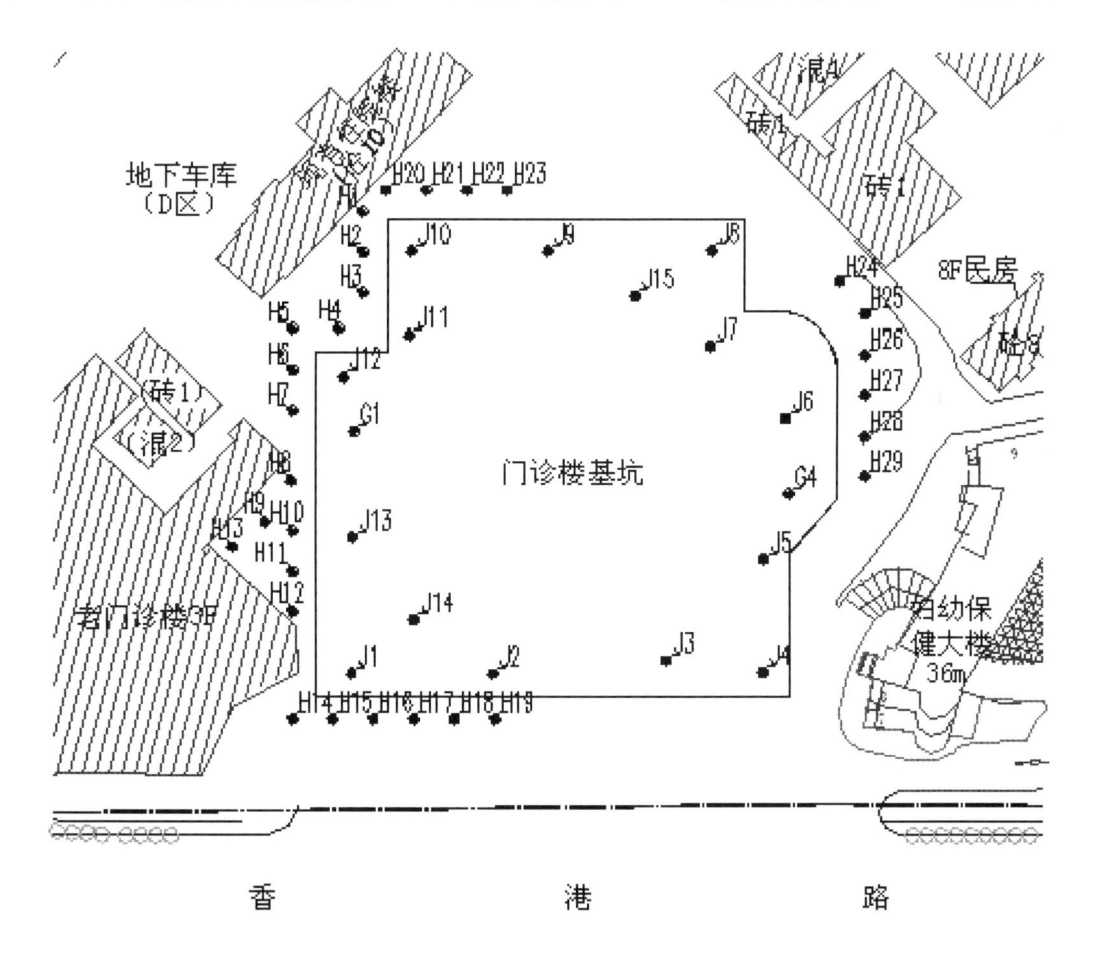

图6　基坑周边环境及回灌井布置图

(5)周边环境的预处理。基坑周边环境的预处理主要包括注浆加固、既有建(构)筑物基础托换、隔断桩(墙)等技术。

4 结 论

（1）长江中下游河段Ⅰ级阶地地层具典型的二元结构。由于水流分选作用，从上游至下游，在同一沉积标高上，沉积颗粒由粗到细，具有明显的递变规律；在横向上，从滨江段至边缘段，下部砂层厚度逐渐减小，而上部软土及互层土厚度逐渐增加。

（2）长江Ⅰ级阶地二元结构含水层的渗透系数存在各向异性，水平渗透系数与垂直渗透系数比值（K_h/K_v）介于1.7～10.0之间，总体表现为自上游向下，各向异性系数（K_h/K_v）明显增加，表明其大小与其在沉降环境时水流速度、距离长江的远近及含水介质在垂直方向的变化有关，主要取决于含水层中各亚层中沉积颗粒的差异。采用各向异性的水文地质参数和三维渗流分析进行的降水设计结果更接近于实际，且有利于降低工程造价和基坑周边环境损伤，亦有利于节约宝贵的地下水资源。

（3）长江中下游Ⅰ级阶地基坑地下水控制优化设计主要包括：合理设计止水帷幕长度、优化的中深井降水方案；地下水回灌技术的应用；周边环境的预处理（加固、托换）措施或后处理预案等。

（4）嵌岩地连墙是把“双刃剑”，应根据基坑开挖深度、周边环境等合理选用，并做好质量检测及应急预案，防止坑内外巨大的水位差带来的水枪效应给周边环境带来急剧的损伤。

参考文献

湖北省住房与城乡建设厅.基坑工程技术规程DB42/T 159—2012[S].武汉：湖北省地方标准，2012.

湖北省住房与城乡建设厅.基坑管井降水工程技术规程DB42/T 830—2012[S].武汉：湖北省地方标准，2012.

黄应超，徐杨青.深基坑降水与回灌过程的数值模拟分析[J].岩土工程学报，2014，56（增2）：299-303.

刘国锋，徐杨青，吴西臣.连续墙埋置深度对超深基坑降水效果的影响研究[J].工程勘察，2014（1）：51-58.

徐杨青，刘国锋，吴西臣.武汉长江一级阶地含水层水文地质参数研究及工程应用[J].岩土力学，2016，37（10）.

徐杨青，朱小敏.长江中下游一级阶地地层结构特征及深基坑变形破坏模式分析[J].岩土工程学报，2006，28（增）：1794-1798.

基于膨胀土宏观地质特征的野外快速判别技术

蔡耀军[1,2,3]　李亮[2]　阳云华[1]　石　刚[2]

（1.长江勘测规划设计研究院，湖北 武汉　430010；2.水利部长江勘测技术研究所，湖北 武汉　430011；
3.水利部山洪地质灾害防治工程技术研究中心，湖北 武汉　430010）

摘　要：膨胀土富含蒙脱石及其混层粘土矿物，是一种吸水膨胀软化、失水收缩干裂的特殊粘土，文中分析总结了膨胀土体颜色、矿物成分、微观结构等膨胀土基本特征与工程特性，重点分析了地貌单元、地层时代、岩性特征及土体的外观特征（颜色、裂隙、开挖形态）等宏观特征与土体膨胀性之间的内在联系或机理，开展了基于宏观地质特征开展土体膨胀性快速鉴别技术方法研究，建立了一种能够在现场施工过程中快速判别土体膨胀性等级的新方法和判别模型，实现施工现场土体膨胀性等级野外快速鉴别。

关键词：

1　概　述

膨胀土是一种颗粒分散，成分以蒙脱石、伊利石、高岭土等强亲水性粘土矿物组成的高塑性粘土，表现为多裂隙性、超固结性、强亲水性、反复胀缩性等（刘特洪，1998）。它是一种吸水膨胀软化、失水收缩干裂的特殊粘土（荣耀年等，2013），极易导致渠道、铁路、公路边坡，以及房屋、地下硐室、隧道等结构工程，产生较大的变形、开裂和滑坡等破坏，具有多次反复性和长期潜在危害性。

膨胀土的判别和分类一直是工程界关心的问题，长期以来，许多专家和学者在这方面做了不懈的努力，提出了许多判别和分类方法，如柯尊敬等的最大胀缩性指标分类法，谭罗荣等的风干含水量分类法，李生林等（1992）的塑性图分类法汇，梁俊勋的灰色聚类法，陈新民等的灰色关联分析法，金波等的模糊数学方法等。1964 年南非土木工程研究所 Vander Merwe 利用塑性指数、$\leqslant 2\mu m$ 粘粒含量、粘土活性三个因素，建立粘土膨胀土膨胀势判别图，很快得到了同行的认可。该方法 1980 年经 Williams 和 Donadson 修正后，在国际上得到了广泛的应用（Williams A A B et al，1980）。

国内外提出作为判别膨胀土的分类方法和指标颇多，但至今仍有分歧，尚未完全统一。各种方法所采用的判别指标大致可归纳为两大类：一类反映土的天然结构与状态，另一类反映土的物质组成成分与水的相互作用。前一类指标要求采用原状土样测定，故测定方法往往较多地受到条件限制，后一类指标反映土粒的基本特性，采用扰动样品即可测得，测定条件较简便易行，故采用较多。《岩土工程勘察规范》（GB 50021—2001）和《膨胀土地区建筑技术规范》（GB 50112—2013）中均以自由膨胀率大于或等于 40%作为膨胀土的判别标准。在交通部部颁现行《公路路基设计规范》（JTG D30—2004）中采用粘粒含量小于 $2\mu m$ 的百分比和自由膨胀率及膨胀总率 3 个指标，把膨胀土分为强膨胀土、中膨胀土和弱膨胀土三个级别。

目前，我国现行的《土工试验规程》（SL237－1999）和《公路土工试验规程》（JTG E40－2004）等土工试验规程中均以体积法来测试土样品的自由膨胀率:以人工制备的松散的,干燥的试样,在纯水中膨胀稳定后的体积增量与原体积之比,用百分数表示,但在工程应用时同时测试所有指标不仅耗时耗人力,且部分指标检测标准对实验室和操作人员都有较高要求,造成很大浪费。

为探索膨胀土的野外快速判别方法,龚壁卫(2011)、鞠佳伟等(2011)提出通过测试土壤电导率,建立土壤自由膨胀率与电导率的关系曲线图,从而间接测试判定土体的膨胀等级的方法。王青薇(2013)选取土体颜色、地层岩性、粘着程度、结核物含量4个野外速判因子,并根据部分已确定的膨胀土分级结果,反分析了各因子的分级敏感度与权重,建立了膨胀土野外快速判定多因子权重专家打分系统。

本文以反映膨胀土本质的宏观地质指标为基础,选取地形地貌、地层岩性、土体颜色等宏观特征因子,全面分析各因子与土体膨胀性等级之间的内在联系与作用机制,建立一种基于土体宏观特征的膨胀性等级快速判别技术和方法,可实现土体膨胀性等级快速判别,经验证具有较好的适用性,可为膨胀土工程防治提供有益的指导。

2 膨胀土矿物成分与微观结构特征

矿物成分采用X射线衍射分析方法,并采用湿研磨的分离制备方法进一步分析,对弱膨胀、中膨胀及强膨胀等级的膨胀土代表性样品进行了提纯处理,将小于0.002mm的胶体颗粒分离后,进行了矿物成分的对比分析。膨胀土微观结构特征是以扫描电镜观察到的图像为基础,分析土体基本结构单元的相互排列特征。研究表明,不同膨胀等级膨胀土的矿物成分和微观结构特征具有明显差别。

(1)弱膨胀土。弱膨胀土碎屑矿物以石英为主,占53%~62%;其次是碱性长石和斜长石,占14%~21%。粘土矿物含量占总矿物成分的24%~26%;粘土矿物主要由蒙脱石和伊利石组成,所占比例相差不大,含有少量的高岭石。

弱膨胀土微结构单元及形貌以粒状颗粒,扁平状颗粒为主,含片状颗粒,单粒体较多,卷曲片状颗粒少见;微结构以粒状颗粒堆叠结构为主,含紊流结构、絮凝结构等;宏观裂隙较不发育。

(2)中膨胀土。中膨胀土碎屑矿物以石英为主,占58%~73%;其次是碱性长石和斜长石,占5%~13%。粘土矿物含量占总矿物成分的17%~29%;粘土矿物主要由蒙脱石和伊利石组成,所占比例相差不大,含有少量的高岭石。

中膨胀土微结构单元及形貌以扁平状颗粒聚集体和片状颗粒为主,有弯曲或卷曲状片状颗粒,单粒体多见;微结构以紊流状结构为主,局部有定向排列或封闭式絮凝、粒状或单粒体堆叠结构;宏观裂隙较发育。

(3)强膨胀土。强膨胀土碎屑矿物以石英为主,占34%~46%;其次是斜长石和碱性长石,其含量差异较大,斜长石为6%~28%,碱性长石为3%~6%。强膨胀土粘土矿物含量占矿物成分的38%~47%,绝大部分为蒙脱石,个别含有极少量的高岭石或绿泥石。

强膨胀土微结构单元及形貌以扁平状颗粒聚集体和片状颗粒为主,有明显的弯曲或卷曲状片状颗粒,偶见单粒体;微结构以封闭式絮凝结构为主,局部有定向排列或紊流结构;宏观裂隙发育。

3 膨胀土土体宏观地质特征

土体的膨胀等级不同,土体表现出的土体外观特征及地质现象也差异明显,其宏观特征和工程性状也会表现出明显不同，如土体岩性、颜色、地层时代、土体密实度及开挖渣土的颗粒形态、裂隙发育程度、孔隙分布及钙质结核发育情况、开挖坡面光滑平整度等，因而，选择恰当的宏观特征因子作为现场判别膨胀土的指标，开展土体宏观特征与膨胀性的内在机理研究，实现通过外观特征进行岩土体膨胀等级快速鉴别。

3.1 膨胀土地区地形地貌特征

地形地貌特征反映了土体的沉积环境及土体对后期外部环境的适应性，不同地貌部位的土体，沉积物的来源不同、矿物成分不同，沉积环境不同，膨胀性也不同。

膨胀土地区的主要地貌形态为孤山、岗地、山前平原，以及河流一、二级阶地等。正确认识土体所处的地形地貌环境，可以初步判断土体是否为膨胀土及膨胀土等级。

孤山地貌，主要由坚硬岩石及坡积物组成，坚硬岩石不具膨胀性，坡积物一般不具膨胀性，局部与岗地过渡地带土体局部具弱膨胀性。

岗顶或岗顶平原的土体多具中等膨胀性，局部具强膨胀性，岗坡多为中膨胀土，部分缓坡为弱膨胀土、下部渐变为中膨胀土，岗间洼地表部土体一般具弱膨胀性，下部土体一般具弱—中等膨胀性。统计表明，岗地的膨胀性岗顶＞岗坡＞岗底，且膨胀性随深度的增加而增强。

大型河流两侧平原一般为弱膨胀土，距河流中心的距离越远，颗粒越细，膨胀性越强。在二级阶地与岗地的交汇部位，沉积环境过渡为河流相与残坡积相的混合堆积，局部具中等膨胀性。河流一级阶地，主要为新近沉积的土体，一般不具膨胀性。

3.2 膨胀土颜色特征

膨胀土的颜色多为棕黄色、褐黄色、棕红色等，由于沉积的环境、时代不同，膨胀土的颜色各不相同，特别是膨胀土经后期生物化学、地下水及雨水的淋滤作用，使膨胀土在垂直方向上产生明显的分带特征，同时，各带膨胀性也有所差异，在同一地貌单元内，总体上，表层由于生物化学作用，有机质含量较高，土体呈灰褐色、灰黄色；中部由于地下水作用，土体含水量高，含水量变化大，颜色较浅；下部土体处于非饱和状态，土体颜色受外界环境影响小。

不同土体颜色，往往代表不同的沉积气候环境及不同的物理化学风化过程，其矿物成分不相同，自由膨胀率一般也不同。研究表明，同一地貌单元渠段的膨胀土，在平面方向上颜色变化较小，而在垂直方向上土体的颜色相差较大，土体的自由膨胀率相差也大。一般棕黄色、姜黄色、橘黄色、紫红色粘性土为中膨胀土，浅黄色、灰黄色、褐黄色、褐色为弱膨胀土，灰白色、灰绿色为中—强膨胀性，白色粘性土一般具强膨胀性。

南阳盆地早更新统（Q_1）粘性土，主要为粘土，次为粉质粘土，该层顶部一般分布有一层钙质结核层，土体具中等膨胀性，局部偏强膨胀性为山麓斜坡堆积环境，为附近碳酸盐岩风化淋滤残积物经短距离搬运沉积形成。土体随着颜色加深，粘粒含量有增大趋势，固结程度也有增高趋势，膨胀性越强。棕红色、浅砖红色夹灰白色条带土一般为弱—中膨胀土，红色、紫红色土一般为中—强膨胀土。

南阳中更新统（Q_2）粘性土，主要为粉质粘土，次为粘土，夹多层钙质结核，底部局部铁锰质结核富集，局部相变为粉质壤土。沉积间断较多。沉积时为山麓斜坡与山前平原结合部位堆积地貌，现时表现为山前平原。由于为多期沉积，沉积环境有变化，物质来源也有差异，从渠道开挖情况看，颜色不均一，一般成层变化，局部也发生突变，如夹灰白色、灰绿色透镜体等。一般地面下 2～3m 内大气影响带，受生物作用的影响，以及南阳盆地在中更新世后期下沉为滨湖环境，土体多呈灰褐色、灰黄色、或浅灰色，具弱膨胀性，下部多分布一层钙质结核富集层。过渡带（地面下 3～7m）一般呈黄褐色、浅黄色、棕黄色，夹较多灰白色、灰绿色粘土条带，厚度不一，颜色不均一，随含水量的变化而变化，具弱—中膨胀性。过渡带以下土体一般呈棕黄色、橘黄色、土黄色、褐黄色等，局部夹灰白色、灰绿色透镜体，具中或中—强膨胀性。总体上，Q_2 土体颜色在断面上自上而下呈现出一定规律性的变化，即灰褐色→黄褐色夹灰绿色条带→棕黄色夹灰绿色透镜体，膨胀性也逐步增强。南阳 Q_2 土体颜色由深到浅，土体膨胀性越来越强，即灰褐、黄褐、灰色粉质粘土一般呈弱膨胀性，黄、姜黄、棕黄、褐黄色土一般为中膨胀土，灰白、灰绿色土一般为中—强膨胀土。

南阳上更新统（Q_3）粘性土，主要为粉质粘土、粉质壤土，局部为粘土，分布于大中型河流的两侧或河间平原，一般具双层结构，上部为粘性土，下部为砂性土。受生物作用及耕植作用的影响，大气影响带一般呈灰褐色、灰色及灰黄色；过渡带一般呈黄褐色、褐色；过渡段以下一般呈浅黄、黄色、黄褐色。Q_3 土体总体具弱膨胀性。Q_3 土体颜色较浅的自由膨胀率较低，颜色较重的土体自由膨胀率较高，浅黄、土黄、灰黄色土一般为弱膨胀土，灰黑、灰褐色粘土一般为弱—中等膨胀土，棕黄色夹灰白色土一般为中膨胀土。

南阳地表时代不明坡积层（Q）粘性土，主要为粉质粘土，次为粘土，底部常分布夹层，铁锰质含量较高。分布于岗地的低凹地带，下部与 Q_1 和 Q_2 地层接壤，结构松散。由于其物质来源主要为 Q_1 和 Q_2 粘性土搬运堆积而成，局部表现有滨湖积特征，因此，一般颜色呈灰褐色、灰色及杂灰色，下部呈黄褐色，含较多铁锰质结核及风化斑点。地表坡积层 Q 灰褐色、褐色、灰黄色粉质粘土一般呈弱膨胀性。

3.3 地层岩性

（1）地层时代。土体的膨胀性及膨胀等级与土体所处的时代及岩性密切相关。在颗粒组成基本相同的情况下，不同时代土体膨胀性顺序为：$N > Q_1 > Q_2 > Q_3 > Q_4$，即地层越老，膨胀性越强，这显然与土的超固结程度和沉积环境有关。

根据总干渠南阳盆地沿线 770 组 Q_3 样品、4185 组 Q_2 样品、220 组 Q_1 样品、1430 组 N 样品膨胀性试验得出的膨胀等级频率统计成果显示，不同地层膨胀性差异显著，见图 1。

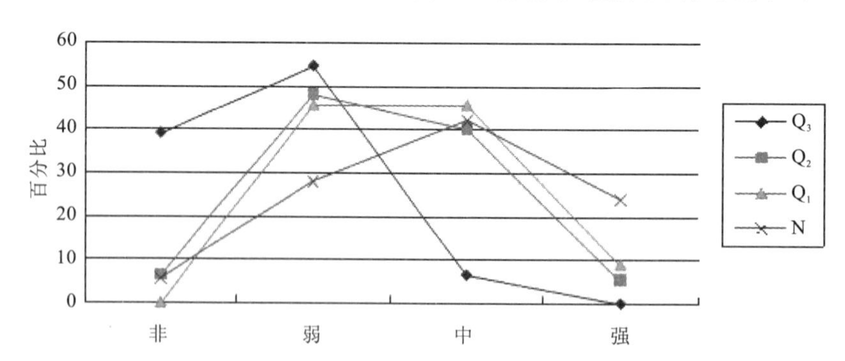

图 1　南阳盆地粘性土（岩）试验样膨胀性分布图

总体而言，受颗粒组成、（粘土）矿物成分、化学成分和微观结构等因素的影响，Q_4 粘性土绝大部分为非膨胀土；Q_3 粉质粘土、粘土膨胀性弱，一般呈弱膨胀性，少量粘土具中等膨胀性；Q_2 粉质粘土、粘土呈中等膨胀性，少量为弱偏中，局部具强膨胀性，Q_1 粉质粘土、粘土膨胀性强，一般为中等至强膨胀性，第三系粘土岩、砂质粘土岩一般呈中等膨胀性，部分具强膨胀性，局部为弱膨胀性。

（2）岩性。土体的膨胀性及膨胀等级除与土体所处的时代相关外，还与其岩性密切相关。土体

岩性不同其膨胀性也不同。南阳盆地土体膨胀等级与粘粒含量的关系曲线见图2，表明粘粒含量是一个重要影响因素，粘粒含量越高，颗粒越细，土体比表面积越大，吸附能力越强，水敏性越强，膨胀性越强。一般来说，不同岩性的岩土体膨胀性顺序为：粘土＞粉质粘土＞粉质壤土＞壤土＞泥质粉砂。

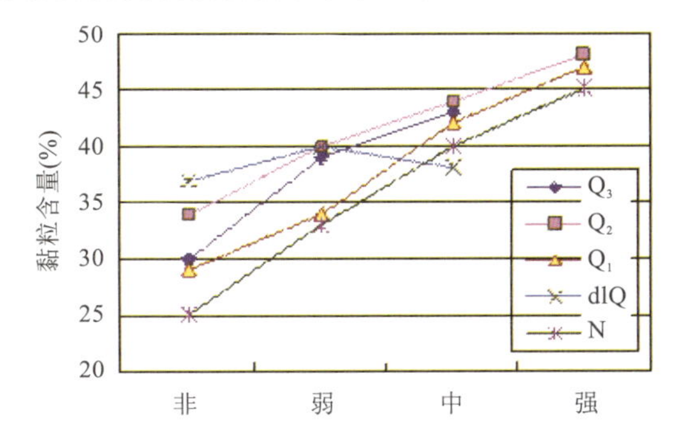

图2　南阳盆地膨胀等级与粘粒含量关系

南阳 Q_1 粉质壤土一般为非膨胀土，局部为弱膨胀土，粉质粘土一般为弱—中等膨胀土，粘土一般为中—强膨胀土，重粘土为强膨胀土。Q_2 粉质壤土一般为非膨胀土，局部为弱膨胀土，粉质粘土一般为弱—中等膨胀土，粘土一般为中—强膨胀土，重粘土为强膨胀土。Q_3 粉质壤土一般为非膨胀土，粉质粘土一般为弱膨胀土，粘土一般为中膨胀土。地表 dlQ 粉质粘土一般为弱膨胀土。

3.4　膨胀土土体裂隙特征

多裂隙性是膨胀土最基本的特征之一，膨胀土裂隙形成原因复杂，原始沉积环境和后期的自然环境改造作用都影响着膨胀土体内部裂隙的形成和发育。按照成因可将膨胀土裂隙分为原生裂隙和次生裂隙；按照裂隙发育长度和规模划分，膨胀土裂隙可分为微裂隙、小裂隙、大裂隙和长大裂隙等4类，长度从数毫米到上百米不等，规模表现出极大的差异性；按力学性质可分为张裂隙和剪裂隙。

土体的膨胀性越强，裂隙越发育，反之亦然，裂隙的发育程度是土体膨胀性强弱的直观表现。尽管同一膨胀等级的膨胀岩土裂隙发育有差异，但随着膨胀性增强，裂隙发育密度存在统计意义上的增大趋势。非膨胀土土体裂隙不发育。

我国不同区域的膨胀土裂隙特征存在较大的差异，如同样具有中等膨胀潜势的南阳 Q_1 中膨胀土，中陡倾角裂隙发育；南阳 Q_2 中膨胀土则主要发育缓倾角裂隙；而河北永年 Q_1 中膨胀土则裂隙不甚发育。这一差异与膨胀土成因、沉积环境密切相关，可以通过地层时代、成因等加以区分。

（1）弱膨胀土：大裂隙一般不发育，单个土块一般无明显的裂隙面，而微裂隙较发育，土体干裂后破碎呈小土块，小于45°的棱角不太发育。切面平整，少见裂隙。渠道开挖面平整，不易见到大的光滑裂隙面，见图3。

图3　南阳弱膨胀土中的裂隙及开挖形态

（2）中膨胀土：南阳境内大裂隙发育，裂隙面常充填灰绿色、灰白色粘土，裂隙面光滑，或呈镜面。裂隙随机发育，切面平整性较差，可见较多裂隙面。渠道开挖时可见大量的大裂隙和长大裂隙面，且坡面凹凸不平，见图4。裂面上可见大量的裂隙光面。

(3)强膨胀土：裂隙极发育，土体多被裂隙分割成小块(块度小于10cm)，裂隙面呈镜面光滑。南阳 Q_2 土块被灰白色粘土包裹，远处看强膨胀土多呈花白色，可见裂隙密度一般大于10条/m，一般与中膨胀土分界明显，极易分辨。南阳 Q_1 强膨胀土呈灰白色或紫红色，裂隙随机发育，微小裂隙极其发育，裂隙面上多分布灰白色粘土。强膨胀岩多呈灰白色或灰绿色，小裂隙极发育，大裂隙有时发育，裂隙面呈镜面光滑，粘粒含量高，典型外观见图5和图6。强膨胀土缓倾裂隙发育，开挖裸露失水后极易干裂成小土块。

图4　中膨胀土中的裂隙及开挖面形态

图5　南阳 Q_1 强膨胀土

图6　南阳 Q_2 强膨胀土

研究表明，尽管同一膨胀等级的膨胀岩土裂隙发育有差异，但随着膨胀性增强，裂隙发育密度存在统计意义上的增大趋势。地域上的差异与沉积环境、气候条件、土体干湿循环强烈程度有关。

通过南阳盆地膨胀土裂隙发育特征与发育密度研究，提出了南阳膨胀土长度大于0.5m裂隙发育密度评价标准：非膨胀土，<0.4条/m^2；弱膨胀土，0.45～1.0条/m^2；中膨胀土，1.0～2.5条/m^2；强膨胀土，>2.5条/m^2。

3.5 钙质结核

钙质结核是地层形成以后在大气环境作用下的产物，其形成条件与气候环境、土层化学成分、地层水文地质特性等相关。钙质结核普遍存在于膨胀岩土体中，一般呈姜状，具同心圆结构，大小不一，最大直径可达 20cm，一般直径 3～8cm。一般来说，若土体开挖发现有钙质结核必定为膨胀土，膨胀土中含钙质结核越多，膨胀性越强。一般有成层钙质结核分布的土体具中等膨胀性，土体中分布有零星的钙质结核一般具弱膨胀性。

南阳盆地膨胀土中的钙质结核含量与膨胀性具有以下对应关系：

Q_3 及地表不明时代 Q 地层一般含钙质结核较少，甚至不含钙质结核，其所含钙质结核一般为 Q_2 或更老地层的钙质结核、团块经搬运沉积而成。有风化现象，不坚硬。土体一般具弱膨胀性。

Q_2 地层一般或多或少地分布有钙质结核，局部富集成层。一般钙质结核越多越大的地段，土体的膨胀性越强，钙质结核富集层下部土体一般具中等膨胀性。钙质结核较少的棕红、棕黄色土体一般具弱膨胀性。

Q_1 地层钙质结核富集的土体一般呈中等膨胀性，钙质结核层下部粘土一般具强膨胀性。

第三系粘土岩中钙质结核少见，结核多的岩石因钙的胶结作用而使其膨胀性减弱。

3.6 膨胀土开挖面平整性

裂隙发育的岩土，在边坡开挖时，土体常沿裂隙面破坏，坡面多形成由光滑裂隙面相互交割组成的形态，坡面凹凸不平，局部有沿裂隙面滑出的楔形体，坡面多出现裂隙面。挖出的土体常可见到由裂隙切割而成的多面体，掰开任何一个土块都可以看到光滑的裂隙面。各地虽然裂隙发育程度有差异，但在同一地区，受膨胀性及裂隙控制的开挖面形态差异仍然比较显著。因而，在工程现场，开挖坡面的平整性，可以作为判别膨胀土膨胀等级的一个重要指标。

弱膨胀土体由于大裂隙不发育，仅微裂隙发育，因此开挖的土块一般少见裂隙面，开挖的渣料块度明显比中膨胀土小，坡面人工削坡时平整度高。强膨胀土开挖边坡极易沿裂隙面产生滑动，开挖渣料则几乎全部为受裂隙面切割而成的多面体。

3.7 水文地质特征

弱膨胀土因含较多的粉粒，富水性和渗透性相对较强，工程开挖时通常在坡面上有地下水渗出，在下部分布中、强膨胀土时，沿岩性界面形成带状渗水现象，因此在开挖边坡线状渗流点以上地层一般为弱膨胀土，以下一般为中膨胀土。中、强膨胀土在渠道开挖过程中，往往只有零星的、局部的渗水现象，且渗水现象持续时间较短。强膨胀土尽管富水性、渗透性差，但吸水性强，天然含水率明显高于弱、中膨胀土。

4 基于宏观特征的土体膨胀性等级快速判别

4.1 判别方法与工作流程

(1)项目实施前准备：土体的膨胀等级不同，其宏观特征和工程性状也会表现出明显不同，如土体岩性、颜色、地层时代、土体密实度及开挖渣土的颗粒形态、裂隙发育程度、孔隙分布及钙质结核发育情况、开挖坡面光滑平整度等，因而，在一个新工作区开展现场快速判别前，需要分别对各工区的宏观特征与膨胀性的内在机理进行研究，开展地层岩性研究和工程地质分段，选择具代表性的试样进行自由膨胀率室内试验，建立膨胀性与岩性、土体结构、颜色、裂隙发育特征等之间的关系，并借助颗分、矿物成分、微观结构研究，建立各宏观指标与膨胀性之间的内在联系或机理，以实现现场快速判别的准确性和科学性。

(2)宏观指标选取：现场鉴别按照从宏观到微观、从特征明显的指标到其他指标的顺序，并根据地区差异选择合适的指标。

(3)膨胀性判别模型建立：各工区的快速鉴别宏观指标选取后，建立膨胀性判别的半定量模型：$Y=AX_1+BX_2+CX_3+DX_4+EX_5+\cdots$，开展室内验证性试验，建立膨胀性与岩性、土体结构、颜色、裂隙发育特征等之间的关系，并借助颗分、矿物成分、微观结构研究，建立各宏观指标与膨胀性之间的内在联系或机理，确定各影响因子的权重。

(4)膨胀性等级判别：依据(3)建立的半定量模型和赋值方法，结合现场判别流程(土体膨胀性等级判别→土体所属地貌单元→地层、岩性→土体颜色→裂隙发育特征→钙质结核及开挖面渣料特征→水文地质特征)进行赋分，综合计算出 Y 值进行土体膨胀性等级判别。

4.2 模型建立与判别

(1)宏观指标的选择与赋分原则。根据现场情况，选取地形地貌、地层岩性等宏观特征作为土体膨胀性快速判别因子，设定各因子取值 0～10，其中 0～2 与非膨胀土对应，2～5 与弱膨胀土对应，5～7 与中膨胀土对应，7～10 与强膨胀土对应，根据土体宏观特征进行分类和赋分。

(2)膨胀性判别模型建立。选取宏观特征指标后，以现场采取土样的膨胀性等级试验结果为基础，建立膨胀性与岩性、土体结构、颜色、裂隙发育特征等之间的关系，并借助颗分、矿物成分、微观结构研究，建立各宏观指标与膨胀性之间的内在联系或机理，确定各影响因子的权重，建立现场判别模型 Y。如南阳地区土体膨胀性等级快速判别模型 $Y=0.10X_1+0.12X_2+0.15X_3+0.16X_4+0.14X_5+0.09X_6+0.11X_7+0.13X_8$。

根据判别模型计算 Y 值取综合得分，并随机取少量样品按试验规程实测该段土体的自由膨胀率。

在南水北调中线工程建设初期，采用上述方法对渠道开挖揭露的一千余组土样进行判别，同时平行开展了室内自由膨胀率测试，对比显示，南阳膨胀土判别准确率在 90%～95%，黄河两岸膨胀岩判别准确率约 90%，邯邢段判别准确率 80%～90%。邯邢段膨胀土成因较特殊，同样灰绿色土的膨胀性差异较大，之后根据实测结果，修改完善了颜色、结构面特征指标的权重，经再次检验，准确率稳定在 90%以上，满足现场判别精度要求。在随后的工程建设过程中，膨胀土等级复核主要采用基于宏观特征的现场判别方法，不但大幅度缩短了工作周期，降低了工作成本，还为膨胀土渠道快速开挖、快速封闭施工创造了条件。

5 结 论

膨胀土是一种富含极细颗粒的粘土片状矿物蒙脱石及绿泥石和碎屑粒状矿物石英、长石的混合体。其多裂隙性、膨胀性和超固结性是它的三个固有特征。土体膨胀性差异源于其沉积历史、沉积环境、母岩性质，土体膨胀性必然在宏观特征上体现出来。通过系统分析膨胀土地貌特征、地层时代、岩性特征及土体的外观特征(颜色、裂隙、糙度、开挖面平整度、渣料形态等)，定量研究宏观指标与土体膨胀性、微观结构的关系及内在机理，借助关联度分析，筛选出与膨胀性密切相关的指标作为判别因子，建立基于宏观特征的土体膨胀性等级快速判别方法是完全可行的。经中线工程大量实践，该方法简便实用，快速准确，干扰因素少，特别适用于施工现场，对膨胀土渠道工程动态设计和优化施工程序具有十分重要的意义。

参考文献

蔡耀军，阳云华，赵旻，等. 膨胀土边坡工程地质研究[M]. 武汉：长江出版社，2013.

蔡耀军，赵旻，阳云华. 南阳盆地膨胀土工程特性研究[J]. 南水北调与水利科技，2008，6(1)：163－166.

龚壁卫，鞠佳伟，叶艳雀. 用电导率测定自由膨胀率的方法研究[J]. 岩土工程学报，2011，33(8)：1280－1283.

鞠佳伟. 膨胀土快速判别及分类方法研究[D]. 武汉：长江科学院，2011.

李生林，等. 中国膨胀土工程地质研究[M]. 南京：江苏科学技术出版社，1992.

刘特洪. 工程建设中的膨胀土问题[M]. 北京：中国建筑工业出版社. 1998.

王青薇，曾斌，刘清秉，等. 膨胀土野外速判分级方法研究[J]. 人民长江，2013，44(5)：31－35.

Williams A A B, Donaldson G. Building on expansive soils in South Africa[C]// Proceedings of 4th International Conference on Expansive soils. Denver, Colorado. ASCE, 1980.

武汉地区表层岩溶带发育特征

罗小杰　罗　程　张三定

（长江岩土工程总公司（武汉），湖北 武汉 430070）

摘　要：大量钻孔资料表明，同中国其他南方岩溶地区地区一样，武汉地区的覆盖型岩溶区和东湖群构成的埋藏型岩溶区均发育有表层岩溶带，带内溶洞数量多、规模小，岩溶中等—强发育。覆盖型岩溶区的表层岩溶带厚度平均11.0～16.3m，溶洞以全充填为主，无充填和半充填次之，充填物主要来源于上部覆盖层，总体具中等渗透性。东湖群构成的埋藏型岩溶区表层岩溶带厚26.8m，与覆盖型岩溶区相比，溶洞全充填和无充填比例相当，且与半充填比例相差不大；充填物成分除有异地来源的松散堆积物外，存在先期充填物成岩（灰质胶结）或半成岩现象。表层岩溶带内岩石和土同存，为非均一岩体，其岩土工程施工等级较高、跨度较大。表层岩溶带的这些特点对于建筑物基础型式选择、桩基桩端持力层选择、工程施工工法选择以及地下水利用、基坑地下水治理等都具有重要意义。

关键词：武汉地区；覆盖型岩溶；埋藏型岩溶；表层岩溶带；线岩溶率

0　引　言

表层岩溶带是发育在碳酸盐岩地区包气带上部、紧邻地表的强岩溶带，其下以相对完整的可溶岩为其底界面，是地表水直接入渗后在碳酸盐岩浅、表部沿裂隙等溶蚀而形成的岩溶带。之所以在碳酸盐岩体表层形成强岩溶化的表层岩溶带，是因为该部位处于岩石圈、水圈、大气圈和生物圈等四大圈层的交汇带，碳—水—钙循环活跃，溶蚀化学反应过程迅速（蒋忠诚等，2001）。

“表层岩溶带”这一概念是20世纪下半叶提出，经过40余年的研究后逐渐为人们认识和接受，现在正为许多岩溶研究学者所关注。

20世纪60年代末，Rouch R（1968）通过实验发现，在岩溶洞穴顶板滴水中存在地下生物，由此推断洞穴顶部以上存在饱和带。70年代中期，Bakalowicz M（1974）分析岩溶泉同位素与地球化学资料后，发现降雨入渗水分在包气带中存在滞留现象，认为在包气带中存在较好的储水空间。法国学者Mangin A（1973，1974）通过对久旱暴雨后岩溶含水层水量平衡分析证明在包气带中确实存在饱和含水带；为了区分包气带中上部含水相对比较丰富的部分，他从水文学及地貌学角度，提出了表层岩溶带（epikarst zone）及表层岩溶带含水层（epikarst aquifer）的概念，完善了岩溶水的分带。80年代初，新西兰岩溶专家Williams P W（19983，1985）分析新几内亚等地的岩溶漏斗和洼地成因时提出了皮下层（subcutaneous layer）的概念，并由此推动了岩溶地貌和表层岩溶水分类的研究。

20世纪80年代后期至90年代，我国岩溶学者袁道先院士（1996）首先使用“表层岩溶带”这一中文术语，并认为我国南方巨厚层碳酸盐岩地区也有普遍发育“表层岩溶带”。一些学者对我国部分典型岩溶区的表层岩溶带进行了研究（劳文科等，2002；吴慧华等，2009；章程等，2003）。此后，我

国学者开始对表层岩溶带的厚度变化、岩溶特征、结构特点、水动力系统特征、地球化学特征及其分布范围、成因机理、研究方法等内容开展研究工作，并探讨表层岩溶带与可溶岩的岩性、岩石结构、地貌、构造、水动力条件、气候、松散层以及植被覆盖等诸多因素的关系(蒋忠诚等，1998，1999；夏日元等，2003；金新锋等，2006)。随着研究工作的深入，表层岩溶带的研究范围从最初的水动力学特征描述向岩溶水资源、生态环境领域拓展，进一步认识到了表层岩溶带研究的环境和水资源意义(蒋忠诚，1999，2001；王顺桦等，2003；彭淑惠等，2006；王若帆，2014；朱海彬，2015；陈生年等，2010)。

21世纪初，罗小杰(2013，2015)根据大量的钻孔资料，研究了武汉地区浅层岩溶发育特征，并将“浅层岩溶”归属于“垂直渗流岩溶带”。中国工程勘察大师范士凯(2013)进一步将其归属于垂直渗流带的“表层岩溶带”。本文将根据大量的岩溶区钻孔资料，进一步探讨武汉地区的表层岩溶带的发育特征。

1 武汉地区碳酸盐岩空间分布

1.1 平面分布特征

武汉地区碳酸盐岩地层主要分布在中部和南部，自北而南分布有9个碳酸盐岩条带，即：天兴洲条带(L1)、大桥条带(L2)、白沙洲条带(L3)、沌口条带(L4)、军山条带(L5)、汉南条带(L6)、法泗条带(L7)、马鞍山条带(L8)和湖泗条带(L9)(图1)。其中，L1—L6条带位于武汉市中部(襄樊-广济断裂(F)以南、乌龙泉附近NWW-NEE一线以北的区域)，总体走向NWW-NEE，覆盖严重。研究表明，这些条带具有如下特点(罗小杰，2015)。

(1)各碳酸盐岩条带均受褶皱构造控制，呈NWW-SEE相伴展布，长35～63km，宽0.5～15km不等。其中L2条带仅涉及大桥向斜，宽度最小，仅0.5～2.4km；L4条带涉及相互平行的两个向斜及其间的背斜，宽度最大，达3.2～15.0km。

(2)各条带之间基本为志留系中统坟头组(S_2f)、泥盆系上统五通组(D_3w)和石炭系下统高骊山组(C_1g)和州组(C_1h)构成的下碎屑岩组为核部和翼部的背斜相分隔，加上上部粘性土层覆盖，使得各条带之间基本相互独立。

(3)各条带均由石炭系上统统黄龙组(C_2h)、船山组(C_2c)与二叠系下统栖霞组(P_1q)构成的下碳酸盐岩组和三叠系下统大冶组(T_1d)与观音山组(T_1g)及中统陆水河组(T_2l)构成的上碳酸盐岩组共同构成，形成“一主两辅、中间为主、两侧为辅”的结构特点。上碳酸盐岩组发育在向斜的核部，岩层较平缓，倾角一般小于30°，多为15°左右；下碳酸盐岩组发育在褶皱的翼部，岩层倾角较陡，倾角一般65～75°。

(4)各条带内，上、下碳酸盐岩组之间有厚度大于120m的二叠系下统孤峰组(P_1g)、上统炭山湾组(P_2t)和保安组(P_2b)构成的中碎屑岩组相隔离。

(5)由于各条带间之间均有相对不透水的下碎屑岩组相阻隔，每个条带各自形成独立的岩溶地下水系统。上、下碳酸盐岩组之间有中碎屑岩系相阻隔，在没有断层导通的情况下，二者分别具有相对独立岩溶地下水系统。

L7—L9条带位于武汉市南部(乌龙泉附近NWW-NEE一线以南)，远离主城区，且覆盖严重，其分布范围不是很清楚。根据1∶20万区域地质调查资料及岩溶地面塌陷的分布，法泗镇东、西两侧的L7和L8条带总体走向NE-NW；湖泗镇附近的L9条带总体走向近东西向。这三个条带的

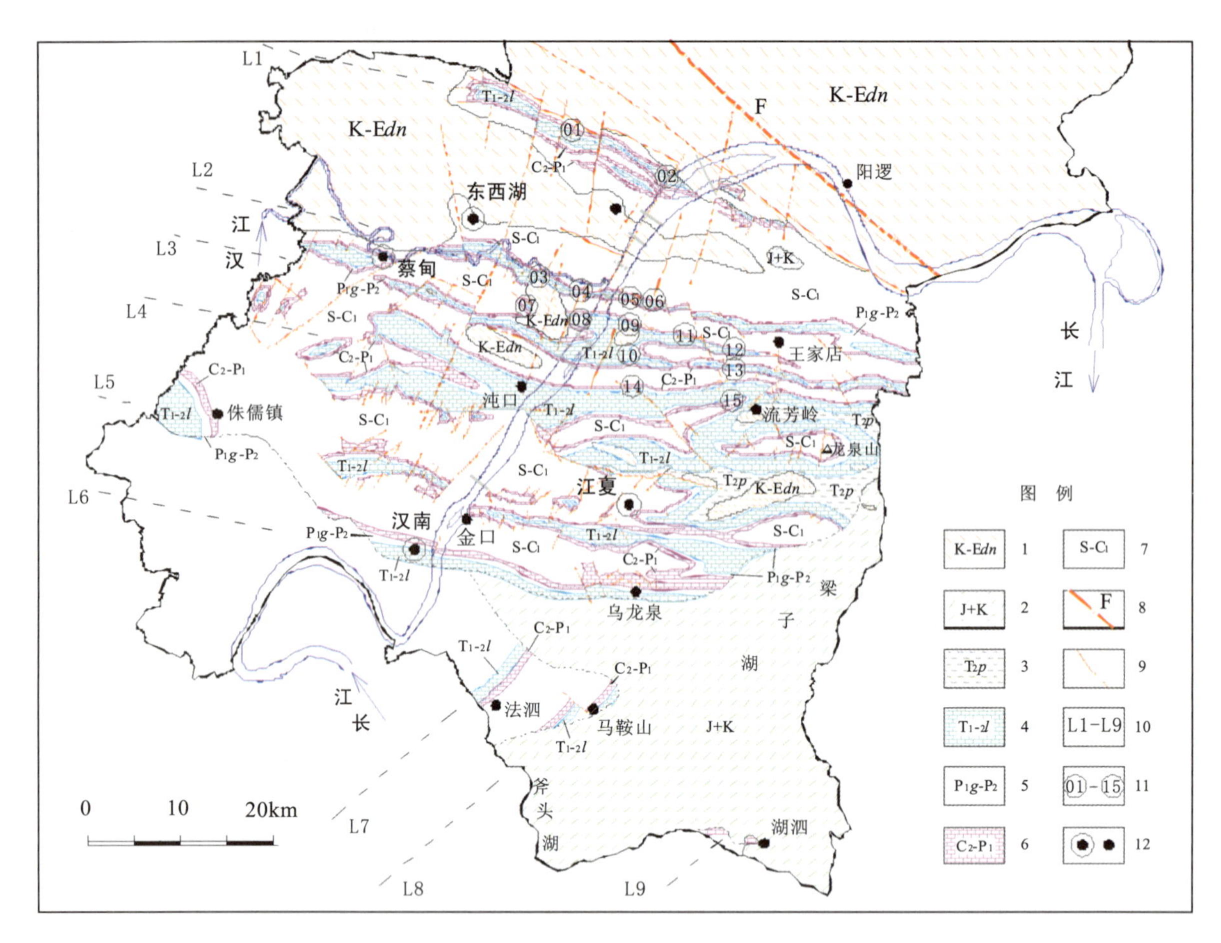

图 1 武汉地区碳酸盐岩条带分布图(据湖北省地质局,1995)

1. 白垩系—古近系东湖群陆相红色碎屑岩;2. 侏罗系与白垩系陆相碎屑岩;3. 三叠系中统蒲圻组碎屑岩;4. 三叠系下统大冶组和观音山组及中统陆水河组灰岩;5. 二叠系下统孤峰组及上统碳山湾组与保安组硅质岩夹砂页岩及煤系;6. 石炭系黄龙组及二叠系下统栖霞组灰岩;7. 志留系中统坟头组、泥盆系中统及石炭系下统碎屑岩;8. 襄樊—广济断裂(F);9. 其他断层;10. 碳酸盐岩条带编号:L1. 天兴洲条带;L2. 大桥条带;L3. 白沙洲条带;L4. 沌口条带;L5. 军山条带;L6. 汉南条带;L7. 法泗条带;L8. 马鞍山条带;L9. 湖泗条带;11. 岩溶统计点编号:①盘龙城;②谌家矶;③王家湾;④钟家村;⑤小东门;⑥洪山广场;⑦升官渡;⑧鹦鹉路;⑨武昌站;⑩巡司河;⑪. 卓豹路;⑫. 学府村;⑬. 佳园路;⑭. 野芷湖;⑮. 秀湖;12. 行政区及街道

基本特征还需进一步查明。

1.2 垂向分布特征

由于中生代晚期和新生代地层广泛分布,除在泥盆系上统五通组(D_3w)石英岩状石英砂岩构成的低山山坡坡脚处偶尔可见到石炭系上统黄龙组(C_2h)外,武汉地区碳酸盐岩露头非常有限,绝大部分为第四系所覆盖,为覆盖藏型岩溶。武汉地区中部的 L1－L6 条带展布区局部为零星残留的白垩—古近系(K－Edn)所覆盖,东端龙泉山南北两侧为三叠系中统蒲圻组(T_2p)所覆盖,南部主要为侏罗—白垩系(J＋K)所覆盖,属埋藏型岩溶。

2 基础资料可靠性

由于碳酸盐岩被广泛覆盖,现有的研究基本基于城市建设中的钻孔资料及少量的专门性钻孔。

为了研究表层岩溶带的特征,本文收集了 L1—L4 条带展布范围内、15 个地点 4188 个钻孔、基岩总进尺近 11 万 m 的岩溶区钻孔资料，其中覆盖型岩溶区钻孔 4157 个，东湖群(K－*Edn*)构成的埋藏型岩溶区钻孔 31 个(表 1)。

覆盖型岩溶区 4157 个钻孔中，80％的钻孔进入基岩 20～35m，平均入岩深度 26m(图 2)；共有 1522 个钻孔揭露到 2577 个溶洞。对于各个条带，除了 L5－L9 条带目前缺乏钻孔资料外，其余 L1、L3 和 L4 条带的覆盖型岩溶区钻孔数在 1100 个以上，L2 条带亦达 498 个；各条带揭露溶洞的钻孔数在 229～545 个之间，揭露的溶洞为 306～994 个。

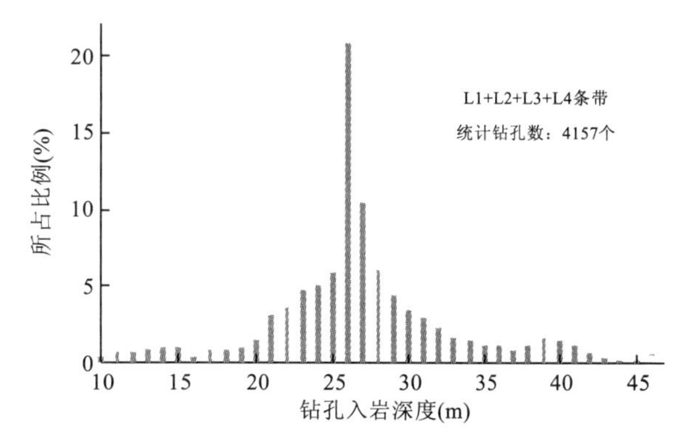

图 2　覆盖型岩溶区钻孔入岩深度分布

表 1　岩溶区表层岩溶带研究钻孔资料基本信息

条带名称与编号		碳酸盐岩钻孔总数(个)	基岩总进尺(m)	遇洞钻孔总数(个)	溶洞个数(个)	溶洞总高(m)	平均线岩溶率(％)	遇洞率(％)
天兴洲条带(L1)		1248	32 844.36	229	306	819.70	2.50	18.3
大桥条带(L2)		498	12 530.49	248	431	647.53	5.17	49.8
白沙洲条带(L3)		1274	31 005.21	545	994	1760.41	5.68	42.8
沌口条带(L4)	Q 覆盖区	1137	32 813.24	500	846	1852.90	5.65	44.0
	红层覆盖区	31	670.89	21	37	120.68	17.99	67.7
总计(Q 覆盖)		4157	109 193.30	1522	2577	5080.54	4.65	36.6
总计(Q＋红层覆盖)		4188	109 864.19	1543	2614	5201.22		

以上钻孔基本信息表明，本文进行覆盖型岩溶区表层岩溶带分析与研究的钻孔样本数量较大，满足统计基本要求，具有代表性，依此统计得出的结论是可靠的。

但是，本次研究收集到的埋藏型岩溶区的钻孔资料较少。31 个钻孔进入黄龙组灰岩的平均深度为 21m，共揭露到 37 个溶洞，其代表性较差。为了资料的完整性，本文仍对野芷湖附近埋藏型岩溶的表层岩溶带进行了初步研究与讨论，以后资料丰富时再予以修正和完善。

由于未收集到龙泉山附近上三叠统蒲圻组(T_2p)和南部侏罗—白垩系(J＋K)构成的埋藏型岩溶区钻孔资料，文中未对这两类埋藏型岩溶区的表层岩溶带进行研究。故下文中提及的“埋藏型岩溶区”均指野芷湖附近“东湖群构成的埋藏型岩溶区”。

3　覆盖型岩溶区表层岩溶带特征

3.1　*表层岩溶带厚度*

研究表明，表层岩溶带的厚度一般不大。在湿热多雨的广西桂林岩溶区，表层岩溶带的厚度可达 10m，贵州高原一般在 2m 左右，秦岭附近岩溶区带状岩溶化层已不明显(陈如华等，2010；Jiang Zhangcheng，1996)。贵州的表层岩溶带厚度一般为 7～15m，部分达到 20～30m，最厚可达 50m(夏日元等，2003）。鄂西南表层岩溶带的最大发育深度为56.54m，最浅为4.5m(周宁等，2009)。

本文中，覆盖型岩溶区表层岩溶带厚度采用线岩溶率随基岩面下的埋深变化曲线来确定，以线岩溶率3%(岩溶弱发育)为界限来划分表层岩溶带的厚度。图3是L1—L4条带4157个钻孔的平均线岩溶率随基岩面下埋深变化曲线。

由图3可见，基岩面下约15m范围内发育一个高线岩溶率带。以线岩溶率3%为界线时，该带的厚度为14.2m，带内最大线岩溶率为11.75%，平均线岩溶率为6.91%，是其下部弱岩溶带中平均线岩溶率的3.9倍。

与此类似，获得L1—L4各条带15个统计地点及相应条带总的线岩溶率曲线。由这些曲线得到的各地点和各条带的表层岩溶带厚度、平均线岩溶率及最大线岩溶率详见表2。

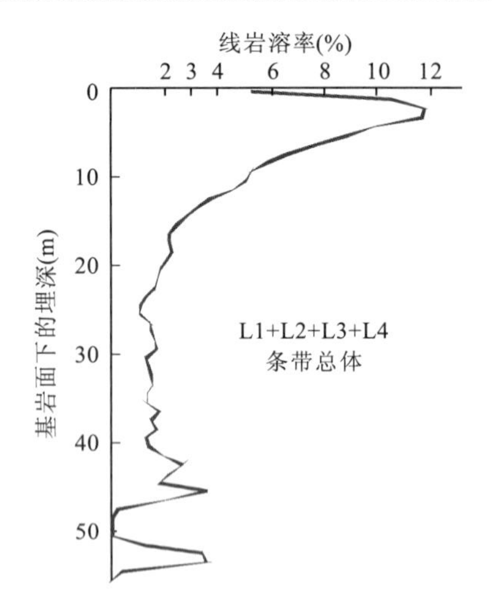

图3 L1—L4条带平均线岩溶率随基岩面下埋深变化曲线

表2 L1—L4条带之表层岩溶带厚度及线岩溶率统计

条带	统计地点	厚度(m)	平均线岩溶率(%)	最大线岩溶率(%)
L1	①盘龙城	—	1.65	3.91
	②谌家矶	12.7	5.82	8.72
	全条带	12.2	3.93	5.83
L2	③王家湾	10.9	10.50	18.13
	④钟家村	13.1	10.92	20.09
	⑤小东门	5.7	10.11	12.47
	⑥洪山广场	钻孔数太少，无代表性		
	全条带	11.0	10.52	17.25
L3	⑦升官渡	11.2	7.70	15.91
	⑧鹦鹉村	14.7	9.55	14.44
	⑨武昌站	15.3	7.40	13.92
	⑩巡司河	13.6	4.98	7.97
	⑪卓豹路	13.1	7.02	12.85
	⑫学府村	23.1	10.09	15.20
	⑬佳园路	16.2	9.93	14.63
	全条带	15.3	7.83	12.45
L4	⑭野芷湖(Q覆盖)	17.1	7.42	21.00
	⑮秀湖	16.2	8.89	16.41
	全条带	16.3	8.85	16.16
	L1—L4	14.2	6.91	11.75

由表2可见，武汉地区表层岩溶带平均厚度为11.0～16.3m，带内平均线岩溶率为3.93%～10.52%，最大线岩溶率为5.83%～17.25%。

与其他条带相比较，①)L4条带的表层岩溶带厚度较大，这可能是该条带碳酸盐岩分布范围较广，向斜核部地层较平缓、岩溶较发育所致；②L1条带的平均线岩溶率较小，这是由于该条带临近于襄樊—广济断裂的南侧、带内碳酸盐岩在伸展活动时期被广泛地构造热液白云岩化和硅化而导致可溶性降低的结果。

3.2 溶洞规模

由于第四系覆盖，武汉地区覆盖型岩溶区表层岩溶带的岩溶形态难以直接观察，只能据相邻钻孔所揭示的基岩面高差，结合岩溶地区岩溶发育规律，推测古地表岩溶类型有溶沟、溶槽、石芽、石林、溶缝、石脊、溶隙、溶穴、溶管、溶孔、溶痕等个体形态及其组合。

在一个钻孔中，揭露的空洞或土体上、下发育有基岩的，可能是溶隙或溶洞，由于区分困难，本文中统一作为溶洞处理，进行统计分析。

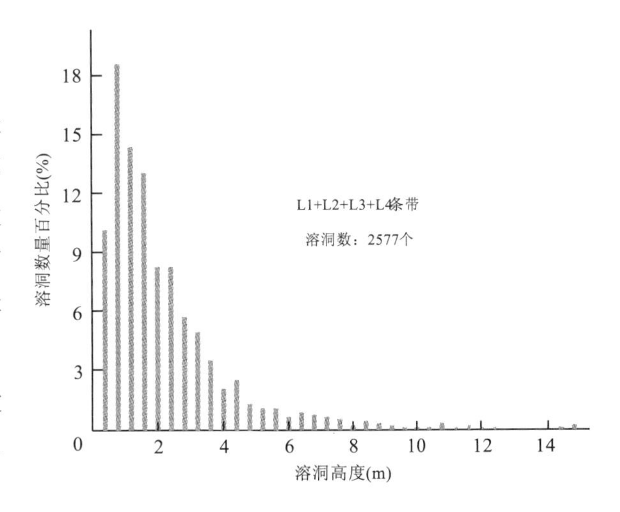

图4　覆盖型岩溶区溶洞洞高分布

图4是L1－L4条带溶洞洞高分布图。在2577个溶洞中，平均洞高1.97m，1/3的溶洞洞高小于0.90m，1/2的洞高小于1.40m，90%的洞高小于4.10m。L1－L4各条带溶洞的特征高度见表3。

以上资料表明，武汉地区覆盖型岩溶区表层岩溶带内，钻孔揭露的溶洞规模较小、数量较大。这与其他地区表层岩溶带的特征类似。

3.2.1 溶洞顶板分布特征

统计表明，L1－L4条带钻孔所揭露的2577个溶洞在基岩面下的平均埋深为6.51m，1/3的溶洞埋深2.50m，1/2的溶洞埋深4.50m，90%的溶洞埋深15.70m。

表3　L1－L4条带溶洞特征高度(m)

条带	平均洞高	1/3的溶洞高度小于	1/2的溶洞高度小于	90%的溶洞高度小于
L1	2.68	1.40	1.80	6.00
L2	1.50	0.80	1.00	3.00
L3	1.77	0.70	1.20	3.70
L4	2.19	1.00	1.50	4.50
L1－L4	1.97	0.90	1.40	4.10

各条带溶中，洞顶板在基岩面下的平均埋深为14.40～16.80m，1/3为2.00～2.90m，1/2为3.70～5.30m，90%为14.40～16.80m(表4)。

3.2.2 溶洞垂向分布概率

图5是覆盖型岩溶区所有的溶洞顶、底板在基岩面下的分布概率曲线(左侧)和累计概率曲线(右侧)。图5中P和Q点分别为表层岩溶带底部溶顶板分布概率和累积概率。据线岩溶率3.00%

确定的表层岩溶带厚度为14.2m(表2),其底部溶洞顶板分布概率和累积概率分别为1.9%和87.5%。这两组数据分别表明,武汉地区表层岩溶带底部溶洞出现的可能性很小,而且带内部包含了绝大部分溶洞。

表4 L1—L4条带溶洞的特征埋深

条带	洞顶埋深(m)	全部	全充填	半充填	无充填
L1	平均	7.29	6.31	7.18	9.93
	1/3的溶洞小于	2.90	2.30	1.90	5.60
	1/2的溶洞小于	5.30	4.60	3.60	9.50
	90%的溶洞小于	16.8	14.50	16.90	19.30
L2	平均	5.48	4.93	5.57	8.70
	1/3的溶洞小于	2.00	1.50	2.00	6.10
	1/2的溶洞小于	3.70	3.00	4.40	7.00
	90%的溶洞小于	14.40	13.40	12.50	16.80
L3	平均	6.72	5.76	7.84	8.47
	1/3的溶洞小于	2.90	2.40	2.60	5.30
	1/2的溶洞小于	5.10	4.00	6.80	7.60
	90%的溶洞小于	15.30	13.20	17.30	16.60
L4	平均	6.52	5.28	5.52	10.03
	1/3的溶洞小于	2.20	1.80	2.50	3.90
	1/2的溶洞小于	4.00	3.00	4.50	7.10
	90%的溶洞小于	16.00	13.70	10.90	22.30
L1—L4	平均	6.51	5.50	6.61	9.19
	1/3的溶洞小于	2.50	2.00	2.40	5.10
	1/2的溶洞小于	4.50	3.60	4.90	7.60
	90%的溶洞小于	15.70	13.80	16.30	18.60

表5是L1—L4条带之表层岩溶带底板处溶洞顶、底板分布概率和累计概率。由该表可见,在表层岩溶带底板附近,溶洞顶板出现的概率为1.5%~3.5%,总平均概率为1.9%;溶洞底板出现的概率为2.5%~3.2%,总体平均概率2.8%;在表层岩溶带内,溶洞顶板出现的概率为78.8%~90.1%,总体平均概率为87.5%;溶洞顶板出现概率为65.9%~86.8%,总体平均概率为83.0%。

这些数据表明:在表层岩溶带底板附近,溶洞顶、底板出现概率都很低,且底板略高于顶板;在表层岩溶带内,溶洞顶、底板出现的概率都很高,溶洞顶板出现概率略高于底板。

L1条带中,盘龙城的线岩溶率基本低于3%,没有表层岩溶带;谌家矶和全条带的平均线岩溶率也小于6.00%,最大线岩溶率也不到9.00%。这是由于该条带位于秦岭地槽和扬子准地台分界断裂——襄樊-广济深大断裂南侧且紧邻该断裂,在该断裂伸展运动期间,碳酸盐岩类岩石普遍发生强烈的构造热液白云岩化、硅化及硅质充填作用而导致岩石可溶性减弱的结果。

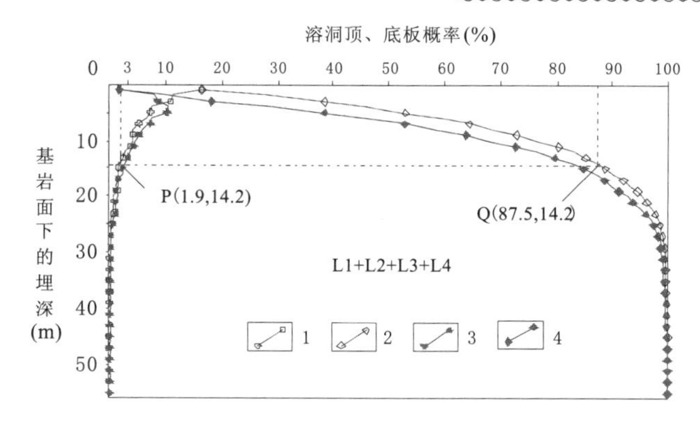

图 5 覆盖型岩溶区溶洞垂向分布概率曲线

1.溶洞顶板概率曲线;2.溶洞顶板累计概率曲线;3.溶洞底板概率曲线;4.溶洞底板累计概率曲线;P、Q 点分别为表层岩溶带底板处溶洞顶板分布概率和累计概率

另外,据表 2 数据,L1—L4 条带的表层岩溶带平均线岩溶率为 3.93%～10.52%,最大线岩溶率为 5.83%～17.25%。

表 5 表层岩溶带底部溶洞顶、底板概率及带内累计概率

条带编号	表层岩溶带厚度(m)	顶板概率(%)	顶板累计概率(%)	底板概率(%)	底板累计概率(%)
L1	12.2	3.4	78.8	3.2	65.9
L2	11.0	2.6	86.1	3.0	82.8
L3	15.3	1.5	89.7	2.6	86.2
L4	16.3	1.5	90.1	2.5	86.8
L1—L4	14.2	1.9	87.5	2.8	83.0

以上数据可能反映出覆盖型岩溶区表层岩溶带的厚度及其岩溶发育程度为中等到强发育。

3.3 溶洞充填特征

3.3.1 充填类型

根据溶洞内充填物的多少,将溶洞划分为全充填、半充填和无充填 3 种类型。各充填类型所占比例见表 6。

统计结果表明,武汉地区全充填溶洞占 70.8%,无充填溶洞约占 1/5,半充填溶洞比例不到 8%。

各充填类型溶洞顶板在基岩面下的分布,全充填溶洞顶板平均埋深 5.50m,半充填 6.61m,无充填 9.19m。各条带中溶洞不同充填类型溶洞的分布情况详见表 4。

表 6 L1—L4 条带溶洞充填类型所占比例

溶洞充填类型	L1	L2	L3	L4	L1—L4
全充填	6.2	6.4	7.9	10.0	7.8
半充填	1	1	1	1	1
无充填	2.3	1.1	3.7	3.8	2.9

以上资料表明,总体上,全充填和半充填溶洞埋深较小,无充填溶洞埋深较大。

3.3.2 溶洞充填物成分

根据钻孔揭露,天兴洲条带(L1)溶洞充填物主要为粘性土夹碎石,粘性土呈黄褐色、土黄色、棕红色等颜色，状态由流塑、软塑、可塑到硬塑都可见。

大桥条带(L2)中，王家湾主要为棕黄色、土黄色夹灰白色粘土，主要呈可塑状，其次为软塑状；钟家村主要为黄色可塑—硬塑状粘土，其次为软塑状粘性土，部分夹灰岩碎块石；卓豹路主要为黄褐色可塑状粘土，少部分夹碎块石。

白沙洲条带(L3)中，升官渡主要为软塑—流塑状粘土，部分夹碎石；鹦鹉村主要为黄褐色粘性土夹灰岩碎块石，其中粘性土主要呈软塑—流塑状，其次为可塑状。

沌口条带(L4)主要为粘土及粘土夹碎石，粉质粘土及粉质粘土夹碎石，粘性土状态从流塑→硬塑均有发育，颜色以黄色、黄褐色、棕红色为主，部分可见灰色。少数溶洞充填物为碎石土，极少数溶洞见有粉细砂。

以上岩性特点可以看出，溶洞充填物与上覆盖层相关。大桥条带(L2)和沌口条带(L4)中，上覆盖层为中、上更新统老粘性土层，溶洞充填粘性土主要呈现棕黄色、黄色和黄褐色粘性土。而白沙洲条带中鹦鹉村上覆盖层为全新统厚层粉细砂，充填物中碎石含量相对较高。

充填物粘性土状态则与岩溶地下水活动相关，溶洞中地下水较丰富时，充填粘性土多呈软塑—流塑状；相反则具可塑状，部分呈硬塑状。

3.3.3 溶洞充填物来源

全充填溶洞在基岩面下埋深较浅，半充填溶洞较深，无充填溶洞埋深最大，反映出溶洞充填方式是自上而下充填。结合充填物的岩性特征，基岩面以下20余米范围内的溶洞充填物主要来源于上部覆盖层，即上覆第四纪地层。同时，部分溶洞也见有与母岩成分相同的溶洞崩塌角砾成分。极少数具有异地来源特点。

3.4 水文地质特征

研究表明，表层岩溶带的水循环以垂向渗流为主，一般具多点输入，集中排泄；系统分散，相对独立；管道流与裂隙流并存的特点(吴慈华等，2009)。在垂向剖面上，表层岩溶带与其下部含水带之间常存在一定厚度的岩溶弱发育带，对表层岩溶带水下渗补给下部含水带地下水起着阻滞作用，往往造成具有双层水位现象(章程等，2003)。

3.4.1 地下水补给、径流与排序

在武汉地区，长江两岸Ⅰ级阶地与灰岩接触带，如白沙洲条带(L3)的长江两岸、汉南条带的陡埠村一带、法泗条带(L7)法泗镇以西等，表层岩溶带与上覆砂性土中地下水及长江水体联系较为密切，往往呈互补关系。

在有碳酸盐岩露头的地点，表层岩溶带可能接受大气降水、地表水(如水库)及周围裂隙岩体的含水层的补给，偶尔可形成泉水，如武汉东部未来三路井泉村一带即有表层岩溶带泉水出露。

在老粘土覆盖区，由于四周都为隔水岩组阻隔，表层岩溶带中的地下水补给、径流和排泄条件均很差。

3.4.2 表层岩溶带的渗透性

L1—L4条带中的41组抽水试验成果表明，表层岩溶带概化渗透系数为0.04～6.60m/d，平均值为1.09m/d；影响半径为6～200m，平均值为93m(表7)。这些数据表明，武汉地区表层岩溶带表现为中等透水性。

表 7　L1—L4 条带表层岩溶带抽水试验成果

条带名称(编号)	渗透系数 K_0(m/d)			影响半径 R(m)		
	最小值～最大值	平均值	组数	最小值～最大值	平均值	组数
天兴洲条带(L1)	0.04～4.16	0.91	8	18～200	89	8
大桥条带(L2)	0.10～6.60	1.34	11	—		
白沙洲条带(L3)	0.11～2.97	0.83	12	43～166	120	6
沌口条带(L4)	0.04～4.46	1.26	10	6～172	67	5
L1—L4	0.04～6.60	1.09	41	6～200	93	19

4　埋藏型岩溶区表层岩溶带特征

本文仅收集到 L4 条带野芷湖附近 31 个钻孔的埋藏型岩溶资料，揭露的地层结构为：上部为第四系上更新统老粘性土和全新统粘性土，中部为白垩—古近系东湖群(K－E*dn*)红色碎屑岩系，下部为石炭系中统黄龙组(C_2h)浅肉红色厚层状灰岩。

统计表明，37 个溶洞的平均洞高为 3.26m，1/3 的溶洞洞高小于 1.70m，1/2 小于 2.20m，90%小于 6.30m。

图 6 为 L4 条带野芷湖埋藏型岩溶线岩溶率随红层下埋深变化曲线；以线岩溶率 3%确定的表层岩溶带厚度为 26.8m，带内平均线岩溶率为 18.31%，最大线岩溶率为 32.23%。

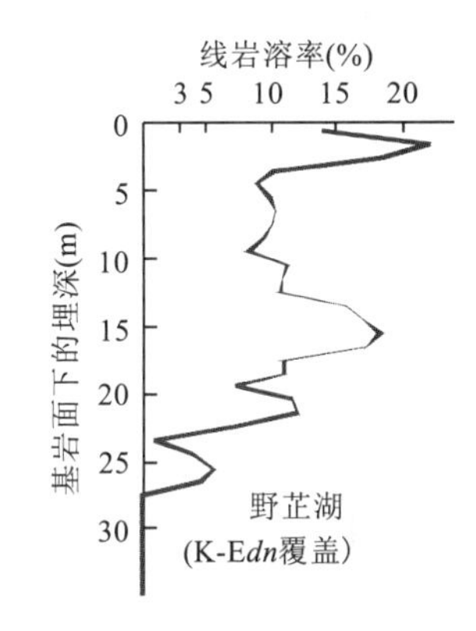

图 6　L4 条带野芷湖附近埋藏型岩溶线岩溶率随红层下埋深变化曲线

图 7 是溶洞顶、底板在红层下的分布概率曲线(左侧)和累计概率曲线(右侧)。由于揭露的溶洞样本相对较少，曲线线型不太理想，但也能反映出一般规律，即表层岩溶带底部附近溶洞出现概率很低，带内溶洞出现概率很高。

统计数据表明，溶洞全充填、半充填和无充填比例为 2.5∶1∶2.7；全充填溶洞顶板在红层底面以下平均埋深 13.79m，半充填为 7.42m，无充填为 8.51m。表现为半充填和无充填溶洞平均

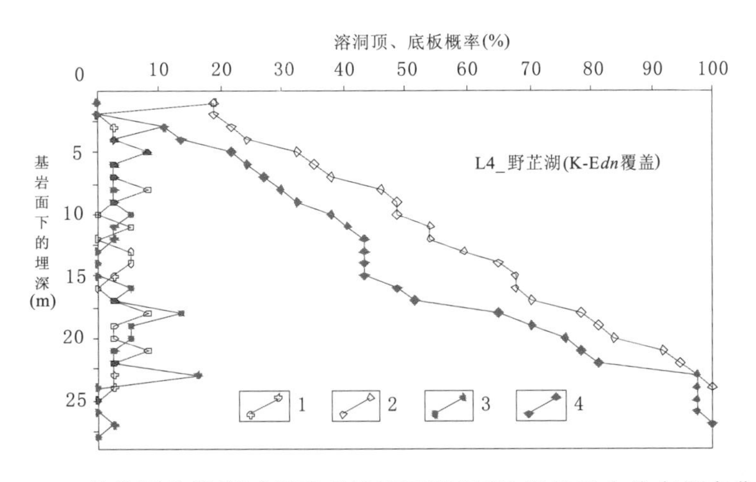

图 7　L4 条带野芷湖附近埋藏型岩溶区溶洞顶、底板垂向分布概率曲线

埋藏深度较小、全充填埋藏深度较大的特点，这与覆盖型岩溶区的特点刚好相反。

溶洞充填物除了(含泥)粉细砂、粘土、粉质粘土(夹碎石)、砾质土外，还有灰质角砾岩。这些特点表明，溶洞充填物异地来源除粉细砂外(本地为老粘土覆盖)，其形成年代也较为久远。

5 覆盖型和埋藏型岩溶区表层岩溶带比较

覆盖型岩溶区和埋藏型岩溶区表层岩溶带发育特征比较于表8。

表8 覆盖型岩溶区与埋藏型岩溶区表层岩溶带特征比较

项 目		覆盖型岩溶	埋藏型岩溶
表层岩溶带厚度(m)		14.2	26.8
线岩溶率(%)	平均	6.91	18.31
	最大	11.75	32.23
溶洞高度(m)	平均	1.97	3.26
	1/3的溶洞小于	0.90	1.70
	1/2的溶洞小于	1.40	2.20
	90%的溶洞小于	4.10	6.30
溶洞顶板埋深(m)	平均	6.51	10.47
	1/3的溶洞小于	2.50	5.40
	1/2的溶洞小于	4.50	10.20
	90%的溶洞小于	15.70	20.30
溶洞充填情况	比例	7.8∶1∶2.9	2.5∶1∶2.7
	全充填平均埋深(m)	5.50	13.79
	半充填平均埋深(m)	6.61	7.42
	无充填平均埋深(m)	9.19	8.51
	充填物成分	与上覆土层成分相关，为松散堆积物	除松散堆积物外，还见有角砾岩
	充填物来源	主要来自本地上覆盖层和崩塌堆积	本地角砾岩为主，也见异地粉细砂

由表8可见，埋藏型岩溶区的表层岩溶带的厚度和岩溶发育程度、溶洞高度、顶板埋深、垂向分布概率等均超过了覆盖型岩溶区；溶洞充填类型比例及分布、充填物成分及来源等方面也存在较大的差异。

6 结 论

大量钻孔资料表明：覆盖型岩溶区的表层岩溶带厚度平均11.0～16.3m，带内溶洞数量多、规模小，岩溶中等—强发育；溶洞以全充填为主，无充填和半充填次之，充填物主要来源于上部覆盖层。在表层岩溶带底板附近，溶洞顶、底板出现概率都很低，且底板略高于顶板；表层岩溶带内，溶洞顶、底板出现的概率都很高，溶洞顶板出现概率略高于底板。表层岩溶带总体具中等渗透性。

埋藏型岩溶区表层岩溶带厚26.8m，带内最大线岩溶率为32.23%，平均线岩溶率为18.31%；带内也具有溶洞数量多、规模小、岩溶中等—强发育的特点；溶洞全充填和无充填比例相当，且与半充填比例相差不大；充填物成分除有异地来源的松散堆积物（粉细砂）外，存在先期充填物成岩（灰质胶结）或半成岩现象。

表层岩溶带内岩石和土同存，为非均一岩体，其岩土工程施工等级较高、跨度较大。

表层岩溶带的这些特点对于建筑物基础型式选择、桩基桩端持力层选择、工程施工工法选择以及地下水利用、基坑地下水治理等等都具有重要意义。

参考文献

陈生华，王世杰，肖德安等. 典型喀斯特表层岩溶带地下水化学特征[J]. 生态环境学报，2010，19(9)：2130－2135.

范士凯. 序二[C]//罗小杰. 城市岩溶与地史滑坡研究，武汉：中国地质大学出版社，2013，Ⅲ－Ⅳ.

湖北省地质矿产局. 1：20万黄陂幅区域地质调查报告[R]. 武汉：湖北省地质矿产局，1975.

湖北省地质矿产局. 1：20万武汉幅区域地质调查报告[R]. 武汉：湖北省地质矿产局，1975.

湖北省地质矿产局. 武汉市地质图说明书(1 ： 50 000)[R]. 武汉：湖北省地质矿产局，1990.

湖北省地质矿产局. 武汉市基岩地质图说明书(1：50 000)[R]. 武汉：湖北省地质矿产局，1985.

湖北省地质矿产局. 武汉市基岩地质图说明书(1：50 000)[R]. 武汉：湖北省地质矿产局，1990.

湖北省区域地质矿产调查所. 武汉市地质图说明书(1：50 000)[R]. 武汉：湖北省地质矿产局，1985.

蒋忠诚，王瑞江，裴建国，等. 我国南方表层岩溶带及其对岩溶水的调蓄功能[J]. 中国岩溶，2001，20(2)：106－110.

蒋忠诚，袁道先. 中国南方表层岩溶带的结构、岩溶动力学特征及其环境和资源意义[J]. 地球学报，1999，20(3)：302－308.

蒋忠诚. 中国南方表层岩溶带的特征及形成机理[J]. 热带地理，1998，18(4)：322－326.

金新锋，夏日元，陈宏峰. 湘西洛塔表层岩溶带特征分析[J]. 地下水，2006，28(6)：42－45.

劳文科，李兆林，罗伟权等. 洛塔地区表层岩溶带基本特征及其类型划分[J]. 中国岩溶，2002，21(1)：30－35.

罗小杰，试论武汉地区构造演化与岩溶发育史 [J]. 中国岩溶，2013，32(2)：195－202.

罗小杰. 武汉地区浅层岩溶发育特征与岩溶地质灾害防治[C]//罗小杰. 城市岩溶与地史滑坡研究. 武汉：中国地质大学出版社，2013：13－35.

罗小杰. 武汉地区天兴洲碳酸盐岩条带岩溶发育的异常性及其成因探讨[J]. 中国岩溶，2015，34(1)：35－42.

彭淑惠，李继红. 滇东岩溶区表层岩溶水源地特征及其开发利用[J]. 云南地质，2006，25(2)：249－255.

王若帆. 黔西林泉片区表层岩溶带发育特征及供水[J]. 四川地质学报，2014，34(3)：432－436.

王顺祥，杨秀忠. 贵州表层岩溶带发育特征及其供水意义[C]//中国地质调查局. 中国岩溶地下水与石漠化研究，南宁：广西科学技术出版社，2003.

吴慈华，尹伟，周宁，等. 鄂西南岩溶地区表层岩溶带结构特征及其分布规律[J]. 资源环境与工程，2009，23(1)：40－42，78.

夏日元，陈宏峰，邹胜章，等. 表层岩溶带研究方法及其意义[C]//中国地质调查局. 中国岩溶地下水与石漠化研究，南宁：广西科学技术出版社，2003.

袁道先，戴爱德，等. 中国南方裸露型峰丛山区岩溶水系统及其数学模型的研究[M]. 桂林：广西师大出版社，1996.

章程，曹建华. 不同植被条件下表层岩溶泉动态变化特征对比研究：以广西马山县弄拉兰电堂泉和东旺泉为例[J]. 中国岩溶，2003，22(1)：1－5.

周宁，刘波. 鄂西南岩溶地区表层岩溶带发育强度变化规律研究[J]. 中国岩溶，2009，28(1)：1－6.

朱海彬，任晓冬，李开忠. 贵州喀斯特地区表层岩溶带水资源开发利用研究[J]. 中国农村水利水电，2015，(2)：60－64.

Bakalowicz M，Blavoux B，Mangin A. Apports du tracage isotopique naturel a la connaissance du fonctionnement d'un systeme karstique. Teneurs en oxygene 18 de trios systemes desPyrenees，France[J]. Journal of Hydrology，1974，23：141－

158.

Jiang Zhongcheng, An analysis on format ion of fengcong depressions inChina[J]. Carsologica Sinica,1996.

Mangin A. Contribution a l'etude hydro dynamique des aquiferes karstiques [J]. Annales de Speleologie,1974,(29): 283 - 332.

Mangin A. Sur la dynamique des transferts en aquifere karstique[M]. Proc. 6th Internat. Cong. Speleology,Olomouc, 1973, 3:157 - 162.

Rouch R. Contribution a la connaissance des Harpacticides hypoges(Crustaces, Copepodes)[J]. Annales de. Speleologie,1968,23(1):5 - 167.

Williams P W. Subcutaneous hydrology and the development of doline and cockpit karst [J]. Z. Geomorph. N. F, 1985,29(4).

Williams P W. The role of subcutaneous zone in karst hydrology[J]. Journal of Hydrology,1983,61(1):45 - 67.

多级支护在深大基坑工程中的应用研究

李 松 马 郧 郭 运 张德乐 李受祉 刘佑祥 张晓玉

（中南勘察设计院（湖北）有限责任公司，湖北 武汉 430071）

摘 要：以凯德广场古田项目深基坑工程为例，通过多级支护结构的使用，减少了大面积设置内支撑，有效地解决了传统桩撑支护造价高、工期长、拆除支撑产生的固体废弃物易造成环境污染等多方面的弊端，取得了较好的社会经济效益，并使用有限元方法对由双排桩与单排桩组合形成的多级支护深基坑的变形特性和稳定性进行了深入的研究。结果表明：基坑整体稳定性安全系数和破坏形式与两级支护间距有较大关联，与留土高度关系不大；随着两级支护间距的增大，第一级支护与第二级支护的最大水平位移均逐渐减小并趋于稳定，基坑整体稳定性安全系数逐渐增大并趋于稳定；随着留土高度的增大，第二级支护的最大水平位移逐渐增大，第一级支护的最大水平位移逐渐减小，第一级支护最大位移减小的幅度远小于第二级支护最大位移增加的幅度，基坑整体稳定性安全系数基本不变，基坑破坏形式未发生改变。针对基坑的破坏形式，本文提出了整体式破坏、关联式破坏和分离式破坏分别对应的两级支护间距范围，可为基坑设计计算提供借鉴。

关键词：多级支护；深基坑；双排桩；有限元；两级支护间距；留土高度

0 引 言

近年来，多级支护在深基坑工程中得到了广泛应用。如国家大剧院基坑最大开挖深度为32.5m，由上到下分别采用了排桩＋锚杆、地下连续墙＋锚杆和薄壁悬臂地下连续墙进行了多级支护（张在明等，2009）；天津嘉海花园1期工程基坑普开挖深度为15.75m，采用了单排桩＋双排桩形成的两级支护结构（郑刚等，2014）；上海虹桥综合交通枢纽基坑工程采用了三级联合支护体系（翁其平等，2012）；天津金钟河大街项目1C地块基坑采用了双排桩与单排桩组合的多级支护方案（任望东等，2013）；等等。多级支护结构主要是指对于分级开挖的较大较深的基坑工程中采用多种不同形式的支护结构的处理方法，使用多级支护可避免大量设置内支撑，土方开挖外运方便，可显著缩短工期，减少支护造价。目前，学者们对基坑预留反压土的工作机制研究较为透彻（郑刚等，2007；李顺群等，2001，2012），而对多级支护的变形特性和稳定性研究较少，其中郑刚等（2013，2014）、任望东等（2013）对两级支护基坑的破坏模式进行了深入的研究，并提出了基坑整体破坏形式的三种典型模式。本文以凯德广场古田项目深基坑工程为例，通过多级支护结构的使用，减少了大面积设置内支撑，有效地解决了传统桩撑支护造价高、工期长、拆除支撑产生的固体废弃物易造成环境污染等多方面的弊端，取得了较好的社会经济效益，并使用有限元方法对由双排桩与单排桩组合形成的多级支护深基坑的变形特性和稳定性进行了深入的研究，提出了整体式破坏、关联式破坏和分离式破坏分别对应的两级支护间距范围，以期为基坑设计计算提供借鉴。

1 多级支护主要形式与破坏机理

1.1 主要形式

多级支护主要以单排桩与双排桩、单排桩与重力式挡土墙、双排桩与重力式挡土墙、单排桩与单排桩、双排桩与双排桩组合形成，具体形式如图1所示。同时，郑刚等(2010)提出了倾斜桩形成的多级支护结构。同理，上述二级支护还可发展为三级及以上的多级支护形式，原理相同，在此不一一列出。

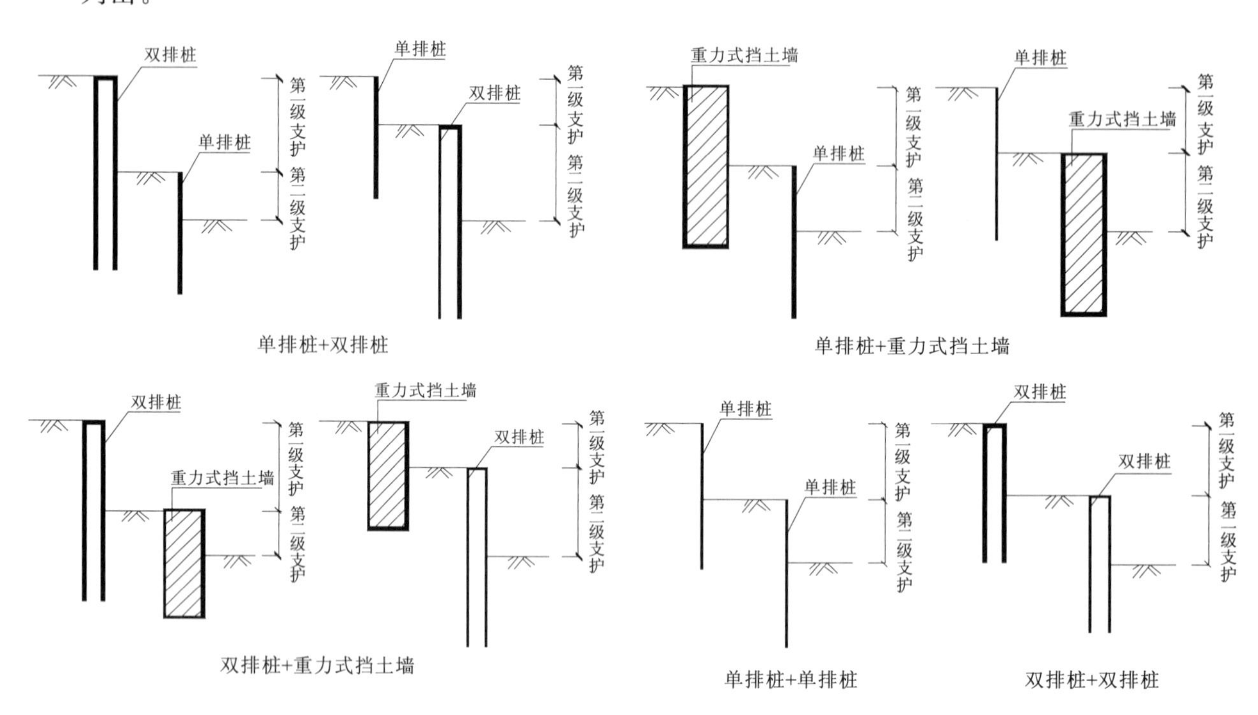

图1 多级支护形式

1.2 破坏机理

郑刚等(2014)、任望东等(2013)采用有限元以及MPM(material point method)等方法对双排桩(第一级支护)、单排桩(第二级支护)所形成的多级支护基坑的破坏机理进行了深入的研究，得到了以下3种主要破坏形式。

(1)整体式破坏。即两级支护之间土体形成一个类似整体的重力式挡土墙，发生整体的倾覆破坏，土体滑动面不进入两级支护之间土体。整体式破坏主要发生在两级支护之间水平距离较小的情况。

(2)分离式破坏。两级支护的围护桩各自发生倾覆破坏，两组滑动面互不相交，土体滑动面进入两级支护之间土体。分离式破坏主要发生在两级支护之间水平距离非常大的情况。

(3)关联式破坏。两级支护的围护桩各自发生倾覆破坏(但可能分先后)，两组滑动面进入两级支护之间土体，在两级支护之间相交。关联式破坏主要发生在两级支护之间水平距离介于整体式破坏和分离式破坏之间的情况。

2 多级支护深基坑工程实例

2.1 工程简介

武汉凯德古田商用置业有限公司拟在汉口古田二路与解放大道交汇处投资兴建凯德广场古田项目，拟建工程基坑开挖深度为14.40～16.10m，基坑周长为1005m，呈近似正方形，基坑开挖面积约为$6.5\times10^4m^2$，属于超深超大基坑，基坑重要性等级为一级。基坑北侧存在已运营的轻轨1号线，该侧分布有地下管线，且基坑东侧有在建高架桥，基坑周边环境较为紧张，对周边环境的保护是本基坑支护设计重点考虑的问题。

2.2 工程地质与水文地质

拟建场区地貌单元属长江冲积Ⅰ级阶地，场区经拆迁回填整平现地势较为平坦。在勘探深度范围内场区内覆盖层为一套厚达60余米的第四系全新统冲(洪)积地层，具有典型的二元结构，下卧基岩为背斜核部志留系坟头群泥岩地层。本场地整平地面标高为绝对标高+24.00m，基岩埋深约在地面以下60～65m深度处。图2为典型工程地质剖面。

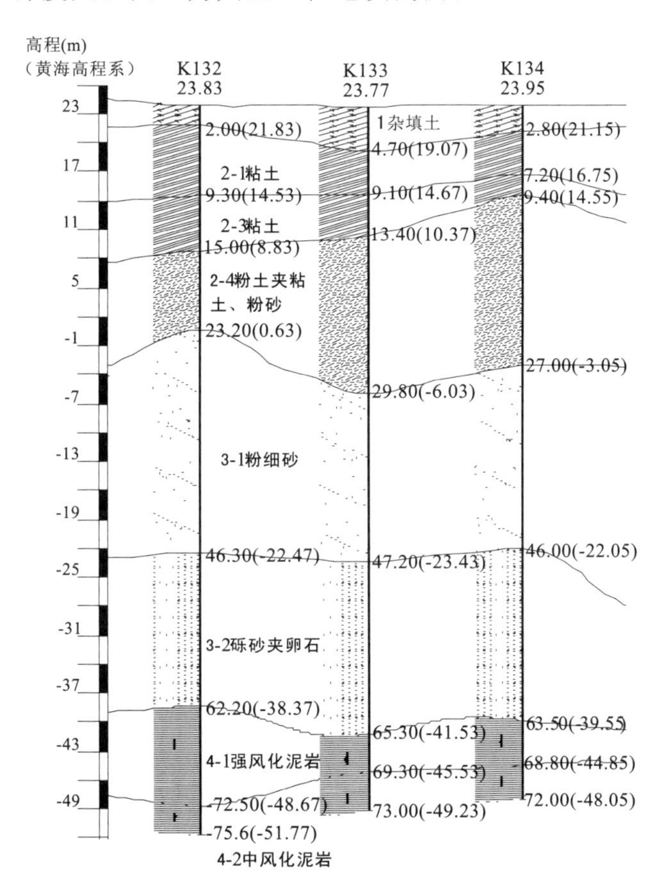

图2 典型工程地质剖面

本场地地下水主要分为上层滞水和孔隙承压水两种类型。上层滞水主要赋存于人工填土之中，接受大气降水和地表积水垂直及侧向的渗透补给，多以蒸发方式排泄，无统一自由水面，水位及水量随大气降水的影响而波动。孔隙承压水主要存在于下部粉细砂、卵砾石层之中，与汉江有密切的水力联系，其水位变化受汉江水位变化影响，呈互补关系，水量丰富，地下承压水水头标高约为 17.35m。

2.3 多级支护结构

由于基坑开挖深度达 14.40～16.10m，一般需要设置内支撑才能满足变形控制要求，但本基坑开挖面积巨大，达 $6.5\times10^4 m^2$，如果设置大量内支撑，势必影响土方开挖和外运，并且内支撑前期浇筑、后期的拆除均需要一定时间，将严重影响工期，同时内支撑拆除之后会产生大量固体废弃物，造成资源浪费和环境污染。因此本基坑考虑主要使用如下几种支护形式。

(1)在基坑 4 个角部区域使用单排桩＋两道钢筋混凝土支撑。

(2)其余部位使用双排桩＋坑内留土，在留土空间不足的南侧 JJ′ 段与西侧 M′N′段区域使用双排桩(第一级支护)和单排桩(第二级支护)组成的多级支护结构。基坑支护结构平面布置如图 3 所示。

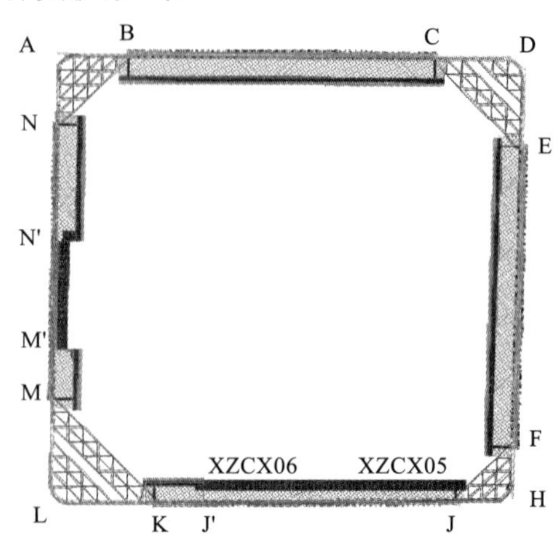

图 3 基坑支护结构平面布置

针对本基坑的南侧 JJ′ 段与西侧 M′N′段多级支护结构，具体支护信息如下。

(1)南侧 JJ′段：双排桩(第一级支护)中的前、后排桩桩径 1m，桩间距 1.5m(局部后排桩桩间距 3m)，桩长 28m，排距为 3m；单排桩(第二级支护)桩径 0.9m，桩间距 3m，桩长 18m；第一级支护与第二级支护之间的留土宽度为 9.6m，留土高度 6.7m，留土未加固；该支护段开挖深度为 16.1m。

(2)西侧 M′N′段：双排桩(第一级支护)中的前、后排桩桩径 1m，桩间距 1.5m，桩长 28m，排距为 3m；单排桩(第二级支护)桩径 0.9m，桩间距 1.2m，桩长 15.5m；第一级支护与第二级支护之间的留土宽度为 5.4m，留土高度 6.7m，留土加固；该支护段开挖深度为 16.1m。图 4 为南侧 JJ′段支护剖面，图 4 中括号内数值为西侧 M′N′段留土宽度。

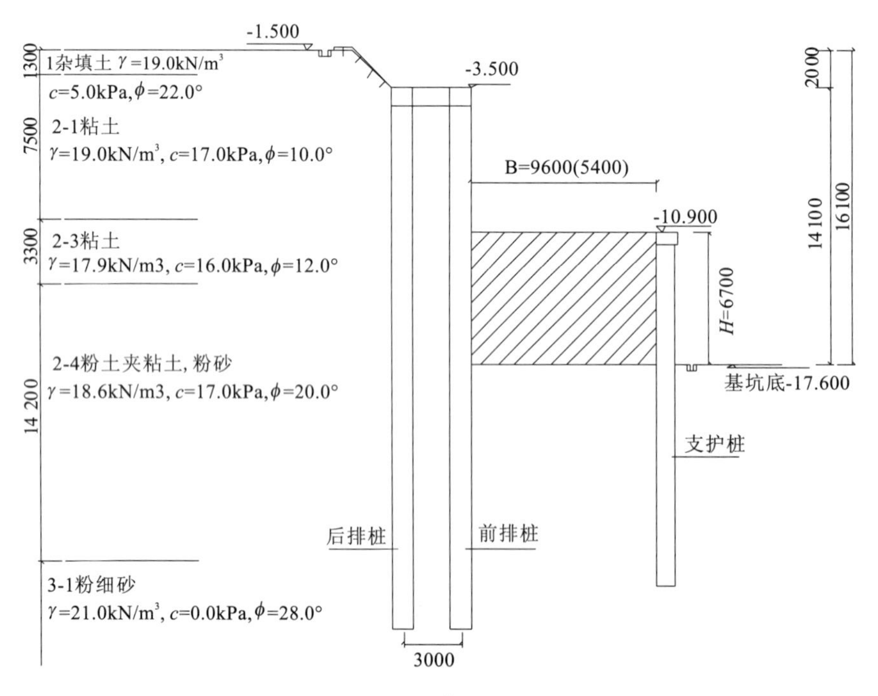

图 4 南侧 JJ′段支护剖面

4 多级支护结构深基坑数值分析

4.1 数值分析模型

目前,传统的基坑设计计算软件无法考虑多级支护结构的计算,本文拟采用有限元数值分析软件对南侧JJ′段建立双排桩与单排桩组成的多级支护深基坑模型。模型宽度为150m,高度为70m,土层采用四边形平面应变单元模拟,双排桩、单排桩、连梁采用梁单元模拟,模型单元尺寸控制1m以内,共10 733个单元。模型根据实际施工工况进行应力分析,并在基坑开挖至底时,使用强度折减法(SRM)进行基坑整体稳定性分析,图5为数值分析模型。

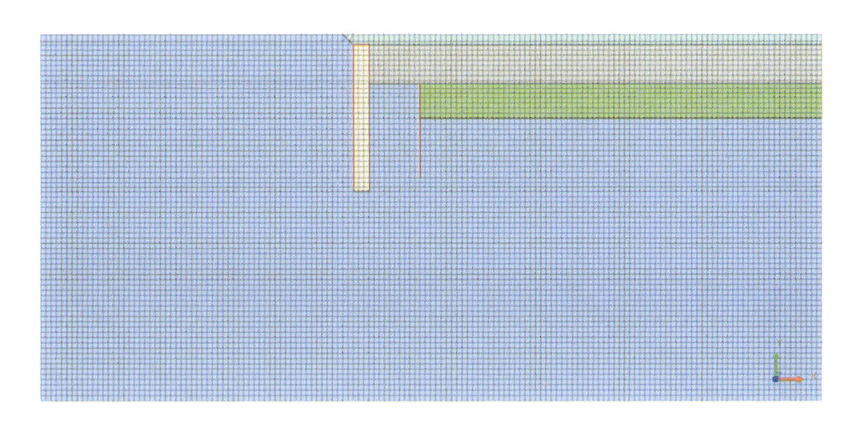

图5 数值分析模型

由于本基坑存在深厚的软粘土地层,承载力较低,本次数值分析采用修正摩尔库伦本构模型,该模型能很好地考虑土体的卸载特性,尤其适用于土质软弱的深基坑。表1为地层物理力学参数,表中参数根据场地详勘报告选取,其中土体的卸载模量考虑为2~3倍的弹性模量,对1、2-1、2-2、2-3、2-4较软弱地层,卸载模量取2倍弹性模量;对3-1、3-2、4-1较好的地层,卸载模量取3倍弹性模量。

表1 地层物理力学参数

地层	E(MPa)	ν	γ(kN/m^3)	c(kPa)	φ(°)
1杂填土	8.0	0.38	19.0	5	22
2－1粘土	13.3	0.32	19.0	17	10
2－2粘土	11.3	0.34	18.5	18	11
2－3粘土	10.2	0.35	17.9	16	12
2－4粉土夹粘土、粉砂	11.6	0.34	18.6	17	20
3－1粉细砂	60.0	0.30	21.0	0	28
3－2砾砂含卵石层	80.0	0.30	21.0	0	30
4－1强风化泥岩	111.9	0.27	22.0	60	28

4.2 实测对比

图6为单排桩水平位移对比(图中XZCX05、XZCX06测点位置见图3),图7为双排桩水平位移对比(图中FP为前排桩,BP为后排桩)。从图6与图7中可知。

(1)位于同一计算剖面的XZCX05与XZCX06测点水平位移有较大差别,离角撑部位较近的XZCX05测点实测单排桩水平位移明显小于位于基坑中部的XZCX06测点,这一点正好与基坑的长边效应吻合,针对长边较长并且土质条件较差的情况,有必要对长边中部一定区域范围内的第一级支护与第二级支护之间的留土进行加固,可更好地控制基坑变形;平面有限元计算无法考虑基坑的空间效应,因此,有限元数值计算结果与XZCX06测点实测值更为接近。

(2)实测后排桩位移大于前排桩位移,而有限元数值计算结果显示双排桩前后桩位移基本一致,与实测有较大差距,主要由于连梁轴向刚度较大,使得前后桩呈现一致的变形规律;双排桩(第一级支护)位移明显大于单排桩(第二级支护),本例中双排桩的计算悬臂高度为8.0m,单排桩的计算悬臂高度为6.7m,二者支护高度相差不大,但双排桩的侧向刚度远大于悬臂桩,产生这一现象的原因主要是留土宽度不够和留土土质条件较差。

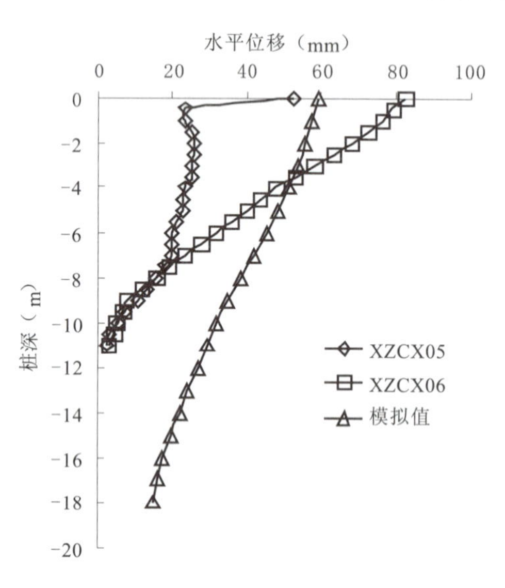

图6 单排桩水平位移对比

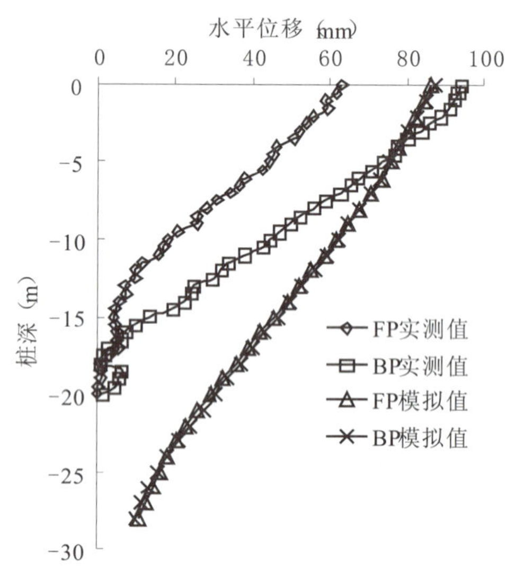

图7 双排桩水平位移对比

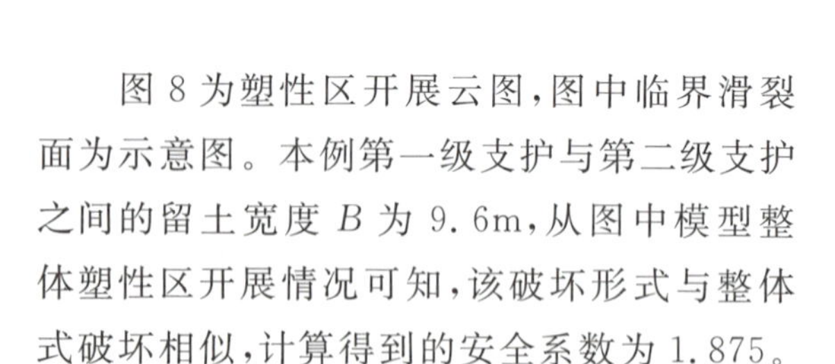

图8为塑性区开展云图,图中临界滑裂面为示意图。本例第一级支护与第二级支护之间的留土宽度B为9.6m,从图中模型整体塑性区开展情况可知,该破坏形式与整体式破坏相似,计算得到的安全系数为1.875。

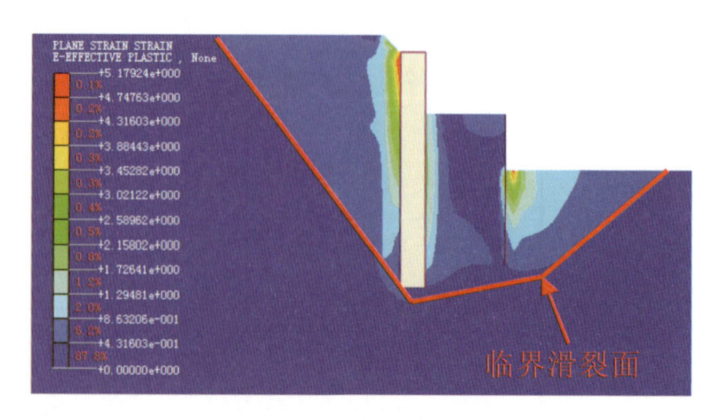

图8 塑性区开展云图(B=9.6m)

4.3 两级支护间距的影响分析

为分析第一级支护与第二级支护间距B(B详见图4)对多级支护结构深基坑变形特性和稳定性的影响,本节以前节的数值分析模型为基础,取H=6.7m,仅改变两级支护间距B,分析基坑变形和稳定性的变化趋势。经过计算分析,变形和稳定性与两级支护间距B关系如图9所示

从图 9 中可知:①随着两级支护间距 B 的增大,第一级支护与第二级支护的最大水平位移呈现逐渐减小趋势,并逐渐趋于稳定;第一级支护与第二级支护最大水平位移趋于稳定所对应的 B 有所不同,第一级支护(双排桩)最大水平位移趋于稳定所对应的 B 约为 45m,第二级支护(单排桩)最大水平位移趋于稳定所对应的 B 约为 20m。②随着两级支护间距 B 的增大,基坑整体稳定性安全系数呈现逐渐增大的趋势,并逐渐趋于稳定;安全系数趋于稳定对应的 B 约为 45m,该距离与第一级支护(双排桩)最大水平位移趋于稳定所对应的 B 相同。

图 10 为多级支护基坑滑裂面,从经典的朗肯土压力理论出发,第一级支护与第二级支护之间的留土,作为第一级支护的被动区的同时,也是第二级支护的主动区,笔者认为当 $B=\min(B1,B2)$ 时,此时的两级支护间距 B 为整体式破坏和关联式破坏的临界点;当 $B=B1+B2$ 时,此时的两级支护间距 B 为关联式破坏和分离式破坏的临界点;当 $B>B1+B2$ 时,基坑破坏形式为分离式破坏;当 $\min(B1,B2)\leqslant B\leqslant B1+B2$ 时,基坑破坏形式为关联式破坏;当 $B<\min(B1,B2)$ 时,基坑破坏形式为整体式破坏。针对本例中 θ 的取值,取土层内摩擦角的加权平均值作为近似值,经过计算得到 $B1=29.6$m,$B2=12.8$m,则 $B=B1+B2=42.4$m。

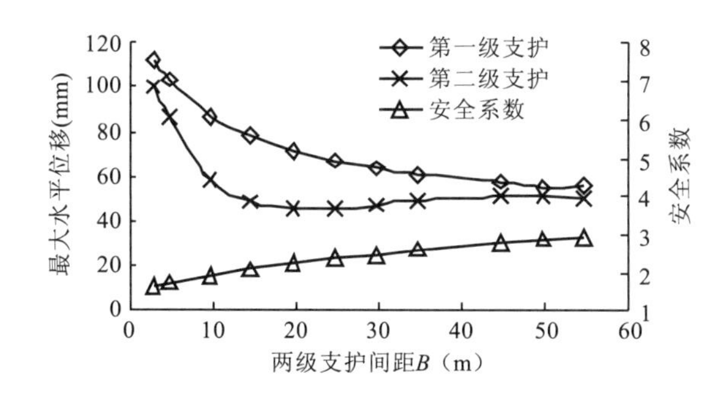

图 9　变形和稳定性与两级支护间距 B 关系

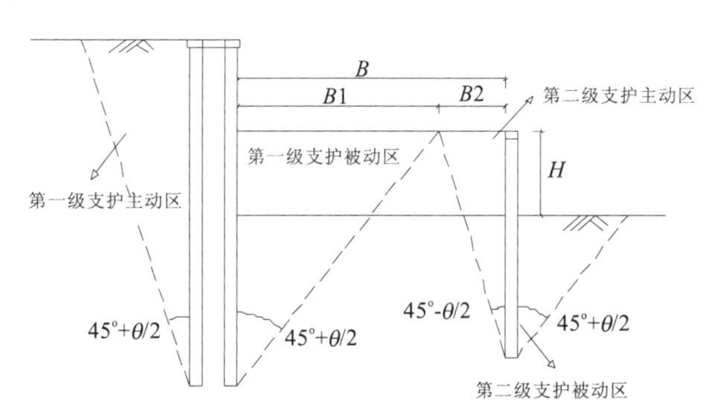

图 10　多级支护基坑滑裂面

图 11 为不同两级支护间距 B 塑性区开展云图。图中依次给出了整体式破坏、关联式破坏和分离式破坏的典型破坏形式塑性区开展云图,从图 10 中可知以下几点。

(1)随着两级支护间距 B 的增大,基坑破坏形式逐步由整体式破坏向分离式破坏转化。

(2)当 $B=9.6$m 时(图 8),基坑破坏形式为整体式破坏;当 $B=14.6$m 时,基坑破坏形式为关联式破坏,本文提出的整体式破坏与关联式破坏对应的临界 B 取 $B1$ 与 $B2$ 之中的较小值,即 $B=B2=12.8$m,正好处于 9.6m 与 14.6m 之间,可说明本文提出的多级支护结构基坑发生整体式破坏和关联式破坏对应的条件是合理的。

(3)当 $B=39.8$m 时,基坑模型的底部塑性区开始局部区域未贯通,但两级支护之间塑性区仍有贯通的趋势,可认为两级支护基坑的破坏形式为关联式破坏,当 $B=44.8$.m 时,两级支护之间塑性区贯通的趋势由于 B 的增加受到限制,基本可认为两级支护的破坏形式为分离式破坏,而本例中的理论计算 B 值为 42.4m,处于 39.8m 与 44.8m 之间,即正好处于关联式破坏和分离式破坏之间,一定程度上可说明本文提出的多级支护结构基坑发生关联式破坏和分离式破坏对应的条件是合理的。当 $B=54.8$m 时,从基坑模型的塑性区云图可以看出,此时的两级支护基坑破坏形式完全转化为分离式破坏。

4.4　留土高度的影响分析

为分析第一级支护与第二级支护之间的留土高度 H(H 详见图 4)对多级支护结构深基坑变形

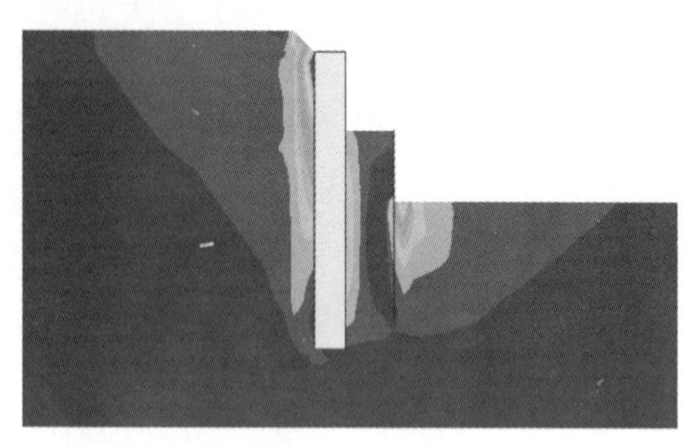

整体式破坏(B=4.8m)

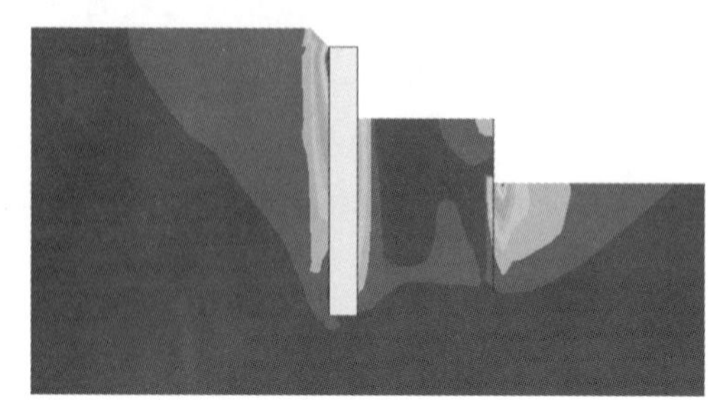

关联式破坏(B=14.6m)

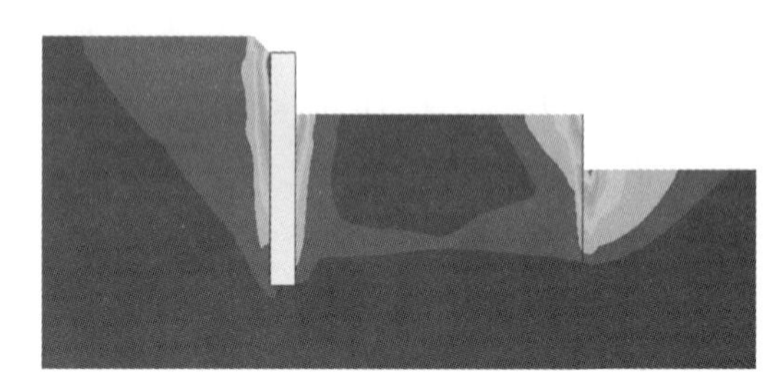

关联式破坏(B=34.7m)

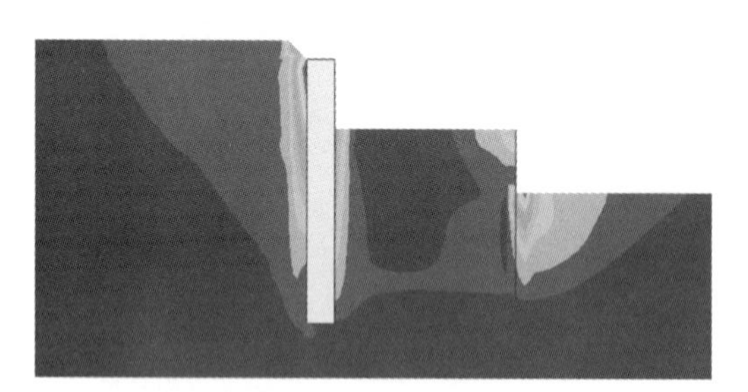

关联式破坏(B=19.7m)

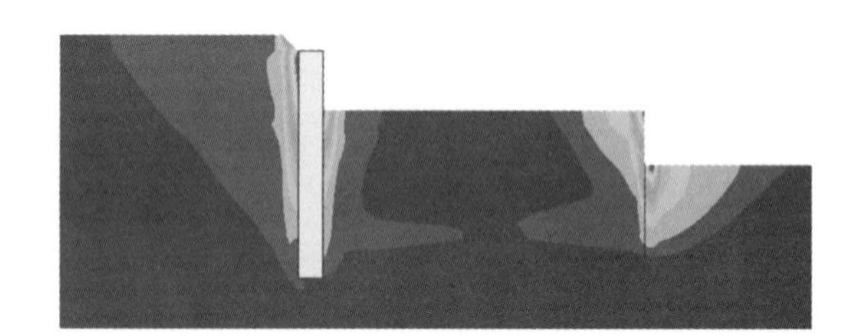

关联式破坏(B=39.8m)

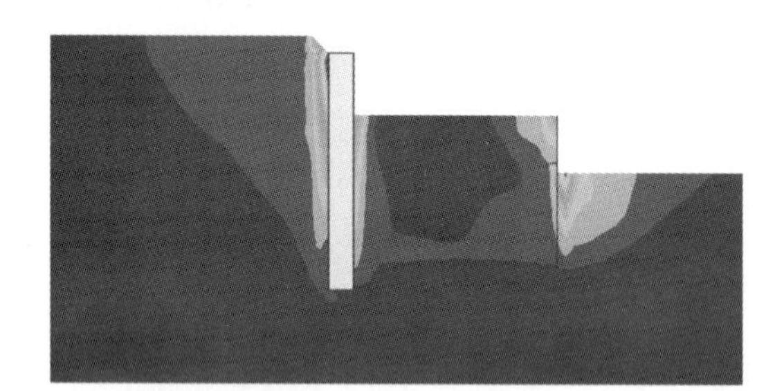

关联式破坏(B=24.7m)

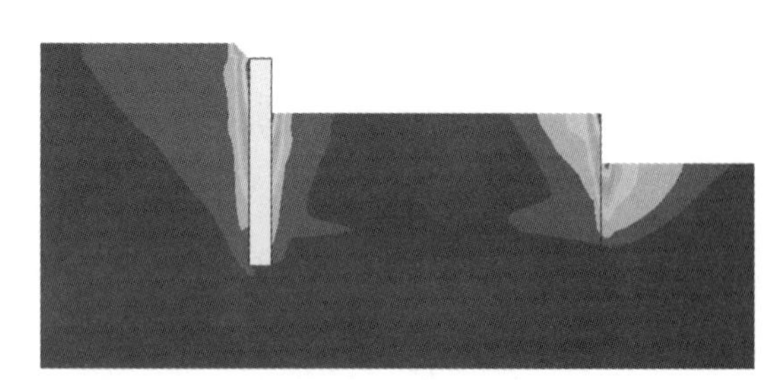

分离式破坏(B=44.8m)

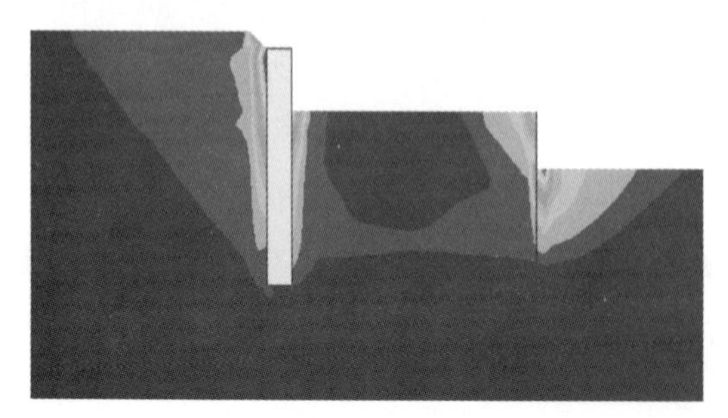

关联式破坏(B=29.7m)

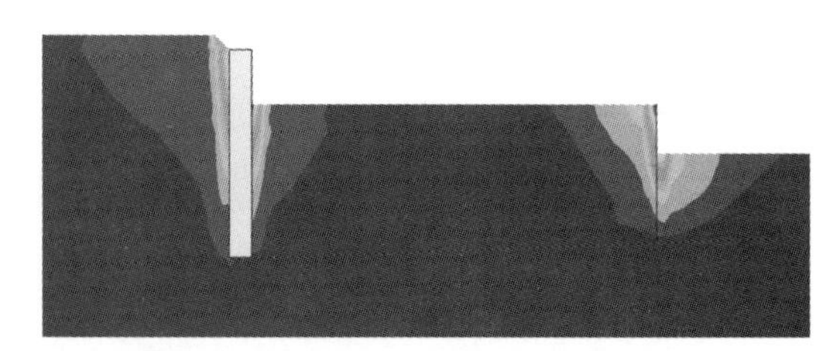

分离式破坏(B=54.8m)

图 11　不同两级支护间距 B 塑性区开展云图

特性和稳定性的影响，本节以前文的数值分析模型为基础，取 $B=9.6\text{m}$，仅改变留土高度 H，分析基坑变形和稳定性的变化趋势。经过计算分析，变形和稳定性与留土高度 H 关系如图 12 所示。

从图 12 中可知：①随着留土高度的增加（留土高度即为第二级支护的高度），第二级支护的最大水平位移逐渐增大，而第一级支护的最大水平位移逐渐减小，但第一级支护最大位移减小的幅度远小于第二级支护最大位移增加的幅度，当第二级支护高度达到 6m 以后，继续增大第二级支护的高度，第一级支护最大位移基本不再变化。本例中第二级支护为单排桩，一般悬臂单排桩的支护高度宜为 6m，最大限度地发挥第二级支护的作用，既可控制留土的变形，同时可显著减小第一级支护的支护高度，对基坑变形的控制是有利的。②随着留土高度的增加，基坑整体稳定性安全系数基本不变，并且基坑破坏形式也未发生改变。

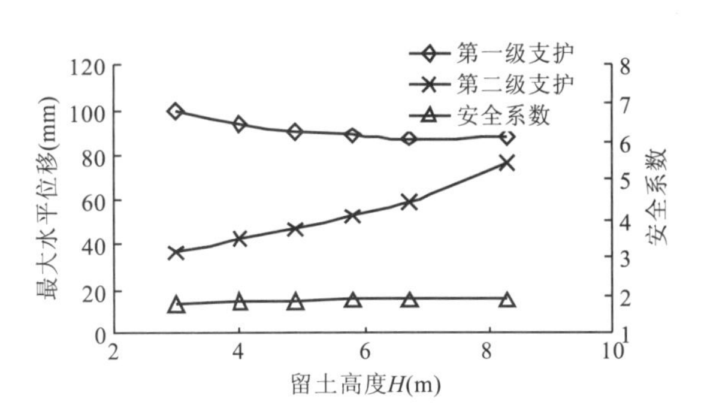

图 12　变形和稳定性与留土高度 H 关系

5　结　论

本文以凯德广场古田项目深基坑工程为例，通过多级支护结构的使用，减少了大面积设置内支撑，有效地解决了传统桩撑支护造价高、工期长、拆除支撑产生的固体废弃物易造成环境污染等多方面的弊端，取得了较好的社会经济效益。并使用有限元方法对由双排桩与单排桩组合形成的多级支护结构的变形特性和稳定性进行了深入的研究，主要得到了以下结论。

(1)随着两级支护间距 B 的增大，第一级支护与第二级支护的最大水平位移呈现逐渐减小趋势，并逐渐趋于稳定；第一级支护与第二级支护最大水平位移趋于稳定所对应的 B 不同。

(2)基坑整体稳定性安全系数随着两级支护间距 B 的增大呈现逐渐增大的趋势，并逐渐趋于稳定；安全系数趋于稳定对应的 B 与第一级支护最大水平位移趋于稳定所对应的 B 相同。

(3)提出了整体式破坏、关联式破坏和分离式破坏分别对应的两级支护间距范围，当 $B=\min(B1,B2)$ 时，此时的两级支护间距 B 为整体式破坏和关联式破坏的临界点；当 $B=B1+B2$ 时，此时的两级支护间距 B 为关联式破坏和分离式破坏的临界点。当 $B>B1+B2$ 时，基坑破坏形式为分离式破坏；当 $\min(B1,B2)\leqslant B\leqslant B1+B2$ 时，基坑破坏形式为关联式破坏；当 $B<\min(B1,B2)$ 时，基坑破坏形式为整体式破坏。

(4)随着留土高度的增加，第二级支护的最大水平位移逐渐增大，而第一级支护的最大水平位移逐渐减小，但第一级支护最大位移减小的幅度远小于第二级支护最大位移增加的幅度。最大限度地发挥第二级支护的作用，既可控制留土的变形，同时可显著减小第一级支护的支护高度，对基坑变形的控制是有利的。

(5)基坑整体稳定性安全系数随着留土高度的增加基本不变，并且基坑破坏形式也未发生改变。

参考文献

李顺群，郑刚，王英红．反压土对悬臂式支护结构嵌固深度的影响研究[J]．岩土力学，2011，32(11)：3427－3431．

李顺群，郑刚．预留土对非饱和基坑支护结构的影响[J]．工程力学，2012，29(5)：122－127．

任望东，李春光，田建平，等. 软弱土中大面积深基坑工程快速支护施工技术[J]. 施工技术，2013，42(1)：35 - 39.

任望东，张同兴，张大明，等. 深基坑多级支护破坏模式及稳定性参数分析[J]. 岩土工程学报，2013，35(增刊 2)：919 - 921.

翁其平，王卫东. 多级梯次联合支护体系在上海虹桥综合交通枢纽基坑工程中的设计与实践[J]. 建筑结构，2012，42(5)：172 - 176.

徐源，郑刚，路平. 前排桩倾斜的双排桩在水平荷载下的性状研究[J]. 岩土工程学报，2010，32(增刊)：93 - 98.

张在明，沈小克，周宏磊等. 国家大剧院工程中的几个岩土工程问题[J]. 土木工程学报，2009，42(1)：60 - 65.

郑刚，陈红庆，雷扬，等. 基坑开挖反压土作用机制及其简化分析方法研究[J]. 岩土力学，2007，28(6)：1161 - 1166.

郑刚，程雪松，刁钰. 无支撑多级支护结构稳定性与破坏机制分析[J]. 天津大学学报(自然科学与工程技术版)，2013，46(4)：304 - 314.

郑刚，郭一斌，聂东清，等. 大面积基坑多级支护理论与工程应用实践[J]. 岩土力学，2014，35(增刊 2)：290 - 298.

郑刚，白若虚. 倾斜单排桩在水平荷载作用下的性状研究[J]. 岩土工程学报，2010，32(增刊)：39 - 45.

Naval Facilities Engineering Command. Design manual 7. 02：Foundations and earth structures[S]. Alexandria VA，USA：US Naval Facilities Engineering Command，1986.